机电工人实用技术手册系列

装配钳工

实用技术手册

（第二版）

邱言龙　主编

李文菱　陈玉华　副主编

中国电力出版社

CHINA ELECTRIC POWER PRESS

内 容 提 要

随着"中国制造"的崛起，对技能型人才的需求增强，技术更新也不断加快。《机械工人实用技术手册》丛书应形式的需求，进行再版，本套丛书与人力资源和社会保障部最新颁布的《国家职业标准》相配套、内容新、资料全、操作讲解详细，本书是其中的一个分册。

本书的主要内容包括装配钳工相关知识，机械传动、气压与液压传动，装配钳工专用工具设备，大型、畸形工件的划线，机械加工工艺，机械装配工艺及自动化，机床夹具的设计与制造，特殊孔、难加工材料孔的加工及典型钻头，高精度工件加工及超精加工，机床电气控制及数控机床，机床的安装调试与维修保养。

本书可供从事模具制造、装配、机械维修的工人和技术人员阅读使用。

图书在版编目(CIP)数据

装配钳工实用技术手册/邱言龙主编. —2 版 .—北京：中国电力出版社，2018.6（2022.8 重印）

ISBN 978-7-5198-1406-9

Ⅰ.①装… Ⅱ.①邱… Ⅲ.①安装钳工-技术手册 Ⅳ.①TG946-62

中国版本图书馆 CIP 数据核字(2017)第 291673 号

出版发行：中国电力出版社
地　　址：北京市东城区北京站西街 19 号（邮政编码 100005）
网　　址：http://www.cepp.sgcc.com.cn
责任编辑：马淑范（010-63412397）
责任校对：王小鹏
装帧设计：赵姗姗　王英磊
责任印制：杨晓东

印　　刷：三河市万龙印装有限公司
版　　次：2010 年 3 月第一版　2018 年 6 月第二版
印　　次：2022 年 8 月北京第五次印刷
开　　本：880 毫米×1230 毫米　32 开本
印　　张：31.125
字　　数：882 千字
定　　价：98.00 元

《装配钳工实用技术手册(第二版)》

编 委 会

主　编　邱言龙

副主编　李文菱　陈玉华

参　编　邱言龙　李文菱　陈玉华　谭修炳

　　　　张　兵　雷振国　胡新华　邱学军

审　稿　王　兵　王秋杰　汪友英

序

随着社会主义市场经济的不断发展，特别是中国加入 WTO 实现了与世界经济的接轨，中国的经济出现了前所未有的持续快速的增长势头，大量中国制造的优质产品出口到国外，并迅速占领大部分国际市场；我国制造业在世界上所占的比重越来越大，成为"世界制造业中心"的进程越来越快。与此同时，我国制造业也随之面临国际市场日益激烈的竞争局面，与国外高新技术的企业相比，我国企业无论是在生产设备能力与先进技术应用领域，还是在人才的技术素质与培养方面，都还普遍存在着差距。要改变这一现状，势必在增添先进设备以及采用先进的制造技术（如 CAD/CAE/CAM、高速切削、快速原型制造与快速制模等）之外，更加急需的是能掌握各种材料成形工艺和模具设计、制造技术，且能熟练应用这些高新技术的专业技术人才。因此，我国企业不但要有高素质的管理者，更要有高素质的技术工人。企业有了技术过硬、技艺精湛的操作技能人才，才能确保产品加工质量，才能有效提高劳动生产率，降低物资消耗和节省能源，使企业获得较好的经济效益。

制造业是经济发展与社会发展的物质基础，是一个国家综合国力的具体体现，它对国民经济的增长有着巨大的拉动效应，并给社会带来巨大的财富。据统计：美国 68％的财富来源于制造业，日本国民经济总产值的 49％是由制造业提供的。在我国，制造业在工业总产值中所占的比例为 40％。近十年来我国国民生产总值的40％、财政收入的 50％、外贸出口的 80％都来自于制造业，制造业还解决了大量人员的就业问题。因此，没有发达的制造业，就不可能有国家真正的繁荣和强大。而机械制造业的发展规模和水平，则是反映国民经济实力和科学技术水平的重要标志之一。提高加工效率、降低生产成本、提高加工质量、快速更新产品，是制造业竞争和发展的基础和制造业先进技术水平的标志。

制造业也是技术密集型的行业，工人的操作技能水平对于保证产品质量，降低制造成本，实现及时交货，提高经济效益，增强市场竞争力，具有决定性的作用。近几年来社会对高技能型人才的需求越来越大，尤其是高级技能人才的严重缺乏已成为制约我国制造业快速发展的瓶颈，高级蓝领出现断层的消息屡屡见诸报端。如：深圳 2005 年全市的技能人才需求量为 165 万人，但目前只有技术工人 116 万人，技师和高级技师类的高技能人才只有 1400 多人，因此许多企业用高薪聘请高级技术工人，一些高级蓝领的薪酬与待遇都是相当不错的，有的甚至薪金高于一般的经理和硕士研究生。有资料显示：我国技术工人中高级以上技工只占 3.5%，与发达国家 40% 的比例相去甚远。为此，国务院先后召开了"全国职业教育工作会议"和"全国再就业会议"，提出了"三年 50 万新技师的培养计划"，强调各地、各行业、各企业、各职业院校等要大力开展职业技术培训，以培训促就业，全面提高技术工人的素质。

为贯彻"全国职业教育工作会议"和"全国再就业会议"精神，落实国家人才发展战略目标，促进农村劳动力转移培训，全面推进技能振兴计划和高技能人才培养工程，加快培养一大批高素质的技能型人才，我们精心策划组织编写了这套与劳动和社会保障部最新颁布的《国家职业标准》配套的《机械工人实用技术手册》丛书，以期为读者提供一套内容新、资料全、操作内容讲解详细的工具书。本套丛书包括《钳工实用技术手册》《车工实用技术手册》《铣工实用技术手册》《磨工实用技术手册》《机修钳工实用技术手册》《工具钳工实用技术手册》《装配钳工实用技术手册》《模具钳工实用技术手册》《焊工实用技术手册》等。

《机械工人实用技术手册系列》丛书紧密结合企业生产和技术

工人工作实际编写，手册内容起点平缓，易于自学和掌握，内容包括技术工人应熟练掌握的基础理论、专业理论和其他相关知识，以主要篇幅从一定层次上介绍了设备应用、操作技能、工艺规程、生产技术组织管理和国内、外新技术的发展和应用等内容，并列举了大量的工作实例。

本套手册选材注重实用，编排全面系统，叙述简明扼要，图表数据可靠。全书采用了最新国家标准。本手册也适合高级工人使用。

这套丛书的作者有长期从事高等、中等职业教育的理论和培训专家，也有长期工作在生产一线的工程技术人员、技师和高级技师。该丛书是在作者们多年从事机械加工技术方面的研究和实践操作的基础上总结撰写而成的。

由于编者水平所限，本套手册中难免存在不足之处，诚恳希望广大读者不吝赐教，提出批评指正。

《机械工人实用技术手册》丛书编委会

再版前言

随着新一轮科技革命和产业变革的孕育兴起，全球科技创新呈现出新的发展态势和特征。这场变革是信息技术与制造业的深度融合，是以制造业数字化、网络化、智能化为核心，建立在物联网和务（服务）联网基础上，同时叠加新能源、新材料等方面的突破而引发的新一轮变革，给世界范围内的制造业带来了广泛而深刻影响。

十年前，随着我国社会主义经济建设的不断快速发展，为适应我国工业化改革进程的需要，特别是机械工业和汽车工业的蓬勃兴起，对机械工人的技术水平提出越来越高的要求。为满足机械制造行业对技能型人才的需求，为他们提供一套内容起点低、层次结构合理的初、中级机械工人实用技术手册，我们特组织了一批高等职业技术院校、技师学院、高级技工学校有多年丰富理论教学经验和高超的实际操作技能水平的教师，编写了这套《机械工人实用技术手册》丛书。首批丛书包括：《车工实用技术手册》《钳工实用技术手册》《铣工实用技术手册》《磨工实用技术手册》《装配钳工实用技术手册》《机修钳工实用技术手册》《模具钳工实用技术手册》《工具钳工实用技术手册》和《焊工实用技术手册》一共九本，后续又增加了《钣金工实用技术手册》《电工实用技术手册》和《维修电工实用技术手册》。这套丛书的出版发行，为广大机械工人理论水平的提升和操作技能的提高起到很好的促进作用，受到广大读者的一致好评！

由百余名院士专家着手制定的《中国制造 2025》，为中国制造业未来 10 年设计顶层规划和路线图，通过努力实现中国制造向中国创造、中国速度向中国质量、中国产品向中国品牌三人转变，推动中国到 2025 年基本实现工业化，迈入制造强国行列。"中国制造 2025"的总体目标：2025 年前，大力支持对国民经济、国防建设和人民生活休戚相关的数控机床与基础制造装备、航空装备、海洋工程装备与船舶、汽车、节能环保等战略必争产业优先发展；选择与国际先进水平已较为接近的航天装备、通信网络装备、发电与输变电装备、轨道交通装备等优势产业，进行重点突破。

"中国制造 2025"提出了我国制造强国建设三个十年的"三步走"战略，是第一个十年的行动纲领。"中国制造 2025"应对新一轮科技革命和产业变革，立足我国转变经济发展方式实际需要，围绕创新驱动、智能转型、强化基础、绿色发展、人才为本等关键环节，以及先进制造、高端装备等重点领域，提出了加快制造业转型升级、提升增效的重大战略任务和重大政策举措，力争到 2025 年从制造大国迈入制造强国行列。

由此看来，技术技能型人才资源已经成为最为重要的战略资源，拥有一大批技艺精湛的专业化技能人才和一支训练有素的技术队伍，已经日益成为影响企业竞争力和综合实力的重要因素之一。机械工人就是这样一支肩负历史使命和时代需求的特殊队伍，他们将为我国从"制造大国"向"制造强国"，从"中国制造"向"中国智造"迈进作出巨大贡献。

在新型工业化道路的进程中，我国机械工业的发展充满了机遇和挑战。面对新的形势，广大机械工人迫切需要知识更新，特别是学习和掌握与新的应用领域有关的新知识和新技能，提高核心竞争力。在这样的大背景下，对《机械工人实用技术手册》丛书进行修订再版。删除第一版中过于陈旧的知识和用处不大实用的理论基础，新增加的知识点、技能点涵盖了当前的较为热门的新技术、新设备，更加能够满足广大读者对知识增长和技术更新的要求。

本书由邱言龙主编，李文菱　陈玉华任副主编，参与编写的人员还有谭修炳、张兵、雷振国、胡新华等，本书由王兵、王秋杰、汪友英担任审稿工作，王兵任主审，全书由邱言龙统稿。

由于编者水平所限，加之时间仓促，以及搜集整理资料方面的局限，知识更新不及时，挂一漏十，书中错误在所难免，望广大读者不吝赐教，以利提高！欢迎读者通过 E-mail：qiuxm6769@sina.com 与作者联系！

编　者

2017.10

前　言

　　2006 年 8 月，由中国社会科学院人力资源研究中心主办，北京国际交流协会承办的"2006 中国杰出人力资源管理者年会"在北京人民大会堂隆重开幕，本届年会的主题是全球化背景下的人才战略与人力资源管理。年会旨在搭建一个人力资源部门管理者与组织领导者共同学习先进人力资源管理知识、共享人力资源管理经验、提升人力资源管理综合水平，从而促进组织持续发展的固定平台。全国人大常委会副委员长蒋正华出席大会并就中国人口战略问题和创新型人才培养问题作了重要讲话。蒋正华指出：我国是世界上人口最多、劳动力资源最丰富的一个国家，但我们不是人力资源强国。所以我们人口战略研究很重要的目标就是要把中国从一个人口数量的大国转变为人力资源的强国，或者讲是人才集中的强国。科技创新能力不高、劳动力素质偏低，这已经成为影响我国经济发展和国际竞争力的瓶颈。在自然资源、物质资源和人力资源这三大战略资源当中，现在看来，我们前两项的资源按照人均来说和世界上其他国家相比都是相对不足的，所以我们特别要在人力资源方面加强投入，这样才能够把我们潜在的人的优势转变为巨大的现实优势。这应该是我们今后在人口战略方面的重点。

　　高级技术工人应该具备技术全面、一专多能、技艺高超、生产实践经验丰富的优良的技术素质。他们担负着组织和解决本工种生产过程中出现的关键或疑难技术问题；开展技术革新、技术改造；推广、应用新技术、新工艺、新设备、新材料以及组织、指导初、中级工人技术培训、考核、评定等工作任务。而要想这些技术工人做到这些，则需要不断学习和提高。为此我们编写了这本《装配钳工实用技术手册》，以满足装配钳工学习的需要，帮助他们提高相关理论与技能操作水平。本书采用了最新国家标准、法定计量单位和最新名词术语；本书立足于实用，在内容组织和编排上图文并茂、通俗易懂，特别强调实践，书中的大量实例来自生产实际和教学实践。

本书共 11 章，主要内容有：装配钳工相关知识，包括机械图样的识读、形位公差和表面粗糙度等知识；机械传动、气压与液压传动；装配钳工专用工具及设备，主要介绍装配钳工专用工具、设备以及精密量具及量仪；大型、畸形工件的划线，介绍了箱体划线、大型工件和畸形工件的划线；机械加工工艺，包括机械加工精度与加工误差、机械加工表面质量，重点介绍了机械制造新工艺与新设备的应用；机械装配工艺及自动化，介绍了典型组件、部件和设备的装配工艺，重点介绍了装配作业自动化、装配线和装配机；机床夹具的设计与制造；特殊孔、难加工材料孔的加工及典型钻头；高精度工件加工及超精加工；机床电气控制及数控机床，重点介绍数控冲压加工，数控电火花成形加工，数控电火花线切割加工及编程；机床的安装调试与维修保养等。

本书内容充实，重点突出，实用性强，除了必需的基础知识和专业理论以外，还包括许多典型的加工实例、操作技能及最新技术的应用，兼顾先进性与实用性，尽可能地反映现代加工技术领域内的实用技术和应用经验。

由于编者水平所限，加之时间仓促，书中错误在所难免，望广大读者不吝赐教，以利提高。欢迎读者通过 E-mail：qiuxm6769@sina.com 与作者联系。

编　者

目　录

2

第一章

装配钳工基础理论知识

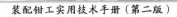 第一节　图样表示方法

一、投影法

1. 投影分类

投影法是图样表达的基础，空间机件也是通过采用不同的投影法所获得的图形来表达其形状的，不同的需要可采用不同的投影法。为此投影法也是技术制图的基础。

投影法将按投射线的类型（平行或汇交），投影面与投射线的相对位置（垂直或倾斜）及物体的主要轮廓与投影面的相对关系（平行、垂直或倾斜）进行分类，其基本分类如图 1-1 所示。

绘制技术图样时，应以采用正投影法为主，以轴测投影法及透视投影法为辅。

2. 正投影法

正投影法有单面和多面之分。如六面基本视图属于多面正投影，轴测投影图则是单面正投影。多面正投影又有第一角画法、第三角画法及镜像投影之分。而在正投影法中，应采用第一角画法。必要时，才允许使用第三角画法。正投影法中三种方法的区别见表 1-1。

3. 轴测投影

轴测投影是将物体连同其参考直角坐标系，沿不平行于任一坐标面的方向，用平行投影法将其投射在单一投影面上所得的具有立体感的图形。常用的轴测投影见表 1-2。

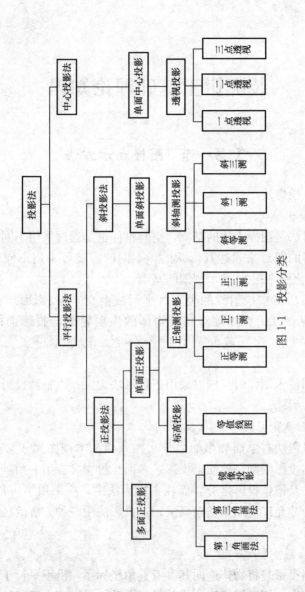

图 1-1 投影分类

表 1-1　正投影法（摘自 GB/T 14692—2008）

投影法 区别	第一角画法	第三角画法	镜像投影
视线、机件及投影平面之间相对位置		投影平面是透明的	投影平面是镜子
六面展开的方向			
六面基本视图的配置			

3

续表

投影法 区别	第一角画法	第三角画法	镜像投影
图样上的识别符号	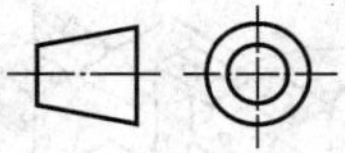	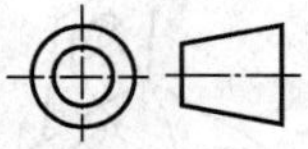	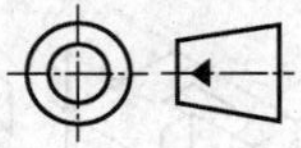
视图上的标注			平面图(镜像) b

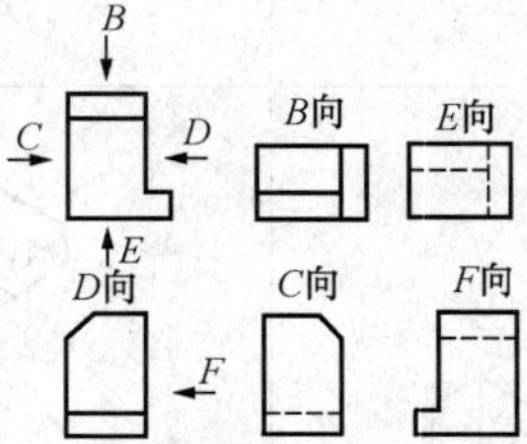

当不按基本视图配置时可用两种表达方法：

a. 在视图的上方标出"×向"；

b. 在视图的下方标出图名

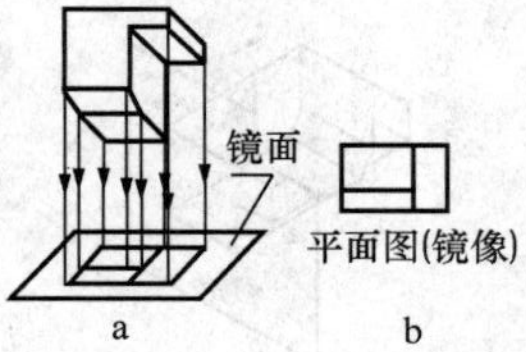

B向　C向　D向　E向　F向

镜面　a

表 1-2　常用的轴测投影（摘自 GB/T 14692—2008）

特性	正轴测投影（投影线与轴测投影面垂直）			斜轴测投影（投影线与轴测投影面倾斜）		
	等测投影	二测投影	三测投影	等测投影	二测投影	三测投影
轴测类型 简称	正等测	正二测	正三测	斜等测	斜二测	斜三测
伸缩系数	$p_1 = q_1 = r_1 = 0.82$	$p_1 = r_1 = 0.94$ $q_1 = \dfrac{p_1}{2} = 0.47$	视具体要求选用	视具体要求选用	$p_1 = r_1 = 1$ $q_1 = 0.5$	视具体要求选用
简化系数	$p = q = r = 1$	$p = r = 1$ $q = 0.5$			无	
轴间角	Z 120° 120° X 120° Y	Z ≈97° 131° X 132° Y			Z 135° 90° Y X 135°	
应用举例 例图						

4. 透视投影

透视投影是用中心投影法将物体投射在单一投影面上所得到的具有立体感的图形。透视图中，观察者眼睛所在的位置，即投影中心称为视点。透视视点的位置应符合人眼观看物体时的位置。视点离开物体的距离一般应使物体位于正常视锥范围内，正常视锥的顶角约为 60°。透视投影的分类及其画法见表 1-3。

表 1-3   透视投影的分类及其画法（摘自 GB/T 14692—2008）

分类\说明	图 例	说 明
一点透视	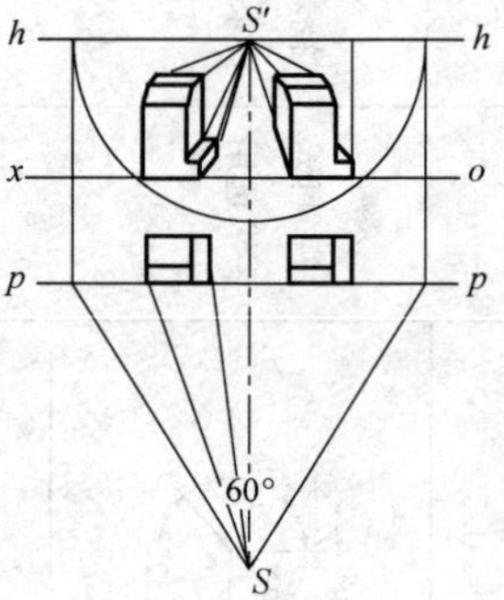	1. 一点透视中画面应与物体的长度和高度两组棱线的方向平行。 2. 物体宽度主方向的棱线与画面垂直，其灭点就是主点。 3. 画一点透视时，可用视线迹点法或距离点法作图
二点透视	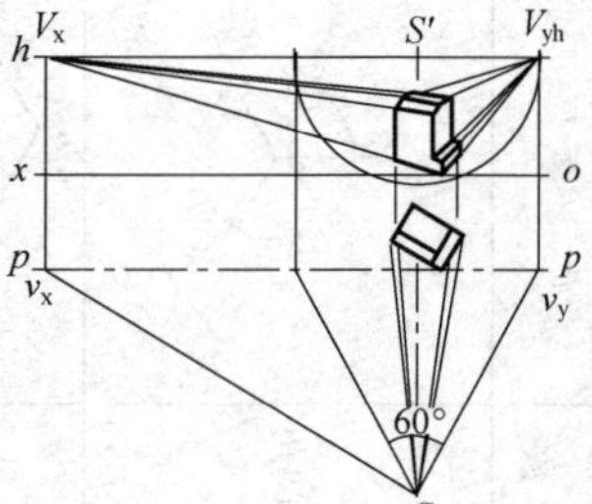	1. 两点透视中，画面应与物体高度方向的棱线平行。 2. 画面与物体的主要立面的偏角以 20°~40° 为宜。 3. 物体的长度和宽度两组主方向的棱线与画面相交，有两个灭点，均位于视平线 h-h 上。 4. 可用迹点灭点法或量点法画二点透视

分类 \ 说明	图　　例	说　　明
三点透视	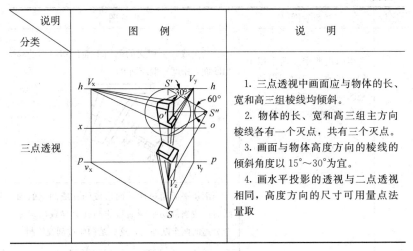	1. 三点透视中画面应与物体的长、宽和高三组棱线均倾斜。 2. 物体的长、宽和高三组主方向棱线各有一个灭点，共有三个灭点。 3. 画面与物体高度方向的棱线的倾斜角度以 15°～30°为宜。 4. 画水平投影的透视与二点透视相同，高度方向的尺寸可用量点法量取

二、剖视图与断面图的具体规定

剖视图与断面图的具体规定比较见表 1-4。

表 1-4　　　　　　　剖视图与断面图的具体规定比较

序号	剖视图	断面图
1	剖视图可以配置在基本视图的位置，或按投影关系配置，也可配置在图样适当的位置上	断面图可以放在基本视图之外任何适当位置——移出断面，也可放在基本视图之内（用细实线画出）——重合断面
2	剖切符号用断开的粗实线画出，以表示剖切面的位置 剖切平面是两粗短划线： 剖切柱面为粗的短圆弧：	剖切面的位置可用剖切符号（与剖视图中的相同），也可用剖切平面迹线（点划线）表示

序号	剖视图	断面图
3	当画由两个或两个以上的相交的剖切面剖切的剖视图时,可按旋转剖或采用展开画法,并应标注"×—×"展开,此展开图可看作是完整的全剖视图	由两个或多个相交的剖切平面剖切得出的移出断面,中间一般应断开
4		当剖切平面通过回转面形成的孔或凹坑的轴线时,或当剖切平面通过非圆孔会导致出现完全分离的两个断面时,这些结构应按剖视绘制
5	当剖视图按投影关系配置,中间又没有其他图形隔开时可省略箭头	省略箭头的情况 对称移出断面、按投影关系配置的不对称移出断面及对称重合断面
	一般不单独省略字母。对阶梯剖中转角处的字母,当地位不够或不易被误解时允许省略	省略字母的情况 配置在剖切符号延长线上的移出断面以及配置在剖切符号上的重合断面

8

序号	剖视图	断面图
6	当单一剖切平面通过机件的对称平面或基本对称的平面，且剖视图按投影关系配置，中间又没有其他图形隔开时可省略标注。当单一剖切面的剖切位置明显时，局部剖视图的标注也可省略	对称的重合断面，配置在视图中断处的对称移出断面均不必标注 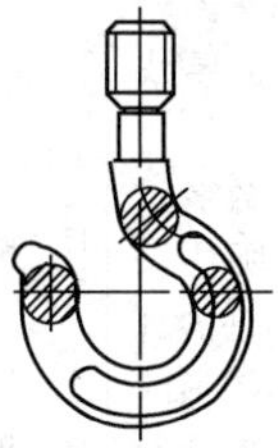
7	剖视图一般不允许旋转后画出，除用斜剖视所得到的剖视图之外	对移出断面，在不致引起误解时允许将图形旋转，并应标注"⌒×—×" 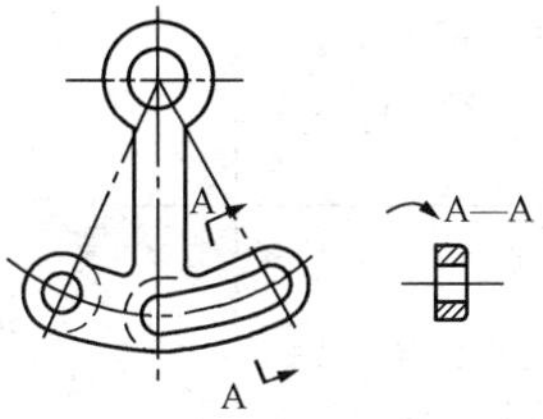

✂ 第二节　尺寸与公差的标注

一、尺寸标注的基本规则

GB/T 458.4—2003《机械制图　尺寸标注》标准中规定了有关标注尺寸的基本规则和标注方法，在画图时必须遵守这些规定，否则就会引起混乱，并给生产带来不必要的损失。表1-5中列出了尺寸标注的基本规则，并适当地加以了说明。

表 1-5　　　　尺寸标注的基本规则 (GB/T 458. 4—2003)

项目	说明	图例
总则	1. 完整的尺寸、由下列内容组成: (1) 尺寸线 (细实线) 和箭头。 (2) 尺寸界线 (细实线)。 (3) 尺寸数字。 2. 图上所注尺寸数值为零件的真实大小,与图形的比例及绘图的准确度无关。 3. 尺寸单位是毫米时不需注明,采用其他单位时必须注明单位的代号或名称。在同一图样中,每一尺寸一般只标注一次	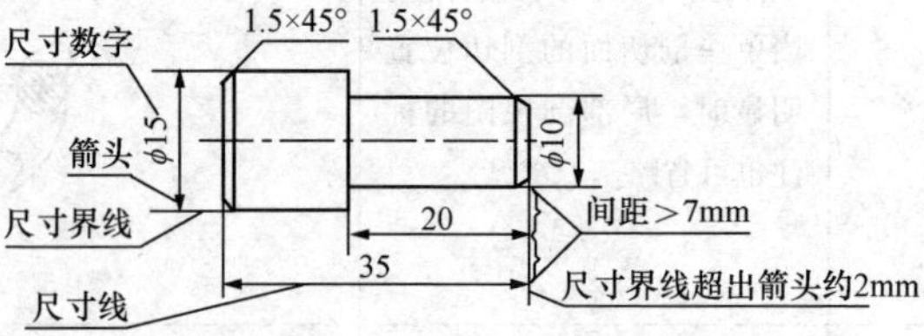
尺寸数字	尺寸数字一般标注在尺寸线的上方或中断处	
	直线尺寸的数字应按图 a 所示的方向填写,并尽量避免在图示 30°范围内标注尺寸。当无法避免时可按图 b 标注。非水平方向的尺寸还可按图 c 标注	

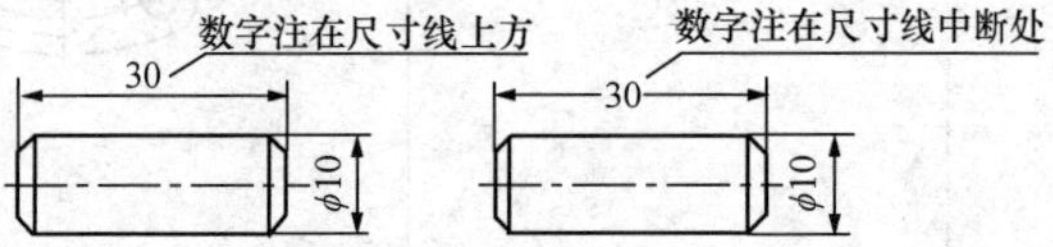

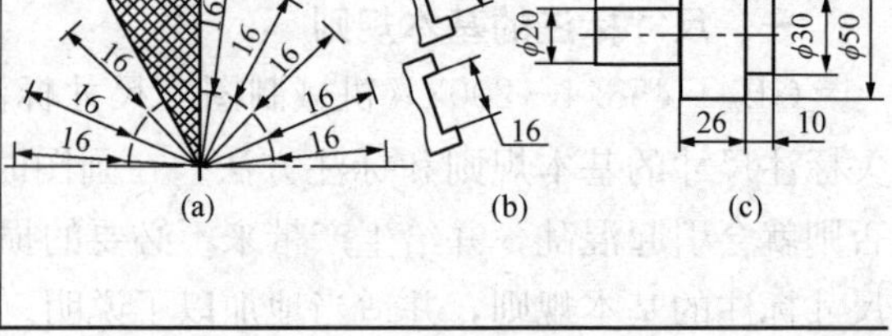

10

项目	说明	图例
尺寸数字	数字不可被任何图线所通过。当不可避免时，必须把图线断开	
尺寸线	1. 尺寸线必须用细实线单独画出。轮廓线、中心线或它们的延长线均不可作尺寸线使用。 2. 标注直线尺寸时，尺寸线必须与所标注的线段平行	
尺寸界线	1. 尺寸界线用细实线绘制，也可以利用轮廓线（图a）或中心线（图b）作尺寸界线。 2. 尺寸界线应与尺寸线垂直。当尺寸界线过于贴近轮廓线时，允许倾斜画出（图c）。 3. 在光滑过渡处标注尺寸时，必须用细实线将轮廓线延长，从它们的交点引出尺寸界线（图d）	

项目	说明	图例
直径与半径	1. 标注直径尺寸时,应在尺寸数字前加注直径符号"ϕ",标注半径尺寸时,加注半径符号"R"。 2. 半径尺寸必须注在投影为圆弧处,且尺寸线应通过圆心	
狭小部位	1. 当没有足够位置画箭头或写数字时,可将其中之一布置在外面。 2. 位置更小时箭头和数字可以都布置在外面。 3. 标注一连串小尺寸时,可用小圆点或斜线代替箭头,但两端箭头仍应画出	
角度	1. 角度的尺寸界线必须沿径向引出。 2. 角度的数字一律水平填写。 3. 角度的数字应写在尺寸线的中断处,必要时允许写在外面,或引出标注	

二、尺寸与公差简化标注法

在很多情况下，作图时只要不导致产生误解，也可以用简化形式标注尺寸。在 GB/T 16675.2—2012《技术制图　简化表示法　第 2 部分　尺寸标注》标准中就明确规定了各种尺寸标注的简化形式，见表 1-6。

表 1-6　　　各种尺寸标注的简化形式（GB/T 16675.2—2012）

标注要求	简化示例	说明
全部相同的尺寸	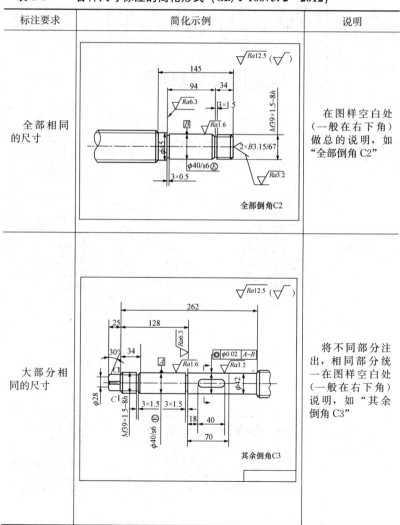	在图样空白处（一般在右下角）做总的说明，如"全部倒角 C2"
大部分相同的尺寸		将不同部分注出，相同部分统一在图样空白处（一般在右下角）说明，如"其余倒角 C3"

13

标注要求	简化示例	说明
相同的重复要素的尺寸	 (a) (b)	仅在一个要素上注明其尺寸和数量。
均布要素尺寸	 (a)　　　　　(b)	相同要素均布者,需标均布符号"EQS"(图 a)。均布明显者,不需标符号"EQS"(图 b)
尺寸数值相近,不易分辨的成组要素的尺寸		采用不同标记的方法加以区别,也可采用标注字母的方法。 当字母或标记过多时,也可另列表说明而不直接标注在图形上

14

续表

标注要求	简化示例	说明
同一基准出发的尺寸		标明基准，用单箭头标注相对于基准的尺寸数字
同一基准出发的尺寸		也可用坐标形式列表标注与基准的关系

孔的编号	X	Y	ϕ
1	25	80	18
2	25	20	18
3	50	65	12
4	50	35	12
5	85	50	26
6	105	80	18
7	105	20	18

标注要求	简化示例	说明
间隔相等的链式尺寸		括号中的尺寸为参考尺寸
不连续的同一表面的尺寸		用细实线将不连续的表面相连，标注一次尺寸
两个形状相同但尺寸不同的零件的尺寸		用一张图表示，将另一件的名称或代号及不同的尺寸列入括号内
45°倒角		用符号 C 表示45°，不必画出倒角，如两边均有45°倒角，可用2×C2表示

标注要求	简化示例	说明
滚花规格	网纹 m5 GB/T 6403.3-2008 直纹 m5 GB/T 6403.3-2008	将网纹形式、规格及标准号标注在滚花表面上，外形圆不必画出滚花符号
同心圆弧或同心圆的尺寸	R12,R22,R30 R14,R20,R30,R40　R40,R30,R20,R14 ϕ60,ϕ100,ϕ120	用箭头指向圆弧并依次标出半径值，在不致引起误解时，除起始第一个箭头外，其余箭头可省略，但尺寸仍应以第一个箭头为首，依次表示
阶梯孔的尺寸	ϕ5,ϕ10,ϕ12	几个阶梯孔可共用一个尺寸线，并以箭头指向不同的尺寸界线，同时以第一个箭头为首，依次标出直径
不同直径的阶梯轴的尺寸		用带箭头的指引线指向各个不同直径的圆表面，并标出相应的尺寸

17

标注要求	简化示例	说明
尺寸线终端形式		可使用单边箭头
不反映真实大小的投影面上的要素尺寸
$4\times\phi4$ $R9$	用真实尺寸标注。由于该投影面上的要素已失真，尺寸与图形不一致，因此在真实尺寸下面加画粗短划，以示与一般情况的区别
光孔、螺孔、沉孔等各类孔的尺寸	$4\times\phi4\ \overline{\vee}10$ 或 $4\times\phi4\ \overline{\vee}10$	深度（符号"$\overline{\vee}$"）为10的4个圆销孔
	$6\times\phi6.5$ $\smile\phi10\times90°$ 或 $6\times\phi6.5$ $\smile\phi10\times90°$	符号"$\vee$"表示埋头孔，埋头孔的尺寸为$\phi10\times90°$
	$8\times\phi6.4$ $\sqcup\phi12\ \overline{\vee}4.5$ 或 $8\times\phi6.4$ $\sqcup\phi12\ \overline{\vee}4.5$	符号"$\sqcup$"表示沉孔或锪平，此处有沉孔$\phi12$深4.5

标注要求	简化示例	说明
同类型或同系列的零件或构件尺寸	在图中标注零件代号，用表列出尺寸 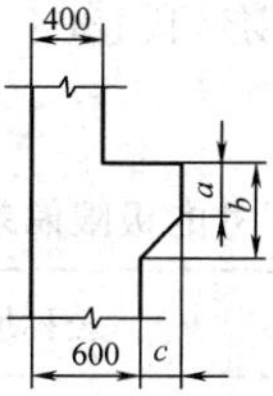 400 600　c No｜a｜b｜c 1｜200｜400｜200 2｜250｜450｜200 3｜200｜450｜250	所示部位中 a、b、c 三个尺寸随零件代号而异，其余均相同

三、尺寸的未注公差值（GB/T 1804—2000）

"未注公差"系指车间的机床设备在一般工艺条件下能达到的公差值。尺寸的未注公差包括线性尺寸、倒圆倒角和角度三部分的未注公差值。

（1）线性尺寸的未注公差值。

1）未注公差值。线性尺寸的未注公差值应采用 GB/T 1804—2000《一般公差　未注公差的线性和角度尺寸的公差》中规定的未注公差值，见表 1-7。它适用于金属切削加工零件的非配合尺寸。

表 1-7　　　　　　　线性尺寸的极限偏差值（单位：mm）

公差等级	公称尺寸分段							
	0.5～3	>3～6	>6～30	>30～120	>120～400	>400～1000	>1000～2000	>2000～4000
精密 f	±0.05	±0.05	±0.1	±0.15	±0.2	±0.3	±0.5	—
中等 m	±0.1	±0.1	±0.2	±0.3	±0.5	±0.8	±1.2	±2.0
粗糙 c	±0.2	±0.3	±0.5	±0.8	±1.2	±2.0	±3.0	±4.0
最粗 v	—	±0.5	±1.0	±0.15	±2.5	±4.0	±6.0	±8.0

2）表示方法。采用未注公差时，必须在图样空白处或技术文件中用标准规定的方法标注，如

"未注公差的尺寸按 GB/T 1804-m"。或"GB/T 1804-m"。

（2）倒圆半径与倒角高度尺寸未注公差值。倒圆半径与倒角高度尺寸的未注公差值应采用 GB/T 1804—2000 中规定的数值，见表 1-8。

表 1-8　　倒圆半径和倒角高度尺寸的极限偏差值（单位：mm）

公差等级	公称尺寸分段			
	0.5～3	>3～6	>6～30	>30
精密 f	±0.2	±0.5	±1.0	±2.0
中等 m				
粗糙 c	±0.4	±1.0	±2.0	±4.0
最粗 v				

（3）角度的未注公差值。

1）未注公差值。角度的未注公差值应采用 GB/T 1804—2000 中的有关规定，见表 1-9。

表 1-9　　　　　　　　角度尺寸的极限偏差值

公差等级	长度分段/mm				
	～10	>10～50	>50～100	>120～400	>400
精密 f	±1°	±30′	±20′	±10′	±5′
中等 m					
粗糙 c	±1°30′	±1°	±30′	±15′	±10′
最粗 v	±3°	±2°	±1°	±30′	±20′

注　长度值按角度短边的长度确定，圆锥角按素线长度确定。

2）表示方法。采用未注公差的图样，应在图样空白处或技术文件中用标准规定的方法表示，如"未注公差的角度按 GB/T 1804-m"

第三节　极限与配合基础

一、互换性概述

1. 互换性的含义

在日常生活中，有大量的现象涉及互换性。例如自行车、手表、汽车、拖拉机、机床等的某个零件若损坏了，可按相同规格购买一个装上，并且在更换与装配后，能很好地满足使用要求。之所以这样方便，就因为这些零件都具有互换性。

互换性是指同规格一批产品（包括零件、部件、构件）在尺寸、功能上能够彼此互相替换的功能。机械制造业中的互换性是指按规定的几何、物理及其他质量参数的公差，来分别制造机器的各个组成部分，使其在装配与更换时不需要挑选、辅助加工或修配，便能很好地满足使用和生产上要求的特性。

要使零件间具有互换性，不必要也不可能使零件质量参数的实际值完全相同，而只要将它们的差异控制在一定的范围内，即应按"公差"来制造。公差是指允许实际质量参数值的变动量。

2. 互换性分类及作用

（1）互换性的种类。互换性按其程度和范围的不同可分为完全互换性（绝对互换）和不完全互换性（有限互换）。

若零件在装配或更换时，不需要选择、辅助加工与修配，就能满足预定的使用要求，则其互换性为完全互换性。不完全互换性是指在装配前允许有附加的选择，装配时允许有附加的调整，但不允许修配，装配后能满足预期的使用要求。

（2）互换性的作用。互换性是机械产品设计和制造的重要原则。按互换性原则组织生产的重要目标是获得产品功能与经济效益的综合最佳效应。互换性是实现生产分工、协作的必要条件，它不仅使专业化生产成为可能，有效提高生产率、保证产品质量、降低生产成本，而且能大大地缩短设计、制造周期。在当今市场竞争日趋激烈、科学技术迅猛发展、产品更新周期越来越短的时代，互换性对于提高产品的竞争能力，从而获得更大的经济效益，尤其具有重要的作用。

3. 标准化的实用意义

要实现互换性，则要求设计、制造、检验等项工作按照统一的标准进行。现代工业生产的特点是规模大、分工细、协作单位多、互换性要求高。为了适应各部门的协调和各生产环节的衔接，必须有统一的标准，才能使分散的、局部的生产部门和生产环节保持必要的技术统一，使之成为一个有机的整体，以实现互换性生产。

标准化是指为在一定的范围内获得最佳秩序，对实际的或潜在的问题制定共同的和重复使用的规则的活动。标准化是用以改造客观物质世界的社会性活动，它包括制定、发布及实施标准的全过程。这种活动的意义在于改进产品、过程及服务的适用性，并促进技术合作。标准化的实现对经济全球化和信息社会化有着深远的意义。

在机械制造业中，标准化是实现互换性生产、组织专业化生产的前提条件；是提高产品质量、降低产品成本和提高产品竞争力的重要保证；是扩大国际贸易、使产品打进国际市场的必要条件。同时，标准化作为科学管理手段，可以获得显著的经济效益。

二、基本术语及其定义

1. 公差与配合最新标准及实用意义

为了保证互换性，统一设计、制造、检验和使用者的认识，在公差与配合标准中，首先对与组织互换性生产密切相关、带有共同性的常用术语和定义，如有关尺寸、公差、偏差和配合、标准公差和基本偏差等的基本术语及数值表等做出了明确的规定。

公差与配合标准最新标准及实用意义如下：

(1)《产品几何技术规范（GPS）极限与配合　第1部分：公差、偏差和配合的基础》的国家标准代号为 GB/T 1800.1—2009，代替了 GB/T 1800.1—1997、GB/T 1800.2—1998 和 GB/T 1800.3—1997。

(2)《产品几何技术规范（GPS）极限与配合　第2部分：标准公差等级和孔、轴极限偏差》的国家标准代号为 GB/T 1800.2—2009，代替了 GB/T 1800.4—1997。

（3）《产品几何技术规范（GPS）极限与配合公差带和配合的选择》的国家标准代号为 GB/T 1801—2009，代替了 GB/T 1801—1999。

（4）《机械制图尺寸公差与配合标注》的国家标准代号为 GB/T 4458.5—2003，代替了 GB/T 4458.5—1984。

（5）《产品几何量技术规范（GPS）几何要素　第 1 部分：基本术语和定义》GB/T 18780.1—2002。

（6）《产品几何量技术规范（GPS）几何要素　第 2 部分：圆柱面和圆锥面的提取中心线、平行平面的提取中心面、提取要素的局部尺寸》GB/T 18780.2—2003。

2. 尺寸的术语和定义

（1）尺寸。尺寸是指以特定单位表示线性尺寸值的数值，如图 1-2 所示。线性尺寸值包括直径、半径、宽度、高度、深度、厚度及中心距等。技术图样上尺寸数值的特定单位为 mm，一般可省略不写。

（2）公称尺寸。由图样规范确定的理想形状要素的尺寸，如图 1-2 所示。例如设计给定的一个孔或轴的直径尺寸，如图 1-3 所示孔或轴的直径尺寸 $\phi 65$ 即为公称尺寸。公称尺寸由设计时给定，是在设计时考虑了零件的强度、刚度、工艺及结构等方面的因素，通过计算或依据经验确定的。通过它应用上、下极限偏差可以计算出极限尺寸。公称尺寸可以是一个整数或一个小数值，如 36、25.5、68、0.5、……。孔和轴的公称尺寸分别以字母 D 和 d 表示。

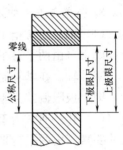

图 1-2　公称尺寸、上极限尺寸和下极限尺寸

（3）极限尺寸。尺寸要素允许尺寸的两个极端。设计中规定极限尺寸是为了限制工件尺寸的变动，以满足预定的使用要求，如图 1-4 所示。

1）上极限尺寸。尺寸要素允许的最大尺寸。如图 1-3（a）所示轴的上极限尺寸是 $\phi 65.021$。

2）下极限尺寸。尺寸要素允许的最小尺寸。如图 1-3（a）所示轴的下极限尺寸是 $\phi65.002$。

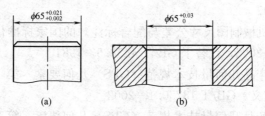

图 1-3　孔、轴公称尺寸和极限偏差

（4）实际（组成）要素。由实际（组成）要素所限定的工件实际表面组成要素部分。

（5）提取（组成）要素。按规定方法，由实际（组成）要素提取有限数目的点所形成的实际（组成）要素的近似替代。

（6）拟合（组成）要素。按规定方法，由提取（组成）要素所形成的并具有理想形状的组成要素。

3. 公差与偏差的术语和定义

（1）轴。通常指工件的圆柱形外尺寸要素，也包括非圆柱形外尺寸要素（由两平行平面或切面形成的被包容面）。

基准轴。在基轴制配合中选作基准的轴。对本标准极限与配合制，即上极限偏差为零的轴。

（2）孔。通常指工件的圆柱形内尺寸要素，也包括非圆柱形内尺寸要素（由两平行平面或切面形成的包容面）。

基准孔。在基孔制配合中选作基准的孔。对本标准极限与配合制，即下极限偏差为零的孔。

（3）零线。在极限与配合图解中表示公称尺寸的一条直线，以它为基准确定偏差和公差。通常零线沿水平方向绘制，正偏差位于其上、负偏差位于其下，如图 1-5 所示。

（4）偏差。某一尺寸减其公称尺寸所得的代数差。

1）极限偏差：极限尺寸减公称尺寸所得的代数差，有上极限偏差和下极限偏差之分，见图 1-4。轴的上、下极限偏差代号用小写字母 es、ei；孔的上、下极限偏差代号用大写字母 ES、EI。

上极限尺寸－公称尺寸＝上极限偏差（孔为 ES，轴为 es）

下极限尺寸－公称尺寸＝下极限偏差（孔为 EI，轴为 ei）

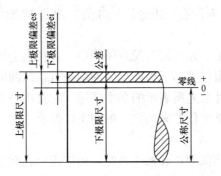

图 1-4　极限尺寸和极限偏差

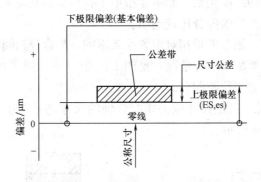

图 1-5　极限与配合图解

上、下极限偏差可以是正值、负值或"零"。例如图 1-3（b）所示 ϕ65 孔的上极限偏差为正值（＋0.03），下极限偏差为"零"。

2）基本偏差：在本标准极限与配合制中，确定公差带相对零线位置的那个极限偏差，它可以是上极限偏差或下极限偏差，一般是靠近零线的那个偏差，如图 1-5 所示的下极限偏差为基本偏差。

（5）尺寸公差（简称公差）。允许尺寸的变动量。

上极限偏差－下极限偏差＝公差

上极限尺寸－下极限尺寸＝公差

尺寸公差是一个没有符号的绝对值。

1）标准公差（IT）：本标准极限与配合制中，所规定的任一公差(字母"IT"为"国际公差"的符号)。

2)标准公差等级:本标准极限与配合制中,同一公差等级(例如"IT7")对所有一组公称尺寸的一组公差被认为具有同等精确程度。

(6)公差带。在极限与配合图解中,由代表上极限偏差和下极限偏差或上极限尺寸和下极限尺寸的两条直线之间的一个区域,实际上也就是尺寸公差所表示的那个区域,它是由公差大小和其相对零线的位置如基本偏差来确定,如图1-6所示。

4.配合及配合种类

公称尺寸相同的孔和轴结合时,用于表示孔和轴公差带之间的关系称为配合。相配合孔和轴的公称尺寸必须相同。由于配合是指一批孔和轴的装配关系,而不是指单个孔和轴的装配关系,所以用公差带关系来反映配合比较确切。

根据孔、轴公差带相对位置关系不同,配合分为间隙配合、过盈配合和过渡配合三种情况,见图1-7、图1-9和图1-10。

(1)间隙与间隙配合。

1)间隙:孔的尺寸减去相配合轴的尺寸之差为正值,称为间隙,如图1-6所示。

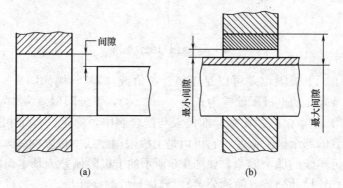

图 1-6 间隙与间隙配合

(a) 间隙;(b) 间隙配合

孔的下极限尺寸-轴的上极限尺寸=最小间隙

孔的上极限尺寸-轴的下极限尺寸=最大间隙

2）间隙配合：孔的公差带在轴的公差带之上。实际孔的尺寸一定大于实际轴的尺寸，孔、轴之间产生间隙（包括最小间隙等于零），如图 1-7 所示。

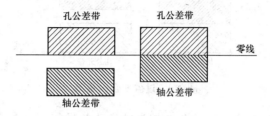

图 1-7　间隙配合示意图

（2）过盈与过盈配合。

1）过盈：孔的尺寸减去相配合轴的尺寸之差为负值，称为过盈，如图 1-8 所示。

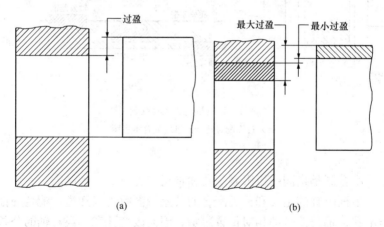

图 1-8　过盈与过盈配合

（a）过盈；（b）过盈配合

　　孔的上极限尺寸－轴的下极限尺寸＝最小过盈

　　孔的下极限尺寸－轴的上极限尺寸＝最大过盈

2）过盈配合：孔的公差带在轴的公差带之下。实际孔的尺寸一定小于实际轴的尺寸，孔、轴之间产生过盈，需在外力作用下孔与轴才能结合，如图 1-9 所示。

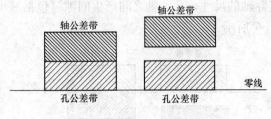

图 1-9　过盈配合示意图

3) 过渡配合：孔的公差带与轴的公差带相互交叠。孔、轴结合时既可能产生间隙，也可能产生过盈，如图 1-10 所示。

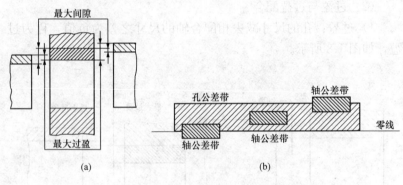

图 1-10　过度配合示意图

（a）过度配合；（b）过度配合示意图

5. 配合制

配合制是指同一极限制的孔和轴组成配合的一种制度。

根据配合的定义和三类配合的公差带图解可以知道，配合的性质由孔、轴公差带的相对位置决定，因而改变孔和（或）轴的公差带位置，就可以得到不同性质的配合。配合制分为基孔制配合和基轴制配合。

（1）基孔制配合：基本偏差为一定的孔的公差带，与基本偏差不同的轴的公差带形成各种配合的制度，如图 1-11 所示。这时孔为基准件，称为基准孔。对本标准极限与配合制，是孔的下极限尺寸与公称尺寸相等，它的基本偏差代号为 H（下极限偏差为零）。

采用基孔制时的轴为非基准件，也称为配合件。

（2）基轴制配合：基本偏差为一定的轴的公差带，与基本偏差不同的孔的公差带形成各种配合的制度，如图 1-12 所示。这时轴为基准件，称为基准轴。对本标准极限与配合制，是轴的上极限尺寸与公称尺寸相等，它的基本偏差代号为 h（上极限偏差为零）。采用基轴制时的孔为非基准件，或称为配合件。

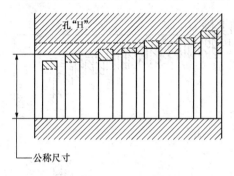

图 1-11 基孔制配合

注：水平实线代表孔或轴的基本偏差。虚线代表另一个极限，表示孔与轴之间可能的不同组合与它们的公差等级有关。

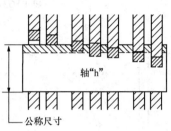

图 1-12 基轴制配合

注：水平实线代表孔或轴的基本偏差。虚线代表另一个极限，表示孔与轴之间可能的不同组合与它们的公差等级有关。

三、基本规定

1. 基本偏差代号

基本偏差的代号用拉丁字母表示，大写的为孔，小写的为轴，各 28 个，如图 1-13 所示。

2. 偏差代号

偏差代号规定如下：孔的上极限偏差 ES，孔的下极限偏差 EI；轴的上极限偏差 es，轴的下极限偏差 ei。

3. 公差带代号和配合代号

（1）公差带代号由表示基本偏差代号的拉丁字母和表示标准公差等级的阿拉伯数字组合而成，大写字母表示孔的基本偏差，小写字母表示轴的基本偏差，如图 1-14 所示的"H7"和"k6"。

根据公称尺寸和公差带代号，查阅国家标准 GB/T 1800.2—

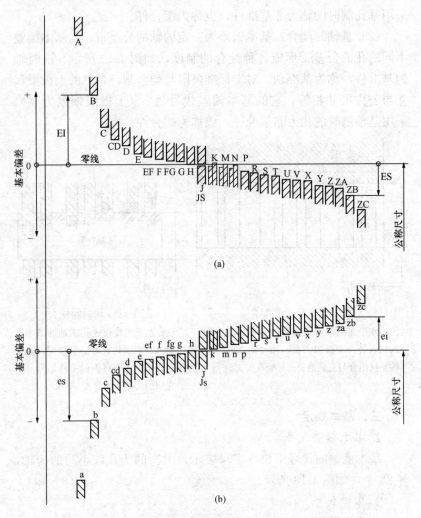

图 1-13 基本偏差示意图

(a) 孔的基本偏差；(b) 轴的基本偏差

2009，可获得该尺寸的上、下极限偏差值。例如图 1-14 所示的孔"$\phi 65\text{H}7$"查表可得上极限偏差为"$+0.03$"、下极限偏差为"0"；轴"$\phi 65\text{k}6$"查表可得上极限偏差为"$+0.021$"、下极限偏差为"$+0.002$"。

（2）配合代号由孔、轴的公差带代号以分数形式（分子为孔的公差带、分母为轴的公差带）组成配合代号，例如 $\phi85H8/f7$ 或 $\phi85\dfrac{H8}{f7}$，如图 1-14 所示的孔与轴结合时组成的配合代号应当是"H7/k6"。

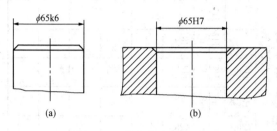

图 1-14　公差带代号标注

4. 基孔制和基轴制优先、常用配合

GB/T 1801—2009 给出了基孔制优先、常用配合和基轴制优先、常用配合，见表 1-1 和表 1-2。选择时，应首先选用优先配合。

5. 在装配图中标注配合关系的方法

在装配图中一般标注线性尺寸的配合代号或分别标出孔和轴的极限偏差值。

（1）在装配图中标注线性尺寸的配合代号时，可在尺寸线的上方用分数形式标注，分子为孔的公差带代号，分母为轴的公差带代号，如图 1-15（a）所示。

必要时（例如尺寸较多或地位较狭小）也可将公称尺寸和配合代号标注在尺寸线中断处，如图 1-15（b）所示。或将配合代号写成分子与分母用斜线隔开的形式，并注写在尺寸线上方，见图 1-15（c）。

（2）在装配图中标注相配合零件的极限偏差时，一般将孔的公称尺寸和极限偏差注写在尺寸线的上方，轴的公称尺寸和极限偏差注写在尺寸线的下方，如图 1-15d 所示。

也允许按图 1-15e 所示的方式，公称尺寸只注写一次，孔的极限偏差注写在尺寸线的上方，轴的极限偏差则注写在尺寸线的下方。

表 1-10　　　　基孔制优先、常用配合

基准孔	轴																				
	间隙配合								过渡配合				过盈配合								
	a	b	c	d	e	f	g	h	js	k	m	n	p	r	s	t	u	v	x	y	z
H6						$\frac{H6}{f5}$	$\frac{H6}{g5}$	$\frac{H6}{h5}$	$\frac{H6}{js5}$	$\frac{H6}{k5}$	$\frac{H6}{m5}$	$\frac{H6}{n5}$	$\frac{H6}{p5}$	$\frac{H6}{r5}$	$\frac{H6}{s5}$	$\frac{H6}{t5}$					
H7						$\frac{H7}{f6}$	$*\frac{H7}{g6}$	$*\frac{H7}{h6}$	$\frac{H7}{js6}$	$*\frac{H7}{k6}$	$\frac{H7}{m6}$	$*\frac{H7}{n6}$	$*\frac{H7}{p6}$	$\frac{H7}{r6}$	$*\frac{H7}{s6}$	$\frac{H7}{t6}$	$*\frac{H7}{u6}$	$\frac{H7}{v6}$	$\frac{H7}{x6}$	$\frac{H7}{y6}$	$\frac{H7}{z6}$
H8					$\frac{H8}{e7}$	$*\frac{H8}{f7}$	$\frac{H8}{g7}$	$*\frac{H8}{h7}$	$\frac{H8}{js7}$	$\frac{H8}{k7}$	$\frac{H8}{m7}$	$\frac{H8}{n7}$	$\frac{H8}{p7}$	$\frac{H8}{r7}$	$\frac{H8}{s7}$	$\frac{H8}{t7}$	$\frac{H8}{u7}$				
H8				$\frac{H8}{d8}$	$\frac{H8}{e8}$	$\frac{H8}{f8}$		$\frac{H8}{h8}$													
H9			$\frac{H9}{c9}$	$*\frac{H9}{d9}$	$\frac{H9}{e9}$	$\frac{H9}{f9}$		$*\frac{H9}{h9}$													
H10			$\frac{H10}{c10}$	$\frac{H10}{d10}$				$\frac{H10}{h10}$													
H11	$\frac{H11}{a11}$	$\frac{H11}{b11}$	$*\frac{H11}{c11}$	$\frac{H11}{d11}$				$*\frac{H11}{h11}$													
H12		$\frac{H12}{b12}$						$\frac{H12}{h12}$													

注：1. $\frac{H6}{n5}$、$\frac{H7}{p6}$ 在公称尺寸小于或等于 3mm 和 $\frac{H8}{r7}$ 在公称尺寸小于或等于 100mm 时，为过渡配合。

　　2. 标注 * 的配合为优先配合。

表 1-11　基轴制优先、常用配合

基准轴	孔																				
	A	B	C	D	E	F	G	H	JS	K	M	N	P	R	S	T	U	V	X	Y	Z
	间隙配合								过渡配合				过盈配合								
h5						$\frac{F6}{h5}$	$\frac{G6}{h5}$	$\frac{H6}{h5}$	$\frac{JS6}{h5}$	$\frac{K6}{h5}$	$\frac{M6}{h5}$	$\frac{N6}{h5}$	$\frac{P6}{h5}$	$\frac{R6}{h5}$	$\frac{S6}{h5}$	$\frac{T6}{h5}$					
h6						$\frac{F7}{h6}$	$*\frac{G7}{h6}$	$*\frac{H7}{h6}$	$\frac{JS7}{h6}$	$*\frac{K7}{h6}$	$\frac{M7}{h6}$	$*\frac{N7}{h6}$	$*\frac{P7}{h6}$	$\frac{R7}{h6}$	$*\frac{S7}{h6}$	$\frac{T7}{h6}$	$*\frac{U7}{h6}$				
h7					$\frac{E8}{h7}$	$*\frac{F8}{h7}$		$*\frac{H8}{h7}$	$\frac{JS8}{h7}$	$\frac{K8}{h7}$	$\frac{M8}{h7}$	$\frac{N8}{h7}$									
h8				$\frac{D8}{h8}$	$\frac{E8}{h8}$	$\frac{F8}{h8}$		$\frac{H8}{h8}$													
h9				$*\frac{D9}{h9}$	$\frac{E9}{h9}$	$\frac{F9}{h9}$		$*\frac{H9}{h9}$													
h10				$\frac{D10}{h10}$				$\frac{H10}{h10}$													
h11	$\frac{A11}{h11}$	$\frac{B11}{h11}$	$*\frac{C11}{h11}$	$\frac{D11}{h11}$				$*\frac{H11}{h11}$													
h12		$\frac{B12}{h12}$						$\frac{H12}{h12}$													

注：标注 * 的配合为优先配合。

若需要明确指出装配件的序号，例如同一轴（或孔）和几个零件的孔（或轴）相配合且有不同的配合要求，如果采用引出标注时，为了明确表达所注配合是哪两个零件的关系，可按图 1-15（f）所示的形式注出装配件的序号。

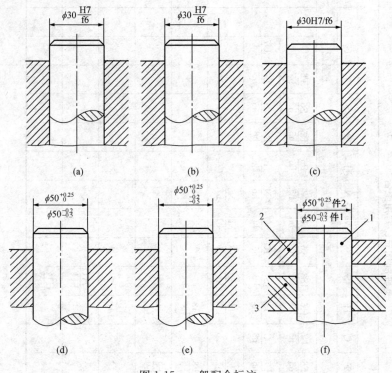

图 1-15 一般配合标注

（3）标注与标准件配合的要求时，可只标注该零件的公差带代号，如图 1-16 所示与滚动轴承相配合的轴与孔，只标出了它们自身的公差带代号。

四、公差带与配合种类的选用

1. 配合制、公差等级和配合种类的选择依据

公差与配合（极限与配合）国家标准（GB/T 1801—2009）的应用，实际上就是如何根据使用要求正确合理地选择符合标准规定的孔、轴的公差带大小和公差带位置。在公称尺寸确定以后，就是配合制、

公差等级和配合种类的选择问题。

国家标准规定的孔、轴基本偏差数值，可以保证在一定条件下基孔制的配合与相应的基轴制配合性质相同。所以，在一般情况下，无论选用基孔制配合还是基轴制配合，都可以满足同样的使用要求。可以说，配合制的选择基本上与使用要求无关，主要的考虑因素是生产的经济性和结构的合理性。

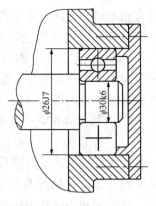

图 1-16　与标准件配合的标注

2. 一般情况下优先选用基孔制配合

从工艺上看，对较高精度的中、小尺寸孔，广泛采用定值刀、量具（钻头、铰刀、拉刀、塞规等）加工和检验，且每把刀具只能加工一种尺寸的孔。加工轴则不然，不同尺寸的轴只需要用某种刀具通过调整其与工件的相对位置加工即可。因此，采用基孔制可减少定值刀、量具的规格和数量，经济性较好。

3. 特殊情况选用基轴制配合

（1）直接采用冷拉钢材做轴，不再切削加工，宜采用基轴制。如农机、纺机和仪表等机械产品中，一些精度要求不高的配合，常用冷拉钢材直接做轴，而不必加工，此时可用基轴制。

（2）有些零件由于结构或工艺上的原因，必须采用基轴制。例如，图 1-17（a）所示活塞连杆机构，工作时活塞销与连杆小头孔

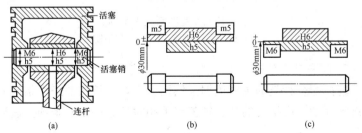

（a）　　　　　　　（b）　　　　　　　（c）

图 1-17　活塞连杆机构

（a）活塞连杆机构；（b）基孔制配合；（c）基轴制配合

需有相对运动，而与活塞孔无相对运动。因此，前者应采用间隙配合，后者采用较紧的过渡配合便可。当采用基孔制配合时［见图1-17（b）］，活塞销要制成两头大、中间小的阶梯形。这样不仅不便于加工，更重要的是装配时会挤伤连杆小头孔表面。当采用基轴制配合时［见图1-17（c）］，则不存在这种情况。

4. 与标准件配合时配合制的选择

（1）与标准件配合时应按标准件确定。例如为了获得所要求的配合性质，滚动轴承内圈与轴的配合应采用基孔制配合，而滚动轴承外圈与壳体孔的配合应采用基轴制配合，因为滚动轴承是标准件，所以轴和壳体孔应按滚动轴承确定配合制。

（2）特殊需要时需采用非基准件配合。例如图1-18所示的隔套是将两个滚动轴承隔开以提高刚性作轴向定位用的。为使安装方便，隔套与齿轮轴筒的配合应选用间隙配合。由于齿轮轴筒与滚动轴承的配合已按基孔制选定了js6公差带，因此，隔套内孔公差带只好选用非基准孔公差带［见图1-18（b）］才能得到间隙配合。

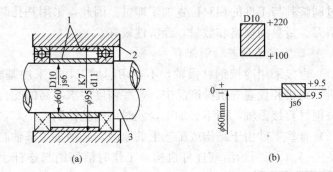

图 1-18　非基准制应用示例

1—隔套；2—主轴箱孔；3—齿轮轴筒

5. 配合种类的选用

选择配合种类的主要依据是使用要求，应该按照工作条件要求的松紧程度（由配合的孔、轴公差带相对位置决定）来选择适当的配合。

选择基本偏差代号通常有以下三种方法：

（1）计算法。计算法是根据一定的理论和公式，计算出所需间隙和过盈，然后对照国标选择适当配合的方法。例如，对高速旋转运动的间隙配合，可用流体润滑理论计算，保证滑动轴承处于液体摩擦状态所需的间隙；对不加辅助件（如键、销等）传递转矩的过盈配合，可用弹塑性变形理论算出所需的最小过盈。计算法虽然麻烦，但是理论根据较充分，方法较科学。由于影响配合间隙或过盈的因素很多，所以在实际应用时还需经过试验来确定。

（2）试验法。试验法是根据多次试验的结果，寻求最合理的间隙或过盈，从而确定配合的一种方法。这种方法主要用于重要的、关键性的配合。例如，机车车轴与轴轮的配合，就是用试验方法来确定的。一般采用试验法的结果较为准确可靠，但试验工作量大，费用昂贵。

（3）类比法。类比法是指在同类型机器或机构中，经过生产实践验证的已用配合的实例，再考虑所设计机器的使用要求，并进行分析对比确定所需配合的方法。在生产实践中，广泛使用选择配合的方法就是类比法。

要掌握类比法这种方法，应该做到以下两点：

1）分析零件的工作条件和使用要求。用类比法选择配合种类时，要先根据工作条件要求确定配合类别。若工作时相配孔、轴有相对运动，或虽无相对运动却要求装拆方便，则应选用间隙配合；主要靠过盈来保证相对静止或传递负荷的相配孔、轴，应该选用过盈配合；若相配孔、轴既要求对准中心（同轴），又要求装拆方便，则应选用过渡配合。

配合类别确定后，再进一步选择配合的松紧程度。表 1-12 供分析时参考。

表 1-12   **工作条件对配合松紧的要求**

工作条件	配合
经常拆卸 工作时孔的温度比轴低 形状和位置误差较大	松

续表

工作条件	配合
有冲击和振动 表面较粗糙 对中性要求高	紧

2) 了解各配合的特性与应用。基准制选定后，配合的松紧程度的选择就是选取非基准件的基本偏差代号。为此，必须了解各基本偏差代号的配合特性。表 1-13 列出了按基孔制配合的轴的基本偏差特性和应用（对基轴制配合的同名的孔的基本偏差也同样适用）。

表 1-13 轴的基本偏差选用说明

配合	基本偏差	特性及应用
间隙配合	a，b	间隙特别大，应用很少
	c	间隙很大，一般适用于缓慢、松弛的动配合。用于工作条件较差（如农业机械），受力变形，或为了便于装配，而必须保证有较大的间隙时，推荐配合为 H11/c11。其较高等级的 H8/c7 配合，适用于轴在高温工作的紧密配合，例如内燃机排气阀和导管
	d	一般用于 IT7～IT11 级，适用于松的转动配合，如密封盖、滑轮、空转皮带轮等与轴的配合。也适用于对大直径滑动轴承配合，如透平机、球磨机、轧滚成型和重型弯曲机，以及其他重型机械中的一些滑动轴承
	e	多用于 IT7～IT9 级，通常用于有明显间隙，易于转动的轴承配合，如大跨距轴承、多支点轴承等配合。高等级的 e 轴适用于大的、高速、重载支撑，如涡轮发电机、大型电动机及内燃机主要轴承、凸轮轴轴承等配合
	f	多用于 IT6～IT8 级的一般转动配合。当温度影响不大时，被广泛用于普通润滑油（或润滑脂）润滑的支撑，如齿轮箱、小电动机、泵等的转轴与滑动轴承的配合
	g	配合间隙很小，制造成本高，除负荷很轻的精密装置外，不推荐用于转动配合。多用于 IT5～IT7 级，最适合不回转的精密滑动配合，也用于插销等定位配合，如精密连杆轴承、活塞及滑阀、连杆销等
	h	多用于 IT4～IT11 级。广泛用于无相对转动的零件，作为一般的定位配合。若没有温度、变形影响，也用于精密滑动配合

配合	基本偏差	特性及应用
过渡配合	js	偏差完全对称（±IT/2），平均间隙较小的配合，多用于 IT4～IT7 级，要求间隙比 h 轴小，并允许略有过盈的定位配合，如联轴器、齿圈与钢制轮毂，可用木槌装配
	k	平均间隙接近于零的配合，适用于 IT4～IT7 级，推荐用于稍有过盈的定位配合，例如为了消除振动用的定位配合，一般用木槌装配
	m	平均过盈较小的配合，适用于 IT4～IT7 级，一般可用木槌装配，但在最大过盈时，要求相当的压入力
	n	平均过盈比 m 轴稍大，很少得到间隙，适用于 IT4～IT7 级，用槌或压入机装配，通常推荐用于紧密的组件配合。H6/n5 配合时为过盈配合
过盈配合	p	与 H6 或 H7 孔配合时是过盈配合，与 H8 孔配合时则为过渡配合。对非铁类零件，为较轻的压入配合，当需要时易于拆卸。对钢、铸铁或铜、钢组件装配是标准压入配合
	r	对钢铁类零件为中等打入配合，对非铁类零件，为轻打入的配合，当需要时可以拆卸。与 H8 孔配合，直径在 100mm 以上时为过盈配合，直径小时为过渡配合
	s	用于钢铁类零件的永久性和半永久性装配，可产生相当大的结合力。当用弹性材料，如轻合金时，配合性质与钢铁类零件的 p 轴相当。例如套环压装在轴上、阀座等的配合。尺寸较大时，为了避免损伤配合表面，需用热胀或冷缩法装配
	t	过盈较大的配合。对钢和铸铁零件适用于作永久性结合，不用键可传递转矩，需用热胀或冷缩法装配，例如联轴器与轴的配合
	u	这种配合过盈大，一般应验算在最大过盈时，工件材料是否损坏，要用热胀或冷缩法装配，例如火车轮毂和轴的配合
	v，x，y，z	这些基本偏差所组成的配合过盈量更大，目前能参考的经验和资料还很少，须经试验后才应用，一般不推荐

　　另外，在实际工作中，应根据工作条件的要求，首先从标准规定的优先配合中选用，不能满足要求时，再从常用配合中选用。若常用配合还不能满足要求，则可依次由优先公差带、常用公差带以及一般用途公差带中选择适当的孔、轴组成符合要求的配合。在个别特殊情况下，也允许根据国家标准规定的标准公差系列和基本偏差系列，组成孔、轴公差带，获得适当的配合。表 1-14 列出了标

准规定的基孔制和基轴制各 10 种优先配合的选用说明，可供参考。

表 1-14　　　　　　　　优先配合的选用说明

优先配合	说　明
$\dfrac{H11}{c11}$，$\dfrac{C11}{h11}$	间隙极大。用于转速很高，轴、孔温差很大的滑动轴承；要求大公差、大间隙的外露部分；要求装配极方便的配合
$\dfrac{H9}{d9}$，$\dfrac{D9}{h9}$	间隙很大。用于转速较高，轴颈压力较大、精度要求不高的滑动轴承
$\dfrac{H8}{f7}$，$\dfrac{F8}{h7}$	间隙不大。用于中等转速、中等轴颈压力、有一定精度要求的一般滑动轴承；要求装配方便的中等定位精度的配合
$\dfrac{H7}{g6}$，$\dfrac{G7}{h6}$	间隙很小。用于低速转动或轴向移动的精密定位的配合；需要精确定位又经常装拆的不动配合
$\dfrac{H7}{h6}$，$\dfrac{H8}{h7}$，$\dfrac{H9}{h9}$，$\dfrac{H11}{h11}$	最小间隙为零。用于间隙定位配合，工作时一般无相对运动；也用于高精度低速轴向移动的配合。公差等级由定位精度决定
$\dfrac{H7}{k6}$，$\dfrac{K7}{h6}$	平均间隙接近于零。用于要求装拆的精密定位的配合
$\dfrac{H7}{n6}$，$\dfrac{N7}{h6}$	较紧的过渡配合。用于一般不拆卸的更精密定位的配合
$\dfrac{H7}{p6}$，$\dfrac{P7}{h6}$	过盈很小。用于要求定位精度高，配合刚性好的配合；不能只靠过盈传递载荷
$\dfrac{H7}{s6}$，$\dfrac{S7}{h6}$	过盈适中。用于靠过盈传递中等载荷的配合
$\dfrac{H7}{u6}$，$\dfrac{U7}{h6}$	过盈较大。用于靠过盈传递较大载荷的配合。装配时需加热孔或冷却轴

✂ 第四节　几　何　公　差

一、几何误差的产生及其对零件使用性能的影响

任何机械产品均是按照产品设计图样，经过机械加工和装配而获得。不论加工设备和方法如何精密、可靠，功能如何齐全，除了尺寸的误差以外，所加工的零件和由零件装配而成的组件和成品也都不可能完全达到图样所要求的理想形状和相互间的准确位置。在实际加工中所得到的形状和相互间的位置相对于其理想形状和位置的差异就是形状和位置的误差（简称几何误差）。

零件上存在的各种几何误差，一般是由加工设备、刀具、夹具、原材料的内应力、切削力等各种因素造成的。

几何误差对零件的使用性能影响很大，归纳起来主要有以下三个方面：

（1）影响工作精度。机床导轨的直线度误差，会影响加工精度；齿轮箱上各轴承座的位置误差，将影响齿轮传动的齿面接触精度和齿侧间隙。

（2）影响工作寿命。连杆的大、小头孔轴线的平行度误差，会加速活塞环的磨损而影响密封性，使活塞环的寿命缩短。

（3）影响可装配性。轴承盖上各螺钉孔的位置不正确，当用螺栓往机座上紧固时，有可能影响其自由装配。

二、几何公差标准

零件的几何误差对其工作性能的影响不容忽视，当零件上需要控制实际存在的某些几何要素的形状、方向、位置和跳动公差时，必须予以必要而合理的限制，即规定形状和位置公差（简称几何公差）。我国关于几何公差的标准有 GB/T 1184—1996《形状和位置公差　未注公差值》、GB/T 4249—1996《公差原则》和 GB/T 16671—1996《形状和位置公差　最大实体要求、最小实体要求和可逆要求》等。《产品几何技术规范（GPS）几何公差形状、方向、位置和跳动公差标注》的国家标准代号为 GB/T 1182—2008，等同采用国际标准 ISO 1101：2004，代替了 GB/T 1182—1996《形

状和位置公差通则、定义、符号和图样表示法》。

1. 要素

为了保证合格完工零件之间的可装配性，除了对零件上某些关键要素给出尺寸公差外，还需要对一些要素给出几何公差。

要素是指零件上的特定部位——点、线或面。这些要素可以是组成要素（例如圆柱体的外表面），也可以是导出要素（例如中心线或中心面）。

按照几何公差的要求，要素可区分为：

（1）拟合组成要素和实际（组成）要素。拟合组成要素就是按规定方法，由提取（组成）要素所形成的并具有理想形状的组成要素；实际要素是由实际（组成）要素所限定的工件实际表面组成要素部分。由于存在测量误差，所以完全符合定义的实际要素是测量不到的，在生产实际中，通常由测得的要素代替实际要素。当然，它并非是该要素的真实状态。

（2）被测要素和基准要素。被测要素就是给出了几何公差的要素。基准要素就是用来确定提取要素的方向、位置的要素。

（3）单一要素和关联要素。单一要素是指仅对其要素本身提出形状公差要求的要素；关联要素是指与其他要素有功能关系的要素，即在图样上给出位置公差的要素。

（4）组成要素和导出要素。组成要素是指构成零件外表面并能直接为人们所感觉到的点、线、面；导出要素是指对称轮廓的中心点、线或面。

2. 公差带的主要形状

公差带是由一个或几个理想的几何线或面所限定的，由线性公差值表示其大小的区域。

根据公差的几何特征及其标注形式，公差带的主要形状见表 1-15。

表 1-15　　　　　　　　　几何公差带的主要形式

形　　式	主要形状
一个圆内的区域	 ⊕

形 式	主要形状
两同心圆之间的区域	
两同轴圆柱面之间的区域	
两等距线或两平行直线之间的区域	或
一个圆柱面内的区域	
两等距面或两平行平面之间的区域	或
一个圆球内的区域	

3. 几何公差基本要求

几何公差基本要求如下：

（1）按功能要求给定几何公差，同时考虑制造和检测的要求。

（2）对要素规定的几何公差确定了公差带，该要素应限定在公差带之内。

(3) 提取（组成）要素在公差带内可以具有任何形状、方向或位置，若需要限制提取要素在公差带内的形状等，应标注附加性说明。

(4) 所注公差适用于整个提取要素，否则应另有规定。

(5) 基准要素的几何公差可另行规定。

(6) 图样上给定的尺寸公差和几何公差应分别满足要求，这是尺寸公差和几何公差的相互关系所遵循的基本原则。当两者之间的相互关系有特定要求时，应在图样上给出规定。

几何公差的几何特征、符号和附加符号见表 1-16、表 1-17。

表 1-16　　　　　　　　　几何特征符号

公差类型	几何特征	符　　号	有无基准
形状公差	直线度	—	无
	平面度	▱	无
	圆度	○	无
	圆柱度	⌀	无
	线轮廓度	⌒	无
	面轮廓度	◠	无
方向公差	平行度	//	有
	垂直度	⊥	有
	倾斜度	∠	有
	线轮廓度	⌒	有
	面轮廓度	◠	有

续表

公差类型	几何特征	符　号	有无基准
位置公差	位置度	⊕	有或无
	同心度 （用于中心点）	◎	有
	同轴度 （用于轴线）	◎	有
	对称度	⚌	有
	线轮廓度	⌒	有
	面轮廓度	⌓	有
跳动公差	圆跳动	↗	有
	全跳动	⚄	有

表 1-17　　　　　　　　　　附加符号

说　明	符　号
被测要素	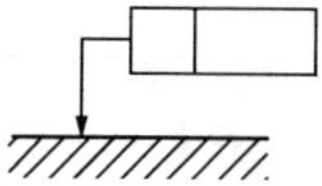
基准要素	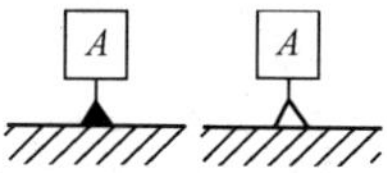 A　　A
基准目标	φ2/A1
理论正确尺寸	50

说　　明	符　　号
延伸公差带	Ⓟ
最大实体要求	Ⓜ
最小实体要求	Ⓛ
自由状态条件（非刚性零件）	Ⓕ
全周（轮廓）	⌀↘
包容要求	Ⓔ
公共公差带	CZ
小径	LD
大径	MD
中径、节径	PD
线素	LE
不凸起	NC
任意横截面	ACS

注　1. GB/T 1182—1996 中规定的基准符号为 Ⓐ⌁。

　　2. 如需标注可逆要求，可采用符号Ⓡ，见 GB/T 16671。

4. 用公差框格标注几何公差的基本要求

（1）用公差框格标注几何公差的基本要求见表 1-18。

表 1-18　　　　　　用公差框格标注几何公差的基本要求

标注方法及要求	图　　　示
用公差框格标注几何公差时，公差要求注写在划分成两格或多格的矩形框格内，各格从左至右顺序填写： 第一格填写公差符号 第二格填写公差值及有关符号，以线性尺寸单位表示的量值，如果公差带是圆形或圆柱形，则在公差值前加注 ϕ，如是球形则加注 $S\phi$ 第三格及以后填写基准代号	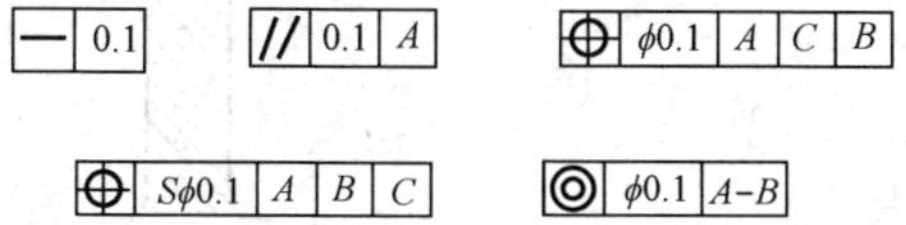 — 0.1　　// 0.1 A　　⊕ $\phi0.1$ A C B ⊕ $S\phi0.1$ A B C　　◎ $\phi0.1$ A-B
当某项公差应用于几个相同要素时，应在公差框格的上方、被测要素的尺寸之前注明要素的个数，并在两者之间加上符号"×"	6× □ 0.2　　　　6×$\phi12\pm0.02$ ⊕ $\phi0.1$
如果需要限制被测要素在公差带内的形状，应在公差框格的下方注明	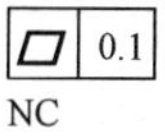 □ 0.1 NC
如果需要就某个要素给出几种几何特征的公差，可将一个公差框格放在另一个的下面	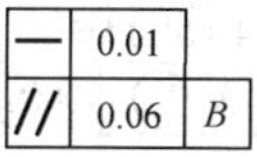 — 0.01 // 0.06 B

（2）几何公差标注示例。几何公差应标注在矩形框格内，如图 1-19 所示。矩形公差框格由两格或多格组成，框格自左至右填写，各格内容如图 1-20 所示。公差框格的推荐宽度为：第一格等于框格高度，第二格与标注内容的长度相适应，第三格及其后各格也应与有关的字母尺寸相适应。

公差框格的第二格内填写的公差值用线性值，公差带是圆形或圆柱形时，应在公差值前加注"ϕ"，若是球形则加注"$S\phi$"。

当一个以上要素作为该项几何公差的被测要素时，应在公差框格的上方注明，见图 1-21。

对同一要素有一个以上公差特征项目要求时，为了简化可将两个框格叠在一起标注，见图 1-22。

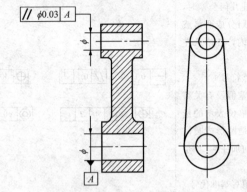

图 1-19　几何公差标注示例

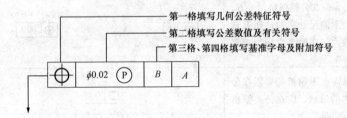

图 1-20　公差框格填写内容

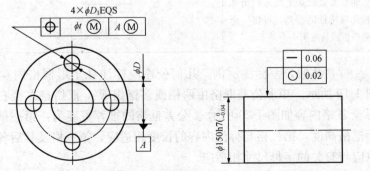

图 1-21　多个要素同一公差特征项目　图 1-22　同一要素多个公差特征项目

5. GB/T 1182—2008 与 GB/T 1182—1996 相比较主要变化

GB/T 1182—2008 与 GB/T 1182—1996 相比较，主要有以下几个方面的变化：

（1）旧标准中的"形状和位置公差"，在新标准中称为"几何公差"（细分为形状、方向、位置和跳动）。

（2）旧标准中的"中心要素"，在新标准中称为"导出要素"。

旧标准中的"轮廓要素"，在新标准中称为"组成要素"。

旧标准中的"测得要素"，在新标准中称为"提取要素"。

（3）增加了"CZ"（公共公差带）、"LD"（小径）、"MD"（大径）、"PD"（中径、节径）、"LE"（线素）、"NC"（不凸起）、"ACS"（任意横截面）等附加符号，见表 1-17。其中符号"CZ"，可在公差框格内的公差值后面标注，余下的几种附加符号，一般可在公差框格下方标注。

（4）基准符号由旧标准中的 ，变为新标准中的 。原来小圆圈中的字母 A 应水平方向书写，现在改成小方框后，基准符号只有在垂直或水平方向时字母 A 才能保持正的位置。若符号成倾斜方向，就无法注写字母了，这时应将符号中黑色三角形与小方框之间的连线改成折线，使小方框各边保持铅垂或水平状态方可标注字母，如图 1-23 所示的注法，图 1-23（a）基准符号标注在用圆点从轮廓表面引出的基准线上，图 1-23（b）基准符号表示以孔的轴线为基准。

（5）新标准中理论正确尺寸外的小框与尺寸线完全脱离，而在旧标准中则是小框的下边线与尺寸线相重合。

（6）几何特征符号及附加符号的具体画法和尺寸，仍可参考 GB/T 1182—1996 中的规定。

（7）当公差涉及单个轴线、单个中心平面或公共轴线、公共中心平面时，曾经用过的如图 1-24 所示的方法已经取消。

（8）用指引线直接连接公差框格和基准要素的方法，如图 1-

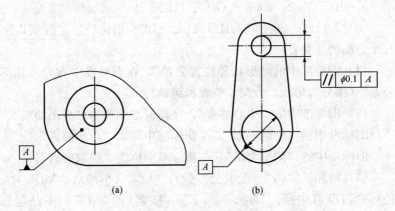

图 1-23　基准标注示例

（a）轮廓表面为基准；（b）孔的轴线为基准

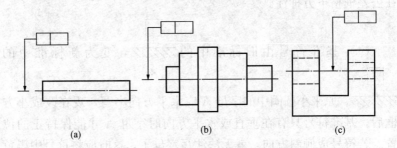

图 1-24　已经取消的公差框格标注方法（一）

25 所示，也已被取消，基准必须注出基准符号，不得与公差框格直接相连，即被测要素与基准要素应分别标注。

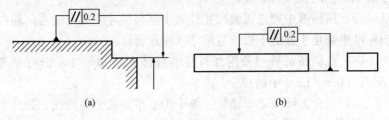

图 1-25　已经取消的公差框格标注方法（二）

第五节　表面结构

一、表面结构评定常用参数

1. 表面结构评定参数

在零件图上每个表面都应根据使用要求标注出它的表面结构要求，以明确该表面完工后的状况，便于安排生产工序，保证产品质量。

国家标准规定在零件图上标注出零件各表面的表面结构要求，其中不仅包括直接反映表面微观几何形状特性的参数值，而且还可以包含说明加工方法，加工纹理方向（即加工痕迹的走向）以及表面镀覆前后的表面结构要求等其他更为广泛的内容，这就更加确切和全面地反映了对表面的要求。

若将表面横向剖切，把剖切面和表面相交得到的交线放大若干倍就是一条有峰有谷的曲线，可称为"表面轮廓"，如图 1-26 所示。

图 1-26　表面轮廓放大图

通常用三大类参数评定零件表面结构状况：轮廓参数（由 GB/T 3505—2009 定义）、图形参数（由 GB/T 18618—2002 定义）、支承率曲线参数（由 GB/T 18778.2—2003 定义）。其中轮廓参数是我国机械图样中最常用的评定参数。GB/T 3505—2009 代替 GB/T 3505—2000 表面粗糙度评定常用参数，最常用评定粗糙度轮廓（R 轮廓）中的两个高度参数是 Ra 和 Rz。

（1）轮廓算术平均偏差 Ra。轮廓算术平均偏差 Ra 是在取样长度内，轮廓偏距绝对值的算术平均值，如图 1-27 所示。

轮廓算术平均偏差 Ra 的数值一般在表 1-19 中选取。

表 1-19		Ra 的数值		单位：μm
Ra	0.012	0.2	3.2	50
	0.025	0.4	6.3	100
	0.05	0.8	12.5	
	0.1	1.6	25	

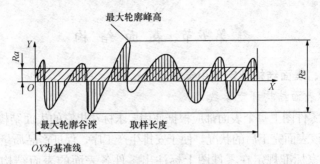

图 1-27　轮廓算术平均偏差 Ra 和轮廓最大高度 Rz

当选用表 1-19 中规定的 Ra 系列数值不能满足要求时，可选用表 1-20 中规定的补充系列值。

表 1-20　　　　　Ra 的补充系列值（单位：μm）

	0.008	0.08	1	10
	0.01	0.125	1.25	16
	0.016	0.16	2	20
Ra	0.02	0.25	2.5	32
	0.032	0.32	4	40
	0.04	0.5	5	63
	0.063	0.63	8	80

（2）轮廓最大高度 Rz。轮廓最大高度 Rz 是指在同一取样长度内，最大轮廓峰高与最大轮廓谷深之间的距离，如图 1-27 所示。Rz 的常用数值有：$0.2\mu m$、$0.4\mu m$、$0.8\mu m$、$1.6\mu m$、$3.2\mu m$、$6.3\mu m$、$12.5\mu m$、$25\mu m$、$50\mu m$。Rz 数值一般在表 1-21 中选取。

表 1-21　　　　　　　　Rz 的数值（单位：μm）

	0.025	0.4	6.3	100	1600
	0.05	0.8	12.5	200	
Rz	0.1	1.6	25	400	
	0.2	3.2	50	800	

根据表面功能和生产的经济合理性，当选用表 1-21 中规定的

Rz 系列数值不能满足要求时，亦可选用表 1-22 中规定的补充系列值。

表 1-22 **Rz 的补充系列值**（单位：μm）

Rz	0.032	0.5	8	125
	0.04	0.63	10	160
	0.063	1	16	250
	0.08	1.25	20	320
	0.125	2	32	500
	0.16	2.5	40	630
	0.25	4	63	1000
	0.32	5	80	1250

特别说明：原来的表面粗糙度参数 R_z 的定义不再使用。新的 Rz 为原 R_y 定义，原 R_y 的符号也不再使用。

（3）取样长度（l_r）。取样长度是指用于判别被评定轮廓不规则特征的 X 轴上的长度，代号为 l_r。

为了在测量范围内较好地反应粗糙度的情况，标准规定取样长度按表面粗糙度选取相应的数值，在取样长度范围内，一般至少包含 5 个的轮廓峰和轮廓谷。规定和选取取样长度目的是为了限制和削弱其他几何形状误差，尤其是表面波度对测量结果的影响。取样长度的数值见表 1-23。

表 1-23 **取样长度的数值系列（l_r）**（单位：mm）

l_r	0.08	0.25	0.8	2.5	8	25

（4）评定长度（l_n）。评定长度是指用于判别被评定轮廓的 x 轴上方向的长度，代号为 l_n。它可以包含一个或几个取样长度。

为了较充分和客观地反映被测表面的粗糙度，须连续取几个取样长度的平均值作为取样测量结果。国标规定，$l_n = 5l_r$ 为默认值。选取评定长度目的是为了减少被测表面上表面粗糙度不均匀性的影响。

取样长度与幅度参数之间有一定的联系，一般情况下，在测量 Ra、Rz 数值时推荐按表 1-24 选取对应的取样长度值。

表 1-24　取样长度 (l_r) T 和评定长度 (l_n) 的数值（单位：mm）

$Ra/\mu m$	$Rz/\mu m$	l_r	$l_n(l_n = 5l_r)$
> (0.008) ~0.02	> (0.025) ~0.1	0.08	0.4
>0.02~0.1	>0.1~0.5	0.25	1.25
>0.1~2	>0.5~10	0.8	4
>2~10	>10~50	2.5	12.5
>10~80	>50~200	8	40

2. 基本术语新旧标准对照

基本术语新旧标准对照见表 1-25。

表 1-25　　　　　　基本术语新旧标准对照

基本术语（GB/T 3505—2009）	GB/T 3505—1983	GB/T 3505—2009
取样长度	l	lp、lw、lr [①]
评定长度	l_n	ln
纵坐标值	y	$Z(x)$
局部斜率		$\dfrac{dZ}{dX}$
轮廓峰高	y_p	Zp
轮廓谷深	y_v	Zv
轮廓单元高度		Zt
轮廓单元宽度		Xs
在水平截面高度 c 位置上轮廓的实体材料长度	η_p	$Ml(c)$

① 给定的三种不同轮廓的取样长度。

3. 表面结构参数新旧标准对照

表面结构参数新旧标准对照见表 1-26。

表 1-26 表面结构参数新旧标准对照

参数 (GB/T 3505—2009)	GB/T 3505—1983	GB/T 3505—2009	在测量范围内	
			评定长度 ln	取样长度
最大轮廓峰高	R_p	Rp		√
最大轮廓谷深	R_m	Rv		√
轮廓最大高度	R_y	Rz		√
轮廓单元的平均高度	R	Rc		√
轮廓总高度	—	Rt	√	
评定轮廓的算术平均偏差	R_a	Ra		√
评定轮廓的均方根偏差	R_q	Rq		√
评定轮廓的偏斜度	S_k	Rsk		√
评定轮廓的陡度		Rku		√
轮廓单元的平均宽度	S_m	Rsm		√
评定轮廓的均方根斜率	Δ_q	$R\Delta q$		√
轮廓支承长度率	—	$Rmr(c)$	√	
轮廓水平截面高度	—	$R\delta c$	√	
相对支承长度率	t_p	Rmr	√	
十点高度	R_z	—		

注 1. √符号表示在测量范围内,现采用的评定长度和取样长度。

2. 表中取样长度是 lr、lw 和 lp,分别对应于 R、W 和 P 参数。$lp=ln$。

3. 在规定的三个轮廓参数中,表中只列出了粗糙度轮廓参数。例如:三个参数分别为:Pa(原始轮廓)、Ra(粗糙度轮廓)、Wa(波纹度轮廓)。

二、表面结构符号、代号及标注

1. 表面结构要求图形符号的画法与含义

国家标准 GB/T 131—2006 规定了表面结构要求的图形符号、代号及其画法,其说明见表 1-27。表面结构要求的单位为 μm(微米)。

表 1-27 表面结构要求的画法与含义

符　　号	意义及说明
⌄	基本符号，表示表面可用任何方法获得。当不加注表面结构要求参数值或有关说明（例如：表面处理、局部热处理状况等）时，仅适用于简化代号标注
⌄	表示表面是用去除材料的方式获得。如车、铣、钻、磨、剪切、抛光、腐蚀、电火花加工、气割等
⌄	表示表面是用不去除材料的方法获得。如铸、锻、冲压变形、热轧、冷轧、粉末冶金等，或者是用保持原供应状况的表面（包括上道工序的状况）
⌄ ⌄ ⌄	完整图形符号，可标注有关参数和说明
⌄ ⌄ ⌄	表示部分或全部表面具有相同的表面结构要求

国家标准 GB/T 131—2006 中规定，在报告和合同的文本中可以用文字"APA"表示允许用任何工艺获得表面，用文字"MRR"表示允许用去除材料的方法获得表面，用文字"NMR"表示允许用不去除材料的方法获得表面。

2. 表面结构完整符号注写规定

在完整符号中，对表面结构的单一要求和补充要求注写在图1-28 所示的指定位置。

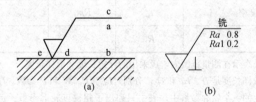

图 1-28　补充要求的注写位置

（a）位置分布；（b）注写示例

（1）位置 a 注写表面结构的单一要求：标注表面粗糙度参数代号、极限值和取样长度。为了避免误解，在参数代号和极限值间应插入空格。取样长度后应有一斜线"/"，之后是表面粗糙度参数符号，最后是数值，如：$-0.8/Rz6.3$。

（2）位置 a 和 b 注写两个或多个表面结构要求：在位置 a 注写一个表面粗糙度要求，方法同（1）。在位置 b 注写第二个表面粗糙度要求。如果要注写第三个或更多表面粗糙度要求，图形符号应在垂直方向扩大，以空出足够的空间。扩大图形符号时，a、b 的位置随之上移。

（3）位置 c 注写加工方法、表面处理、涂层或其他加工工艺要求，如车、铣、磨、镀等。

（4）位置 d 注写表面纹理和纹理方向。

（5）位置 e 注写所要求的加工余量，以 mm 为单位给出数值。

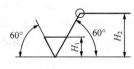

图 1-29　表面结构要求符号的比例

表面结构要求符号的比例画法如图 1-29 所示。表面结构具体标注示例及意义见表 1-28。

3. 表面纹理的标注

表面加工后留下的痕迹走向称为纹理方向，不同的加工工艺往往决定了纹理的走向，一般表面不需标注。对于有特殊要求的表面，需要标注纹理方向时，可用表 1-29 所列的符号标注在完整图形符号中相应的位置，如图 1-28（b）所示。

4. 表面结构标注方法新旧标准对照

表面结构标注方法新旧标准对照见表 1-30。

5. 表面结构要求在图样上的标注

表面结构要求对每一表面一般只标注一次，并尽可能标注在相应的尺寸及公差的同一视图上。除非另有说明，所标注的表面结构要求是对完工零件表面的要求。

表 1-28　　　　　表面结构代号的标注示例及意义

符　　号	含义/解释
$\sqrt{}$ Rz0.4	表示不允许去除材料，单向上限值，粗糙度的最大高度为 $0.4\mu m$，评定长度为 5 个取样长度（默认），"16%规则"（默认）

符　　号	含义/解释
$\sqrt{Rz\max0.2}$	表示去除材料，单向上限值，粗糙度最大高度的最大值为 0.2μm，评定长度为 5 个取样长度（默认），"最大规则"（默认）
$\sqrt{-0.8/Ra3.2}$	表示去除材料，单向上限值，取样长度 0.8μm，算术平均偏差 3.2μm，评定长度包含 3 个取样长度，"16%规则"（默认）
$\sqrt{\begin{array}{l}U\ Ra\max3.2\\L\ Ra0.8\end{array}}$	表示不允许去除材料，双向极限值，上限值：算术平均偏差 3.2μm，评定长度为 5 个取样长度（默认），"最大规则"，下限值：算术平均偏差 0.8μm，评定长度为 5 个取样长度（默认），"16%规则"（默认）
$\sqrt{\dfrac{车}{Rz3.2}}$	零件的加工表面的粗糙度要求由指定的加工方法获得时，用文字标注在符号上边的横线上
$\sqrt{\dfrac{\text{Fe/Ep·Ni15pCr0.3r}}{Rz0.8}}$	在符号的横线上面可注写镀（涂）覆或其他表面处理要求。镀覆后达到的参数值这些要求也可在图样的技术要求中说明
$\sqrt{\dfrac{铣}{\substack{Rz0.8\\Rz13.2}}}\perp$	需要控制表面加工纹理方向时，可在完整符号的右下角加注加工纹理方向符号
$\underset{3}{\sqrt{}}$	在同一图样中，有多道加工工序的表面可标注加工余量时，加工余时标注在完整符号的左下方，单位为 mm

注　评定长度的（ln）的标注：

1）若所标注的参数代号没有"max"，表明采用的是有关标准中默认的评定长度。

2）若不存在默认的评定长度时，参数代号中应标注取样长度的个数，如 $Ra3$，$Rz3$，$RSm3$……（要求评定长度为 3 个取样长度）。

表 1-29　　　　　　　　　　常见表面加工的纹理方向

符号	说　　明	示　意　图
＝	纹理平行于视图所在的投影面	 纹理方向

续表

符号	说　明	示　意　图
⊥	纹理垂直于视图所在的投影面	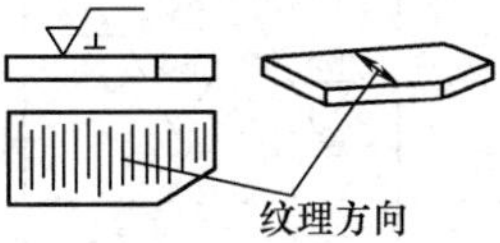 纹理方向
×	纹理呈两斜向交叉且与视图所在的投影面相交	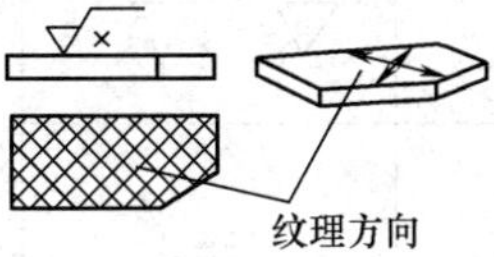 纹理方向
M	纹理呈多方向	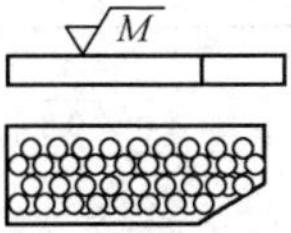
C	纹理呈近似同心圆且圆心与表面中心相关	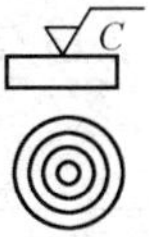
R	纹理呈近似的放射状与表面圆心相关	
P	纹理呈微粒、凸起，无方向	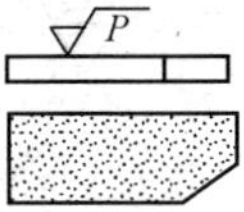

注 如果表面纹理不能清楚地用这些符号表示，必要时，可以在图样上加注说明。

（1）表面结构要求在图样上标注方法示例，见表1-31。

（2）表面结构要求简化标注方法示例，见表1-32。

6. 各级表面结构的表面特征及应用举例

表面结构的表面特征及应用举例，见表1-33。

表 1-30 表面结构标注方法新旧标准对照

GB/T 131—1983	GB/T 131—1993	GB/T 131—2006	说明主要问题的示例
$\sqrt{}$ 1.6	$\sqrt{}$ 1.6　$\sqrt{}$ 1.6	$\sqrt{}$ Ra1.6	Ra 只采用"16％规则"
$\sqrt{}$ Ry3.2	$\sqrt{}$ Ry3.2　$\sqrt{}$ Ry3.2	$\sqrt{}$ Rz3.2	除了 Ra "16％规则"的参数
—	$\sqrt{}$ 1.6max	$\sqrt{}$ Ra max1.6	"最大规则"
$\sqrt{}$ 1.6 / 0.8	$\sqrt{}$ 1.6 / 0.8	$\sqrt{}$ −0.8/Ra1.6	Ra 加取样长度
$\sqrt{}$ Ry3.2 / 0.8	$\sqrt{}$ Ry3.2 / 0.8	$\sqrt{}$ −0.8/Rz6.3	除 Ra 外其他参数及取样长度
$\sqrt{}$ 1.6 Ry6.3	$\sqrt{}$ 1.6 Ry6.3	$\sqrt{}$ Ra1.6 Rz6.3	Ra 及其他参数
—	$\sqrt{}$ Ry3.2	$\sqrt{}$ Rz36.3	评定长度中的取样长度个数如果不是 5，则要注明个数（此例表示比例取样长度个数为 3）
		$\sqrt{}$ L Rz1.6	下限值
$\sqrt{}$ 3.2 1.6	$\sqrt{}$ 3.2 1.6	$\sqrt{}$ U Ra3.2 L Rz1.6	上、下限值

表 1-31　　　　　　　　**表面结构要求在图样上标注方法示例**

图　　示	标注方法说明
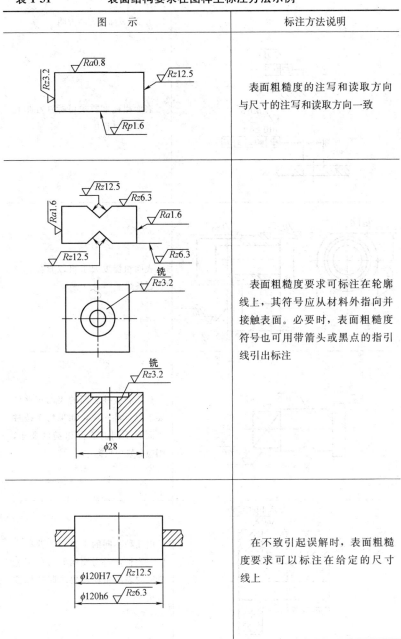	表面粗糙度的注写和读取方向与尺寸的注写和读取方向一致
	表面粗糙度要求可标注在轮廓线上，其符号应从材料外指向并接触表面。必要时，表面粗糙度符号也可用带箭头或黑点的指引线引出标注
	在不致引起误解时，表面粗糙度要求可以标注在给定的尺寸线上

续表

图　示	标注方法说明
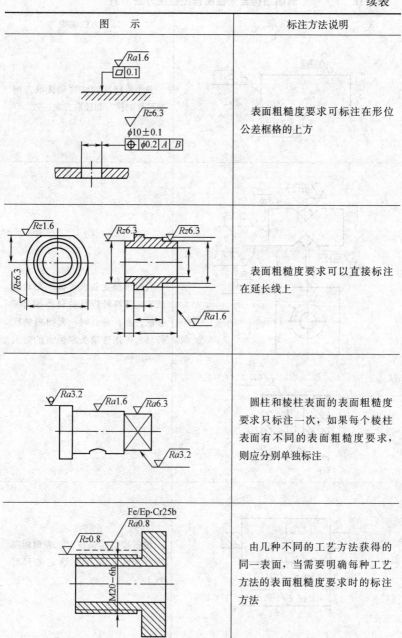	表面粗糙度要求可标注在形位公差框格的上方
	表面粗糙度要求可以直接标注在延长线上
	圆柱和棱柱表面的表面粗糙度要求只标注一次,如果每个棱柱表面有不同的表面粗糙度要求,则应分别单独标注
	由几种不同的工艺方法获得的同一表面,当需要明确每种工艺方法的表面粗糙度要求时的标注方法

表 1-32 表面结构要求简化标注方法示例

图　　示	标注方法说明
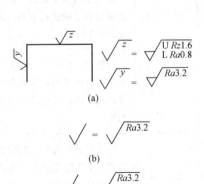	有相同表面粗糙度要求的简化注法 　　如果在工件的多数（包括全部）表面有相同的表面粗糙度要求，则其表面粗糙度要求可统一标注在图样的标题栏附近 　　除全部表面有相同要求的情况外，表面粗糙度要求在符号后面应有： 　　（1）在圆括号内给出无任何其他标注的基本符号（图 a） 　　（2）在圆括号内给出不同的表面粗糙度要求（图 b） 　　不同表面粗糙度要求应直接标注在图形中
	多个表面有共同要求的注法 　　当多个表面具有相同的表面粗糙度要求或图样空间有限时的简化注法 　　（1）图样空间有限时，可用带字母的完整符号，以等式的形式，在图形或标题栏附近，对有相同表面结构要求的表面进行简化标注（图 a） 　　（2）只用表面粗糙度符号的简化注法 　　可用基本和扩展的表面粗糙度符号，以等式的形式给出对多个表面共同的表面粗糙度要求 　　1）未指定工艺方法的多个表面粗糙度要求的简化注法（图 b） 　　2）要求去除材料的多个表面粗糙度要求的简化注法（图 c） 　　3）不允许去除材料的多个表面粗糙度要求的简化注法（图 d）

表 1-33   表面结构的表面特征及应用举例

	表面特征	$Ra/\mu m$	$Rz/\mu m$	应用举例
粗糙表面	可见刀痕	$>20\sim40$	$>80\sim160$	半成品粗加工过的表面，非配合的加工表面，如轴端面、倒角、钻孔、齿轮和带轮侧面、键槽底面、垫圈接触面等
	微见刀痕	$>10\sim20$	$>40\sim80$	
半光表面	微见加工痕迹	$>5\sim10$	$>20\sim40$	轴上不安装轴承或齿轮处的非配合表面、紧固件的自由装配表面、轴和孔的退刀槽等
	微辨加工痕迹	$>2.5\sim5$	$>20\sim20$	半精加工表面，箱体、支架、端盖、套筒等和其他零件结合而无配合要求的表面，需要发蓝的表面等
	看不清加工痕迹	$>1.25\sim2.5$	$>6.3\sim10$	接近于精加工表面、箱体上安装轴承的镗孔表面、齿轮的工作面
光表面	可辨加工痕迹方向	$>0.63\sim1.25$	$>3.2\sim6.3$	圆柱销、圆锥销，与滚动轴承配合的表面，普通车床导轨面，内、外花键定心表面等
	微辨加工痕迹方向	$>0.32\sim0.63$	$>1.6\sim3.2$	要求配合性质稳定的配合表面，工作时受交变应力的重要零件，较高精度车床的导轨面
	不可辨加工痕迹方向	$>0.16\sim0.32$	$>0.8\sim1.6$	精密机床主轴锥孔，顶尖圆锥面，发动机曲轴、凸轮轴工作表面，高精度齿轮齿面

	表面特征	$Ra/\mu m$	$Rz/\mu m$	应用举例
极光表面	暗光泽面	>0.08~0.16	>0.4~0.8	精度机床主轴颈表面、一般量规工作表面、气缸套内表面、活塞销表面等
	亮光泽面	>0.04~0.08	>0.2~0.4	精度机床主轴颈表面、滚动轴承的滚动体、高压油泵中柱塞和柱塞套配合的表面
	镜状光泽面	>0.01~0.04	>0.05~0.2	
	镜面	≤0.01	≤0.05	高精度量仪、最块的工作表面，光学仪器中的金属镜面

第六节 机械图样识图基础

一、零件图的识读

1. 零件图的内容

机器都是由许多零、部件装配而成的，制造机器必须首先制造零件。在机械制造过程中，用于加工零件的图样就是零件图，它是直接用于制造和检验零件的图样。轴承座零件图如图 1-30 所示。

一张完整的零件图应包括以下四项内容：

（1）一组图形。选用视图、剖视、断面、规定画法和简化画法等表示方法，将零件的内、外结构形状正确、清晰、完整地表达出来。

（2）全部尺寸。用正确、完整、清晰、合理的尺寸表示零件各部分结构的大小和相对位置，满足制造和检验零件的需要。

（3）技术要求。用规定的代号、符号和文字说明零件在加工、检验、装配及调试时所必须达到的质量标准。主要包括尺寸公差、几何公差、表面粗糙度、材料热处理及其他要求。

（4）标题栏。用于填写零件的名称、材料、数量、代号、图样的比例及校核、审核人姓名等。

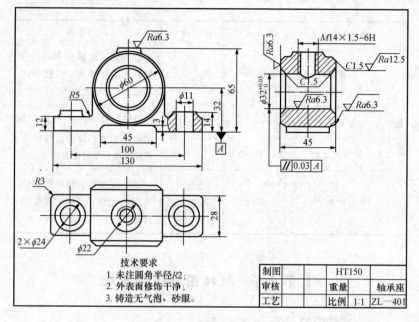

图 1-30 轴承座零件图

2. 零件图的识读要点

正确、熟练地识读零件图,是技术工人必须掌握的基本功。识读零件图就是要弄清零件图中所表达的各种内容,以便于制造和检验。

识读零件图主要从以下四个方面着手:

(1) 看标题栏,了解零件概貌(零件名称、材料、图样的比例等)。

(2) 看视图,了解视图名称和视图数目,弄清零件的结构形状和表达方法。

(3) 看尺寸标注,了解零件的大小及各部分尺寸所允许的尺寸偏差,注意尺寸基准和主要尺寸。

(4) 看技术要求,了解质量标准。

3. 典型零件图的识读方法和步骤

识读如图 1-31 所示车床尾座空心套零件图的方法和步骤如下:

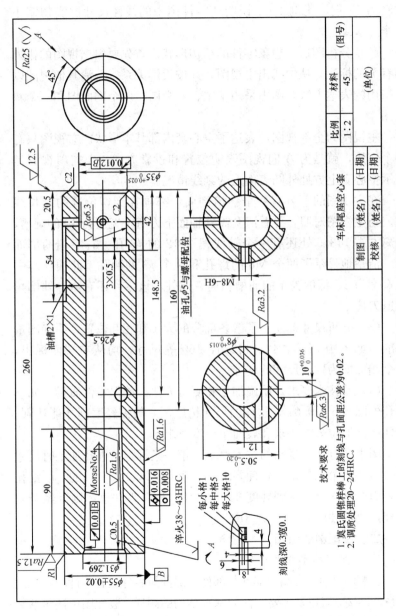

图 1-31 车床尾座空心套零件图

（1）看标题栏。可以知道这个零件的名称为车床尾座空心套，材料为 45 钢，比例 1∶2 说明此零件图中的线性尺寸比实物缩小一半。

（2）分析图形，想象零件的结构形状。首先要根据视图的排列和有关的标注，从中找出主视图，并按投影关系，看清其他视图以及采用的表达方法。图中采用了主、左视图，两个剖面图和一个斜视图。

主视图为全剖视图，表达了空心套内部基本形状。左视图只有一个作用，就是为 A 向视图表明位置和投影方向。A 向斜视图是表示空心套上方处外圆表面上的刻线情况。

在主视图的下方有两个移出剖面，都画在剖切位置的延长线上。与主视图对照，可看清套筒外轴面下方有一宽度为 10 的键槽，距离右端 148.5 处还有一个轴线偏下 12 的 $\phi 8$ 孔。右下端的剖面图，清楚地显示了两个 M8 的螺孔和一个 $\phi 5$ 的油孔，此油孔与一个宽度为 2、深度为 1 的油槽相通。此外，该零件还有内、外倒角和退刀槽。

（3）分析尺寸标注、了解各部分的大小和相互位置，明确测量基准。如图中 20.5、42、148.5，160 等尺寸，均从右端面标出，这个端面即为这些尺寸的基准。

（4）看技术要求，明确加工和测量方法，确保零件质量。如空心套外圆 $\phi 55 \pm 0.01$，这样的尺寸精度，一般需经磨削才能达到。此外还有形位公差要求和表面粗糙度要求。

图中还有文字说明的技术要求。第一条规定了锥孔加工时尺寸检验误差；第二条是热处理要求，表明除左端"90"长的一段锥孔内表面要求淬火，达到硬度 38～43HRC 外，零件整体则需经调质处理，要求硬度为 20～24HRC。

二、装配图的识图

1. 装配图的形式及要求

装配图是表达产品中部件与部件、部件与零件或者零件间的装配关系、连接方式以及主要零件的基本结构的图样。装配图中还包括装配和检验所必须的数据和技术要求。千斤顶装配图如图 1-32 所示。

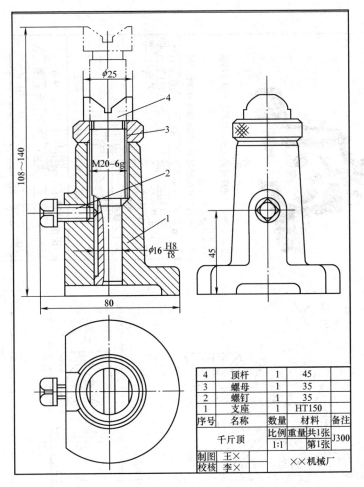

图 1-32 千斤顶装配图

4	顶杆	1	45	
3	螺母	1	35	
2	螺钉	1	35	
1	支座	1	HT150	
序号	名称	数量	材料	备注
千斤顶		比例	重量	共1张
		1:1		第1张
制图	王×	××机械厂		
校核	李×			

由于装配图使用的场合不同，常见装配图的形式及要求有：

（1）新设计或测绘用装配图。在新设计或测绘装配体时，要求画出装配图，用来确定各零件的结构、形状、相对位置、工作原理、连接方式和传动路线等，以便在图样上判别、校对各零件的结构是否合理，装配关系是否正确、可行等。这种装配图要求把各零件的结构、形状尽可能表达完整，基本上能根据其画出各零件的零件图。滑动轴承的装配图如图 1-33 所示。

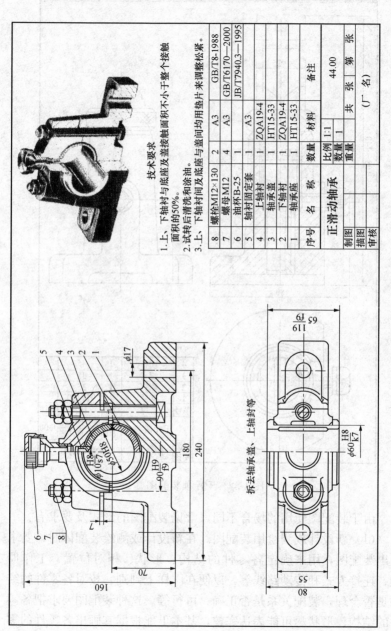

图 1-33 滑动轴承装配图

（2）对加工好的零件进行装配的装配图。当加工好的零件进行装配时，要求画出装配图来指导装配工作顺利进行。这种装配图着重表达各零件间的相对位置及装配关系，而对每个零件的结构、同装配无关的尺寸没有特别要求。

（3）只表达机器安装关系及各部件相对位置的装配图。这种装配图只要求画出各部件的外形。

2. 装配图的规定画法

装配图的规定画法如下。

（1）相邻零件的接触面和配合面间只画一条线，而当相邻两零件有关部分基本尺寸不同时，即使间隙很小，也必须画两条线，如图 1-34 所示。

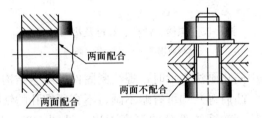

图 1-34　配合面与非配合面的画法

（2）装配图中，同一零件在不同视图中，剖面线的方向和间隔应保持一致；相邻零件的剖面线，应有明显区别，或倾斜方向相反或间隔不等，以便在装配图内区分不同零件。

（3）装配图中，对于螺栓等紧固件及实心件（如：杆、球、销等），若按纵向剖切，且剖切平面通过其对称平面或轴线时，则这些零件均按未剖绘制。而当剖切平面垂直这些零件的轴线时，则应按剖开绘制。螺纹紧固件的具体画法，如图 1-33、图 1-36 所示。

（4）被弹簧挡住的结构一般不画，可见部分应从弹簧丝剖面中心或弹簧外径轮廓线画出。

3. 装配图中螺纹紧固件的画法

装配图中螺纹紧固件的具体画法如下：

（1）在装配图中，当剖切平面通过螺杆的轴线时，对于螺栓、螺柱、螺母及垫圈等均按未剖切绘制，弹簧垫圈的斜槽可用与螺杆轴线成30°角的两条平行线表示，倒角和螺纹孔的钻孔深度等工艺结构基本上按实际情况表示，见图1-35（a）。

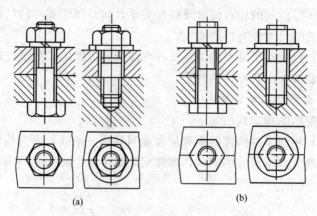

图1-35　螺栓、螺柱、螺母及垫圈的画法
(a) 通用画法；(b) 简化画法

（2）采用简化画法表示时，螺纹紧固件的工艺结构（倒角、退刀槽、缩颈、凸肩等）均可省略不画，不穿通螺孔的钻孔深度也可不表示，仅按有效螺纹部分的深度画出，见图1-35（b）。沉头开槽螺钉的装配图画法，见图1-36（a）。圆柱头内六角螺钉连接的画法，见图1-36（b）。

（3）装配图中常见螺栓、螺钉的头部及螺母等也可采用表1-

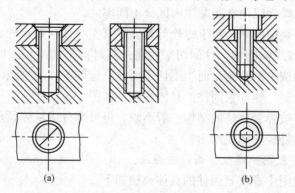

图1-36　螺钉的画法
(a) 沉头开槽螺钉；(b) 圆柱头内六角螺钉

34 所列的简化画法。

对于开槽螺钉头部所开的一字槽或十字槽在各视图上的表达，不是按正投影关系处理的，而是当作一种规定符号处理，以便在各视图下都能明显体现出来，且画图较简便。

3.装配图的特殊画法

装配图的特殊画法有如下几种：

（1）沿零件结合面剖切和拆卸画法。装配图中常有零件间相互重叠的现象，即某些零件遮住了需要表达的结构或装配关系。此时，可假想将某些零件拆去后，再画出某一视图，或沿零件结合面进行剖切（相当于拆去剖切平面一侧的零件），此时结合面上下不画剖面线。采用这种画法时，应注明"拆去××"，如图 1-33 所示，滑动轴承的轴承座拆去轴承盖、上轴衬的装配图。

（2）假想画法。在装配图中，当需要表示某些零件运动范围或极限位置时，可用双点划线画出该零件的极限位置图。在装配图中，当需要表达本部件与相邻部件间的装配关系时，可用双点划线假想画出相邻部件的轮廓线。图 1-32 中双点画线则表示千斤顶伸出的极限位置。如图 1-40 所示的双点划线，假想画出手柄的两个极限位置Ⅱ、Ⅲ；A-A 展开图中双点画线表示与该机构连接的主轴箱。

表 1-34　　　　　　　　　　　螺纹紧固件的简化画法

名　　称	简　化　画　法	
方头螺栓		
圆柱头内六角螺钉		
沉头开槽螺钉		

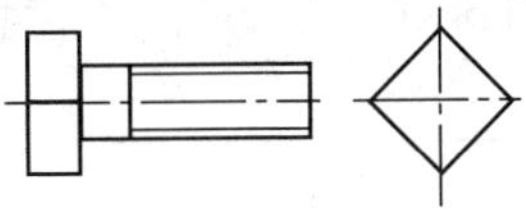

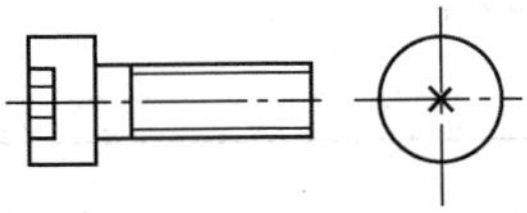

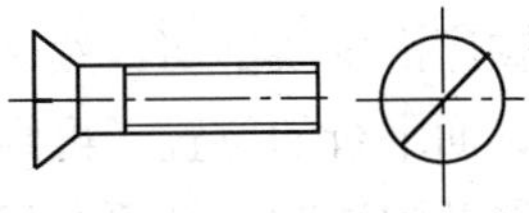

名　称	简　化　画　法
半沉头开槽螺钉	
圆柱头开槽螺钉	
盘头开槽螺钉	
方头螺母	
六角开槽螺母	
沉头十字槽螺钉	
半沉头十字槽螺钉	
盘头十字槽螺钉	

　（3）展开画法。为了展示传动机构的传动路线和装配关系，可假想按传动顺序沿轴线剖切，然后依次将弯折的剖切面伸直，展开到与选定投影面平行的位置，再画出其剖视图，这种画法称为展开画法。应用展开画法时，必须在相关视图上用剖切符号和字母表示

各剖切面的位置和关系，用箭头表示投影方向，在展开图上方注明"×—×展开"字样。如图 1-37 中左视图即为展开剖视图。

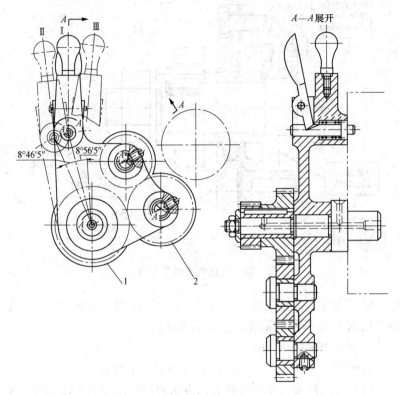

图 1-37　展开画法与假想画法

（4）夸大画法。在装配图中，当图形上孔的直径或薄片的厚度等于或小于 2mm 以及需要表达的间隙、斜度和锥度较小于 2mm 时，均允许将该部分不按原比例画，而用夸大画出。如图 1-38 中的垫片、螺栓孔等。

（5）简化画法。对于装配图中螺栓紧固等若干相同零件组允许只画出一组，其余用点划线表示出中心位置即可。如图 1-38 中的螺钉、滚动轴承画法。装配图中，零件某些较小工艺结构可省略不画，如图 1-35（b）、如图 1-38 中螺钉和螺母的倒角等。

装配图中，当剖切面通过某些标准产品的组合件（如油杯、油

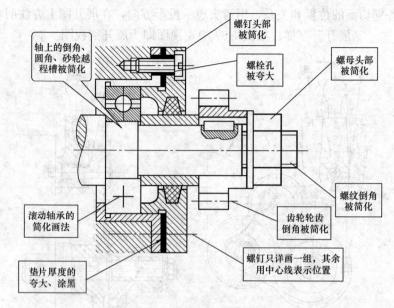

图 1-38　简化画法和夸大画法

标、管接头等)的轴线时,可只画外形。装配图中的滚动轴承,允许采用图 1-38 所示的简化画法或示意画法。

4. 装配图的主要内容

装配图(见图 1-32、图 1-33)应包括以下内容:

(1)一组图形。运用各种表达方法表明装配体的工作原理,各零件之间的连接、装配关系和零件的主要结构形状。

(2)必要的尺寸。在装配图中,应标注出装配体的性能、规格以及装配、安装检验、运输等方面所必需的一些尺寸。

(3)技术要求。用代号、符号或文字注明装配体在装配、试验、调整、使用时的应达到的技术要求、规则和说明等。

(4)零件序号和明细栏。组成装配体的每个零件,都必须按照顺序编上序号,并在标题栏上方列出明细表。表中注明各零件的名称、数量、材料及备注等,以便读图和生产前的准备工作。

(5)标题栏。为了便于看图、图样管理和进行生产前准备工作,标题栏主要注明装配图的名称、图号、比例以及设计、审核者的签名和日期等。

5. 装配图主要技术要求

由于机器或部件的性能、用途各不相同，因此，其技术要求也不同，拟定机器或部件技术要求时应具体分析，一般从以下三个方面考虑，并根据具体情况而定。

（1）装配要求。指装配过程中的注意事项，装配后应达到的要求，如装配后的间隙、密封、润滑等要求。

（2）检验要求。指对机器或部件整体性能的检验、试验、验收方法的要求。

（3）使用要求。对机器或部件的有关性能、安装、参数、调试、维护、使用等方面的要求。装配图的主要技术要求一般采用文字注写在明细栏的上方或图样下方的空位处。

6. 装配体常见工艺结构要求

为了保证机器或部件的装配质量和所达到的性能要求，零件结构除了考虑设计要求外，还必须考虑装配工艺要求，装配体的几种常见的装配工艺结构如下。

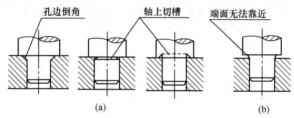

图 1-39 轴孔接触面处结构（一）

（a）正确；（b）不正确

（1）轴孔接触面处结构。轴与孔面接触时，应在孔口处倒角、倒圆或在轴根部切槽，以保证两端面能紧密接触，如图 1-39 所示。

（2）同一方向接触面的结构。两零件在同一方向上不应有两对面同时接触或装配，如图 1-40 所示。

（3）易于装卸、维修的结构。

1）如图 1-41（a）所示，在安排螺钉的位置时，要考虑装拆螺钉时扳手的活动空间。而图 1-41（b）上所留空间太小，扳手无法

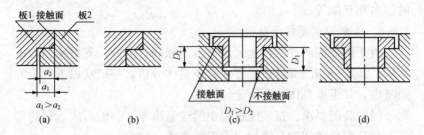

图 1-40　轴孔接触面处结构（二）

(a) 正确；(b) 不正确；(c) 正确；(d) 不正确

使用。

2）零件的结构考虑维修时拆卸方便，如箱体孔径过小、轴肩过高均无法合理地拆卸滚动轴承，如图 1-42 所示。

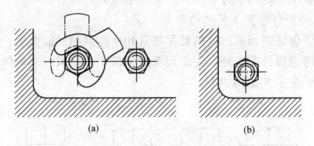

图 1-41　留出扳手活动空间

(a) 合理；(b) 不合理

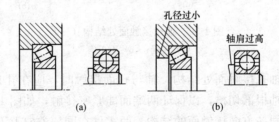

图 1-42　滚动轴承的合理安装

(a) 正确；(b) 不正确

　　为了防止滚动轴承产生轴向窜动，必须采用一定的结构来固定其内、外圈。常用轴肩或孔台肩来固定滚动轴承内、外圈，为了装配、维修时拆卸方便，轴肩或孔台肩的高度必须小于轴承内圈或外圈的厚度，如图1-43 所示。

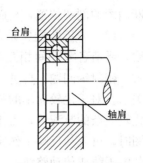

3）为了便于拆卸和安装，销钉孔最好做成通孔或选用带螺孔的销钉，如图1-44 所示。

7. 装配图的识读要点

识读装配图要点如下：

（1）了解装配图的名称、用途、结构及工作原理。

（2）了解各零件间的联接方式及装配关系。

图 1-43 滚动轴承的
内外圈的固定

（3）弄清各零件的结构形状和作用，想象出装配体中各零件的动作过程。

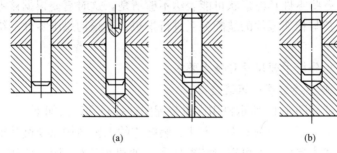

图 1-44 销钉与销钉孔的结构

（a）正确；（b）不正确

8. 装配图的识读方法和步骤

识读装配图的方法和步骤如下。

（1）概括了解。看标题栏了解部件的名称，对于复杂部件可通过说明书或参考资料了解部件的构造、工作原理和用途。

看零件编号和明细栏，了解零件的名称、数量和其在图中的位置以及标准件的规格等。根据视图的大小、画图的比例和装配体的外形尺寸等，对装配体有一个初步印象。

（2）分析视图。分析各视图的名称及投影方向，弄清剖视图、

79

断面图的剖切位置，从而了解各视图表达意图和重点。

（3）分析装配关系、传动关系和工作原理。分析各条装配干线，弄清各零件间相互配合的要求，以及零件间的定位、连接方式、密封等问题。再进一步搞清运动零件与非运动零件的相对运动关系。对于比较简单的装配体，可以直接对装配图进行分析。对于比较复杂的装配体，需要借助于说明书等技术资料来阅读图样。读图时，可先从反映工作原理、装配关系较明显的视图入手，抓主要装配干线或传动路线。

（4）分析零件、读懂零件的结构形状。在弄清上述内容的基础上，还要看懂每一个零件的形状。读图时，借助序号指引的零件上的剖面线，利用同一零件在不同视图上的剖面线方向与间隔一致的规定，对照投影关系以及与相邻零件的装配情况，逐步想象出各零件的主要结构形状。分析时，一般先从主要零件着手，然后是次要零件。有些零件具体形状可能表达不够清楚，这时需要根据该零件的作用及与相邻零件的装配关系进行推想，完整构思出零件的结构形状。

（5）分析主要尺寸和技术要求。

9. 典型装配图的识读技巧

识读如图 1-45 所示机用虎钳装配图的技巧和诀窍如下。

在学习了装配图的表达方法、装配体的工艺结构以及读装配图的方法和步骤后，就可以看装配图了。通过识读机用虎钳装配图，可以了解机用虎钳的工作原理、功能及主要尺寸；看懂机用虎钳上各个零件的作用、装配关系及拆装顺序；看懂机用虎钳主要零件的结构形状等。

（1）概括了解。在图 1-45 中，由标题栏可知该部件名称为机用虎钳，由明细栏可知由 11 种零件组成，其中垫圈 1 和 8、圆锥销 9、螺钉 11 是标准件，共 4 种 7 件，其余为非标准件共 7 种 8 件，机用虎钳是用 15 个零件装配而成的。根据实践知识或查阅说明书及有关资料，再结合外形尺寸和绘图比例大致可知：机用虎钳是安装在机床工作台上，用于夹紧工件，以便进行切削加工的一种通用工具。

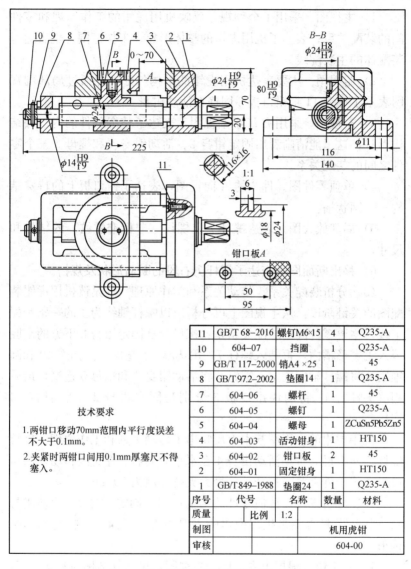

11	GB/T 68–2016	螺钉M6×15	4	Q235-A
10	604–07	挡圈	1	Q235-A
9	GB/T 117–2000	销A4 ×25	1	45
8	GB/T 97.2–2002	垫圈14	1	Q235-A
7	604–06	螺杆	1	45
6	604–05	螺钉	1	Q235-A
5	604–04	螺母	1	ZCuSn5Pb5Zn5
4	604–03	活动钳身	1	HT150
3	604–02	钳口板	2	45
2	604–01	固定钳身	1	HT150
1	GB/T 849–1988	垫圈24	1	Q235-A
序号	代号	名称	数量	材料
质量		比例	1:2	
制图			机用虎钳	
审核			604-00	

技术要求

1. 两钳口移动70mm范围内平行度误差不大于0.1mm。
2. 夹紧时两钳口间用0.1mm厚塞尺不得塞入。

图 1-45 机用虎钳装配图

（2）分析视图。机用虎钳装配图采用了主、俯、左三个基本视图，并采用了单件画法、局部放大图、移出断面等表达方法。各视图及表达方法的分析如下：

81

1) 主视图。采用了全剖视，反映机用虎钳的工作原理和零件间的装配关系；表达了机用虎钳的整体形象、工作范围、也表达了装配体的主装配线。

2) 俯视图。主要表达机用虎钳的结构外形，并通过局部剖视图表示了螺钉 11 把钳口板 3 固连在活动钳身 4 上。

3) 左视图。采用 B-B 半剖视图，表达了整个部件的内、外结构形状，这里能清晰看出固定钳身 2、活动钳身 4 和螺母 5 三个零件之间的装配关系。

4) 单独零件图。件 3 的 A 向视图，表达了钳口板上的特殊结构——网状槽。

5) 局部放大图。表达螺杆 7 上螺纹（非标准螺纹）的结构和尺寸。

6) 移出断面图。表达了螺杆 7 右段的断面形状及规格。

（3）分析装配关系、传动关系和工作原理。这是读机用虎钳装配图的关键阶段，从主视图上可分析出以螺杆轴线为主的一条装配干线，主要零件间的装配关系是：螺母 5 从固定钳身 2 下方的空腔装入工字形槽内，再装入螺杆 7，用垫圈 1、垫圈 8 及挡圈 10 和圆锥销 9 将螺杆轴向固定；螺钉 6 将活动钳身 4 和螺母 5 连接，最后用沉头螺钉 11 将两块钳口板 3 分别与固定钳身 2、活动钳身 4 连接。

机用虎钳的主视图基本上反映出了传动关系和工作原理：旋转螺杆 7 使螺母 5 带动活动钳身 4 在水平方向右、左直线移动，两钳口板 3 将工件夹紧或松开。其最大夹持厚度为 70mm。

（4）分析零件、读懂零件的结构形状。固定钳身 2、活动钳身 4、螺杆 7、螺母 5 是机用虎钳的主要零件，下面来分析它们的结构形状。

1) 固定钳身根据由主、俯、左视图，可知其结构为左低右高，下部有一空腔，且有一工字形槽。

2) 活动钳身由三个基本视图可知其主体左侧为阶梯半圆柱，右侧为长方体，前后向下探出的部分包住固定钳身。

3) 螺杆由主视图、俯视图、断面和局部放大图可知，螺杆的中部为矩形螺纹，左端有锥销孔，右端加工出矩形平面。

4）螺母由主、左视图可知，其结构为上部圆柱形，下部方形。

（5）分析主要尺寸和技术要求。

1）规格、工作范围：中心高 20mm，0～70mm。

2）配合尺寸：活动钳身与固定钳身 80H9/f9；活动钳身与螺母 $\phi24$H8/f7；螺杆两端与固定钳身 $\phi14$H9/f9、$\phi24$H9/f9。

3）主要零件关键尺寸：螺杆、螺母牙型尺寸 $\phi24$mm、$\phi18$mm、$\phi3$mm、$\phi6$mm；螺杆方身尺寸 16mm×16mm；钳口板中心距 50mm，板长 950mm。

4）安装尺寸：116mm、2×$\phi11$mm/锪平 $\phi25$mm。

5）总体尺寸：长 225mm、宽 140mm、高 70mm。

另外，从技术要求中可知机用虎钳的装配质量指标是两钳口间的平行度及夹紧时的间隙要求。

通过以上识读图后，就会对机用虎钳有一个完整的认识，如图 1-46 所示为机用虎钳的轴测图。

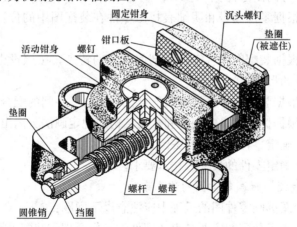

图 1-46　机用虎钳轴测图

三、装配图拆画零件图

1. 装配图拆画零件图的步骤

由装配图拆画零件图，简称为拆图。它是在看懂装配图的基础上进行的一项内容。首先应解决零件的结构形状、图形的表达方法，然后解决零件的尺寸和技术要求等问题。因此，拆图除了制图知识外，还应具备一定的生产和结构知识，以及有关的专业知识。这是机修钳工和装配钳工的必修课。

由装配图拆画零件图的步骤如下：

(1) 读懂装配图。

(2) 零件分类。主要根据零件编号及明细表了解装配体所含零件的种数，然后将它们进行分类：

1) 标准件。标准件不需画图，属于外购件，按明细栏中标准件的规定标记，列出标准件即可。

2) 常用件。常用件要画零件图，如果装配图中给了参数，要按参数计算后绘图，例如齿轮、端盖等。

3) 一般零件。一般零件是拆画零件图的主要对象。但这类零件中，常会有一些借用件或特殊零件等，往往有现成的零件图，不用拆画零件图。

(3) 分离出零件。

1) 根据零件编号和明细表找出零件在装配图中的位置，分析其作用。

2) 根据装配图中各零件的剖面符号的特点，按照投影规律想象出零件的形状。

3) 根据装配图中所标注的配合代号分析零件间的配合关系。

4) 根据标准件、常用件和常见结构的规定画法分离出零件。

(4) 确定零件的表达方案。

(5) 确定零件的尺寸和技术要求。

2. 装配图拆画零件图的注意事项

装配图拆画零件图的过程中应注意以下问题：

(1) 由于装配图主要是表达部件的工作原理和装配关系的，因此，对某些零件，特别是形状复杂的零件往往表达不完全，这时需要根据零件的功用及结构知识加以补充完善。

(2) 零件上的一些工艺结构（如倒角、圆角、退刀槽、越程槽等），在装配图上往往省略不画，在画零件图时应补画这些结构。

（3）装配图的视图选择主要从整个部件出发，不一定符合每个零件视图选择的要求，所以在选择零件图的视图表达方案时，一般不能照搬装配图中零件的表达方法。

（4）在装配图中，对零件所需要的尺寸标注不全，所以拆画零件图时，缺少的尺寸在装配图上按比例直接量取，有些尺寸则要查手册或经计算确定。例如，键槽、螺纹等都是有标准的，需要查手册选取；再如零件上的标准结构（倒角、沉孔、螺纹退刀槽、砂轮越程槽、键槽等）尺寸需查有关手册确定。

（5）正确标注零件的尺寸公差、几何公差、表面粗糙度，有的还需要说明材料热处理、检验等方面的技术要求，这将涉及许多专业知识，一般可通过查阅有关手册或参考其他同类型产品的图纸加以比较确定。

3. 装配图拆画零件图的技巧和诀窍

以图 1-47 齿轮油泵装配图为例，拆画齿轮油泵右端盖零件图，其技巧和诀窍如下：结合图 1-48（a）齿轮油泵轴测图，并参考齿轮油泵工作原理如图 1-48（b），读图 1-47 齿轮油泵装配图。

（1）读懂图 1-47 齿轮油泵装配图。

（2）零件分类。齿轮油泵右端盖 7 属于一般零件。是拆画零件图的主要对象。

（3）分离出零件。根据右端盖 7 在主视图中的位置和剖面符号可分离出如图 1-49（a）所示。一个不完整的图形，这是因为右端盖的一部分可见轮廓被其他零件所遮挡。再根据右端盖的作用和与其他零件的连接装配关系补全轮廓线，如图 1-49（b）所示。

根据投影关系从装配图中分离出右端盖的左视图。最后补画上轮廓线和省略的一些工艺结构，如图 1-49（b）所示。

（4）确定零件的表达方案。右端盖属于轮盘类零件，选择与装配图相同的投射方向。这样既符合该零件的安装位置、工作位置和加工位置，也突出了零件的结构形状特征。主视图采用全剖视，将其内部结构表达得很清楚。选择左视图来表达端面形状和各孔的分布情况，左视图与装配图一致，便于分析对照。

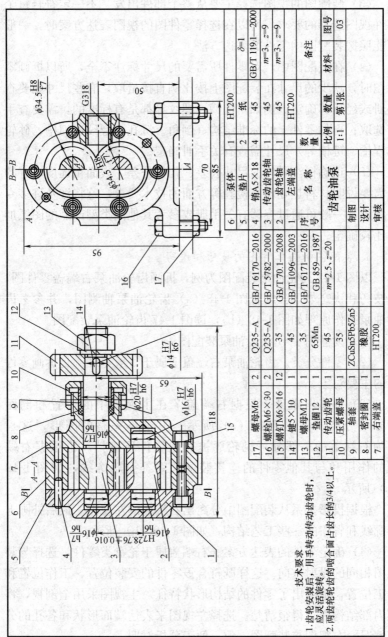

图 1-47 齿轮油泵装配图

技术要求
1. 齿轮安装后，用手转动传动齿轮时，应灵活旋转。
2. 两齿轮的啮合面占齿长的3/4以上。

17	螺母M6	2	Q235-A		GB/T 6170—2016	
16	螺栓M6×30	2	Q235-A		GB/T 5782—2000	
15	螺钉M6×16	12	35		GB/T 70.1—2008	
14	键5×10	1	45		GB/T 1096—2003	
13	垫圈12	1	65Mn		GB 859—1987	
12	传动齿轮	1	45			$m=2.5$, $z=20$
11	压紧螺母	1	35			
10		1	ZCuSn5Pb5Zn5			
9	轴套	1		橡胶		
8	密封圈	1				
7	右端盖	1	HT200			
6	泵体	1	HT200			$\delta=1$
5	垫片	2	纸		GB/T 119.1—2000	
4	销A5×18	4	45			$m=3$, $z=9$
3	传动齿轮轴	1	45			$m=3$, $z=9$
1	左端盖	1	HT200			
序号	名 称	数量	材料		备注	

齿轮油泵 比例 1:1 第1张 图号 03

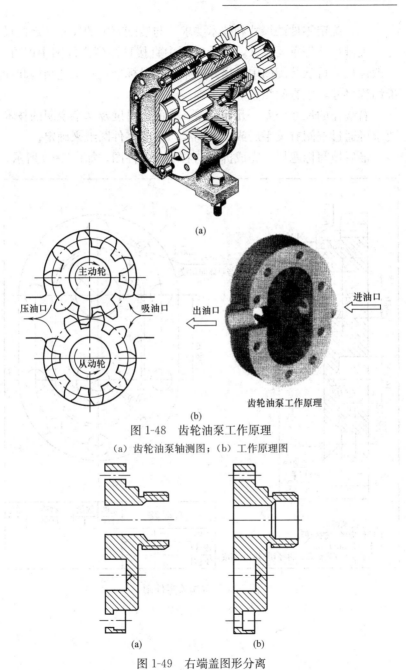

(a)

(b)

图 1-48 齿轮油泵工作原理

（a）齿轮油泵轴测图；（b）工作原理图

(a)   (b)

图 1-49 右端盖图形分离

（5）确定零件的尺寸和技术要求。与装配有关的尺寸、定位尺寸、关键尺寸等重要尺寸，从装配图中直接抄注到零件图中即可；一般性尺寸可从装配图中量出并圆整，尽量标准化；工艺结构和标准结构尺寸，应查阅相关标准来确定。

右端盖的尺寸公差、几何公差、表面粗糙度及文字说明的技术要求可通过查阅有关手册或参考同类产品的零件图纸来确定。

最后填写标题栏，完成拆画的右端盖零件图，如图 1-50 所示。

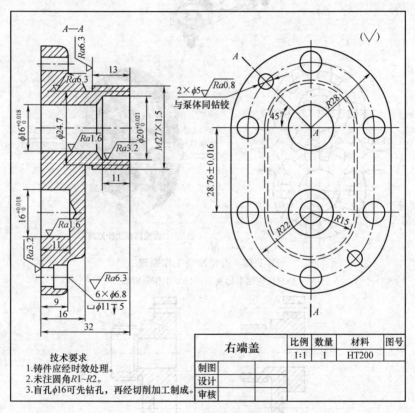

图 1-50　右端盖零件图

第二章

机械传动、气压与液压传动

第一节 常用机构简介

一、常用机械运动简图符号

（一）带传动

1. V带传动

（1）V带种类。V带是横截面为等腰梯形或近似等腰梯形的传动带，其工作面为两侧面。常用V带种类见表2-1。

表2-1 V 带 种 类

种　类	楔角（°）	相对高度 h/b_p
普通V带	40°	～0.7
窄V带	40°	～0.9
宽V带	40°	～0.3
半宽V带	40°	～0.5
大楔角V带	60°	—

其他形式还有：

1）齿形V带，即具有横向齿的V带，见图2-1。

2）联组V带，即几条相同的普通V带或窄V带在顶面连成一体的V带组，见图2-2。

3）接头V带，即按需要裁取一定长度的普通V带，用专用接头连成环形带，见图2-3。

4）双面V带，即横截面为六角形或近似六角形的传动带，其工作面为四个侧面，见图2-4。

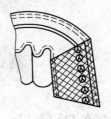
图 2-1 齿形 V 带

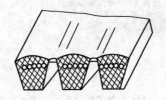
图 2-2 联组 V 带

图 2-3 接头 V 带

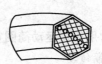
图 2-4 双面 V 带

（2）V 带的规格尺寸。V 带的规格尺寸见表 2-2、表 2-3。

表 2-2　　　　　　　　　　普通 V 带的规格尺寸

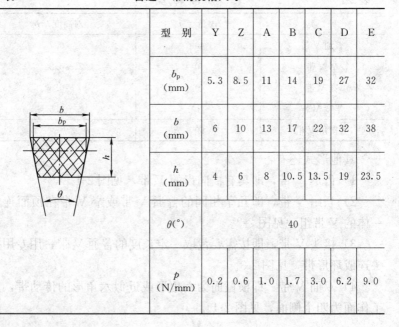

型　别	Y	Z	A	B	C	D	E
b_p (mm)	5.3	8.5	11	14	19	27	32
b (mm)	6	10	13	17	22	32	38
h (mm)	4	6	8	10.5	13.5	19	23.5
$\theta(°)$				40			
p (N/mm)	0.2	0.6	1.0	1.7	3.0	6.2	9.0

表 2-3　普通 V 带基准长度系列（摘自 GB/T 11544—2012）

基准长度 L_d(mm)

基准长度 L_d(mm)	Y	Z	A	B	C	D	E
200	Y						
224	Y						
250	Y						
280	Y						
315	Y						
355	Y						
400	Y	Z					
450	Y	Z					
500	Y	Z					
560		Z					
630		Z	A				
710		Z	A				
800		Z	A				
900		Z	A	B			
1000		Z	A	B			
1120		Z	A	B			
1250		Z	A	B			
1400		Z	A	B			
1600		Z	A	B	C		
1800			A	B	C		
2000			A	B	C		
2240			A	B	C		
2500			A	B	C		
2800			A	B	C	D	
3150				B	C	D	
3550				B	C	D	
4000				B	C	D	
4500				B	C	D	E
5000				B	C	D	E
5600				B	C	D	E
6300					C	D	E
7100					C	D	E
8000					C	D	E
9000					C	D	E
10 000					C	D	E
11 200						D	E
12 500						D	E
14 000						D	E
16 000							E

V带有帘布结构和线绳结构两种类型,其结构如图 2-5 所示。

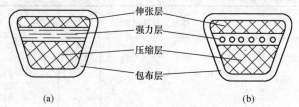

伸张层

强力层

压缩层

包布层

(a)　　　　　　　　　　　　(b)

图 2-5　V 带的结构

(a) 帘布结构;(b) 线绳结构

帘布结构制造方便,型号齐全,应用广。线绳结构柔韧性好,抗弯强度高,目前国产线绳结构 V 带只有 Z、A、B、C 四种。

(3) V 带传动的参数选择。

1) 传动比 i:一般情况下,传动比应小于 7,大于 5,最大可达 10。

2) 带速 v:一般以 $v=10\sim20\text{m/s}$ 为宜。对于 Z、A、B、C 型带,$v_{max}=25\text{m/s}$,对 D、E 型,$v_{max}=30\text{m/s}$。

3) 初定中心距 a_0:中心距的范围是 $0.7(d_{p_1}+d_{p_2})\leqslant a_0<2(d_{p_1}+d_{p_2})$。

4) 包角 a:$a\geqslant120°$,如包角过小,应加大中心距,或加张紧装置。

5) 普通 V 带轮基准直径 d_d 系列及其外径 d_a 见表 2-4。

表 2-4　　　　普通 V 带轮基准直径 d_d 系列及其外径 d_a

d_d (mm)	d_d (mm)					
	Y	Z	A	B	C	D
20	23.2					
22.4	25.6					
25	28.2					
28	31.2					
31.5	34.7					
35.5	38.7					
40	43.2					

d_d (mm)	d_d (mm)					
	Y	Z	A	B	C	D
45	48.2					
50	53.2	54				
56	59.2	60				
63	66.2	67				
71	74.2	75				
80	83.2	84	85.5			
90	93.2	94	95.5			
100	103.2	104	105.5			
112	115.2	116	117.5			
125	128.2	129	130.5	132		
140		144	145.5	147		
160		164	165.5	167		
180		184	185.5	187		
200		204	205.5	207	209.6	
224		228	229.5	231	233.6	
250		254	255.5	257	259.6	
280		284	285.5	287	289.6	
315		319	320.5	322	324.6	
355		359	360.5	362	364.6	371.2
400		404	405.5	407	409.6	416.2
450		—	455.5	457	459.6	466.2
500		504	505.5	507	509.6	516.2
560		—	565.5	567	569.6	576.2
630		634	635.5	637	639.6	646.2
710			715.5	717	719.6	726.2
800			805.5	807	809.6	816.2
1000				1007	1009.6	1016.2

2. 平带传动

（1）传动形式和适用性。平带传动的形式和各类带的适用性见表 2-5。

表2-5　平带传动形式和各类带的适用性

传动形式	简图	允许带速 v(m/s)①	传动比 i②	相对传递功率 (%)	安装条件	工作特点	V带	平带			
								包层式胶带	叠层式胶带	高速环形胶带	同步带
开口传动		25~50	≤5 (≤7)	100		平行轴、双向、同向传动	○	○	○	○	○
交叉传动		15	≤6	70~80	轮宽对称面重合	平行轴、双向、反向传动，交叉处有摩擦，$a>20b$（带宽）	×	○	△	×	×
半交叉传动		15	≤3 (≤2.5)	70~80	一轮宽对称面通过另一轮的绕出点	交错轴、单向传动	△	○	○	×	×

续表

传动形式	简 图	允许带速① v(m/s)	传动比 i②	相对传递功率（%）	安装条件	工作特点	V 带	平 带		高速环形胶带	同步带
								包层式胶带	叠层式胶带		
有张紧轮的平行轴传动		25~50	≤10	≥100	同开口传动、张紧轮在松边接近小带轮处、接头要求高	平行轴、单向、同旋向传动、用于 i 大、a 小的场合	○	○	○	○	○
有导轮的相交轴传动		15	≤4	70~80	两轮轮宽对称面应与导轮圆柱面相切	交错轴、双向传动	×	○	△	×	×
多从动轮传动		25	≤6	—	各轮轮宽对称面重合	简化传动结构、带的曲挠次数多、寿命短	○	○	○	○	○
用拨叉移动的带传动		25	≤5	100		带边易磨损	×	○	×	×	×

① v>30m/s 适用于高速带、同步齿形带等。

② 括号内的 i 值适用于 V 带、同步齿形带等。

注： 表内符号：○—适用；△—不合理，寿命短；×—不适用。

（2）平带的类型与尺寸。

1）按结构分为下列两种类型。

a. 叠层式传动胶带，见图 2-6（a），在带侧应有胶浆保护层。

b. 包层式传动胶带，见图 2-6（b），在外层胶布纵向对缝处应贴封口胶条。带宽在 75mm 及以上者，为填充胶布搭缝，必须加贴对口胶条。

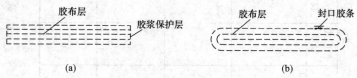

图 2-6　平带的类型

（a）叠层式传动胶带；（b）包层式传动胶带

传动胶带可以叠包并用制成。带宽在 100mm 及以上者，其外包层对缝应位于带宽的 1/3 处，100mm 以下者应位于带宽中心。带宽在 300mm 及以上者，其外包层纵向对缝允许有两处，300mm以下为一处。

2）平带宽度。平带宽度、胶布层数和宽度公差见表 2-6。

3）平带的最小长度见表 2-7。

标记示例：传动胶带宽 50mm，胶布层 3 层，长 1500mm，标记为传动带 50×3×1500。

（3）平带的物理力学性能，见表 2-8。

（4）平带接头的连接方式，见表 2-9。

表 2-6　　　　　　平带宽度、胶布层数和宽度公差

传动胶带宽度（mm）	胶布层数	宽度公差（mm）
20、25、30、35、40、45、50、55、60	3～4	±2
65、70、75、80、90	3～6	±3
100、125、150、175	4～6	±4
200、225、250、275、300	4～10	±5
350、400、450、500、550、600	6～12	±6

注　1. 传动胶带胶布层数由使用方根据使用载荷大小选择。

　　2. 如实际使用需要超出表的范围时，使用方和制造方应协商制订。

　　3. 如实际生产带宽不在表的规定范围内时，按其相邻的最小公差制订。

表 2-7　　　　　　　　　　　　　平带的最小长度

传动胶带宽度（mm）	最小长度（m）
90 及 90 以下	5
100～250	10
275 及 275 以上	20

表 2-8　　　　　　　　　　　　　平带的物理力学性能

性 能 名 称	指　标
每层胶布径向扯断强度（MPa）	≥14
每层胶布径向扯断伸长率（%）	≤18
各胶布层间附着强度（MPa）	≥0.8
各胶布层间曲挠剥离次数（全剥）	≥30 000

注　合成胶用量超过 30% 时，布层附着强度允许降低至规定指标的 90%。

表 2-9　　　　　　　　　　　　　平带的接头形式

接头种类		接头形式	特　点
胶合	传动胶带胶合接头		接头平滑，可靠，连接强度高，但胶接技术要求高。用于不需经常改接的高速大功率传动和有张紧轮的传动
	强力锦纶带胶合接头		
金属接头	胶带扣接头		连接迅速方便，但端部被削弱，运转有冲击。用于经常改接的中小功率传动。胶带扣接头用于 $v<20m/s$，铁丝钩接头用于 $v<25m/s$
	铁丝钩接头		
	胶带螺栓接头		连接方便，接头强度大，只能单面传动。用于 $v<10m/s$ 大功率传动胶带

3. 高速带传动和同步带传动

(1) 高速带传动一般带速 $v > 30\text{m/s}$。高速轴转速 $n = 10\,000 \sim 5000\text{r/min}$ 的带传动属高速带传动，通常小带轮直径 $D_1 = 20 \sim 40\text{mm}$。高速传动带多采用质量轻，厚度薄而均匀、曲挠性好的环形平型带。

高速带的规格见表 2-10。

表 2-10 **高速带规格**

宽带 b (mm)	内周长度 L_i 的范围 (mm)	内周长度系列 (mm)
20	450～1000	450、480、500、530、560、600、
25	450～1500	630、670、710、750、800、850、
32	600～2000	900、950、1000、1060、1120、1180、
40	710～3000	1250、1320、1400、1500、1600、
50	710～3000	1700、1800、1900、2000、2120、
60	1000～3000	2240、2350、2500、2650、2800、
		3000
带厚 δ	0.8、1.0、1.2、1.5、2、2.5、(3)	

注　1. 编织带带厚无 0.8mm 和 1.2mm 规格。

　　2. 括号内尺寸不宜用于高速传动。

高速带传动标记示例：聚氨酯高速带，带厚 1mm，宽 32mm，内周长 1400mm，标记为聚氨酯高速带 $1 \times 32 \times 1400$。

(2) 同步带传动。

1) 同步带传动综合了带传动和链传动的优点。同步带可一面有齿形，也可以两面有齿形。它的传动形式见图 2-7。同步带根据齿形的不同可分为模数制同步带和国际标准制（ISO）两大类。

同步带传动的优点是：无滑动，能保证正确的传动比；初拉力较小，轴和轴承上所承受的载荷小；带的厚度小，单位长度的质量小，故允许线速度较高；带的柔性好，故所用的带轮直径可以较小。主要的缺点是安装时中心距要求较严。

2) 同步带由强力层、基体两部分组成。强力层由钢丝绳沿着皮带中性层的周长作螺旋形绕制而成，用来传递动力，并保证工作

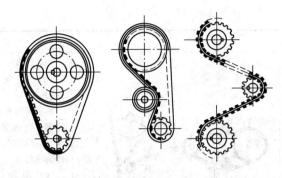

图 2-7 同步带的传动形式

时的节距不变。基体包括带背和带齿，带齿应与带轮的齿正好啮合；带背用以粘接强力层；在其表面开有的尖角凹槽，除为适应工艺要求外，不能改善带的弯曲疲劳性能。基体材料应有良好的耐磨、耐老化、高强度和高弹性等性能。

4. 带传动的张紧

带传动的张紧方法见表 2-11。

表 2-11　　　　　　　　带传动的张紧方法

张紧方法		简　图		特点和应用
调节轴的位置	定期张紧	(a)	(b)	（a）图多用于水平或接近水平的传动 （b）图多用于垂直或接近垂直的传动
	自动张紧	(c)	(d)	（c）图多用于小功率传动 （d）图常用于带的试验装置 应使电动机和带轮的转向有利于减轻配重或减小偏心距

张紧方法	简 图	特点和应用
张紧轮	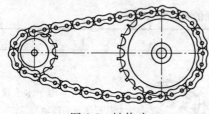 (e)　　　　(f)	张紧轮直径 $d_z \geqslant (0.8 \sim 1) d_1$，应安装在带的松边 影响带的寿命，且不能逆转。外张紧可增大包角，结构紧凑，但对寿命影响较大 （e）图为定期张紧，张紧轮位置固定 （f）图为自动张紧，应使 $a_1 \geqslant d_1 + d_z$ $a_z \leqslant 120°$
改变带长	对有接头的平型带常将带定期截短使带张紧，截去长度 $\Delta L = 0.01L$	

注　高速带传动不得用自动张紧来减少振动。

图 2-8　链传动

（二）链传动

链传动是以链条作中间挠性件，靠链与链轮轮齿的自由啮合来传动的，见图 2-8。通常链传动传动比 $i \leqslant 8$；中心距 $a \leqslant 5 \sim 6 m$；传递功率 $P \leqslant 100 kW$；传动速度 $v \leqslant 15 m/s$；传动效率为 $0.95 \sim 0.98$。

1. 链条

常用的传动链条有套筒滚子链和齿形链两类。

（1）套筒滚子链的基本结构及参数。

1）套筒滚子链的结构见图 2-9。其中内链板紧固在套筒两端，销轴辅以间隙配合穿过套筒与外链板铆牢，这样内、外链板可作相对转动。滚子与套筒之间为间隙配合，链条与链轮啮合时，滚子与轮齿是滚动摩擦，这样可减少链和链轮的磨损。

2）链条上相邻两销的中心距称为链条的节距，以 p 表示，它是链条的主要参数。传动功率较大时可采用多排链。

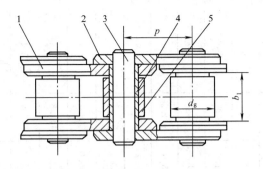

图 2-9 套筒滚子链的结构

1—内链板；2—外链板；3—销轴；

4—套筒；5—滚子

套筒滚子链的基本参数见表 2-12。

滚子链标记如下：

名称　　链号　　排数　　整　链　标准编号
　　　　　　　　　　　　链节数

例如：按 GB/T 1243—2006 制造的 A 系列，节距 12.7mm、单排、88 节的滚子链标记为：

滚子链　08A—1×88　GB/T 1243—2006。

A 系列、节距 38.1mm、双排、60 节的滚子链标记为：

滚子链　24A—2×60　GB/T 1243—2006。

3）链条节数为偶数时，采用开口销或弹簧夹锁紧接头，见图 2-10（a）、（b）。若链节数为奇数时，则需要采用过渡链节，见图 2-10（c）。

（2）齿形链。圆销铰链式齿形链的结构见图 2-11。

齿形链由许多齿形链板以铰链连接而成，工作时链齿与链轮齿互相啮合。链板齿形两侧为直线，一般夹角为 60°。

2．链轮

套筒滚子链链轮的齿形如图 2-12 所示，它由三段圆弧（aa、ab、cd）和一段直线（bc）组成。

表 2-12

套筒滚子链的基本参数

链号	节距 p(mm)	排距 p_1(mm)	滚子外径 d_1(mm)	内链节内宽 b_1(mm)	销轴直径 d_2(mm)	内链节外宽 b_2(mm)	销轴长度 单排 b_1(mm)	销轴长度 双排 b_5(mm)	内链板高度 h_2(mm)	极限拉伸载荷 Q_{min}(kN) 单排	极限拉伸载荷 Q_{min}(kN) 双排	单排质量 $q≈$kg/m
08A	12.70	14.38	7.95	7.85	3.96	11.18	17.8	32.3	12.07	13.8	27.6	0.6
10A	15.875	18.11	10.16	9.40	5.08	13.84	21.8	39.9	15.09	21.8	43.6	1.0
12A	19.05	22.78	11.91	12.57	5.94	17.75	26.9	49.8	18.08	31.1	62.3	1.5
16A	25.40	29.29	15.88	15.75	7.92	22.61	33.5	62.7	24.13	55.6	111.2	2.6
20A	31.75	35.76	19.05	18.90	9.53	27.46	41.1	77.0	30.18	86.7	173.5	3.8
24A	38.10	45.44	22.23	25.22	11.10	35.46	50.8	96.3	36.20	124.6	249.1	5.6
28A	44.45	48.87	25.40	25.22	12.70	37.19	54.9	103.6	42.24	169.0	338.1	7.5
32A	50.80	58.55	28.58	31.55	14.27	45.21	65.5	124.2	48.26	222.4	444.8	10.1
40A	63.50	71.55	39.68	37.85	19.84	54.89	80.3	151.9	60.33	347.0	693.9	16.1
48A	76.20	87.83	47.63	47.35	23.80	67.82	95.5	183.4	72.39	500.4	1000.8	22.6

注 使用过渡链节时，其极限拉伸载荷按表列数值80%计算。

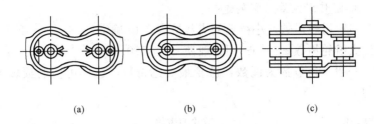

图 2-10 套筒滚子链的接头形式

（a）开口销；（b）弹簧夹；（c）过渡链节

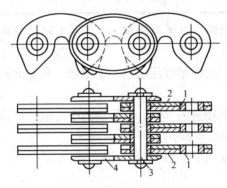

图 2-11 圆销铰链式齿形链

1—套筒；2—齿形板；3—销轴；4—外链板

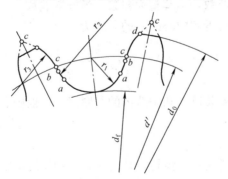

图 2-12 链轮的齿形

　　齿形一般采用标准刀具加工，画图时可不绘制，工作图上只注明节距 p、齿数 z 和直径 d、d_a、d_f 等参数即可。

3. 链传动主要参数的选择

（1）链轮齿数。小链轮的齿数按表 2-13 确定。

大链轮齿数 $z_2 = iz_1$，但一般使 $z_2 \leqslant 120$。

一般链条节数为偶数，链轮最好选奇数，这样可使磨损较为均匀。

表 2-13   **小链轮的齿数**

链速 v（m/s）	0.6～3	3～8	>8
z_1	$\geqslant 17$	$\geqslant 21$	$\geqslant 25$

（2）链的节距。链的节距越大，其承载能力越高。链节以一定速度与链轮齿啮合时将产生冲击，且节距越大、转速越高，产生的冲击也越大。因此应尽可能选用小节距链，高速重载时选用小节距多排链。

（3）中心距和链的节数。链传动的中心距，一般取 $a = (30 \sim 50) \times p$，最大 $a_{max} \leqslant 80p$。

链条的长度用节数 L_p 表示，即

$$L_p = 2 \times \frac{a}{p} + \frac{z_1 + z_2}{2} + \frac{p}{a}\left(\frac{z_2 - z_1}{2\pi}\right)^2$$

由此算出链的节数，须圆整为整数，最好取偶数。

利用上式可得到中心距 a 的公式为

$$a = \frac{p}{4}\left[\left(L_p - \frac{z_1 + z_2}{2}\right) + \sqrt{\left(L_p - \frac{z_1 + z_2}{2}\right)^2 - 8\left(\frac{z_2 - z_1}{2z}\right)^2}\right]$$

为了便于安装链条和调节链的张紧度，一般中心距设计成可调节的。

（三）蜗杆传动

蜗杆传动是交错轴齿轮传动的一种，用于既不平行又不相交的两轴间的传动。

1. 蜗杆的分类

蜗杆通常以蜗杆分度曲面的形状及其齿面成形的工艺特点来进行分类，见表 2-14。

表 2-14	蜗　杆　分　类
名　称	分　类
圆柱蜗杆	(1) 阿基米德蜗杆(ZA 蜗杆)(图 2-13) (2) 渐开线蜗杆(ZI 蜗杆)(图 2-14) (3) 法向直廓蜗杆(ZN 蜗杆)(图 2-15) (4) 锥面包络圆柱蜗杆(ZK 蜗杆)(图 2-16) (5) 圆弧圆柱蜗杆(ZC 蜗杆)(图 2-17) (6) 双导程蜗杆(图 2-18)
环面蜗杆	(1) 环面蜗杆副(图 2-19) (2) 直廓环面蜗杆(TA 蜗杆)(图 2-20) (3) 平面包络环面蜗杆(TP 蜗杆)(图 2-21) (4) 锥面包络环面蜗杆(TK 蜗杆)(图 2-22) (5) 渐开线包络环面蜗杆(TI 蜗杆)(图 2-23)
锥蜗杆	(1) 直线齿锥蜗杆(图 2-24) (2) 曲线齿锥蜗杆(图 2-24)

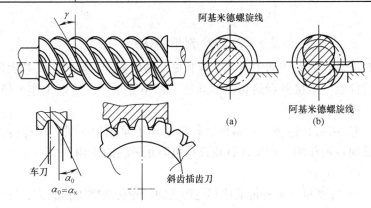

图 2-13　阿基米德蜗杆

(a) 当 $\gamma \leqslant 3°$时，采用单刀切削；(b) 当 $\gamma > 3°$时，采用双刀切削

2. 蜗杆传动的特点

(1) 优点。

1) 可实现单级大传动比。一级蜗杆传动传动比 i 即可达到 $10 \sim 80$，某些分度蜗杆传动中的传动比甚至可达 $10\,000$，其中心距 a 可达 2m，用得较多的是 $a = 50 \sim 500$mm。与其他齿轮传动减速器相比，蜗杆传动具有结构紧凑、体积小的优点。蜗杆传动广泛用于传递动力和运动的减速机构中。

2) 工作平稳、噪声低。蜗杆蜗轮啮合传动的主要运动特性是

105

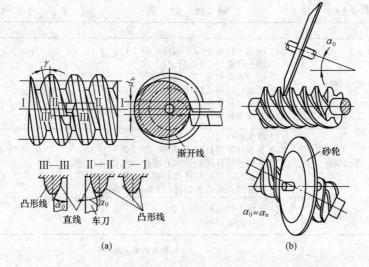

图 2-14　渐开线蜗杆

相对滑动，因而传动中产生噪声和振动的因素少，同时，其共轭齿面的任意一个接触点的相对滑动速度都不等于零，所以工作平稳、噪声低。

3）可防止逆转。当蜗杆导程角 γ 小于摩擦角 ϕ 时，蜗杆传动有反向自锁作用，利用此特点设计可防止逆转的机构。

（2）缺点。

1）效率低。蜗杆传动比其他形式的齿轮传动摩擦损失大、发热大，因而传动效率低，尤其是在大传动比和低速的情况下更是如此。

2）齿面易产生磨损和胶合。蜗杆传动工作时，其齿面的相对滑动比普通齿轮传动的齿面相对滑动速度大。就其本身而言，蜗杆传动中蜗杆齿面对蜗轮的滑动速度比蜗杆的圆周速度还大，而且滑动速度的方向与瞬时接触线的夹角一般都很小，因而润滑条件和油膜形成条件不好，容易产生齿面磨损和胶合。

3）加工工艺复杂，成本高。蜗杆传动是交错轴传动，为了实现其啮合齿面呈线接触状态，就必须采用对偶成形的方法来加工蜗轮、蜗杆，即加工蜗轮或蜗杆时，刀具与工件的啮合是蜗杆副工作时传动啮合的再现。刀具的几何参数及加工中心距均要与蜗杆副实

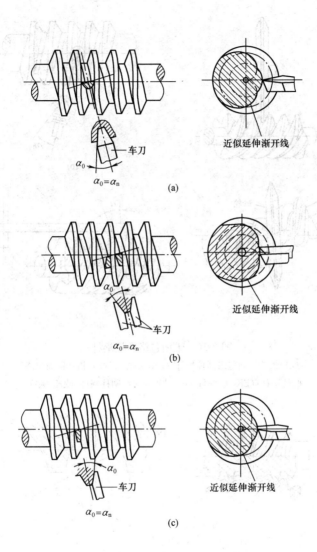

图 2-15 法向直廓蜗杆

(a) 齿槽法向直廓蜗杆（ZN_1 蜗杆）；(b) 齿体法向直廓蜗杆（ZN_2 蜗杆）；(c) 齿面法向直廓蜗杆（ZN_3 蜗杆）

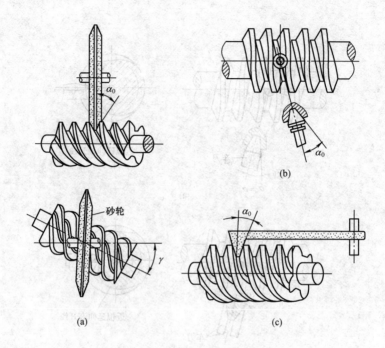

图 2-16　锥面包络圆柱蜗杆

(a) 盘状锥面包络圆柱蜗杆（ZK_1 蜗杆）；(b) 指状锥面包络
圆柱蜗杆（ZK_2 蜗杆）；(c) 端锥面包络圆柱蜗杆（ZK_3 蜗杆）

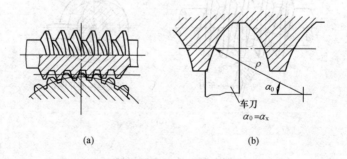

图 2-17　圆弧圆柱蜗杆

(a) ZC 蜗杆副；(b) 蜗杆齿形

ρ—蜗杆齿形曲率半径

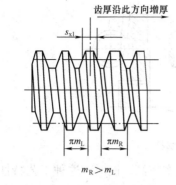

图 2-18 双导程蜗杆

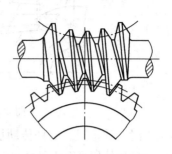

图 2-19 环面蜗杆副

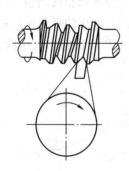

图 2-20 直廓环面蜗杆副

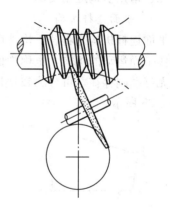

图 2-21 平面包络环面蜗杆

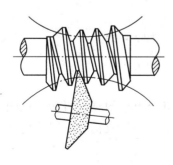

图 2-22 锥面包络环面蜗杆

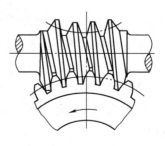

图 2-23 渐开线包络环面蜗杆

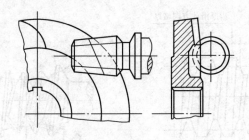

图 2-24 锥蜗杆

际工作时一致，因而蜗杆传动加工成本较高。同时，这种工艺特性使蜗杆副的使用具有不可分离性，其传动精度对装配误差极为敏感。

二、常用机构应用实例

(一) 平面连杆机构

平面连杆机构是将若干构件用低副（转动副和移动副）连接起来并作平面运动的机构，也称为低副机构。简单的平面连杆机构根据有无移动副存在，可分为铰链四杆机构和滑块四杆机构两大类，如图 2-25 所示。

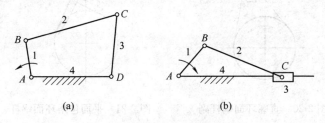

图 2-25 平面四杆机构

(a) 铰链四杆机构；(b) 滑块四杆机构

平面四杆机构的特点及应用见表 2-15。

(二) 凸轮机构

凸轮机构是由凸轮、从动件和机架组成的高副机构，见图 2-26。凸轮机构按其运动形式，分为平面凸轮机构和空间凸轮机构两种。

1. 凸轮机构的基本参数

凸轮机构的基本参数见表 2-16。

表2-15　平面四杆机构的特点及应用

名称	简图	特点	应用
铰链四杆机构 — 曲柄摇杆机构	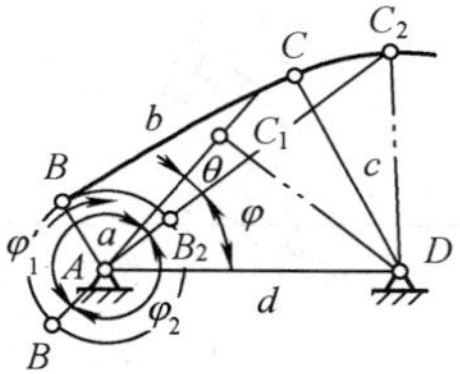	a 杆作旋转运动，d 杆固定，b 杆作摆动。条件：a 杆最短，$c+d>a+b$	剪刀机、搅拌机。图示为碎石机
铰链四杆机构 — 双曲柄机构	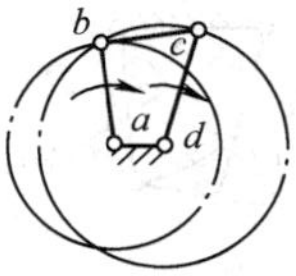	最短杆 a 固定，b、d 长度不相等，则主动曲柄作等速运动，从动曲柄作变速运动。若两曲柄长度相等，则为平行双曲柄机构	插床、铲土车、汽车摇窗机。图示为插床刀具运动机构

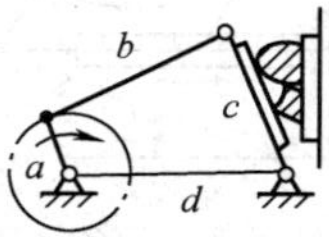

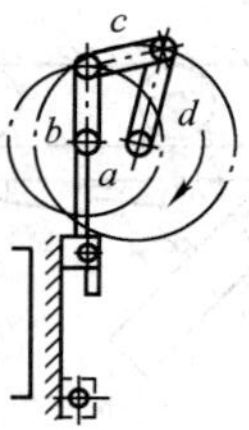

续表

名称	简图	特　点	应　用
铰链四杆机构 双摇杆机构	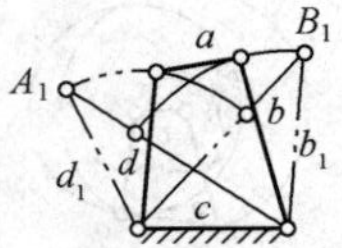	如果将曲柄摇杆机构中的摇杆 c 固定，则 d、b 为两摇杆，图中 d_1、b_1 为摇杆的两个极点	起重吊车。图示为自卸汽车的翻斗机 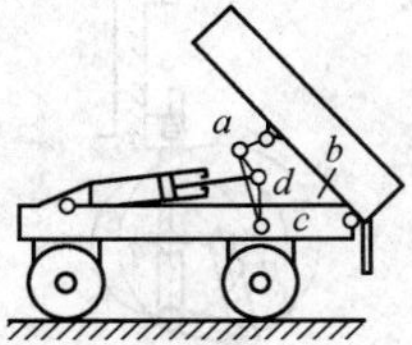
曲柄滑块机构	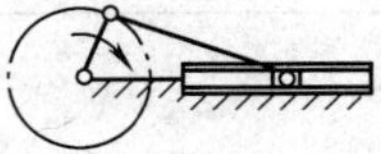	该机构是曲柄摇杆机构的演化，即摇杆 c 的长度趋于无穷大时，用往复移动的滑块来替代摇杆	偏心式抽水机，图示为压力机 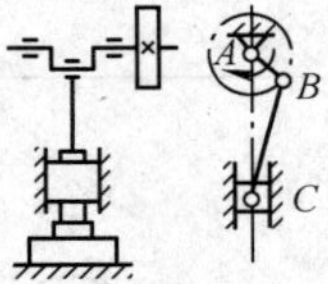
导杆机构	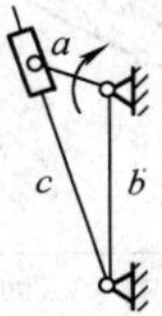	改变曲柄滑块机构的固定条件，将连杆 b 固定，可得导杆机构	图示为牛头刨床 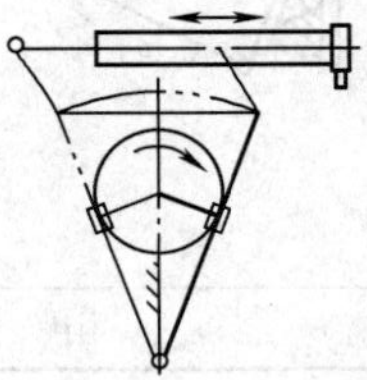

112

表 2-16　　　　　　　　**凸轮机构基本参数**

名称及参数	说　　　明
凸轮简图	
凸　轮	具有控制从动件并使其按预期规律作往复移动或摆动的曲线轮廓的构件
凸轮理论曲线	在从动件与凸轮的相对运动中，从动件上的参考点（从动件的尖端或滚子中心或平底中点）在凸轮平面上所画的曲线
凸轮工作曲线	直接与从动件接触的凸轮轮廓曲线
从动件的压力角 α	在从动件与凸轮的接触点上，从动件所受正压力与其运动速度之间的所夹锐角
基圆	以凸轮转动中心为圆心，以凸轮理论曲线的最短半径为半径所画的圆。该圆的半径亦为基圆半径 R_b
从动件的行程 h、φ	从动件上一点距凸轮转动中心的最近与最远之间的距离（h）。对摆动从动件则为摆过的角度（φ）
凸轮转角 δ	凸轮从起始位置开始，经过时间间隔 t 后，所转过的角度
偏距 e	移动从动件的轴线到凸轮转动中心的距离
中心距 L	摆杆转动中心到凸轮转动中心的距离

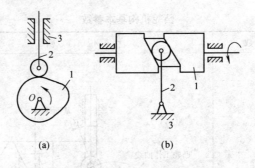

图 2-26 凸轮机构运动简图

(a) 平面凸轮机构；(b) 空间凸轮机构

1—凸轮；2—从动件；3—机架

2. 常见的凸轮机构的形式

常见的凸轮机构的形式见图 2-27。

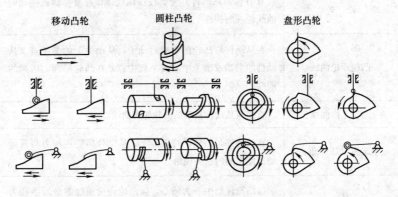

图 2-27 常见的凸轮机构的形式

（三）棘轮机构和槽轮机构

1. 棘轮机构

棘轮机构可分为齿式棘轮机构和摩擦式棘轮机构，其基本形式见表 2-17。齿式棘轮机构的齿形见表 2-18。

2. 槽轮机构

槽轮机构见表 2-19。

表 2-17　　　　　　　　　　棘轮机构的基本形式

类别	齿　　式		
简图	单动式	双动式	内接式

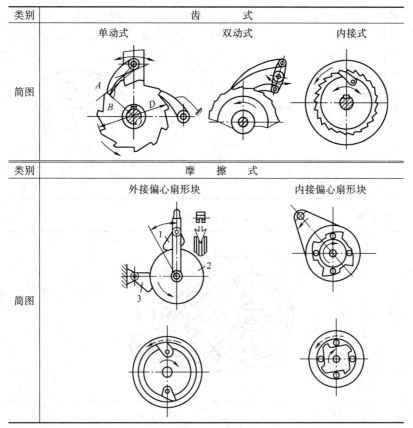

类别	摩　擦　式	
简图	外接偏心扇形块	内接偏心扇形块

表 2-18　　　　　　　　　　齿式棘轮机构的齿形

类别	齿　　形			
	不对称梯形齿	直线型三角形齿	圆弧型三角形齿	对称型矩形齿
齿形简图	常用，已标准化	常用于小负荷		用于双向驱动的棘轮

类别	齿　　形		
齿形简图	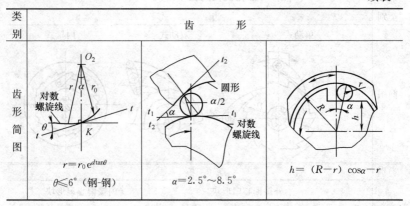 $r = r_0 \mathrm{e}^{d\tan\theta}$ $\theta \leqslant 6°$（钢-钢）	$\alpha = 2.5° \sim 8.5°$	$h = (R-r)\cos\alpha - r$

表 2-19　　　　　槽轮机构

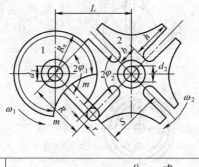

项　　目	公　　式
中心距	$L = \dfrac{S}{\cos\dfrac{\pi}{Z}}$
槽数	$Z = 4 \sim 8$
圆销转动半径	$R = L\sin\dfrac{\pi}{Z}$
圆销半径	$r_1 \approx \dfrac{1}{6}R$
槽顶高	$S = \alpha\cos\dfrac{\pi}{Z}$
槽底高	$b \leqslant L - (R+r)$

项　目	公　式				
锁止弧半径	$R_x = K_x S$				
	Z	3	4	5	6	8
	K_x	1.4	0.7	0.48	0.34	0.2
	槽顶一侧厚度不小于 3～5mm				
锁止弧张开角	$\gamma = \dfrac{2\pi}{n} - 2\varphi_1 = 2\pi\left(\dfrac{1}{n} + \dfrac{1}{Z} + \dfrac{1}{2}\right)$ 式中　n——销子数 $n < \dfrac{2Z}{Z-2}$				
槽间角	$2\varphi_2 = \dfrac{2\pi}{Z}$				
槽轮运动系数	$K = \dfrac{Z-2}{2Z}$ 运动系数：槽轮运动时间与一个循环总时间之比				
槽轮静止系数	$K' = \dfrac{Z+2}{2Z}$ 静止系数：槽轮停歇时间与一个循环总时间之比				

（四）螺旋机构

螺旋机构的分类、结构及用途见表 2-20。

表 2-20　　　　　　　螺旋机构的分类、结构及用途

分类	结　构　示　例	用　　途
单螺旋机构	由螺母 1、螺杆 2 组成 	用于传递动力

117

分类	结 构 示 例	用 途
单螺旋机构	由机架3、螺母1、螺杆2组成 	用于传递运动和动力
两螺旋机构	差动螺旋机构 （两螺旋副中螺纹旋向相同） 1、2—螺母；3—螺杆；p_1、p_2—螺距	用于微调装置
	复式螺旋机构（两螺旋副中螺纹旋向相反） 	两件快速移动或调整，两件的相对位置

续表

分类	结构示例	用途
滚动螺旋机构	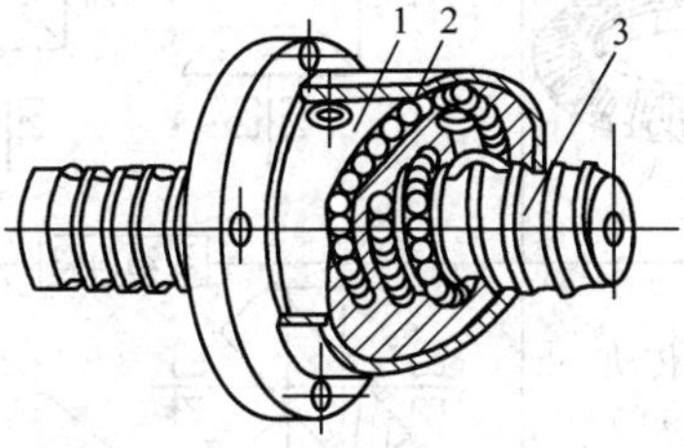 1、3—内、外螺旋滚道；3—螺杆	数控机床的进给装置、汽车的转向机构、飞机机翼的控制机构等

（五）齿轮机构

常用齿轮机构及运动简图见表 2-21。

表 2-21　　常用齿轮机构及运动简图

		外齿轮	内齿轮	齿条	斜齿轮
轴线互相平行	轴侧图	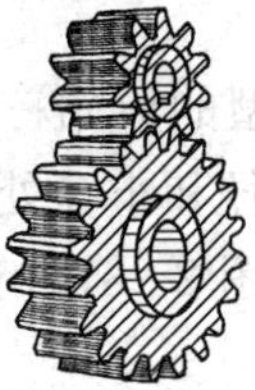	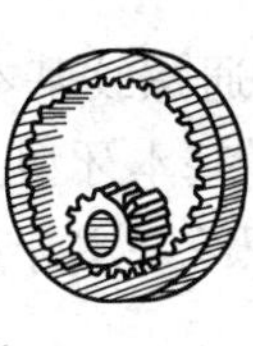	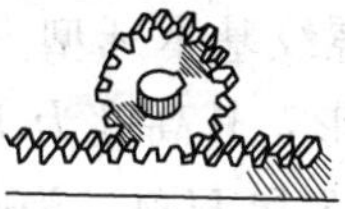	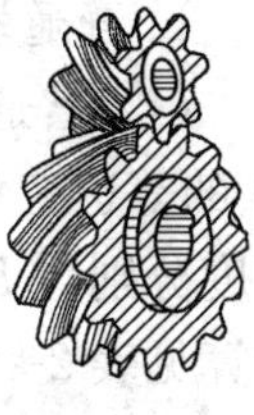
	运动简图	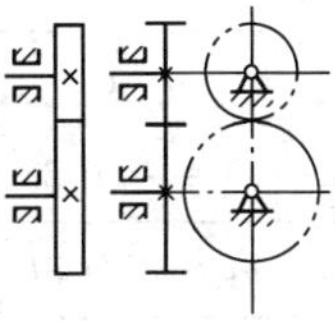	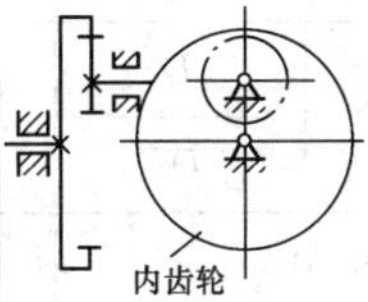	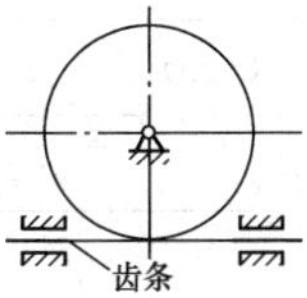	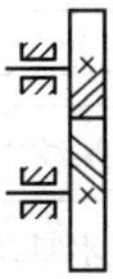

续表

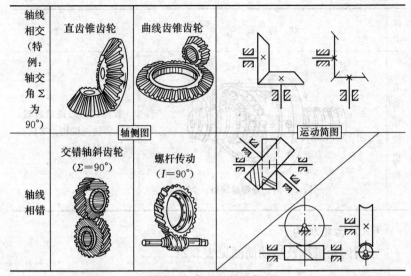

三、常用零件

(一)螺纹

1. 普通螺纹

(1) 普通螺纹基本牙型。普通螺纹基本牙型的原始三角形为60°的等边三角形，其高度为 H，基本牙型上大径和小径处的削平高度分别为 $H/8$ 和 $H/4$。普通螺纹基本牙型见图 2-28，相关尺寸计算见表 2-22。

表 2-22　　　　　　　　普通螺纹基本要素的计算公式

基本参数	外 螺 纹	内 螺 纹	计 算 公 式
牙型角	α		$\alpha=60°$
螺纹大径（公称直径）(mm)	d	D	$d=D$
螺纹中径 (mm)	d_2	D_2	$d_2=D_2=d-0.6495P$
牙型高度 (mm)	h_1		$h_1=0.5413P$
螺纹小径 (mm)	d_1	D_1	$d_1=D_1=d-1.0825P$

(2) 普通螺纹螺距与直径系列（见表 2-23）。

120

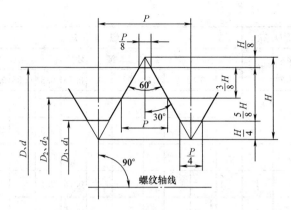

图 2-28 普通螺纹的基本牙型

D—内螺纹大径；D_1—内螺纹小径；D_2—内螺纹中径；

d—外螺纹大径；d_1—外螺纹小径；d_2—外螺纹中径；

P—螺距；H—原始三角形高度

表 2-23   **普通螺纹螺距与直径系列**

公称直径 D、d				螺 距 P										
第一系列	第二系列	第三系列	粗牙	细 牙										
				4	3	2	1.5	1.25	1	0.75	0.5	0.35	0.25	0.2
1			0.25											0.2
	1.1		0.25											0.2
1.2			0.25											0.2
	1.4		0.3											0.2
1.6			0.35											0.2
	1.8		0.35											0.2
2			0.4										0.25	
	2.2		0.45										0.25	
2.5			0.45									0.35		
3			0.5									0.35		
	3.5		(0.6)									0.35		
1			0.7								0.5			

公称直径 D、d				螺距 P										
第一系列	第二系列	第三系列	粗牙	细牙										
				4	3	2	1.5	1.25	1	0.75	0.5	0.35	0.25	0.2
	1.5		(0.75)								0.5			
5			0.8								0.5			
		5.5									0.5			
6			1							0.75	0.5			
	7		1							0.75	0.5			
8			1.25						1	0.75	0.5			
		9	(1.25)						1	0.75	0.5			
10			1.5					1.25	1	0.75	0.5			
		11	(1.5)						1	0.75	0.5			
12			1.75				1.5	1.25	1	0.75	0.5			
	14		2				1.5	1.25①	1	0.75	0.5			
		15					1.5		(1)					
16			2				1.5		1	0.75	0.5			
		17					1.5		(1)					
	18		2.5			2	1.5		1	0.75	0.5			
20			2.5			2	1.5		1	0.75	0.5			
	22		2.5			2	1.5		1	0.75	0.5			
24			3			2	1.5		1	0.75				
		25				2	1.5		(1)					
		26					1.5							
	27		3			2	1.5		1	0.75				

续表

公称直径 D、d			粗牙	螺 距 P										
第一系列	第二系列	第三系列		细 牙										
				4	3	2	1.5	1.25	1	0.75	0.5	0.35	0.25	0.2
		28				2	1.5		1					
30			3.5		(3)	2	1.5		1	0.75				
		32				2	1.5							
	33		3.5		(3)	2	1.5		1	0.75				
		35②					1.5							
36			4		3	2	1.5		1					
		38					1.5							
	39		4		3	2	1.5		1					
		40			(3)	(2)	1.5							
42			4.5	(4)	3	2	1.5		1					
	45		4.5	(4)	3	2	1.5		1					
48			5	(4)	3	2	1.5		1					
		50			(3)	(2)	1.5							
	52		5	(4)	3	2	1.5		1					
		55		(1)	(3)	2	1.5							
56			5.5	4	3	2	1.5		1					
		58		(1)	(3)	2	1.5							
	60		(5.5)	1	3	2	1.5		1					
		62		(4)	(3)	2	1.5							
64			6	4	3	2	1.5		1					
		65		(4)	(3)	2	1.5							
	68		6	4	3	2	1.5		1					

续表

公称直径 D、d			螺 距 P					
第一系列	第二系列	第三系列			细	牙		
			6	4	5	2	1.5	1
		70	(6)	(4)	(3)	2	1.5	
72			6	4	3	2	1.5	1
		75		(4)	(3)	2	1.5	
	76		6	4	3	2	1.5	1
		78				2		
80			6	4	3	2	1.5	1
		82				2		
	85		6	4	3	2	1.5	
90			6	4	3	2	1.5	
	95		6	4	3	2	1.5	
100			6	4	3	2	1.5	
		105	6	4	3	2	1.5	
110			6	4	3	2	1.5	
		115	6	4	3	2	1.5	
		120	6	4	3	2	1.5	
125			6	4	3	2	1.5	
		130	6	4	3	2	1.5	
		135	6	4	3	2	1.5	
140			6	4	3	2	1.5	
		145	6	4	3	2	1.5	
	150		6	4	3	2	1.5	
		155	6	4	3	2		
160			6	4	3	2		
		165	6	4	3	2		
	170		6	4	3	2		
		175	6	4	3	2		

公称直径 D、d			螺距 P					
第一系列	第二系列	第三系列			细 牙			
			6	4	5	2	1.5	1
180			6	4	3	2		
		185	6	4	3	2		
	190		6	4	3	2		
		195	6	4	3	2		
200			6	4	3	2		
		205	6	4	3			
	210		6	4	3			
		215	6	4	3			
220			6	4	3			
		225	6	4	3			
		230	6	4	3			
		235	6	4	3			
	240		6	4	3			
		245	6	4	3			
250			6	4	3			
		225	6	4	3			
	260		6	4	3			
		265	6	4	3			
		270	6	4	3			
		275	6	4	3			
280			6	4	3			
		285	6	4	3			
		290	6	4	3			
		295	6	4	3			
	300		6	4	3			
		310	6	4				

公称直径 D、d			螺　距　P					
第一系列	第二系列	第三系列	细　　牙					
			6	4	5	2	1.5	1
320			6	4				
		330	6	4				
	340		6	4				
		350	6	4				
360			6	4				

① M14×1.25 仅用于火花塞。

② M35×1.5 仅用于滚动轴承锁紧螺母。

(3) 普通螺纹基本尺寸 (见表 2-24)。

表 2-24　　　　　　　　　　普通螺纹基本尺寸

公称直径 D、d			螺距 P	中径 D_2 或 d_2	小径 D_1 或 d_1
第一系列	第二系列	第三系列			
1			0.25	0.838	0.729
			0.2	0.870	0.783
		1.1	0.25	0.938	0.829
			0.2	0.970	0.883
1.2			0.25	1.038	0.929
			0.2	1.070	0.983
		1.4	0.3	1.205	1.075
			0.2	1.270	1.183
1.6			0.35	1.373	1.221
			0.2	1.470	1.383
		1.8	0.35	1.573	1.421
			0.2	1.670	1.583
2			0.4	1.740	1.567
			0.25	1.838	1.729
		2.2	0.45	1.908	1.713
			0.25	2.038	1.929
2.5			0.45	2.208	2.013
			0.35	2.273	2.121

公称直径 D、d			螺 距 P	中 径 D_2 或 d_2	小 径 D_1 或 d_1
第一系列	第二系列	第三系列			
3			0.5	2.675	2.459
			0.35	2.773	2.621
	3.5		(0.6)	3.110	2.850
			0.35	3.273	3.121
4			0.7	3.545	3.242
			0.5	3.675	3.459
	4.5		(0.75)	4.013	3.688
			0.5	4.175	3.959
5			0.8	4.480	4.134
			0.5	4.675	4.459
		5.5	0.5	5.175	4.959
6			1	5.350	4.917
			0.75	5.513	5.188
			(0.5)	5.675	5.459
		7	1	6.350	5.917
			0.75	6.513	6.188
			0.5	6.675	6.459
8			1.25	7.188	6.647
			1	7.350	6.917
			0.75	7.513	7.188
			(0.5)	7.675	7.459
		9	(1.25)	8.188	7.647
			1	8.350	7.917
			0.75	8.513	8.188
			0.5	8.675	8.459
10			1.5	9.026	8.376
			1.25	9.188	8.647
			1	9.350	8.917
			0.75	9.513	9.188
			(0.5)	9.675	9.459
		11	(1.5)	10.026	9.376
			1	10.350	9.917
			0.75	10.513	10.188
			0.5	10.675	10.459

公称直径 D、d			螺 距 P	中 径 D_2 或 d_2	小 径 D_1 或 d_1
第一系列	第二系列	第三系列			
12			1.75	10.863	10.106
			1.5	11.026	10.376
			1.25	11.188	10.647
			1	11.350	10.917
			(0.75)	11.513	11.188
			(0.5)	11.675	11.459
	14		2	12.701	11.835
			1.5	13.026	12.376
			(1.25)①	13.188	12.647
			1	13.350	12.917
			(0.75)	13.513	13.188
			(0.5)	13.675	13.459
		15	1.5	14.026	13.376
			(1)	14.350	13.917
16			2	14.701	13.835
			1.5	15.026	14.376
			1	15.350	14.917
			(0.75)	15.513	15.188
			(0.5)	15.675	15.459
		17	1.5	16.026	15.376
			(1)	16.350	15.917
	18		2.5	16.376	15.294
			2	16.701	15.835
			1.5	17.026	16.376
			1	17.350	16.917
			(0.75)	17.513	17.188
			(0.5)	17.675	17.459
20			2.5	18.376	17.294
			2	18.701	17.835
			1.5	19.026	18.376
			1	19.350	18.917
			(0.75)	19.513	19.188
			(0.5)	19.675	19.459

公称直径 D、d			螺 距 P	中 径 D_2 或 d_2	小 径 D_1 或 d_1
第一系列	第二系列	第三系列			
	22		2.5	20.376	19.294
			2	20.701	19.835
			1.5	21.026	20.376
			1	21.350	20.917
			(0.75)	21.513	21.188
			(0.5)	21.675	21.459
24			3	22.051	20.752
			2	22.701	21.835
			1.5	23.026	22.376
			1	23.350	22.917
			(0.75)	23.513	23.188
		25	2	23.701	22.835
			1.5	24.026	23.376
			(1)	24.350	23.917
		26	1.5	25.026	24.376
	27		3	25.051	23.752
			2	25.701	24.835
			1.5	26.026	25.376
			1	26.350	25.917
			(0.75)	26.513	26.188
		28	2	26.701	25.835
			1.5	27.026	26.376
			1	27.350	26.917
30			3.5	27.727	26.211
			(3)	28.051	26.752
			2	28.701	27.835
			1.5	29.026	28.376
			1	29.350	28.917
			(0.75)	29.513	29.188
		32	2	30.701	29.835
			1.5	31.026	30.376
		33	3.5	30.727	29.211
			(3)	31.051	29.752
			2	31.701	30.835
			1.5	32.026	31.376
			(1)	32.350	31.917
			(0.75)	32.513	32.188

公称直径 D、d			螺 距 P	中 径 D_2 或 d_2	小 径 D_1 或 d_1
第一系列	第二系列	第三系列			
		35[②]	1.5	34.026	33.376
36			4	33.402	31.670
			3	34.051	32.752
			2	34.701	33.835
			1.5	35.026	34.376
			(1)	35.350	34.917
		38	1.5	37.026	36.376
	39		4	36.402	34.670
			3	37.051	35.752
			2	37.701	36.835
			1.5	38.026	37.376
			(1)	38.350	37.917
		40	(3)	38.051	36.752
			(2)	38.701	37.835
			1.5	39.026	38.376
42			4.5	39.077	37.129
			(4)	39.402	37.670
			3	40.051	38.752
			2	40.701	39.835
			1.5	41.026	40.376
			(1)	41.350	40.917
	45		4.5	42.077	40.129
			(4)	42.402	40.670
			3	43.051	41.752
			2	43.701	42.835
			1.5	44.026	43.376
			(1)	44.350	43.917
48			5	44.752	42.587
			(4)	45.402	43.670
			3	46.051	44.752
			2	46.701	45.835
			1.5	47.026	46.376
			(1)	47.350	46.917

公称直径 D、d			螺 距 P	中 径 D_2 或 d_2	小 径 D_1 或 d_1
第一系列	第二系列	第三系列			
		50	(3)	48.051	46.752
			(2)	48.701	47.835
			1.5	49.036	48.376
	52		5	48.752	46.587
			(4)	49.402	47.670
			3	50.051	48.752
			2	50.701	49.835
			1.5	51.026	50.376
			(1)	51.350	50.917
		55	(4)	52.402	50.670
			(3)	53.051	51.752
			2	53.701	52.835
			1.5	54.026	53.376
56			5.5	52.428	50.046
			4	53.402	51.670
			3	54.051	52.752
			2	54.701	53.835
			1.5	55.026	54.376
			(1)	55.350	54.917
		58	(4)	55.402	53.670
			(3)	56.051	54.752
			2	56.701	55.835
			1.5	57.026	56.376
	60		(5.5)	56.428	54.046
			4	57.402	55.670
			3	58.051	56.752
			2	58.701	57.835
			1.5	59.026	58.376
			(1)	59.350	58.917
		62	(4)	59.402	57.670
			(3)	60.051	58.752
			2	60.701	59.835
			1.5	61.026	60.376

续表

公称直径 D、d			螺距 P	中径 D_2 或 d_2	小径 D_1 或 d_1
第一系列	第二系列	第三系列			
64			6	60.103	57.505
			4	61.402	59.670
			3	62.051	60.752
			2	62.701	61.835
			1.5	63.026	62.376
			(1)	63.350	62.917
		65	(4)	62.402	60.670
			(3)	63.051	61.752
			2	63.701	62.835
			1.5	64.026	63.376
	68		6	64.103	61.505
			4	65.402	63.670
			3	66.051	64.752
			2	66.701	65.835
			1.5	67.026	66.376
			(1)	67.350	66.917
		70	(6)	66.103	63.505
			(4)	67.402	65.670
			(3)	68.051	66.752
			2	68.701	67.835
			1.5	69.026	68.376
72			6	68.103	65.505
			4	69.402	67.670
			3	70.051	68.752
			2	70.701	69.835
			1.5	71.026	70.376
			(1)	71.350	70.917
		75	(4)	72.402	70.670
			(3)	73.051	71.752
			2	73.701	72.835
			1.5	74.103	73.376
	76		6	72.103	69.505
			1	73.402	71.670
			3	74.051	72.752
			2	74.701	73.835
			1.5	75.026	74.376
			(1)	75.350	74.917

续表

公称直径 D、d			螺距 P	中径 D_2 或 d_2	小径 D_1 或 d_1
第一系列	第二系列	第三系列			
		78	2	76.701	75.835
80			6	76.103	73.505
			4	77.402	75.670

注 1. 直径优先选用第一系列，其次第二系列，第三系列尽可能不用。

2. 括号内的螺距尽可能不用。

（4）螺纹旋合长度。标准中将螺纹的旋合长度分为三种，即短旋合长度、中旋合长度和长旋合长度，其代号分别为 S、N、L，实际中常使用中旋合长度。螺纹旋合长度见表 2-25。

表 2-25　　　　　　　　　　螺纹旋合长度

公称直径 D、d		螺距 P	旋 合 长 度			
			S		N	
$>$	$\leqslant$		$\leqslant$	$>$	$\leqslant$	$>$
5.6	11.2	0.5	1.6	1.6	4.7	4.7
		0.75	2.4	2.4	7.1	7.1
		1	3	3	9	9
		1.25	4	4	12	12
		1.5	5	5	15	15
11.2	22.4	0.5	1.8	1.8	5.4	5.4
		0.75	2.7	2.7	8.1	8.1
		1	3.8	3.8	11	11
		1.25	4.5	4.5	13	13
		1.5	5.6	5.6	16	16
		1.75	6	6	18	18
		2	8	8	24	24
		2.5	10	10	30	30
22.4	45	0.75	3.1	3.1	9.4	9.4
		1	4	4	12	12
		1.5	6.3	6.3	19	19
		2	8.5	8.5	25	25
		3	12	12	36	36
		3.5	15	15	45	45
		4	18	18	53	53
		4.5	21	21	63	63

（5）普通螺纹代号与标记。螺纹标记由螺纹代号、螺纹公差带代号和螺纹旋合长度代号三部分组成，彼此用"—"分开。

1）螺纹代号：由螺纹特征的字母 M、公称直径、螺距和旋向组成。

普通螺纹分为粗牙和细牙两种。粗牙普通螺纹用字母 M 及"公称直径"表示，如 M8、M16 等；细牙普通螺纹用字母 M 及"公称直径×螺距"表示，如 M10×1、M20×1.5 等。

当螺纹为左旋时，在螺纹代号之后加 LH，如 M16LH、M20×1.5LH 等；右旋螺纹不需要标注旋向。

2）公差带代号：由表示公差带大小等级的数字和表示公差带位置的字母组成。

a. 如中径公差带和顶径（外螺纹大径和内螺纹小径）公差带代号相同时，只需标注一个代号；

b. 如中径公差带和顶径公差带不相同时，则应分别标注，中径公差带在前，顶径公差带在后；

c. 螺纹副公差带代号用分数式表示，分子代表内螺纹，分母代表外螺纹。

3）旋合长度。中等旋合长度的螺纹在标记中不加注任何符号。对于长组或短组旋合长度的螺纹，应在螺纹公差带代号之后加注旋合长度组别代号 L 或 S，特殊需要时，可在组别代号上注明旋合长度的具体数值。

2. 梯形螺纹

梯形螺纹分米制和英制两种，我国大多采用米制梯形螺纹（牙型角为 30°）。

（1）梯形螺纹的牙型如图 2-29 所示。梯形螺纹基本要素的名称、代号及计算公式见表 2-26。

表 2-26 梯形螺纹基本要素的名称、代号及计算公式

名　称	代　号	计　算　公　式		
牙型角	α	$\alpha = 30°$		
螺距	P	由螺纹标准确定		
牙顶间隙	a_c	P	1.5～5	6～12	14～44
		a_c	0.25	0.5	1

续表

名 称		代 号	计 算 公 式
外螺纹	大径	d	公称直径
	中径	d_2	$d_2 = d - 0.5P$
	小径	d_3	$d_3 = d - 2h_3$
	牙高	h_3	$h_3 = 0.5P + a_c$
内螺纹	大径	D_4	$D_4 = d + 2a_c$
	中径	D_2	$D_2 = d_2$
	小径	D_1	$D_1 = d - P$
	牙高	H_4	$H_4 = h_3$
牙顶宽		f、f'	$f = f' = 0.366P$
牙槽底宽		W、W'	$W = W' = 0.366P - 0.536a_c$

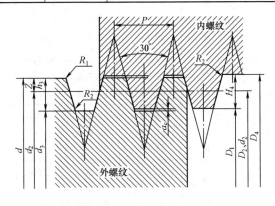

图 2-29　梯形螺纹的牙型

（2）梯形螺纹的基本尺寸见表 2-27。

（3）梯形螺纹的标记。梯形螺纹标记由螺纹代号、公差带代号及旋合长度代号组成，彼此用"—"分开。根据 GB/T 5796.4—2005《梯形螺纹　第 4 部分　公差》规定，梯形螺纹代号由螺纹种类代号 Tr 和螺纹"公称直径×导程"来表示。由于标准对内螺纹小径 D_1 和外螺纹大径只规定了一种公差带（4H、4h），规定外螺纹小径 d_3 的公差位置永远为 h 的基本偏差为零。公差等级与中径公差等级数相同，而对内螺纹大径 D_4，标准只规定下偏差（即基本偏差）为零，而对上偏差不作规定，因此梯形螺纹仅标记中径公差带，并代表梯形螺纹公差带（由表示公差带等级的数字及表示公

135

差带位置的字母组成)。

表 2-27 梯形螺纹的基本尺寸

公称直径 d		螺距 P	中径 $D_2 = d_2$	大径 D_4	小 径	
第一系列	第二系列				d_3	D_1
16		2	15.000	16.500	13.500	14.000
		4	14.000	16.500	11.500	12.000
	18	2	17.000	18.500	15.500	16.000
		4	16.000	18.500	13.500	14.000
20		2	19.000	20.500	17.500	18.000
		4	18.000	20.500	15.500	16.000
	22	3	20.500	22.500	18.500	19.000
		5	19.500	22.500	16.500	17.000
		8	18.000	23.000	13.000	14.000
24		3	22.500	24.500	20.500	21.000
		5	21.500	24.500	18.500	19.000
		8	20.000	25.000	15.000	16.000
	26	3	24.500	26.500	22.500	23.000
		5	23.500	26.500	20.500	21.000
		8	22.000	27.000	17.000	18.000
28		3	26.500	28.500	24.500	25.000
		5	25.500	28.500	22.500	23.000
		8	24.000	29.000	19.000	20.000
	30	3	28.500	30.500	26.500	27.000
		6	27.000	31.000	23.000	24.000
		10	25.000	31.000	19.000	20.000
32		3	30.500	32.500	28.500	29.000
		6	29.000	33.000	25.000	26.000
		10	27.000	33.000	21.000	22.000
	34	3	32.500	34.500	30.500	31.000
		6	31.000	35.000	27.000	28.000
		10	29.000	35.000	23.000	24.000
36		3	34.500	36.500	32.500	33.000
		6	33.000	37.000	29.000	30.000
		10	31.000	37.000	25.000	26.000

| 公称直径 d | | 螺距 P | 中径 $D_2 = d_2$ | 大径 D_4 | 小　径 | |
第一系列	第二系列				d_3	D_1
	38	3	36.500	38.500	34.500	35.000
		7	34.500	39.000	30.000	31.000
		10	33.000	39.000	27.000	28.000
40		3	38.500	40.500	36.500	37.000
		7	36.500	41.000	32.000	33.000
		10	35.000	41.000	29.000	30.000
	42	3	40.500	42.500	38.500	39.000
		7	38.500	43.000	34.000	35.000
		10	37.000	43.000	31.000	32.000
44		3	42.500	44.500	40.500	41.000
		7	40.500	45.000	36.000	37.000
		12	38.000	45.000	31.000	32.000
	46	3	44.500	46.500	42.500	43.000
		8	42.000	47.000	37.000	38.000
		12	40.000	47.000	33.000	34.000
48		3	46.500	48.500	44.500	45.000
		8	44.000	49.000	39.000	40.000
		12	42.000	49.000	35.000	36.000
	50	3	48.500	50.500	46.500	47.000
		8	46.000	51.000	41.000	42.000
		12	44.000	51.000	37.000	38.000
52		3	50.500	52.500	48.500	49.000
		8	48.000	53.000	43.000	44.000
		12	46.000	53.000	39.000	40.000
	55	3	53.500	55.500	51.500	52.000
		9	50.500	56.000	45.000	46.000
		14	48.000	57.000	39.000	41.000

公称直径 d		螺距 P	中径 $D_2 = d_2$	大径 D_4	小 径	
第一系列	第二系列				d_3	D_1
60		3	58.500	60.500	56.500	57.000
		9	55.500	61.000	50.000	51.000
		14	53.000	62.000	44.000	46.000
	65	4	63.000	65.500	60.500	61.000
		10	60.000	66.000	54.000	55.000
		16	57.000	67.000	47.000	49.000
70		4	68.000	70.500	65.500	66.000
		10	65.000	71.000	59.000	60.000
		16	62.000	72.000	62.000	54.000

（二）渐开线齿轮

1. 渐开线标准直齿圆柱齿轮

（1）渐开线标准直齿圆柱齿轮各部分的名称和符号。如图 2-30 所示为直齿圆柱齿轮的一部分，图 2-30（a）为外齿轮，图 2-30（b）为内齿轮，图 2-30（c）为齿条。由图可知，渐开线齿轮轮齿齿廓的两侧是由形状相同、方向相反的两个渐开线曲面组成的。齿廓各部分的名称和符号如下：

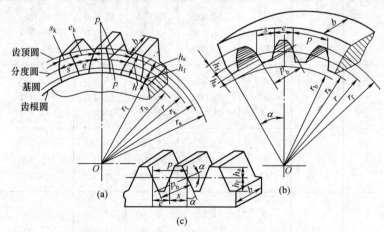

图 2-30　直齿圆柱齿轮各部分的名称和符号

（a）外齿轮；（b）内齿轮；（c）齿条

1) 轮齿和齿槽。齿轮上的每一个用于啮合的凸起部分，均称为轮齿。在齿轮圆周上均匀分布的轮齿总数称为齿数，用 z 表示。齿轮上相邻轮齿之间的空间，称为齿槽。

2) 齿顶圆和齿根圆。通过齿轮所有轮齿顶部的圆，称为齿顶圆，其直径和半径分别用 d_a 和 r_a 表示。

通过齿轮所有齿槽底部的圆，称为齿根圆，其直径和半径分别用 d_f 和 r_f 表示。

3) 齿厚、齿槽宽和齿距。在任意半径 r_k 的圆周上，一个轮齿两侧齿廓之间的弧长，称为该圆上的齿厚，用 s_k 表示。一个齿槽两侧齿廓之间的弧长，称为该圆上的齿槽宽，用 e_k 表示。相邻两齿同侧齿廓间的弧长，称该圆上的齿距，用 p_k 表示。齿距等于齿厚与齿槽宽之和，即 $p_k = s_k + e_k$。

4) 模数和标准模数。由齿距定义可知

$$\pi d_k = p_k z$$

则 $d_k = \dfrac{p_k}{\pi} z$，　令 $m_k = \dfrac{p_k}{\pi}$，则 $d_k = m_k z$。

m_k 称为该圆上的模数，单位为毫米。为了便于设计、制造和互换，规定一个特定圆上的模数为标准值，称为标准模数，用 m 表示。渐开线齿轮的标准模数见表 2-28。

模数是设计和制造齿轮的一个重要参数。模数的大小直接反映出轮齿的大小。

表 2-28　　　　　　　渐开线齿轮的标准模数 　　　　mm

第一系列	1	1.25	1.5	2	2.5	3	4	5	6	8
	10	12	16	20	25	32	40	50		
第二系列	1.75	2.25	2.75	(3.25)	3.5	(3.75)	4.5	5.5	(6.5)	7
	9	(11)	14	18	22	28	(30)	36	45	

注　1. 在选取时应优先采用第一系列，括号内的模数尽可能不用。

　　2. 本表适用于渐开线齿轮，对斜齿轮是指法向模数。

5) 压力角。渐开线齿廓上各点的压力角是不同的。为了便于设计和制造，将在特定圆上的压力角规定为标准值，这个标准值称为标准压力角。我国规定的标准压力角为20°。

6）分度圆。在齿轮上人为取一个特定圆，使这个圆上具有标准模数，并使该圆上的压力角也为标准值，此圆称为分度圆，其直径和半径用 d 和 r 表示。为了简便，分度圆上的所有参数的符号不带下标，如分度圆上的模数为 m，直径为 d，压力角为 α，等等。

分度圆位于齿顶圆与齿根圆之间，是计算轮齿各部分尺寸的基准圆，有公式 $d=mz$。当齿数一定时，模数大的齿轮，其分度圆直径就大，轮齿也大，齿轮的承载能力也就大。

7）齿顶和齿根。介于分度圆和齿顶圆之间部分称为齿顶。介于分度圆和齿根圆之间部分称为齿根。

8）齿顶高、齿根高和齿高。齿顶的径向距离称为齿顶高，用 h_a 表示。齿根的径向距离称为齿根高，用 h_f 表示。

齿顶圆与齿根圆之间的径向距离，称为齿高，用 h 表示。齿高是齿顶高与齿根高之和，即 $h=h_a+h_f$。

9）齿宽。齿轮的有齿部分沿齿轮轴线方向度量的宽度称为齿宽，用 b 表示。

10）中心距。两个啮合的圆柱齿轮轴线之间的距离，称为中心距，用 a 表示。

（2）标准齿轮的基本参数。

1）标准齿轮。如果一个齿轮的 m、a、h_a^*、c^* 均为标准值，并且分度圆上的齿厚 s 与齿槽宽 e 相等，即 $s=e=\dfrac{p}{2}=\dfrac{m\pi}{2}$，则该齿轮称为标准齿轮。

2）基本参数。标准直齿圆柱齿轮的基本参数有五个，即 z、m、a、h_a^*、c^*。其中 h_a^* 称为齿顶高系数，c^* 称为顶隙系数，我国规定的标准值为

对于正常齿制　　　$h_a^*=1$　$c^*=0.25$

对于短齿制　　　　$h_a^*=0.8$　$c^*=0.3$

标准齿顶高和齿根高为

$$h_a=h_a^*m$$

$$h_f=(h_a^*+c^*)m$$

顶隙 $c=c^* m$，指的是在一对齿轮啮合传动中，一个齿轮的齿根圆与另一个齿轮的齿顶圆之间径向的距离。

（3）标准齿轮的几何尺寸计算。标准直齿圆柱齿轮的所有尺寸均可用上述五个参数来表示，轮齿的各部分尺寸的计算公式可查表 2-29。

（4）齿条。当基圆半径趋向无穷大时，渐开线齿廓变成直线齿廓，齿轮变成齿条，齿轮上的各圆都变成齿条上相应的线。如图 2-30（c）所示，齿条上同侧齿廓互相平行，所以齿廓上的任意点的齿距都相等，但只有在分度线上齿厚与齿槽宽才相等，即 $s=e=\dfrac{p}{2}=\dfrac{m\pi}{2}$。齿条齿廓上各点的压力角都相等，均为标准值。齿廓的倾斜角称为齿形角，其大小与压力角相等。

表 2-29　　　　外啮合标准直齿圆柱齿轮的几何尺寸计算

名　称	符　号	计　算　公　式
分度圆直径	d	$d=mz$
基圆直径	d_b	$d_b=d\cos\alpha$
齿顶高	h_a	$h_a=h_a^* m$
齿根高	h_f	$h_f=(h_a^*+c^*)m$
齿高	h	$h=h_a+h_f$
顶隙	c	$c=c^* m$
齿顶圆直径	d_a	$d_a=d+2h_a$
齿根圆直径	d_f	$d_f=d-2h_f$
齿距	p	$p=m\pi$
齿厚	s	$s=\dfrac{p}{2}=\dfrac{m\pi}{2}$
齿槽宽	e	$e=\dfrac{p}{2}=\dfrac{m\pi}{2}$
标准中心距	a	$a=\dfrac{m(z_1+z_2)}{2}$

2. 圆柱蜗杆和蜗轮

蜗杆传动用来传递空间两交错轴之间的运动与动力。一般两轴交角 $\Sigma=90°$。

蜗杆传动由蜗杆与蜗轮组成，一般蜗杆主动、蜗轮从动，作减速运动。在少数机械中（如离心机），蜗轮主动、蜗杆从动，作增速运动。蜗杆传动在机床、冶金、矿山、起重运输机械中得到广泛应用。

（1）蜗杆传动的特点。同齿轮传动相比，蜗杆传动具有下列特点：

1) 传动比大、结构紧凑。在一般传动中，$i=10\sim80$，在分度机构中（只传递运动）i 可达 1000，因而结构紧凑。

2) 传功平稳、噪声低。由于蜗杆齿连续不断地与蜗轮齿相啮合，同时，蜗杆蜗轮啮合时为线接触，因而传动平稳，噪声低。

3) 可具自锁性。当蜗杆的螺旋线升角小于啮合副材料的当量摩擦角，蜗杆传动具有自锁性，即只能蜗杆带动蜗轮，而蜗轮不能带动蜗杆。在起重装置等机械中经常利用此自锁性。

4) 效率低。因为蜗杆蜗轮在啮合处有较大的相对滑动，因而磨损大，发热量大，效率低。一般传动效率 $\eta=0.7\sim0.8$，具有自锁性的蜗杆传动效率低于 50%，故蜗杆传动主要用于中小功率传动。

5) 成本高。为减少蜗杆传动啮合处的摩擦和磨损，控制发热和胶合，蜗轮常采用青铜材料制造，因此成本较高。

(2) 蜗杆传动的类型。蜗杆传动的类型见表 2-14。

（三）键、花键和销

1. 键

键是一种标准零件，通常用于实现轴和轮毂之间的周向固定，并将转矩从轴传递到毂或从毂传递到轴。有的还能实现轴上零件的轴向固定或轴向滑动。

键可分为平键、半圆键、楔键和切向键等类型，其中以平键最为常用。

(1) 平键连接。如图 2-31 所示，平键的两侧面为工作面，零件工作时靠键与键槽侧面的推压传递运动和转矩。键的上表面为非工作面，与轮毂键槽的底面间留有间隙。因此这种键只能用作轴上零件的周向固定。

平键连接具有结构简单、装拆方便、对中性好的优点，因而得到广泛应用。按用途的不同，平键可分为普通平键、导向平键和滑键等。

1) 普通平键。普通平键用于静连接。按其端部形状的不同，可分为圆头（A 型）、方头（B 型）和半圆头（C 型）三种，如图 2-31 所示。采用 A 型和 C 型键时，轴上键槽一般用键槽铣刀铣出，键在槽中的轴向固定较好，但键槽两端会产生较大的应力集中；采用 B

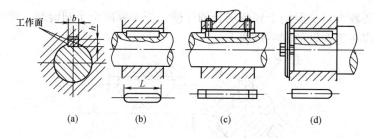

图 2-31 普通平键连接

（a）平键简图；（b）～（d）A、B、C 型平键

型键时，键槽用盘铣刀铣出，轴的应力集中较小，但宜用紧固螺钉固定在键槽中，以防松动。A 型键应用最广，C 型键一般用于轴端。

2）导向平键和滑键。导向平键和滑键用于动连接。当轮毂需在轴上沿轴向移动时可采用这种连接。如图 2-32 所示，通常用螺钉将平键固定在轴上的键槽中，轮毂可沿着键表面作轴向移动。当被连接零件滑移的距离较大时，因所需导向平键的长度过长，制造困难，故宜采用滑键，如图 2-33 所示。滑键固定在轮毂上，与轮毂同时在轴上的键槽中作轴向滑移。

实际使用中，若一个平键不能满足轴所传递的扭矩要求时，或要求达到较高的动平衡精度时，可采用双键，并使双键相隔 180°布置。

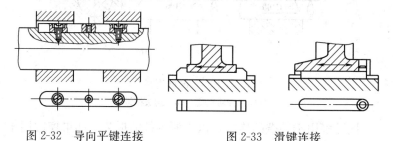

图 2-32 导向平键连接　　　　图 2-33 滑键连接

（2）半圆键连接。如图 2-34 所示，半圆键也是以两侧面作为工作面，因此与平键一样具有较好的对中性。由于轴上键槽用尺寸与半圆键相同的半圆铣刀铣出，因而键在槽中能绕其几何中心摆动，以适应轮毂中键槽的斜度。半圆键的加工工艺性好，安装方便，尤其适用于锥形轴与轮毂的连接。但其键槽较深，对轴的强度

削弱较大，一般用于轻载场合的连接。当需要两个半圆键时，两键槽应布置在轴的同一母线上。

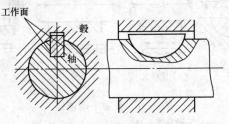

图 2-34　半圆键连接

（3）楔键连接。如图 2-35 所示，楔键的上、下表面是工作面，键的上表面和轮毂键槽的底面均有 1：100 的斜度。装配时需将键打入轴和轮毂的键槽内，工作时依靠键与轮毂的槽底之间、轴与毂孔之间的摩擦力传递转矩，并能轴向固定零件和传递单向轴向力。由于装配时易使轴与毂孔产生偏心与偏斜，同时又是依靠摩擦力工作，在冲击、振动或交变载荷下键容易松动，所以楔键连接仅用于对中要求不高、载荷平稳和低速的场合。

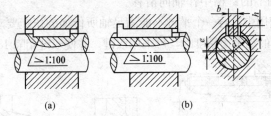

（a）　　　　　　　　　　（b）

图 2-35　楔键连接
（a）普通楔键；（b）钩头楔键

楔键多用于轴端的连接，以方便零件的拆装。如果楔键用于轴的中段时，轴上键槽的长度应为键长的 2 倍以上。若使用两个楔键，则应相隔 $90°\sim180°$ 布置。按楔键端部形状的不同，可将其分为普通楔键［图 2-35（a）］和钩头楔键［图 2-35（b）］，后者装拆更为方便。

（4）切向键连接。切向键由两个斜度为 1：100 的普通楔键组成，如图 2-36 所示，其工作面是两键沿斜面拼合后相互平行的两个窄面，其中一个工作面在通过轴心线的平面内，使工作面上的压力沿轴的切向作用，因而可传递很大的转矩。装配时两个楔键从轮毂两侧打入。一个切向键只能传递单向转矩。若要传递双向转矩，则须用两个切向键，此时为了不至于严重削弱轴和轮毂的强度，应使两键错开120°～135°。由于切向键的键槽对轴的削弱较大，故主要用于轴径大于100mm、对中性要求不高而载荷很大的重型机械中。

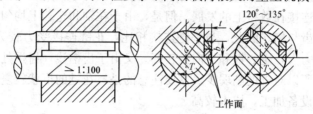

图 2-36　切向键连接

（5）键的选择。

1）类型选择。键的类型应根据键连接的结构、使用特性及工作条件来选择。选择时应考虑以下方面的情况：①需要传递转矩的大小；②连接于轴上的零件是否需要沿轴滑动及滑动距离的长短；③对于连接的对中性的要求；④键是否需要具有轴向固定的作用以及键在轴上的位置等。

2）尺寸选择。键的主要尺寸为其剖面尺寸（一般以键宽 $b\times$ 键高 h 表示）与长度 L。键的剖面尺寸 $b\times h$ 按轴的直径 d 从有关标准中选定，键长 L 应略小于轮毂长度并符合标准系列。表 2-30 所列为平键的主要尺寸。

表 2-30			平键的主要尺寸				mm
轴径 d	>10～12	>12～17	>17～22	>22～30	>30～38	>38～44	>44～50
键宽 b	4	5	6	8	10	12	14
键高 h	4	5	6	7	8	8	9
键长 L	8～45	10～56	14～70	18～90	22～110	28～140	36～160
轴径 d	>50～58	>58～65	>65～75	>75～85	>85～95	>95～110	>110～130
键宽 b	16	18	20	22	25	20	32
键高 h	10	11	12	14	14	16	18
键长 L	45～180	50～20	56～220	63～250	70～80	80～320	90～360

键的长度系列有：8，10，12，14，16，18，20，22，25，28，32，36，40，50，56，63，70，80，90，100，110，125，140，160，180，200，220，250，280，320，360mm。

2. 花键连接

花键连接由外花键［图 2-37（a）］和内花键［图 2-37（b）］组成。由图可知，花键连接与平键连接并没有本质的不同，可认为是平键连接在数目上的发展。但是，由于在轴和轮毂上均匀地制出较多的齿与槽，因此，与平键连接相比，花键连接受力较为均匀，承载能力大，定心性和导向性较好。又由于齿槽浅，齿根处应力集中小，所以对轴的削弱少。需要注意的是，花键的形状较复杂，需用专用设备加工，成本较高。

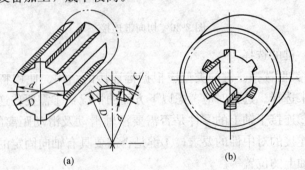

(a)　　　　　　　　(b)

图 2-37　花键
(a) 外花键；(b) 内花键

花键连接既可用作静连接，又可用作动连接，适用于载荷较大、定心精度要求较高的场合，在飞机、汽车、机床中得到了广泛的应用。

花键已标准化。它的标记为：N(键数)×d(小径)×D(大径)×B(键槽宽)。根据齿形不同，花键可分为矩形花键[GB 1144—2001，图 2-38(a)]、渐开线花键[GB/T 3478.1—2008，图 2-38(b)]和三角形花键[图 2-38(c)]三种类型。

矩形花键加工方便，应用最为广泛。其定心方式采用小径定心，易于保证定心精度。

渐开线花键可以用制造齿轮的方法来加工，制造精度较高，花

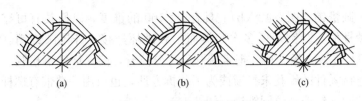

图 2-38 花键连接的类型

(a) 矩形花键；(b) 渐开线花键；(c) 三角形花键

键齿的根部强度高，应力集中小，易于对中。当传递的转矩大且轴径也大时，应采用渐开线花键连接。其定心方式采用齿侧定心，有利于均匀承载。

三角形花键连接中的内花键齿形为三角形，外花键用的是分度圆压力角等于 $45°$ 的渐开线齿形，齿数较多，键齿细小。适用于轴与薄壁零件的连接。三角形花键仍按齿侧定心。

3. 销连接

销主要用来固定连接之间的相对位置（图 2-39），也用于轴与毂的连接（图 2-40），并可传递不大的载荷。还可以作为安全装置中的过载剪断元件（图 2-41），此时称为安全销。

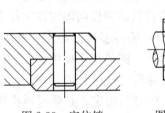

图 2-39 定位销   图 2-40 连接销

销按其形状可分为圆柱销、圆锥销、槽销、开口销及特殊形式的销等，其中圆柱销、圆锥销及开口销已标准化。

圆柱销［图 2-42 (a)］靠过盈固定在孔中，若经多次装拆，就会破坏连接的可靠性和精确性。

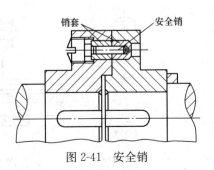

图 2-41 安全销

圆锥销［图 2-42（b）］具有 1∶100 的锥度，以使其有可靠的自锁性能。圆锥销可多次装拆而不致破坏连接。开尾圆锥销（图 2-43）在装入销孔后，把末端开口部分撑开，能保证销不松脱。若被连接零件的锥孔未打通或为了装拆方便，也可用一端带有螺杆的螺纹圆柱销或螺纹圆锥销（图 2-44）。

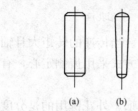
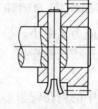
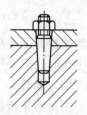

图 2-42　圆柱销及圆锥销　　图 2-43　开尾圆锥　　图 2-44　螺纹
　(a) 圆柱销；(b) 圆锥销　　　　销的应用　　　圆锥销的应用

为了使圆柱销（或圆锥销）能顺利地装入盲孔中，必须排除孔中空气，为此可在销的中心加工出一个小通孔。

槽销（图 2-45）是沿圆柱面的母线方向开有长度不同的凹槽的销。槽常有三条，用滚压或模锻方法制出。槽销压入销孔后，凹槽即产生收缩变形，故可借材料的弹性而固定在销孔中。销孔不需精确加工，并且在同一孔中可装拆多次。如图 2-46 所示，在很多场合下，槽销可代替键、螺栓、圆锥销来使用。

用于连接的销，工作时通常受挤压和剪切作用。设计时，其尺寸可根据连接的结构特点，按经验确定，必要时再作强度校核。因连接销常须多次装卸，故除了校核其剪切应力外，还要校核其压强。

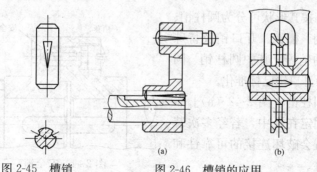

图 2-45　槽销　　　　图 2-46　槽销的应用

（四）滚动轴承

轴承的功用是支承轴及轴上零件，保持轴旋转时其几何轴线的空间位置，减少轴与支承之间的摩擦与磨损。

机器中所用的轴承，按照转动副工作表面的摩擦性质的不同，可分为滑动摩擦轴承和滚动摩擦轴承，分别简称为滑动轴承和滚动轴承。本书只讨论滚动轴承。

滚动轴承是一个标准部件，由工厂成批生产。滚动轴承摩擦阻力小，启动灵敏，效率高，安装、维护方便，价格也较便宜，故广泛应用于各类机器和仪器中。

滚动轴承一般由外圈、内圈、滚动体和保持架所组成，如图2-47所示，内圈装在轴颈上，外圈装在机座或零件的轴承孔内。多数情况下，外圈不转动，内圈与轴一起转动。当内、外圈之间相对旋转时，滚动体沿着滚道滚动。保持架使滚动体均匀分布在滚道上，并减少滚动体之间的碰撞和磨损。

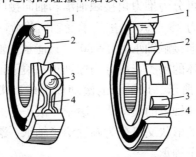

图 2-47　滚动轴承的基本结构
1—外圈；2—内圈；3—滚动体；4—保持架

1. 滚动轴承的分类

滚动轴承按结构特点的不同有多种分类方法，各类轴承分别适用于不同载荷、转速及特殊需要。

（1）按所能承受载荷的方向或公称接触角的不同，可分为向心轴承和推力轴承。滚动轴承的公称接触角见表2-31。

表 2-31 中的 α 为滚动体与套圈接触处的公法线与轴承径向平面（垂直于轴承轴心线的平面）之间的夹角，称为公称接触角。

向心轴承又可分为径向接触轴承和向心角接触轴承。径向接触轴承的公称接触角 $\alpha=0°$，主要承受径向载荷，有些可承受较小的轴向载荷；向心角接触轴承公称接触角 α 的范围为 $0°\sim45°$，能同时承受径向载荷和轴向载荷。

表 2-31   滚动轴承的公称接触角

轴承种类	向 心 轴 承		推 力 轴 承	
	径向接触	角接触	角接触	轴向接触
公称接触角 α	$\alpha=0°$	$0°<\alpha\leqslant45°$	$45°<\alpha<90°$	$\alpha=90°$
图例 （以球轴 承为例）				

推力轴承又可分为推力角接触轴承和轴向接触轴承。推力角接触轴承 α 的范围为 $45°\sim90°$，主要承受轴向载荷，也可以承受较小的径向载荷；轴向接触轴承的 $\alpha=90°$，只能承受轴向载荷。

（2）按滚动体的种类，可分为球轴承和滚子轴承。常见的滚动体形状如图 2-48 所示。球轴承的滚动体为球，球与滚道表面的接触为点接触；滚子轴承的滚动体为滚子，滚子与滚道表面的接触为线接触。按滚子的形状又可分为圆柱滚子轴承、滚针轴承、圆锥滚子轴承和调心滚子轴承。

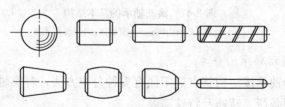

图 2-48　常见滚动体的形状

在外廓尺寸相同的条件下，滚子轴承比球轴承的承载能力和耐冲击能力都好，但球轴承摩擦小、高速性能好。

（3）按滚动体的列数，可分为单列、双列及多列。

2. 滚动轴承的基本类型及特点

滚动轴承类型很多，各类轴承的结构形式也不同，分别适用于各种载荷、转速及特殊的工作要求。表 2-32 列出了常用 10 种基本类型滚动轴承的性能、代号及特性。

3. 滚动轴承的代号

滚动轴承的代号是表示其结构、尺寸、公差等级和技术性能等特征的产品符号，由字母和数字组成。GB/T 272—1993 规定。轴承代号由基本代号、前置代号和后置代号所组成，其表达格式为

$$\boxed{\text{前置代号}}\quad\boxed{\text{基本代号}}\quad\boxed{\text{后置代号}}$$

例：3D33220J，其前置代号为 3D，基本代号为 33220，后置代号为 J。

（1）基本代号。基本代号表示轴承的基本类型、结构和尺寸，是轴承代号的基础。基本代号由轴承类型代号、尺寸系列代号及内径代号三部分所组成，其表达格式为

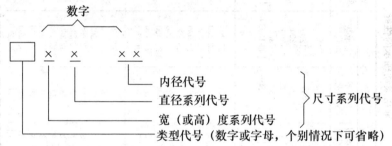

1）内径代号。基本代号中右起第一、二位数字为内径代号，表示轴承的内径，如表 2-33 所示。

2）尺寸系列代号。基本代号右起第三、四位数字为尺寸系列代号，其中右起第三位数字为直径系列代号，右起第四位数字为宽度（对推力轴承为高度）系列代号。

直径系列代号表示内径相同的同类轴承有几种不同的外径和宽度，如图 2-49 所示。

宽度系列代号表示内、外径相同的同类轴承宽度（高度）的变化。

图 2-49　轴承的
直径系列

表2-32　常用滚动轴承的性能、代号及特性

轴承名称及简图符号	结构简图	示意简图及承载方向	轴承代号 类型代号	尺寸系列代号	轴承基本代号	基本额定动载荷比	极限转速	偏位角 δ	标准号	价格比(参考)	结构性能特点
调心球轴承			1 (1) 1 (0) [1]	(0)2 22 (0)3 23 [1,2,3,4…]	1200 2200 1300 2300 [如1308]	0.6~0.9	中	0.2°~3°	GB/T 281—2013	1.3	双排球，外圈内球面球大，球心在轴线上。偏位角大，可自动调心。主要能受径向载荷，能承受较小的轴向载荷
调心滚子轴承			2 2 2 2 2 2 2 [3]	13 22 23 30 31 32 40 41 [2,3…]	21300 22200 22300 23000 23100 24200 24100 [如3208]	1.8~4	低	0.5°~2°	GB/T 288—2013	5	与"1"类相似，但承载能力较大，而偏位角较小
圆锥滚子轴承			3 3 3 3 3 3 3 3 [7]	02 03 13 20 22 23 29 30 31 32 [2,3,4…]	30200 30300 31300 32000 32200 32300 32900 33000 33100 33200 [如7206]	1.5~2.5	中	2′	GB/T 297—2015	1.5	接触角 $\alpha = 11°~16°$。外圈可分离，除能承受径向载荷，还能承受较大的单向轴向载荷，干调整游隙，便

续表

轴承名称及简图符号	结构简图	示意简图及承载方向	轴承代号			基本额定动载荷比	极限转速	偏位角δ	标准号	价格比(参考)	结构性能特点
			类型代号	尺寸系列代号	轴承基本代号						
推力球轴承			5 5 5 5 [8]	11 12 13 14 [1,2,3…]	51 100 51 200 51 300 51 400 [如8206]	1	低	~0°	GB/T 301—2015	0.9	套圈可分离,承受单向轴向载荷,离心力大,故极限转速低
双向推力球轴承			5 5 [3,8]	22 23 24 [2,3,4…]	52 200 52 300 52 400 [如38 206]				GB/T 301—2015	1.8	可双向承受变轴向载荷
深沟球轴承			6 6 6 16 6 6 6 [0]	17 37 18 19 (1)0 (0)2 (0)3 (0)4 [1,2,3…]	61 700 63 700 61 800 61 900 16 000 6000 6200 6300 6400 [如207]	1	高	8'~16'(30')	GB/T 276—2013	1	广泛应用,主要承受径向载荷,也能承受一定的双向轴向载荷,可用于较高转速

推力球轴承

153

续表

轴承名称及简图符号	结构简图	示意简图及承载方向	轴承代号			基本额定动载荷比	极限转速	偏位角 δ	标准号	价格比(参考)	结构性能特点
			类型代号	尺寸系列代号	轴承基本代号						
角接触球轴承 α=15°(C)、25°(AC)、40°(B)			7 7 7 7 [6]	19 (1)0 (0)2 (0)3 (0)4 [1,2,3…]	71 900 7000 7200 7300 7400 [如6208]	1.0~ 1.4(C) 1.0~ 1.3(AC) 1.0~ 1.2(B)	高	2'~10'	GB/T 292—2007	1.7	可用于承受径向和较大轴向载荷，α大则可承受轴向力越大
圆柱滚子轴承			N N N N N [2]	10 (0)2 22 (0)3 23 (0)4 [1,2,3…]	N1000 N200 N2200 N300 N2300 N400 [如2207]	1.5~3	高	2'~4'	GB/T 283—2007	2	有一个套圈(内、外圈)可以分离，所以不能承受轴向载荷，由于是线接触，所以能承受较大径向载荷
			NU NU NU NU NU [32]	10 (0)2 22 (0)3 23 (0)4 [1,2,3…]	NU1000 NU200 NU2200 NU300 NU2300 NU400 [如32207]						

注：1. 极限转速比：同尺寸系列各类轴承的极限转速与深沟球轴承极限转速之比(脂润滑，0级精度)，比值>90%~100%为高，比值60%~90%为中，比值<60%为低。

2. 基本额定动载荷比：同尺寸系列各类轴承的基本额定动载荷与深沟球轴承的基本额定动载荷之比。

154

表 2-33 轴承内径代号

轴承公称内径（mm）	内 径 代 号	示 例
0.6～10（非整数）	直接用公称内径毫米数表示，在其与尺寸系列代号之间用"/"分开	深沟球轴承 618/2.5 $d=2.5\text{mm}$
1～9（整数）	直接用公称内径毫米数表示，对深沟球轴承及角接触球轴承 7、8、9 直径系列，内径与尺寸系列代号之间用"/"分开	深沟球轴承 62 5 618/5 $d=5\text{mm}$
10～17 {10 12 15 17}	00 01 02 03	深沟球轴承 62 00 $d=10\text{mm}$
20～480（22，28，32 除外）	用公称内径除以 5 的商数表示，商数为一位数时，需在商数左边加"0"，如 08	调心滚子轴承 232 08 $d=40\text{mm}$
大于等于 500 以及 22，28，32	直接用公称内径毫米数表示，但在其与尺寸系列代号之间用"/"分开	调心滚子轴承 230/500 $d=500\text{mm}$ 深沟球轴承 62/22 $d=22\text{mm}$

例：调心滚子轴承 23224，其中：2—类型代号；32—尺寸系列代号；24—内径代号；$d=120\text{mm}$。

　　各类轴承对应的尺寸系列代号可参见表 2-34。注意，有些轴承类型的宽度系列代号规定可省略，应注意识别。

表 2-34 向心轴承、推力轴承尺寸系列代号

直径系列代号（外径↓）	向 心 轴 承								推 力 轴 承			
	宽度系列代号（宽度→）								高度系列代号（高度→）			
	8	0	1	2	3	4	5	6	7	9	1	2
	尺 寸 系 列 号											
7	—	—	17	—	37	—	—	—				
8	—	08	18	28	38	48	58	68				
9	—	09	19	29	39	49	59	69				

续表

直径系列代号（外径↓）	向 心 轴 承								推 力 轴 承			
	宽度系列代号（宽度→）								高度系列代号（高度→）			
	8	0	1	2	3	4	5	6	7	9	1	2
	尺 寸 系 列 号											
0	—	00	10	20	30	40	50	60	70	90	10	—
1		01	11	21	31	41	51	61	71	91	11	
2	82	02	12	22	32	42	52	62	72	92	12	22
3	83	03	13	33					73	93	13	23
4		04		24					74	94	14	24
5										95		

注　尺寸系列代号由轴承的宽（高）度系列代号和直径代号组合而成。

3）类型代号。轴承类型代号用数字或大写拉丁字母表示，见表 2-35。

（2）前置代号。前置代号用字母表示，代号及其含义可查阅轴承手册和有关标准。前置代号置于基本代号左边。一般轴承无须说明时，无前置代号。

表 2-35　　　　　　　一般滚动轴承类型代号

轴承类型	代号	原代号	轴承类型	代号	原代号
双列角接触球轴承	0	6	深沟球轴承	6	0
调心球轴承	1	1	角接触球轴承	7	6
调心滚子轴承和推力调心滚子轴承	2	3 和 9	推力圆柱滚子轴承	8	9
圆锥滚子轴承	3		圆柱滚子轴承	N	2
双列深沟球轴承	4	0	外球面球轴承	U	0
推力球轴承	5	8	四点接触球轴承	QJ	6

（3）后置代号。后置代号用字母或字母加数字表示。代号及其含义可查阅有关轴承手册。后置代号置于基本代号右边，并与基本代号空半个汉字距，代号中有"—""/"符号的可紧接在基本代号之后。

第二节 气 压 传 动

一、气压传动装置系统的组成和特点

1. 气压传动装置系统

气压传动装置系统如图 2-50 所示，它由气源、控制部分和执行部分三部分组成。

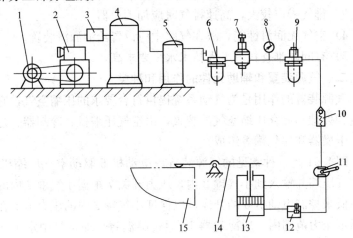

图 2-50 气压传动装置系统组成

1—电动机；2—空气压缩机；3—冷却器；4—储气罐；5—过滤器；
6—分水滤气器；7—调压阀；8—压力表；9—油雾器；10—单向阀；
11—配气阀；12—调速阀；13—气缸；14—压板；15—工件

2. 气压传动的特点

（1）优点：

1）工作介质是空气，来源于大自然的空气，取之不尽，用之不竭，使用后直接排入大气而无污染，不需要设置专门的回气装置。

2）空气的黏度很小，所以流动时压力损失较小，节能、高效，适用于集中供应和远距离输送。

3）气动动作迅速，反应快，维护简单，调节方便，特别适合于一般设备的控制。

4）工作环境适应性好。特别适合在易燃、易爆、潮湿、多尘、强磁、振动、辐射等恶劣条件下工作,外泄漏不污染环境,在食品、轻工、纺织、印刷、精密检测等环境中采用最适宜。

5)成本低,能自动过载保护。

(2)缺点:

1)空气具有可压缩性,不易实现准确的传动比、速度控制和定位精度,负载变化时对系统的稳定性影响较大。

2)空气的压力较低,只适用于压力较小的场合。

3)排气噪声较大,高速排气时应加消声器。

4)空气无润滑性能,故在气路中应设置给油润滑装置。

5)有问题难查找,工人技术水平要求高。

二、气源装置和辅助元件的作用和种类

气源装置的作用是为气动系统提供符合要求的压缩空气,它是产生、处理和储存压缩空气的装置,由空气压缩机、冷却器、过滤器、干燥器和储气罐等组成。

图 2-51 是一种常见的气源装置。电动机 6 驱动空气压缩机 5,将空气压缩并输入到小气罐 2 内,压力开关 7 根据小气罐 2 内的压力高低来控制电动机 6 的开停,以保证小气罐 2 内的压力恒定在某个调定压力范围内。后冷却器 10 通过降温将压缩空气中水蒸气及污油雾冷凝成液滴,经油水分离器 11 将液滴与空气分离。在 2、10、11 和 12 的最低点都设有排水器,以排除液态的水和油。安全阀 4 用于因意外原因使小气罐 2 内压力超过允许值时向外排气降压。单向阀 3 用于阻止压缩空气反向流动。

(一)空气压缩机的分类及选用

空气压缩机简称空压机,是将原动机的机械能转换为气体压力能的装置。

空气压缩机按工作原理分为容积型(通过缩小气体的体积来提高气体的压力)和速度型(提高气体的速度,让动能转化为压力能,来提高气体的压力)两大类;按输出压力的大小分为低压(0.2~1MPa)、中压(1~10MPa)、高压(10~100MPa)三大类。

对于空气压缩机的选择:首先按空气压缩机的特性要求,选择空气压缩机的类型。再根据气压系统所需要的工作压力和流量两个

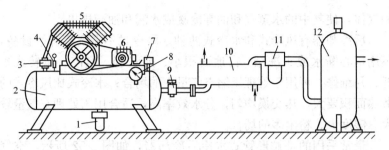

图 2-51 常见的气源装置的组成

1—自动排水器；2—小气罐；3—单向阀；4—安全阀；

5—空气压缩机；6—电动机；7—压力开关；8—压力表；

9—截止阀；10—后冷却器；11—油水分离器；12—储气罐

参数，确定空气压缩机的输出压力和吸入流量，最后选取空气压缩机的型号。

（二）气源净化装置

压缩空气要具有一定的清洁度和干燥度，以满足气动装置对压缩空气的质量要求。清洁度是指气源中含有的杂质（油、水及灰尘）粒径在一定的范围内。干燥度是指压缩空气中含水分的程度。气动装置要求压缩空气的含水量越小越好。

在气压传动系统中，较常使用活塞式空气压缩机，其多用油润滑，它排出的压缩空气温度较高（在 100～170℃），使空气中的水分和部分润滑油变成气态，再与吸入的灰尘混合，形成了混合的杂质，这些杂质会给气源装置及气压系统带来不良影响。

压缩空气质量不良是气压系统出现故障的主要因素，它会使气压系统的可靠性和使用寿命大大降低，由此造成的损失会大大超过气源处理装置的成本和维护费用，故正确选用气源处理系统及其元件是非常重要的。

气源净化装置可分为两类：一类为主管道净化处理装置，有各种大流量过滤器、各种干燥器、储气罐等；另一类为支管道净化处理装置，主要有各种小流量过滤器。

1. 后冷却器

后冷却器安装在空气压缩机出口管道上，冷却空气压缩机排出

159

的气体,使其中的水蒸气和油雾冷凝成水滴和油滴排出。

后冷却器有风冷式和水冷式两种。风冷式不需要冷却水设备,不用担心断水或水冻结。占地面积小、质量轻、紧凑、运转成本低、易维修,可用于处理压缩空气量少的场合;水冷式比风冷式的散热面积要大,热交换均匀,分水效率高,适合用于处理空气量较大、湿度大、粉尘多的场合。

最常采用的是蛇形管式水冷后冷却器,如图 2-52 所示,空气压缩机输出的热压缩空气在浸没于冷水中的蛇形管内流动。冷却水在水套中流动,经管壁进行热量交换,使压缩空气得到冷却。

2. 油水分离器

油水分离器又名除油器,用于分离压缩空气中凝聚的油分及水分,使压缩空气得到初步净化。图2-53所示为常见的撞击挡板式

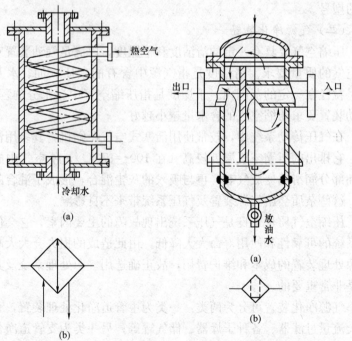

图 2-52　蛇形管式水冷后冷却
　　　器结构和图形符号

(a) 结构图;(b) 图形符号

图 2-53　油水分离器结构及
　　　图形符号

(a) 结构图;(b) 图形符号

油水分离器。当压缩空气进入油水分离器后，气流先受隔板阻挡被撞击折回向下，继而又回升向上，产生环形回转，流向和速度急剧变化，这样使水滴和油滴在离心力和惯性力作用下，将密度比压缩空气大的油滴和水滴分离出来并沉降在壳体底部，定期打开底部阀门排出。经初步净化的压缩空气从出口送往储气罐。

3. 储气罐

储气罐用来储存压缩空气，消除气体压力的波动，输出压力稳定、流量连续的气体，并且自然冷却降温，进一步分离压缩空气中的水、油等杂质。可在空气压缩机出现故障或停电时，维持短时间的供气，以便采取措施保证气压设备的安全。图 2-54 所示为立式储气罐的结构及图形符号。实际工作中常采用后冷却器、油水分离器和储气罐三者一体的结构形式。

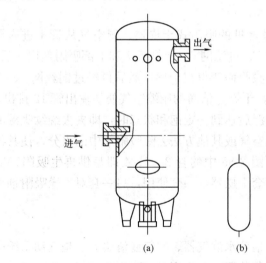

图 2-54　立式储气罐结构及图形符号

（a）结构图；（b）图形符号

4. 干燥器

压缩空气经后冷却器、油水分离器、气罐、主管路过滤器得到初步净化后，仍含有一定量的水蒸气。为了满足精密气动装置的用气，还应对经过初步净化的压缩空气进行干燥、过滤，以进一步脱水和去除杂质。

目前使空气干燥的方法主要是冷冻法、吸附法和高分子隔膜法。冷冻法是利用制冷设备使压缩空气冷却到露点温度,析出相应的水分,降低含湿量,提高空气的干燥程度。吸附法则是使压缩空气通过栅板、滤网除去杂质,干燥吸附剂(如硅胶、铝胶、焦炭)吸附水分,使空气达到干燥、过滤的目的。高分子隔膜法是采用特殊的高分子中空隔膜只让水蒸气透过,空气中的氮气和氧气不能透过。当湿的压缩空气进入中空隔膜时,在隔膜内外侧的水蒸气分压力差的作用下,仅水蒸气透过隔膜,进入中空隔膜的外侧,出口便得到干燥的压缩空气。利用部分出口的干燥压缩空气,通过极细的小孔降压,流向中空隔膜外侧,将水蒸气带出干燥器外。因中空隔膜外侧总处于低的水蒸气分压力状态,故能不断进行除湿,不需设置排水器。

图 2-55 所示为最常见的吸附式干燥器。湿空气从管 1 进入干燥器,通过吸附剂层 5、过滤网 6、上栅板 7 和下部吸附剂层 8 后,其中的水分被吸附剂吸收而变得很干燥,然后再经过铜丝网 9、下栅板 10 和过滤网 11,干燥、洁净的压缩空气便从输出管 12 排出。

当干燥吸附剂吸湿后达到一定饱和状态时,即失去继续吸湿的能力,必须用干燥热空气或其他方法去除吸附剂中的水分,使其再生,才能继续使用。图 2-55 中的管 2、3、4 即是供再生吸附剂时使用的,一般设置两套干燥器,一套使用,另一套对干燥吸附剂再生,交替使用。

5. 空气过滤器

空气过滤器(包括分水滤气器、空气滤清器等)是气动系统中最常用的一种空气净化装置。其作用是滤除压缩空气中的水分、油滴及杂质微粒(但不能除去气态油、水),以达到气动系统要求的净化程度。过滤的原理是根据固体物质和空气分子的大小和质量不同,利用惯性阻隔和吸附的方法将水分、油滴及杂质与空气分离。

按过滤器的排水方式,有手动排水型和自动排水型。自动排水型按无气压时的排水状态分为常开型和常闭型。

一般空气过滤器基本上由壳体和滤芯所组成,按滤芯所采用的

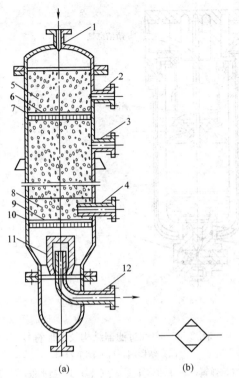

图 2-55 吸附式干燥器结构及图形符号

(a) 结构图；(b) 图形符号

1、2、3、4、12—管；5—吸附剂层；6—过滤网；

7—上栅板；8—下部吸附剂层；9—铜丝网；10—下栅板；

11—过滤网

材料不同，可分为纸质、织物、陶瓷、泡沫、塑料和金属（金属网）等过滤器。图 2-56（a）所示为普通空气过滤器的结构。当压缩空气从输入口进入后，被引入导流片 6，导流片上有许多成一定角度的缺口，迫使空气沿切线方向产生强烈旋转。这样夹杂在空气中的较大水滴、油滴和灰尘便依靠自身的惯性与存水杯 3 的内壁碰撞，并从空气中分离出来沉到杯底。而微粒灰尘和雾状水汽则由滤芯 5 滤去。为防止气体旋转将存水杯中积存的污水卷起，在滤芯下部设有挡水板 4。水杯中的污水应通过手动排水按钮 10 及时排放。在某些人工排水不方便的场合，可采用自动排水式空气过滤器。

163

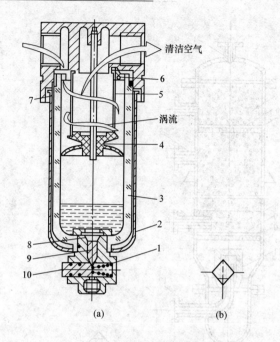

图 2-56　空气过滤器结构及图形符号

（a）结构图；（b）图形符号

1—复位弹簧；2—保护罩；3—存水杯；4—挡水板；5—滤芯；
6—导流片；7—卡圈；8—锥形弹簧；9—阀芯；10—手动排水按钮

6. 油雾器

由于空气不同于液压油，无自润滑性，为了保证气压元件相对滑动部件的润滑，气压传动采用了油雾器。油雾器是一种特殊的注油装置，它以压缩空气为动力，将润滑油喷射成雾状并混合于压缩空气中，使压缩空气具有润滑气压元件的能力。目前气动控制阀、气缸和气马达主要靠这种带有油雾的压缩空气来实现润滑。

图 2-57（a）所示为普通油雾器的结构，在油雾器的气流通道中有一个立杆 1，其上有两个通道口，上面背向气流的是喷油口 B，下面正对气流的是油面加压通道口 A 。其工作原理为，压缩空气从输入口进入后，一小部分进入 A 口的气流经加压通道至截止阀 2，在压缩空气刚进入时，钢球被压在阀座上，但钢球与阀座密封不严，有点漏气（将截止阀 2 打开），可使贮油杯 3 上腔 C 的压力逐渐升

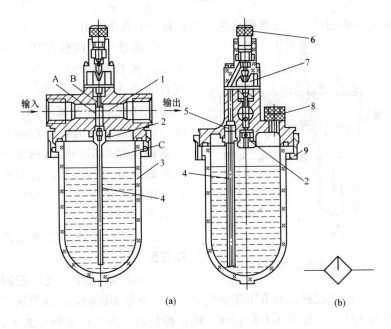

图 2-57　油雾器结构及图形符号

(a) 结构图；(b) 图形符号

1—立杆；2—截止阀；3—贮油杯；4—吸油管；

5—单向阀；6—节流阀；7—视油器；8—油塞；9—螺母

高，使杯内油面受压，迫使贮油杯内的油液经吸油管 4、单向阀 5 和节流阀 6 滴入透明视油器 7 内，然后从喷油口 B 被主气道中的气流引射出来，润滑油雾化后随气流从输出口输出，送入气动系统。节流阀 6 用来调节滴油量，滴油量可在 0～200 滴/min 范围变化。

　　油雾器可以单独使用，也可以将空气过滤器、减压阀和油雾器三件联合使用，组成气源调节装置。油雾器应装在空气过滤器和减压阀之后，以防水分进入油杯内使油乳化；尽量靠近换向阀，应尽量避免将油雾器安装在换向阀与气缸之间，以免造成润滑油的浪费。

　　7. 气源处理三联件

　　在气动技术中，将空气过滤器、减压阀和油雾器统称为气动"三大件"，它们虽然都是独立的气源处理元件，可以单独使用，但

165

在实际应用时却又常常组合在一起作为一个组件使用。

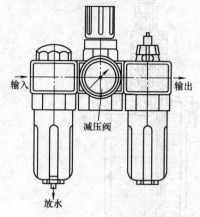

图 2-58　气源处理三联件示意图

气源处理三联件如图 2-58 所示，其工作原理是：压缩空气首先进入空气过滤器，经除水滤尘净化后进入减压阀，经减压后控制气体的压力以满足气动系统的要求，输出的稳压气体最后进入油雾器，将润滑油雾化混入压缩空气一起输往气动装置。

三、控制系统的工作原理和应用

气压控制元件（气压控制阀）是用来控制、调节压缩空气的压力、流量和流动方向或发送信号的元件。它分为压力控制阀、流量控制阀和方向控制阀三大类。利用这些元件为主，可相应构成压力控制回路、速度控制回路、方向控制回路和逻辑回路等基本回路。此外，还有通过控制气流方向和通断实现各种逻辑功能的气动逻辑元件等。

1. 方向控制阀

方向控制阀是用来控制管道内压缩空气的流动方向和气流通断的元件，它是气动系统中应用最广泛的一类阀。

按气流在阀内的作用方向，方向控制阀可分为单向型方向控制阀和换向型方向控制阀两类。气动换向阀按阀芯结构不同可分为滑柱式、提动式、平面式、旋塞式和膜片式等。

（1）单向型方向控制阀。只允许气流沿一个方向流动的方向控制阀称为单向型方向控制阀。单向型方向控制阀包括单向阀、梭阀、快速排气阀。

1）单向阀。单向阀是使气流只能朝一个方向流动，而不能反向流动的阀。单向阀的工作原理、结构和图形符号与液压阀中的单向阀基本相同，不过在气压单向阀中，阀芯和阀座之间有一层胶垫（密封垫）。

2）梭阀。梭阀有"或门"型和"与门"型两种，由于其阀芯像织布梭子一样来回运动，因而称之为梭阀。图 2-59（a）所示为"或门"型梭阀。其两个通路 P_1 和 P_2 均与另一通路 A 相通，而不允许 P_1 和 P_2 相通。该阀相当于两个单向阀的组合。在逻辑回路中，它起到逻辑"或"的作用。

图 2-59（b）所示为"与门"型梭阀（双压阀），当 P_1 和 P_2 单独输入时，A 口无输出；只有当 P_1 和 P_2 同时进气时，A 口才有输出。当 P_1、P_2 口压力不等时，则低压侧通过 A 口输出。

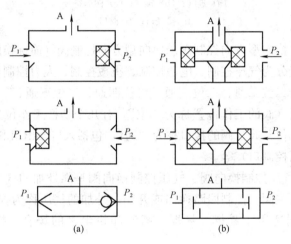

图 2-59　梭阀

（a）"或门"型梭阀；（b）"与门"型梭阀

3）快速排气阀，又称快排阀，当气缸或压力容器需短时间排气时，在换向阀和气缸之间加上快速排气阀，这样气缸中的气体就不再通过换向阀而直接通过快速排气阀排气，加快气缸运动速度。尤其当换向阀距离气缸较远，在距气缸较近处设置快速排气阀，气缸内气体可迅速排入大气。图 2-60 所示为快速排气阀工作原理图。当 P 口进气后，阀芯关闭排气口 T，P 与 A 相通，A 有输出〔图 2-60（a）〕；当 P 口无气输入时，A 口的气体使阀芯将 P 口封住，A 与 T 接通，气体快速排出，通口流通面积大、排气阻力小〔图 2-60（b）〕。

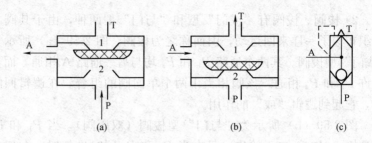

图 2-60　快速排气阀原理图及图形符号

（a）进气；（b）排气；（c）图形符号

1—排气口；2—阀口

（2）换向型方向控制阀。换向型方向控制阀（简称换向阀）的控制方式分为气压控制、电磁控制、机械控制、人力控制等；结构形式分为二位二通、二位三通、二位四通、二位五通、三位四通、三位五通（阀的工作位置称为"位"，有几个切换工作位置的阀就称为"几位"阀；阀的接口称为"通"，包括入口、出口和排气口，但不包括控制口）等。

1）气压控制换向阀。气压控制换向阀是靠外加的气压信号为动力切换主阀、控制回路换向或开闭。外加的气压称为控制压力。气压控制适用于易燃、易爆、潮湿和粉尘多的场合，操作安全可靠。

图 2-61（a）、（b）所示是二位三通单气控加压截止式换向阀的工作原理。C 口没有控制信号时［图 2-61（a）］，阀心在弹簧与 P 腔气压作用下，使 P、A 口断开。A、T 口接通，阀处于排气状态。当 C 口有控制信号时［图 2-61（b）］，P、A 口接通，A、T 口断开，A 口进气。

2）电磁控制换向阀。气压传动中的电磁控制换向阀与液压电磁换向阀原理相同。

图 2-62（a）、（b）所示为单电控直动式电磁阀工作原理。电磁线圈未通电时［图 2-62（a）］，P、A 口断开，A、T 口相通；电磁线圈通电时［图 2-62（b）］，电磁力通过阀杆推动阀心向下移动，使 P、A 口接通，T 口与 A 口断开。

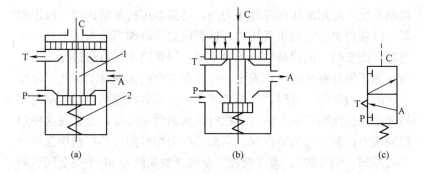

图 2-61　单气控加压截止式换向阀原理图及图形符号

（a）无气控信号；（b）有气控信号；（c）图形符号

1—阀心；2—弹簧

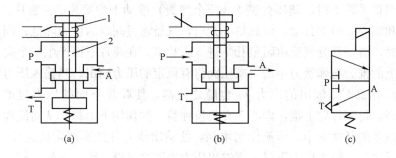

图 2-62　二位三通电磁换向阀原理图及图形符号

（a）电磁线圈不通电；（b）电磁线圈通电；（c）图形符号

1—电磁铁；2—阀心

2. 压力控制阀

在气压传动系统中，控制压缩空气的压力和依靠气压力来控制执行元件动作顺序的阀统称为压力控制阀。它是利用作用于阀心上的空气压力和弹簧力相平衡的原理进行工作的。

气压传动系统与液压传动系统不同的一个特点是：液压传动系统的液压油是由安装在每台设备上的液压源直接提供；而气压传动则是将比使用压力高的压缩空气储于储气罐中，然后减压到适用于系统的压力。因此，每台气动装置的供气压力都需要用减压阀（在气压系统中又称调压阀）来减压，并保持供气压力稳定。对于低压控制系统，除用减压阀降低压力外，还需要用精密减压阀（或定值器）以获得更稳定的供气压力。这类压力控制阀当输入压力在一定范围内改变时，能保持输出压力不变；当管路中压力超过允许压力时，为了保证系统的工作安全，往往用安全阀实现自动排气，以使系统的压力下降。有时，气压装置中不便安装行程阀而要依据气压的大小来控制两个以上的气动执行机构的顺序动作，能实现这种功能的压力控制阀称为顺序阀。因此，压力控制阀按其控制功能可分为减压阀（调压阀）、顺序阀和安全阀（溢流阀）。由于安全阀、顺序阀的工作原理与液压控制阀中安全阀、顺序阀基本相同，因而本节主要讨论气压减压阀（调压阀）。

图 2-63（a）所示为直动式减压阀的工作原理。当顺时针方向调整手轮 1 时，调压弹簧 2（两个弹簧）推动下弹簧座 3、膜片 4 和阀心 5 向下移动，使阀口 8 开启，气流通过阀口后压力降低；同时，有一部分气流由阻尼孔 7 进入膜片室，在膜片下面产生一个向上的推力与弹簧力平衡，减压阀将有稳定的压力输出。当输入压力 p_1 增高时，输出的压力 p_2 也随之增高，使膜片下面的压力也增高，将膜片向上推，阀心 5 在复位弹簧 9 的作用下上移，从而使阀口 8 的开度减小，节流作用增强，使输出压力降低到调定值为止。反之，若输入压力下降，则输出压力也随之下降，膜片下移，阀口开度增大，节流作用降低，使输出压力回升到调定压力，以维持压力稳定。

在图 2-63（a）所示的直动式调压阀中，由于在工作过程中常常会从溢流孔 a 中排出少量气体，因而它属于溢流减压阀，其图形符号见图 2-63（b）。在工作介质为有害气体时，为了防止大气污染，应选用图 2-63（c）所示的非溢流式减压阀（普通减压阀）。

3. 流量控制阀

在气压传动系统中，经常要求控制气压执行元件的运动速度，这要靠调节压缩空气的流量来实现。凡用来控制气体流量的阀，称为流量控制阀。流量控制阀就是通过改变阀的通流截面积来实现流量控制的元件，它包括节流阀、单向节流阀、排气节流阀和柔性节流阀等。由于节流阀和单向节流阀的工作原理与液压阀中同类型阀

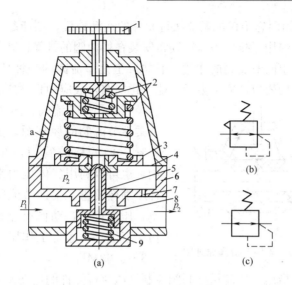

图 2-63 直动式减压阀结构及图形符号

(a)工作原理图；(b)溢流减压阀图形符号；(c)非溢流减压阀图形符号

1—手轮；2—调压弹簧；3—弹簧座；4—膜片；5—阀心；

6—阀套；7—阻尼孔；8—阀口；9—复位弹簧

相似，请参看本节相关内容。

（1）排气节流阀。排气节流阀的节流原理与节流阀一样，也是靠调节通流截面积来调节阀的流量的。它们的区别是，节流阀通常安装在系统中调节气流的流量，而排气节流阀只能安装在排气口处调节排入大气的流量，以此来调节执行机构的运动速度。如图 2-64（a）所示，气流从 A 口进入阀内，由节流口 1 节流后经消声套

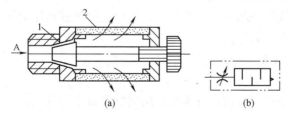

图 2-64 排气节流阀的结构及图形符号

（a）结构示意图；（b）图形符号

1—节流口；2—消声套

2排出。因而它不仅能调节执行元件的运动速度,还能起到降低排气噪声的作用。排气节流阀通常安装在换向阀的排气口处与换向阀联用,起单向节流阀的作用。它实际上是节流阀的一种特殊形式。由于其结构简单,安装方便,能简化回路,故应用日益广泛。

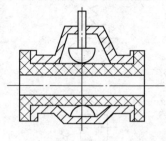

图 2-65 柔性节流阀原理图

(2) 柔性节流阀。图 2-65 所示为柔性节流阀的原理图,依靠阀杆夹紧柔韧的橡胶管而产生节流作用,也可以利用气体压力来代替阀杆压缩橡胶管。柔性节流阀结构简单,压力较小,动作可靠性高,对污染不敏感,通常工作压力范围为 0.3~0.63MPa。

应当指出,用流量控制阀控制气压执行元件的运动速度,其精度远不如液压控制高。特别是在超低速控制中,要按照预定行程变化来控制速度,只用气压控制是很难实现的。在外部负载变化较大时,仅用气压流量阀也不会得到满意的调速效果。为提高其运动平稳性,建议采用气液联动的方式。

四、执行装置的工作原理

将压缩空气的压力能转换为机械能,驱动机构作直线往复运动、摆动和旋转运动的元件,称为气压执行机构。气压系统执行机构主要是气缸和气压马达。气压传动比液压传动压力低、工作流体的黏度小、运动速度快,其执行元件要求密封好,可用薄膜结构,标准化程度相对较高。

作直线运动的气缸可输出力,作摆动的气缸和作旋转运动的气压马达可输出力矩。

(一) 气缸

1. 气缸的类型

(1) 按作用方式,分为单作用气缸和双作用气缸。

(2) 按结构特点,分为活塞式、柱塞式、叶片式、摆动式、薄膜式气缸等。

(3) 按安装方式,分为法兰式、轴销式、凸缘式、耳孔式、嵌入式、回转式气缸等。

（4）按功能，分为普通式、缓冲式、气—液阻尼式、冲击式、数字式、摆动式气缸等。

2. 常见气缸的工作原理及特点

在气缸中，使用最多的是直线运动的气缸。按照将空气压力转换成力的受压部件的结构不同，有活塞式和非活塞式两种。其中使用最多的是活塞式气缸。

（1）单作用气缸。如图 2-66 所示，单作用气缸只有一腔可输入压缩空气，实现一个方向运动。其活塞杆只能借助外力将其推回，通常借助于弹簧力、膜片张力、重力等。

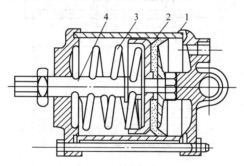

图 2-66　单作用气缸
1—缸体；2—活塞；3—弹簧；4—活塞杆

单作用气缸的特点如下：

1）仅一端进（排）气，结构简单，耗气量小。

2）用弹簧力或膜片力等复位，压缩空气能量的一部分用于克服弹簧力或膜片张力，因而减小了活塞杆的输出力。

3）缸内安装弹簧、膜片等，一般行程较短。与相同体积的双作用气缸相比，有效行程小一些。

4）气缸复位弹簧、膜片的张力均随变形大小变化，因而活塞杆的输出力在行进过程中是变化的。

由于以上特点，单作用活塞气缸多用于短行程，且推力及运动速度均要求不高的场合，如气吊、定位和夹紧等装置上。

（2）双作用气缸。双作用气缸指两腔可以分别输入压缩空气，实现双向运动的气缸。其结构可分为双活塞杆式、单活塞杆式、双活塞式、缓冲式和非缓冲式等。此类气缸使用最为广泛。

双活塞杆双作用气缸有缸体固定和活塞杆固定两种。

如图 2-67（a）所示，缸体固定时，其所带载荷（如工作台）与气缸两活塞杆连成一体，压缩空气依次进入气缸 两腔（一腔进气另一腔排气），活塞杆带动工作台左右运动，工作台运动范围等于其有效行程的 3 倍。这种气缸安装所占空间大，一般用于小型设备上。

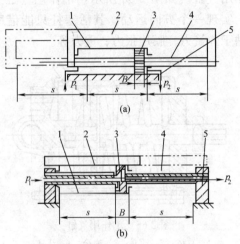

图 2-67　双活塞杆双作用气缸
(a) 缸体固定；(b) 活塞杆固定
1—缸体；2—工作台；3—活塞；4—活塞杆；5—机架

如图 2-67（b）所示，活塞杆固定时，为管路连接方便，活塞杆制成空心，缸体与载荷（工作台）连成一体，压缩空气从空心活塞杆的左端或右端进入气缸两腔，使缸体带动工作台向左或向右运动。工作台的运动范围为其有效行程的 2 倍，适用于中、大型设备。

双活塞杆气缸因两端活塞杆直径相等，故活塞两侧受力面积相等。当输入压力、流量相同时，其往返运动输出力及速度均相等。

（3）气—液阻尼缸。普通气缸工作时，由于气体具有可压缩性，当外界负载变化较大时，气缸可能产生"爬行"或"自走"现象，因此，气缸不易获得平衡的运动，也不易使活塞有准确的停止位置。而液压缸则相对运动平衡，且速度调节方便。在气压传动中，需要准确的位置控制和速度控制时，可采用气—液阻尼缸。

图 2-68 所示为串联式气液阻尼缸，它由气缸 5 和液压缸 4 串联而成，两缸的活塞用一根活塞杆带动，在液压缸进出口之间装有单向节流阀 3。当气缸 5 右腔进气时，气缸活塞带动液压缸 4 的活塞向左运动，此时液压缸左腔排油，由于单向阀关闭，油液只能通过节流阀缓慢流入液压缸右腔，调节节流阀 1 的开口量，即可调节活塞的运动速度。由于有液体的参与，气缸活塞的运动平稳性大大提高。活塞杆的输出力等于气缸的输出力和液压缸活塞上的阻力之差。当气缸左腔进气时，液压缸右腔的油液可通过单向阀迅速流向液压缸左腔，活塞迅速返回原位。一般用双杆活塞缸作为液压缸，这样可使液压缸两腔进、排油量相等，以减小高位油杯 2 的容积。

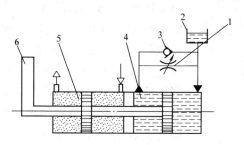

图 2-68　串联式气液阻尼缸

1—节流阀；2—油杯；3—单向阀；

4—液压缸；5—气缸；6—外载荷

（4）回转式气缸。回转式气缸如图 2-69 所示，它由导气头 9、缸体 3、活塞 4、活塞杆 1、缸盖 6 等组成。这种气缸的缸体连同缸盖及导气头可被携带一同回转，活塞及活塞杆只能作直线往复运动，导气头的外接管路固定不动。它实际上是一个具有回转接头的气缸，转动是由其主驱动机构带动的。回转式气缸主要用于机床夹具和线材卷曲等装置上。

（5）冲击气缸。冲击气缸是把压缩空气的能量转化为活塞、活

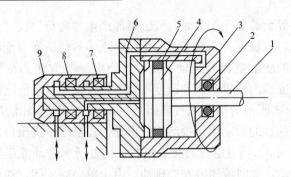

图 2-69 回转式气缸
1—活塞杆；2、5—密封圈；3—缸体；4—活塞；
6—缸盖；7、8—轴承；9—导气头

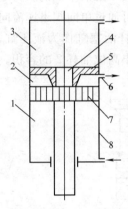

图 2-70 冲击气缸
1—活塞杆腔；2—活塞腔；
3—蓄能腔；4—喷嘴口；
5—中盖；6—泄气口；
7—活塞；8—缸体

塞杆高速运动的能量，利用此动能去做功，可完成型材下料、弯曲、冲孔、墩粗、破碎、模锻等多种作业。如图 2-70 所示，它由缸体 8、中盖 5、活塞 7 等主要零件组成。中盖与缸体连接在一起，它和活塞把气缸容积分隔成三部分，即蓄能腔 3、活塞腔 2 和活塞杆腔 1，中盖中心开有一喷嘴口 4，当压缩空气刚进入蓄能腔时，其压力只能通过喷嘴口的小面积作用在活塞上，还不能克服活塞杆腔的排气压力所产生的向上推力以及活塞和缸体间的摩擦阻力，活塞不运动。蓄能腔中充气压力逐渐升高，当压力升高到作用在喷嘴口面积上的总推力能克服活塞杆腔的排气压力和摩擦力的总和时，活塞向下移动，积聚在蓄能腔中的压缩空气通过喷嘴口突然作用在活塞的全部面积上，活塞得以很大的向下推力。而此时活塞杆腔 1 内压力很低，于是活塞迅速加速，在很短的时间内，以极高的速度向下冲击，从而获得很大的动能。泄气口 6 处采用低压排气阀，它的作用是在低压时活塞腔 2 排气，即与大气相通，而在高压时关闭。泄气口在必要时可作为控制信号孔使用。

（二）气压马达

气压马达是把压缩空气的压力能转换成机械能的能量转换装置，输出的是力矩和转速，驱动机构实现旋转运动。

气压马达与起同样作用的电动机相比，其特点是壳体轻，输送方便。又因其工作介质是空气，不必担心引起火灾。气压马达过载时能自动停转，而与供给压力保持平衡状态。气压马达转动后，阻力减小，阻力变化往往具有很大柔性，因此广泛应用于矿山机械和气动工具等场合。

1. 气压马达类型

（1）按工作原理，分为容积式和蜗轮式气压马达。

（2）按结构形式，分为活塞式、叶片式、齿轮式气压马达等。

2. 气压马达的工作原理及特点

气压马达的形式很多，最常见的是叶片式和活塞式气压马达。

图 2-71（a）所示为叶片式气压马达，当压缩空气从 A 气口进入气室后，立即喷向叶片，作用在叶片的外伸部分，产生转矩带动转子作逆时针转动，输出机械能，此时 B、C 气口排气。若 B 气口进气，则 A、C 气口排气，转子反转。转子转动的离心力、叶片底部的气压力、弹簧力（图中未画出）使得叶片紧贴在定子的内壁上，以保证密封，提高容积效率。叶片式气功马达主要用于风动工具、高速旋转机械及矿山机械等。

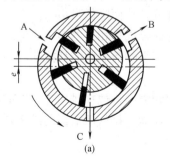 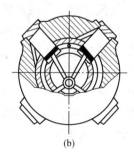

图 2-71 气压马达

(a) 叶片式；(b) 活塞式

图 2-71（b）所示为径向活塞式气压马达，压缩空气经进气孔

A进入配气阀（图中未画出）后又进入气缸，推动活塞及连杆组件运动，再使曲轴旋转。在曲轴旋转的同时，带动固定在曲轴上的配气阀同步运动，使压缩空气随着配气阀角度位置的改变而进入不同的缸内，依次推动各个活塞运动，并由各活塞及连杆带动曲轴连续运转。与此同时，与进气缸相对应的气缸则处于排气状态。

气压马达的特点如下：

（1）气压马达适合在有易燃、易爆、高温、多尘、空气潮湿的环境中使用。

（2）功率范围及转速范围较宽，可实现无级调速。

（3）具有较高的启动转矩；长时间满载连续运转，温升较小；有过载保护的作用。

（4）换向容易，操作简单，维修方便。

但气压马达也具有输出功率小、消耗气量大、效率低、噪声大等缺点。

五、常用辅助元件的基本工作原理

1. 消声器

通常在气动元件排气口处安装消声器，用来消除压缩空气排入大气时产生的噪声污染。消声器有吸收型、膨胀干涉型、膨胀干涉吸收型三种。

图 2-72 所示为最常见的吸收型消声器。当有气流通过吸音材料时，气流受阻，声波被吸收一部分，从而降低噪声。

消声器可按气动元件排气口的通径选择相应的型号，但应注意消声器的排气阻力不宜过大，应以不影响控制阀的切换速度为宜。

2. 排气清洁器

用来吸收排气噪声，并分离掉和集中排放掉排出空气中的油雾和冷凝水，以得到清洁宁静的工作环境。排气清洁器的结构及图形符号如图 2-73 所示。

3. 转换器

转换器是将电、液、气信号相互转换的辅件，用来控制气动系统工作。气动系统中的转换器主要有气—电转换器、气—液转换器等。

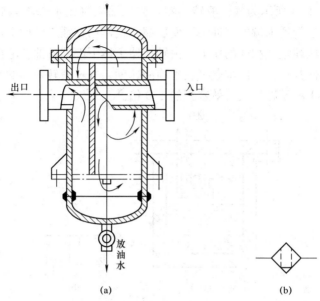

（a） （b）

图 2-72 消声器及图形符号（吸收型）

（a）结构图；（b）图形符号

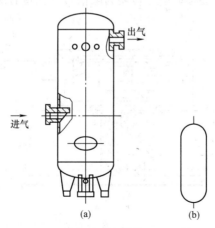

（a） （b）

图 2-73 排气清洁器结构及图形符号

（a）结构图；（b）图形符号

179

图 2-74 所示为气—液转换器，当压缩空气由上部输入管输入后，经过管道末端的缓冲装置使压缩空气作用在液压油面上，液压油即以压缩空气相同的压力，由转换器主体下部的排油孔输出到液压缸，使其动作，以求获得较平稳的速度。气—液转换器的储油量应不小于液压缸最大有效容积的 1.5 倍。

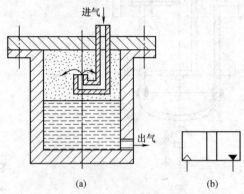

图 2-74　气—液转换器及图形符号

(a) 结构图；(b) 图形符号

图 2-75 所示为磁性开关。磁性开关可用来检测气缸活塞的运动行程，将气缸的移动信号转换为电信号，在带有磁环的气缸活塞

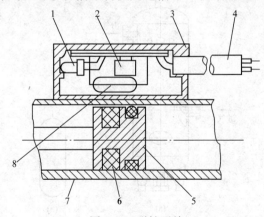

图 2-75　磁性开关

1—指示灯；2—保护电路；3—外壳；4—导线；

5—活塞；6—磁环；7—缸筒；8—舌簧开关

移动到一定位置时，舌簧开关进入磁场内，两磁片被磁化而吸合接通电源，发出一个电信号。

4. 真空吸盘

真空吸盘是真空系统中的执行元件，用于表面光滑且平整的工件吸起并保持住，柔软又有弹性的吸盘可确保不损坏工件。

如图 2-76（a）所示，真空吸盘由吸盘和真空发生器两部分组成。真空发生器是根据喷射原理来产生真空的。如图 2-76（b）所示，当压缩空气从进气口流向排气口时，在真空口上就会产生真空。排气口接消声器。

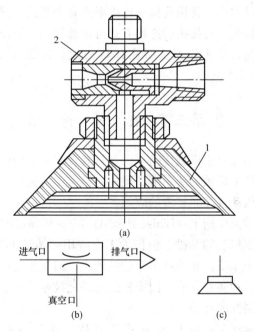

图 2-76 真空吸盘及图形符号

（a）结构图；（b）真空发生器原理图；（c）图形符号

1—吸盘；2—真空发生器

5. 管道和管接头

气压装置中，连接各种元件的管道有金属管和非金属管。常用金属管有镀锌钢管、不锈钢管、拉制铝管和紫铜管等，主要用于工厂主干管道和大型气动装置上，适用于高温、高压和固定不动的部位之间的连接。铜管、铝管和不锈钢管防锈性好，但价格高。

非金属管有硬尼龙管、软尼龙管和聚氨酯管。非金属管价格便宜、拆装方便、易剪断、不生锈、摩擦阻力小。但存在老化问题，不宜在高温下使用，要防止受外部损伤。尼龙管有一定的柔性，但不宜弯曲过度，耐高压，耐化学性好。聚氨酯管的柔性比尼龙管好。除圆管外，还有螺旋管和排管，用于需要柔性连接和紧凑配管处。

管接头是连接管道的元件，要求连接牢固、不漏气、拆装快速方便、流动阻力小。常用管接头连接形式有卡套式、插入式、快换接头和回转接头。管接头的连接方式有过渡接头、等径接头、异径接头等。目前管接头的螺纹型式有 G 螺纹、R 螺纹及 NPT 螺纹（美国标准的螺纹）。

第三节 液 压 传 动

液压传动相对于机械传动来讲，具有许多突出的优点，故液压传动已遍布各个领域，从军事到民用，从重工业到轻工业，到处都有各种液压传动及控制装置的应用。

法国科学家帕斯卡（Blaise Pascal）1605 年提出的水静压力原理奠定了液压传动的基础，但作为工业应用则始于 1795 年英国制成的第一台水压机。在 200 多年的发展中，液压传动已发展成包括传动、控制、检测在内的一门完整的自动化技术，在某些领域内甚至已占有压倒性的优势。

我国的液压工业始于 20 世纪 50 年代。自 1964 年由国外引进一些液压元件生产技术，同时进行自行设计液压产品以来，我国的液压元件的生产已形成系列，并在各种机械设备中得到了广泛应用。80 年代起，我国有计划地加快了对西方先进液压产品和技术的引进、消化、吸收和国产化的工作。目前我国的液压技术已发展到相当高的水平，机床液压仿形装置、液压自动化机床及其自动线已大量涌现，液压元件在高效率的自动或半自动机床、组合机床、数控机床上已成为重要的组成部分。

一、液压传动的基本原理

1. 液压传动的工作原理

图 2-77 所示为磨床工作台液压传动原理，液压泵 3 由电动机带动旋转，从油箱 1 中吸油，并将具有压力能的油液输送到管路，油液再通过节流阀 4 和管路流至换向阀 6。换向阀 6 的阀心有不同的工作位置，因此改变阀心的工作位置，就能不断变换压力油的油路，使液压缸不断换向，以实现工作台所需要的往复运动。根据加工要求的不同，利用改变节流阀 4 开口的大小，调节通过节流阀的流量，从而控制工作台的运动速度。工作台运动时，需要克服不同的工作阻力，系统的压力可通过溢流阀 5 调节。当系统中的油压升高至溢流阀的调定压力时，溢流阀打开，油压不再升高，维持定值。为保持油液的清洁，安装的滤油器 2 可将油液中的污物、杂质去掉，使系统工作正常。

综上所述，液压系统的工作原理是利用液体的压力能来传递动力，并利用执行元件将液体的压力能转换成机械能，驱动工作部件运动。液压系统工作时，必须对油液进行压力、流量和方向的控制及调节，以满足工作部件在力、速度和方向上的要求。

2. 液压系统的组成

一个完整的液压系统主要由动力装置、执行元件、控制元件和辅助装置四部分组成。

（1）动力装置。它供给液压系统压力油，将电动机输出的机械能转换为油液的压力能，推动整个液压系统的工作。图 2-77 中的液压泵 3 就是动力装置，它将油液从油箱 1 中吸入，再输送给液压系统。

（2）执行元件。它包括液压缸和液压马达，用以将液体的压力能转换为机械能，驱动工作部件运动。图 2-77 中的液压缸 8 是执行元件，在压力油的推动下，带动磨床工作台作直线往复运动。

（3）控制元件。主要是各种阀类，用来控制液压系统的液体压力、流量（流速）和流向，保证执行元件完成预期的工作运动。图 2-77 中的溢流阀 5 是压力控制元件，可控制工作系统的压力；节

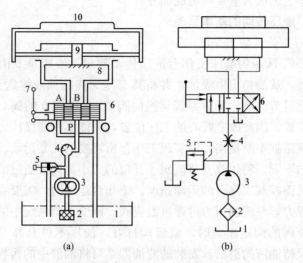

图 2-77　磨床工作台液压传动原理图

（a）结构原理图；（b）用职能符号表示的液压原理图

1—油箱；2—滤油器；3—液压泵；

4—节流阀；5—溢流阀；6—换向阀；

7—手动操纵杆；8—液压缸；9—活塞；

10—工作台

流阀 4 是流量控制元件，可调节进入液压缸的流量，控制工作台的运动速度；换向阀 6 是方向控制元件，可改变压力油的通路，使液压缸换向，实现工作台的往复运动。

（4）辅助装置。指各种管接头、油管、油箱、滤油器等。它们起着连接、输送、储油、过滤等作用，可保证液压系统可靠、稳定、持久地工作。图 2-77 中的网式滤油器 2，起滤清油液的作用；油箱 1 用来储油和散溢油液的热量。

3. 液压传动的特点

（1）传动平稳。液压传动装置中，一般认为液压油是不可压缩的，依靠油液的连续流动进行传动。油液有吸振能力，油路中还可以设置液压缓冲装置，所以传动非常均匀、平稳，便于实现频繁换向，因此磨床、仿形机床中广泛使用了液压传动。

（2）质量轻、体积小。液压传动与机械、电力等传动方式相比，在输出同样功率的情况下，体积和质量均减少很多，因此惯性小，动作灵敏。

（3）承载能力大。液压传动易获得很大的力和转矩。

（4）易实现无级调速。调速范围可达 2000，还可以在运动中调速，很容易得到极低的速度。

（5）易实现过载保护。液压系统的执行元件可长期在失速状态下工作而不发热，且液压元件可自行润滑，使用寿命长。

（6）易实现自动化。因为液压传动大大简化了机械结构，对液压的压力、方向和流量易于调节或控制，可实现复杂的顺序动作，接受远程控制。

（7）便于实现"三化"。液压元件易实现系列化、标准化和通用化，适合大批量专业化生产，因此液压系列的设计、制造和使用都比较方便。

（8）不能保证严格的传动比。由于油液具有一定的可压缩性和泄漏，因此不宜应用于传动比要求严格的场合，如螺纹和齿轮加工机床。

（9）油液对温度较敏感。由于油的黏度随温度的改变而变化，影响速度和稳定性，故在高温和低温环境下，不宜采用液压传动。

（10）装置较复杂。发生故障时不易检查和排除。

（11）油液易受污染。油液中易混入空气、杂质，影响系统工作的可靠性。

液压传动的优点是显著的，其缺点现在已大为改善或正在改进，所以今后液压传动会得到更加广泛的应用。

二、液压油

1. 液压油的性质

液压系统中传递动力和运动所用的工作介质基本上都是液压油，其物理、化学性质对液压系统能否正常工作影响很大。其基本性质有：

（1）密度和重度。液体中某点处的微小质量与其体积之比的极限值，称为该点液体的密度 ρ。液体中某点处的微小重量与其体积之比的极限值，称为该点液体的重度 γ。机床液压系统中常用的液压油为矿物油，它在15℃时的密度 $\rho=900\mathrm{kg/m^3}$，重度 $\gamma=8.83\times10^3\mathrm{N/m^3}$。液体的密度和重度都会随压力和温度的变化而变化。一般情况下，随压力的增加而加大，随温度的升高而减小，但实际使用中由于其变化很小，可近似地认为液压油的密度和重度都是不变的。

（2）可压缩性和膨胀性。液体具有可压缩性，即液体受压后会缩小体积。但当液压系统中的温度和压力变化不大时，即当液压系统基本上处于静态时，液压油的可压缩性可以不予考虑。液压油完全可以看作是一种非常坚固、柔软并能在密封容积内可靠而灵活地传递运动和动力的工作介质。

液体的体积随温度升高而膨胀的性质，称为液体的膨胀性。但从工程实用的观点看，膨胀性对工作的影响微乎其微，故一般不予考虑。

（3）黏性。液体在外力作用下流动时，液体分子间的内聚力为了阻碍分子间的相对运动而产生一种内摩擦力，这种现象叫作液体的黏性。液体只有在流动时才会出现黏性，静止的液体是不呈现黏性的。黏性只能阻碍、延缓液体内部的相对滑动，但却不能消除这种滑动。液体的黏性大小用黏度来衡量。

液体流动时，液体与固体壁间的附着力及液体本身的黏性，使液体内各处的速度大小不相等。

（4）其他特性。

1）介电性。油液的电气绝缘性能，称为介电性。介电性高的液压油可容许电气元件浸在其中，而不会引起电解腐蚀或短路。

2）流动点、凝固点。油液保持其良好流动性的最低温度叫作油液的流动点。油液完全失去其流动性的最高温度叫作油液的凝固点。这两点称呼不同，实际是指同一点，这一点就是油液能否流动的临界点。如临界点的温度低，油液工作时的适应性就强。

3）闪点、燃点。油液加热到液面上能在火焰靠近时出现一闪一闪断续性燃烧的温度，叫作油液的闪点。闪点高的油液挥发性小。油液加热到能自行连续燃烧的温度，叫作油液的燃点。燃点高的油液难于着火燃烧。

2. 对液压油的基本要求

（1）黏温特性要好。在使用中，油液黏度随温度的变化应越小越好。

（2）应具有良好的润滑性。工作油液不仅是传递能量的介质，还是相对运动零件之间的润滑剂，油液应当能在零件的滑动表面上形成强度较高的油膜，以便形成液体润滑，避免干摩擦。

（3）有最佳的黏度。黏度过小会使润滑性能恶化，密封困难，泄漏增加，降低机件寿命；黏度过大，会使摩擦损失增加，效率降低。

（4）质地纯净，不含杂质。如果油液中含有酸、碱，会使机件和密封装置受腐蚀；含有机械杂质，会使油路堵塞；含有挥发性物质，长期使用后会使油液变稠，并产生气泡。

（5）性能稳定，不易氧化。使用中油液不应稠化，黏度要适中，不产生沉淀。由于温度升高，可能使油液氧化而产生胶质和沥青质，使油液变质。这些物质还容易使油路堵塞及粘附在相对运动机件的表面上，影响工作。

（6）油的总体性质要好。需要防火的场所，油液的闪点要高；气候寒冷的条件下，其凝固点要低。

（7）腐蚀性小。油液对密封件、软管等材料应无溶解等有害影响。

此外，长期接触工作液体应对人身健康无害。

3. 液压油的分类

液压油的分类，GB/T 7631.1—2008、GB/T 7631.2—2003 中已有明确规定。但目前正处于新老产品替代、淘汰的阶段，要做到正确选用液压工作介质，还需对老产品国家标准 GB 2512—1981 有所了解。新、旧国家标准可查阅相关手册。

液压油主要有矿物型、乳化型和合成型三大类，其具体种类如下：

(1) 矿物型。有全耗损系统用油、汽轮机油（透平油）、通用液压油、液压导轨油、专用液压油（耐磨液压油、数控液压油、航空液压油）。

(2) 乳化型。有油包水乳化液和水包油乳化液。

(3) 合成型。有磷酸酶基液压油和水酸二元酸基液压油。

4. 液压油的选用

黏度是液压油的重要使用性能指标，它的选择合理与否，对液压系统的运动平稳性、工作可靠性与灵敏性、系统效率、功能损耗、气蚀现象、温升及磨损等都有显著影响，甚至使系统不能工作。选用液压油时，要根据具体情况或系统要求，选用合适的黏度和适当的油液品种，一般按以下几方面选择：

(1) 按工作机械的不同。精密机械与一般机械对黏度要求不同。因为精密机械主要是提高精度，为了避免温度升高而引起机件变形，影响工作性能，应采用黏度较低的液压油。而机床液压伺服系统，为保证伺服动作灵敏性，也应采用黏度较低的液压油，如10号全耗损系统用油。

(2) 按液压泵的类型。液压泵是液压系统中的重要元件，在液压系统中它的运动速度、压力和温升都较高，工作时间又长，因而对黏度要求较严格，所以选择油液黏度时应考虑液压泵的类型。否则液压泵磨损较快，容积效率降低，甚至可能破坏液压泵的吸油条件。

一般情况下，各种液压泵所选择黏度见表 2-36。

表 2-36　　　　按液压泵类型推荐用油黏度表　　　$\times 10^{-6} m^2/s$

液压泵类型		工作温度下适宜黏度范围和最佳黏度			推荐选用黏度(37.8℃)	
					工作温度（℃）	
		最低	最佳	最高	5～40	40～85
叶片泵	＜7MPa	20	25	400～800	30～49	43～77
	≥7MPa	20	25	400～800	54～70	65～95
齿轮泵		16～25	70～250	850	30～70	110～154

液压泵类型		工作温度下适宜黏度范围和最佳黏度			推荐选用黏度(37.8℃)	
		最低	最佳	最高	工作温度（℃）	
					5～40	40～85
柱塞泵	轴向	12	20	200	30～70	110～220
	径向	16	30	500	30～70	110～220
螺杆泵		7～25	75	500～4000	—	—

（3）按液压系统工作压力。一般工作压力较高时，选用黏度较高的油，以免系统泄漏过多，效率过低；工作压力较低时，选用黏度较低的油，这样可以减少压力损失。如机床液压传动工作压力一般低于 6.3MPa，可采用（20～60）×10^{-6}m^2/s 的油液。工程机械的液压系统，其工作压力属于高压时，应采用黏度较高的油液。

（4）考虑液压系统的环境温度。矿物油的黏度由于温度的影响变化很大，为保证在工作温度时有较适宜的黏度，还应考虑周围环境温度的影响。当温度高时，采用黏度较高的油液；周围环境温度低时，采用黏度较低的油液。如机床液压系统中，冬季用 20 号机械油，夏季用 40 号全耗损系统用油。

（5）考虑液压系统中的运动速度。当液压系统中工作部件的运动速度较高时，油液的流速也较快，液压损失将随着增大，而泄漏相对减少，因此应用黏度较低的油液；但当工作部件的运动速度较低时，所需油量较小，这时泄漏相对增大，对液压系统的运动速度影响也较大，所以宜选用黏度较高的油液。

（6）根据工作需要选择。一般液压传动中使用较多的液压油品种是 10、20、30 号全耗损系统用油，8 号柴油机油和 22、32 号汽轮机油。如果液压系统中的工作油液又兼做机床导轨面的润滑油时，应选用精密机床导轨油。对于建筑机械、工程机械和起重机械等液压系统，可选用凝固点低的液压油。对于电力、矿山、热加工等机械，以及飞机的液压系统，为防止火灾，应选择燃点高的抗燃液压油。总之，应根据工作需要选择合适的液压油品种，使之既能满足工作需要，又价格低廉。

几种常用国产液压油的主要性能见表 2-37。

表 2-37　　　　几种常用国产液压油的主要性能

牌　号	主要指标	运动黏度	闪点(开口)	凝　点	酸　值	机械杂质
		$(50℃) \times 10^{-6} m^2/s$	℃(不低于)	℃(不高于)	mg KOH/g(不大于)	%
汽轮机油	22 号	20	180	−15	0.02	无
	30 号	28～30	180	−10	0.02	无
全耗损系统用油	10 号	7～13	165	−15	0.14	0.005
	20 号	17～23	170	−15	0.16	0.005
	30 号	27～33	180	−10	0.20	0.007
	40 号	37～43	190	−10	0.35	0.007
精密机床液压油	20 号	17～23	170	−10		无
	30 号	27～33	170	−10		无
	40 号	37～45	170	−10		无
稠化液压油	上稠 20-1	12.51	163.5	−33	0.237	无
	上稠 30-1	18.67	185.5	−49	0.131	无
	上稠 50-1	40.56	174	−48.5	0.123	无
	上稠 90-1	60.81	217	−27.5	0.063	无
航空液压油	10 号	10	92	−70	0.05	无

5. 液压油在使用中的注意事项

(1) 按说明书的规定，选择合适的液压油或选用合适的代用油。

(2) 在使用过程中，应保持油液的清洁，防止水分、乳化液、灰尘、纤维等杂质及切屑侵入。

（3）使用中油箱的油面要保持一定的高度，添加的液压油必须是同一种牌号，以免引起油质的变化。

（4）油箱内温度不能过高，超过规定温度时（通常不得超过70℃），应停机查找原因并及时排除。

（5）为防止空气进入液压系统，回油管应在油箱液面以下，液压泵与吸油管路应严格密封。

6. 更换液压油时的注意事项

（1）定期检查（包括定期现场观察和实验室鉴定）。现场检查内容有：取样与同类油进行比较，观察色泽与透明度有无变化，散发的气味有无变化，有无沉淀物等。实验室分析鉴定的内容有：检查色泽、密度、闪点、黏度及氧化物等。

（2）换油周期。液压油的使用寿命，除与本身化学稳定性有关外，还与机械的结构、工作条件、工作环境及维修、保养等因素有关。当液压油在使用中出现指标超差时，应根据具体情况，考虑更换新油或将液压油进行再生处理。

（3）换油操作。换油时必须彻底清洗油箱及液压系统的管路，新油必须经过过滤后，方可注入油箱。

三、液压元件

（一）液压泵及液压马达

液压泵和液压马达是液压传动系统中两个重要的液压元件。它们都是液压系统中的能量转换元件。不同的是液压泵将机械能转换为液体的压力能，是液压传动系统中的动力元件，而液压马达将液体的压力能转换为机械能，是液压传动系统中的执行元件。液压传动系统中所用的液压泵和液压马达在结构上基本是一致的，在工作原理上又具有可逆性，故在此重点介绍液压泵。但应注意，由于液压泵和液压马达在结构上有微小差异，故二者一般不能互换使用。液压泵分为容积式和动力式两大类，金属切削机床中采用的液压泵均属于容积式液压泵。容积式液压泵的分类如下：

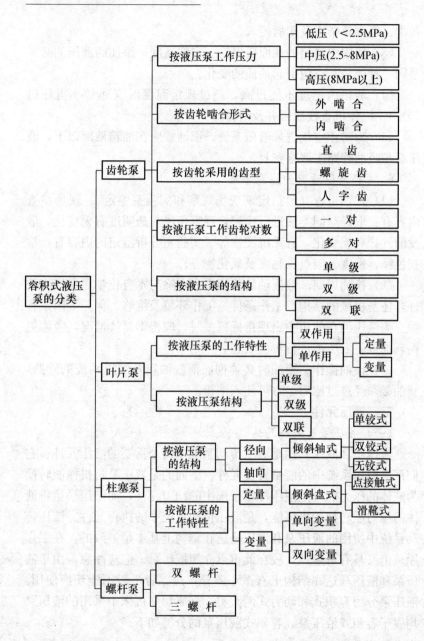

1. 齿轮泵

齿轮泵是液压系统中应用较广的液压泵，它的结构形式有外啮合和内啮合两种。外啮合式齿轮泵由于结构简单、制造方便、价格低廉，目前使用较为广泛，但噪声较大，输油量不均匀。内啮合齿轮泵噪声较小，自吸性能好，体积小、质量轻，但制造困难。随着工业技术的发展，内啮合齿轮泵的应用将会愈来愈普遍。

（1）外啮合齿轮泵的工作原理。如图 2-78 所示，一对齿轮互相啮合，由于齿轮的齿顶和壳体内孔表面间隙很小，齿轮端面和盖板间隙很小，因而把吸油腔和压油腔隔开。当齿轮按图示方向旋转时，啮合点左侧啮合着的齿逐渐退出啮合，容积增大，形成局部真空，油箱中的油在外界大气压作用下进入吸油腔，啮合点右侧的齿逐渐进入啮合，容积减小并把

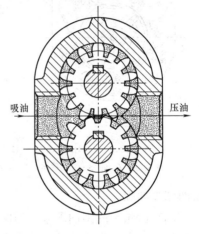

图 2-78　齿轮泵工作原理图

齿间的油液挤压出来，这就是齿轮泵的吸油和压油过程。当齿轮不断地转动时，齿轮泵就不断地吸油和压油。

（2）CB-B 型齿轮泵。CB-B 型齿轮泵的结构如图 2-79 所示，它是分离三片式结构，三片是指端盖 1、4 和泵体 3。泵体中装有一对与泵体宽度相等，齿数相同而又互相啮合的齿轮，这对齿轮被包围在两端盖和泵体形成的密封容积中，它们的啮合线把密封容积划分成两部分，即吸油腔和压油腔。主动齿轮用键固定在长轴上，由原动机带动旋转。

泵的前、后盖和泵体靠两个定位销定位，用螺钉压紧。为使齿轮能转动，齿轮必须比泵体稍薄些，也就是存在端面间隙。小孔 a 为泄油孔，使泄漏出的油液经从动齿轮的中心小孔 c 及通道 a 流回吸油腔。为了防止油从端面间隙（或轴向间隙）漏到泵外，并减轻压紧螺钉的负担，在前后盖的端面上开有卸荷槽 b，使漏出的油重

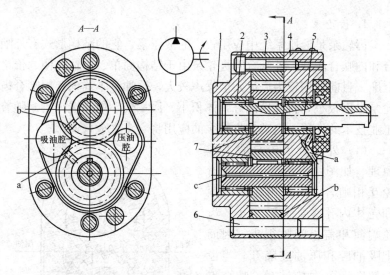

图 2-79　CB-B 型齿轮泵的结构

1—端盖；2—轴承；3—泵体；4—端盖；5—长轴；6—定位销；7—齿轮

新回到吸油腔。

（3）齿轮泵的困油现象。为保证齿轮泵流量均匀及高低压腔严格密封，啮合轮齿的重叠系数应大于1。这就使在某瞬时，当前对齿轮还没有脱开时，后对齿轮又进入啮合。如图 2-80 所示，由于 A、B 两点啮合，使 A、B 与齿廓围起来的油腔与吸排油腔均不相通，把这个封闭的容积称为困油区。在啮合过程中，困油区是一个变化的容积，当后一对齿轮的啮合点刚形成时困油容积最大［图 2-80（a）］。随着 A、B 两点的移动，困油区逐渐变小，当 A、B 两点对称地分布于节点两侧时，困油容积变为最小值［图 2-80（b）］。随着 A、B 两点继续移动，困油区又逐渐增大，一直到 A 点消失时困油区又变为最大值［图 2-80（c）］。由于液体压缩性很小，困油区又是一个密封容积，当困油区的容积由大变小时，产生很大的压力。这个力在齿轮转一转时，重复出现的次数等于齿数。因而使轴承受到很大的冲击载荷，降低其使用寿命。困油区的容积由小变大时，形成真空，同时产生气泡，发出噪声。当后对齿轮进入啮合时，前对齿轮已失去排油能力，使泵的流量减少，瞬时流量波动性增加。

　　一般说来，困油现象是容积式泵为了保证吸压油腔密封性必然引起的后果。因此要从根本上消除是不可能的，只能将其限制在允许的范围内，可应用卸荷槽的结构措施来减弱它的有害影响。卸荷槽的结构多种多样，常用的有：在齿轮端面的轴承座圈上开长方形卸荷槽，相对齿轮中心线对称布置［图 2-80（b）］或非对称布置型式［图 2-80（c）］。在轴套上开具有斜边的卸荷槽［图 2-80（d）］或做成直角形的，如图中虚线所示。

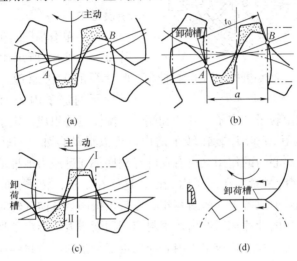

图 2-80　齿轮泵困油容积变化及卸荷槽

　　（4）齿轮泵的径向力不平衡现象。齿轮泵在工作时，作用在轴承上的径向力有三个：一是液体压力产生的径向力；二是齿轮传递力矩时产生的径向力；三是困油现象产生的径向力。这些力的合力就是齿轮泵轴承受到的径向不平衡力。齿轮泵径向力不平衡现象的存在，会造成齿轮轴的变形，加大端面间隙，增加液体泄漏，加大摩擦功率损失等。运转经验说明，轴承的磨损是影响整个齿轮泵寿命的主要原因。为了解决径向力不平衡问题，在有些齿轮泵上，采用开压力平衡槽的方法来消除径向不平衡力，但这将使泄漏增大，容积效率降低。CB-B 型齿轮泵则采用缩小压油腔，以减少液压力

195

对齿顶部分的作用面积来减小径向不平衡力。

2. 叶片泵

叶片泵具有寿命长、噪声低、流量均匀、体积小、质量轻等优点；其缺点是对油液的污染较齿轮泵敏感，结构也比齿轮泵复杂。

叶片泵主要分为单作用非卸荷式和双作用卸荷式两大类，主要应用在机床、工程机械、船舶、压铸机和冶金设备中。

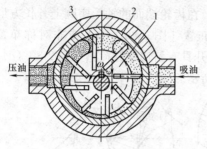

图 2-81 单作用叶片泵工作原理图
1—转子；2—定子；3—叶片

（1）单作用非卸荷式叶片泵。图 2-81 所示为单作用叶片泵的工作原理。单作用叶片泵的定子内表面是一个圆形，它由转子、定子、叶片和端盖、配流盘等组成。定子和转子间有偏心距 e，叶片装在转子槽内，可以滑动自如。当转子回转时，由于离心力的作用（也有在叶片槽底部通进压力油推动叶片的结构），使叶片紧靠在定子内表面，这样在定子、转子、叶片和端盖之间，就形成若干个密封容积。当转子按图示方向旋转时，图中垂直线右边的叶片逐渐伸出，密封容积逐渐增大，形成了吸油。同时图示左边叶片逐渐被定子内表面压进定子槽内，密封容积逐渐减小，形成压油。在吸油腔和压油腔之间有上下两段封油区，将吸油腔和压油腔隔开。这种叶片泵转子每转一周，每个密封容积完成一次吸压油工作循环，因此叫单作用。这种泵由于转子受到压油腔的油压作用，使轴承受到较大的径向载荷，所以称为单作用非卸荷式叶片泵。

单作用叶片泵的偏心量 e 通常做成可调的。偏心量的改变会引起液压泵输油量的相应变化，偏心量增大，输油量也随之增大。若改变偏心量 e 的方向，则泵的输油方向也会改变。在组合机床液压系统中，常用到一种限压式变量泵。图 2-82 所示为限压式变量叶片泵的工作原理，转子 3 按图示方向旋转，柱塞 2 左端油腔与泵的压油口相连通。若柱塞左端的液压推力小于弹簧 5 的作用力，则定子4保持不动。当泵的工作压力增大到某一数值以后，柱塞左端的液压推力大于弹簧作用力，定子便向右移动，偏心量 e 减小，泵的输油量就随之减小。压力调节螺钉6用来调节泵的工作压力，而流量调节螺钉1则用来调节泵的最大流量。

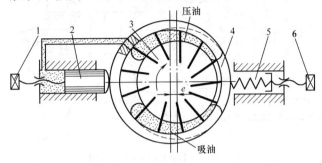

图 2-82　限压式变量叶片泵的工作原理图
1—流量调节螺钉；2—柱塞；3—转子；4—定子；5—限压弹簧；
6—限压调节螺钉

限压式变量叶片泵的流量随压力变化的特性在生产中往往是需要的。当工作部件承受较小负载而要求快速运动时，液压泵相适应地输出低压大流量的压力油。当工作部件改变为承受较大负载而要求慢速运动时，液压泵又能适应地输出高压小流量的压力油。在机床液压系统中采用限压式变量叶片泵，可以简化油路，降低功率损耗，减少油液发热。但这种泵结构较复杂，价格也较高。常用的 YBN-40 型变量叶片泵的结构如图 2-83 所示。

（2）双作用卸荷式叶片泵。图 2-84 所示为双作用叶片泵的工作原理，它由定子1、转子2、叶片3和配油盘4等组成。叶片安放在转子槽内，并可沿槽滑动，转子和定子中心重合，定子内表面近似椭圆形，由两段短半径 r 圆弧、两段长半径 R 圆弧和四段过渡曲线所组成。当电动机带动转子按图示方向旋转时，叶片在离心力作用下压向定子内表面，并随定子内表面曲线的变化而被迫在转子槽内往复滑动。转子旋转一周，每一叶片往复滑动两次，每相邻两叶片间的密封容积就发生两次增大和减小的变化。图中 $a_1 a_2$ 为容积最小，并随转子转动而也逐渐增大形成真空，进行吸油；$b_1 b_2$

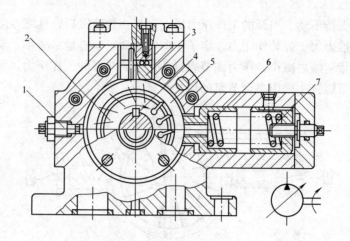

图 2-83　YBN-40 型变量叶片泵
1—流量调节螺钉；2—转子；3—滑块；4—转子轴；5—定子；
6—弹簧；7—压力调节螺钉

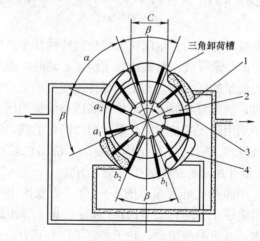

图 2-84　双作用叶片泵工作原理图
1—定子；2—转子；3—叶片；4—配油盘

为容积最大，并随转子转动而使容积逐渐减小，进行压油。因为转子每转一周，吸、压油作用发生两次，故称为双作用式。由于两吸油口和压油口对称于旋转轴，压力油作用于轴承上的径向力是平衡的，故称为双作用卸荷式叶片泵。但这种泵只能作定量泵使用。常用的 YB1 型叶片泵的结构如图 2-85 所示。

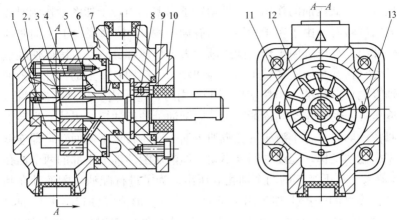

图 2-85　YB1 型叶片泵的结构

1—左配油盘；2—滚珠轴承；3—传动轴；4—定子；5—右配油盘；6—后泵体；

7—前泵体；8—滚珠轴承；9—骨架式密封圈；10—盖板；11—叶片；12—转子；

13—紧固螺钉

3. 柱塞泵

柱塞泵是靠柱塞在缸体内的往复运动，使密封容积产生变化，来实现泵的吸油和压油的。由于它的主要构件是圆形的柱塞和缸孔，因此加工方便、配合精度高、密封性能好，在高压时工作有较高的容积效率。它常用于高压大流量和流量需要调节的龙门刨床、拉床、液压机等液压系统中。柱塞泵按照柱塞排列方向的不同分为径向柱塞泵和轴向柱塞泵两种。

（1）径向柱塞泵。图 2-86 所示为径向柱塞泵的工作原理，柱塞径向排列安装在液压缸体中，液压缸体由电动机带动连

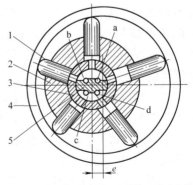

图 2-86　径向柱塞液压泵的工作原理

1—柱塞；2—液压缸体；3—衬套；4—定子；5—配油轴；a—油孔；b—吸油口；c—压油口；d—油孔

199

同柱塞一起旋转，所以液压缸体一般称为转子，柱塞靠离心力的作用（或在低压油的作用下）抵紧定子内壁。当转子如图示作顺时针方向回转时，由于定子和转子间有偏心距 e，柱塞绕经上半周时向外伸出，液压缸内工作空间逐渐增大，形成部分真空，因此便经过衬套（衬套是压紧在转子内，并和转子一起回转）上的油孔从配油轴吸油口 b 吸油。当柱塞转到下半周时，定子内壁将柱塞向里推，液压缸内的工作空间逐渐减小，向配油轴的压油口 c 压油。当转子回转一周时，每个液压缸各吸油压油一次，转子不断回转，即连续完成输油工作。配油轴固定不动，油液从配油轴上半部的两个油孔 a 流入，从下半部的两个油孔 d 压出。为了进行配油，配油轴在和衬套接触的一段上加工出上下两个缺口，形成吸油口 b 和压油口 c，留下的部分形成封油区。封油区的宽度应能封住衬套上的孔，使吸油口和压油口不连通，但尺寸也不能大太多，以免产生困油现象。

液压泵的流量因偏心距 e 的大小而不同，如偏心距 e 做成可变的，就成为变量液压泵，若偏心距的方向改变，则排油量方向也变，这就是双向径向柱塞变量泵。

径向柱塞泵的输油量大，压力高，流量调节及流向变换都很方便。但这种泵由于配油轴与转子间的间隙磨损后不能自动补偿，漏损较大。柱塞头部与定子为点接触，易磨损，因而限制了这种泵得到更高的压力。此外，这种泵还由于径向尺寸大，结构复杂、价格昂贵，因而限制了它的使用。目前，有逐渐被轴向柱塞泵替代的趋势。

（2）轴向柱塞泵。轴向柱塞泵按其结构不同可分为斜盘式和斜轴式两大类。在斜盘式中，根据柱塞与斜盘的接触形式，有点接触式及滑靴式；在斜轴式中，根据斜轴的传动形式有单铰式（单万向轴节式）、双铰式及无铰式。由于斜盘式中柱塞的运动不需连杆来带动，所以又称为无连杆式。而斜轴式中柱塞的往复运动需要连杆来带动，所以又称有连杆式。

图 2-87 所示为斜盘式轴向柱塞泵的工作原理，这种泵由配油盘、缸体（转子）、柱塞和斜盘（推力球轴承）等主要零件组

成。柱塞在弹簧的作用下以球形端头与斜盘接触。在配油盘上开有两个弧形沟槽，分别与泵的吸、压油口连通，形成吸油腔和压油腔。两个弧形沟槽彼此隔开，保证一定的密封性。在斜盘相对于缸体的夹角为 γ，原动机通过传动轴带动缸体旋转，柱塞就在柱塞孔内作轴向往复滑动。处于 $\pi \sim 2\pi$ 范围内的柱塞向外运动，使其底部的密封容积增大，将油吸入；处于 $0 \sim \pi$ 范围内的柱塞向缸体内压入，使其底部的密封容积减小，就把油压往系统中去。

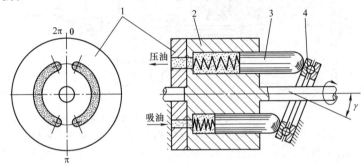

图 2-87　斜盘式轴向柱塞泵的工作原理

1—配油盘；2—缸体；3—柱塞；4—斜盘

显然，液压泵的输油量决定于柱塞往复运动的行程长度，也就是决定于斜盘的倾角 γ。如果 γ 角可以调整，就成为变量泵，γ 角越大，输油量也就越大。如果能使斜盘往相反的方向倾斜，就可以使液压泵进、出油口互换，成为双向变量泵。

轴向柱塞泵的优点是结构紧凑，径向尺寸小，能在高压和高转速下工作，并具有较高的容积效率，因此在高压系统中应用较多。但这种液压泵结构复杂，价格较贵。

图 2-88 所示为 SCY14-1 型斜盘式轴向柱塞泵结构，该泵可通过手轮 18 调节流量大小。

图 2-89 所示为斜轴式轴向柱塞泵的结构。

4. 螺杆泵

螺杆泵与其他液压泵相比，具有结构紧凑、体积小、工作平稳、噪声小、输油量大和压力波动小等优点。目前较多地应用于精

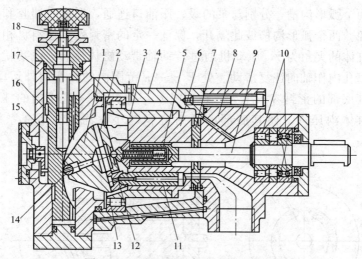

图 2-88　SCY14-1 型斜盘式轴向柱塞泵

1—斜盘；2—压盘；3—镶套；4—中间泵体；5—弹簧；6—缸体；7—配流
盘；8—前泵体；9—传动轴；10—轴承；11—柱塞；12—滑靴；13—轴承；
14—轴；15—变量活塞；16—导向键；17—壳体；18—手轮

密机床的液压系统中，在化工、食品等工业部门应用较广。但螺杆泵的齿形复杂，制造较困难。

螺杆泵的结构见图 2-90（a），它由一根主动螺杆 4 和两根从动螺杆 5 等组成，三根螺杆互相啮合，安装在泵体 6 内。螺杆泵的工作原理与丝杆螺母啮合传动相同，当丝杆转动时，如果螺母用滑键连接，则螺母将产生轴向移动。图 2-90（b）所示为螺杆泵工作原理，充满螺杆凹槽中的液体相当于一个液体螺母，并假想受到滑键的作用，因此当螺杆转动时，液体螺母将产生轴向移动。实际上限制液体螺母转动的，是相当于滑键的主动螺杆和与其共轭的从动螺杆的啮合线（密封线）。啮合线把螺旋槽分割成相当于液体螺母的若干密封容积，由于液体螺母的转动受到啮合线的限制，当主动螺杆转动时，从动螺杆也随之转动，密封容积则作轴向移动。当主动螺杆每转动一周时，各密封容积就移动一个导程。在泵的左端，密封容积逐渐增大，进行吸油；在泵的右端，密封容积逐渐减小，完

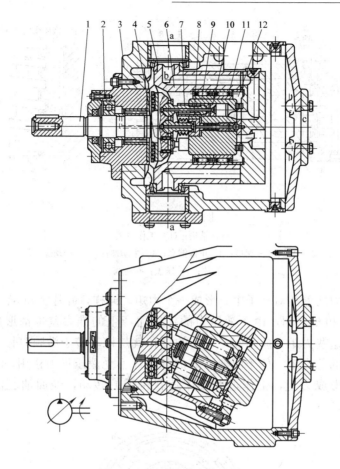

图 2-89　斜轴式轴向柱塞泵

1—传动轴；2—前泵体；3—外壳；4—压板；5—轴承；6—后泵体；7—连杆；

8—卡瓦；9—销子；10—柱塞；11—柱塞油缸；12—配油盘

成压油过程。

5. 液压马达

液压马达和液压泵在结构上基本一致，只是工作原理不同，在此只介绍叶片式液压马达的工作原理。

图 2-91 所示为叶片式液压马达的工作原理，当压力油输入进油腔 a 以后，此腔内的叶片均受到油液压力的作用。由于叶片 2 比叶片 1 伸出的面积大，所以叶片 2 获得的推力比叶片 1 大，二

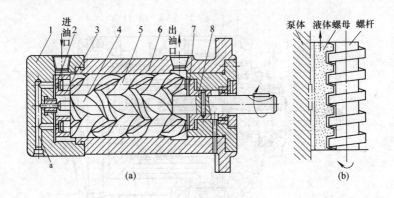

图 2-90　螺杆泵

（a）结构；（b）工作原理

1—泵盖；2—铜垫；3—止推铜套；4—主动螺杆；5—从动螺杆；

6—泵体；7—压盖；8—铜套

者推力之差相对转子中心形成一个力矩。同样，叶片 1 和 5、4 和 3、3 和 6 之间，由于液压力的作用而产生的推力差也都形成力矩。这些力矩方向相同，它们的总和就是推动转子沿顺时针方向转动的总力矩。位于回油腔 b 的各叶片不受液压推力作用，也就不能形成力矩，工作过的液体随着转子的转动，经回油腔流回油箱。

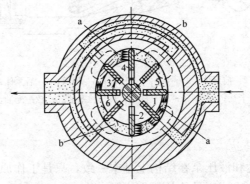

图 2-91　叶片式液压马达的工作原理

1～6—叶片序号；a—进油腔；b—回油腔

由于液压马达一般都要求能反转，所以叶片式液压马达的叶片要径向放置。为了使叶片根部始终通有压力油，在吸、压油腔通入叶片根部的通路上应设置单向阀。为了确保叶片式液压马达在压力油通入后能正常启动，必须使叶片顶部和定子内表面紧密接触，以保证良好的密封，因此在叶片根部应设置预紧弹簧。

叶片式液压马达体积小，转动惯量小，动作灵敏，可适用于换向频率较高的场合。但它泄漏量较大，低速工作时不稳定。因此，叶片式液压马达一般用于转速高、转矩小和动作要求灵敏的场合。

6. 液压泵和液压马达的选用

（1）液压泵的选择。液压泵选择时，应先满足液压系统所提出的要求（如工作压力、流量等），然后，对液压泵的性能、成本等方面进行综合考虑，以确定液压泵的工作压力、流量、液压泵的型式和电机功率。

1）液压泵的输油量 Q_{pump} 应满足液压系统中同时工作的执行机构所需的最大流量 Q_{max}，以及系统中的泄漏量，即

$$Q_{pump} = K_{leak} Q_{max}$$

式中　K_{leak}——系统漏损系数，一般取 $K_{leak} = 1.1 \sim 1.3$，管路长取大值，管路短取小值。

2）液压泵的工作压力 p_{pump} 应满足液压系统中执行机构所需的最大工作压力 p_{max}，即

$$P_{pump} \geqslant K_{cp} P_{max}$$

式中　K_{cp}——系统压力损失系数，一般取 $K_{cp} = 1.3 \sim 1.5$，管路较短，可取小值。

3）液压泵配套电机功率 p 的计算式为

$$P = \frac{pQ}{\eta}$$

式中　P——液压泵的实际最大工作压力（Pa）；

　　　Q——液压泵在 p 压力下的实际流量（m^3/s）；

　　　η——液压泵的总效率（%）。

电动机的转速必须与液压泵额定转速相匹配，否则将会影响液压泵的输出流量。

4）液压泵类型的选择。各类泵均有自己的特点及适用范围，在具体选择时，还应根据使用环境、温度、清洁状况、安置位置、维护保养、使用寿命和经济性等进行分析比较，最后确定。表 2-38 为各类液压泵技术性能比较，供选用时参考。

（2）液压马达的选择。选用液压马达时，应根据液压系统工作特点及液压马达的技术性能，因地制宜地选取。一般齿轮马达输出转矩小，泄漏大，但结构简单，价格便宜，可用于高速低转矩的场合。叶片式液压马达惯性小，动作灵敏，但容积效率不够高，机械特性软，适用于转速较高、转矩不大而要求启动换向频繁的场合。轴向柱塞液压马达应用最为广泛，容积效率高，调速范围也较大，且最低稳定转速较低，但耐冲击和振动的性能差，油液要求过滤清洁，价格也高，适用于工程机械、船舶等要求低速大转矩的场合。

（二）液压缸

液压缸是液压传动中的一种执行元件，它是将液体压力能转变为机械能的转换装置。在机床液压系统中一般用于实现直线往复运动及回转摇摆运动等。液压缸的特点是结构简单，传动比大，作用力产生方便，工作可靠。

1. 液压缸的分类及符号

液压缸的分类及符号见表 2-39。

2. 液压缸的密封

液压缸是依靠密封容积的变化来传递动力和速度的，密封性能的好坏直接影响液压缸的性能和效率。因此要求密封装置在一定工作压力下具有良好的密封性能，并且这种性能应随着压力的升高而自动提高，使泄漏不致因压力升高而显著增加。此外，还要求密封装置造成的摩擦力要小，不致使运动零件卡死或运动不均匀。

（1）间隙密封。如图 2-92 所示，它是依靠相对运动零件配合面之间的微小缝隙来防止泄漏的，是一种最简单的密封方法。

表 2-38　　各类液压泵的技术性能

性能 \ 类型	齿轮泵（外啮合）	双作用叶片泵	限压式变量叶片泵	斜盘式轴向柱塞泵	径向柱塞泵	螺杆泵
额定压力 (MPa)	2.5~17.5	7.0~21	2.5~6.2	7.0~35	7.9~21	2.5~20
输油量 (L/min)	0.75~550	4~210	25~63	10~250	50~400	3~18 000
转速 (r/min)	300~4000	960~1450	600~1800	1500~2500	960~1450	900~18 000
容积效率	0.80~0.90	0.85~0.95	0.85~0.90	0.98	0.90	0.85~0.95
总效率	0.60~0.80	0.75~0.85	0.75	0.85~0.95	0.80	0.80
能否变量	不能	不能	能	能	能	不能
自吸能力	好	较差	较差	差	差	好
连续运转允许油温（℃）	60	60	60	60	60	60
对油中杂质的敏感性	不敏感	较敏感	较敏感	很敏感	很敏感	不敏感
噪声	大	小	较大	大	大	最小
流量脉动性	很大	很小	一般	一般	一般	最小

续表

类型　　性能	齿轮泵（外啮合）	双作用叶片泵	限压式变量叶片泵	斜盘式轴向柱塞泵	径向柱塞泵	螺杆泵
特点	结构简单，价格便宜，工作可靠，自吸性能好，维护方便，转动惯性大，流量大，脉动大，易磨损，噪声大，效率低	轴承径向受力平衡，寿命长，流量均匀，运转平稳，噪声较小，结构紧凑，转速必须大于500r/min才能保证吸油，定子曲面易磨损，叶片易折断	轴承上受单向力易磨损，泄漏大，压力不高，与变量柱塞泵比较具有结构简单，价格便宜之优点	结构较复杂，价格较贵，由于尺寸小，所以转动惯量小，流量大，压力高，效率高，变量方便，液需清洁，耐冲击，振动差	结构复杂，尺寸庞大，价格较贵，径向尺寸大，转动惯性大，转速不能过高，但密封性好，耐冲击，振动性强，对油清洁度要求高	结构简单，流量和压力脉动最小，噪声小，转速高，工作可靠，寿命长，但齿形加工困难，重量轻
应用范围	一般用于工作压力低于2.5MPa的机床系统，或低压大流量系统，中、高压齿轮泵用于工程机械，航空，船舶等方面	各类机床设备，注射塑料机，运输装卸机，工程机械等中压系统中也应用	在中低压应用较多系统应用中，也用于一些功率较大设备上，如高精度平面磨床，塑料机，组合机床等液压系统中	在各类高压应用系统中广泛应用，如冶金、锻压、矿山、起重、运输、工程机械等，此类泵有代替径向柱塞泵的趋势	常用于固定设备，如机床等机或船舶	适用于精密加工设备，如镜面磨床，在食品、石油、化工、纺织等输送液体方面应用也多

表 2-39

液压缸的分类及符号

名　称	图　示	符　号	说　明	应用情况
单作用液压缸（推力液压缸）				
活塞液压缸			活塞仅单向运动，由外力使活塞反向运动	单作用液压缸做成活塞式的较少，在一些发信装置中有所采用
柱塞液压缸	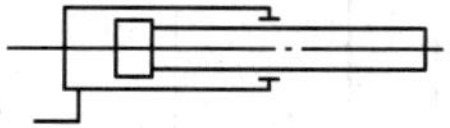	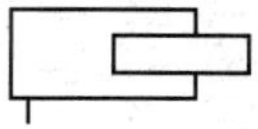	柱塞仅单向运动，由外力使柱塞反向运动，柱塞与液压缸内壁不接触，故对液压缸内壁要求精度低	长行程的龙门刨床及导轨磨床采用
伸缩套筒式液压缸	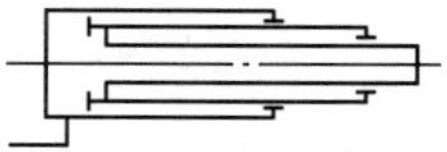	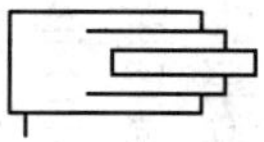	这种液压缸的启动推力很大，随着行程的逐级增长，推力逐级减小，速度逐级增加	多用于自动装卸车

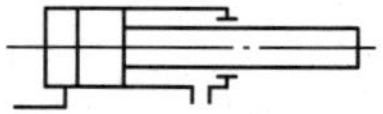

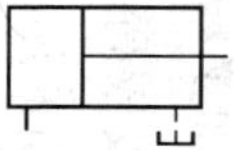

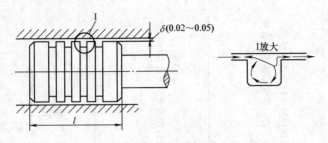

图 2-92　间隙密封

在圆柱形表面的间隙密封中，常常在一个配合表面上开几条 0.5mm×0.5mm 左右的环形小槽（又称压力平衡槽）。这些环形槽具有密封作用，当油液泄漏到低压腔过程中，途经小槽而使液阻增大，故泄漏量减小。此外，环形小槽中的压力油沿活塞的圆周均匀分布，径向液压力彼此平衡，使活塞对缸体具有自动对中的能力，降低了摩擦力，减少了泄漏。

间隙密封的优点是结构简单、摩擦阻力小、耐高温；缺点是泄漏大，磨损后不能恢复原有的密封能力，要求加工精度高。因此，间隙密封仅用于尺寸较小，压力较低，运动速度较高的液压缸。

（2）O 形密封圈密封。O 形密封圈是一种断面形状为圆形的密封元件〔见图 2-93（a）〕，一般用耐油橡胶制成，近年来也有用尼龙或其他材料制成，以提高耐磨性。

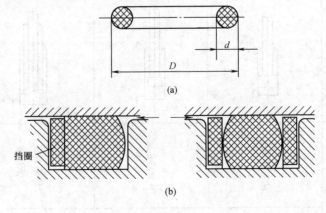

图 2-93　O 形密封圈及其保护挡圈的使用

O形密封圈装在沟槽中，利用预压变形和受油压作用后的变形而产生密封作用，所以它的密封性随压力的增加而提高。这种密封圈结构简单，密封性能好，摩擦力小，因此在液压传动中应用广泛。但是当压力较高或沟槽尺寸选择不当时，密封圈容易被挤出而造成剧烈磨损。因此当工作压力大于10MPa时，应在O形密封圈侧面放置挡圈，当双向承受压力时，则应在两侧都放置挡圈［见图2-93（b）］。

（3）V形密封圈密封。这种密封圈用夹布橡胶制成，它由形状不同的支承环、密封环和压环三件组成，如图2-94所示。当压环压紧密封环时，支承环使密封环产生变形而起密封作用。

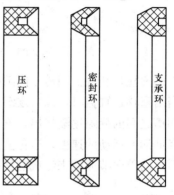

V形密封圈的优点是耐高压，使用寿命长，密封性能最可靠。当发现泄漏，只要再度压紧压环就可继续使用。其缺点是摩擦阻力大，结构复杂，安装尺寸大，成本高。

图2-94 V形密封圈

它主要用于压力较高、移动速度较低的场合。

（4）Y形密封圈密封。Y形密封圈结构简单，适应性广，使用也很普遍。由于密封圈是Y形，油压把Y形圈两边紧紧压在缸体和活塞的壁上，并随着压力的增高而愈压愈紧，所以密封效果好。图2-95（a）中活塞和缸体的密封就采用Y形密封圈。

在一般情况下，Y形密封圈可不用支承环而直接装入沟槽内，但在压力变动较大，运动速度较高的地方，要使用支承环来固定密封圈。

3. 液压缸的缓冲和排气

（1）液压缸的缓冲。当运动部件的质量大，运动速度较高时，由于惯性力较大，致使行程终了时，活塞与缸盖发生撞击。为了防止这种现象，有些液压缸设有缓冲装置。缓冲装置就是使活塞在接近缸盖时，回油阻力增大，从而降低活塞的移动速度，避免活塞撞击缸盖。常用的缓冲装置如图2-96所示，它由活塞凸台（圆锥或

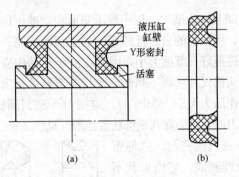

图 2-95　Y 形密封圈及使用

带槽圆柱）和缸盖凹槽（内圆柱面）所构成［图 2-96（a）、（b）］。当活塞移近缸盖时，凸台逐渐进入凹槽，将凹槽中的油液经凸台与凹槽之间的缝隙逐渐挤出，增大了回油阻力，产生制动作用，从而降低活塞运动的速度，避免撞击缸盖。也可用单向阀和节流阀并联而成的单向节流阀来组成这种缓冲装置［图 2-96（c）］。

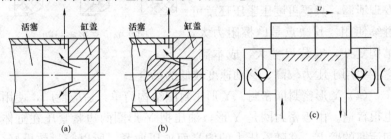

图 2-96　液压缸的缓冲装置

（2）液压缸的排气。空气混在油液中会严重地影响工作部件运动的平稳性，另外空气还能使油液氧化所生成的氧化物腐蚀液压装置的零件。为了排除积留在液压缸内的空气，通常在液压缸的两端上方分别装一只排气塞，如图 2-97 所示。开机时，拧开排气塞，使活塞全行程空载往返数次，空气便被排除，然后拧紧排气塞，再进行正常工作。

4. 液压缸主要尺寸的确定

液压缸的主要尺寸包括缸体的内径 D、活塞杆的直径 d、液压缸的长度和缸体的壁厚等。确定上述尺寸的原始资料是液压缸的负

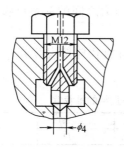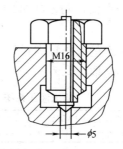

图 2-97　液压缸的排气装置

载、运动速度和行程长度等。

（1）液压缸工作压力的确定。对于不同用途的液压系统，因其工作条件不同，采用的压力范围也不同。表 2-40 的数据可供确定工作压力时参考，有时也可按负载的大小参考表 2-41 来选取。

表 2-40　　　　　各类液压设备常用的工作压力

设备类型	磨　床	组合机床	车床 铣床 镗床	拉床	龙门刨床	农业机械 小型工程机械
工作压力 p（MPa）	0.8～ 2.0	3.0～ 5.0	2.0～ 4.0	8.0～ 10.0	2.0～ 8.0	10.0～ 16.0

表 2-41　　　　液压缸推力与工作压力之间的关系

液压缸推力 F（kN）	<5	5～10	10～20	20～30	30～50	>50
液压缸工作压力 p（MPa）	<0.8～ 1.0	1.5～ 2.0	2.5～ 3.0	3.0～ 4.0	4.0～ 5.0	≥5.0～ 7.0

（2）液压缸内径 D 和活塞杆直径 d 的确定。当推力 F 和工作压力 p 已知后，就可以计算缸体活塞的有效工作面积

$$A = \frac{F}{p}$$

缸体的内径，即活塞的外径可按下式算出

对于无杆腔

$$D = \sqrt{\frac{4F}{\pi p}}$$

对于有杆腔

$$D = \sqrt{\frac{4F}{\pi p} + d^2}$$

213

活塞杆直径 d 与液压缸的工作压力之间的关系可参照表 2-42 确定。

计算出来的液压缸内径和活塞杆直径应按表 2-43、表 2-44 中规定的系列选取。

表 2-42 机床液压系统活塞杆直径的推荐值

液压缸的工作压力 p（MPa）	～2.0	2.0～5.0	5.0～10.0
推荐活塞杆直径 d（mm）	$(0.2\sim0.3)D$	$0.5D$	$0.7D$

表 2-43 液压缸内径尺寸系列（GB/T 2348—1993）　　mm

8	10	12	16	20	25	32	40
50	63	80	(90)	100	(110)	125	(140)
160	(180)	200	220	250 (280)	320 (360) 400	(450) 500 630	

注　括号内数值为非优先选用者。

表 2-44 活塞杆直径尺寸系列（GB/T 2348—1993）　　mm

4	5	6	8	10	12	14	16	18
20	22	25	28	32	36	40	45	50
56	63	70	80	90	100	110	125	140
160	180	200	220	250	280	320	360	400

（3）液压缸长度 L 的确定。液压缸长度由工作行程来决定，并要考虑到液压缸的工艺性。从制造上考虑，一般长度不大于直径的 20～30 倍，即

$$L \leqslant (20 \sim 30)D$$

（4）缸体壁厚 δ 的确定。机床液压系统中一般均为中、低压，缸体壁厚的强度问题是次要的，可根据结构工艺上的需要确定，一般不作壁厚计算。当液压缸工作压力较高和液压缸内径较大 $\left(\dfrac{D}{\delta}\geqslant16\right)$ 时，必须按下列公式进行强度验算

$$\delta \geqslant \frac{p_y D}{2[\sigma]}$$

式中　p_y——试验压力(Pa)，p_y 比最大工作压力大 20%～30%；

　　　D——液压缸内径（mm）；

　　　$[\sigma]$——液压缸材料的许用应力（Pa）。

根据实践经验，当缸体材料为 20、35、40 号钢，压力不大于

200×10^5Pa 时，缸体壁厚 δ 也可由表 2-45 确定。

表 2-45　液压缸内径 D 与缸体壁厚 δ 的关系

液压缸内径 D（mm）	40	50	63	80	90	100	110	125	140	160	180
缸体壁厚 δ（mm）	5	5	6.5	7.5	9	10.5	11.5	12	14	17	20

（三）液压控制阀

液压控制阀是液压系统的控制和调节元件，用来控制和调节液压系统中液体流动的方向、液体的压力和流量，从而控制执行元件的运动方向、作用力、运动速度、动作顺序以及限制和调节液压系统的工作压力等。表 2-46 列出了液压控制阀的类型及主要用途。

表 2-46　液压控制阀的类型（摘自 GB/T 786.1—2009）

序号	注册号	图　形	描　述
		一、方向控制阀	
1	X10210 101V7 F028V1 2172V1 2002V1 402V5 682V1 401V2		二位二通方向控制阀，两通，两位，推压控制机构，弹簧复位，常闭
2	X10220 101V7 F028V1 2002V1 101V2 212V1 2172V1 401V2		二位二通方向控制阀，两通，两位，电磁铁操纵，弹簧复位，常开

序号	注册号	图　形	描　述
3	X10230 101V7 F026V1 F027V1 2002V1 101V2 212V1		二位四通方向控制阀，电磁铁操纵，弹簧复位
4	X10260 101V7 F026V1 V027V1 2172V1 402V5 682V1 F039V1 2172V1 401V2		二位三通锁定阀
5	X10270 101V7 F026V1 F027V1 2172V1 2002V1 711V1 2005V1 402V5 401V2		二位三通方向控制阀，滚轮杠杆控制，弹簧复位
6	X10280 101V7 F026V1 V027V1 2172V1 2002V1 101V2 212V1 401V2		二位三通方向控制阀，电磁铁操纵，弹簧复位，常闭

序号	注册号	图　形	描　述
7	X10290 101V7 F026V1 F027V1 2172V1 2002V1 101V2 212V1 681V2 402V2 655V1 F041V1		二位三通方向控制阀，单电磁铁操纵，弹簧复位，定位销式手动定位
8	X10320 101V7 F026V1 F027V1 2002V1 101V2 212V1 402V2		二位四通方向控制阀，单电磁铁操纵，弹簧复位，定位销式手动定位
9	X10330 101V7 F026V1 F027V1 101V2 212V1 655V1 F041V1 401V2		二位四通方向控制阀，双电磁铁操纵，定位销式（脉冲阀）

序号	注册号	图 形	描 述
10	X10350 101V7 F026V1 F027V1 2002V1 101V2 243V1 212V1 401V2		二位四通方向控制阀,电磁铁操纵液压先导控制,弹簧复位
11	X10360 101V7 F026V1 F027V1 2172V1 2002V1 212V1 401V2 F001V1		三位四通方向控制阀,电磁铁操纵先导级和液压操作主阀,主阀及先导级弹簧对中,外部先导供油和先导回油
12	X10370 101V7 F026V1 F027V1 2172V1 2002V1 101V2 212V1 F034V1 F031V1 501V1 401V2		三位四通方向控制阀,弹簧对中,双电磁铁直接操纵,不同中位机能的类别

序号	注册号	图　形	描　述
13	X10380 101V7 F034V1 F026V1 2172V1 2002V1 243V1 F001V1 401V2		二位四通方向控制阀，液压控制，弹簧复位
14	X10390 101V7 F026V1 F034V1 2172V1 2002V1 243V1 F001V1 501V1 401V2		三位四通方向控制阀，液压控制，弹簧对中
15	X10400 101V8 F026V1 F027V1 2172V1 402V3 690V1 401V2		二位五通方向控制阀，踏板控制

序号	注册号	图　形	描　述
16	X10420 101V8 F032V1 242V1 F026V1 F027V1 2172V1 101V2 655V1 F041V1 402V3 688V1 401V2		三位五通方向控制阀，定位销式各位置杠杆控制
17	X10480 101V7 F028V1 F029V1 2162V2 2163V2 101V2 212V1 101V5 F050V1		二位三通液压电磁换向座阀，带行程开关
18	X10490 101V7 F026V1 F027V1 2162V2 2163V2 2002V1 101V2 212V1 402V2		二位三通液压电磁换向座阀

序号	注册号	图　形	描　述
		二、压力控制阀	
1	X10500 101V7 F026V1 2002V1 210V2 422V2 401V2		溢流阀，直动式，开启压力由弹簧调节
2	X10510 101V7 F026V1 2002V1 210V2 422V2 401V2 422V1		顺序阀，手动调节设定值
3	X10520 101V1 101V7 F026V1 2162V1 2163V1 422V2 501V1 401V1 422V1		顺序阀，带有旁通阀

序号	注册号	图　形	描　述
4	X10550 101V7 F026V1 2002V1 201V2 422V3 422V1 401V2		二通减压阀，直动式，外泄型
5	X10560 101V7 F026V1 101V2 243V1 2002V1 201V2 422V3 401V2 422V1		二通减压阀，先导式，外泄型
6	X10580 101V7 101V1 F026V1 2002V1 201V2 422V2 2162V1 2163V1 501V1 401V1		防气蚀溢流阀，用来保护两条供给管道

序号	注册号	图　形	描　述
7	X10590 101V7 101V1 F026V1 422V2 2177V1 101V2 243V1 2002V1 201V2 2162V1 2163V1 501V1 401V1 422V1		蓄能器充液阀，带有固定开关压差
8	X10600 101V7 F026V1 422V2 101V2 2002V1 201V2 2172V1 212V1 422V1 501V1 401V1		电磁溢流阀，先导式，电气操纵预设定压力
9	X10610 101V7 F028V1 422V4 2002V1 201V2 401V1 401V2		三通减压阀（液压）

续表

序号	注册号	图　形	描　述
		三、流量控制阀	
1	X10630 401V1 2031V1 201V4		可调节流量控制阀
2	X10640 401V1 2031V1 201V4 2162V1 2163V1 501V1 401V1		可调节流量控制阀，单向自由流动
3	X10650 101V7 F028V1 2172V1 RF028 2002V1 402V5 712V1		流量控制阀，滚轮杠杆操纵，弹簧复位

序号	注册号	图　形	描　述
4	X10660 F022V1 203V2 2162V1 2163V1 242V1 501V1 101V1 401V1		二通流量控制阀，可调节，带旁通阀，固定设置，单向流动，基本与黏度和压力差无关
5	X10670 F022V1 201V3 242V1 501V1 101V1 401V1		三通流量控制阀，可调节，将输入流量分成固定流量和剩余流量
6	X10680 F022V1 242V1 501V1 101V1 401V1		分流器，将输入流量分成两路输出
7	X10690 F022V1 242V1 501V1 101V1 401V1		集流阀，保持两路输入流量相互恒定

序号	注册号	图 形	描 述
		四、单向阀和梭阀	
1	X10700 2162V1 2163V1 401V1		单向阀，只能在一个方向自由流动
2	X10710 2162V1 2163V1 401V1 202V1		单向阀，带有复位弹簧，只能在一个方向流动，常闭
3	X10720 2162V1 2163V1 401V1 202V1 101V1 422V1		先导式液控单向阀，带有复位弹簧，先导压力允许在两个方向自由流动
4	X10730 101V1 2162V1 2163V1 422V1 401V1		双单向阀，先导式

序号	注册号	图　形	描　述
5	X10740 101V16 2162V1 2163V1 501V2 401V1 401V2		梭阀（"或"逻辑），压力高的入口自动与出口接通

序号	注册号	图　形	描　述
五、比例方向控制阀			
1	X10760 101V7 F026V1 F027V1 2172V1 RF028 101V2 212V1 201V2 2002V1		直动式比例方向控制阀
2	X10770 101V7 F026V1 F027V1 F032V1 2031V2 RF028 2172V1 101V2 212V1 201V2 2002V1		比例方向控制阀，直接控制

序号	注册号	图　形	描　述
3	X10780 101V7 F026V1 F027V1 RF028 101V2 243V1 212V1 201V2 2002V1 753V1 F045V1 234V1 401V2 101V5 F052V1		先导式比例方向控制阀,带主级和先导级的闭环位置控制,集成电子器件
4	X10790 101V7 F026V1 F027V1 RF028 101V2 243V1 212V1 201V2 101V5 F052V1 2002V1 753V1 F045V1 234V1 2002V1 401V2		先导式伺服阀,带主级和先导级的闭环位置控制,集成电子器件,外部先导供油和回油

序号	注册号	图　形	描　述
5	X10800 101V7 F026V1 F027V1 F033V1 2031V2 RF028 101V2 243V1 212V4 201V2 402V1 241V1 401V2		先导式伺服阀，先导级带双线圈电气控制机构，双向连续控制，阀芯位置机械反馈到先导装置，集成电子器件
6	X10810 101V7 F026V1 F027V1 2172V1 RF028 101V13 F004V1 101V14 402V1 241V1 F019V2 211V1 F002V1 402V5 101V1 401V1		电液线性执行器，带由步进电动机驱动的伺服阀和油缸位置机械反馈

续表

序号	注册号	图　形	描　述
7	X10820 101V7 F026V1 F027V1 2172V1 RF028 F034V1 2002V1 101V2 212V1 201V2 101V5 F052V1 753V1 F045V1 234V1		伺服阀，内置电反馈和集成电子器件，带预设动力故障位置

序号	注册号	图　形	描　述
六、比例压力控制阀			
1	X10830 101V7 F026V1 422V2 2002V1 101V2 212V1 201V2 401V2		比例溢流阀，直控式，通过电磁铁控制弹簧工作长度来控制液压电磁换向座阀

序号	注册号	图　形	描　述
2	X10840 101V7 F026V1 422V2 101V2 212V1 201V2 401V2 101V5 F052V1 401V2		比例溢流阀，直控式，电磁力直接作用在阀芯上，集成电子器件
3	X10850 101V7 F026V1 422V2 2002V1 101V2 212V1 201V2 101V5 F052V1 753V1 F045V1 234V1 401V2		比例溢流阀，直控式，带电磁铁位置闭环控制，集成电子器件
4	X10860 101V7 F026V1 422V2 2002V1 101V2 212V1 201V2 401V2 243V1 753V1 F045V1 234V1		比例溢流阀，先导控制，带电磁铁位置反馈

序号	注册号	图　形	描　述
5	X10870 101V7 F028V1 422V4 101V2 243V1 2002V1 212V1 201V2 101V5 F052V1 753V1 F045V1 234V1 501V1 422V1 401V1		三通比例减压阀，带电磁铁闭环位置控制和集成式电子放大器
6	X10880 101V7 F026V1 101V2 243V1 212V1 201V2 101V5 F052V1 422V2 422V1 401V2		比例溢流阀，先导式，带电子放大器和附加先导级，以实现手动压力调节或最高压力溢流功能

序号	注册号	图　形	描　述
		七、比例流量控制阀	
1	X10890 101V7 F028V1 2172V1 RF028 2002V1 101V2 212V1 201V2 401V2		比例流量控制阀，直控式
2	X10900 101V7 F027V1 2172V1 RF028 2002V1 101V2 212V1 201V2 101V5 F052V1 753V1 F045V1 234V1 401V2		比例流量控制阀，直控式，带电磁铁闭环位置控制和集成式电子放大器
3	X10910 101V7 2172V2 F026V1 2172V1 RF028 2002V1 101V2 243V1 212V1 201V2 753V1 F045V1 234V1 101V5 F052V1 401V2		比例流量控制阀，先导式，带主级和先导级的位置控制和电子放大器

233

续表

序号	注册号	图　形	描　述
4	X10920 201V3 242V1 101V2 212V4 201V2 401V1		流量控制阀,用双线圈比例电磁铁控制,节流孔可变,特性不受黏度变化的影响

序号	注册号	图　形	描　述
		八、二通盖板式插装阀	
1	X10930 F010V1 101V1 2002V2 401V2		压力控制和方向控制插装阀插件,座阀结构,面积1:1
2	X10940 F010V1 101V1 2002V2 401V2		压力控制和方向控制插装阀插件,座阀结构,常开,面积比1:1
3	X10950 F010V1 F011V1 2002V2 401V2		方向控制插装阀插件,带节流端的座阀结构,面积比例≤0.7
4	X10960 F010V1 F012V1 2002V2 401V2		方向控制插装阀插件,带节流端的座阀结构,面积比例>0.7

234

序号	注册号	图 形	描 述
5	X10970 F010V1 F011V1 2002V2 401V2		方向控制插装阀插件，座阀结构，面积比例≤0.7
6	X10980 F010V1 F012V1 2002V2 401V2		方向控制插装阀插件，座阀结构，面积比例＞0.7
7	X10990 F013V1 F014V1 2002V2 401V2		主动控制的方向控制插装阀插件，座阀结构，由先导压力打开
8	X11000 F013V1 F015V1 2002V2 401V2		主动控制插件，B端无面积差
9	X11010 F010V1 F011V1 2002V2 2031V2 401V2 RF034		方向控制阀插件，单向流动，座阀结构，内部先导供油，带可替换的节流孔（节流器）

序号	注册号	图　形	描　述
10	X11020 101V10 101V11 2002V2 2031V2 501V1 401V1		带溢流和限制保护功能的阀芯插件，滑阀结构，常闭
11	X11030 101V10 101V11 2002V2 2031V2 501V1 2162V2 6163V2 401V1 422V1		减压插装阀插件，滑阀结构，常闭，带集成的单向阀
12	X11040 101V10 101V11 2002V2 2031V2 501V1 2162V2 6163V2 401V1 422V1		减压插装阀插件，滑阀结构，常开，带集成的单向阀
13	X11050 F016V1		无端口控制盖

续表

序号	注册号	图 形	描 述
14	X11060 F016V1 2031V2 RF034 422V1		带先导端口的控制盖
15	X11070 F016V1 2031V2 RF034 2172V1 F020V1 201V1 501V1 422V1 401V1		带先导端口的控制盖，带可调行程限位器和遥控端口
16	X11080 F016V1 2031V2 RF034 501V1 422V1		可安装附加元件的控制盖
17	X11090 F016V1 2031V2 RF034 101V16 2162V1 2163V1 501V2 401V1 422V1		带液压控制梭阀的控制盖

序号	注册号	图　形	描　述
18	X11100 F016V1 2031V2 RF034 101V16 2162V1 2163V1 501V2 401V1 422V1		带梭阀的控制盖
19	X11110 F016V1 2031V2 RF034 101V16 2162V1 2163V1 501V2 401V1 422V1		可安装附加元件，带梭阀的控制盖
20	X11120 F016V1 2031V2 RF034 501V1 101V7 F026V1 2002V1 210V2 422V2 401V2		带溢流功能的控制盖

238

序号	注册号	图　形	描　　述
21	X11130 F016V1 2031V2 RF034 501V1 101V7 F026V1 2002V1 210V2 422V2 401V2 101V2 243V1		带溢流功能和液压卸载的控制盖
22	X11140 F016V1 2031V2 RF034 501V1 101V7 F026V1 2002V1 210V2 422V2 401V2 2031V1 242V1 401V1		带溢流功能的控制盖，用流量控制阀来限制先导级流量

续表

序号	注册号	图　形	描　述
23	X11150 F016V1 2031V2 RF034 2172V1 F020V1 201V1 501V1 422V1 401V1 F010V1 F011V1 2002V2 401V2		带行程限制器的二通插装阀
24	X11160 101V7 F026V1 F027V1 101V2 212V1 2002V1 F016V1 2031V2 RF034 501V1 422V1 F010V1 F011V1 2002V2 401V2		带方向控制阀的二通插装阀

序号	注册号	图 形	描 述
25	X11170 101V7 F026V1 F027V1 101V2 212V1 2002V1 F016V1 2031V2 RF034 422V1 F013V1 F015V1 2002V2 401V2		主动控制，带方向控制阀的二通插装阀
26	X11180 F010V1 101V1 2002V2 401V2 F016V1 2031V2 RF034 501V1 101V7 F026V1 2002V1 210V2 422V2 401V2		带溢流功能的二通插装阀

序号	注册号	图　形	描　述
27	X11190 101V7 F026V1 F027V1 2172V1 2002V1 101V2 201V2 F016V1 2031V2 RF034 501V1 422V1 F010V1 101V1 2002V2 401V2		带溢流功能和可选第 二级压力的二通插装阀
28	X11200 101V7 F026V1 F027V1 2172V1 2002V1 101V2 201V2 F016V1 2031V2 RF034 501V1 422V1 F010V1 101V1 2002V2 401V2		带比例压力调节和手 动最高压力溢流功能的 二通插装阀

序号	注册号	图 形	描 述
29	X11210 F016V1 2031V2 RF034 501V1 101V7 F026V1 2002V1 210V2 422V2 401V2 2031V1 242V1 101V10 101V11 2002V2 501V1 2162V2 6163V2 401V1 422V1		高压控制、带先导流量控制阀的减压功能的二通插装阀
30	X11220 F016V1 2031V2 RF034 501V1 101V7 F026V1 2002V1 210V2 422V2 401V2 101V10 101V11 2002V2 501V1 401V1		低压控制、减压功能的二通插装阀

1. 方向控制阀

方向控制阀用于控制液压系统中油流方向和经由通路，以改变执行机构的运动方向和工作顺序。方向控制阀主要有单向阀和换向阀两大类。

(1) 单向阀。单向阀只许油液向一个方向流动，不能反向流动。它是使用最多、结构最简单的一种控制阀。在液压系统中，它往往和其他的阀组合在一起，形成组合阀。同时还可以利用单向流通的性能，在系统中起到锁紧和互锁的作用。

常用的单向阀，按其结构的不同分为直动式、直角式、液控式等几种；按其阀芯的形式，分为锥阀、球阀、罩阀等，如图2-98 所示。液控单向阀 [图 2-98 (d)] 是有时为了工作需要，要求单向阀在特定情况下 也能反向通油，这种单向阀在不接通控制油口 K 时，与其他单向阀的作用完全相同，当控制油口 K 接通压力油时，活塞 1 左部受油压作用，推动活塞和顶杆 2 克服弹簧的作用力顶开阀芯 3，这时 P_1 和 P_2 两腔接通，油液便可反向流动。

(2) 换向阀。换向阀的作用是利用阀芯和阀体间相对位置的改变，来控制油液流动的方向，接通和关闭油路，从而改变液压系统的工作状态。

换向阀种类繁多，可根据其阀芯的运动形式、结构特点和控制方式等进行分类。换向阀的分类见表 2-47。

表 2-47 换向阀的分类

分 类 方 式	型 式
按阀芯运动方式	滑阀、转阀
按阀的工作位置数和通路数	二位三通、二位四通、三位四通等
按阀的操纵方式	手动、机动、电动、液动、电液动
按阀的安装方式	管式、板式、法兰式

1) 电磁换向阀。它是利用电磁铁的电动力推动阀芯移动，实现油路的切换。采用电磁换向阀，可以提高液压系统的自动化程度，特别是在组合机床及其自动生产线中应用十分广泛。

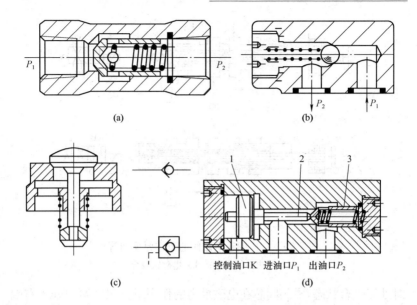

图 2-98　单向阀结构

（a）直动式；（b）直角式；（c）罩式；（d）液控式

1—活塞；2—顶杆；3—阀芯

按使用电源不同，有交流（D型）和直流（E型）两种电磁阀。交流电磁阀的电源电压为 220V（也有 380V 的），直流电磁阀的电源电压为 24V（也有 110V 的）。

交流电磁铁启动力大，换向时间短，接线简单，价格便宜。但是体积大，换向冲击大，而且当吸力不够或滑阀卡住时，容易烧坏线圈，所以寿命较短，可靠性较差。直流电磁铁体积较小，换向冲击小，不易烧坏，工作可靠，寿命较长，使用检查也比较安全。但是启动力小，换向时间较长，而且需要直流电源，费用较高。

图 2-99 所示为二位四通电磁阀的工作原理和职能符号。阀芯有两个工作位置（左端或右端），阀体上有五个环形槽和接出的四个通道（P、A、B、O），其中 P 为进油口，O 为回油口，A、B 为通往油缸两腔的油口。

电磁铁在线圈不通电时处于放松状态（常态），滑阀阀芯在弹簧作用下处于左端位置，这时，进油 P→B，回油 A→O，电磁铁在线圈通电

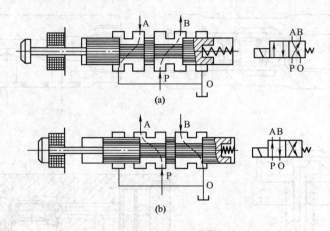

图 2-99   二位四通电磁阀的工作原理和符号

(a) 电磁铁放松；(b) 电磁铁吸合

时处于吸合状态,滑阀阀芯在电磁推力的作用下克服弹簧力处于右端位置,这时,进油 P→A,回油 B→O。由此可见,电磁铁的吸合与放松,就使阀芯作往复移动,因而切换油路,达到换向的目的。

图 2-100 所示为二位四通电磁换向阀的结构。

图 2-101 所示为三位四通电磁阀的结构原理和符号。当右端电磁铁通电、左端电磁铁断电时,滑阀阀芯左移,这时进油 P→B,回油 A→O。当左端电磁铁通电、右端电磁铁断电时,这时进油 P→A,回油 B→O。当左、右电磁铁皆断电时,滑阀阀芯在两端平衡弹簧作用下处于中间位置,这时 A、B、P、O 油口互不相通。

可见,三位阀的左右两位油口连通情况与二位阀没有大的区别,所不同的是多了一个中间位置。

为了满足液压系统的某些要求,三位滑阀中间位置的各油口有不同的连通方式,称滑阀具有不同的中位机能(滑阀机能)。上述滑阀在中位时,A、B、P、O 的油口互不相通,此种滑阀即具有 O 型机能。

三位滑阀几种常用的中位机能见表 2-48,表中同时给出了四通滑阀和五通滑阀的中间位置符号。

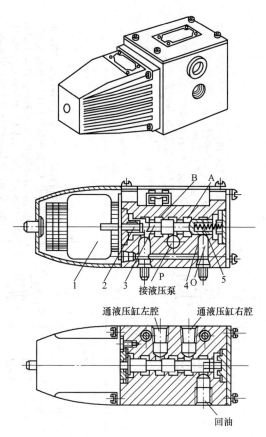

图 2-100　二位四通电磁换向阀结构
1—电磁铁；2—推杆；3—滑阀（阀芯）；4—阀体；5—弹簧

2）液动换向阀。电磁换向阀的换向动作很快，液压缸一腔的压力由 p 突然降为零，另一腔由零突然升到 p。压力的突然变化会引起工作机构换向时的冲击现象。流量越大，冲击越严重，这将会影响加工零件的质量。所以，在液压系统中，当工作流量较大（$1.05 \times 10^3 \mathrm{m}^3/\mathrm{s}$ 以上）时，常采用液动换向阀。

液动换向阀的工作原理和电磁换向阀基本相同，它是利用控制油路的油压推动阀芯移动来改变阀芯位置的换向阀。液动换向阀分为可调与不可调两种，如图 2-102 所示。

表 2-48 三位换向阀的滑阀机能

机能型式	名称	结构简图	中间位置的符号		作用、机能特点
			三位四通	三位五通	
O	中间密封	A B P O	$\begin{array}{c} A\ B \\ \boxed{\ } \\ P\ O \end{array}$	$\begin{array}{c} A\ B \\ \boxed{\ } \\ O_1 P O_2 \end{array}$	在中间位置时，油口全闭，油不流动。液压缸锁紧，液压泵不卸荷，并联的液压缸（或液压马达）运动不受影响。由于液压缸充满油，从静止到启动较平稳；在换向过程中，由于液运动惯性引起的冲击较大，换向点重复位置较精确
H	中间开启	A B P O	$\begin{array}{c} A\ B \\ \boxed{\ } \\ P\ O \end{array}$	$\begin{array}{c} A\ B \\ \boxed{\ } \\ O_1 P O_2 \end{array}$	在中间位置时，油口全开，液压缸成浮动式。其他执行元件（液压缸或液压马达）不能并联使用。由于液压缸回油箱，从静止到启动有冲击。在换向到位过程中，由于油口互通，故换向较 O 型平稳，但冲击量较大

续表

机能型式	名称	结构简图	中间位置的符号		作用、机能特点
			三位四通	三位五通	
Y	ABO 连接	A B P O	A B P O	A B O$_1$ P O$_2$	在中间位置时，进油口关闭，液压缸行执元件，可并联其他液压缸浮动，液压泵不卸荷。其运动不受影响。由于液压缸回油箱，从静止到启动有冲击。换向过程的性能处于 O 型与 H 型之间
P	PAB 连接	A B P O	A B P O	A B O$_1$ P O$_2$	在中间位置时，回油口关闭，泵口和两液压缸口连通，液压泵不卸荷，可并联其他液压缸。从静止到启动较平稳。换向过程中液压缸两腔均通压力油，换向时最平稳，冲出量比 H 型小，差动液压缸不能停止。应用较广。

机能型式	名称	结 构 简 图	中间位置的符号		作用、机能特点
			三位四通	三位五通	
K	PAO连接		A B / P O	A B / O₁ P O₂	中间位置时，关闭一个液压缸口，用于液压泵卸荷，不能并联其他执行元件。换向过程有冲击（比O型好），到启动较平稳，从静止到换向点重复精度高
J	BO连接		A B / P O	A B / O₁ P O₂	在中间位置时，泵口与液压缸相应接口相通，液压缸的一个接口与油口相通，泵不卸荷，可与其他执行元件并联使用。从静止到启动有冲击，换向过程也有冲击
M	PO连接		A B / P O	A B / O₁ P O₂	在中间位置时，液压泵卸荷，不能并联其他执行元件，从静止到启动较平稳。换向时，与O型性能相同，可用于立式或锁紧系统中

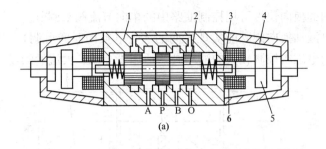

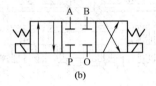

图 2-101　三位四通电磁阀的结构原理和图形符号

（a）结构原理；（b）符号

1—阀体；2—阀芯；3—推杆；4—罩壳；5—衔铁；6—线圈

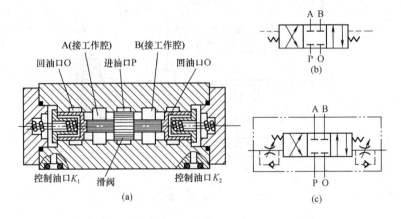

图 2-102　液动换向阀

（a）不可调液动换向阀结构简图；（b）不可调液动换向阀图形符号；

（c）可调液动换向阀图形符号

3）电液动换向阀。这种阀是由电磁阀和可调式液动阀组合而成的，如图 2-103 所示。其中电磁阀起先导阀的作用，使通过它的控制油液换向（图中虚线表示控制油路）来控制液动滑阀的位置。

251

液动阀的换向快慢可用控制油路中的单向节流阀来调节。

电液动换向阀既能实现换向的缓冲（换向时间可调），又能用较小的电磁阀控制较大的液动阀，适用于高压、大流量的场合。

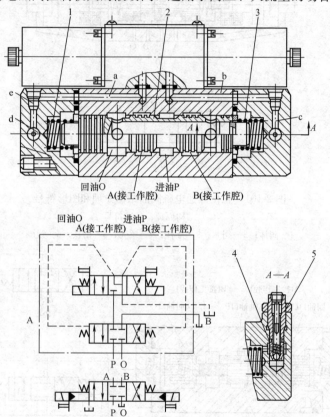

图 2-103　电液动换向阀

1—弹簧；2—主滑阀；3—弹簧；4—单向阀；5—调节螺钉

4）手动换向阀和行程换向阀。手动换向阀是用手动杠杆操作的换向阀，它分为自动复位式和钢球定位式两种。图 2-104 所示为手动换向阀的职能符号。

行程换向阀也称机动换向阀，它一般利用工作台行程挡铁压下顶杆或滚轮，使阀芯移动来控制液流换向。图 2-105 所示为其职能符号，其中前三个是用顶杆控制，后两个为用滚轮控制。

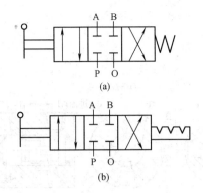

(a)

(b)

图 2-104　手动换向阀的职能符号

（a）自动复位式；（b）钢球定位式

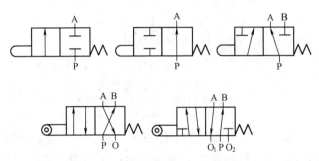

图 2-105　行程换向阀的职能符号

5）转阀。转阀是通过手动或机动使阀芯转动位置，从而改变油路的换向阀。图 2-106 所示为 340-10 型转阀结构和职能符号。

转阀结构简单，但密封性差，径向力不易平衡。一般用于低压、小流量的液压系统中。

2. 压力控制阀

用来控制液压系统的压力大小或利用压力的大小来控制油路的通断的控制阀，称为压力控制阀。常用的压力控制阀有溢流阀、减压阀、顺序阀、压力继电器等几种。虽然它们各有不同的用途，但其基本工作原理相同，都是依靠液体压力和弹簧力平衡的原理来实现压力控制的。

（1）溢流阀。它可以使液压系统保持稳定的压力，起稳压溢流作用，也可以用来防止系统过载，起安全保护作用。

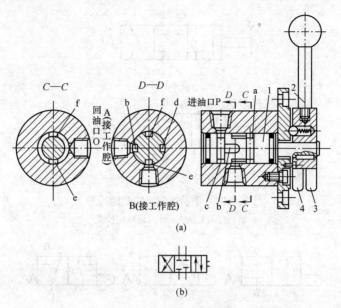

(a)

(b)

图 2-106 340-10 型转阀
(a) 转阀结构图；(b) 转阀职能符号
1—阀芯；2—手柄；3、4—拨杆

图 2-107 所示为溢流阀的工作原理，图中 F 为溢流阀调节的弹簧力；p 为作用在滑阀端面上的油压力；A 为滑阀下端工作面积。

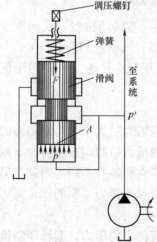

图 2-107 溢流阀的工作原理

由图可知，当 $pA < F$ 时，滑阀在弹簧力作用下下移，阀口关闭，没有油液流回油池；当系统压力升高到 $pA > F$ 时，弹簧压缩，滑阀上移，阀口打开，部分油液流回油池，限制系统压力继续升高，并使压力保持在 $p = \dfrac{F}{A}$ 的数值。调节弹簧力 F，即可调节液压泵的供油压力。

图 2-108 所示为 P 型直动式溢流阀的结构及符号。这类阀弹簧较硬，阀心移动阻力大，特别是流量较大时，阀的开口也大，使弹簧的变形量增大，

导致控制压力随流量的变化而增大，降低了溢流阀的稳压性能，一般只适用于低压系统。

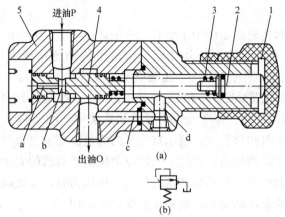

图 2-108　P 型直动式溢流阀
(a) 结构；(b) 符号
1—调节螺母；2—顶杆；3—弹簧；4—阀心；5—阀体；
a—阻尼孔；b—油室；c、d—泄漏油孔

图 2-109 所示为 Y 型先导式中压溢流阀。它由主滑阀部分和先

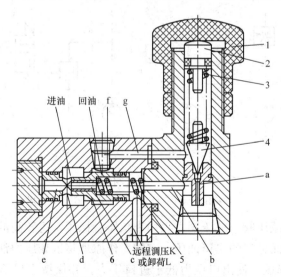

图 2-109　Y 型先导式中压溢流阀
1—调节螺母；2—顶杆；3—调节弹簧；4—锥阀；5—平衡弹簧；6—主阀心；
a—阻尼孔；b—压力油孔；c—主阀阻尼孔；d—油室；e—导油孔；f—油腔；g—通油孔

导调压阀两部分组成。这种型式的溢流阀灵敏度高，波动小，噪声低，压力较稳定，最大调整压力为 6.3MPa，在机床液压系统中应用广泛。

溢流阀在液压系统中主要有三个用途：

1）作稳压溢流用。用于定量泵的节流调速系统中［图 2-110 (a)］。在系统工作的情况下，溢流阀的阀口通常是打开的，进入液压缸的流量由节流阀调节，系统的工作压力由溢流阀调节并保持恒定。

2）作限压用。用于变量泵的供油系统中［图 2-110 (b)］。系统正常工作时阀口关闭，液压缸需要的流量由变量泵自身调节，系统中没有多余的油液，系统的工作压力决定于负载的大小。只有当系统的压力偶尔超过预先调定的最大工作压力时，溢流阀的阀口才打开，使油溢流回油箱，起到安全保护的作用。

3）作卸荷用。如图 2-110 (c) 所示，利用 Y 型溢流阀的远程控制口 K，可使系统卸荷。远程控制口 K 是通过二位二通电磁换向阀直接通油箱，此时阀口全开，主油路压力很低，溢流阀在系统中起卸荷作用。

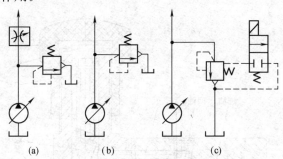

图 2-110　溢流阀的应用
(a) 作稳压溢流用；(b) 作限压用；(c) 作卸荷用

（2）减压阀。减压阀可以用来减压、稳压，将较高的进口油压降为较低而稳定的出口油压。它的工作原理是依靠压力油通过缝隙（液阻）降压，使出口压力低于进口压力，并保持出口压力为一定值。缝隙愈小，压力损失愈大，减压作用就愈强。

图 2-111 所示为 J 型减压阀结构及符号。

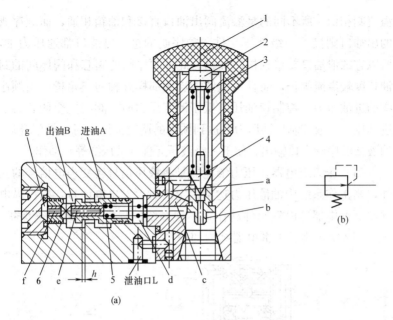

图 2-111　J 型减压阀

（a）结构；（b）符号

1—调节螺帽；2—顶杆；3—调节弹簧；4—锥阀；5—平衡弹簧；6—主阀心；

a—泄油孔；b、c—控制油孔；d—泄油孔；e—阻尼孔；

f—小油孔；g—油腔；h—控制口开度

减压阀和溢流阀的外形及阀体很相似，但它们的结构、工作原理和图形符号都是不同的，其主要区别在于：

1）减压阀利用出口油压与弹簧力保持平衡，而溢流阀则利用进口油压与弹簧力保持平衡。

2）减压阀的进、出油口均有压力，所以弹簧腔的泄油是单独接回油箱，而溢流阀则可沿内部通道经回油口回油箱。

3）静止状态时减压阀的阀口是常开的，溢流阀的阀口则是常闭的。

（3）顺序阀。顺序阀的作用是控制液压系统中某些部件动作的先后顺序，以实现液压系统的自动化程序工作。

根据油路的不同，顺序阀可分为直控顺序阀和液控顺序阀。直控顺序阀结构和 P 型低压溢流阀相似，液控顺序阀结构和 Y 型中压溢流阀相似。所不同的是溢流阀出油口直接和油箱相通，而顺序阀的出油口则接下一级液压元件。顺序阀的进、出油口都通压力油，所以它的泄油口要单独接回油箱。此外顺序阀的阀芯和阀体间的封油长度较溢流阀长，而且不能像溢流阀那样开轴向三角槽。当顺序阀的进油压力（控制口油压）低于调定压力时，阀门完全闭合。当进油压力（或控制口油压力）达到预先的调定油压力时，阀门开启，油液从顺序阀出口输出，使下一级液压元件（液压缸等）动作。

（4）压力继电器。压力继电器是将液压信号转变为电信号的元件，当工作系统中油液压力达到调定值时，发出电信号，以操纵电磁铁、继电器等电气元件动作，实现系统的程序控制或安全保护。图 2-112 所示为压力继电器结构和符号。

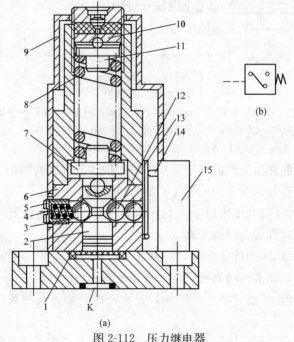

(a)

(b)

图 2-112　压力继电器

(a) 结构；(b) 符号

1—薄膜；2—柱塞；3—钢球；4—调节弹簧；5—调节螺钉；6—固定块；

7—柱塞；8—弹簧；9—阀体；10—调节螺钉；11—挡块；12—钢球；

13—杠杆；14—触头；15—微动开关

压力控制阀种类很多，表 2-49 中列出三种主要压力控制阀的区别和特点。

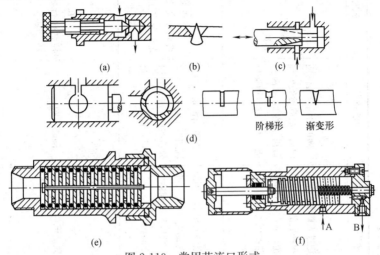

图 2-113　常用节流口形式

（a）、（b）针尖式；（c）轴向三角槽式；（d）切向旋转开关式；

（e）叠片式；（f）螺旋沟槽式

3. 流量控制阀

流量控制阀是利用改变控制口的大小来调节通过阀口的流量，以改变执行机构运动速度的液压元件。常用的流量阀有各种形式的节流阀和调速阀。

（1）常用节流口形式。节流阀口的形式很多，图 2-113 所示为几种常用的节流口。

针尖式节流口［图 2-113（a）、（b）］中的针阀作轴向移动，便可调节流量。这种节流口加工简单，节流长度大，工艺性好。但流量不稳定，易阻塞，且流量受油温的影响大，一般用于要求不高的液压系统中。轴向三角槽式节流口［图 2-113（c）］，轴向移动阀心就可以调节开口大小。它的结构简单，流量稳定性好，不易堵塞，且径向力和轴向力都平衡，可用于高压系统中。切向旋转开关节流式［图 2-113（d）］，阀心开口可做成阶梯型或渐变型。这种结构属薄刃式，节流通道短，阀心径向力不平衡。一般用于低压及对流量要求不高的场合。叠片式小孔节流口［图 2-113（e）］，由许多个节流小

表 2-49　主要压力控制阀比较表

名　称		图形符号	控制油路特点	回油特点	基本用法
溢流阀	直动型溢流阀		把进入阀的油液引到阀杆底部与弹簧力平衡，所以是控制进油路的压力	阀的出油直接流回油箱，故弹簧腔回油与出油在阀体内连通，不单独设回油口	用作溢流阀、安全阀，并联在系统内
	先导型溢流阀				
减压阀	直动型减压阀		把阀的出油引到阀杆底部与弹簧力平衡，所以是控制输出油路的压力	阀的出油是压力油，流到液压缸工作，故弹簧腔应单独设置回油口，直接引回油箱	串联在系统内，得到压力低而稳定的分支油路
	溢流减压阀		同溢流阀	同减压阀	
直动型顺序阀					串联在系统中控制执行机构的动作顺序

孔串联而成，不易堵塞，最小稳定流量可达 $60\sim100\text{cm}^3/\text{s}$。螺旋沟槽式节流口［图 2-113（f）］，是依靠改变流道长度来调节流量。压力油从 A 口进入，经长螺旋槽后，从 B 口流出，调节均匀，但温度对流量的影响较大。一般用于静压轴承的节流器中。

（2）节流阀。图 2-114 所示为 L 型节流阀。这种节流阀节流口的形式是轴向三角槽式。油从进油口 P_1 流入，经孔道 b 和阀芯 1 左端的节流槽进入孔 a，再从出油口 P_2 流出。调节手把 3，即可利用推杆 2 使阀芯 1 作轴向移动，以改变节流口面积，从而达到调节流量的目的。弹簧 4 的作用是使阀芯 1 始终向右压紧在推杆 2 上。

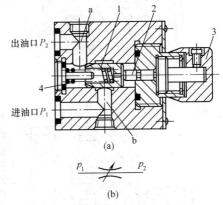

图 2-114 L 型节流阀

（a）结构；（b）符号

1—阀芯；2—推杆；3—调节手把；4—弹簧

（3）调速阀。节流阀是依靠改变通流截面积的大小来调节流量的。而生产实践中，影响流量的不仅是通流截面积的大小，还跟节流前后的压力差、节流口形式和温度变化等因素有关。对于一般速度稳定性要求不高的系统，节流阀是能满足要求的，但对于速度稳定性要求高的系统，就必须采用另一种流量控制阀，即调速阀。调速阀由一个节流阀和一个减压阀组合而成，如图 2-115 所示。

由图 2-115 可见，压力油 p_1 从进油口进入通道 f，经减压阀阀芯狭缝减压为 p_2 后到环槽 e，再经孔 g 和节流阀芯 4 的轴向三角槽节流后变为 p_3，由油腔 b、孔 a 从出油口流出（图中未表示）。节流阀前的压力油经孔 d 进入减压阀芯 7 大台肩的右腔。另外，p_2 又经阀芯 7 的中心孔流入阀芯小端的右腔。节流阀后的压力油 p_3 经孔 a 和孔 c（孔 a 到孔 c 的通道图中未表示）通到减压阀芯 7 大台肩的左腔。阀芯大台肩的左端又有弹簧力的作用。转动调速手柄 1，使节流阀芯轴向移动，就可以调节流量。

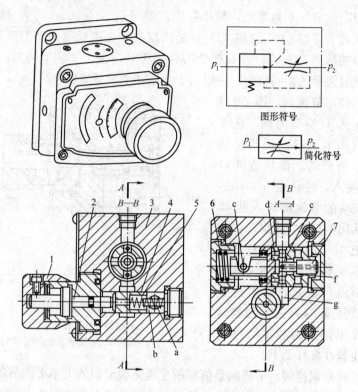

图 2-115　调速阀

1—调速手柄；2—调节杆；3—阀体；4—节流阀芯；5—节流弹簧；
6—减压弹簧；7—减压阀芯

调速阀还可以与其他阀构成组合阀，如单向调速阀、单向行程调速阀，以及为了减小温度对流量稳定性影响的温度补偿调速阀等。

4. 电液比例控制阀

电液比例控制阀是根据电信号的强弱按比例地控制液压系统的压力、流量和液流方向。比例阀由（液压部分和电气部分）两部分组成，即相当于在普通压力阀、流量阀和方向阀上装上比例电磁铁（又称电磁马达），以代替原有控制部分。

（1）电液比例压力阀。图 2-116 所示为电液比例压力先导阀的结构原理。当输入电流时，比例电磁阀产生相应的电磁力，通过推杆压缩弹簧，把电磁推力传给锥阀，推力的大小与电流大小成比例。当压力阀进油口的压力油在锥阀左端面上的作用力超过弹簧力时，锥阀打开，油液通过阀口由出油口排出。以这种比例压力先导阀为导阀，可以组成先导式比例溢流阀、比例减压阀和比例顺序阀。

（2）电液比例调速阀。图 2-117 所示为电液比例调速阀的结构原理。比例调速阀由直流比例电磁铁和调速阀组合而成。当有电信号输入时，节流阀芯在比例电磁铁的电磁力作用下，通过推杆与阀芯左端的弹簧力相平衡。这时对应的节流口开度

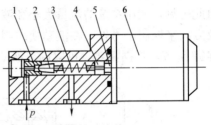

图 2-116　电液比例压力先导阀
1—阀座；2—锥阀；3—弹簧；4—弹簧座；
5—推杆；6—比例电磁铁

x 为一定，当不同的信号电流输入时，便有不同的节流口开度。由于定差减压阀保证节流阀前后的压力差不变，所以通过对应的节流口开度的流量也恒定。若输入信号电流是连续地、按比例地或按一定程序改变，则比例调速阀所控制的流量也就连续地、按比例地或按一定程序改变，以连续实现执行部件的速度调节。

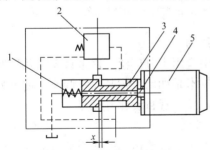

图 2-117　电液比例调速阀
1—节流阀弹簧；2—定差减压阀；3—节流阀芯；4—推杆；5—比例电磁铁

（3）电液比例方向阀。它由电液比例压力阀与液动换向阀组合而成。一般用电液比例减压阀作为先导阀，利用电液比例减压阀的出口压力来控制液动换向阀的正反向开口量的大小，从而控制油压系统的流量大小和油流方向。图 2-118 所示为其结构。其工作原理是：当直流电信号输给比例电磁铁 8 时，比例电磁铁将电信号转换为机械位移，使减压阀 1 向右移动。这时压力油 p 经减压阀减压至 p_1，从

油道 2 至换向液动阀的右端，推动液动阀 5 向左移动，使 B 腔与压力油相通。在油道 2 上设有反馈孔 3，将 p_1 引至减压阀的右端。当 p_1 作用在减压阀的力与电磁力相等时，减压阀即处于平衡状态，对应于液动换向阀有一个开口量。当输入信号加到比例电磁铁 4 时，液动换向阀即向右移动，使 A 腔与压力油 p 相通，液流换向。由此可见，液压系统的流量大小和液流方向可以由输入信号的大小及方向来控制。另外，在液动换向阀的两端盖上分别设有节流调节螺钉 6、7，根据需要，可以调节液动换向阀换向的时间。

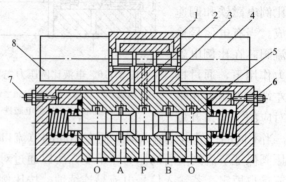

图 2-118　电液比例方向阀结构

1—减压阀；2—油道；3—反馈孔；4—比例电磁铁；
5—液动阀；6、7—节流调节螺钉；8—比例电磁铁

四、液压传动系统的应用实例

液压技术在各类工程机械中应用十分广泛。这里只介绍几种典型的液压系统，以此说明液压技术是如何发挥其无级调速，输出力大，可高速启动、制动及换向，易实现自动化等优点。

1. 组合机床动力滑台液压系统

液压滑台是组合机床上用来实现进给运动的通用动力部件。滑台由液压缸驱动作工作进给运动，根据被加工工件的要求实现不同的工作循环，并按动作要求进行速度调节和变换。

图 2-119 和表 2-50 为 YT4543 型动力滑台的液压系统图及动作循环表。

YT4543 型液压滑台的液压传动系统的特点如下：

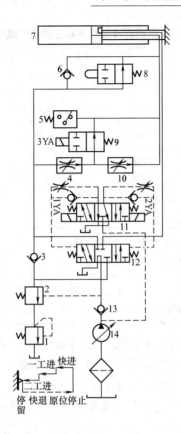

图 2-119　YT4543 型动力滑台的液压系统图

1—背压阀；2—顺序阀；3、6、13—单向阀；4——工进调速阀；5—压力
继电器；7—液压缸；8—行程阀；9—电磁阀；10—二工进调速阀；
11—先导阀；12—换向阀；14—液压泵

（1）采用"限压式变量泵—调速阀—背压阀"式调速回路，保证了滑台稳定的低速运动（$v = 6.6$m/min）、较好的速度刚度和较大的调速范围（$R = 100$），减少系统发热，并可承受负载。

（2）采用限压式变量泵和差动连接回路，实现快进。提高了快进速度，使能量的利用较经济合理。

（3）采用行程阀和顺序阀，实现快进转工进的换接，不仅简化了机床电路，而且动作可靠，转换精度也比电气控制式高。

表 2-50　　　　**YT4543 型动力滑台液压系统的动作循环表**

动作名称	信号来源	液压元件工作状态				
		顺序阀2	先导阀11	换向阀12	电磁阀9	行程阀8
快　进	启动，1YA通电	关闭			右位	右位
一工进	挡块压下行程阀8		左位	左位		
二工进	挡块压下行程开关,3YA通电	打开				左位
停　留	滑台靠着死挡块上				左位	
快　退	压力继电器 5 发出信号，1YA断电，2YA通电	关闭	右位	右位		右位
停　止	挡块压下终点开关，1YA 和 2YA 都断电		中位	中位	右位	

(4) 工作循环中，采用的"死挡块停留"，使行程终点的重复位置精度高，适用于镗阶梯孔、锪孔和锪端面等工序。

2. 外圆磨床（M1432B 型）液压系统

外圆磨床工作台的往复运动和抖动、手动与机动的互锁、砂轮架的间歇进给运动和快速运动及尾架的松开，都是由液压系统来实现的。外圆磨床对往复运动的要求较高，工作中既要有高的生产率，又要保证换向过程平稳、换向精度高。换向多采用行程制动式回路，可以使工作台启动和停止迅速、换向过程中有一段短时间的停留。M1432B 型万能外圆磨床液压传动系统如图 2-120 所示。

机床液压系统有以下性能：

（1）采用活塞固定的双出杆液压缸，保证工作台左、右两方向运动速度的一致性，减少了机床的占地面积。

（2）由于磨削负载变化小，且要求低速稳定性好、加工精度高，故采用节流阀出口节流调速回路，并采用低压齿轮泵供油。

（3）采用了 HYY21/3P-25T 型快跳式操纵箱，结构紧凑，操作方便，改善了液压系统的工作性能。

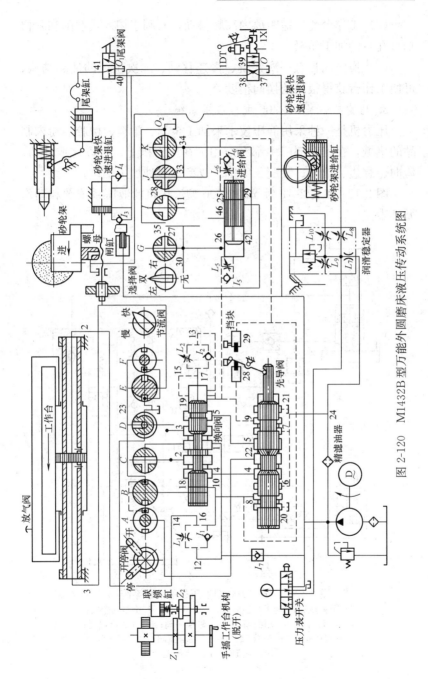

图 2-120 M1432B型万能外圆磨床液压传动系统图

（4）工作台能在短距离内高频抖动，有利于切入式磨削和阶梯轴（孔）的加工质量。

（5）换向阀具有一次快跳、慢速移动、二次快跳的油路结构，可使工作台获得很高的换向精度。

3. 压力机（YB32-200 型）液压系统

压力机是一种采用静压技术来加工金属、塑料、橡胶、粉末制品的机械，在工业部门中都有应用。在压力机上，可以完成冲剪、弯曲、翻边、拉伸、装配、冷挤、成型等多种加工工艺。

图 2-121 和表 2-51 为 YB32-200 型液压机的液压系统图和动作循环表。

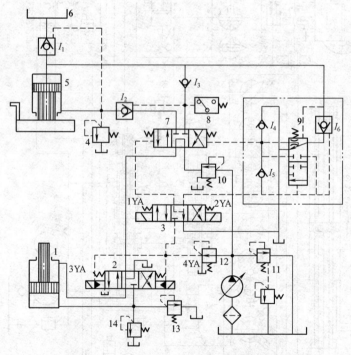

图 2-121　YB32-200 型液压机的液压系统图

1—下液压缸；2—下缸换向阀；3—先导阀；4—上缸安全阀；
5—上液压缸；6—副油箱；7—上缸换向阀；8—压力继电器；
9—释压阀；10—顺序阀；11—泵站溢流阀；12—减压阀；
13—下缸溢流阀；14—下缸安全阀

表 2-51　　　　　YB32-200 型液压机液压系统的动作循环表

动作名称		信 号 来 源	液压元件工作状态			
			先导阀 3	上缸换向阀 7	下缸换向阀 2	释压阀 9
上滑块	快速下行	1YA 通电	左位	左位	中位	上位
	慢速加压	上滑块接触工件	左位	左位	中位	上位
	保压延时	压力继电器 8 使 1YA 断电	中位	中位	中位	上位
	释压换向	时间继电器使 2YA 通电	右位	中位	中位	下位
	快速返回		右位	右位	中位	下位
	原位停止	上滑块压行程开关使 2YA 断电			中位	下位
下滑块	向上顶出	4YA 通电	中位	中位	右位	上位
	停　留	下活塞触及液压缸差	中位	中位	右位	上位
	向下退回	4YA 断电、3YA 通电			左位	
	原位停止	3YA 断电			中位	

由液压机的系统图分析可知：

（1）系统采用一个轴向柱塞式高压变量泵供油，系统压力由泵站溢流阀 11 调定。

（2）系统中的顺序阀 10 规定了液压泵应在 25×10^5 Pa 压力下卸荷，使操纵油路能确保具有 2×10^5 Pa 左右的压力。

（3）系统中采用专用的释压阀 9 来实现上滑块快速返回使上缸换向阀换向，保证液压机动作平稳，换向时不产生液压冲击和噪声。

（4）系统利用管道和油液的弹性变形来实现保压，方法简单。

但对液控单向阀和液压缸等元件的密封性能要求较高。

（5）系统中上、下两缸（5、1）的动作协调是由两个换向阀（7、2）互锁来保证。这时两缸同时动作，不存在动作不协调的情况。

（6）系统中两个液压缸（5、1）各有一个安全阀（4、14）起过载保护作用。

第三章

装配钳工专用工具及设备

第一节 装配钳工专用工具

一、刮削工具

1. 校准工具

校准工具是用来推磨研点和检查被刮面准确性的工具，也叫研具。

（1）标准平板。一般在刮削较宽平面时，它是常用的检验工具（图 3-1）。用一级铸铁制成，经过加工后再精刮而达到较高精度。平面坚硬并有强力的肋，有较高的耐磨性。平板的大小由加工工件而定。

图 3-1 标准平板（通用平板）

（2）标准直尺。图 3-2（a）所示是桥式直尺，用来检验较大平面或机床导轨的平直度。图 3-2（b）所示是工字形直尺，它有两种：一种是单面直尺，其工作面经过精刮，精度较高，用来检验较小平面或较短导轨的平直度；另一种是两面都经过刮削、且平行的直尺，它除了可完成工字直尺的任务外，还可检验工件相对位置的正确性。

（3）角度直尺。图 3-2（c）所示，用于检验燕尾导轨的角度，尺的两面经过精刮并成所需的角度（一般为 55°、60°等），第三面是支承面。

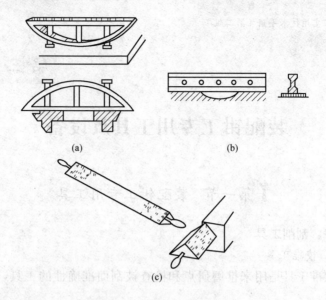

(a)   (b)

(c)

图 3-2　标准直尺和角度直尺

(a) 桥式直尺；(b) 工字形直尺；(c) 角度直尺

（4）检验轴。用于检验曲面或圆柱形内表面。刮削曲面时，往往用相配的轴作为校准工具。如无现成轴，可自制一根与机轴尺寸相符的标准心棒来检验。

2. 刮刀

刮削时，由于工件的形状不同，因而要求刮刀有不同的型式。刮刀分为平面刮刀和曲面刮刀两类。

（1）平面刮刀。用于刮削平面和刮花，如图 3-3 所示。一般多采用碳素工具钢 T12A 制成。有时也采用焊接合金钢刀头或硬质合

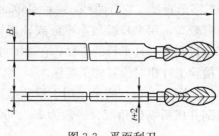

图 3-3　平面刮刀

金刀头，用来刮削表面较硬的工件。

常用的平面刮刀是直头刮刀和弯头刮刀。

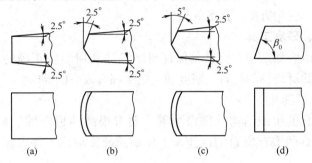

图 3-4　刮刀头部形状和角度

（a）粗刮刀；（b）细刮刀；（c）精刮刀；（d）韧性材料刮刀

弯头刮刀的刀体是曲形，能增加弹性，刮出工件表面质量较好。平面刮刀按所刮表面的精度要求不同，又可分为粗刮刀、细刮刀和精刮刀三种。由于操作者的握持姿势不同，刮削材料的硬度、刮刀的长度及其弹性等也不相同，因此刮削的几何角度也随着变化。如图 3-4 所示，平面刮刀的楔角 β_0 的大小，应根据粗、细、精刮的要求而定。粗刮刀 β_0 为 $90°\sim92.5°$，刀刃平直；细刮刀 β_0 为 $95°$ 左右，刀刃稍带圆弧；精刮刀 β_0 为 $97.5°$ 左右，刀刃圆弧半径比细刮刀小些。如用于刮削韧性材料时，β_0 可磨成小于 $90°$，但只适用于粗刮。

（2）曲面刮刀。用来刮削曲面。常用的有三角刮刀、蛇形刮刀两种。三角刮刀也可用三角锉改制。图 3-5（a）、（b）所示三角刮刀断面为三角形，每个面中间开有凹形槽，其三条尖棱就是三个成

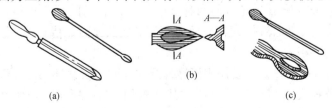

图 3-5　曲面刮刀形状

（a）、（b）三角刮刀；（c）蛇头刮刀

弧形的刀刃。蛇头刮刀如图 3-5（c）所示，刀头部有四个带圆弧形的刀刃，两平面内边磨有凹槽。常用于刮削内曲面，如刮削轴瓦、轴套等。使用方便，刮削效果好。

二、研磨工具

在研磨加工中，研具是保证研磨工件几何形状正确的主要因素，因此对研具的材料、精度和粗糙度都有较高的要求。

1. 研具材料

研具的组织结构应细密均匀，要有很高的稳定性、耐磨性，具有较好的嵌存磨料的性能，工作面的硬度应比工件表面硬度稍软。

（1）灰铸铁。它有润滑好，磨耗较慢，硬度适中，研磨剂在其表面容易涂布均匀等优点。它是一种研磨效果较好、价廉易得的研具材料，因此得到广泛的应用。

（2）球墨铸铁。它比一般灰铸铁更容易嵌存磨料，且嵌得更均匀牢固适度，同时还能增加研具的耐用度，采用球墨铸铁制作研具已得到广泛应用，尤其在精密工件的研磨上。

（3）软钢。它的韧性较好，不容易折断，常用来做小型研具，如研磨螺纹和小直径工具、工件等。

（4）铜。性质较软，表面容易被磨料嵌入，适于做软钢研磨加工的研具。

2. 研具的类型

生产中需要研磨的工件是多种多样的，不同形状的工件应用不同类型的研具。常用研具有下面几种：

（1）研磨平板。主要用来研磨平面，如块规、精密量具的平面等。它分有槽形和光滑的两种（图 3-6）。有槽的用于粗研，研磨时易于将工件压平，可防止将研磨面磨成凸弧面；精研时，则应在光滑的平板上进行。

（2）研磨环。主要用来研磨外圆柱表面。研磨环的内径应比工件的外径大 0.025～0.05mm，其结构如图 3-7 所示。当研磨一段时间后，若研磨环内孔磨大，拧紧调节螺钉 3 可使孔径缩小，以达到所需间隙，如图 3-7（a）所示。

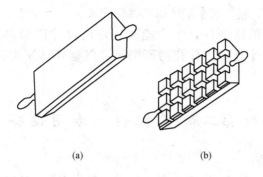

图 3-6　研磨平板

（a）光滑平板；（b）有槽平板

图 3-7（b）所示的研磨环，孔径的调整则靠右侧的螺钉。

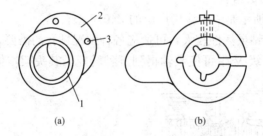

图 3-7　研磨环

1—开口调节圈；2—外圈；3—调节螺钉

（3）研磨棒。主要用于圆柱孔的研磨，有固定式和可调式两种，如图 3-8 所示。

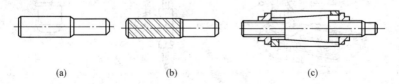

图 3-8　研磨棒

（a）光滑研磨棒；（b）带槽研磨棒；（c）可调式研磨棒

固定式研磨棒制造容易，但磨损后无法补偿。多用于单件研磨或机修中。对工件上某一尺寸孔径的研磨，要 2～3 个预先制好的有粗、半精、精研磨余量的研磨棒来完成。

可调节的研磨棒，因为能在一定的尺寸范围内进行调整，适用于成批生产中工件孔的研磨，可以延长其使用寿命，应用广泛。

第二节 装配钳工专用设备

一、台钻

台钻是一种小型钻床，结构简单，操作方便，是钳工装配工作中常用的设备。它大都安装在钳台上，用于小型零件上钻、扩 12mm 以内的孔。有的台钻最大钻孔直径为 20mm。

1. 台钻的结构

图 3-9 所示是一台应用广泛的 Z4012 型台钻。

这种台钻灵活性较大，可适应各种情况钻孔的需要，它的电动机 6 通过五级 V 带可使主轴得到五种转速。其头架本体 5 可在立

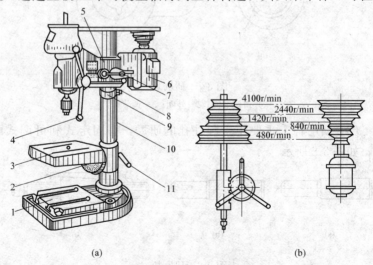

(a)   (b)

图 3-9 Z4012 型台钻

(a) 台钻外形；(b) 台钻传动系统

1—底座；2—锁紧螺钉；3—工作台；4—进给手柄；5—头架本体；6—电动机；
7—锁紧手柄；8—螺钉；9—保险环；10—立柱；11—工作台锁紧手柄

柱 10 上上下移动，并可绕立柱中心转移到任何位置，将其调整到适当位置后用手柄 7 锁紧。9 是保险环。如果头架要放低一点，可靠它把保险环放到适当位置，再扳螺钉 8 把它锁紧，然后略放松手柄 7，靠头架自重落到保险环上，再把手柄 7 扳紧。工作台 3 也可在立柱上上下移动，并可绕立柱转动到任意位置。11 是工作台锁紧手柄。当松开锁紧螺钉 2 时，工作台在垂直平面内还可左右倾斜 45°。

工件较小时，可放在工作台上钻孔；当工件较大时，可把工作台转开，直接放在钻床底座面 1 上钻孔。这类钻床的最低转速较高，多在 400r/min 以上，不适于锪孔和铰孔。

2. Z4012 型台钻技术规格

Z4012 型台钻的技术规格见表 3-1。

表 3-1　　　　　　　Z4012 型台钻的技术规格

最大钻孔直径	$\phi 12$mm	电动机功率	0.6kW
主轴下端锥度	莫氏 2 号 短型	主轴转速	分 5 级 480～4100r/min
主轴最 大行程	100mm	主轴绕立柱 回转角度	360°
主轴中心线至 立柱表面距离	193mm	机床外形尺寸 （长×宽×高， mm×mm×mm）	690×350× 695
主轴端面到 底座面距离	20～240mm		

二、立钻

立钻最大钻孔直径有 25、35、40、50mm 几种，适用于钻削中型工件。它有自动进刀机构，可采用较大的切削量，生产效率高，并能得到较高的加工精度。立钻主轴转速和进刀量有较大的变动范围，适用于不同材质的刀具，能够进行钻孔、锪孔、铰孔和攻螺纹等加工。

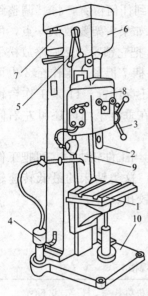

图 3-10　Z5125 型立钻

1—工作台；2—主轴；3—进给
手柄及自动进刀；4—冷却系统；
5—变速手柄；6—变速箱；
7—电动机；8—进给箱；
9—立柱；10—底座

1. Z5125 型立钻的结构及传动系统

图 3-10 所示为 Z5125 型立钻，其主要部件有变速箱 6、进给箱 8、主轴 2、电动机 7、立柱 9、工作台 1 等。

（1）主体运动。电动机 7（$n=$ 1420r/min）通过一对 V 带轮将运动传进变速箱 6。经齿轮变速箱后主轴 2 可得到九种转速。

（2）进给运动。主轴带动进给变速箱内的齿轮、蜗杆、蜗轮、小齿轮带动主轴上的齿条，使旋转运动变成主轴的轴向进给运动。轴向进给运动也有九种速度。除机动进给外，还可手动进给。

（3）辅助运动。进给箱的升降运动和工作台的升降运动。

2. Z5125 型立钻的技术规格

Z5125 型立钻的技术规格见表 3-2。

表 3-2　　　　　　　　　　**Z5125 型立钻的技术规格**

最大钻孔直径	φ25mm	主电动机功率	2.8kW
主轴锥度	莫氏 3 号锥度	主轴最大转矩	250N·m
主轴最大行程	175mm	主轴最大进给力	9000N
进给箱行程	200mm	主轴转速	分 9 级 97～1360r/min
主轴中心线至 导轨面距离	250mm	主轴进给量	分 9 级 0.1～0.810mm/r
工作台面积	500mm×375mm	冷却泵电动机 功率及流量	0.125kW 22L/min
主轴端面至 工作台面距离	0～700mm	机床外形尺寸 （长×宽×高）	962mm×825mm× 2300mm
主轴端面到 底座距离	725～1100mm		

三、摇臂钻床

摇臂钻床适用于大、中型工件的孔系加工，可以对位于同一平面上有相互位置要求的多孔进行加工，如钻孔、扩孔、锪孔、铰孔、镗孔、刮端面及攻螺纹等。

1. Z3063 型摇臂钻床

图 3-11 所示为 Z3063 型摇臂钻床，它由底座 1、立柱 2、摇臂5、主轴箱 7、工作台 8 等部分组成。摇臂能回转 360°，并能自动升降和夹紧定位。摇臂钻床的主轴箱在摇臂上跟随摇臂作转动及上下移动。同时，主轴箱又能在摇臂水平导轨上作往复运动。工件可以固定在工作台上或直接固定在底座上。移动主轴箱及转动摇臂，即可将钻轴中心对准工件孔的中心位置。当主轴调整到所需要的位置后，可将主轴箱紧固在摇臂导轨上，同时将摇臂紧固在立柱上，以防止刀具工作时移动。

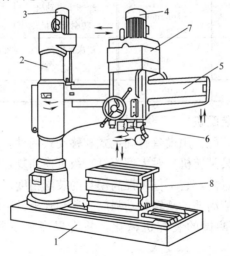

图 3-11　Z3063 型摇臂钻床

1—底座；2—立柱；3、4—电动机；5—摇臂；

6—主轴；7—主轴箱；8—工作台

2. Z3063 型摇臂钻床的技术规格

Z3063 型摇臂钻床的技术规格见表 3-3。

表 3-3　　　　　　　Z3063 型摇臂钻床的技术规格

最大钻孔直径	φ63mm	刻度盘每转钻孔深度	150.8mm
主轴锥度	莫氏 5 号锥度	主轴最大进给力	25 000N
主轴最大行程	400mm	主轴转速	分 16 级 20～1600r/min
主轴中心线至立柱母线距离	450～2050mm	主轴进给量	分 16 级 0.04～3.2mm/r
主轴箱水平移动距离	1600mm	主电动机功率	5.5kW
主轴端面至底座工作面距离	400～1600mm	摇臂升降电动机功率	2.2kW
摇臂升降距离	800mm	主轴箱、立柱、夹紧电动机功率	0.8kW
摇臂升降速度	1m/min	冷却泵电动机功率及流量	0.125kW　22L/min
摇臂回转角度	360°	机床外形尺寸(长×宽×高)	3090mm×1250mm×3185mm
主轴最大转矩	1000N·m		

四、模具装配机

模具机械装配常用设备有固定式和移动式两种。大型固定式模具装配机（模具翻转机）对大型模具、级进模和复合模的装配可显示出较大的优越性，它不仅可提高模具的装配精度、装配质量，还可缩短模具制造周期，减轻劳动强度。移动式模具装配机主要是为解决小型精密冲模的装配机械化，并为提高装配质量而设计制造的。

移动式模具装配机的结构如图 3-12 所示，它能完成模具装配过程中的找正、定位、调整、试模等工作，装配调试完毕，可以直接在本机上进行试冲（试冲力为 100kN），发现问题可以再调整，直到符合要求。该装配机不配备钻孔设备，其结构为开放式，模具钳工可以在其四周任何一面进行工作，便于装模和修配。

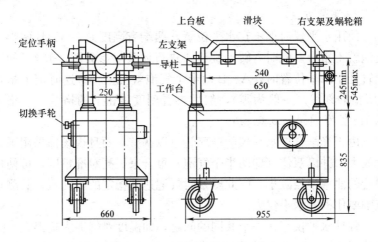

图 3-12 移动式模具装配机

🔧 第三节 装配钳工专用精密量具及量仪

一、合像水平仪

光学合像水平仪能检验工件表面微小的倾斜度、直线度、平面度，比普通水平仪有更高的测量精度，并能直接读出测量结果。

1. 水平仪的测量方法

水平仪的结构和工作原理如图 3-13 所示。

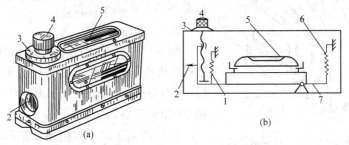

图 3-13 水平仪的外观及结构原理图

（a）水平仪的外形；（b）结构原理图

1、6—弹簧；2—指针；3—刻度；4—旋钮；5—玻璃管（水准器）；7—杠杆

2. 测量方法

使用水平仪时如不在水平位置，两端有高度差，A、B 两半个气泡就不重合。此时，转动旋钮 4 进行调节（参看图 3-13），使玻璃管处于水平位置时，A、B 两半个气泡就会重合。这时记下指针 2 所指的刻线（一般为零），然后再看刻度旋钮上的格数。每格表示 1m 长度内误差 0.01mm。

由于光学合像水平仪的玻璃管可以调整，而且视场像采用了光学放大，并以双像（即两半个气泡）重合来提高对准精度，可使玻璃管的曲率半径减小，因此测量时气泡达到稳定的时间短，其测量范围要比框式水平仪大。

各种水平仪存在一个共同的问题，即温度对气泡影响很大。故在使用前，一定要消除仪器和被测量工件之间的温差，并与热源隔开。

二、电子水平仪

1. 用途

电子水平仪是将微小的角位移转变为电信号，经放大后由指示仪表读数的一种角度计量仪器。主要用于测量被测面对水平面的倾斜角及工件表面的直线度、平面度，机床导轨的直线度、扭曲度，也可用于检测、调整各种设备的安装水平位置。

2. 结构

图 3-14 是上海水平仪厂生产的 JDZ-B 型指针式电子水平仪。它的分度值有三档：0.005mm/1000mm、0.01mm/1000mm 和 0.02mm/1000mm。

指针式电子水平仪由用作工作测量面的铸铁座、电极水准泡式传感器和指示电表三部分构成。

电极水准泡式传感器是由一种直径为 14mm，长度为 90mm 左右的玻

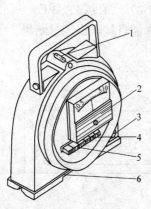

图 3-14　JDZ-B 型指针式
电子水平仪

1—副水准泡；2—电表；3—调零
口；4—电源开关；5—分度值选
择按钮；6—底座

璃管内壁，压贴 4 片相互对称的铂电极，并由铂丝引出而成的。玻璃管内壁经研磨、内灌导电液体且有一定长度的气泡，经烧结而成。

电极水准泡内的四片铂电极为两个活动桥臂，两个固定桥臂，桥臂组成一个差动交流电桥。其工作原理是：

当电极水准泡内的气泡在中间位置时，两对电极间阻抗相等，这时电桥平衡，输出信号近似为零。当气泡向任何一方移动时，电极水准泡阻抗增大或减小，故电桥不平衡，于是有信号输出。

电子水平仪信号传递如下：

其中：振荡器供给传感器工作的交流信号；传感器是电子水平仪的敏感元件；放大器是将传感器输出的信号放大；相敏检波器是将放大后的信号相敏整流；电表用于读数。

3. 操作方法

（1）电子水平仪使用时，应先将工作底面上的防锈油擦净，在规定的工作环境中放 3h（不必通电），用后仍涂上防锈油。

（2）测量时将电子水平仪工作面放在已擦净的被测工作面上。根据需要选择分度值档，然后按下分度值开关和电源开关的"开"键，这时电表应表示出被测工作面的倾斜度。

（3）如用 V 形工作面放在圆柱面上测量时，需将副水准泡的气泡停在中间位置后，方能在电表上读数。

（4）如发现电子水平仪零点位置不正确而需调整时，可将水平仪放在水平工作面上（取下调零孔塞），当电表指示稳定后进行第一次读数。然后将电子水平仪调转 180°仍放在原位进行第二次读数。这时可用螺钉旋具调整偏心调节器，使电表指示在二次读数差的一半，这样反复调整几次，使两次读数的代数和为零。这时则认为零点位置已调整完毕。

（5）电池电压校验方法，是拨动校对开关后观察电表指针是否小于电压指示标记,如小于电压指示标记,则应更换电池。如长期不用水平仪,则应将电池取出。

(6) 测量结束后应立即关断水平仪电源。

三、自准直仪

1. 用途

自准直仪是精密的小角度测量仪器。它主要用于小角度的精密测量,如机床导轨直线度误差的测量,工作台面的平面度误差的测量,多面体的检定,在精密测量和仪器检定中还可以作非接触定位。因此自准直仪是现场经常使用的仪器之一。

自准直仪的分度值为 $0.2''$、$1''$;$0.005mm/m$、$0.002\,5mm/m$。它们的示值误差分别见表 3-4 和表 3-5。

表 3-4　　　　　分度为 $0.2''$和 $1''$自准直仪的示值误差

分 度 值 i（"）		示 值 误 差（"）	
		任意 1'范围内	10'范围内
0.2	目视	0.5	2
0.2	光电	0.5	2
1	目视	1	3

表 3-5　　　　　分度值为 $0.005mm/m$ 和 $0.002\,5mm/m$

自准直仪的示值误差

分 度 值（mm/m）	示 值 误 差（'）	
0.005	任意 100'范围内	1000'范围内
	1.5	5
0.002 5	任意 100'范围内	600'范围内
	1.5	4

2. 结构

自准直仪的外观如图 3-15 所示。

3. 使用方法

(1) 根据被测工件的长度选择合适的桥板,将反光镜牢固地放在桥板上,并放在被测工件的一端。

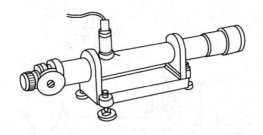

图 3-15 自准直仪外观图

（2）在被测工件的另一端安放一个调整支架，上面放有自准直仪。

（3）接上电源，调整支架的位置，使自准直仪的主光轴对准反射镜，观察目镜，使十字线影像出现在视场的中心附近。

（4）再将反射镜（和桥板）移至被测工件的另一端，再观察十字线影像是否在视场内，必要时需重新调整。

（5）按"节距法"进行直线度误差的测量。

测微读数目镜座有两个互相垂直的位置，分别测量垂直方向和水平方向的直线度误差，使用时应注意。

自准直仪是精密的光学仪器，不用时应放在干燥、温度适当、温差小的地方。反光镜和外露镜面要用镜头纸或麂皮擦拭，切忌用手触摸或用棉纱擦拭。

四、平直度测量仪

1. 用途

平直度测量仪是根据自准直光管原理制成的。它可以精确地测量机床或仪器导轨的直线度误差，利用光学直角器和带磁反射镜等附件还可测量垂直导轨的直线度误差，与多面体联用可测量圆的分度误差。

2. 结构

平直度测量仪的外观图如图 3-16 所示，光学系统如图 3-17（a）所示，属双分划板型结构。两块反射镜缩短了仪器的长度，视场如图 3-17（b）所示。

3. 操作方法

测量时平面反射镜随被测工件的直线度误差而偏转。偏转角由十字形指标像，相对刻度尺的偏移量读得。仪器采用测微螺杆细分

285

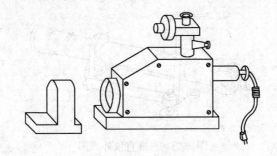

图 3-16 平直度测量仪外观图

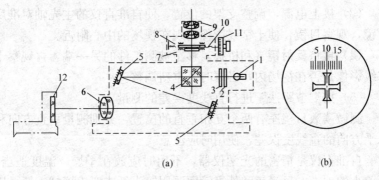

(a)   (b)

图 3-17 平直度测量仪光学系统图

1—光源；2—滤光片；3—指示分划板；4—立方棱镜；
5—反光镜；6—物镜；7—固定分划板；8—可动分划
板；9—目镜；10—测微螺杆；11—测微鼓轮；
12—平面反射镜

读数，测微螺杆与测微鼓轮固定在一起，其螺距等于固定分划板的
分度间距。当测微鼓轮回转一周时，测微螺杆使刻有一长单刻线的
可动分划板，相对于固定分划板移动一个分度间距。若测微鼓轮所
刻的格数为 n，固定分划板一个分度间距所对应的平面反射镜偏转
角为 α，则从测微鼓轮上得到 α/n 的细分读数。

五、浮动式气动量仪

1. 用途

气动量仪是一种根据空气气流相对流动的原理来进行测量的量
仪。由于它不能直接读出尺寸，所以是一种比较量仪。

应用气动量仪可以测量零件的内孔直径、外圆直径、锥度、弯

曲度、圆度、同轴度、垂直度、平面度以及槽宽等，也可以用于机床和自动生产线上做自动测量、自动控制和自动记录等。此外，还可以测量一般仪器所测不到的部位。气动量仪除了能用接触法进行测量外，还可以用非接触法进行测量，所以对于易变形的薄壁零件、高精度及易擦伤表面的软材料零件等特别适用。

但是，气动量仪必须要有气源。对于各种零件和不同尺寸的工件，还要设计一套测量头和标准规。

2. 结构及工作原理

如图 3-18 所示为浮动式气动量仪。它是把被测量的尺寸变化转换为相应的空气流量的变化，当这种空气通过带锥度的玻璃管时，流量的变化就使得浮在玻璃管内的浮标的位置作相应的变化。于是刻度尺上由浮标位置的变化，就可以直接读出被测量尺寸的变化。当然，在测量之前，我们必须用上、下极限标准规调整气动量仪，进行定标，也就是确定气动量仪的刻度值。

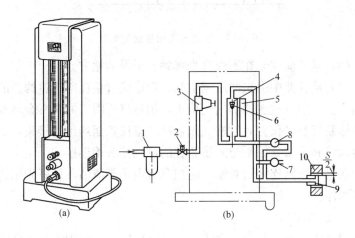

图 3-18 浮动式气动量仪

1—过滤器；2—气阀；3—稳压器；4—玻璃管；5—标尺；6—浮标；

7—零位调整阀；8—倍率阀；9—喷嘴；10—工件

3. 安装和管路连接

（1）仪器应垂直安装在没有振动的工作台上，保证浮标能自由地上下移动而不与玻璃管壁相碰,并且没有显著的摆动现象。为了保证仪器的安全,可用螺钉把仪器固定在工作台上。

(2) 空气过滤器应垂直安装在低于仪器约 500mm 的位置(图 3-19),要便于放水,千万不能横放倒置,以免失去过滤性能。

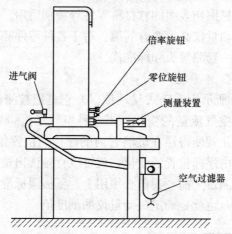

图 3-19 浮动式气动量仪的安装

(3) 量仪应安装在不受日光曝晒和干燥的地方。

(4) 从管路中引来的压缩空气,用橡胶管接在空气过滤器的进气接头上。空气过滤器的出气接头,用量仪所附带的具有金属连接帽的橡胶管与量仪背后的进气阀连接。量仪正面的出气接头,通过塑料软管和金属紧固帽与测量装置的进气接头相连接。

在进行管路连接的时候,应注意管内是否清洁,最好先用压缩空气吹净。

4. 注意事项

浮动式气动量仪是一种精密测量仪器,在使用时应注意以下几点:

(1) 压缩空气的压力应保持在 $3 \sim 7 \mathrm{kgf/cm^2}$($1 \mathrm{kgf/cm^2} = 0.098 \mathrm{MPa}$)之间,否则会降低测量精度。

(2) 气源要尽量清洁、干燥。

(3) 零位调整螺钉和倍率调整螺钉不宜过松或过紧。

（4）由于浮标与刻度尺之间有一定距离，在读数时要防止偏位，即眼睛、浮标与刻线应在一条直线上。

（5）在长时间的测量过程中，或中断测量以后重新工作时，应经常用标准规校对零位。

（6）测量头及标准规在使用以后，应用汽油洗净，并涂上防锈油。

（7）在没有必要时，不要将锥形玻璃管拆下，以免打碎玻璃管或弄坏浮标。

六、声级计

1. 用途

声级计是一种噪声检测仪器。在声级计中，设置有"计权网络"A、B、C，可使所接受的声音对中、低频进行不同程度的滤波，见图 3-20。C 网络是模拟人耳对 100 方纯音的响应，在整个可听频率范围内有近乎平直的特性，它能让几乎所有频率的声音一样通过而不予衰减。因此 C 网络代表总声压级；B 网络是模拟人耳对 70 方纯音的响应，在使接收到的声音通过时，低频段有一定的衰减。A 网络则是模拟人耳对 40 方纯音的响应，使接收到的声音通过时，500Hz 以下的低频段有较大的衰减。用 A 网络测得的噪声值较为接近人耳对噪声的感觉。近年来在噪声测试中，往往就用 A 网络测得的声压级代表噪声的大小，称 A 声级，单位为分贝（A）或 dB（A）。

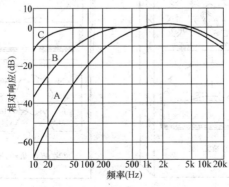

图 3-20　计权网络的衰减曲线

2. 声级计的使用

在实际生产中，测量噪声的方法是较多的应用便携式声级计，因它体积小，重量轻，一般用干电池供电，携带方便，使用稳定可靠。

图 3-21 所示为 ND1 型精密声级计，用来测量声音的声压级和声级。如果仪器上的 A、B、C 三个计权网络分别进行测量读数，则可大致判断出机械设备的噪声频率特性，由图 3-20 可看出：

当 $L_A = L_B = L_C$ 时，表明噪声中高频较突出；

当 $L_A < L_B = L_C$ 时，表明中频成分略强；

当 $L_A < L_B < L_C$ 时，表明噪声呈低频特性。

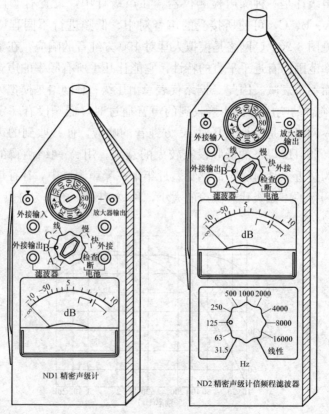

图 3-21　ND 型声级计外观图

（1）声压级的测量　两手平握仪器两侧，并稍离人体，使装于仪器前端的微声器指向被测声源。使"计权网络"开关指示在"线性"位置，输出衰减器旋钮（透明旋钮）顺时针旋到底。调节输入衰减器旋钮（黑色旋钮），使电表有适当偏转，由透明旋钮两条界限指示线所指量程和电表读数，即为被测声压级。例如透明旋钮两条界限指示线指 90dB 量程，电表指示为＋4dB，则被测声压级为90dB＋4dB＝94dB。

（2）声级的测量　如上述声压级测量后，使"计权网络"开关放在"A"、"B"或"C"位置就可进行声级的测量。如此时电表指针偏转较小，可降低"输出衰减器"的衰减量（调节黑色旋钮），以免输入放大器的过载。例如测量某声音的声压级为90dB，需测量声级（A），则开关置"A"位置，电表偏转太小，可逆时针转动输出衰减器透明旋钮。当二条界限指示线指到70dB 量程时，电表指示＋6dB，则声级（A）为 70dB＋6dB＝76dB（A）。

七、万能工具显微镜

1. 用途

万能工具显微镜是一种工业生产中使用最广泛的光学计量仪器。它具有较高的测量精度和万能性，以影像法和轴切法按直角坐标与极坐标方法精确地测定零件的长度、角度和几何形状，例如螺纹的各项参数、刀具（滚刀、铣刀、车刀、丝攻等）的角值和线值、模具的内外尺寸、样板的几何形状等等。

2. 结构

图3-22 为上海光学仪器厂生产的 19JA 型万能工具显微镜的外观结构图。显微镜光路及纵、横向投影系统光路如图 3-23 所示。

3. 使用方法

（1）准备工作。

1）仔细清洗被测零件和仪器。被测零件应在测量室中预放适当时间，使零件与仪器的温差较小，以保证测量精度稳定可靠。

2）根据需要的倍数小心地旋入相应的物镜。

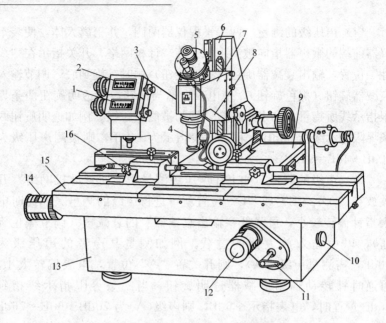

图 3-22　19JA 型万能工具显微镜

1—横向读数窗；2—纵向读数窗；3—调零手轮；4—物镜；
5—测角目镜；6—立柱；7—臂架；8—反射照明器；9—横
向滑台；10—仪器调平螺钉；11—横向锁紧手柄；12—横
向微动装置鼓轮；13—底座；14—纵向微动装置鼓轮；
15—纵向滑台；16—紧固螺钉

3) 插入目镜。

4) 接通电源，调节灯丝。

(2) 调焦和对线。调焦的目的就是能在目镜视场里同时观察到清晰的分划板刻线和物像，即它们同处在一个聚焦面上。其方法如下：

1) 先进行目镜视度调节，能在目镜视场里观察到清晰的米字刻线像。

2) 用调焦手轮移动主显微镜，使目镜视场里得到清晰的物体轮廓的像，然后移动纵、横向滑台进行对线，使物体像和米字分划板在同一平面上。

对线就是用米字刻线和被测零件影像轮廓边缘相互重叠，即

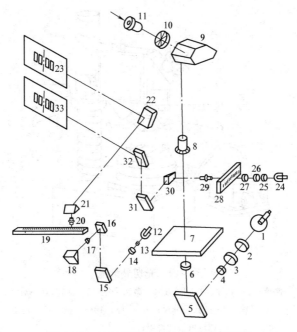

图 3-23 19JA 万能工具显微镜光学系统

主显微镜系统：1—灯；2—聚光镜；3—可变光阑；4—滤色片；5—反
　　　　　射镜；6—主聚光镜；7—工作台玻璃板；8—物镜；9—
　　　　　转像棱镜；10—分划板；11—目镜

纵向投影读数系统：12—灯；13—聚光镜；14—隔热片；15、16—反射镜；
　　　　　17—主聚光镜；18—棱镜；19—纵向毫米分划尺；20—
　　　　　投影物镜；21—棱镜；22—反射镜；23—影屏

横向投影读数系统：24—灯；25—聚光镜；26—隔热片；27—主聚光镜；
　　　　　28—横向毫米分划尺；29—投影物镜；30—棱镜；
　　　　　31、32—反射镜；33—影屏

对准。

（3）测量工作。测量的方法很多：如可采用影像法测量长度、测量角度，采用轴切法测量圆柱体直径等等。

八、表面粗糙度检测仪

1. 光切显微镜

光切显微镜是光切法测量表面粗糙度的一种常用仪器。其外观结构如图 3-24 所示。

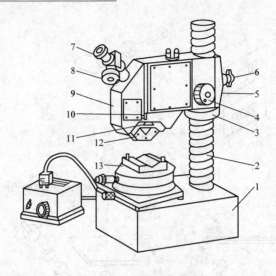

图 3-24　光切显微镜

1—底座；2—立柱；3—手轮；4—微调手轮；5—横臂；6—旋钮；

7—测微目镜；8—读数千分尺；9—壳体；10—手柄；11—物镜；

12—可换物镜组；13—工作台

　　光切显微镜的基本原理如图 3-25(a)所示。测量时转动目镜上的千分尺，使目镜分划板上十字线的水平线先后与波峰及相邻的一个波谷对齐，此间分划板沿 45°角方向移动的距离为 H，如图 3-25(b)所示。若被测表面微观不平高度为 h，则

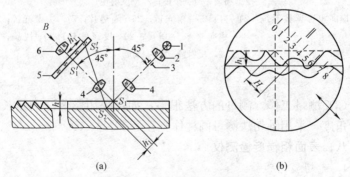

图 3-25　光切显微镜测量原理

1—光源；2—聚光镜；3—光栅；4—物镜；5—分划板；6—目镜

$$h = \frac{H\cos 45^{\circ}}{K}\cos 45^{\circ} = \frac{H}{2K}$$

令　　　　　　　　　　　　$i = \frac{1}{2K}$

则　　　　　　　　　　　　$h = iH$

式中　K——物镜的放大倍数；

　　　i——使用不同放大倍数的物镜时目镜上千分尺的分度值，它由仪器的说明书给定。

光切法的测量范围为 $0.5\sim50\mu m$，适用于 Rz 参数的评定。

2. 干涉显微镜

干涉显微镜是干涉法测量表面粗糙度的一种常用仪器。其测量原理如图 3-26(a)所示。如被测表面粗糙不平，干涉带即成弯曲形状，如图 3-26(b)所示。由测微目镜可读出相邻两干涉带的距离 a 及干涉带弯曲高度 b。被测表面微观不平度高度为

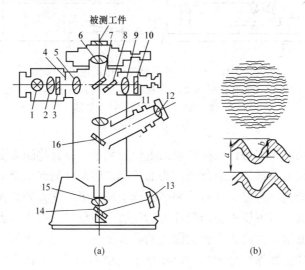

(a)　　　　　　　　　　　(b)

图 3-26　干涉显微镜

1—光源；2—聚光镜；3—滤色片；4—光栅；5—透镜；6—物镜；7—分光镜；8—补偿镜；9—物镜；10—反射镜；11—聚光镜；12—目镜；13—玻璃屏；14—反射镜；15—聚光镜；16—反射镜

$$h = \frac{b}{a} \times \frac{\lambda}{2}$$

式中 λ——光波波长。

该仪器还附有照相装置,两束光线可经过聚光镜15、反射镜14在玻璃屏13上形成干涉图像。

干涉显微镜的测量范围为 $0.03 \sim 1 \mu m$,适用于测量 Rz 参数值。

3. 电动轮廓仪

电动轮廓仪是感触法(又称针描法或轮廓法)测量表面粗糙度的一种仪器,其工作原理如图 3-27 所示。

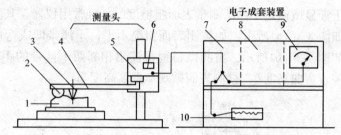

图 3-27 电动轮廓仪工作示意图

1—被测件;2—滑橇;3—触针;4—测臂;5—传感器;

6—滤波器;7—放大器;8—计算器;

9—指示器;10—记录器

使用时,用触针在被测表面上轻轻划过,触针将随表面轮廓的峰谷起伏上下摆动,通过测量头的传感器将触针的起伏摆动转换成电量的变化,再经滤波器将表面轮廓上属于形状误差和表面波度的成分滤去,留下属于表面粗糙度的轮廓曲线信号,送入放大器,并由记录器给出这段表面轮廓曲线的放大图形,同时放大器放大的信号送入计算器作积分运算,可在指示器中显示 Ra 参数值。其测量范围为 $0.01 \sim 25 \mu m$。

第四章

大型、畸形工件的划线

第一节　划　线　准　备

一、划线简介

根据图样要求，在毛坯或工件上划出零件的加工界线，这一操作称为划线。

划线不仅在毛坯表面上进行，也经常在已加工过的表面上进行。划线能使加工时有明显的尺寸界线，还能及时发现和处理不合格的毛坯，避免加工后造成损失。划线还便于复杂工件在机床上安装、找正和定位，采用借料划线可以使误差不大的毛坯得以补救。

划线分平面划线和立体划线两种。平面划线是在工件的一个表面上划线，如图 4-1 所示为在板料上的划线。立体划线是在工件几个不同表面（通常是互相垂直的表面）上都划线，如图 4-2 所示在支架箱体上划线。

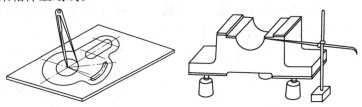

图 4-1　平面划线　　　　　图 4-2　立体划线

由于划线不可能绝对准确，通常不能依靠划线直接确定加工的最后尺寸，而应在加工中通过测量来保证尺寸的准确度。

二、划线工具

（1）划线平板。划线平板是划线的基本工具，其表面的平整性直接影响划线的质量, 如图 4-3 所示。安装时要使平面水平, 使用时要保持表面清洁, 防止杂物刺伤平面。平板各处要平均使用, 防止重物撞击平板, 避免局部起凹, 影响平整性。平板使用后应揩净, 并涂上防锈油。

(2) 划针。划针是用来划线的, 如图 4-4 所示。划针常与钢直尺、90°角尺等导向工具一起使用。划针一般用工具钢或弹簧钢丝制成, 还可焊接硬质合金后磨锐。尖端磨成 $10°\sim20°$, 并淬火。

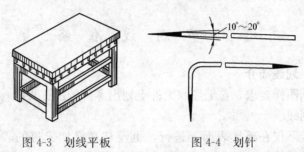

图 4-3　划线平板　　　　　　图 4-4　划针

如图 4-5 所示, 划线时尖端要紧贴导向工具移动, 上端向外侧倾斜 $15°\sim20°$, 向划线方向倾斜 $45°\sim75°$。划线时要做到一次划成, 不要重复。不用时, 最好套上塑料管以不使针尖外露。

(3) 划规。划规的作用是划圆和圆弧、等分线段、等分角度以及量取尺寸等。钳工用的划规有普通划规、弹簧划规和长划规等。划规的脚尖必须坚硬, 使用时才能在工件表面划出清晰的线条。划圆时, 作为旋转中心的一脚应加以较大的压力, 以避免中心滑动。

1) 图 4-6 所示为普通划规, 结构简单。

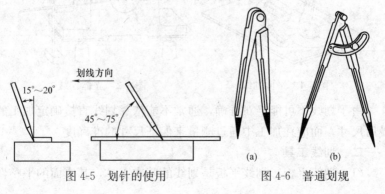

图 4-5　划针的使用　　　　　图 4-6　普通划规

2）图 4-7 所示为弹簧划规，使用时旋转调节螺母来调节尺寸，适用于在光滑面上划线。

3）图 4-8 所示为长划规，也叫滑动划规。长划规用来划大尺寸的圆，使用时在滑杆上滑动划规脚得到所需要的尺寸。

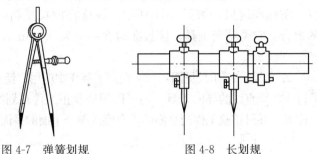

图 4-7　弹簧划规　　　　　图 4-8　长划规

（4）划线盘。划线盘一般用于立体划线和用来校正工件位置。如图 4-9 所示，它由底座、立柱、划针和夹紧螺母等组成。划针的直头端用来划线，弯头端用来找正工件的位置。划线时，划针应尽量处于水平位置，不要倾斜太大；划线盘在移动时，底座底面始终要与划线平台平面贴紧，无摇晃或跳动。使用完后，应将划针的直头端向下，处于垂直状态。

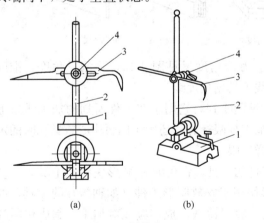

(a)　　　　　　(b)

图 4-9　划线盘
1—底座；2—立柱；3—划针；
4—夹紧螺母

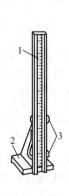

图 4-10　高度尺
1—金属直尺；2—底座；
3—螺母

299

（5）钢直尺。钢直尺是一种简单的测量工具和划线的导向工具。

（6）高度尺。如图 4-10 所示，高度尺由金属直尺 1 和底座 2 组成。将高度尺配合划线盘使用，可以确定划针在平板上的高度。

（7）游标高度尺。如图 4-11 所示，游标高度尺是高度尺和划线盘的组合，它是精密工具，读数准确度一般为 0.02mm，不允许在毛坯上划线。

（8）90°角尺。90°角尺见图 4-12，在钳工制作中应用广泛。它可作为划平行线、垂直线的导向工具，还可以用来找正工件在划线平板上的垂直位置，并可检验工件两平面的垂直度或单个平面的平面度。

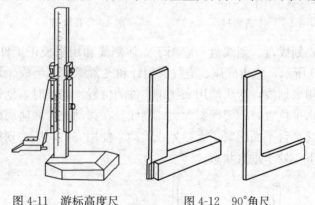

图 4-11　游标高度尺　　　　图 4-12　90°角尺

（9）万能角度尺。万能角度尺见图 4-13，除测量角度、锥度之外，还可以作为划线工具划角度线。

（10）样冲。样冲见图 4-14，它用于在工件所划的加工线条上打样冲眼，作为加强加工界限标志，还用于圆弧中心或钻孔时的定位中心打眼（称中心样冲眼）。

（11）支撑夹持工件的工具，常用的有 V 形块和千斤顶。

1）V 形块。V 形块用于安放圆形工件（如轴类）的工具，如图 4-15 所示。V 形块一般用铸铁制成，应成对加工，制成相同的尺寸，避免因尺寸不同而引起误差。

2）千斤顶。千斤顶用来支撑毛坯或不规则工件进行立体划线时使用，并可调整高度，如图 4-16 所示。使用千斤顶支承工件时

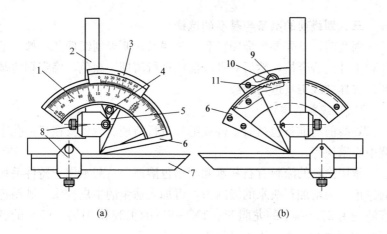

(a)　　　　　　　　(b)

图 4-13　万能角度尺

（a）正面；（b）背面

1—尺身；2—角尺；3—游标；4—制动器；5—扇形板；6—基尺；

7—直尺；8—夹块；9—捏手；10—小齿轮；11—扇形齿轮

以三个为一组，在工件较重的部分放两个千斤顶，较轻的部位放一个。工件上的支承点尽量不要选择在容易发生滑动的地方。

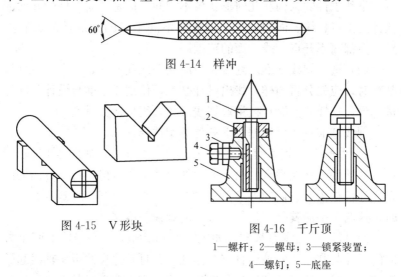

图 4-14　样冲

图 4-15　V 形块

图 4-16　千斤顶

1—螺杆；2—螺母；3—锁紧装置；

4—螺钉；5—底座

除此之外，支撑工具还有方箱、角铁等。

三、划线前的准备与基准的选择

划线前，首先要看懂图样和工艺要求，明确划线任务，检验毛坯和工件是否合格，然后对划线部位进行清理、涂色，确定划线基准，选择划线工具进行划线。

1. 划线前的准备

划线前的准备包括对工件或毛坯进行清理、涂色及在工件孔中装中心塞块等。

常用涂色的涂料有石灰水和酒精色溶液。石灰水用于铸件毛坯的涂色。为增加石灰水的吸附力，可加入适量的牛皮胶水。酒精色溶液是由 $2\%\sim4\%$ 的龙胆紫、$3\%\sim5\%$ 的虫胶和 $91\%\sim95\%$ 的酒精配制而成的，主要用于已加工表面的涂色。

2. 划线基准的选择

(1) 基准的概念。在零件图上用来确定其他点、线、面位置的基准称为设计基准。所谓划线基准，是指在划线时工件上的用来确定工件的各部分尺寸、几何形状及工件上各要素的相对位置的某些点、线或面。

虽然工件的结构和几何形状各不相同，但是任何工件的几何形状都是由点、线、面构成的。因此，不同工件的划线基准虽有差异，但都离不开点、线、面的范围。

(2) 选择划线基准。划线时，应从划线基准开始。在选择划线基准时，应先分析图样，找出设计基准，使划线基准与设计基准尽量一致，这样才能够直接量取划线尺寸，简化换算过程。

划线基准一般可根据以下三种类型选择：

1) 以两个互相垂直的平面（或线）为基准，如图 4-17(a)所示。从零件上互相垂直的两个方向的尺寸可以看出，每一方向的许多尺寸都是依照它们的外平面（在图样上是一条线）来确定的。此时，这两个平面就分别是每一方向的划线基准。

2) 以两条轴线为基准，如图 4-17(b)所示。该零件上两个方向的尺寸与其两孔的轴线具有对称性，并且其他尺寸也从轴线起始标注。此时，这两条轴线就分别是这两个方向的划线基准。

3) 以一个平面和一条中心线为基准，如图 4-17(c)所示。该工件上高度方向的尺寸是以底面为依据的，此底面就是高度方向的划线基准。而宽度方向的尺寸对称于中心线，所以中心线就是宽度方向的划线基准。

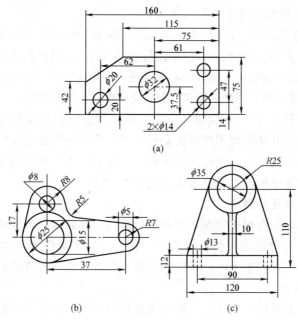

图 4-17 划线基准类型

(a) 以两个互相垂直的平面为基准；(b) 以两条轴线为基准；

(c) 以一个平面和一条中心线为基准

　　划线时在零件的每一个方向都需要选择一个基准，因此，平面划线时一般要选择两个划线基准，而立体划线时一般要选择三个划线基准。

　　(3) 复杂形状零件划线基准的选择。在对复杂形状零件划线时，应注意以下几点：

　　1) 通常比较复杂的工件往往要经过多次划线和加工才能完成，因此划线前应首先明确工件的加工工序，然后按照工艺要求选择相应的划线基准，划出本工序所应划的线。划线时，应避免所划的线被加工掉而重划和多划不需要的线。

　　2) 确定划线基准时，既要保证划线的质量，提高划线效率，

303

同时也应考虑工件放置的合理性。对较复杂工件的划线基准的选择，可按以下两个原则去考虑：

　　a）划线基准应尽量与设计基准一致。

　　b）选择较大并平直的面作为划线基面。

　　3）在选择第一个划线面（又称第一划线位置）时，应使工件上的主要中心线平行于平板，以便划出较多的尺寸线。这是因为划线工作归根结底是个确定加工部位中心的问题，一切轮廓可以说基本上是以中心线（坐标线，习惯上称它为中心线）或中心点定出的。

　　4）当在工件上划线时，应保证该工件上所有划线部位的基准是同一的。凡遇须将工件多次翻转，经几个划线位置才能将各面所需的线划出的情况，则在工件翻转后，应使原来与平板相互平行的线变成为与平板相互垂直或成一定角度的线。

四、找正和借料

立体划线在很多情况下是对铸、锻件毛坯划线，各种铸、锻件毛坯由于种种原因，会形成歪斜、偏心、各部分壁厚不均匀等缺陷。当形位误差不大时，可以通过划线找正和借料的方法补救。

1. 找正

对于毛坯件，划线前一般要先做好找正工作。找正就是利用划线工具使工件上有关的表面处于合适的位置。找正的作用如下：

（1）当毛坯上有不加工表面时，通过找正后再划线，可使待加工表面与已加工表面之间保持尺寸均匀。如图 4-18 所示的轴承座毛坯，内孔和外圆不同心，底面和上平面 A 不平行，划线前应找正。在划内孔加工线之前，应先以外圆为找正依据，用单脚规找出其中心，然后按求出的中心划出内孔的加工线，这样内孔与外圆就可达到同心要求。在划轴承座底面之前，同样应以上平面（不加工表面 A）为依据，用划线盘找正成水平位置，然后划出底面加工线，这样底座各处的厚度就比较均匀。

（2）当毛坯上没有不加工面时，找正后划线能使加工余量均匀合理分布。

2. 借料

一些铸、锻件毛坯在尺寸、形状和位置上的误差缺陷用找正后的划线方法不能补救时，可采用借料的方法。通过试划线和调整可以使各个加工面的加工余量合理分配，加工后缺陷和误差都会得到排除。如果毛坯误差超出许可范围，就不能利用借料来补救了。

借料的具体过程如下（举例说明）：

（1）图 4-19 所示的圆环，是一个锻造毛坯，其内、外圆都要加工。如果毛坯形状比较准确，就可以按图样尺寸进行划线。此时划线工作简单，如图 4-19（b）所示。现在因锻造圆环的内、外圆偏心较大，划线就不那么简单了。若按外圆找正划内孔加工线，

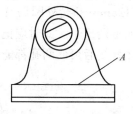

图 4-18　毛坯件的找正

则内孔有个别部分的加工余量不够，如图 4-20（a）所示；若按内圆找正划外圆加工线，则外圆个别部分的加工余量不够，如图 4-20（b）所示。只有在内孔和外圆都兼顾的情况下，适当地将圆心选在锻件内孔和外圆圆心之间的一个适当的位置上划线，才能使内孔和外圆都有足够的加工余量，如图 4-20（c）所示。这说明通过划线借料，使有误差的毛坯仍能很好地利用。当然，误差太大则无法补救。

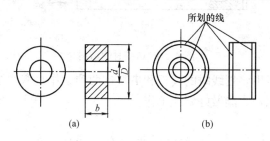

图 4-19　圆环工作图及划线

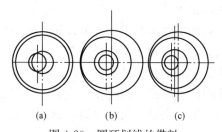

图 4-20　圆环划线的借料

(2) 图 4-21 所示为箱体毛坯划线时的借料方法。图中 A、B 两个孔的中心距要求为 $150^{+0.3}_{+0.10}$ mm，由于铸造缺陷，A 孔中心偏移了 6mm，使毛坯件的孔距只有 144mm，所以在划线时，若以 $\phi125$mm 凸台外圆划 A、B 孔的中心 [见图 4-21(a)]，A 孔就没有加工余量了。此时应把两个中心各向外借 3mm [见图 4-21(b)]，这样划线后可使两孔都能分配到加工余量，从而使毛坯得以利用。

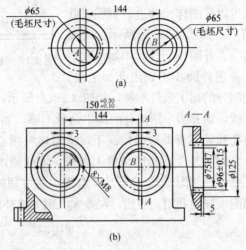

图 4-21　划线时的借料

应该指出，划线时的找正和借料这两项工作是密切结合的，只有相互兼顾，才能做好划线工作。

第二节　箱　体　划　线

一、箱体工件特点

一台机床，箱体工件占有很大比重，如 CA6140 卧式车床，有主轴箱、进给箱、溜板箱和交换齿轮箱等。

箱体工件需要加工的孔与平面很多，并且箱体上的加工平面和孔表面又是装配时的基准面。因此在划线时，不但要保证每个加工面和孔都有充分的加工余量，而且要兼顾到孔与内壁凸台的同轴度要求，以及孔与加工平面的位置关系。

二、箱体划线要点

箱体工件的划线，除按一般划线方法选择划线基准、找正、借料外，还应注意以下几点：

（1）划线前必须仔细检查毛坯质量，有严重缺陷和很大误差的毛坯，就不要勉强去划，避免出现废品和浪费较多工时。

（2）认真掌握技术要求，如对箱体工件的外观要求、精度要求和形位公差要求；分析箱体的加工部位与装配工件的相互关系，避免因划线前考虑不周而影响工件的装配质量。

（3）了解零件机械加工工艺路线，知道各加工部位应划的线与加工工艺的关系，确定划线的次数和每次要划哪些线，避免因所划的线被加工掉而重划。

（4）第一划线位置，应该是选择待加工表面和非加工表面比较重要和比较集中的位置，这样有利于划线时正确找正和及早发现毛坯的缺陷，既保证了划线质量，又可减少工件的翻转次数。

（5）箱体工件划线，一般都要准确地划出十字校正线，为划线后的刨、铣、镗、钻等加工工序提供可靠的校正依据。一般常以基准孔的轴线作为十字校正线，划在箱体的长而平直的部位，以便于提高校正的精度。

（6）第一次划出的箱体十字校正线，在经过加工以后再次划线时，必须以已加工的面作为基准面，划出新的十字校正线，以备下道工序校正。

（7）为避免和减少翻转次数，其垂直线可利用角尺或角铁一次划出。

（8）某些箱体，内壁不需加工，而且装配齿轮或其他零件的空间又较小，在划线时要特别注意找正箱体内壁，以保证加工后能顺利装配。

三、箱体划线步骤及实例

以 CA6140 型车床主轴箱为例，主轴箱是车床的重要部件之一，图 4-22 为车床主轴箱箱体图。从图中可以看出，箱体上加工的面和孔很多，而且位置精度和加工精度要求都比较高，虽然可以通过加工来保证，但在划线时对各孔间的位置精度仍应特别注意。

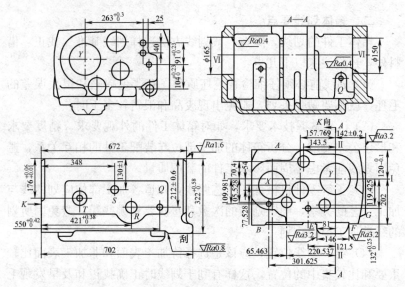

图 4-22　车床主轴箱体

该主轴箱体在一般加工条件下,划线可分为三次进行。第一次确定箱体加工面的位置,划出各平面的加工线。第二次以加工后的平面为基准,划出各孔的加工线和十字校正线。第三次划出与加工后的孔和平面尺寸有关的螺孔、油孔等加工线。

1. 第一次划线

第一次划线是在箱体毛坯件上划线,主要是合理分配箱体上每个孔和平面的加工余量,使加工后的孔壁均匀对称,为第二次划线时确定孔的正确位置奠定基础。

(1) 将箱体用三个千斤顶支承在划线平板上,如图 4-23 所示。

(2) 用划线盘找正 X、Y 孔(制动轴孔、主轴孔都是关键孔)的水平中心线及箱体的上下平面与划线平板基本平行。

(3) 用 90°角尺找正 X、Y 孔的两端面 C、D 和平面 G 与划线平板基本垂直。若差异较大,可能出现某处加工余量不足,应调整千斤顶与 A、B 的平行方向借料。

(4) 然后以 Y 孔内壁凸台的中心(在铸造误差较小的情况下,应与孔中心线基本重合)为依据,划出第一放置位置的基准线 I-I。

(5) 再依 I-I 线为依据,检查其他孔和平面在图样所要求的

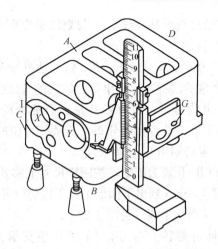

图 4-23　用三个千斤顶支承在划线平板上

相应位置上，是否都有充分的加工余量，以及在 C、D 垂直平面上，各孔周围的螺孔是否有合理的位置。一定要避免螺孔有大的偏移，如发现孔或平面的加工余量不足，都要进行借料。对加工余量进行合理调整，并重新划出 I-I 基准线。

(6) 最后以 I-I 线为基准，按图样尺寸上移 120mm 划出上表面加工线，再下移 322mm 划出底面加工线。

(7) 将箱体翻转 90°，用三个千斤顶支承，放置在划线平板上，如图 4-24 所示。

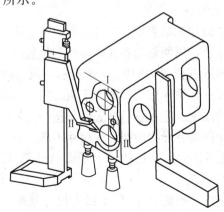

图 4-24　箱体翻转 90°支承在平板上

309

（8）用 90°角尺找正基准线 I-I 与划线平板垂直，并用划线盘找正 Y 孔两壁凸台的中心位置。

（9）再以此为依据，兼顾 E、F（储油池外壁见图 4-22）、G 平面都有加工余量的前提下，划出第二放置的基准线 II-II。

（10）以 II-II 为基准，检查各孔是否有充分的加工余量，E、F、G 平面的加工余量是否合理分布。若某一部位的误差较大，都应借料找正后，重新划出 II-II 基准线。

（11）最后以 II-II 线为依据，按图样尺寸上移 81mm 划出 E 面加工线，再下移 146mm 划出下面加工线 F，仍以 II-II 线为依据下移 142mm 划出 G 面加工线（见图 4-22）。

（12）将箱体再翻转 90°，用三个千斤顶支承在划线平板上，如图 4-25 所示。

（13）用 90°角尺找正 I-I、II-II 两条基准线与划线平板垂直。

（14）以主轴孔 Y 内壁凸台的高度为依据，兼顾 D 面加工后到 T、S、R、Q 孔的距离（确保孔对内壁凸台、肋板的偏移量不大）。划出第三放置位置的基准线 III-III，即 D 面的加工线。

（15）然后上移 672mm 划出平面 C 的加工线。

（16）检查箱体在三个放置位置上的划线是否准确，当确认无误后，冲出样冲孔，转加工工序进行平面加工。

2. 第二次划线

箱体的各平面加工结束后，在各毛孔内装紧中心塞块，并在需要划线的位置涂色，以便划出各孔中心线的位置。

（1）箱体的放置位置仍如图 4-23 所示，但不用千斤顶而是用两块平行垫铁安放在箱体底面和划线平板之间。垫铁厚度要大于储油池凸出部分的高度。应注意箱体底面与垫铁和划线平板的接触面要擦干净，避免因夹有异物而使划线尺寸不准。

（2）用高度游标卡尺从箱体的上平面 A 下移 120mm，划出主轴孔 Y 的水平位置线 I-I。

（3）再分别以上平面 A 和 I-I 线为尺寸基准，按图样的尺寸要求划出其他孔的水平位置线。

（4）将箱体翻转 90°，仍如图 4-24 所示的位置。平面 G 直接放在划线平板上。

（5）以划线平板为基准上移 142mm，用高度游标卡尺划出孔 Y 的垂直位置线（以主轴箱工作时的安放位置为基准）Ⅱ-Ⅱ。

（6）然后按图样的尺寸要求分别划出各孔的垂直位置线。

（7）将箱体翻转 90°，仍如图 4-25 所示的位置。平面 D 直接放在划线平板上。

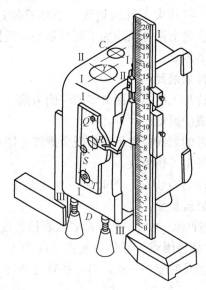

图 4-25　箱体再翻转 90°支承在平板上

（8）以划线平板为基准分别上移 180、348、421、550mm，划出孔 T、S、R、Q 的垂直位置线（以主轴箱工作时的安放位置为基准）。

（9）检查各平面内各孔的水平位置与垂直位置的尺寸是否准确；孔中心距尺寸是否有较大的误差。若发现有较大误差，应找出原因，及时纠正。

（10）分别以各孔的水平线与垂直线的交点为圆心，按各孔的加工尺寸用划规划圆，并冲出样冲孔，转机加工序进行孔加工。

3. 第三次划线

在各孔加工合格后，将箱体平稳地置于划线平板上，在需划线的部位涂色，然后以已加工平面和孔为基准，划出各有关的螺孔和油孔的加工线。

第三节　大型工件划线

大型工件是指重型机械中质量和体积都比较大的工件。重型机械的零部件的体积大，质量大，划线时吊装、翻转、找正都比较困难。因此，对于一些特大工件的划线，最好只经过一次吊装、找正，在第一划线位置上把各面的加工线都划好，既提高了工效，又解决了多次翻转的困难。

一、大型工件划线要点

(1) 应选择待加工的孔和面最多的一面为第一划线位置，减少由于翻转工件造成的困难。

(2) 大型工件的划线应有足够的安全措施，即有可靠的支承和保护措施，防止发生工伤事故。

(3) 大型工件的造价高、工时多，划线是重要依据，责任重大，下述两点更显得重要：

1) 在划线过程中，每划一条线都要认真检查校对。

2) 特别是对翻转困难、不具备复查条件的大型工件，在每划完一个部位，便需及时复查一次，对一些重要的加工尺寸尚需反复检查。

二、大型工件划线的支承基准

在大型工件的划线中，首先需要解决的就是划线用的支承基准问题，除了可以利用大型机床的工作台划线外，一般较为常用的有以下几种方法。

(1) 工件移位法。当大型工件的长度超过划线平台的三分之一时，先将工件放置在划线平台的中间位置，找正后，划出所有能够划到部位的线，然后将工件分别向左右移位，经过找正，使第一次划出的线与划线平台平行，就可划出大件左右端所有的线。

(2) 平台接长法。当大型工件的长度比划线平台略长时，则以最大的平台为基准，在工件需要划线的部位，用较长的平板或平尺，接出基准平台的外端，校正各平面之间的平行度，以及接长平台面至基准平台面之间的尺寸。然后将工件支承在基准平台面上，绝不能让工件接触接长的平板或平尺，不然由于承受压力，必将影响划线的高低尺寸和平行度，只有划线盘在这些平板和平尺上移动进行划线。

（3）导轨与平尺的调整法。此法是将大型工件放置于坚实的水泥地的调整垫铁上。用两根导轨相互平行地置于大型工件两端（导轨可用平直的工字钢或经过加工的条形铸铁等，其长度与宽度根据大型工件的尺寸、形状选用），再在两根导轨的端部靠近大型工件的两边，分别放两根平尺，并将平尺面调整成同一水平位置。对大型工件的找正、划线，都以平尺面为基准，划线盘在平尺面上移动，进行划线。

（4）水准法拼凑平台。这种方法是将大型工件置于水泥地的调整垫铁上，在大件需要划线的部位，放置相应的平台，然后用水准法校平各平台之间的平行和等高，即可进行划线。

所谓水准法，如图 4-26 所示，将盛水的桶，置于一定高度的支架上，使水通过接口、橡皮管流到标准座内带刻度的玻璃管里；再将标准座置于某一平台面上，调整平台支承的高低位置和用水平仪校正平台面的水平位置，此时玻璃管内的水平面则对准某一刻度；之后利用这一刻度和水平仪，采用同样方法，依次校正其他平台面使与第一次校正的平台面平行和等高。

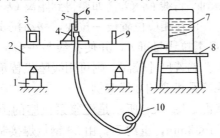

图 4-26　水准法拼凑大型平台的方法

1—可调支承座；2—中间平台；3—水平仪；4—标准座；

5—玻璃管；6—刻度线；7—水桶；8—支架；

9—水平仪；10—橡皮管

三、特大型工件划线的拉线与吊线法

拉线与吊线法适用于特大工件的划线，它只需经过一次吊装、找正，就能完成整个工件的划线，解决了多次翻转的难题。

拉线与吊线法原理如图 4-27 所示，这种方法是采用拉线（$\phi 0.5\text{mm} \sim \phi 1.5\text{mm}$ 的钢丝，通过拉线支架和线坠拉成的直线）、吊线（尼龙线，用 $30°$ 锥体线坠吊直）、线坠、角尺和钢直尺互相配合通过投影来引线的方法。

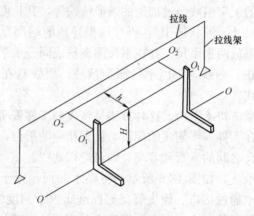

图 4-27　拉线与吊线法原理

若在平台面上设一基准直线 $O\text{-}O$，将两个角尺上的测量面对准 $O\text{-}O$，用钢直尺在两个角尺上量取同一高度 H，再用拉线或直尺连接二点，即可得到平行线 $O_1\text{-}O_1$。如要得到距离 $O_1\text{-}O_1$ 线尺寸为 h 的平行线 $O_2\text{-}O_2$，可在相应位置设一拉线，移动拉线，用钢直尺在两个角尺的 H 点至拉线量准 h，并使拉线与平台面平行，即可获得平行线 $O_2\text{-}O_2$。倘若尺寸较高，则可用线坠代替角尺。

四、大型泥浆泵机座的划线实例

（1）结构状况。图 4-28 所示是泥浆泵机座的图样，其外形尺寸为 3876mm×1652mm，重约 7t，由 20 钢板焊接制成，有焊接变形的可能。

（2）划线要求。划底平面的加工线、宽度 1652mm 轴承孔两端面的加工线、$3 \times \phi 368\text{mm}$ 的镗孔线、1532.5mm 的止口线及机盖贴合面的加工线等。

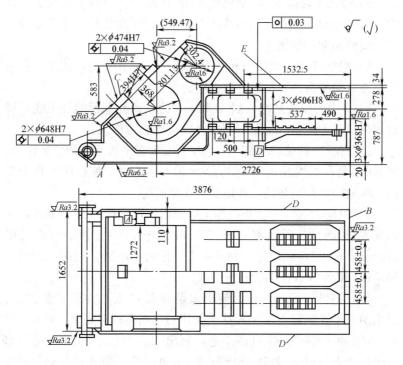

图 4-28 泥浆泵机座

（3）划线步骤：

1）将机座 A 面放置在拼接平板三个调整垫铁上（垫铁设置在 $2 \times \phi 648mm$ 孔处各安放一个，在 $\phi 368mm$ 孔处放置一个）。调整垫铁使 $\phi 648mm$ 两孔和 $3 \times \phi 368mm$ 孔中心（借料求中心）基本在水平位置，加放辅助调整垫铁。

2）在 $2 \times \phi 648mm$，$2 \times \phi 474mm$、$3 \times \phi 368mm$ 毛坯孔内放置划线用中心垫块。

3）用划线盘划出孔 $\phi 648H7$ 和 $\phi 368H7$ 机座的中心线，并以中心线为基准作 $787mm$ 的基座底面加工线，同时划出 $2 \times \phi 648H7$ 及 $3 \times \phi 368H7$ 孔上、下镗孔方框线。

4）以中心线为基准，以尺寸 $583mm$，划出 $2 \times \phi 474H7$ 孔的中心线，并划出 $\phi 474H7$ 孔的上、下镗孔方框线。

315

5) 将机座转位 90°，使机座 D 面放置在三个调整垫铁上。粗调 F 面上平面与划线平板台面平行，并用 90°角尺校正底平面加工线，加放辅助调整垫铁。

6) 根据(110+1272)mm 尺寸和 ϕ368H7 孔中心，使左、右两端中心点与平板台面平行，划机座的中心线。

7) 以中心线为基准，划 1652mm 两轴承孔端面的加工线；同时划出(458±0.1)mm 及 3×ϕ368H7 的镗孔方框线。

8) 将机座转位 90°吊起，使 B 面安放在平板三个调整垫铁上，用 90°角尺和垂线校正 E 面和 D 面垂直中心线，使机座垂直于平板，加放辅助调整垫铁，并用安全支架固定。

9) 根据 1532.5mm 止口加工线划出机座前端 B 的加工线，并以前端 B 面加工线为基准作 2726mm、ϕ48H7 孔的中心线及以 2726mm→49.7mm 尺寸，划 ϕ474H7 孔的中心线，同时划出 2×ϕ648H7 和 2×ϕ474H7 镗孔方框线。

10) 将机座吊起转位，使机盖贴合面 C 安放在调整垫铁上。另用两只千斤顶斜支撑在 E 面上并用行车吊位确保安全，找正 2×ϕ648H7 和 2×ϕ474H7 孔的中心，划出 302.4mm、368mm 尺寸加工线。以两孔中心为基准分别用 90°角尺找正划出 2×ϕ474H7、2×ϕ648H7 镗孔加工线和 394H7 的加工线。

11) 复检各划线尺寸并作样冲标记；拆除各轴承孔的中心垫块。

五、挖掘机动臂的划线实例

(1) 结构状况。挖掘机动臂(见图 4-29)由 Q345(16Mn)钢板焊接制成，全长 5.7m 左右，弯形箱式结构件，重约 1.4t，有焊接变形可能。

(2) 划线要求。划 R2030mm、R5500mm 及 2396mm、3890mm 尺寸的孔 A、B、C 加工线。

(3) 划线注意事项：

1) 挖掘机动臂由于其狭长弯曲，工件孔距较大，划线定位不易，应注意采取安全措施。

2) 由于孔距较大，专用划规应设计得轻巧方便并能有一定的

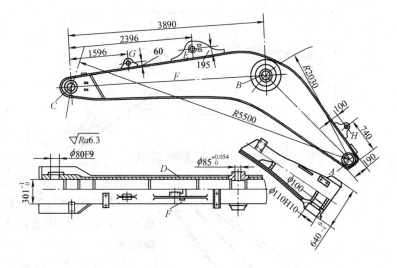

图 4-29　挖掘机动臂

调整量。

　　3）动臂外形中间大，两端延伸部分成斜度，不能以外形求取中心线（中心线不在居中），只能以孔的中心为基准。

　　4）动臂件系焊接件，因此有可能出现变形。确定孔为划线基准时，在预钻孔时应先对工件变形情况有所了解，并进行适当的借料后才能钻工艺孔，避免误差集中在某一孔中，引起外观疵点。

　　（4）划线步骤：

　　1）涂白漆。

　　2）以孔 A 外缘凸台为依托，用划规划出孔 A 中心。

　　3）钻孔 A 工艺孔。

　　4）将动臂 D 面安放在拼接平板上（见图 4-30），以孔 A 为基准（预先加工好的工艺孔），插入专用划线规，划 F 面孔 B 的 R2030mm 圆弧。

　　5）以孔 A 为基准，插入专用划线规，划出 F 面孔 C 的 R5500mm 圆弧。

　　6）以孔 B、孔 C 外缘凸台为依托，划出孔 B、孔 C 的中心交点，使孔 B、孔 C 两中心满足尺寸 3890mm 的要求。

　　7）将动臂孔 C 处用行车吊起（见图 4-31），用 90°角尺校对 F

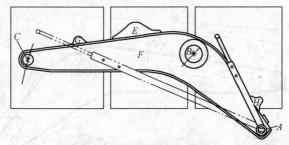

图 4-30　动臂下面的划线

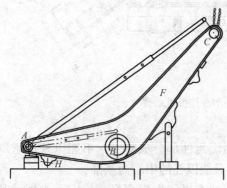

图 4-31　动臂孔 B、孔 C 的划线

面，调整动臂使 F 面孔 A、孔 B 中心点与平板台面平行，将动臂用角铁支撑固定。

8）划 F 面、D 面孔 A、孔 B 与平板台面平行的中心连线。

9）划孔 H 尺寸100mm 和 740mm 的十字线。

10）以孔 A 为基准，插入专用划线规，划出 D 面孔 B 的 R2030mm 圆弧。

11）以孔 A 为基准，插入专用划线规，划 D 面孔 C 的 R5500mm 的圆弧。

12）将动臂用平行车吊起（见图 4-32），放置在平板调整垫铁上，调整动臂下面孔 B、孔 C 与平板台面平行，并认真用 90°角尺

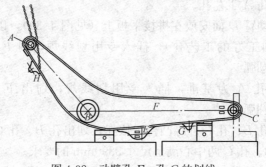

图 4-32　动臂孔 E、孔 G 的划线

校对 F 面。

13）划出 F 面、D 面孔 C、孔 B 的中心与平台台面的平行线。

14）划出孔 E、孔 C 与动臂顶面的尺寸 195mm 和 60mm 线。

15）以孔 C 中心点为基准，借用 90°角尺划出孔 E、孔 G 的 2396mm 及 1596mm 尺寸线。

16）划各孔的圆加工线。

17）复检各尺寸，用样冲等距冲出各加工线及圆弧交接点。

第四节　畸形工件的划线

所谓畸形工件，就是指形状奇特的工件。在生产中畸形工件很少，形状复杂奇特的毛坯一般都是经铸造或锻造方法生产出来的。畸形工件由不同的曲线组成，在工件上没有可供支承的平面，使划线中的找正、借料和翻转都比其他类型的工件困难。

一、畸形工件的划线要点

1. 基准的选择

畸形工件由于形状奇特，在划线前，特别要注意应根据工件的装配位置、工件的加工特点及其与其他工件的配合关系，来确定合理的划线基准，以保证加工后能满足装配的要求。一般情况下，是以其设计时的中心线或主要表面作为划线时的基准。

2. 安放位置

由于畸形工件表面不规则也不平整，故直接采用千斤顶三点支承或安放在平台上一般都不太方便，适应不了畸形工件的特殊情况。为保证划线的准确性和顺利进行，可以利用一些辅助工具，例如将带孔的工件穿在心轴上；带圆弧面的工件支持在 V 形块上；某些畸形工件固定在方箱上、角铁上或三爪自定心卡盘等工具上。

3. 畸形工件划线工艺要点

（1）划线的尺寸基准应与设计基准一致，否则会增加划线的尺寸误差和尺寸几何计算的复杂性，影响划线质量和效率。

（2）工件的安置基面应与设计基面一致，同时考虑到畸形工件的特点，划线时往往要借助于某些夹具或辅助工具来进行校正。

（3）正确借料。由于其形状奇特不规则，划线时更需要重视借料这一环节。

（4）合理选择支承点。划线时，畸形工件的重心位置一般很难确定。即使工件重心或工件与专用划线夹具的组合重心落在支承面内，往往也需加上相应的辅助支承，以确保安全。

二、传动机架的划线

下面以畸形工件传动机架为例说明其划线步骤，如图 4-33 所示，该工件形状奇特，其中 φ40mm 孔的中心线与 φ75mm 孔的中心线成 45°夹角，而且其交点在空间，不在工件本体上。故划线时要采用辅助基准和辅助工具。

1. 传动机架图样的工艺分析

图 4-33 所示是传动机架的零件图，由于两孔的交点在空间，

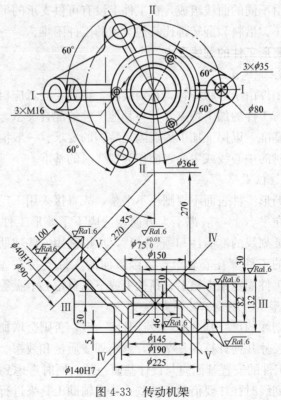

图 4-33　传动机架

给划线尺寸控制带来一定的难度。为此，划线时需要划出辅助基准线，在辅助夹具的帮助下才能完成。为了尽可能减少安装次数，在一次安装中尽可能多地划出所有加工尺寸线，可利用三角函数解尺寸链的方法来减少安装次数。

2. 划线步骤

（1）用角铁紧固工件。图 4-34（a）所示，将工件先预紧在角铁上，用划线盘找出 A、B、C 三个中心点（应在一条直线上），并用角铁检查上、下两个凸台，使其与平台面垂直。然后把工件和角铁一起转 $90°$，使角铁的大平面与平台面平行。以 $\phi150mm$ 凸台下的不加工平面为依据，用划线盘找正，使其与平台面平行。如不平行，可用模铁垫在 $\phi225mm$ 凸台与角铁大平面之间进行调整。经过以上找正后用角铁紧固工件。

（2）划第一划线位置。如图 4-34（a）所示，经 A、B、C 三点划出中心线Ⅰ—Ⅰ（基准），然后按尺寸 $a+\dfrac{364}{2}\cos30°$ 和 $a-\dfrac{364}{2}\cos30°$ 分别划出上、下两 $\phi35mm$ 孔的中心线。

（3）划第二划线位置。如图 4-34（b）所示，根据各凸台外圆找正后划出 $\phi75mm$ 孔的中心线Ⅱ—Ⅱ（基准），再按尺寸 $b+\dfrac{364}{2}\sin30°$ 和 $b-\dfrac{364}{2}\sin30°$ 分别划出上、下共三个 $\phi35mm$ 孔的中心线。

（4）划第三划线位置线。如图 4-34（c）所示，根据工件中部厚度 30mm 和各凸台两端的加工余量找正后划出中心线Ⅲ—Ⅲ（基准），再按尺寸 $c+\dfrac{132}{2}$ 和 $c-\dfrac{132}{2}$，分别划出中部 $\phi150mm$ 凸台的两端面加工线；按尺寸 $c+\dfrac{132}{2}-30-82$ 分别划出三个 $\phi80mm$ 凸台的两端面加工线。基准Ⅱ—Ⅱ与Ⅲ—Ⅲ相交得交点 A。

（5）划第四划线位置。如图 4-34（d）所示，将角铁斜放，用角度规或万能角度尺测量，使角铁与平台面成 $45°$ 倾角。通过交点 A，划出辅助基准Ⅳ—Ⅳ，再按尺寸 $\left(270+\dfrac{132}{2}\right)\sin45°=237.6$ 划出

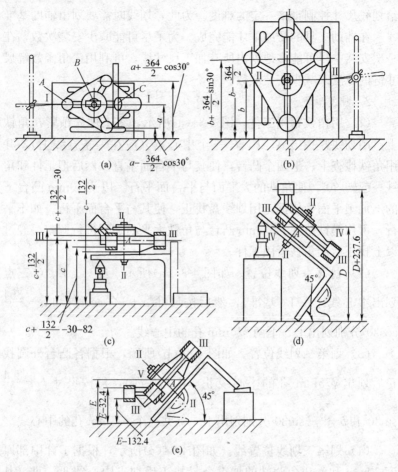

图 4-34 传动机架划线

$\phi40\text{mm}$ 孔的中心线，此中心线与已划的 Ⅰ—Ⅰ 中心线相交的点，即为 $\phi40\text{mm}$ 孔的圆心。

（6）划第五划线位置线。如图 4-34(e)所示，将角铁向另一方向成 45°斜放，通过交点 A，划出第二辅助基准线 Ⅴ—Ⅴ，再按尺寸 $E-\left[270-\left(270+\dfrac{132}{2}\right)\sin45°\right]-100=E-132.4$ 划出 $\phi40\text{mm}$ 孔下端面的加工线。

（7）定圆心划圆周加工线。从角铁上卸下工件，在 $\phi75\text{mm}$ 孔

和 ϕ145mm 孔内装入中心塞块，用直尺将已划的中心线连接后，便可在中心塞块上得到相交的圆心。用圆规划出各孔的圆周加工线。

三、凸轮的划线

凸轮机构是机械自动控制的重要元件之一，广泛地应用在各式各样的自动机械和自动机床上。凸轮容易磨损，需要经常更换，凸轮的划线是机修钳工必须掌握的一项基本技能。

1. 凸轮种类

如图 4-35 所示，根据凸轮形状不同，大致分为三类，即盘形凸轮、圆柱凸轮和块状凸轮。

（1）盘形凸轮。如图 4-35(a)～(f) 所示，凸轮的形状为盘形，其从动件沿凸轮轮廓曲线作径向直线往复运动或摆动。它是凸轮机构中最基本的型式。

1）图 4-35(a)、(b)、(c) 所示属于外接凸轮，其从动件在回复时多半靠弹簧的力量或自重而运动。

2）图 4-35(d) 属于内接凸轮，又称为平面沟槽凸轮，其从动件的往复运动完全由凸轮控制。

3）图 4-35(e)、(f) 是两种共轭凸轮，即从动件上的两个转子与凸轮轮廓始终保持接触，从动件的往复运动也完全由凸轮控制。

在上述各种盘形凸轮中，外接凸轮加工简单，应用广泛，内接凸轮与共轭凸轮加工较困难，主要在高速凸轮机构中应用。

（2）圆柱凸轮。如图 4-35(g)、(h) 所示，凸轮的形状为圆柱形，其从动件沿凸轮轮廓曲线作轴向直线往复运动。

（3）块状凸轮。如图 4-35(i)、(j) 所示，凸块镶拼在支承盘或板面上，可以调整中心距离，凸轮作往复移动或摆动，其从动件沿凸轮轮廓曲线也作相应地往复移动或摆动。

2. 凸轮机构的组成

凸轮机构一般由凸轮、从动件和支架组成。

（1）凸轮。通过凸轮，可以使从动件获得周期性的预期运动，使凸轮机构按照人们所设计的程序进行工作。

（2）从动件。凸轮机构的从动件，就其形状大致可分为尖端从动件 [如图 4-35(i) 所示]、平底从动件 [如图 4-35(c) 所示] 和转子从动

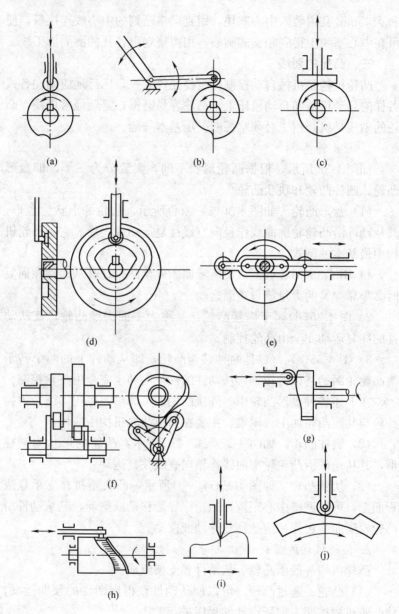

图 4-35 凸轮的分类

(a) ～ (f) 盘形凸轮；(g)、(h) 圆柱凸轮；(i)、(j) 块状凸轮

件[如图 4-35(a)、(b)、(d)、(e)、(f)、(g)、(h)、(j)所示]三类。转子从动件是最常用的一种型式，其余两类易磨损，应用较少。

（3）机架。机架是支承凸轮和从动件的。凸轮机构不同，机架也不同。

3. 凸轮的基本要素

凸轮虽有各种类型，但它的各部分名称是相同的，如图 4-36 所示。

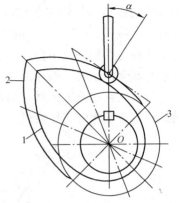

（1）工作曲线。凸轮与从动件直接接触的那个面叫工作曲线。

（2）理论曲线。在平面接触和尖端接触的凸轮中，理论曲线就等于工作曲线；在滚子接触的

图 4-36　凸轮的各部分名称
1—工作曲线；2—理论曲线；3—基圆

凸轮中，与工作曲线相距为滚子半径并与工作曲线等距的曲线，叫作理论曲线。

（3）基圆。以凸轮 O 为圆心，O 到理论曲线距离最近的线段为半径作圆，这个圆叫作基圆。

（4）压力角 α。从动件受力方向与运动方向之间的夹角，叫作压力角，用 α 表示。

（5）动作角和行程。使从动件每产生一动作，凸轮所转过的角度叫作动作角；每转过一动作角，从动件所移动的距离叫作行程。

4. 工作曲线分类

凸轮的工作曲线是根据从动件的动作来设计的，经常用到的有等速运动曲线等加速（或等减速）运动曲线、余弦加速度运动（简谐运动）曲线以及正弦加速度运动曲线等。其中，等速运动曲线最简单，常用于各种进给机构；后两种运动曲线常用于各种高速凸轮机构，它们的凸轮轮廓曲线比较复杂，故不作详细论述。

（1）等速运动曲线。图 4-37(a)所示为等速运动规律的工作曲线。凸轮转过的动作角相等，从动件移动的距离也相等。$0°\sim180°$ 为工作行程；$180°\sim360°$ 为返回行程。

（2）等加速运动（或等减速运动）曲线。图 4-37(b)所示为等加速（或等减速）运动规律的工作曲线。这种曲线是指在凸轮转过相等的动作角时行程按 1∶3∶5∶7…的比例增大，待转到一定角度时，又按…7∶5∶3∶1 的比例减小。这种工作曲线的凸轮机构的工作稳定性较好，不会像等速运动曲线的凸轮在速度突然增大或减小时，会产生明显的冲击。

（3）余弦加速度运动（简谐运动）曲线。图 4-37(c)所示为简谐运动规律变化的工作曲线。

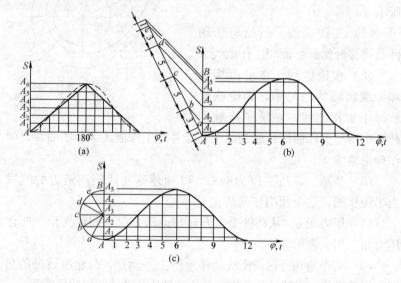

图 4-37　凸轮的工作曲线

（a）等速运动曲线；（b）等加速（或等减速）运动曲线；

（c）余弦加速度运动曲线

5. 机修中凸轮划线的基本方法

在机修过程中，当凸轮损坏或磨损严重需要更换，无备件也无零件图时，就需要首先测绘原凸轮轮廓曲线（工作曲线）。方法有分度法和拓印法两种。

（1）分度法。图 4-38 所示为在铣床分度头（或光学分度头）上划线配合千分表进行测绘端面凸轮工作曲线的情况，有些凸轮，如圆柱凸轮，在坐标镗床进行测绘更方便。这种方法所测绘出的凸轮轮廓比较准确。但尽管如此，所绘出的凸轮轮廓仍需进一步校正。

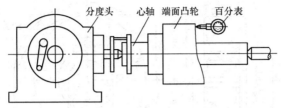

图 4-38 用分度头测量凸轮轮廓

（2）拓印法。这种方法即把凸轮轮廓复印到纸面上。但这样绘出的凸轮轮廓不够准确，更需对所测得的凸轮轮廓进行校正。

6. 划线要点

划线要点主要有以下四条：

（1）凸轮划线要准（确）、清（晰），曲线连接要滑平，无用辅助线要去掉，突出加工线为主。

（2）凸轮曲线的公切点（如过渡圆弧的切点），明确标记于线中，才能方便机加工；曲线的起始点、装配 O 线等，也要明确标清楚。

（3）样冲孔须冲正，使其落在线正中，这样方便检查也容易加工。

（4）精度要求高的凸轮曲线，尚需经过装配、调整和钳工修整，直至准确才定型，划线时要看清工艺，留有一定余量为修整。

7. 划线步骤

图 4-39 所示为铲齿车床所用的等速上升曲线凸轮，即阿基米德螺旋线凸轮。划线前工件外圆为 $\phi 82\text{mm}$，其余部位都已加工到成品尺寸。其划线步骤如下：

（1）分析图样，装卡工件。选择划线的尺寸基准为锥孔和键槽，放置基准为锥孔。按孔配作一根锥度心轴，先将其夹在分度头的三爪自定心卡盘中校正，再安装工件。

（2）划中心十字线。其中一条应是键槽中心线，取其为 O 位，即凸轮曲线的最小半径处。

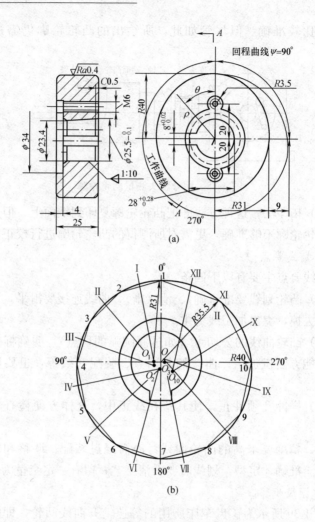

图 4-39　等速运动曲线凸轮的划法

(a) 铲齿车床交换凸轮工件；(b) 凸轮曲线的划法

(3) 划分度射线。将 270°工作曲线分成若干等份。等份数越多，划线精度越高。在此，取 9 等份，每等份占 30°角。从 0°开始，分度头每转过 30°，划一条射线，共划 10 条分度射线。此外，在下降曲线的等分中点再划一条射线。

(4) 定曲率半径。工作曲线总上升量是 9mm，因此每隔 30°应上升 1mm。先将工件的 O 位转至最高点，用高度尺在射线 1 上截取 $R_1 = 31$mm，得 1 点，依次类推，直至在射线 10 上截取 $R_{10} = 40$mm，得第 10 点。然后，在回程曲线的射线 11 上，截取 $R35.5$mm，得第 11 点。

（5）连接凸轮曲线。取下工件，用曲线板逐点连接 1～10 各点得到工作曲线，再连接 10、11、1 三点，得回程曲线。注意连线时，曲线板应与工件曲线的曲率变化方向一致，每一段弧至少应有三点与曲线板重合，以保证曲线的连接圆滑准确。

（6）冲样孔。在加工线上冲样孔，并去掉不必要的辅助线，着重突出加工线。凸轮曲线的起始点应明确作出标记。

第五章

机械加工工艺

 第一节 机械加工工艺基础

一、工艺规程的制订

(一)加工方法的选择

零件表面的加工方法,首先取决于加工表面的技术要求。这些技术要求还包括由于基准不重合而提高对某些表面的加工要求,由于被作为精基准而可能对其提出更高的加工要求。根据各加工表面的技术要求,先选择能保证该要求的最终加工方法,然后确定各工序、工步的加工方法。

选择加工方法应考虑每种加工方法的加工经济精度范围,材料的性质及可加工性,工件的结构形状和尺寸大小、生产率要求,工厂或车间的现有设备和技术条件。

(二)加工顺序的确定

1. 加工阶段的划分

按加工性质和作用的不同,工艺过程一般可划分为粗加工阶段、半精加工阶段、精加工阶段和光整加工阶段。

下列情况可以不划分加工阶段:①加工质量要求不高、工件刚度足够,毛坯质量高和加工余量小,如自动机床上加工的零件;②装夹、运输不便的重型零件,在一次装夹中完成粗加工和精加工,但需在粗加工后,重新以较小的夹紧力夹紧。

2. 机械加工顺序的安排

(1)对于形状复杂、尺寸较大的毛坯或尺寸偏差较大的毛坯,应首先安排划线工序,为精基准加工提供找正基准。

（2）按"先基面后其他"的顺序，首先加工精基准面。

（3）在重要表面加工前应对精基准面进行修正。

（4）按"先主后次、先粗后精"的顺序，对精度要求较高的各主要表面进行粗加工、半精加工和精加工。

（5）对于和主要表面有位置精度要求的次要表面，应安排在主要表面加工之后加工。

（6）对于易出现废品的工序，精加工和光整加工可适当提前，而一般情况主要表面的精加工和光整加工应放在最后阶段进行。

3. 热处理工序的安排

（1）退火与正火均属于毛坯预备热处理，应安排在机械加工之前进行。

（2）时效是为了消除残余应力。对于尺寸大、结构复杂的铸件，需在粗加工前、后各安排一次时效处理；对于一般铸件，在铸造后或粗加工后安排一次时效处理；对于精度要求较高的铸件，在半精加工前后各安排一次时效处理；对于精度高、刚度差的零件，在粗车、粗磨、半精磨后各需安排一次时效处理。

（3）淬火后工件硬度提高且易变形，应安排在精加工阶段的磨削加工前进行。

（4）渗碳易产生变形，应安排在精加工前进行。为控制渗碳层厚度，渗碳前需要安排半精加工。

（5）渗氮一般安排在工艺过程的后部、该表面的最终加工之前。氮化处理前应调质。

4. 辅助工序的安排

（1）中间检验一般安排在粗加工全部结束之后、精加工之前，送往外车间加工的前后（特别是热处理前后），花费工时较多和重要工序的前后。

（2）特种检验有 X 射线、超声波探伤等，多用于工种材料内部质量的检验，一般安排在工艺过程的开始。荧光检验、磁力探伤主要用于表面质量的检验，通常安排在精加工阶段。荧光检验如用于检查毛坯的裂纹，则安排在加工前。

（3）表面处理有电镀、涂层、氧化、阳极化等工序，一般安排在工艺过程的最后进行。

5. 工序的组合

工序的组合可采用工序分散或工序集中的原则。

(1) 工序分散的特点是工序多，工艺过程长，每个工序所包含的加工内容很少，极端情况下每个工序只有一个工步。所使用的工艺设备与装备比较简单，易于调整和掌握，有利于选用合理的切削用量，减少基本时间。设备数量多，生产面积大、设备投资少，易于更换产品。

(2) 工序集中的特点是零件各个表面的加工集中在少数几个工序内完成，每个工序的内容和工步都较多。有利于采用高效的专用设备和工艺装备，生产率高，生产计划和生产组织工作得到简化。生产面积和操作工人数量减少，工件装夹次数减少，辅助时间缩短，加工表面之间的位置精度易于保证。设备、工装投资大，调整、维护复杂、生产准备工作量大，更换新产品困难。

工序的分散和集中程度必须根据生产规模、零件的结构特点和技术要求、机床设备等具体生产条件综合分析确定。

二、基准及其选择

定位基准在最初的工序中是铸造、锻造或轧制等得到的表面，这种未经加工的基准称为粗基准。用粗基准定位加工出光洁的表面以后，就应该用加工过的表面作以后工序的定位表面。加工过的基准称为精基准。为了便于装夹和易于获得所需的加工精度，在工件上特意作出的定位表面称为辅助基准。

1. 粗基准的选择

(1) 如果必须首先保证工件上加工表面与不加工表面之间的位置要求，应以不加工表面作为粗基准。如果在工件上有很多不需加工表面，则以其中与加工面的位置精度要求较高的表面作为粗基准。

(2) 如果必须首先保证工件某重要表面的余量均匀，应选择该表面作粗基准。

(3) 选作粗基准的表面，应平整，没有浇口、冒口或飞边等缺陷，以便定位可靠。

（4）粗基准一般只能使用一次，特别是主要定位基准，以免产生较大的位置误差。

2. 精基准的选择

（1）用工序基准作为精基准，实现"基准重合"，以免产生基准不重合误差。

（2）当工件以某一组精基准定位可以较方便地加工其他各表面时，应尽可能在多数工序中采用此组精基准定位，实现"基准统一"，以减少工装设计制造费用，提高生产率，避免基准转换误差。

（3）当精加工或光整加工工序要求余量尽量小而均匀时，应选择加工表面本身作为精基准，即遵循"自为基准"原则。该加工表面与其他表面间的位置精度要求由先行工序保证。

（4）为了获得均匀的加工余量或较高的位置精度，可遵循互为基准、反复加工的原则。

三、加工余量的确定

1. 加工总余量和工序余量

加工总余量（毛坯余量）是毛坯尺寸与零件图的设计尺寸之差。

工序余量是相邻两工序的尺寸之差。

加工总余量 A_0 与工序余量 A_i 的关系为

$$A_0 = \sum_{i=1}^{n} A_i \qquad (5\text{-}1)$$

式中　n——工序或工步数目。

2. 基本余量

毛坯基本尺寸与零件图上的基本尺寸之差，相邻两工序的基本尺寸之差，称为基本余量，以 A_{0j} 与 A_{ij} 表示。

3. 单面余量和双面余量

对于内孔、外圆等回转表面，单面余量是指相邻两工序的半径差，双面余量是指相邻两工序的直径差；对于平面加工，单面余量是指以一个表面为基准，加工一个表面时相邻两工序的尺寸差。双面余量是指以加工表面的对称平面为基准，同时加工两面时相邻两工序的尺寸差。一般来说，对于回转表面，系指双面（直径）余

333

量；对于平面，系指单面余量，分别以 $2A$ 与 A 表示。

4. 最大余量、最小余量、余量公差

工序尺寸的公差，一般规定按"入体"原则标注。对于外表面，最大极限尺寸就是基本尺寸；对于内表面，最小极限尺寸就是基本尺寸。

由于各工序（工步）尺寸有公差，所以加工余量不是一个固定值，有最大余量、最小余量之分，余量的变化范围称为余量公差。

最大余量、最小余量的计算有极值计算法和误差复映计算法两种。试切法加工时，通常采用极值计算法；调整法加工时，采用误差复映计算法较为适宜。

（1）极值计算法。根据极值法原理（图 5-1），对于外表面加工，最大余量是上工序的最大极限尺寸与本工序的最小极限尺寸之差。最小余量是上工序的最小极限尺寸与本工序的最大极限尺寸之差。内表面加工则相反。

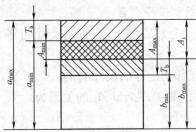

图 5-1　极值法工序尺寸、余量关系图

对于外表面加工

$$A_{\max} = a_{\max} - b_{\min} = A_j + T_b \tag{5-2}$$

$$A_{\min} = a_{\min} - b_{\max} = A_j - T_a \tag{5-3}$$

$$T_A = A_{\max} - A_{\min} = a_{\max} - b_{\min} + b_{\max} - a_{\min} = T_a + T_b \tag{5-4}$$

对于外圆加工

$$2A_{\max} = d_{a\max} - d_{b\min} = 2A_j + T_b \tag{5-5}$$

$$2A_{\min} = d_{a\min} - d_{b\max} = 2A_j - T_a \tag{5-6}$$

$$2T_A = T_a + T_b \tag{5-7}$$

对于内表面加工

$$A_{max} = b_{max} - a_{min} = A_j + T_b \tag{5-8}$$

$$A_{min} = b_{min} - a_{max} = A_j - T_a \tag{5-9}$$

$$T_A = A_{max} - A_{min} = b_{max} - a_{min} + a_{max} - b_{min} = T_a + T_b \tag{5-10}$$

对于内圆加工

$$2A_{max} = D_{bmax} - D_{amin} = 2A_j + T_b \tag{5-11}$$

$$2A_{min} = D_{bmin} - D_{amax} = 2A_j - T_a \tag{5-12}$$

$$2T_A = T_a + T_b \tag{5-13}$$

式(5-2)～式(5-13)中　A_{max}、A_{min}——本工序最大、最小单面余量；

T_A——本工序单面余量公差；

a_{max}、d_{amax}、D_{amax}——上工序最大极限尺寸；

a_{min}、d_{amin}、D_{amin}——上工序最小极限尺寸；

b_{max}、d_{bmax}、D_{bmax}——本工序最大极限尺寸；

b_{min}、d_{bmin}、D_{bmin}——本工序最小极限尺寸；

T_a、T_b——上工序、本工序尺寸公差，
对于回转表面指直径公差。

无论内、外表面，余量公差均等于上工序尺寸公差与本工序尺寸工序公差之和。

（2）误差复映计算法。根据误差复映规律，当上工序的工序尺寸是最大时，本工序将是最大尺寸，反之亦然，如图 5-2 和图 5-3所示。

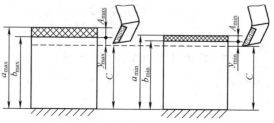

图 5-2　加工外表面时最大、最小余量

C—工序调整尺寸；y_{max}、y_{min}—工艺系统弹性变形量

335

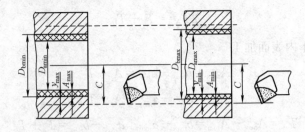

图 5-3 加工内表面时最大、最小余量

C—工序调整尺寸；y_{max}、y_{min}—工艺系统弹性变形量

对外表面加工

$$A_{max} = a_{max} - b_{max} \tag{5-14}$$

$$A_{min} = a_{min} - b_{min} \tag{5-15}$$

对内表面加工

$$A_{max} = b_{min} - a_{min} \tag{5-16}$$

$$A_{min} = b_{max} - a_{max} \tag{5-17}$$

对外圆加工

$$2A_{max} = d_{amax} - d_{bmax} \tag{5-18}$$

$$2A_{min} = d_{amin} - d_{bmin} \tag{5-19}$$

对内孔加工

$$2A_{max} = D_{bmin} - D_{amin} \tag{5-20}$$

$$2A_{min} = D_{bmax} - D_{amax} \tag{5-21}$$

根据偏差入体原则，误差复映法计算的最大余量就是基本余量。余量公差与工序尺寸公差的关系为

对于外表面加工

$$A_j = A_{max} = a_{max} - b_{max} = (a_{min} + T_a) - (a_{max} + T_b)$$

$$= A_{min} + T_a - T_b \tag{5-22}$$

$$T_A = A_{max} - A_{min} = T_a - T_b \tag{5-23}$$

对于内表面加工

$$A_j = A_{max} = b_{min} - a_{min}$$

$$= (b_{max} - T_b) - (a_{max} - T_a) = A_{min} + T_a - T_b \tag{5-24}$$

$$T_A = A_{max} - A_{min} = T_a - T_b \tag{5-25}$$

对于外圆加工

$$2A_j = 2A_{max} = d_{amax} - d_{bmax} = 2A_{min} + T_a - T_b \qquad (5\text{-}26)$$

$$2T_A = T_a - T_b \qquad (5\text{-}27)$$

对于内孔加工

$$2A_j = 2A_{max} = D_{bmin} - D_{amin} = 2A_{min} + T_a - T_b \qquad (5\text{-}28)$$

$$2T_A = T_a - T_b \qquad (5\text{-}29)$$

四、机床工艺装备的选择

1. 机床的选择

（1）机床的加工尺寸范围应与零件的外廓尺寸相适应。

（2）机床的工作精度应与工序要求的精度相适应。

（3）机床的生产率应与零件的生产类型相适应。

（4）机床的选择应考虑车间现有设备条件，改装设备或设计专用机床。

2. 工艺装备的选择

（1）夹具的选择。在单件小批量生产中，应尽量选用通用夹具和组合夹具；在大批大量生产中，应根据工序加工要求设计制造专用夹具。

（2）刀具的选择。这主要取决于工序所采用的加工方法、加工表面的尺寸、工件材料、所要求的加工精度和表面粗糙度、生产率及经济性等。一般应尽可能采用标准刀具，必要时采用高生产率的复合刀具及其他专用刀具。

（3）量具的选择。这主要根据生产类型和要求检验的精度。在单件、小批生产中，应尽量采用通用量具量仪；在大批大量生产中，应采用各种量规和高生产率的检验仪器和检验夹具等。

第二节 机械加工精度与加工误差

一、加工精度

1. 加工精度的基本概念

机械加工精度（简称加工精度）即零件在加工后的几何参数（尺寸、几何形状和表面间相互位置）的实际值与理论值相符合的程度。符合的程度愈高,加工精度也愈高。反之,符合的程度愈差,精度愈低。

研究加工精度的目的,是研究各种工艺因素对加工精度的影响及其规律,从而找出减小加工误差,提高加工精度的途径。

2. 影响加工精度的因素

机械加工中,由机床—夹具—刀具—工件组成的工艺系统,在完成一个加工过程时,有许多误差因素影响零件的加工精度。工艺系统的各种误差,一部分与工艺系统本身的结构状态有关,另一部分与切削过程有关。由于切削加工过程中存在切削力、切削热、切削摩擦等因素作用,使工艺系统产生受力变形和受热变形、刀具磨损、内应力变化等,影响工件与刀具在调整中获得的相对位置精度,引起种种加工误差。这类在加工过程中产生的原始误差,称为工艺系统的动误差。相对应的,在加工之前就已经存在的机床、刀具、夹具本身的制造误差、安装误差等则称为工艺系统的静误差。

二、加工误差

加工误差是指加工后零件的实际几何参数(尺寸、形状和相互位置)对理想几何参数的偏离程度。加工误差是表示加工精度高低的一个数量指标,一个零件的加工误差越小,加工精度就越高。

工艺系统中的各种误差,在不同的加工条件下将造成零件不同程度的加工误差。研究加工精度时,通常按照工艺系统误差的性质将其归纳为以下四个方面。

1. 工艺系统的几何误差

加工误差的产生是由于在加工前和加工过程中,工艺系统存在很多误差因素,统称为原始误差。原始误差主要包括以下内容:

(1)原理误差。采用近似的加工运动或近似的刀具轮廓而产生的误差即为原理误差,如用成形铣刀加工锥齿轮、用车削方法加正多边形工件等。

(2)装夹误差。定位误差与夹紧误差之和就是装夹误差。定位误差与定位方法有关,包括定位基准与设计基准不重合引起的基准不重合误差及定位副制造不准确等引起的基准位置误差。

(3)测量误差。测量误差是与量具、量仪的测量原理、制造精度、测量条件（温度、湿度、振动、测量力、清洁度等）以及测量技术水平等有关的误差。

（4）调整误差。调整的作用是使刀具与工件之间达到正确的相对位置。试切法加工时的调整误差主要取决于测量误差、机床的进给误差和工艺系统的受力变形。调整法加工时的调整误差，除上述因素外，还与调整方法有关。采用定程机构调整时，与行程挡块、靠模、凸轮等机构的制造误差、安装误差、磨损以及电、液、气动控制元件的工作性能有关。采用样板、样件、对刀块、导套等调整，则与它们的制造、安装误差、磨损以及调整时的测量误差有关。

（5）夹具的制造、安装误差与磨损。机床夹具上定位元件、导向元件、对刀元件、分度机构、夹具体等的加工与装配误差以及它们的耐磨损性能，对零件的加工精度有直接影响。夹具的精度要求，应根据工件的加工精度要求确定。

（6）刀具的制造误差与磨损。刀具对加工精度的影响，随刀具种类的不同而不同。

1）采用定尺寸刀具加工时，刀具的尺寸误差将直接影响工件的尺寸精度。此外，这类刀具还可能产生扩切现象，一般情况为正扩切，即工件尺寸比刀具尺寸大。但在刀具钝化、加工余量过小、工件壁薄易变形时，则产生负扩切，即工件尺寸比刀具尺寸小。

2）采用成形刀具加工时，刀具的形状误差、安装误差将直接影响工件的形状精度。

3）刀具展成加工时，刀具切削刃的几何形状及有关尺寸的误差，也会直接影响加工精度。

4）对于车、镗、铣等一般刀具，其制造误差对工件精度无直接影响，但刀具磨损后，对工件的尺寸精度及形状精度也将有一定影响。

（7）工件误差。加工前工件或毛坯上待加工表面本身有形状误差或与其有关表面之间有位置误差，也都会造成加工后该表面本身及其与其他有关表面之间的加工误差。

（8）机床误差。机床的制造、安装误差以及长期使用后的磨损是造成加工误差的主要原始误差因素。机床误差主要由主轴回转误差、导轨导向误差、内传动链的传动误差及主轴、导轨等的位置关系误差所组成。

1）主轴回转误差是指主轴实际回转轴线相对理论回转轴线的漂移。主轴回转误差会造成加工零件的形位误差及表面波度和粗糙。

2）导轨导向误差是机床导轨副运动件实际运动方向与理论运动方向的差值。导轨导向误差会造成加工表面的形状与位置误差。导轨副的不均匀磨损、机床水平调整不良或地基下沉，都会增加导向误差。

3）机床传动误差是刀具与工件之间速比关系误差。对于车、磨、铣削螺纹，滚、插、磨（展成法磨齿）齿轮等加工，机床传动误差会影响分度精度，造成加工表面的形状误差。

4）机床主轴、导轨等的位置关系误差，将使加工表面产生形状与位置误差。

2. 工艺系统的受力变形所引起的误差

工艺系统在切削力、传动力、重力、惯性力等外力作用下产生变形，破坏了刀具与工件间的正确相对位置，造成加工误差。工艺系统变形的大小与工艺系统的刚度有关。

3. 工艺系统的热变形所引起的误差

机械加工中，工艺系统受切削热、摩擦热、环境温度、辐射热等的影响将产生变形；工件和刀具的正确相对位置遭到破坏，引起切削运动、背吃刀量及切削力的变化，会造成加工误差。

对于精加工、大型零件加工、自动化加工，热变形引起的加工误差占总加工误差的比例很大，严重影响加工精度。

4. 工件内应力变化所引起的误差

在没有外力作用下或去除外力后，工件内仍存留的应力称残余应力。具有残余应力的零件，其内部组织的平衡状态极不稳定，有恢复到无应力状态的强烈倾向。残余应力完全松弛，零件将发生翘曲变形而丧失其原有的加工精度。残余应力超过一定限度的毛坯或半成品，加工时原有的平衡条件被破坏，残余应力重新分布，使工件达不到预期的加工精度。

上述各种误差因素，在机械加工过程中将对加工精度产生综合性作用。加工条件不同，误差构成不一，不是在任何加工中所有误差因素都会同时出现。因此，在分析生产中的加工精度问题时，必须根据具体情况具体分析，找出产生加工误差的主要因素，采取有效的补救或预防措施来提高零件的加工精度。

三、保证加工精度的工艺措施

1. 直接减少误差法

直接减少误差法是生产中应用较广的一种基本方法，它是在查明产生加工误差的主要因素之后，设法对其直接进行消除或减少。

如车削细长轴时，由于受力和热的影响，使工件产生弯曲变形。工件弯曲变形后，在高速回转下，由于离心力的作用，更加剧了弯曲变形，并引起振动。工件在切削热的作用下必然产生热伸长，若卡盘和尾座顶尖之间的距离又是固定的，则工件在轴向没有伸缩的余地，因此也产生轴向力，加剧了工件的弯曲变形[见图 5-4(a)]。

为了消除和减小上述原始误差，可以采取以下措施：

（1）采用反向进给的切削方法。如图 5-4(b)所示，进给方向由卡盘指向尾座，这样轴向力 F_x 对工件的作用（从卡盘到切削所在点的一段）是拉伸而不是压缩，同时尾座应用弹性回转顶尖，既可

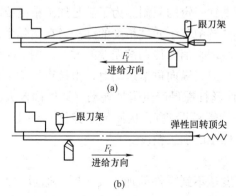

图 5-4 正向进给和反向进给车削细长轴的比较

(a) 正向进给时 F_f 对细长轴起压缩作用；

(b) 反向进给时 F_f 对细长轴起拉伸作用

解决轴向切削力 F_x 把工件从切削点到尾座顶尖间的压弯问题，又可消除热伸长而引起的弯曲变形。

（2）采用大进给量反向切削和大的主偏角车刀，增大了 F_x 力，工件在强有力的拉伸作用下，还能消除径向的颤动，使切削平稳。

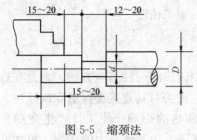

图 5-5　缩颈法

（3）在卡盘一端的工件上车出一个缩颈部分，缩颈直径 $d \approx D/2$（D 为工件坯料的直径）工件在缩颈部分的直径减小了，则柔性就增加了（见图5-5），从而起到自位作用，消除了由于坯料本身的弯曲而在卡盘强制夹持下轴心线随之歪斜的影响。

通过上述的几项措施，可以直接消除或减小细长轴在车削加工时的弯曲变形所带来的加工误差。

2. 误差补偿法

误差补偿法，即人为地造出一种新的原始误差，去抵消原来工艺系统中固有的原始误差，从而达到减少加工误差，提高加工精度的目的，如用校正机构提高丝杠车床传动链精度。在精密螺纹加工中，机床传动链误差将直接反映到被加工零件的螺距上，使精密丝杠的加工精度受到一定的限制。为了满足加工精度要求，不能采取一味地提高传动链中各个元件精度的办法。在实际生产中广泛应用了以误差补偿原理来消除传动链误差的方法。图 5-6 所示为螺纹加工校正装置，当刀架纵向进给运动时，由校正尺 5 工作表面使杠杆 4 产生位移并使丝杠螺母产生附加转动（即以误差大小相等、方向相反的转动补偿螺距误差），从而使车刀恢复到要求的进给速度，确保加工零件螺距的加工精度。

3. 误差转移法

在机床精度达不到零件的加工要求时，通过误差转移的方法，能够用一般精度的机床加工高精度的零件。如镗床镗孔时，孔系的位置精度和孔间距的尺寸精度都依靠镗模和镗杆的精度来保证，镗杆与机床主轴之间采用挠性连接传动，使机床误差与加工精度

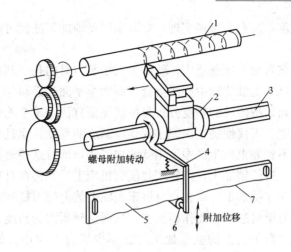

图 5-6　螺纹加工校正装置
1—工件；2—丝杠螺母；3—车床丝杠；4—杠杆；
5—校正尺；6—滚柱；7—工作尺面

无关。

对具有分度或转位的多工位加工工序或采用转位刀架加工的工序，其分度、转位误差将直接影响零件有关表面的加工精度。若将刀具安装到定位的非敏感方向，则可大大减少其影响，如图 5-7 所示。它可使六角刀架转位时的重复定位误差 $\pm\Delta\alpha$ 转移到零件内孔加工表面的误差非敏感方向，以减少加工误差，提高加工精度。

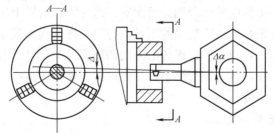

图 5-7　刀具转位误差的转移

4. 就地加工法

在加工和装配中，有些精度问题牵涉到很多零部件内的相互关系，相当复杂。如果单纯地提高零部件的精度来满足设计要求，有

343

时不仅困难，甚至不可能实现。此时采用就地加工法就可解决这种难题。

例如在六角车床制造中，转塔上六个装刀具的孔，其轴心线必须保证与机床主轴旋转中心线重合，而六个平面又必须与主轴中心线垂直。如果按传统的精度分析与精度保证方法，单个地确定各自的制造精度，不仅使加工误差小到难以制造的程度，而且装配后的精度更达不到要求。生产中采用就地加工法，即对这些重要表面在装配之前不进行精加工，待转塔装配到机床上后，再在自身机床上对这些表面作精加工，即在自身机床主轴上装上镗刀杆和能作径向进给的小刀架对这些表面作精加工，从而达到所需的精度。

这种"自干自"的就地加工法在不少场合中应用。如龙门刨床、牛头刨床，为了使它们的工作台面分别对横梁和滑枕保持平行的位置关系，装配后在自身机床上进行"自刨自"的精加工。平面磨床的工作台面也是在装配后作"自磨自"的最终加工。此外，在车床上修正花盘平面的平面度和修正卡爪与主轴的同轴度等，也都是在自身机床上"自车自"或"自磨自"。

5. 误差分组法

在成批生产条件下，对配合精度要求很高的配合中，当不可能用提高加工精度的方法来获得时，则可采用误差分组法。这种方法是先对配偶件进行逐一测量，并按一定的尺寸间隔分成相等数目的组，然后再按相应的组分别进行配对。这种方法实质上用提高测量精度的手段来弥补加工精度的不足，每组毛坯的误差就缩小为原来的 $1/n$（n 为组数），然后按各组分别调整刀具与工件的相对位置或调整定位元件，就可大大缩小整批工件的误差分散范围，从而提高零件的加工精度。

6. 误差平均法

对配合精度要求很高的轴和孔，常采用研磨方法来达到要求。研具本身并不要求具有高的精度，但它却能在和工件相对运动中对工件进行微量切削，最终达到很高的精度。这种表面间相对研擦和磨损的过程，也就是误差相互比较和相互消除的过程，称为"误差平均法"。

利用"误差平均法"制造精密零件，在机械加工行业由来已久。在没有精密机床的时代，利用这种方法，制造出的精密平板，平面度达几微米。这样高的精度，是利用"三块平板的合研"的"误差平均法"刮研出来的。像平板一类的"基准"工具，如 90°角尺、万能角度尺、多棱体、分度盘及标准丝杠等高精度量具和工具，至今还采用"误差平均法"来制造。

7. 控制误差法

从原始误差的性质来看，常值系统性误差是比较容易解决的，只要测量出误差值，就可以应用误差补偿的方法来达到消除或减小误差的目的。对于变值系统性误差，就不是用一种带固定的补偿量所能解决的。于是在生产中采用了可变补偿的方法，即在加工过程中采用积极控制办法。积极控制有三种形式：

（1）主动测量：在加工过程中随时测量出工件的实际尺寸（或形状及位置精度），随时给刀具以附加的补偿量，以控制刀具和工件间的位置，直至工件的尺寸的实际值与调定值的差值不超过符合预定的公差为止。现代机械加工中的自动测量和自动补偿就属于这种形式。

（2）偶件配合加工：将互配件中的一件作为基准，去控制另一件的加工精度，在加工过程中自动测量工件的实际尺寸，并和基准件的尺寸比较，直至达到规定的公差值时，机床自动停止加工，从而保证偶件间的配合精度。

（3）积极控制起决定性作用的加工条件：在一些复杂精密零件的加工中，不可能对工件的主要精度参数直接进行主动测量和控制，这时，应对影响误差起决定性作用的加工条件进行积极控制，把误差控制在最小的范围以内。精密螺纹磨床的自动恒温控制就是这种积极控制形式的突出实例。

第三节　机械加工表面质量

一、表面质量的内容

机械零件的加工质量，除了加工精度外，还有表面质量。机械加工的表面质量是指零件加工后的表面层状态，它是判定零件质量优劣的重要依据。机械零件的失效，大多是由于零件的磨损、腐蚀或疲劳破坏等所致，而磨损、腐蚀、疲劳等破坏都是从零件表面开始的。由此可见，零件表面质量将直接影响零件的工作性能，尤其是可靠性和寿命。因此，研究影响表面质量的工艺因素及变化规律，提高机械加工的表面质量，对保证产品质量与性能具有重要意义。表面质量主要有以下两方面内容：

（1）表面的微观几何特征，即表面粗糙度和表面波纹度。

（2）表面层物理力学性能，主要是指表面层加工硬化（冷作硬化）、表面层金相组织的变化和表面层残余应力三个方面。

二、影响加工表面粗糙度的因素

（一）切削加工影响表面粗糙度的因素

1. 刀刃在工件表面留下的残留面积

刀刃在被加工表面上残留的面积越大，获得的表面将越粗糙。用单刃刀具切削时，残留面积只与进给量 f、刀尖圆弧半径 r_ε 及刀具的主偏角 k_r、副偏角 k_r' 有关，如图 5-8 所示。

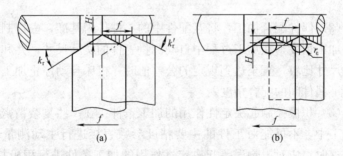

图 5-8　切削层残留面积

（a）尖刀切削；（b）刀尖带圆弧半径 r_ε 的切削

减小进给量 f，减小刀具的主、副偏角，增大刀尖圆弧半径，都能减小残留面积的高度 H，也就降低了零件的表面粗糙度。

进给量 f 对表面粗糙度影响较大，当 f 值较低时，有利于表面粗糙度的降低。减小刀具的主、副偏角，均有利于表面粗糙度的降低。一般在精加工时，刀具的主、副偏角对表面粗糙度的影响较小。

2. 工件材料的性质

塑性材料与脆性材料对表面粗糙度都有较大的影响。

（1）积屑瘤的影响（塑性材料）。在一定的切削速度范围内加工塑性材料时，由于前刀面的挤压和摩擦作用，使切屑的底层金属流动缓慢而形成滞流层，此时切屑上的一些小颗粒就会粘附在前刀面上的刀尖处，形成硬度很高的糊状物，称为积屑瘤，如图 5-9 所示。

积屑瘤的硬度可达工件硬度的 $2\sim3.5$ 倍，它可代替切削刃进行切削。由于积屑瘤的存在，使刀具上的几何角度发生了变化，切削厚度也随之增大，因此，将会在已加工表面上切出沟槽。积屑瘤生成以后，当切屑与积屑瘤的摩擦大于积屑瘤与刀面的冷焊强度或受到振动、冲击时，积屑瘤会脱落，又会逐渐形成新的积屑瘤。由此可见，积屑瘤的生成、长大和脱落，使切削发生波动，并严重影响工件的表面质量。脱落的积屑瘤碎片，还会在工件的已加工表面上形成硬点。因此，积屑瘤是增大表面粗糙度的不可忽视的因素。

（2）鳞刺的影响。在已加工表面产生的鳞片状毛刺，称作鳞刺，如图 5-10 所示。鳞刺也是增大表面粗糙度的一个重要因素。

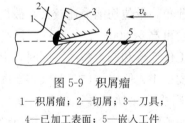 

图 5-9　积屑瘤　　　　　图 5-10　鳞刺

1—积屑瘤；2—切屑；3—刀具；

4—已加工表面；5—嵌入工件

表面的积屑瘤

形成鳞刺的原因有：

1）由于机械加工系统的振动所引起。

2）由于切屑在前刀面上的摩擦和冷焊作用，使切屑在前刀面上产生周期性停留，从而挤拉已加工表面。这种挤拉作用严重时会使表面出现撕裂现象。

（3）脆性材料。在加工脆性材料时，切屑呈不规则的碎粒状，加工表面往往出现微粒崩碎痕迹,留下许多麻点,增大了表面粗糙度。

3. 切削用量

选择不同的切削参数对表面粗糙度影响较大。在一定的速度范围内,如用中、低速(一般 $1 < v_c < 80\text{m/min}$)加工塑性材料,容易形成积屑瘤或鳞刺。

此外,当背吃刀量或进给量很小且刀刃不够锋利时,刀刃易在工件表面打滑,增大表面粗糙度。

4. 工艺系统的高频振动

工艺系统的高频振动,使工件和刀尖的相对位置发生微幅振动,使表面粗糙度加大。

5. 切削液

切削液在加工过程中具有冷却、润滑和清洗作用,能降低切削温度和减轻前、后刀面与工件的摩擦,从而减少切削过程中的塑性变形并抑制积屑瘤和鳞刺的生长,对降低表面粗糙度有很大作用。

(二)磨削加工影响表面粗糙度的因素

磨削时,磨削速度很高,砂轮表面有无数颗磨粒,每颗磨粒相当于一个刀刃。磨粒大多为负前角,单位切削力比较大,故切削温度很高,磨削点附近的瞬时温度可高达 $800 \sim 1000\text{℃}$。这样高的温度常引起被磨削表面烧伤,使工件变形和产生裂纹。同时,由于磨粒大多数为负前角,且磨削厚度很小,所以,加工时大多数磨粒只在工件表面挤压而过,工件材料受到多次挤压,反复出现塑性变形。磨削时的高温,更加剧表面塑性变形,造成表面粗糙值增大。

影响磨削表面粗糙度的因素很多,主要有:砂轮的线速度 v_c,工件的线速度 v_n,纵向、横向进给量 f(见图 5-11),砂轮的性质及工件材料等。

1. 砂轮的线速度

随着砂轮线速度的增加,在同一时间里参与切削的磨粒数也增加,每颗磨粒切去的金属厚度减少,残留面积也减小,而且高速磨削可减少材料的塑性变形,使表面粗糙度值降低。

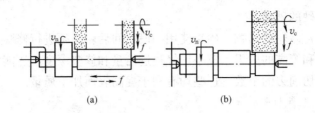

图 5-11 磨削运动

(a) 纵磨法；(b) 横磨法

2. 工件的线速度

在其他磨削条件不变的情况下，随着工件线速度的降低，每颗磨粒每次接触工件时切削厚度减少，残留面积也小，因而表面粗糙度值降低。但工件线速度过低时，工件与砂轮接触的时间长，传到工件上的热量增多，甚至会造成工件表面金属微熔，反而使表面粗糙度值增加，而且还增加表面烧伤的可能性。因此，通常取工件线速度等于砂轮线速度的 1/60。

3. 进给量

采用纵磨法磨削时，随纵向进给量的增加，表面粗糙度值也增加；采用横向磨削时，增加横向进给量会增大表面粗糙度值。

光磨是无进给量磨削，是提高磨削表面质量的重要手段之一。光磨次数多，表面粗糙度值低。砂轮的粒度越细，光磨的效果就越好。

4. 砂轮的性质

砂轮的粒度、硬度及修整等对表面粗糙度影响较大。

（1）砂轮的粒度。粒度越细，则砂轮单位面积上的磨粒越多，每颗磨粒切去的金属厚度越小，刻痕也细，表面粗糙度值就低。

（2）砂轮的硬度。砂轮太软，则磨粒易脱落，有利于保持砂轮的锋利，但很难保证砂轮表面微刃的等高性。砂轮如果太硬，磨钝了的磨粒不易脱落，会加剧与工件表面的挤压和摩擦作用，造成工件表面温度升高，塑性变形加大，并且还容易使工件产生表面烧伤。所以，砂轮的硬度以适宜为好，主要根据工件的材料和硬度进行选择。通常，工件硬度较高，选择较软的砂轮；工件硬度较低，选择较硬的砂轮。

(3) 砂轮的修整。砂轮使用一段时间后就必须进行修整，以获得锋利和等高的微刃。较小地修整进给量和修整深度，还能大大增加砂轮切削刃的个数。这些均有利于提高表面加工质量。

5. 工件材料

工件材料的性质对表面粗糙度影响较大，太硬、太软、太韧的材料都不容易磨光。这是因为材料太硬时，磨粒很快钝化，从而失去切削能力；材料太软时砂轮又很容易被堵塞；而韧性太大且导热性差的材料又容易使磨粒早期崩落。这些都不利于获得低的表面粗糙度。

此外，切削液的选择与净化、磨床的性能、操作人员的技能水平等对磨削表面粗糙度均有不同程度的影响，也是不可忽视的因素。

三、加工硬化和残余应力

1. 表面层的加工硬化

(1) 加工硬化产生的原因。机械加工中，加工表面层在力的作用下，经受了复杂的塑性变形，使金属的晶格发生扭曲。晶粒拉长、破碎，阻碍了金属的进一步变形而使金属强化，硬度和强度显著提高的现象称为冷作硬化。已加工表面除了受力变形外，还受到切削温度的影响。切削温度（低于 A_{C1} 点时）将使金属弱化，更高的温度将引起相变。因此已加工表面的，硬度就是这种强化、弱化、相变作用的综合结果。当塑性变形起主导作用时，已加工表面就硬化；当切削温度起主导作用时，还需视相变的温度而定；如磨削淬火钢引起退火，则表面硬度降低引起软化；但在充分冷却的条件下，再次淬火而出现硬化。各种机械加工方法加工钢件后的表面层的冷作硬化情况见表 5-1。

表 5-1　　　各种加工方法形成的表面层的冷作硬化情况

加 工 方 法	冷硬程度 N （%）	冷硬深度 h （μm）
	平均值	平均值
车削	120～150	30～50
面铣	140～160	40～100

加 工 方 法	冷硬程度 N（%）	冷硬深度 h（μm）
	平均值	平均值
圆周铣	120～140	40～80
钻孔和扩孔	160～170	180～200
滚齿和插齿	160～200	120～150
外圆磨中碳钢	140～160	30～60
外圆磨淬硬钢	125～130	20～40
研磨	112～117	3～7

（2）加工硬化对零件使用性能的影响。经机械加工后的表面，由于加工硬化使加工表面层的显微硬度增加，如果表面粗糙度也较细，耐磨性会有所提高。加工硬化达到一定程度时，磨损量达到最小值。如果再进一步提高硬化程度，金属组织会出现过度变形，特别是当表面较粗糙时，会使磨损加剧，甚至出现裂纹、剥落，反而使耐磨性能下降。如果已加工表面层的金相组织发生变化，会改变原来的硬度，从而影响其耐磨性能。

在一定的加工表面粗糙度的条件下，加工硬化可以阻碍表面疲劳裂纹的产生和缓和已有裂纹的扩展，有利于提高疲劳强度。但加工硬化程度过高时，又可能出现较大的脆性裂纹而降低疲劳强度。因此，应控制表面层的加工硬化程度。

（3）影响加工硬化的因素：

1）刀具。刀具的刃口圆角和后面的磨损对表面层的冷作硬化有很大影响。刃口圆角和后面的磨损量越大，冷作硬化层的硬度和深度越大。

2）切削用量。在切削用量中，影响较大的是切削速度 v 和进给量 f。当 v 增大时，则表面层的硬化程度和深度都有所减小。这是由于一方面切削速度增加会使温度增高，有助于冷作硬化的回复。另一方面由于切削速度的增大，刀具与工件接触时间短，使工件的塑性变形程度减小。当进给量 f 增大时，则切削力增大，塑性变形程度也增大，因此表面层的冷作硬化现象也严重；但当 f 较小时，由于刀具的刃口圆角在加工表面上的挤压次数增多，因此表面层的冷作硬化现象也会增大。

3）被加工材料。被加工材料的硬度越低、塑性越大，则切削加工后其表面层的加工硬化现象越严重。

（4）减少表面加工硬化的措施：

1）合理选择刀具的几何参数，采用较大的前角和后角，并在刃磨时尽量减小其切削刃口圆角半径。

2）使用刀具时，应合理限制其后面的磨损程度。

3）合理选择切削用量，采用较高的切削速度和较小的进给量。

4）加工时采用有效的切削液。

2. 表面层的残余应力

残余应力是指在没有外力作用的情况下，在物体内部保持平衡而存留的应力。残余应力有残余压应力（$-\sigma$）和残余拉应力（$+\sigma$）之分。

（1）切削加工残余应力产生的原因：

1）机械应力引起的塑性变形。切削过程中，切削刃前方的工件材料受前面的挤压，使将成为已加工表面层的金属，在切削方向（沿已加工表面方向）产生压缩塑性变形。在切削后受到与之连成一体的里层未变形金属的牵制，从而在表层产生残余拉应力，里层产生残余压应力。另外，刀具的后面与已加工表面产生很大的挤压与摩擦，使表层金属产生拉伸塑性变形。刀具离开后，在里层金属的作用下，表层金属产生残余压应力，相应地里层金属产生残余拉应力。

已加工表面不仅沿切削速度方向产生残余应力 σ_v，而且沿进给方向也会产生残余应力 σ_f。在已加工表面最外层，往往是 $\sigma_v > \sigma_f$。

2）热应力引起的塑性变形。切削（磨削）时的强烈塑性变形与摩擦，使已加工表面层有很高的温度，而里层温度却很低。温度高的表层，体积膨胀，将受到里层金属的阻碍，从而使表层金属产生热应力。当热应力超过材料的屈服极限时，将使表层金属产生压缩塑性变形。切削后表层金属温度冷却至室温时，体积收缩，又受到里层金属的牵制，因而使表层金属产生残余拉应力，里层产生残余压应力。

3）相变引起的体积变化。切削（磨削）时若表层温度大于相变温度，则表层组织可能发生相变；又由于各种金相组织的体积不同，从而产生残余应力。当高速切削碳钢时，工件表面层的温度可达 600～800℃（相变温度 720℃），发生相变形成奥氏体，冷却后变为马氏体。由于马氏体的体积比奥氏体大，因而表层金属膨胀，产生残余压应力，里层产生残余拉应力。当加工淬火钢时，若表层金属产生退火，则马氏体转变为屈氏体或索氏体，体积缩小，使表层产生残余拉应力，里层产生残余压应力。

已加工表面层内出现的残余应力，是上述诸因素综合作用的结果，其大小和符号则由起主导作用的因素所决定。

（2）残余应力对零件性能的影响：

1）残余应力会引起工件变形，影响精度的稳定性。

2）残余应力影响塑性材料的屈服强度极限，致使脆性材料产生裂纹，从而降低工件的静态强度。

3）残余应力影响零件的疲劳强度，残余拉应力使疲劳强度下降，残余压应力使疲劳强度提高。

4）残余拉应力会降低零件的抗化学腐蚀性。

5）残余应力影响零件的磁性。

（3）减小残余拉应力、防止表面烧伤和裂纹的工艺措施：

1）合理选择磨削用量。减小背吃刀量可以减少工件表面的温度，故有利于减轻烧伤。增加工件速度和进给量，由于热源作用时间减少，使金相组织来不及变化，因而能减轻烧伤，但会导致表面粗糙度值增大。一般采用提高砂轮速度和较宽砂轮来弥补。

2）合理选择砂轮并及时修整。砂轮的粒度越细、硬度越高时自砺性差，则磨削温度也增高。砂轮组织太紧密时磨屑堵塞砂轮，易出现烧伤。

砂轮钝化时，大多数磨粒只在加工表面挤压和摩擦而不起切削作用，使磨削温度增高，故应及时修整砂轮。

3）改善冷却方法。采用切削液可带走磨削区的热量，避免烧

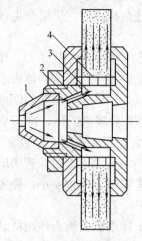

伤。常用的冷却方法效果较差，由于砂轮高速旋转时，圆周方向产生强大气流，使切削液很难进入磨削区，因此不能有效地降温。为改善冷却方法，可采用图5-12所示的内冷却砂轮。切削液从中心通入，靠离心力作用，通过砂轮内部的空隙从砂轮四周的边缘出击。因此切削液可直接进入磨削区，冷却效果甚好。但必须采用特制的多孔砂轮，并要求切削液经过仔细过滤，以免堵塞砂轮。

图 5-12　内冷却砂轮结构
1—锥形盖；2—切削液通孔；
3—砂轮中心腔；4—有径
向小孔的薄壁套

四、表面质量对零件使用性能的影响

1. 表面质量对零件耐磨性的影响

表面粗糙度对耐磨性有较大的影响。零件的耐磨性主要与摩擦副的材料、热处理状况、表面质量和润滑条件有关。当两个零件的表面互相接触时，如果表面粗糙，只是表面的凸峰相接触，实际接触面积远小于理论接触面积，因此单位面积上压力很大，破坏了润滑油膜，凸峰处出现了干摩擦。如果一个表面的凸峰嵌入另一表面的凹谷中，摩擦阻力很大，会产生弹性变形、塑性变形和剪切破坏，引起严重的磨损。在实际生产中有时并不是表面粗糙度值越低越耐磨，过于光滑的表面会挤出接触面间的润滑油，使分子之间的亲和力加强，从而产生表面冷焊、胶合，使得磨损加剧。就零件的耐磨性而言，最佳表面粗糙度值 Ra 在 $0.8\sim0.2\mu m$ 为宜。

零件表面纹理形状和纹理方向对表面耐磨性也有显著影响。在轻载荷并充分润滑的运动副中，两配合面的刀纹方向相同时，耐磨性较好；与运动方向垂直时，耐磨性最差。而在重载荷又无充分润滑的情况下，两结合表面的刀纹方向垂直时磨损较小。由此可见，重要的零件最终加工应规定最后工序的加工纹理方向。

加工硬化能提高耐磨性，但过度的硬化会使表面层产生裂纹和表面层剥落，磨损加剧，又导致耐磨性下降。

表面层金属的残余应力和金相组织的变化也会对耐磨性产生影响。

2. 表面质量对零件疲劳强度的影响

表面粗糙度值大，在交变载荷作用下，零件容易引起应力集中并扩展疲劳裂纹，造成疲劳损坏。例如，表面粗糙度值 Ra 由 $0.4\mu m$ 降低到 $0.04\mu m$ 时，对于承受交变载荷的零件，其疲劳强度可提高 $30\%\sim40\%$。表面粗糙度越大，疲劳强度也降得越低。

合理地安排加工纹理方向及零件的受力方向有利于疲劳强度的提高。残余应力与疲劳强度有极大关系。残余压应力可提高零件的疲劳强度，而残余拉应力使疲劳裂纹加剧，降低疲劳强度。带有不同残余应力表面层的零件，其疲劳寿命可相差数倍至数十倍。

适当加工硬化有助于提高零件的疲劳强度。

3. 表面质量对零件配合性质的影响

表面粗糙度大，磨合后会使间隙配合的间隙增大，降低配合精度。对于过盈配合而言，装配时配合表面的凸峰被挤平，减小了实际过盈量，降低了连接强度，从而影响了配合的可靠性。

表面加工硬化严重，将可能造成表层金属与内部金属脱离的现象，也将影响配合精度和配合质量。

残余应力过大，将引起零件变形，使零件的几何尺寸和形状改变，而破坏配合性质和配合精度。

4. 表面质量对零件接触刚度的影响

表面粗糙度大，零件之间接触面积减小，接触刚度减小；表面粗糙度小，零件的配合表面的实际接触面积大，接触刚度大。加工硬化能提高表层的硬度，增加表层的接触刚度。

机床导轨副的刮研、精密轴类零件加工时顶尖孔的修研等，都是生产中提高配合精度和接触刚度的行之有效的方法。

5. 表面质量对零件抗腐蚀性的影响

零件在介质中工作时，腐蚀性介质会对金属表层产生腐蚀作用。表面粗糙的凹谷，容易沉积腐蚀性介质而产生化学腐蚀和电化学腐蚀，如图 5-13 所示。腐蚀性

图 5-13 表面腐蚀过程

介质按箭头方向产生侵蚀作用,逐渐渗透到金属的内部,使金属层剥落、断裂,形成新的凹凸表面。然后,腐蚀又由新的凹谷向内扩展,这样重复下去,使工件表面遭到严重的破坏。表面光洁的零件,凹谷较浅,沉积腐蚀性介质的条件差,不太容易被腐蚀。

凡是零件表面存在残余拉应力,都将降低零件的耐腐蚀性;而零件表层存在残余压应力和一定程度的强化,都有利于提高零件的抗腐蚀能力。

另外,表面质量好能提高密封性能,降低相对运动零件的摩擦因数,减少发热和功率消耗,减少设备的噪声等。

第四节 机械制造新工艺与新设备的应用

一、成组技术简介

1. 概述

成组技术是在长期生产实践中总结出来的一种高效率的先进技术。

(1) 传统小批量生产方式的缺点:

1) 产量小,生产周期长,限制了生产中先进技术的采用,因而生产率低。

2) 生产准备工作量大。

3) 生产计划、组织管理复杂化。

鉴于上述情况,与大批大量生产相比,小批量生产的技术水平和经济效益都是很低的。如果能将小批量生产转化为批量较大的生产,就能较好地解决这一矛盾。成组技术便是解决这一问题的一种手段。

(2) 零件的相似原理和成组技术。机械产品中零件间的相似性是客观存在的,且遵循一定的分布规律。大量的统计资料表明,各种机械产品的组成零件大致可以分为复杂件(或特殊件)、相似件和简单件三大类,而其中相似件(如各种轴、套、法兰盘、齿轮等)约占零件总数的70%。这些相似件之间在结构形状和加工工艺方面存在着大量的相似特征。

成组技术是研究和利用有关事物中的相似性,将多种产品中品种众多的零件，按一定的相似性准则分类编组以形成零件组，把同一零件组中诸零件原先分散的小的批量汇集成较大的成组生产量。这样就把原先的多品种转化为少品种，小批量转化为大批量，并以这些组为基础，组织生产的各个环节，从而实现多品种中小批量的产品设计。使制造和管理合理化，从而克服了传统小批量生产方式的缺点，使小批量生产能获得接近大批量生产的技术经济效果。

2. 零件分类编码技术

（1）零件分类编码的作用。零件分类编码系统是将零件进行分类编码的一种工具，它是成组技术的重要组成部分，也是实施成组技术的重要手段。因此在实施成组技术的过程中，必须首先建立相应的零件分类编码系统，然后应用这个编码系统使零件的有关信息代码化。据此对零件进行分类分组，以便进一步以成组的方式组织生产。

零件的分类编码反映零件固有的名称、功能、结构、形状和工艺特征等信息。分类码对于每种零件而言不是唯一的，即不同的零件可以拥有相同的或接近的分类码，因此就能划分出结构相似或工艺相似的零件组来。

目前世界各国已制定了几十种编码系统，我国已制定了机械工业成组技术分类编码系统（JLBM-1系统）。

（2）JLBM-1分类编码系统。JLBM-1系统是我国原机械工业部组织制定并批准施行的成组技术的指导性技术文件。它采用主码和辅码分段的混合式结构，由15个码位组成，见表5-2。

该系统的一、二码位表示零件的名称类别，它采用零件的功能和名称作为标志，以便于设计部分检索。但由于零件的名称极不统一，同名的零件可能其结构形状截然不同，不同名的零件可能有相似的结构形状，因此为防止混乱，在分类前必须先对企业的零件名称进行标准化和统一。

为了增加分类标志的容量，一、二码位的特征码采用矩阵表的形式，这样用两个横向码便可提供若干个纵向分类环节，见表5-3。

三～九码位是形状及加工码，分别表示回转体零件的外部形状、内部形状、平面、孔及其加工与辅助加工的种类，见表5-4。

表 5-2　　　　　JLBM-1 系统

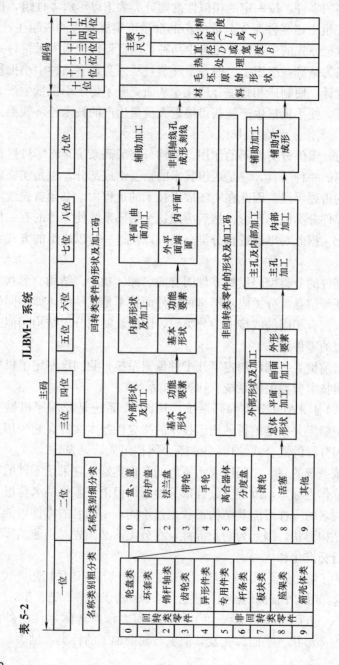

表 5-3　名称类别矩阵表（第一、二位）

一位 ＼ 二位		0	1	2	3	4	5	6	7	8	9
0	轮盘类	盘、盖	防护盖	法兰盘	带轮	手轮捏手	离合器器体	分度盘、刻度盘、环	滚轮	活塞	其他
1	环套类	垫圈片	环、套	螺母	衬套、轴套	外螺纹套、直管接头	法兰套	半联轴器	液压缸、气缸		其他
2	回转类零件　销杆轴类	销、堵、短圆柱	圆杆、圆管	螺杆、螺栓、螺钉	阀杆、阀芯、活塞杆	短轴	长轴	蜗杆、丝杠	手把、手柄、操纵杆		其他
3	齿轮类	圆柱外齿轮	圆柱内齿轮	锥齿轮	蜗轮	链轮、棘轮	螺旋锥齿轮	复合齿轮	圆柱齿条		其他
4	异形件	异形盘套	弯管接头、弯头	偏心件	扇形件、弓形件	叉形接头、叉轴	凸轮、凸轮轴	阀体			其他
5	专用件		省略								其他

表5-4　回转类零件分类表(第三～九位)

特征项号	三位 外部形状及加工 基本形状	四位 功能要素	五位 内部形状及加工 基本形状	六位 功能要素	七位 平面、曲面加工 外(端)面	八位 内面	九位 辅助加工 (非同轴线孔、成形、刻线)
0	光滑	无	无轴线孔	无	无	无	无
1	单向台阶	环槽	非加工孔	环槽	单一平面 不等分平面	单一平面 不等分平面	轴向（均布孔）
2	双向台阶	螺纹	光滑单向孔（通孔）	螺纹	平行平面 等分平面	平行平面 等分平面	径向（均布孔）
3	球、曲面	1+2	单向台阶	1+2	槽、键槽	槽、键槽	轴向（非均布孔）
4	正多边形	锥面	双向台阶（盲孔）	锥面	花键	花键	径向（非均布孔）
5	非圆回转对称截面	1+4	单侧	1+4	齿形	齿形	倾斜孔
6	弓、扇形或4、5以外	2+4	双侧	2+4	2+5	3+5	各种孔组合
7	平行轴线	1+2+4	球、曲面	1+2+4	3+5 或 4+5	4+5	成形
8	弯曲、相交轴线	传动螺纹	深孔、相交孔、平行孔	传动螺纹	曲面	曲面	机械刻线
9	其他	其他	其他	其他	其他	其他	其他

注：三位中0～5为单一轴线，6～9为多轴线。

十～十五码位是辅助码,表示零件的材料、毛坯、热处理、主要尺寸和精度的特征。尺寸码规定了大型、中型和小型三个尺寸组,分别供仪表机械、一般通用机械和重型机械等三种类型的企业参照使用。精度码规定了低精度、中等精度、高精度和超高精度四个档次。在中等精度和高精度两个档次中,再按有精度要求的不同加工表面而细分为几个类型,以不同的特征码来表示,如表5-5、表5-6所示。

表5-5   材料、毛坯、热处理分类表(第十～十二位)

代码	十 位	十一位	十二位
项目	材料	毛坯原始形状	热处理
0	灰铸铁	棒材	无
1	特殊铸铁	冷拉材	发蓝
2	普通碳钢	管材(异形管)	退火、正火及时效
3	优质碳钢	型材	调质
4	合金钢	板材	淬火
5	铜和铜合金	铸件	高、中、工频淬火
6	铝和铝合金	锻件	渗碳+4或5
7	其他有色金属及其合金	铆焊件	渗氮处理
8	非金属	铸塑成型件	电镀
9	其他	其他	其他

表5-7是按照JLBM-1系统对回转体零件进行分类编码的实例。

3. 零件分类成组的方法

(1) 特征码位法。从零件代码中,选择其中反映零件工艺特征的部分代码作为分组依据,就可以得到一组具有相似工艺特征的零件族,这几个码位就称为特征码位。如表5-8所示,规定1、2、6、7四个码位相同的零件划分为一组,可以看出这组零件的特征为轴类零件 $L/D>3$,具有双向阶梯的外圆柱面,直径 $D>20～50$mm,材料为优质钢。所以这组零件可以在相同的机床上用相同的装夹方法进行加工。零件4虽然第Ⅱ位代码是6而不是4,但是它与上面三个零件相比仅多了一个功能槽,故也可归并在这一类中。

表5-6　主要尺寸和精度分类表(第十三～十五位)

代码项目	十三位 主要尺寸(mm) 直径或宽度(D或B) 大型	中型	小型	十四位 长度(L或A) 大型	中型	小型	十五位 精度等级	精度
0	≤14	≤8	≤3	≤50	≤18	≤10		低精度
1	>14~20	>8~14	>3~6	>60~120	>18~30	>10~16	中等精度	内外回转面加工
2	>20~58	>14~20	>6~10	>120~250	>30~50	>16~25	中等精度	平面加工
3	>58~90	>20~30	>10~18	>250~500	>50~120	>25~40	中等精度	1+2
4	>90~160	>30~58	>18~30	>500~800	>120~250	>40~60	高精度	外回转面加工
5	>160~400	>58~90	>30~45	>800~1250	>250~500	>60~85	高精度	内回转面加工
6	>400~630	>90~160	>45~65	>1250~2000	>500~800	>85~120	高精度	4+5
7	>630~1000	>160~440	>65~90	>2000~3150	>800~1250	>120~160	高精度	平面加工
8	>1000~1600	>440~630	>90~120	>3150~5000	>1250~2000	>160~200	高精度	4或5 或6加7
9	>1600	>630	>120	>5000	>2000	>200		超高精度

（2）码域法。码域法是对零件代码各码位的特征规定几种允许的数据。用它作为分组的依据，就将相应码位的相似特征放宽了范围。在表5-9（a）所示零件族特征矩阵表上，横向数字表示码位，纵向数字表示各个码位上的代码，图中"×"表示的范围称为码域。表5-9（a）是根据大量统计资料和生产经验而制定的零件相似性特征矩阵表。凡零件各码位上的编码落在该码域内，即划分为同一零件组，如表5-9（b）中所示3个零件即为一组，或称为一个零件族。这种分类方法就称为码域法。

表 5-7 JLBM-1 系统分类编码举例

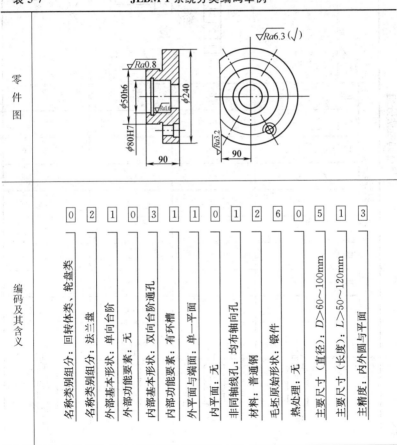

零件图	
编码及其含义	0 2 1 0 3 1 1 0 1 2 6 0 5 1 3

名称类别组分：回转体类、轮盘类
名称类别组分：法兰盘
外部基本形状：单向台阶
外部功能要素：无
内部基本形状：双向台阶通孔
内部功能要素：有环槽
外平面与端面：单一平面
内平面：无
非同轴线孔：均布轴向孔
材料：普通钢
毛坯原始形状：锻件
热处理：无
主要尺寸（直径）：$D > 60 \sim 100\text{mm}$
主要尺寸（长度）：$L > 50 \sim 120\text{mm}$
主精度：内外圆与平面

表 5-8　用特征码位法分组

件号	简图	奥匹兹代码									特征码位的含义
---	---	I	II	III	IV	V	VI	VII	VIII	IX	
1	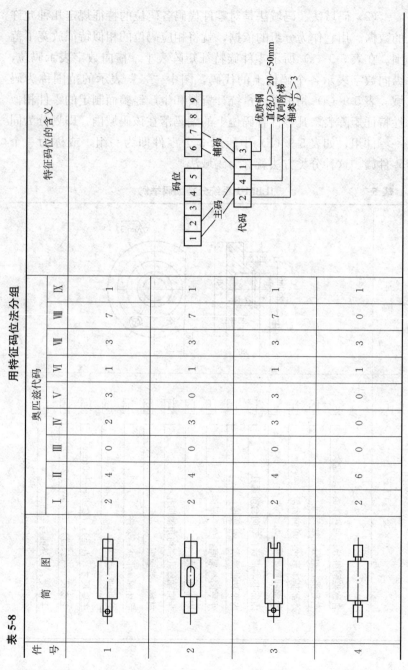	2	4	0	2	3	1	3	7	1	
2		2	4	0	3	0	1	3	7	1	
3		2	4	0	3	3	1	3	7	1	
4		2	6	0	0	0	1	3	0	1	

特征码位的含义:

码位　1 2 3 4 5 | 6 7 8 9
主码 (1 2 3 4 5)　辅码 (6 7 8 9)

代码　2 4 1 3
- 优质钢
- 直径 $D>20\sim50\text{mm}$
- 双向阶梯
- 轴类 $\dfrac{L}{D}>3$

表 5-9　　　　　　　　　　　　码 域 法 分 组

(a) 零件族特征矩阵	(b) 零件	(c) 代码
		10030401
		110301301
		22021200

零件族特征矩阵：

	1	2	3	4	5	6	7	8	9
0	×	×	×	×	×	×		×	×
1	×	×				×		×	×
2	×	×				×	×		
3				×		×	×		
4							×		
5							×		
6							×		
7							×		
8									
9									

4. 成组生产组织形式

（1）单机成组加工。在转塔车床或自动车床上，成组加工小型回转体零件，这些零件的全部加工工序都在这一台设备上完成，这种形式称为单机成组加工。单机成组加工时机床的布置，虽然与机群式生产工段类似，但在生产方式上有着本质上的差别，它是按照成组工艺来组织和安排生产的。

（2）成组生产单元。在一组机床上完成一个或几个工艺相似零件组全部工艺过程，该组机床即构成车间的一个封闭生产单元。这种生产单元与传统的小批量生产下所采用的"机群式"排列的生产工段是不一样的。

图 5-14 为成组生产单元的平面布置示意图。

（3）成组流水线。当一组工艺相似程度很高的零件的产量较大时，可以在一条流水生产线上加工，这种流水线称为成组流水线。与一般流水线相比，不同之处在于它只要经过少量的调整就能加工同组内的不同零件，对某一种零件来说，不一定经过线上的每一台机床。这种生产形式仅适用于少数产量较大的工艺相似零件。

二、计算机辅助设计与制造（CAD/CAM）简介

计算机辅助制造系统（CAM）是把计算机应用于毛坯制造、机械加工、热处理、表面处理、装配、运输、质量管理、生产计

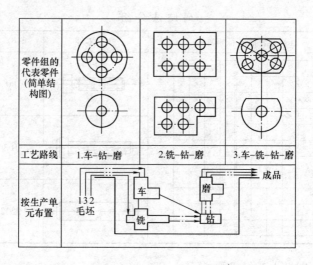

图 5-14 成组生产单元的平面布置示意图

划、作业调度、工艺生产准备等有关制造过程的各个阶段。

1. CAD/CAM 系统

计算机辅助制造（CAM）和计算机辅助设计（CAD）结合在一起，成为设计制造一体化（CAD/CAM），可以使工艺管理向综合化发展。机械制造业把产品的生产制造大体分为设计、生产准备和制造三个部分。设计包括市场信息、用户要求、总体设计和零部件设计等；生产准备包括工艺设计、机床选择、工艺装备设计等；制造包括加工、装配和检验等。从管理内容看，包括了经营管理、设计管理、工艺管理、生产管理等。CAD/CAM 系统就是用计算机来控制产品生产的全过程，图 5-15 所示为 CAD/CAM 系统的应用范围。

2. CAD/CAM 系统的组成

CAM 系统由数据库、生产管理和制造控制三部分组成。

（1）CAM 数据库。CAM 数据库是将所有类型的存储数据都储存起来，再借助计算机以极高的速度存取，为设计、生产准备和制造过程提供数据，并进行控制产品的生产全过程。图 5-16 所示为以计算机为基础的制造系统 CAM 数据库和设计、生产之间的关系。

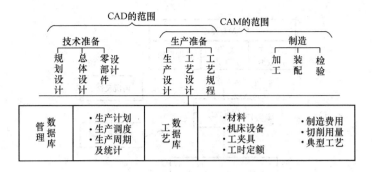

图 5-15 CAD/CAM 系统的应用范围

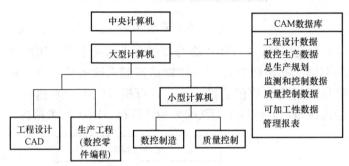

图 5-16 以计算机为基础的制造系统
CAM 数据库和设计、生产之间的关系

（2）生产管理。需经加工的零件其数控程序编制后，储存入 CAM 数据库。总生产进度计划通过调度程序来控制生产。调度程序接收有关生产状况信息后，作出下列有效信息：

1）加工中的每个零件状况；

2）每一台数控机床状况；

3）实际生产时间与计划生产时间比较；

4）机床或系统即将出现的故障。

调度程序依据这类信息确定每一台运行机床生产负荷，以保持设定的优先秩序。

当调度程序确定了下一步应执行的数控零件程序时，就把可直接或间接存取的缓冲存储器中的数据，调入数控机床的机床控制单元中来。图 5-17 概略地描述了这种生产管理过程中的信息流。

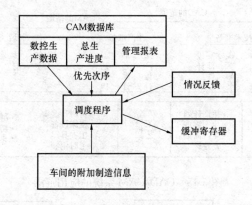

图 5-17　生产管理信息流

（3）制造系统。CAM 系统的控制方式取决于所采用的数控机床结构类型，图 5-18 所示为通用制造控制系统的信息流。制造控制程序是通过控制数控装置的小型计算机（CNC）来执行，或通过用通信线路与数控机床相联的大型计算机（DNC）来执行。

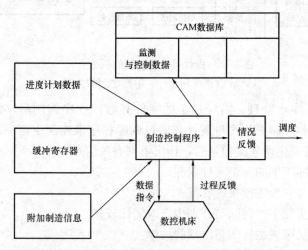

图 5-18　通用制造控制系统的控制信息流

三、柔性制造系统简介

柔性制造系统（FMS）是一种自动化生产系统，它是随微型计算机的发展而产生的，是现代机械制造工艺的新兴技术。

1. 柔性制造系统

柔性制造系统是针对刚性制造系统而言。所谓刚性制造系统，一般指机械传动和液压传动的自动机床、组合机床以及专用机床生产线等。而柔性制造系统是指由计算机控制，并由数控机床组合而成的工作系统。这个系统能通过计算机控制的信息系统，在不需要停机调整的情况下，通过自动化物质流输送系统，连续地加工不同的工件。因此，实际上它就是一条由计算机控制并可以自动地更换加工对象的柔性自动线，故称为柔性制造系统。柔性制造系统不仅包括现代计算技术、自动物料输送技术，还可以与计算机辅助设计（CAD）、计算机辅助制造（CAM）、计算机辅助工程（CAP）系统相联。

由于柔性制造系统适应于现代工业制造的需要，因而得以迅速发展，已应用于发动机、机床、飞机和汽车、拖拉机制造等领域。

2. 单机数控加工种类

（1）单机数控机床。在更换加工对象时，数控机床只需变更或重新编制程序。机床调整简单，明显减少了准备终结时间和辅助时间，缩短了生产周期，因此非常适宜于批量小、周期短、改型频繁、形状复杂以及精度要求高的中、小型工件的加工。

（2）加工中心（简称MC）。如图5-19所示，卧式加工中心有坐标控制系统，可实现点位控制进行钻、镗、铰，或连续控制进行铣削，各种刀具装在一个刀库中，可由计算机发出指令进行换刀。这样加工中心机床便可完成钻、扩、铰、镗、铣和攻螺纹等复杂零件所有各面（除底面外）的加工。它改变了过去小批生产中一人、一机、一刀和一个工件的落后局面，而把许多相关工序集中在一起，形成了以一个工件为中心的多工序自动加工机床，它本身就相当于一条自动线。

3. 柔性制造系统（FMS）的特点

柔性制造系统通常必须具备以下特点：

（1）采用计算机直接控制方式（DNC）控制两台或两台以上的数控加工中心机床或其他数控机床。

（2）在机床上，利用交换工作台或工业机器人等装置，实现工

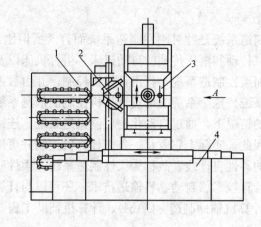

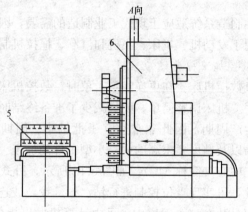

图 5-19　卧式加工中心结构示意图

1—刀库；2—换刀机械手；3—主轴头；

4—床身；5—工作台；6—移动式立柱

件的自动装卸。

（3）在各台机床之间有工件的自动输送系统，并由计算机进行物流的自动控制。

图 5-20 所示为用于加工箱体零件的柔性制造系统的实例。

由于柔性制造系统具有以上特点，因而它不仅节省了上料、下料与调整时间，而且可以在无人看管的条件下实现第二班甚至第三班和节假日的自动运行。又因为柔性制造系统由计算机控制，因此

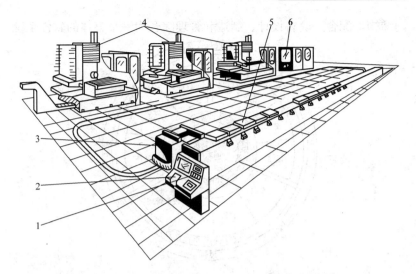

图 5-20　加工箱体零件的柔性制造系统的实例

1—计算机及其接口；2—生产数据记录打印机；3—感应式无轨车；

4—卧式镗铣加工中心；5—托盘与上、下料工作台；6—零件清洗站

具有高度的柔性，可以多品种小批量的自动化生产，并获得最佳经济效益。

图 5-21 表明了各种制造方法的适用范围，表明了机械加工中批量和柔性的关系。当加工零件品种少、批量大时，宜采用专用组合机床。

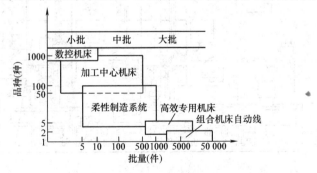

图 5-21　各种制造方法的适用范围

4. 计算机综合自动化制造系统（CIMS）

计算机辅助制造技术（CAM）的最高形式是计算机综合自动化制造系统（CIMS），如图 5-22 所示。它是由一个多级计算机控

制结构，配合一套将设计、制造和管理综合为一个整体的软件系统

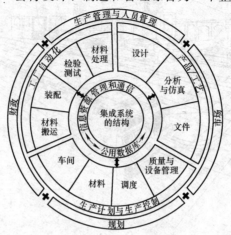

图 5-22　计算机综合自动化制造系统（CIMS）

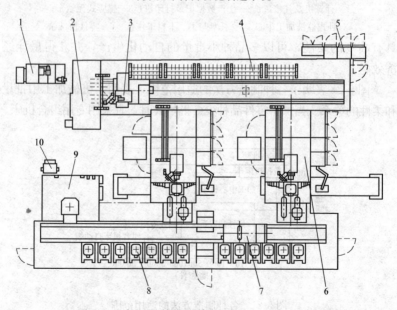

图 5-23　加工棱体类零件的 FMS——FMS500-2

1—刀具预调装置；2—刀具装卸站；3—刀具交换机器人；4—公用刀库；
5—系统控制装置；6—加工中心；7—有轨小车；8—固定式托板库；
9—工件装卸站；10—控制终站

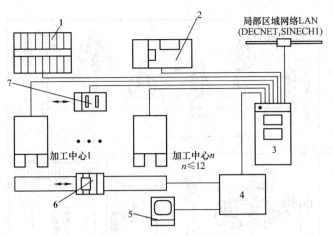

图 5-24　FMS 的控制系统

1—刀具库；2—刀具预调仪；3—SC Ⅰ 型控制台；4—运输控制系统；

5—装配场终端；6—工件运输系统；7—刀具运输系统

所构成的全盘自动化系统。使用时，只要对 CIMS 输入所需要产品的信息和原材料，便能自动地输出合格的产品来。从产品的构思设计到最终的装配检验整个过程，无需人的过多参与而几乎全部由计算机自动完成。人的工作只是通过显示器和操纵台进行必要的人机对话，以保证和监督系统的正常进行。

5. FMS 实例

（1）具有代表性的 FMS 实例。表 5-10 中列出了美国几个具有代表性的 FMS 实例。

（2）加工棱体类零件的 FMS——FMS500-2。如图 5-23 所示，此系统加工对象为液压零件，系统组成特点如下：

1）加工设备：型号规格相同的两台加工中心。

2）工件储运：采用有轨小车输送，直线形固定式托板存储库，每台机床前设有双位平行式托板交换装置。

3）刀具运储：设有中央刀库，通过机器人实现其与机床刀库及与刀具装卸台之间的刀具交换。

4）控制系统：这类系列 FMS 的控制系统见图 5-24。

（3）带流动刀库的 FMS。如图 5-25 所示，此系统的特点之一

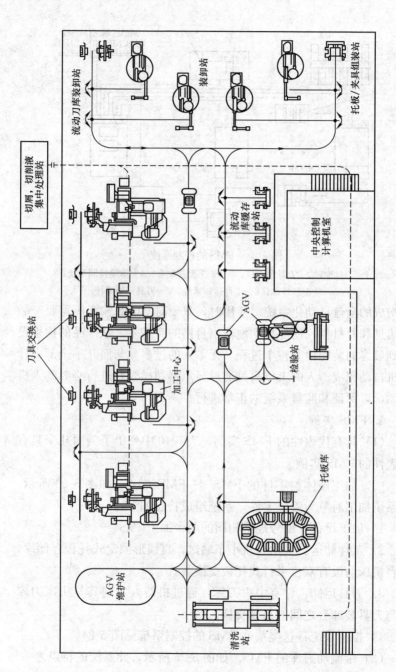

图 5-25 带流动刀库的 FMS

表 5-10　　FMS 实例简介

序号	FMS 装置	出售厂商	安装日期（年）	物料运贮系统	中央计算机型号	机床配套	加工零件种类	每年生产的零件数量	零件说明
1	Bundstrand Aviation	White Sundstrand	1967	辊式输送装置		8 台 OM-加工中心 2 台多头钻床			铝泵零件
2	Rockwell	K&T	1977	拖缆	Interdata	7 台 K&T Modu-Lines 加工中心 运输检验工位	45	25 000	
3	Ingersoll-Rand	White Sundstrand	1970	辊式输送装置	IBM 360/30	2 台 5 轴 Omnimil 加工中心 2 台 4 轴 Omnimil 加工中心 2 台 4 轴钻床	140	20 000	起重机和电动机壳体
4	Allis-Chalmers	K&T	1970～1973	拖缆	Intendata	5 台 Modu-lines 加工中心 4 台双头分度头机床 1 台铣床	8	23 000	农业设备
5	Avco-Williamsport	K&T	1975～1978	拖缆	Interdata	11 台 Modu-lines 加工中心 2 台 MM-880 加工中心 2 台单头分度头机床 1 台双头分度头机床	9	14 000	飞机发动机

续表

序号	FMS 装置	出售厂商	安装日期(年)	物料运贮系统	中央计算机型号	机床配套	加工零件种类	每年生产的零件件数量	零件说明
6	Cater-Pillar	White-Sandstrand	1973	板式传送装置	DEC	2 台立式转塔车床 4 台 5 轴 OM-3 加工中心 3 台 4 轴钻床 1 台 DEA 测量机	6	6600	曲轴箱套、盖
7	Detroit Diesel Allison	White-Sundstrand	1983	板式传送装置	DEC 的 DNC 计算机	4 台 80 系列加工中心 4 台 80 系列倾斜主轴头加工中心	40		大型变速箱套
8	Avco-Lyco-ming	K&T	1979	拖缆	Interdata	3 台立式转塔车床 7 台 Modu-Lines 加工中心 随行托具库	10	15 000	工程制造燃气轮发动机
9	John Deere	K&T	1981	拖缆	DEC	9 台 Modu-Lines 加工中心 3 台单头分度头机床	8	5000	农业设备
10	Caterpillar	Giddings & Lewis	1980	轨道及拖缆	DEC	6 台 Standard 加工中心 1 台专用镗床			建筑设备
11	International Harvestes	Giddings & Lewis	1981	拖缆	DEC	4 台加工中心			
12	Avco	Giddings & Lewis	1982	拖缆	DEC	10 台加工中心			

是系统内设有可更换的流动刀库。流动刀库根据加工的需要在其装卸站配备刀具，由自动制导小车 AGV 运送并暂存在流动刀库缓存站，加工需要时送到机床边的刀具交换站，与机床刀库中的刀具更换。

　　该系统还有托板库、清洗站、检查站及 AGV 维护站和切屑、切削液集中处理站。系统配置较全。系统的软件配置与图 5-26 所示类似。

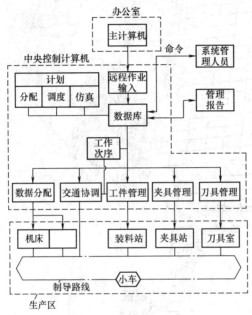

图 5-26　FMS 的软件系统配置

　　（4）带自动仓库的 FMS。如图 5-27 所示，此系统的特点是物流系统，用自动存储仓库存储物料。仓库的一端为物料的出入口，通过 AGV 实现工件在机床与仓库之间的交换和运输。仓库侧边也有许多个出入口，通过搬运输送机实现工件在仓库与装卸站之间的交换。

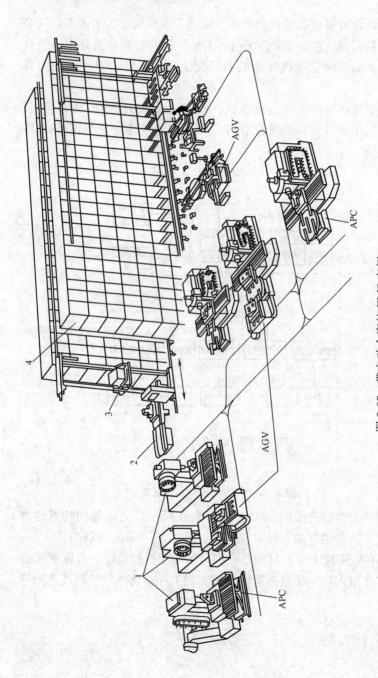

图 5-27　带自动仓库的 FMS 实例

1—加工中心；2—仓库输入/输出站；3—堆垛起重机；4—自动仓库

第六章

机械装配工艺及自动化

☆ 第一节　机械装配工艺基础

一、装配工艺概述

机械产品一般都由许多零件和部件组成。零件是机器制造的最小单元，如一根轴、一个螺钉等。部件是两个或两个以上零件结合成为机器的一部分。按技术要求，将若干零件结合成部件或若干个零件和部件结合成机器的过程称为装配。前者称为部件装配，后者称为总装配。部件是个通称，部件的划分是多层次的，直接进入产品总装的部件称为组件；直接进入组件装配的部件称为第一级分组件；直接进入第一级分组件装配的部件称为第二级分组件，其余类推。产品越复杂，分组件的级数越多。组件与分组件划分如图 6-1 所示。

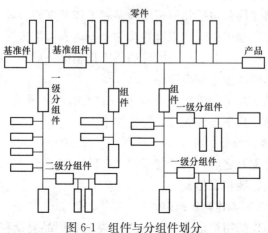

图 6-1　组件与分组件划分

（一）装配工艺过程

产品的装配工艺包括以下四个过程：

1. 装配前的准备工作

（1）熟悉产品装配图、工艺文件和技术要求，了解产品结构、零件的作用以及相互连接关系。

（2）确定装配方法、顺序，准备所需要的工具。

（3）对装配的零件进行清洗，去掉零件上的毛刺、铁锈、切屑、油污。

（4）对某些零件还需要进行刮削等修配工作，有些特殊要求的零件还要进行平衡试验、密封性试验等。

2. 装配工作

结构复杂的产品，其装配工作常分为部件装配和总装配。

（1）部件装配是指产品在进入总装以前的装配工作。凡是将两个以上的零件组合在一起或零件与几个组件结合在一起，成为一个装配单元的工作，均称为部件装配。

（2）总装配是指将零件和部件结合成一台完整产品的过程。

3. 调整、检验和试车阶段

（1）调整是指调节零件或机构的相互位置、配合间隙、结合程度等，目的是使机构或机器工作协调，如轴承间隙、镶条位置、蜗轮轴向位置的调整等。

（2）精度检验包括几何精度检验和工作精度检验等，如车床总装后要检验主轴中心线和床身导轨的平行度、中滑板导轨和主轴中心线的垂直度以及前后顶尖的等高。工作精度一般指切削试验，如车床进行车圆柱或车端面试验。

（3）试车是试验机构或机器运转的灵活性、振动、工作温升、噪声、转速、功率等性能是否符合要求。

4. 喷漆、涂油、装箱

机器装配好之后，为了使其美观、防锈和便于运输，还要做好喷漆、涂油、装箱工作。

（二）装配工作的组织形式

装配工作的组织形式，随着生产类型和产品复杂程度而不同，一般分为固定式装配和移动式装配两种。

1. 固定式装配

固定式装配是将产品或部件的全部装配工作，安排在固定的工作地点进行。在装配过程中产品的位置不变，装配所需要的零件和部件都汇集在工作地附近，主要应用于单件生产或小批量生产中。

单件生产时（如新产品试制、模具和夹具制造等），产品的全部装配工作均在某一固定地点，由一个工人或一组工人去完成。这样的组织形式装配周期长、占地面积大，并要求工人具有综合的技能。

成批生产时，装配工作通常分为部件装配和总装配。每个部件由一个工人或一组工人来完成，然后进行总装配，一般应用于较复杂的产品，如机床、飞机的制造。

2. 移动式装配

移动式装配是指工作对象（部件或组件）在装配过程中，有顺序地由一个工人转移到另一个工人。这种转移可以是装配对象的移动，也可以是工人自身的移动。通常把这种装配组织形式叫流水装配法。移动装配时，常利用传送带、滚道或轨道上行走的小车来运送装配对象。每个工作地点重复地完成固定的工作内容，并且广泛地使用专用设备和专用工具，因而装配质量好，生产效率高，生产成本低，适用于大量生产，如汽车、拖拉机的装配。

（三）旋转零部件的平衡方法及其检测校正

机器中的旋转件（如带轮、飞轮、叶轮及各种转子等）由于材料密度不均匀、本身形状对旋转中心不对称、加工或装配产生误差等原因，会造成重心与旋转中心发生偏移，在其径向截面上要产生不平衡量。当旋转件旋转时，因有不平衡量而产生惯性力，其大小与不平衡量大小、不平衡量偏心距离及转速平方成正比。其方向随旋转而周期性变化，使旋转中心无法固定，引起机械振动。从而使机器工作精度降低，零件寿命缩短，噪声增大，甚至发生破坏件事的事故。

1. 旋转件不平衡的形式

（1）静不平衡。图 6-2 所示为旋转件在径向各截面上有不平衡

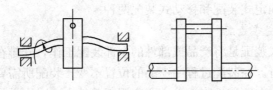

图 6-2　零件静不平衡

量，但由此产生的惯性力合力通过旋转件重心，不会引起垂直于旋转轴线方向上的力矩，这种不平衡称为静不平衡。静不平衡的特点是：静止时，不平衡量自然地处于铅垂线下方。旋转时，不平衡惯性力只产生垂直旋转轴线方向的振动。

（2）动不平衡。图 6-3 所示为旋转件在径向各截面上有不平衡量，但由此产生的惯性力的合力不通过旋转件的重心，所以旋转件旋转时不仅会产生垂直旋转轴的振动，而且还会产生使旋转轴倾斜的振动，这种不平衡称为动不平衡。

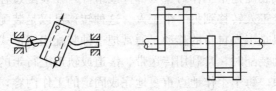

图 6-3　零件动不平衡

2. 旋转件的平衡方法

对旋转零件做消除不平衡量的工作，称为平衡。旋转件静不平衡的消除称为静平衡法，而动不平衡的消除称为动平衡法。

（1）静平衡法。首先确定旋转件上不平衡量的大小和位置，然后去除或抵消不平衡量对旋转的不良影响。静平衡的步骤如下：

1）将待平衡的旋转件装上心轴后，放在平衡支架上。平衡支架的支承应采用圆柱形或窄棱，如图 6-4 所示。支承面应坚硬、光滑，并有较高的直线度、平行度和水平度要求，以使旋转件在其上滚动时有较高的灵敏度。

2）用手轻推旋转件使其缓慢转动，待自动静止后在旋转件正下方做记号，重复转动若干次，使所作记号位置确实不变，则为不平衡量方向。

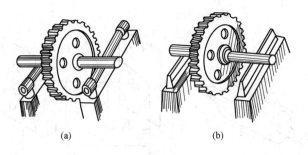

(a) (b)

图 6-4 静平衡装置

(a) 圆柱支承; (b) 窄棱支承

3) 在与记号相对部位粘贴一重量为 m 的橡皮泥, 使 m 对旋转中心产生的力矩, 恰好等于不平衡量 G 对旋转中心产生的力矩, 即 $mr = Gl$, 如图 6-5 所示。此时, 旋转件获得静平衡。

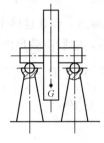
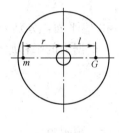

图 6-5 静平衡法

4) 去掉橡皮泥, 在其所在部位上加上相当于 m 的重块, 或在不平衡量处 (与 m 相对直径 l 处) 去除一定质量 G。待旋转件可在任意角度均能在支承架上停留时, 静平衡即告结束。

静平衡只能平衡旋转件重心的不平衡, 无法消除垂直轴线的不平衡力矩。因此, 静平衡只适用于 "长径比" 较小 (如盘类旋转件) 或长径比虽较大但转速不太高的旋转件。

(2) 动平衡法。对于长径比较大或转速较高的旋转件, 通常都要进行动平衡。动平衡不仅要平衡惯性力, 而且还要平衡惯性力所形成的力矩。动平衡的力学原理图如图 6-6 所示。

假设转子存在两个不平衡量 T_1 和 T_2, 当转子旋转时, 产生惯性力分别为 P 和 Q。P 在 B_2 平面内, Q 在 B_1 平面内, P 和 Q 都垂直于轴线。为平衡这两个力, 在转子上选择两个与轴线垂直的径向截面 I 和 II 作为动平衡的校正面, 利用力的平移原理将 P 和 Q 沿

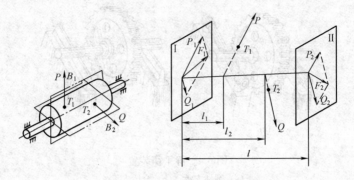

图 6-6　动平衡的力学原理

B_1 和 B_2 平面，分别分解到 I 和 II 这两个校正面上。

根据力的平移原理，它们应满足以下方程

$$P = P_1 + P_2$$

$$P_1 l_1 = P_2(l - l_1)$$

解该方程组得

$$P_1 = \left(1 - \frac{l_1}{l}\right)P$$

$$P_2 = \frac{l_1}{l}P$$

同理

$$Q = Q_1 + Q_2$$

$$Q_1 l_2 = Q_2(l - l_2)$$

解得

$$Q_1 = \left(1 - \frac{l_2}{l}\right)Q$$

$$Q_2 = \frac{l_2}{l}Q$$

在 I 平面将 P_1 和 Q_1 合成 F_1，在 II 平面将 P_2 和 Q_2 合成为 F_2。

显然 F_1 与 F_2 和 P 与 Q 是分别等效的。如果在 F_1 和 F_2 两力的反向延长线上各加一相应的平衡重量，使它们产生的惯性力分别为 $-F_1$ 和 $-F_2$，那么，转子就被动平衡了。

动平衡在动平衡机上进行，把被平衡转子按其工作状态装在动平衡机的轴承中。转子旋转时，由于不平衡量产生惯性力造成动平衡机轴承振动，通过仪器测量轴承振动值，便可确定需要增减平衡量的大小和位置。经过反复的转动，测量和增减平衡重量后，转子逐步获得动平衡。

（四）零件的密封性试验

对于某些要求密封的零件，如机床的液压元件液压缸、阀体、泵体等，要求在一定压力下不允许发生漏油、漏水或漏气的现象，也就是要求这些零件在一定的压力下具有可靠的密封性。而零件在铸造过程中出现的砂眼、气孔及疏松等缺陷，常使液体或气体产生渗漏。因此在装配前应进行密封性试验，否则将给机器的质量带来很大的影响。

成批生产应对零件进行抽查，对加工表面有明显的疏松、砂眼、气孔、裂痕等缺陷的零件，不能轻易放过。密封试验有气压法和液压法两种，试验压力可按图样或工艺文件规定确定。

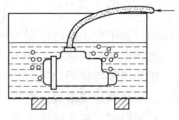

图 6-7　气压试验

1. 气压法

图 6-7 所示为适用于承受工作压力较小的零件气压试验。试验前，将零件各孔全部封闭（用压盖或塞头）。然后浸入水中，并向工件内部通入压缩空气。此时密封的零件在水中应没有气泡。当有渗漏时，可根据气泡密度来判定零件是否符合技术要求。

2. 液压法

对于容积较小的密封零件，可采用手动泵进行油压试验，图6-8 所示为五通滑阀阀体试验。试验前，两端装好密封圈和端盖，并用螺钉均匀紧固，各螺钉孔用锥螺塞拧紧，然后装上接头，使之

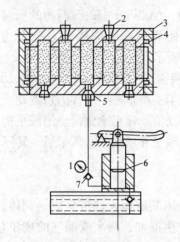

图 6-8　液压试验

（五通滑阀阀体试验）

1—压力表；2—锥螺塞；3—端盖；
4—密封盖；5—接头；6—手动
液压泵；7—单向阀

与油泵相连接。手动油泵将油注入阀体内部，并使液体达到一定压力后，仔细观察阀体各部分是否有泄漏、渗透等现象，即可判定阀体的密封性。

对于容积较大的零件，可采用机动液压泵试验。

（五）振动和噪声的检测

1. 振动的检测

（1）振动的概念。各种机械工作时，都会产生振动。在机床工作时所发生的振动基本上有两大类：

1）受迫振动。受迫振动是机床在结构本身产生的激振力扰动下所激发的振动。

2）自激振动。自激振动是机床在切削过程中产生的内激振力使系统产生的振动。

机械振动对机床的影响很大：将使机械的工作性能和精度降低；使某些零部件受到了附加的动载荷而加快磨损、疲劳而影响寿命，甚至断裂造成事故；机床发生振动后，往往不得不降低切削用量，从而限制了机床的生产率；同时，振动时所发出的噪声，会严重影响操作者的精神状态，有害于人身健康。但是，工作时的机床设备，产生振动是不可避免的。只要振动量不超过一定的程度是完全允许的，当机械出现一些不正常的振动或振动量过大时，才必须采取措施予以排除，以保证机床的加工精度和正常运行。

（2）振动的检测。测量旋转机械的振动，一般都要用振动测量仪器。它由传感器、放大器和记录指示器组成。测量振动一般选择轴承上适宜的测点，从而测得轴承的振动值，或者直接测量轴振动。

测量轴承振动时常用的一种传感器是磁电式传感器。图 6-9 所示为国产 CD 型磁电传感器的结构示意图。其工作原理如下：在钢

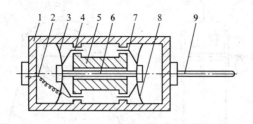

图 6-9 CD 型磁电传感器结构示意图

1—壳体；2—引出线；3、8—薄膜弹簧片；4—工作线圈；

5—永久磁铁；6—心轴；7—阻尼环；9—顶杆

制圆柱形壳体 1 中和壳体相连有高磁能永久磁铁 5，磁铁中央有小孔，中间通过心轴 6，两端分别以圆形薄膜弹簧片 3、8 支承在壳体中，且在两端分别连有工作线圈 4 和阻尼环 7。测量时，传感器接触或固定于被测的轴承上，振动通过顶杆 9 传到外壳，由于支承弹簧片很软，其固有频率很低，当振动频率高于支承弹簧片的固有频率一定范围后，由线圈、阻尼环和心轴组成的可动部分即基本保持静止不动。这样，线圈就与外壳产生相对运动，使线圈切割磁力线而产生感应电压。感应电压的大小与线圈切割磁力线的速度成正比。通过引出线 2 就可以将感应电压的信号引出，输送到测振仪的电路中去。经过电子放大器将信号放大，即能通过测振仪的电表指针或荧光屏显示出来，有时则通过记录设备将信号记录下来。为了记录下信号，可将信号输到记录仪中，用记录纸、胶卷或感光纸留下永久性的记录。

用磁电式传感器在轴承上测量振动时，测点位置必须正确选择，一般应选择在反应振动量最为直接和灵敏的位置。例如测量轴承垂直方向的振动值时，应选择轴承宽度中央的正上方为测点位置；在测量轴承水平方向的振动值时，应选择轴承宽度中央的中分面处为测点位置；在测量轴承轴向振动值时，应选择轴承轴心线附近的端面处为测点位置，如图 6-10 所示。

在振动测量中，当测得的振动值超过标准所规定的允许值时，就要寻找振动过大的原因，即找出振源，以求达到排除振动的目的。在通常情况下，旋转机械的受迫振动主要是由转子的质量不平

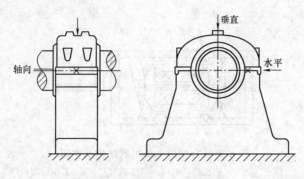

图 6-10　轴承上的测点位置

衡引起的,不平衡离心力激起转子振动的频率等于转子转速的频率。例如工作转速为 1500r/min 的机械,其转子的振动频率便是 25Hz。但是,在实际运行时,转子将受到各种不同频率的激振力影响,转子的振动频率受到多方向的影响,不可能只呈现一种振动频率。而同时出现各种振动频率,又使转子的振动频率成分显得比较复杂。在这种状态下测得的振动值,称为通频振动值或全频振动值。

　　要把通频振动中各种不同的振动频率一一区分开来,可采用频率分析仪进行频谱分析。将轴承的振动信号输入到频率分析仪中,振动所包含的各种频率成分及其对应的振幅值都能表达清楚。

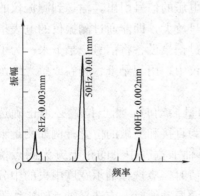

图 6-11　振动频谱图

　　图 6-11 所示是一台工作转速为 3000r/min 的电动机的振动频谱图。由图可见振幅最大的振动频率为 50Hz(等于转速为 3000r/min 的频率),其双振幅为 11μm(旋转轴不平衡所致)。此外尚有频率为 100Hz 的振动,其双振幅为 2μm(旋转轴颈圆度误差所致)。还有 8Hz 的低频振动,其双振幅为 3μm(基座振动所致)。

388

2. 噪声的检测

（1）噪声的概念。所谓噪声，是指会使人的心理和精神状态受到不利影响的声音。其影响程度依声音的不同频率和声强的大小，以及不同频率声音的组合情况而定。

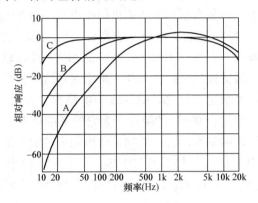

图 6-12　计权网络的衰减曲线

1）声压和声压级：物体的振动，迫使周围大气压产生迅速起伏，并以纵波的形式向四周扩散。当一定范围内的气压波为听觉器官所接受时，就引起声的感觉，这种大气压的起伏部分称为声压。

正常人耳刚刚能听到的声音的声压称为听阈声压。当声音的频率在 1000Hz 左右时，其声压约为 $2×10^{-5}$ Pa。使人耳产生痛觉的声压称为痛阈声压，其声压约为 20Pa，从听阈到痛阈，声压值相差 100 万倍。由于人耳对声压的响应范围这样宽广，直接用声压值来衡量声音的大小是很不方便的，而且与人耳的实际感觉也不相符。因此，以听阈为基准，用成倍比关系的对数量——声压级 L_p 来表示声音的大小。

声压 p 与声压级 L_p 之间的数学表达式为

$$L_p = 10\lg \frac{p^2}{p_0^2} = 20\lg \frac{p}{p_0}$$

式中　p_0——基准声压（$2×10^{-5}$ Pa）。

由上式可知，听阈的最低声压级为 0dB，痛阈的声压级为 120dB。这就把从听阈到痛阈相差的 100 万倍的声压变化范围，变成 0~120dB 的声压级变化范围。dB 反映的是比值，没有单位。

2）响度级和 A 声级。人耳对声音的感觉不仅与声压有关，而且还与声音的频率有关。同样的声压级，频率较高的声音听起来比频率较低的响。例如大型离心压缩机的噪声与小轿车的噪声如果同为 90dB，则前者听起来要比后者响得多。因为前者是高频噪声，后者是低频噪声。人耳对 1000~6000Hz 之间的音频最为敏感，在此范围之外，敏感性均衰减。为此，根据人耳这个特性，引出了与频率有关的响度级这一概念。响度级的单位为"方"。不同声压级的声音都以频率为 1000Hz 的纯音作为它的基准声音。若一噪声听起来与某声压级的基准声音一样响，则该噪声的响度级就等于这个基准声音的声压值（分贝值）。例如，其噪声听起来与声压级为 85dB、频率为 1000Hz 的基准声音同样响，则该噪声的响度级就是 85 方。

必须指出，响度级只是人们对声音的感觉而言，是表示声音大小的主观量，不能直接由仪器测出。而声压和声压级则是表示声音的一个客观量，能用仪器直接测出。一般所用的噪声测量仪器，如声级计及传声器，都是响应于声压的。但为了使测量结果能反映出人耳对声音在听觉上的主观感觉，在声压计中加入了频率计权网络，以修正仪器的频率响应。这样便可部分地模仿出人耳的特性，使测量结果更接近人耳对声音的响应。

在声级计中，设置计权网络 A、B、C，可使所接受的声音对中、低频进行不同程度的滤波，见图 6-12。C 网络是模拟人耳对 100 方纯音的响应，在整个可听频率范围内有近乎平直的特性，它能让几乎所有频率的声音一样通过而不予衰减，因此 C 网络代表总声压级。B 网络是模拟人耳对 70 方纯音的响应。在使接收到的声音通过时，低频段有一定的衰减。A 网络则是模拟人耳对 40 方纯音的响应，使接收到的声音通过时，500Hz 以下的低频段有较大的衰减。用 A 网络测得的噪声值较为接近人耳对噪声的感觉。近年来在噪声测试中，大多用 A 网络测得的声压级代表噪声的大小，称 A 声级，单位分贝（A）或 dB（A）。

3) 倍频程声压级。可闻声音的频率为 $20 \sim 20\,000\,\text{Hz}$，有 1000 倍的变化范围。从测量、分析方便与仪器设计来考虑，常把这个频率范围划分为几个小的频段，称为频带或频程。对于每一频带或频程都有上下两个截止频率。上下截止频率之差就是频带宽度，简称带宽。由上下截止频率决定的中间区域称为通带。上下截止频率比是 2：1 的频程，叫倍频程，每一倍频程的通带称为倍频带。

目前通用的倍频程的频段见表 6-1。从中可以看出，倍频带的频宽度随频率比例增加，频率愈高，则频带越宽。以各倍频程的中心频率为横坐标，以测得的倍频带声压级为纵坐标，就可得出倍频程声压级与中心频率的关系频谱图。有了频谱图，就可以对噪声进行频谱分析。

表 6-1 中心频率和频程

f_M (Hz)	63	125	250	500	1000	2000	4000	8000
频段 (Hz)	45~90	90~180	180~355	355~710	710~1400	1400~2800	2800~5600	5600~11 200

(2) 噪声的测试。在实际生产中，测量噪声较多使用便携式声级计，因它体积小，质量轻，一般用干电池供电，便于携带，使用稳定可靠。

图 6-13 为 ND1 型精密声级计，用来测量声音的声压级和声级。如果仪器上的 A、B、C 三个计权网络分别进行测量读数，即可大致判断出机械设备的噪声频率特性，则由图 6-12 可看出：

当 $L_A = L_B = L_C$ 时，表明噪声中高频较突出；

当 $L_A < L_B = L_C$ 时，表明中频成分略强；

当 $L_A < L_B < L_C$ 时，表明噪声呈低频特性。

图 6-14 所示为 ND2 型精密声级计和倍频程滤波器组合的测声仪，除可测量声压级和声级外，还可用来对声音进行频谱分析。

图 6-15 所示为电容式微声器，这是一种声电传感器。使用时，微声器安装在声级计最前端，为保护膜片不受损，其上装有保护栅盖。

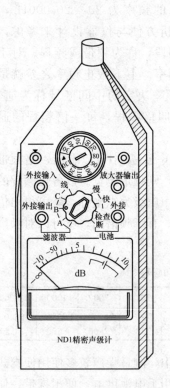

图 6-13　ND1 型精密声级计

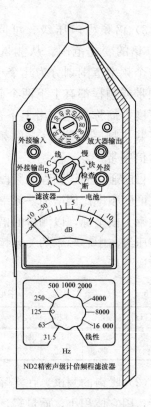

图 6-14　ND2 型声级计和
倍频程滤波器组合的测声仪

　　如果被测声音不是来自一个方向，为了改善微声器的全方向性，可将电容微声器的正常保护栅旋下，而旋上仪器附备的无规入射校正器，其外形见图 6-16。

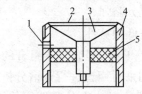

图 6-15　电容式微声器
1—均压孔；2—保护栅盖；3—金属膜片；
4—固定后极板；5—密封圈

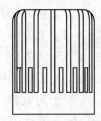

图 6-16　无规入射校正器

1）声压级的测量：两手平握仪器两侧，并稍离人身体，使装于仪器前端的微声器指向被测声源。使"计权网络"开关指示在"线性"位置，如输出衰减器旋钮（透明旋钮）顺时针旋到底。调节输入衰减器旋钮（黑色旋钮），使电表指针有适当偏转，由透明旋钮二条界限指示线所指量程和电表读数，即为被测声压级。例如透明旋钮二条界限指示线指90dB量程，电表指示为+4dB，则被测声压级为90dB+4dB=94dB。

2）声级的测量：如上述声压级测量后，使"计权网络"开关放在"A"、"B"或"C"位置就可进行声级测量。如此时电表指针偏转较小，可降低"输出衰减器"的衰减量（调节黑色旋钮），以免输入放大器过载。例如，测量某声音的声压级为94dB，需测量声级（A），则开关置"A"位置，如电表偏转太小，可逆时针转动输出衰减器透明旋钮。当二条界限指示线指到70dB量程时，电表指示+6dB，则声级（A）为70dB+6dB=76dB（A）。

3）声音的频谱分析：进行声音的频谱分析时，不使用计权网络，即将"计权网络"开关放在"滤波器"位置。将指示中心频率位置的开关分别转至相应的位置，就能得到在此倍频程内的声音频谱成分的读数。如此时电表偏转太小，也不要去改变"输入衰减器"的位置，而应降低"输出衰减器"的衰减量。将各中心频率倍频程内声音的频谱成分分别测出，并用坐标表示出来，就成为一条可对声源进行具体分析的频谱折线。

二、装配工艺规程和尺寸链

（一）工艺规程

1. 制定原则及原始资料

（1）制定装配工艺规程的基本原则如下：

1）保证产品装配质量。

2）合理安排装配工序，尽量减少装配工作量，减轻劳动强度，提高装配效率，缩短装配周期。

3）尽可能少占车间的生产面积。

（2）制定装配工艺所需的原始资料包括：

1）产品的总装图和部件装配图，以及零件明细表等。

2）产品的验收技术条件，包括试验工作的内容及方法。

3)产品的生产规模。

4)现有的工艺装备、车间面积、工人技术水平以及工时定额标准等。

2. 装配工艺的制定

在编制装配工艺时,为了便于分析研究,首先要把产品分解,划分为若干装配单元,绘制产品装配系统图,再划分出装配工序和工步,制定装配工艺。

(1)产品装配系统图的绘制。表示产品装配单元的划分及其装配顺序的图,称为产品装配系统图。图 6-17 所示为某锥齿轮轴组件,经分解,其装配顺序可按图 6-18 所示来进行,而图 6-19 则为该组件的装配系统图。

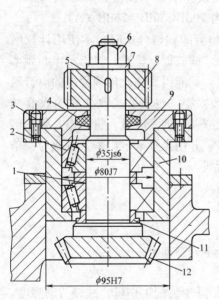

图 6-17 锥齿轮轴组件装配图
1—隔圈;2—轴承;3—螺钉;
4—毛毡圈;5—键;6—螺母;
7—垫圈;8—圆柱齿轮;9—轴
承盖;10—轴承套;11—衬垫;
12—锥齿轮轴

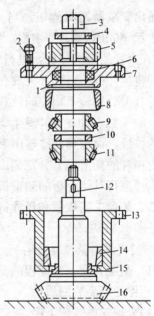

图 6-18 锥齿轮轴
组件装配顺序
1—调整面;2—螺钉;3—螺母;
4—垫圈;5—圆柱齿轮;6—毛毡;
7—轴承盖;8—轮;9、11—滚柱;
10—隔圈;12—键;13—轴承套;
14—轴承外圈;15—衬垫;
16—锥齿轮

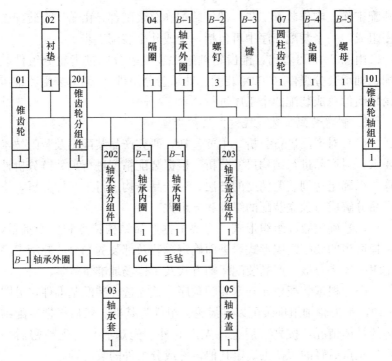

图 6-19 锥齿轮轴组件装配系统图

绘制装配单元系统图时，先画一条横线，在横线左端画出代表基准件的长方格，在横线右端画出代表产品的长方格，然后按装配顺序从左向右将代表直接装到产品上的零件或组件的长方格从水平线引出。零件画在横线上面，组件画在横线下面。用同样的方法可把每一组件及分组件的系统图展开画出。长方格内要注明零件或组件名称、编号和件数。

产品装配系统图能反映装配的基本过程和顺序，以及各部件、组件、分组件和零件的从属关系，从中可看出各工序之间的关系和采用的装配工艺等。

（2）装配工序及装配工步的划分。通常将整台机器或部件的装配工作，分成装配工序和装配工步，顺序进行。由一个工人或一组工人在不更换设备或地点的情况下完成的装配工作，叫作装配工序。用同一工具，不改变工作方法，并在固定的位置上连续完成的装配工作，叫作装配工步。部件装配和总装配都是由若干个装配工序组成，一个装配工序中可包括一个或几个装配工步。

由图 6-19 可看出，锥齿轮轴组件装配可分成锥齿轮分组件装配、轴承套分组件（202）装配、轴承盖分组件（203）装配和锥齿轮轴组件总成装配四个工序进行。

3. 制定装配工艺规程的方法和步骤

（1）对产品进行分析。主要包括：研究产品装配图及装配技术要求；对产品进行结构尺寸分析，根据装配精度进行尺寸链分析计算，以确定达到装配精度的方法；对产品结构进行工艺性分析，将产品分解成可独立装配的组件和分组件。

（2）确定装配组织形式。主要根据产品结构特点和生产批量，选择适当的装配组织形式，进而确定总装及部装的划分，装配工序是集中还是分散，产品装配运输方式及工作场地准备等。

（3）根据装配单元确定装配顺序。首先选择装配基准件，见图 6-19，锥齿轮轴组件装配以锥齿轮分组件为基准。然后根据装配结构的具体情况，按先下后上，先内后外，先难后易，先精密后一般，先重后轻的规律去确定其他零件或分组件的装配顺序。

（4）划分装配工序。装配顺序确定后，还要将装配工艺过程划分为若干个工序，并确定各个工序的工作内容、所需的设备、工夹具及工时定额等。

（5）制定装配工艺卡片。单件小批量生产，不需制定工艺卡，工人按装配图和装配单元系统图进行装配。成批生产，应根据装配系统图分别制定总装和部装的装配工艺卡片。表 6-2 为锥齿轮轴组件装配工艺卡片，它简要说明了每一工序的工作内容、所需设备和工夹具、工人技术等级、时间定额等。大批量生产则需一序一卡。

表 6-2　　　　　　锥齿轮轴组件装配工艺卡

（锥齿轮轴组件装配图）	装配技术要求		
	（1）组装时，各装入零件应符合图样要求。 （2）组装后圆锥齿轮应转动灵活，无轴向窜动		
厂　名	装配工艺卡	产品型号	部件名称	装配图号
			轴承套	

续表

车间名称	工　段		班　组	工序数量	部件数	净　重	
装配车间				4	1		
（工序号）	（工步号）	装　配　内　容		设备	工艺装备 名称 | 编号		工人等级	工序时间
Ⅰ	1	分组件装配：锥齿轮与衬垫的装配以锥齿轮轴为基准，将衬垫套装在轴上					
Ⅱ	1	分组件装配：轴承盖与毛毡的装配，将已剪好的毛毡塞入轴承盖槽内					
Ⅲ	1 2 3	分组件装配：轴承套与轴承外圈的装配。 　用专用量具分别检查轴承套孔及轴承外圈尺寸； 　在配合面上涂上机油； 　以轴承套为基准，将轴承外圈压入孔内至底面		压力机	塞规 卡板		
Ⅳ	1 2 3 4 5 6 7	锥齿轮轴组件装配： 　以锥齿轮组件为基准，将轴承套分组件套装在轴上； 　在配合面上加油，将轴承内圈压装在轴上并紧贴衬垫； 　套上隔圈，将另一轴承内圈压装在轴上，直至与隔圈接触； 　将另一轴承外圈涂上油，轻压至轴承套内； 　装入轴承盖分组件，调整端面的高度，使轴承间隙符合要求后，拧紧三个螺钉； 　安装平键，套装齿轮、垫圈，拧紧螺母，注意配合面加油； 　检查锥齿轮转动的灵活性及轴向窜动		压力机			
							共　张
编号	日期	签章	编号	日期	签章	编制	移交	批准	第　张

397

(二) 尺寸链

1. 尺寸链的基本概念

产品中某些零件相互位置的正确关系，是由零件尺寸和制造精度所确定的，即零件精度直接影响装配精度。

例如：齿轮孔与轴配合间隙 A_0 的大小，与孔径 A_1 及轴径 A_2 的大小有关，如图 6-20 （a） 所示；齿轮端面和箱内壁凸台端面配合间隙 B_0 的大小，与箱内壁凸台端面距离尺寸 B_1、齿轮宽度 B_2 及垫圈厚度 B_3 的大小有关，如图 6-20 （b） 所示；机床床鞍和导轨之间配合间隙 C_0 的大小，与尺寸 C_1、C_2 及 C_3 的大小有关，如图 6-20 （c） 所示。

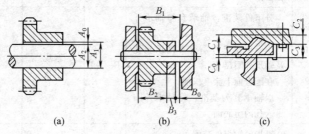

(a)　　　　　　　(b)　　　　　　　(c)

图 6-20　装配尺寸链的形成

(a) A_0 与 A_1、A_2 有关；(b) B_0 与 B_1、B_2、

B_3 有关；(c) C_0 与 C_1、C_2、C_3 有关

如果把这些影响某一装配精度的有关尺寸彼此按顺序连接起来，可构成一个封闭外形。图 6-21 （a） 中，设计图样上标注的设计尺寸为 A_1、A_0，钻孔时若以左侧面为定位基准，则 A_2 及 A_1 为钻孔时工艺尺寸（或工序尺寸），A_0 则变为加工过程中最后形成的尺寸。此时，A_1、A_2、A_0 将形成封闭的外形，如图 6-21 （b） 所示。

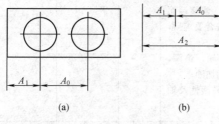

(a)　　　　　　　(b)

图 6-21　工艺尺寸链的形成

(a) 设计尺寸 A_1、A_0；

(b) A_1、A_2、A_0 形成封闭外形

(1) 尺寸链的概念。在机器装配或零件加工过

程中，由相互连接的尺寸形成的封闭尺寸组，称为尺寸链。

1）设计尺寸链：就是组成尺寸全部为设计尺寸所形成的尺寸链。设计尺寸链又分两种：①装配尺寸链，指全部组成尺寸为不同零件设计尺寸所形成的尺寸链；②零件尺寸链，指全部组成尺寸为同一零件的设计尺寸所形成的尺寸链。

2）工艺尺寸链就是组成尺寸全部为同一零件的工艺尺寸所形成的尺寸链。所谓工艺尺寸，是加工要求而形成的尺寸，如工序尺寸、定位尺寸等。

（2）装配尺寸链简图。装配尺寸链可在装配图中找出。为了简便，通常不绘出该装配部分的具体结构，也不必按严格的比例，而只是依次绘出各有关尺寸，排列成封闭外形即可。对图 6-20 所示的三种情况，其尺寸链简图如图 6-22 所示。

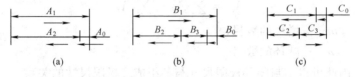

图 6-22　图 6-20 所示情况的尺寸链简图

绘制尺寸链简图时，应由装配要求的尺寸首先画起，然后依次绘出与该项要求有关联的各个尺寸。

（3）尺寸链中的专门术语。

1）尺寸链的环：构成尺寸链的每一个尺寸都称为"环"。每个尺寸链中至少有三个环。

2）封闭环：在零件加工或机器装配过程中最后自然形成（间接获得）的尺寸，称为封闭环。一个尺寸链中只有一个封闭环，用 A_0、B_0 等表示。装配尺寸链中，封闭环即装配技术要求。

3）组成环：尺寸链中除封闭环以外的其余尺寸，称为组成环。同一尺寸链中的组成环，用同一字母表示，如 A_1, A_2, A_3；B_1, B_2，B_3；C_1, C_2, C_3 等。

4）增环：在其他组成环不变的条件下，当某组成环增大时，封闭环随之增大，那么该组成环称为增环。图 6-22 中，A_1、B_1、C_2、C_3 为增环。增环用符号 $\vec{A_1}$、$\vec{B_1}$、$\vec{C_2}$、$\vec{C_3}$ 表示。

5)减环：在其他组成环不变的条件下，当某组成环增大时，封闭环随之减小，那么该组成环称减环。图 6-22 中，A_2、B_2、B_3、C_1 为减环。减环用符号 $\overleftarrow{A}_2$、$\overleftarrow{B}_2$、$\overleftarrow{B}_3$、$\overleftarrow{C}_1$ 表示。

增环和减环可用简易方法判断：在尺寸链图上，假设一个旋转方向，即由尺寸链任一环的基面出发，绕其轮廓顺时针方向或逆时针方向转一周，回到这一基面。按该旋转方向给每个环标出箭头，如图 6-22 所示。凡是箭头方向与封闭环相反的为增环；箭头方向与封闭环相同的为减环。

（4）封闭环极限尺寸及公差。由尺寸链简图可以看出，封闭环的基本尺寸 =（所有增环基本尺寸之和）-（所有减环基本尺寸之和），即

$$A_0 = \sum_{}^{m} \overrightarrow{A}_i - \sum_{}^{n} \overleftarrow{A}_i$$

式中　m——增环的数目；

　　　n——减环的数目。

由此可得出封闭环极限尺寸与各组成环极限尺寸的关系。

1）当所有增环都为最大极限尺寸，而减环都为最小极限尺寸时，则封闭环为最大极限尺寸，可用下式表示

$$A_{0\max} = \sum_{}^{m} \overrightarrow{A}_{i\max} - \sum_{}^{n} \overleftarrow{A}_{i\min}$$

式中　$A_{0\max}$——封闭环最大极限尺寸；

　　　$\overrightarrow{A}_{i\max}$——第 i 个增环最大极限尺寸；

　　　$\overleftarrow{A}_{i\min}$——第 i 个减环最小极限尺寸。

2）当所有增环都为最小极限尺寸，而减环都为最大极限尺寸时，则封闭环为最小极限尺寸，可用下式表示

$$A_{0\min} = \sum_{}^{m} \overrightarrow{A}_{i\min} - \sum_{}^{n} \overleftarrow{A}_{i\max}$$

式中　$A_{0\min}$——封闭环最小极限尺寸；

　　　$\overrightarrow{A}_{i\min}$——第 i 个增环最小极限尺寸；

　　　$\overleftarrow{A}_{i\max}$——第 i 个减环最大极限尺寸。

将两式相减，可得封闭环公差为

$$\delta_0 = \sum_{i}^{m+n} \delta_i$$

式中　δ_0——封闭环公差；

　　　δ_i——某组成环公差。

上式表明，封闭环的公差等于各组成环的公差之和。

【例 6-1】　图 6-20（b）所示齿轮轴装配中，要求装配后齿轮端面和箱体凸台端面之间具有 0.1～0.3mm 的轴向间隙。已知 $B_1 = 80^{+0.1}_{0}$mm，$B_2 = 60^{0}_{-0.06}$mm，问 B_3 尺寸应控制在什么范围内才能满足装配要求？

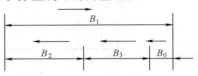

图 6-23　尺寸链简图（例 6-1）

解：（1）根据题意绘尺寸链简图，如图 6-23 所示。

（2）确定封闭环、增环、减环分别为 B_0、$\vec{B_1}$、$\overleftarrow{B_2}$、$\overleftarrow{B_3}$。

（3）列尺寸链方程式，计算 B_3

$$B_0 = B_1 - (B_2 + B_3)$$

$$B_3 = 80\text{mm} - 60\text{mm} - 0 = 20\text{mm}$$

（4）确定 B_3 的极限尺寸

$$B_{0\max} = B_{1\max} - (B_{2\min} + B_{3\min})$$

$$B_{3\min} = B_{1\max} - B_{2\min} - B_{0\max}$$

$$B_{3\min} = 80.1\text{mm} - 59.94\text{mm} - 0.3\text{mm} = 19.86\text{mm}$$

$$B_{0\min} = B_{1\min} - (B_{2\max} - B_{3\max})$$

$$B_{3\max} = B_{1\min} - B_{2\max} - B_{0\min}$$

$$B_{3\max} = 80\text{mm} - 60\text{mm} - 0.1\text{mm} = 19.9\text{mm}$$

所以 $B_3 = 20^{-0.10}_{-0.14}$mm。

【例 6-2】　由钳工锉削如图 6-24（a）所示的零件，因条件所限，仅有外径千分尺供测量使用。求 A、B 间距离应控制在什么尺寸范围内才能满足加工要求？

解：（1）根据题意绘出尺寸链简图，如图 6-24（b）所示。

（2）确定封闭环、增环、减环。A_1、A_2 为直接测得尺寸，25 ± 0.06mm 为间接得到尺寸，为封闭环，显然有 $\vec{A_1}$、$\vec{A_2}$。

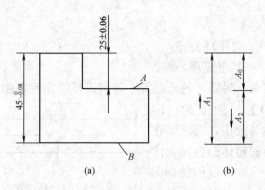

图 6-24 工件加工要求

(a) 工件；(b) 尺寸链

(3) 计算 A_2

$$A_2 = A_1 - A_0$$
$$A_2 = 45\text{mm} - 25\text{mm} = 20\text{mm}$$

(4) 确定 A_2 的极限尺寸

$A_{2\text{max}} = A_{1\text{min}} - A_{0\text{min}}$

$A_{2\text{max}} = 45\text{mm} - 0.08\text{mm} - 25\text{mm} + 0.06\text{mm} = 19.98\text{mm}$

$A_{2\text{min}} = A_{1\text{max}} - A_{0\text{max}}$

$A_{2\text{min}} = 45\text{mm} - 25\text{mm} - 0.06\text{mm} = 19.94\text{mm}$

所以 $A_2 = 20_{-0.06}^{-0.02}\text{mm}$。

2. 常用的装配方法

产品的装配过程不是简单地将有关零件连接起来的过程，而是每一步装配工作都应满足预定的装配要求，应达到一定的装配精度。通过尺寸链分析，可知由于封闭环公差等于组成环公差之和，装配精度取决于零件制造公差。但零件制造精度过高，生产将不经济。为了正确处理装配精度与零件制造精度二者的关系，妥善处理生产的经济性与使用要求的矛盾，形成了一些不同的装配方法。

(1) 完全互换装配法。在同类零件中，任取一个装配零件，不经修配即可装入部件中，并能达到规定的装配要求，这种装配方法称为完全互换装配法。完全互换装配法的特点是：

1) 装配操作简便，生产效率高。

2）容易确定装配时间，便于组织流水装配线。

3）零件磨损后，便于更换。

4）零件加工精度要求高，制造费用随之增加，因此适用于组成环数少、精度要求不高的场合或大批量生产采用。

（2）选择装配法。选择装配法有直接选配法和分组选配法两种。

1）直接选配法是由装配工人直接从一批零件中选择"合适"的零件进行装配。这种方法比较简单，其装配质量凭工人的经验和感觉来确定，但装配效率不高。

2）分组选配法是将一批零件逐一测量后，按实际尺寸的大小分成若干组，然后将尺寸大的包容件（如孔）与尺寸大的被包容件（如轴）相配，将尺寸小的包容件与尺寸小的被包容件相配。这种装配方法的配合精度决定于分组数，即分组数越多，装配精度越高。

分组选配法的特点是：

1）经分组选配后零件的配合精度高。

2）因零件制造公差放大，所以加工成本降低。

3）增加了对零件的测量分组工作量，并需要加强对零件的储存和运输管理，可能造成半成品和零件的积压。

分组选配法常用于大批量生产中装配精度要求很高、组成环数较少的场合。

（3）修配装配法。装配时，修去指定零件上预留修配量以达到装配精度的装配方法叫作修配装配法。

修配装配法的特点是：

1）通过修配得到装配精度，可降低零件制造精度。

2）装配周期长，生产效率低，对工人技术水平要求较高。

修配法适用于单件和小批量生产以及装配精度要求高的场合。

（4）调整装配法。装配时调整某一零件的位置或尺寸以达到装配精度的装配方法叫作调整装配法。此法一般采用斜面、锥面、螺纹等移动可调整件的位置；采用调换垫片、垫圈、套筒等控制调整件的尺寸。

调整修配法的特点是：

1）零件可按经济精度确定加工公差，装配时通过调整达到装配精度。

2）使用中还可定期进行调整，以保证配合精度，便于维护与修理。

3）生产率低，对工人技术水平要求较高。除必须采用分组装配的精密配件外，调整法一般可用于各种装配场合。

3. 装配尺寸链解法

不论采用哪种装配方法，都需要应用尺寸链的概念，来正确解决装配精度与零件制造精度，即封闭环公差与组成环公差的合理分配。装配方法不同时，二者关系也不同。

根据装配精度（即封闭环公差）对有关尺寸链进行正确分析，并合理分配各组成环公差的过程，叫作解尺寸链。它是保证装配精度、降低产品制造成本、正确选择装配方法的重要依据。

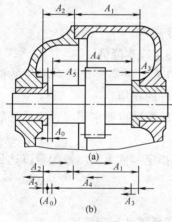

图 6-25 齿轮轴装配图

（1）完全互换法解尺寸链。按完全互换装配法的要求解有关的装配尺寸链，叫完全互换法解尺链。此时，装配精度由零件制造精度来保证，其工艺计算举例如下：

【例 6-3】 图 6-25（a）所示齿轮箱部件，装配要求是轴向窜动量为 $A_0 = 0.2 \sim 0.7$mm。已知 $A_1 = 122$mm，$A_2 = 28$mm，$A_3 = A_5 = 5$mm，$A_4 = 140$mm，试用完全互换法解此尺寸链。

解：1）据题意绘出尺寸链简图，并校验各环基本尺寸。图 6-25（b）所示为尺寸链简图，其中 A_1、A_2 为增环，A_3、A_4、A_5 为减环，A_0 为封闭环。

$$A_0 = (A_1 + A_2) - (A_3 + A_4 + A_5)$$
$$A_0 = (122\text{mm} + 28\text{mm}) - (5\text{mm} + 140\text{mm} + 5\text{mm}) = 0$$

可见各环基本尺寸确定无误。

2）确定各组成环尺寸公差及极限尺寸。首先求出封闭环公差

$$\delta_0 = 0.7mm - 0.2mm = 0.5mm$$

根据 $\delta_0 = \sum_{}^{m+n} \delta_i = \delta_1 + \delta_2 + \delta_3 + \delta_4 + \delta_5 = 0.5mm$，同时考虑各组成环尺寸的加工难易程度，合理分配各环尺寸公差

$\delta_1 = 0.2mm$，$\delta_2 = 0.1mm$，$\delta_3 = \delta_5 = 0.05mm$，$\delta_4 = 0.1mm$。

再按"入体原则"分配偏差

$$A_1 = 122^{+0.10}_{0}mm，A_2 = 28^{+0.10}_{0}mm，A_3 = A_5 = 5^{0}_{-0.05}mm$$

3）确定协调环是为了能满足装配精度要求，应在各组成环中选择一个环，其极限尺寸由封闭环极限尺寸方程式来确定，此环称协调环。一般以便于制造及可用通用量具测量的尺寸充当，此题定为 A_4。

$$A_{4min} = A_{1max} + A_{2max} - A_{3min} - A_{5min} - A_{0max}$$
$$= 122.20mm + 28.10mm - 4.95mm - 4.95mm - 0.7mm$$
$$= 139.70mm$$

$$A_{4max} = A_{1min} + A_{2min} - A_{3max} - A_{5max} - A_{0min}$$
$$= 122mm + 28mm - 5mm - 5mm - 0.2mm = 139.80mm$$

（2）分组选择装配法解尺寸链。分组选择装配法是将尺寸链中组成环的制造公差放大到经济精度的程度，然后分组进行装配，以保证规定的装配精度。装配质量不取决于零件制造公差，而决定于分组情况。具体举例如下：

【例 6-4】　图 6-26 为某发动机内直径 $\phi28mm$ 的活塞销与活塞孔的装配示意图，装配技术要求：销子与销孔冷态装配时，应有 $0.01 \sim 0.02mm$ 的过盈量。试用分组装配法解该尺寸链并确定各组成环的偏差值。设轴、孔的经济公差均为 $0.02mm$。

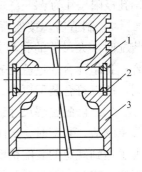

图 6-26　活塞与
活塞销装配简图
1—活塞销；2—挡圈；3—活塞

解：1）先按完全互换法确定各组成

环的公差和偏差值

$$\delta_1 = (-0.01) - (-0.02) = 0.01\text{mm}$$

取 $\delta_1 = \delta_2 = 0.005\text{mm}$ （等公差分配）。

活塞销的公差带分布位置应为单向负偏差（基轴制原则），即销子尺寸应为

$$A_1 = 28_{-0.005}^{\ 0}\text{mm}$$

根据题意画出轴、孔公差带，如图 6-27 （a）所示。

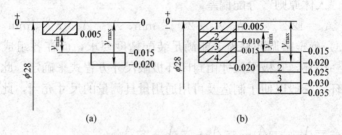

(a)   (b)

图 6-27 销子与销孔的尺寸公差带

相应地，销孔尺寸由图 6-27 （a）所示可知为

$$A_2 = 28_{-0.020}^{-0.015}\text{mm}$$

2）将得出的组成环公差均扩大 4 倍，得到 $4 \times 0.005\text{mm} = 0.02\text{mm}$ 的经济制造公差。

3）按相同方向扩大制造公差，得销子极限尺寸为 $\phi 28_{-0.020}^{\ 0}\text{mm}$，销孔极限尺寸为 $\phi 28_{-0.035}^{-0.015}\text{mm}$，如图 6-27 （b）所示。

4）制造后，按实际加工尺寸分四组，如图 6-27 （b）所示。装配时，大尺寸的孔与大尺寸的轴配合，小尺寸孔与小尺寸轴配合，各组配合的过盈见表 6-3。因分组配合公差与允许配合公差相同，所以符合装配要求。

（3）修配法解尺寸链。采用修配法时，尺寸链各尺寸均按经济公差制造。装配时，封闭环的总误差有时会超出规定的允许范围。为了达到规定的装配精度，必须把尺寸链中某一零件加以修配。应把便于修配，并且对其他尺寸没有影响的零件作为修配环。

修配法解尺寸链的主要任务，是确定修配环在加工时的实际尺寸，保证修配时有足够的，而且是最小的修配量。

表 6-3	活塞销和活塞孔的分组尺寸			mm
组别	活塞销直径	活塞销孔直径	配合情况	
			最小过盈	最大过盈
1	$\phi 28^{\ 0}_{-0.005}$	$\phi 28^{-0.015}_{-0.020}$	0.010	0.020
2	$\phi 28^{-0.005}_{-0.010}$	$\phi 28^{-0.020}_{-0.025}$		
3	$\phi 28^{-0.010}_{-0.015}$	$\phi 28^{-0.025}_{-0.030}$		
4	$\phi 28^{-0.015}_{-0.020}$	$\phi 28^{-0.030}_{-0.035}$		

【例 6-5】 如图 6-28 所示，为保证精度要求，卧式车床前后顶尖中心线只允许尾座高出 0～0.06mm。已知 $A_1=202$mm，$A_2=46$mm，$A_3=156$mm，组成环经济公差为 $\delta_1=\delta_2=0.1$mm（镗模加工），$\delta_2=0.5$mm（半精刨），试用修配法解该尺寸链。

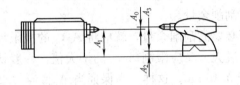

图 6-28 修刮尾座底板

解： 1）根据题意画出尺寸链简图，如图 6-29（a）所示。实际生产中通常把尾座体和尾座底板的接触面先配制好，并以尾座底板的底面为定位基准，精镗尾座体上的顶尖套孔，其经济加工精度为 0.1mm。装配时尾座体与底板是作为一个整体进入总装的。因此原组成环 A_2 和 A_3 合并成一个环 $A_{2,3}$，如图 6-29（b）所示。此时，装配精度取决于 A_1 的制造精度（$\delta_1=0.1$mm）及 $A_{2,3}$ 的制造精度（$\delta_{2,3}$ 也等于 0.1mm），选定 $A_{2,3}$ 为修配环。

2）根据经济加工精度确定各组成环制造公差及公差

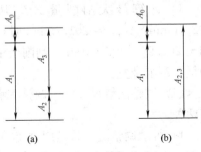

图 6-29 车床前后顶尖中心线尺寸链简图

带分布位置，如图 6-30 所示。

$$A_1 = 202\text{mm} \pm 0.05\text{mm}$$
$$A_{2,3} = A_2 + A_3 = (46\text{mm} + 156\text{mm}) \pm 0.05\text{mm}$$
$$= 202\text{mm} \pm 0.05\text{mm}$$

3）确定修配环尺寸对 A_1 及 $A_{2,3}$ 的极限尺寸进行分析可知，当

$$A_{1\min} = 201.95\text{mm}$$
$$A_{2,3\min} = 202.05\text{mm}$$

时，要满足装配要求，$A_{2,3}$ 应有 $0.04 \sim 0.10\text{mm}$ 的刮削余量，刮削后 A_0 为 $0 \sim 0.06\text{mm}$。当

$$A_{1\max} = 202.05\text{mm}$$
$$A_{2,3\min} = 201.95\text{mm}$$

时，则已没有刮削余量。

为了保证必要的刮削余量，就应将 $A_{2,3}$ 的极限尺寸加大：为使刮削量不至过大，又应限制 $A_{2,3}$ 的增大值，一般认为最小刮削余量不应小于 0.15mm。这样，为保证当 $A_{1\max} = 202.05\text{mm}$ 时仍有 0.15mm 的 刮 削 余 量，则 应 使 $A'_{2,3\min} = 202.05\text{mm} + 0.15\text{mm} = 202.20\text{mm}$。

考虑到 $A_{2,3}$ 的制造公差，则

$$A'_{2,3\max} = 202.20\text{mm} + 0.10\text{mm} = 202.30\text{mm}$$

所以修配环的实际尺寸应为

$$A'_{2,3} = 202^{+0.30}_{+0.20}\text{mm}$$

4）计算最大刮削量 Z_κ。从图 6-30 可知，当 $A'_{2,3\max} = 202.30\text{mm}$，$A_{1\max} = 201.95\text{mm}$ 时，若要满足装配要求，$A'_{2,3\max}$ 应刮至 $201.95 \sim 202.01\text{mm}$，刮削余量为 $0.29 \sim 0.35\text{mm}$，此余量就为最大刮削余量。

（4）调整法解尺寸链。调整法解尺寸链时，改变调整环的方法有两种。

1）可动调整法：就是用改变零件位置来达到装配精度的方法，如图 6-31（a）所示。此处以套筒作为调整件。齿轮轴向尺寸 A_1 及机体尺寸 A_2 均按经济公差加工，装配时使套筒沿轴向移动（即调

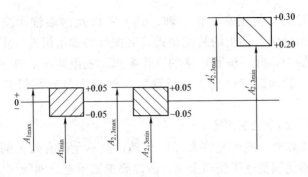

图 6-30　刮削前余量示意图

整 A_3)，直至达到规定的间隙为止。然后，通过机体上预先做好的螺孔，在套筒上钻一个深坑，再用紧定螺钉固定套筒。

2) 固定调整法：是在尺寸链中选定一个或加入一个零件作为调整环，如图 6-31 (b) 所示。作为调整环的零件是按一定尺寸间隔级别制成的一组专用零件。根据装配时的需要，选用其中某一级别的零件作补偿，从而保证所需要的装配精度。经常使用的调整件有垫圈、垫片、轴套等。

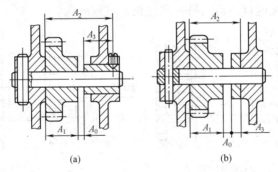

(a)　　　　　　　　　　(b)

图 6-31　调整法

(a) 可动调整法；(b) 固定调整法

第二节　典型组件和部件装配工艺

一、轴组装配工艺

轴是机械中的重要零件，所有的传动零件，如齿轮、带轮都

409

要装在轴上才能正常工作。轴、轴上零件及两端轴承支座的组合，称为轴组。轴组的装配是指将装配好的轴组组件，正确地安装在机器中，并保证其正常的工作要求。轴组装配主要是两端轴承固定、轴承游隙调整、轴承预紧、轴承密封和润滑装置的装配等。

（一）轴承的固定方式

轴工作时，既不允许有径向移动，也不允许有较大的轴向移动，又不能因受热膨胀而卡死，所以要求轴承有合理的固定方式。轴承的径向固定是靠外圈与外壳孔的配合来解决的。而轴承的轴向固定有以下两种基本方式：

（1）两端单向固定方式。如图 6-32 所示，在轴的两端的支承点，用轴承盖单向固定，分别限制两个方向的轴向移动。为避免轴受热伸长而使轴承卡住，在右端轴承外圈与端盖间留有不大的间隙（0.5～1mm），以便游动。

（2）一端双向固定方式。如图 6-33 所示，右端轴承双向轴向固定，左端轴承可随轴游动。这样，工作时不会发生轴向窜动，受热膨胀时又能自由地向另一端伸长，不致卡死。

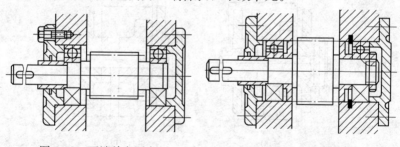

图 6-32　两端单向固定　　　　图 6-33　一端双向固定

为了防止轴承受到轴向载荷时产生轴向移动，轴承在轴上和轴承安装孔内都应有轴向紧固装置。作为固定支承的径向轴承，其内、外圈在轴向都要固定（见图 6-33 右支承）。而游动支承，如安装的是不可分离型轴承，只须固定其中的一个套圈（见图 6-33 左支承），游动的套圈不固定。

轴承内圈在轴上安装时，一般都由轴肩在一面固定轴承位置，另一面用螺母、止动垫圈和开口轴用弹性挡圈等固定。

轴承外圈在箱体孔内安装时，箱体孔一般有凸肩固定轴承位置，另一方向用端盖、螺母和孔用弹性挡圈等紧固。

（二）滚动轴承游隙的调整

1. 滚动轴承的游隙

滚动轴承的游隙是指将轴承的一个套圈固定，另一个套圈沿径向或轴向的最大活动量，即分径向游隙和轴向游隙两类。

根据轴承所处状态不同，径向游隙又分为原始游隙、配合游隙和工作游隙。

（1）原始游隙：指轴承在未安装前自由状态下的游隙。

（2）配合游隙：指轴承装在轴上和箱体孔内的游隙。其游隙大小由过盈量决定，配合游隙小于原始游隙。

（3）工作游隙：指轴承在承受载荷运转时的游隙。此时因轴承内外圈的温差使游隙减小以及工作负荷使滚动体和套圈产生弹性变形，导致游隙增大。一般情况下，工作游隙大于配合游隙。

2. 滚动轴承游隙的调整

滚动轴承的游隙不能过大，也不能过小。游隙过大，将使同时承受负荷的滚动体减少，单个滚动体负荷增大，降低轴承寿命和旋转精度，引起振动和噪声。受冲击载荷时，尤为显著。游隙过小，则加剧磨损和发热，也会降低轴承的寿命。因此，轴承在装配时，应控制和调整合适的游隙，以保证正常工作并延长轴承使用寿命。其方法是使轴承内、外圈作适当的轴向相对位移。如角接触球轴承、圆锥滚子轴承和双向推力球轴承等，在装配时以及使用过程中，可通过调整内、外套圈的轴向位置来获得合适的轴向游隙。

调整滚动轴承游隙的常用方法有调整垫片和调整螺钉两种。

（1）调整垫片法：通过改变轴承盖与壳体端面间垫片厚度 δ，来调整轴承的轴向游隙 s，如图 6-34（a）所示。也可用图 6-34（b）所示的压铅丝法求得垫片厚度。将粗 $1\sim2$mm 的铅丝 $3\sim4$ 段，用油脂粘放在轴承和壳体端面上，装配轴承盖并拧紧螺钉。然后拆下轴承盖，测量铅丝 a、b 厚度，则调整垫片的厚度 δ 为

$$\delta = a + b - s$$

式中　a、b——铅丝被压扁的厚度（mm）；

　　　s——轴承需要的间隙（mm）。

（2）调整螺钉法：如图 6-35 所示，调整时先松开锁紧螺母，然后转动调整螺钉调整轴承间隙至规定值，最后拧紧锁紧螺母。

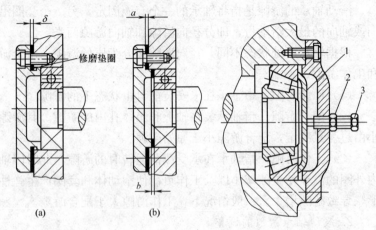

修磨垫圈

(a)　　　　(b)

图 6-34　用垫片调整轴承间隙

图 6-35　用调整螺钉
调整轴承间隙
1—压盖；2—锁紧螺母；
3—调整螺钉

（三）滚动轴承的预紧

对于承受负荷较大、旋转精度要求较高的轴承，大多要求在无隙或少量过盈状态下工作，安装时要进行预紧。所谓预紧，就是在安装轴承时用某种方法产生并保持一轴向力，以消除轴承中

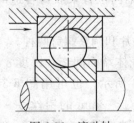

图 6-36　滚动轴
承预紧的原理

的游隙，并在滚动体和内、外圈接触处产生初变形。预紧后的轴承受到工作载荷时，其内、外圈的径向及轴向相对移动量要比未预紧的轴承大大减少，这样就提高了轴承在工作状态下的刚度和旋转精度。图 6-36 所示为滚动轴承预紧的原理。

1.滚动轴承预紧的方法

（1）成对使用角接触球轴承时的预紧。成对使用角接触球轴承
有三种布置方式，如图 6-37 所示。其中图 6-37（a）为背靠背（外
圈宽边相对）安装；图 6-37（b）为面对面（外圈窄边相对）安
装；图 6-37（c）为同向（外圈宽窄边相对）安装。若按图示箭头
方向施加预紧力，使轴承紧靠在一起，即可达到图 6-36 滚动轴承
的预紧目的。在成对安装轴承之间配置预紧厚度不同的间隔套，如
图6-38所示，可以得到不同的预紧力。

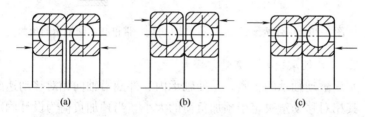

图 6-37　成对安装角接触球轴承

（a）背靠背安装；（b）面对面安装；（c）同向安装

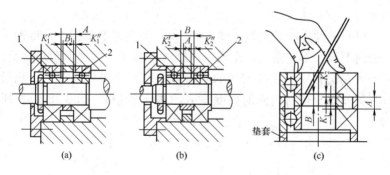

图 6-38　用间隔套预紧

（a）面对面安装；（b）背靠背安装；（c）同向安装

（2）单个轴承预紧。如图 6-39 所示，通过在轴承外圈上的弹
簧，调整螺母可使弹簧产生不同的预紧力。

（3）带有锥孔内圈的轴承预紧。如图 6-40 所示，轴承内圈有
锥孔，可以调节其轴向位置实现预紧。拧紧螺母使锥形孔内圈向轴
颈大端移动，内圈直径增大，消除径向游隙，形成预紧力。

413

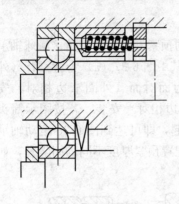

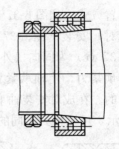

图 6-39 用弹簧预紧   图 6-40 带锥孔内圈轴承的预紧

2. 滚动轴承预紧的测量与调整

实现滚动轴承的预紧,是使轴承内、外圈沿轴向相对移动达到的,其相对移动量决定于预加负荷的大小。当预加负荷为设计确定值时,可用测量法测出内、外圈的移动量。按此移动量配置一定厚度的垫圈或间隔套,即可得到设计的预紧力。具体测量方法有如下两种。

(1) 单件生产的测量。图 6-41(a)为在标准平板上,将轴承窄边向上放在下底座上,在轴承内圈放上芯子,并加上预加载荷。芯子大端铣有三个互成 120°的测量口,用百分表分别在三个测量口测得外圈窄边对内圈的高度差 K_1(取平均值)。图 6-38(a)所

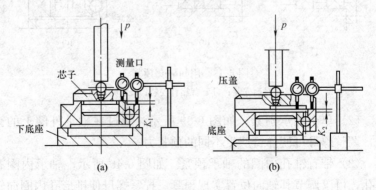

图 6-41 轴承内外圈相对移动量测量

示面对面安装时，内、外间隔套的尺寸关系为

$$A = B + (K'_1 + K''_1)$$

式中 A——外间隔套厚度（mm）；

　　B——内间隔套厚度（mm）；

　　K'_1——轴承 1 窄边端内外圈高度差（mm）；

　　K''_1——轴承 2 窄边端内外圈高度差（mm）。

图 6-41（b）所示为将轴承外圈宽边向上，在内圈中装一底座，放在标准平板上，用压盖压住外圈宽边，并施加适当的预加载荷。用百分表在压盖上互成 120°三个测量口分别测得轴承外圈宽边对内圈高度差 K_2（取平均值）。图 6-38（b）所示背靠背安装时，内、外间隔套的尺寸关系为

$$B = A + (K'_2 + K''_2)$$

式中 B——内间隔套厚度（mm）；

　　A——外间隔套厚度（mm）；

　　K'_2——轴承 1 宽边端内外圈高度差（mm）；

　　K''_2——轴承 2 宽边端内外圈高度差（mm）。

图 6-38（c）所示轴承同向安装的内、外间隔套尺寸关系为

$$A = B + (K_1 - K_2)$$

式中 A——外间隔套厚度（mm）；

　　B——内间隔套厚度（mm）；

　　K_1——轴承外圈窄边对内圈高度差（mm）；

　　K_2——轴承外圈宽边对内圈高度差（mm）。

（2）成批生产轴承预紧测量。成批生产轴承预紧测量用专用测量工具测量，如图 6-42 所示。

图 6-42（a）中，测量套 A 尺寸为定值，等于图 6-38（a）的外间隔套尺寸 A。加预紧力后，用量块测得 B 尺寸，为内间隔套尺寸。

图 6-42（b）中，测量套 B 尺寸为定值，等于图 6-38（b）中的内间隔套尺寸 B。加预紧力后，用量块测得 A 尺寸，为外间隔套尺寸。

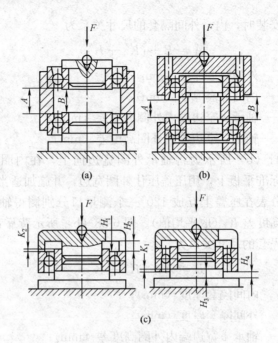

图 6-42　测量轴承预紧后内外圈的错位量

(a) 背靠背安装；(b) 面对面安装；(c) 同向安装

图 6-42（c）中，H_2、H_3 为压盖和芯子的固定尺寸，用量块测得 H_1、H_4 后可计算轴承内外圈高度差 K_1、K_2 为

$$K_1 = H_3 - H_4$$

$$K_2 = H_2 - H_1$$

将 K_1、K_2 值代入式 $A = B + (K_1 - K_2)$，即可得到按图 6-38（c）同向安装轴承时内、外间隔套尺寸关系。

注意 H_1、H_2 测量应在互成 $120°$ 三个测量口三次进行，取平均值。

精密轴承部件装配时，可采用图 6-43 所示的弹簧测量装置对轴承预紧的错位量进行测量，以获得准确的预紧力。测量时，转动螺母，压缩弹簧至规定尺寸 H 时，轴承即受到规定的预紧力。A 为给定间隔套尺寸，用量块可确定待定间隔套尺寸。

预紧力较小或仅希望消除内部游隙时，可凭感觉测量，如图

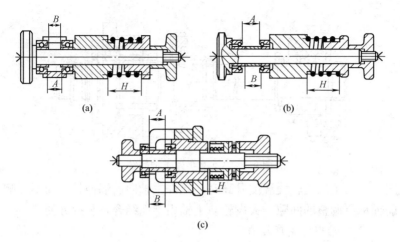

图 6-43　弹簧装置测量轴承预紧时的错位量

（a）背靠背安装；（b）面对面安装；（c）同向安装

6-44所示。用重块或用手直接压紧轴承内圈或外圈（压力相当于预紧力），另一只手拨动内、外间隔套，如感觉松紧一样，则内、外间隔套的厚度即符合预紧要求。

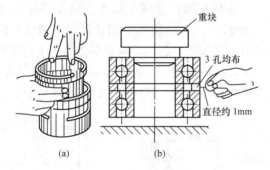

图 6-44　用感觉法检查轴承预紧

（a）用手压紧；（b）用重块压紧

（四）车床主轴轴组装配

1. 结构简介

图 6-45 所示为 C630 车床主轴部件。前端采用调心滚子轴承，用以承受切削时的径向力。主轴的轴向力，由推力轴承和圆锥滚子轴承承受。调整螺母可控制主轴的轴向窜动量，并使主轴轴向双向

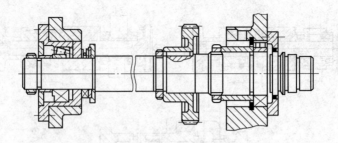

图 6-45　C630 车床主轴部件

固定。当主轴运转使温度升高时，允许主轴向前端伸长，而不影响前轴承所调整的间隙。大齿轮与主轴用锥面结合，装拆方便。

2. 主轴部件精度要求

主轴部件的精度是指在装配调整之后的回转精度，包括主轴的径向圆跳动、轴向窜动以及主轴旋转的均匀性和平稳性。

(1) 主轴径向圆跳动的检验。车床主轴部件装配完成后，要检验主轴径向圆跳动，其方法如图 6-46（a）所示。在锥孔中紧密地插入一根锥柄检验棒，将百分表固定在机床上，使百分表测头顶在检验棒表面上。旋转主轴，分别在靠近主轴端部的 a 处和距 a 点 300mm 的 b 处检验。a、b 的误差分别计算，主轴转一转，百分表读数的最大差值，就是主轴的径向跳动误差。为了避免检验棒锥柄配合不良的影响，拔出检验棒，相对主轴旋转 90°，重新插入主轴锥孔内，依次重复检验四次，四次测量结果的平均值为主轴的径向

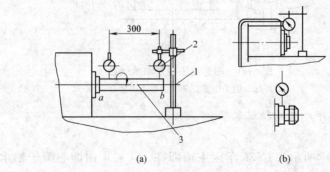

(a)　　　　　　　　　　　(b)

图 6-46　主轴径向跳动的测量
1—磁力表架；2—百分表；3—检验棒

跳动误差。主轴径向圆跳动量也可按图 6-46 （b）所示，直接测量
主轴定位轴颈。主轴旋转一周，百分表的最大读数差值为径向圆跳
动误差。

（2）主轴轴向窜动的检查。如图 6-47 所示，在主轴锥孔中紧密地插入一根锥柄短检验棒，中心孔中装入钢球（钢球用黄油粘上），平头百分表固定在床身上，使百分表测头顶在钢球上。旋转主轴检查，百分表读数的最大差值，就是轴向窜动误差值。

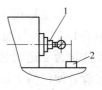

图 6-47 主轴轴向
窜动的检验
1—锥柄短检验棒；
2—磁力表座

3. 主轴部件装配过程

C630 车床主轴部件装配顺序如下：

（1）将卡环和滚动轴承的外圈装入箱体的前轴承孔中。

（2）按图 6-48 所示，将该分组件先组装好，然后将该分组件从主轴箱前轴承孔中穿入。在此过程中，从箱体上面依次将键、大齿轮、螺母、垫圈、开口垫圈和推力轴承装在主轴上，然后把主轴移动到规定位置。

（3）从箱体后端，把图 6-49 所示的后轴承壳体分组件装入箱体，并拧紧螺钉。

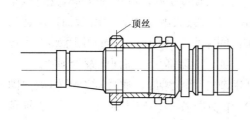

图 6-48 主轴分组件

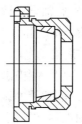

图 6-49 后轴承套
与外圈组成后轴承
壳体分组件

（4）将圆锥滚子轴承的内圈装在主轴上，敲击时用力不要过大，以免主轴移动。

（5）依次装入衬套、盖板、圆螺母及前法兰分组件，并拧紧所有螺钉。

(6) 调整、检查。

4. 主轴部件的调整

主轴部件的调整是至关重要的，分预装调整和试车调整两步进行。

(1) 主轴预装调整。在主轴箱没装其他零件之前，先将主轴按图 6-45 进行一次预装。这样做一方面可检查组成主轴部件的各个零件是否能达到装配要求；另一方面空箱便于翻转，修刮箱体底面比较方便，易于保证底面与床身的结合面有良好接触，保证主轴轴线对床身导轨的平行度要求。主轴轴承的调整顺序，一般应先调整固定支座，再调整游动支座。对 C630 车床而言，应先调整后轴承，然后再调整前轴承。因为后轴承对轴有双向轴向固定作用，未调整之前，主轴可以任意翘动，不能定心，这时调整前轴承，会影响前轴承调整的准确性。

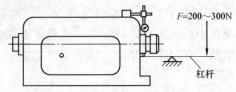

图 6-50　主轴间隙的检查

1) 后轴承在调整时，先将圆螺母松开，旋转圆螺母，逐渐收紧圆锥滚子轴承和推力球轴承。用百分表触及主轴前阶台面，用适当的力前后推动主轴，保证轴向间隙小于 0.01mm。同时用手转动大齿轮，直到手感主轴旋转灵活自如、无阻滞后，将两圆螺母锁紧。

2) 前轴承的调整，可逐渐拧紧圆螺母，通过衬套使轴承内圈在主轴锥颈（锥度 1：12）作轴向移动，使内圈胀大。一般轴承内、外圈间隙在 0～0.005mm 之间为宜。间隙的检查方法如图 6-50 所示。

(2) 主轴的试车调整。机床正常运转时，随着温度升高，主轴轴承的间隙会发生变化。主轴轴承的间隙一般应在温升稳定后再调整，称为试车调整。其方法为：按油标位置注入润滑油，适当拧松两个圆螺母，用木锤在主轴前后端适当敲击，使轴承回松，间隙保持在 0～0.02mm 之间。从低速到高速空转不超过 2h，而在最高速度下运转不应少于30min，一般油温不超过60℃即可。停车后，拧紧两个圆螺母，进行必要的调整。

（五）滚动轴承的定向装配

对精度要求较高的主轴部件，为了提高主轴的回转精度，轴承内圈与主轴装配及轴承外圈与箱体孔装配时，常采用定向装配的方法。定向装配就是人为地控制各装配件径向圆跳动误差的方向，合理组合，以提高装配精度的一种方法。装配前须对主轴锥孔中心线偏差及轴承的内外圈径向圆跳动量进行测量，确定误差方向并做好标记。

1. 装配件误差的检查方法

（1）轴承外圈径向圆跳动量的检查。图 6-51 所示为滚动轴承外圈径向跳动量的测量方法。测量时，转动外圈并沿百分表方向上下（左右）压迫外圈，百分表的最大读数差则为外圈的最大径向圆跳动量点。

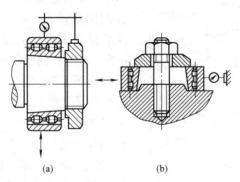

(a)　　　　　　　(b)

图 6-51　测量外圈径向跳动量

（a）在主轴上测量；（b）在工具上测量

（2）滚动轴承内圈径向圆跳动测量。图 6-52 所示为滚动轴承内圈径向圆跳动的测量方法。测量时外圈固定不转，内圈端面上加以均匀的测量负荷 F（不同于滚动轴承实现预紧时的预加负荷），F 的数值根据轴承类型及直径而变化。使内圈旋转一周以上，便可测量得内圈表面的径向圆跳动

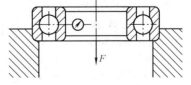

图 6-52　测量内圈径向圆跳动量

量及其方向。

（3）主轴锥孔中心线偏差的测量。如图 6-53 所示，测量时将主轴轴颈置于 V 形块上，在主轴锥孔中插入测量用心棒，转动主轴一周以上，便可测得锥孔中心线的偏差数值及方向。

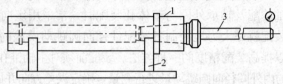

图 6-53　测量主轴锥孔中心线偏差

1—主轴；2—V 形块；3—检验棒

2. 滚动轴承定向装配要点

图 6-54 所示为滚动轴承定向装配的几种装配方案。图中 δ_1、δ_2 分别为车床主轴前、后轴承内圈的径向圆跳动量，δ_3 为主轴锥孔对主轴回转中心线的径向圆跳动量，δ 为主轴的径向圆跳动量。

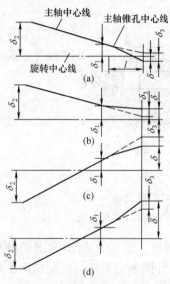

图 6-54　车床主轴部件滚动轴承定向装配

(a) δ_1 与 δ_2 方向相反；(b) δ_1、δ_2 与 δ_3 方向相同；(c) δ_1 与 δ_2 方向相反，δ_3 在主轴中心线内侧；(d) δ_1 与 δ_2 方向相反，δ_3 在主轴中心线外侧

由图 6-54 可以看出，零件的前后轴承的径向圆跳动量与主轴锥孔径向圆跳动量虽然都一样，但不同的方向装配时，主轴在其检验处的径向跳动量却不一样。按图 6-54（a）所示方案装配时，主轴的径向圆跳动量 δ 最小。此时，前后轴承内圈的最大径向圆跳动量 δ_1 和 δ_2 在主轴中心线的同一侧，且在主轴锥孔最大径向圆跳动量的相反方向。后轴承的精度应比前轴承低一级，即 $\delta_1 > \delta_2$，如果前后轴承精度相同，主轴的径向圆跳动量反而增大。

同样，轴承外圈也应按上述方

法定向装配。对于箱体部件，由于测量轴承孔误差较费时间，可只将前、后轴承外圈的最大径向圆跳动点在箱体孔内装成一条直线即可。

二、静压导轨及其装配工艺

（一）静压导轨的概念、特点及分类

1. 静压导轨概念

采用静压导轨时，只要在导轨的油腔中通入具有一定压力的润滑油，就能使动导轨（工作台）与静导轨（床身）间充满一层润滑油膜，使导轨处于液体摩擦状态。

2. 主要特点

静压导轨有以下特点：

（1）摩擦因数小，一般为 0.000 5 左右，导轨处于纯液体摩擦状态。

（2）导轨使用寿命长。

（3）工作精度高，运动平稳、均匀、无爬行现象。

由于这种导轨具有上述优点，所以得到广泛的应用。尤其在一些大型、精密机床上应用较多。

3. 静压导轨的分类

（1）按导轨结构型式分：

1）开式静压导轨。如图 6-55 所示，它只有一面有油腔。

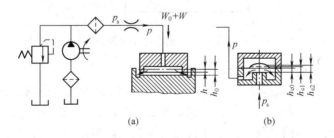

图 6-55 开式静压导轨

2）闭式静压导轨。如图 6-56 所示，上下每一对油腔都相当于静压轴承的一对油腔，只是压板油腔要窄一些。

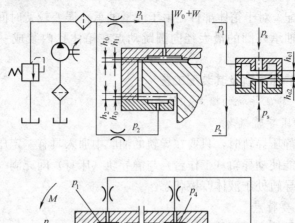

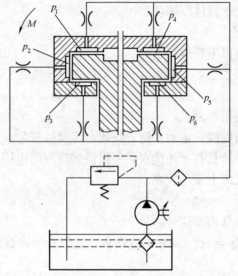

图 6-56　闭式静压导轨

（2）按供油情况分：

1）定压式静压导轨。定压式静压导轨是由液压泵输出的压力油通过节流阀，进入导轨油腔，使工作台浮起。油腔油压随工作台载荷的大小而变化，使工作台面与导轨间始终保持一定的间隙，这种结构应用较多。

2）定量式静压导轨。定量式静压导轨能保证流经油腔的润滑油流量为一定值，但由于该种结构需要较大的定量液压泵，结构较复杂，因此用得较少。

（二）静压导轨的装配工艺

1. 装配技术要求

（1）首先需要有一个良好的导轨安装基础，以保证床身安装后的稳定。

（2）对导轨刮研精度的要求是导轨全长度上的直线度或平面度误差为：高精度和精密机床为 0.01mm，普通及大型机床为 0.02mm；高精度机床导轨在每 25mm×25mm 面积上的接触点不少于 20 点，精密机床不少于 16 点，普通机床不少于 12 点。刮研深度，高精度机床和精密机床不超过 3～5μm，普通和大型机床不超过 6～10μm。这就要求在刮削过程中除了注意导轨有较高直线度要求，包括垂直平面内直线度要求、水平面内直线度及扭曲度要求外，还要求有较多、较均匀的接触点。一定要控制刮刀刀痕深度，否则将影响油膜强度。

（3）油腔必须在导轨面刮好后加工，以免池腔四周边缘造成刮刀深痕。为保持油腔内油液的一定压力，油腔不得外露，一般将油腔开在动导轨上。每条导轨的油腔数根据动导轨长度、刚度及动导轨所受载荷的均匀分布情况来确定，但不得少于两个。导轨长、刚度差、载荷分布不均匀则油腔得多些，反之少些。油腔形状、尺寸、深度应按图样严格加工。

2. 静压导轨的调整

（1）建立纯液体摩擦，使工作台浮起来。系统通入压力油，使台面上浮，为此可在工作台四角上装百分表。对于台面大的，可在中部两侧再装两个百分表，调整节流阀并利用百分表测定导轨各点上浮量相等。对于开式导轨，如压力升到一定值台面仍不浮起，则应检查节流阀是否堵塞或油腔是否有大量漏油现象。对闭式静压导轨，还要注意是否由于主副导轨各油腔差别很大，产生有的上抬，有的下拉，工作台受到变形力矩的作用。

（2）调整油膜刚度 J。它是决定导轨工作时性能好坏的重要参数之一。对导轨各油腔都要一一调整油膜刚度 J。

导轨的油膜刚度 J，是指工作台在载荷作用下，导轨间隙产生单位变化所能承受载荷的大小。油膜刚度高，即导轨受很大载荷时位移也很小。

导轨间隙愈小，油膜刚度愈高。但在选择导轨间隙 h 值时，应考虑导轨加工可能的合理精度。

进油压力愈高，油膜刚度愈大。但进油压力的提高要受到泵和其他条件的限制，应综合后选取。

节流比 β 对油膜刚度的影响，在不同条件下是不同的。

1) 当工作台由于结构限制，尺寸和质量不能随便增加时，允许调整供油压力 p_s 和节流阻力，以便使 h 值不变。保持油腔中压力 p 和导轨间隙 h 不变，可知供油压力 p_s 愈大愈好，此时可得到最大的刚度值。当节流比 $\beta=4$ 时较合理，这时供油压力 p_s 再大，对刚度影响也不大。

2) 节流阀是固定不可调的，允许调整供油压力 p_s 和改变导轨间隙 h 时（即改变 p_s 和 h），在节流阻力和 p 不变的条件下，要求得到最大的油膜刚度 J 时，β 的最佳值为 3。

调节时应控制工作台各点浮起量相等，而且控制为最佳原始浮起量 h_0；应使供油压力 p_s 与各腔压力 p 之比 β 接近于最佳值。不得使有的油腔压力为零或为供油压力 p_s。

(3) 调整部位及参数。

1) 调整节流阀参数。对固定节流阀，可直接调整节流口长度；对可变节流阀，则要反复调整膜片厚度及原始开口量 h（或调整铜片厚度）。

2) 控制油膜厚度。油膜厚度与刚度成反比，在导轨浮起后刚度不好，甚至产生飘浮，这时应减小供油压力或改变油腔中压力。开式静压导轨可控制油膜厚度，导轨的油膜应尽量薄一些。但是由于受加工精度、表面粗糙度、零部件刚度和节流阀最小节流尺寸的限制，油膜厚度又不能取得太小，至少应大于导轨面的形状误差，否则就不能实现纯液体摩擦。空载时对于中小型机床，油膜厚度一般为 0.01～0.025mm；对于大型机床，取 0.03～0.06mm。

3) 控制供油压力 p_s。提高供油压力可提高导轨刚度，对于闭式导轨更是如此。

3. 供油系统的装接要点

（1）过滤。一般应保证对油液进行二次过滤，过滤精度为：中、小型机床 $3\sim10\mu m$，重型机床 $10\sim20\mu m$。油液中若夹杂棉丝、灰尘等微粒，会使导轨调整困难，运动中产生油膜自行减薄，甚至时浮时落的波动现象。

（2）安装。节流阀的安装应考虑调整和检修时的方便，特别注意能排出系统中的空气。节流阀后的油管应避免过长或拐弯过多。

三、螺旋机构装配工艺

螺旋机构可将旋转运动变换为直线运动，其特点是传动精度高、工作平稳、无噪声、易于自锁、能传递较大的转矩。在机床中螺旋机构应用广泛，如车床的纵向和横向进给丝杠螺旋副等。

（一）螺旋机构的装配技术要求

为了保证丝杠的传动精度和定位精度，螺旋机构装配后，一般应满足以下要求：

（1）丝杠螺母副应有较高的配合精度，有准确的配合间隙。

（2）丝杠与螺母轴线的同轴度误差及丝杠轴心线与基准面的平行度误差，应符合规定要求。

（3）丝杠与螺母相互转动应灵活。

（4）丝杠的回转精度应在规定范围内。

（二）螺旋机构的装配要点

1. 丝杠螺母配合间隙的测量和调整

丝杠螺母的配合间隙，是保证其传动精度的主要因素，分径向间隙和轴向间隙两种。

（1）径向间隙的测量。径向间隙直接反映丝杠螺母的配合精度，其测量方法如图 6-57 所示。将百分表测头抵在螺母 1 上，用稍大于螺母质量的力 Q 压下或抬起螺母，百分表指针的摆动量即为径向间隙值。

（2）轴向间隙的消除和调整。丝杠螺母的轴向间隙直接影响其传动的准确性，进给丝杠应有轴向间隙消除机构，简称消隙机构。

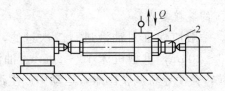

图 6-57　丝杠螺母径向间隙的测量

1—螺母；2—丝杠

1) 丝杠螺母传动机构只有一个螺母时，常采用如图 6-58 所示的单螺母消隙机构，使螺母和丝杠始终保持单向接触。注意消隙机构的消隙力方向应和切削力 p_x 方向一致，以防止进给时产生爬行，影响进给精度。

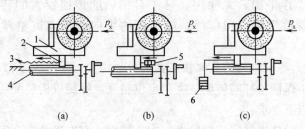

(a)　　　　　　(b)　　　　　　(c)

图 6-58　单螺母消隙机构

(a) 弹簧拉力消隙；(b) 液压缸压力消隙；(c) 重锤消隙

1—砂轮架；2—螺母；3—弹簧；4—丝杠；5—液压缸；6—重锤

2) 双向运动的丝杠螺母应用两个螺母来消除双向轴向间隙，其结构如图 6-59 所示。

图 6-59 (a) 所示为楔块消隙机构。调整时，松开螺钉 3，再拧动螺钉 1 使楔块 2 向上移动，以推动带斜面的螺母右移，从而消除右侧轴向间隙，调好后用螺钉 3 锁紧。消除左侧轴向间隙时，则松开左侧螺钉，并通过楔块使螺母左移。

图 6-59 (b) 所示为利用弹簧消除间隙的机构。调整时，转动调节螺母 4，通过垫圈及压缩弹簧 5，使螺母 8 轴向移动，以消除轴向间隙。

图 6-59 (c) 所示为利用垫片厚度来消除轴向间隙的机构。丝杠螺母磨损后，通过修磨垫片来消除轴向间隙。

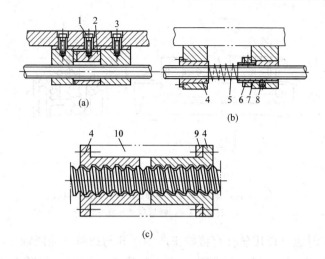

图 6-59　双螺母消隙机构

(a) 斜面消隙；(b) 弹簧消隙；(c) 垫片消隙

1、3—螺钉；2—楔块；4—螺母；5—弹簧；6—垫圈；7—调
整螺母；8—螺母；9—垫片；10—工作台

2. 校正丝杠与螺母轴心线的同轴度及丝杠轴心线与基准面的
平行度

为了能准确而顺利地将旋转运动转换为直线运动，丝杠和螺母
必须同轴，丝杠轴线必须和基准面平行。为此安装丝杠螺母时应按
下列步骤进行：

(1) 安装丝杠两轴承座。先正确安装丝杠两轴承支座，用专用
检验心棒和百分表校正，使两轴承孔轴心线在同一直线上，且与螺
母移动时的基准导轨平行，如图 6-60 所示。校正时，可以根据误
差情况修刮轴承座结合面，并调整前、后轴承的水平位置，使其达
到要求。心轴上母线 a 校正垂直平面，侧母线 b 校正水平平面。

(2) 校准螺母与丝杆轴承孔的同轴度。以平行于基准导轨面的
丝杠两轴承孔的中心连线为基准，校正螺母孔轴心线的同轴度，如
图 6-61 所示。校正时，将检验棒 4 装在螺母座 6 的孔中，移动工
作台 2，如检验棒 4 能顺利插入前、后轴承座孔中，即符合要求；
否则应按 h 尺寸修磨垫片 3 的厚度。

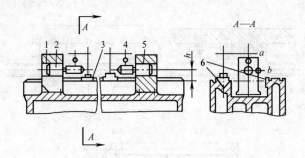

图 6-60　安装丝杠两轴承座

1、5—前后轴承座；2—心轴；3—磁力表座滑板；

4—百分表；6—螺母移动基准导轨

　　有时也可以用丝杠直接校正两轴承孔与螺母孔的同轴度，如图 6-62 所示。校正时，修刮螺母座 4 的底面，同时调整其在水平面上的位置，使丝杠上母线 a 和侧母线 b 均与导轨面平行。修刮垫片 2、7，并在水平方向调整前、后轴承座 1、6，使丝杠两端轴颈能顺利地插入轴承孔，且丝杠转动灵活。

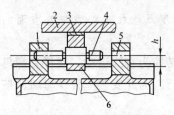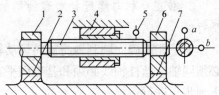

图 6-61　校准螺母与丝杠
　　轴承孔同轴度

1、5—前、后轴承座；2—工作台；

3—垫片；4—检验棒；6—螺母座

图 6-62　用丝杠直接校正两轴
　　承孔与螺母孔的同轴度

1、6—前、后轴承座；2、7—调整垫片；

3—丝杠；4—螺母座；5—百分表

　　3. 调整丝杆的回转精度

　　丝杠的回转精度是指丝杠的径向圆跳动和轴向窜动的大小，主要通过正确安装丝杠两端的轴承支座来保证。

四、齿轮箱体装配工艺

　　齿轮的装配一般分两步进行：先把齿轮装在轴上，再把齿轮装入箱体。但齿轮啮合质量的好坏，除了齿轮本身的制造精度，其他

430

一些因素，如齿轮公法线长度偏差（影响齿侧间隙），齿形偏差（影响接触面积），箱体孔的尺寸精度、形状精度及位置精度，都直接影响齿轮的啮合质量。所以齿轮轴部件装配前一定要认真对箱体进行装配检查。

对箱体检查包括以下内容：

（1）孔距。相互啮合的一对齿轮的安装中心距是影响齿侧间隙的主要因素，应使孔距在规定的公差范围内。孔距检查方法如图6-63所示。图6-63（a）是用游标卡尺分别测得 d_1，d_2、L_1、L_2，然后计算出中心距

$$a = L_1 + \left(\frac{d_1}{2} + \frac{d_2}{2} \right)$$

$$a = L_2 - \left(\frac{d_1}{2} + \frac{d_2}{2} \right)$$

图6-63（b）是用千分尺和心棒测量孔距，计算式为

$$a = \frac{L_1 + L_2}{2} - \frac{d_1 + d_2}{2}$$

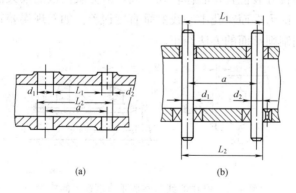

图 6-63　箱体孔距检验
（a）用游标卡尺测量；（b）用千分尺和心棒测量

（2）孔系（轴系）平行度误差检验。图 6-63（b）所示也可作为齿轮安装孔中心线平行度误差的测量方法。分别测量心棒两端尺

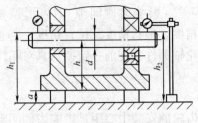

图 6-64　孔轴线与基面的
距离和平行度误差的检验

寸 L_1 和 L_2，L_1-L_2 就是两孔轴线的平行度误差值。

（3）轴线与基面距离尺寸精度和平行度检验。如图 6-64 所示，箱体基面用等高垫块支承在平板上，心棒与孔紧密配合。用高度游标卡尺（量块或百分表）测量心棒两端尺寸 h_1 和 h_2，则轴线与基面的距离为

$$h = \frac{h_1 + h_2}{2} - \frac{d}{2} - a$$

平行度误差 Δ 按下式计算

$$\Delta = h_1 - h_2$$

误差太大时，可用刮削基面的方法纠正。

（4）孔中心线与端面垂直度误差的检验。如图 6-65 所示为常用的两种方法。图 6-65（a）是将带圆盘的专用心棒插入孔中，用涂色法或塞尺检查孔中心线与孔端面垂直度误差。图 6-65（b）是用心棒和百分表检查，心棒转动一周，百分表读数的最大值与最小值之差，即为端面对孔中心线的垂直度误差。如发现误差超过规定值，可用刮削端面的方法纠正。

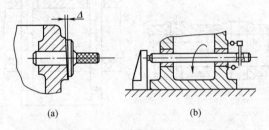

(a)　　　　　　　　　　(b)

图 6-65　孔中心线与端面垂直度误差的检验

（5）孔中心线同轴度误差的检验。图 6-66（a）为成批生产时，用专用检验心棒进行检验。若心棒能自由地推入几个孔中，即表明孔同轴度合格。有不同直径孔时，用不同外径的检验套配合检验，

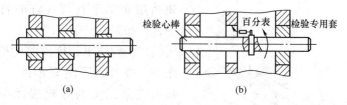

图 6-66 同轴度误差的检验

以减少检验心棒数量。

图 6-66（b）为用百分表及心棒检验，将百分表固定在心棒上，转动心棒一周内，百分表最大读数与最小读数之差的一半为同轴度误差值。

完成上述五项检验后，就可把齿轮轴部件装入箱体，再检查齿轮的啮合质量。

✈ 第三节　机械设备的装配工艺

一、装配精度的检测

装配中的精度检测是很重要的一关，如果仅有装配技术而缺少正确的测量方法，是很难达到理想的质量的。所以一定要将熟练的操作技能和正确的测量方法相结合，应用较先进的适合实际需要的检测器具进行检测，才能保证装配质量。机床装配精度检测项目较多，其主要内容有各相关零件配合面之间的相互位置精度、相对运动精度以及装配中零件配合面形状的改变，还有形状精度和零件自身的形状及尺寸精度等。这些精度检测可分以下几种。

（一）基础零件精度的检测

机床基础零件有床身、立柱、横梁、滑座等。这些基础零件是各运动部件的基础，也是直接影响机床精度的主要零件。对基础零件精度的检测，主要是导轨的直线度、导轨间的平行度和导轨间的垂直度误差等。

（1）导轨直线度的检测。单导轨直线度误差检测有平导轨和 V 形导轨。平导轨通常采用水平仪和光学合像水平仪检测，V 形导

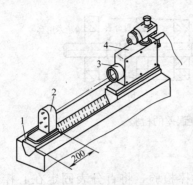

图 6-67　光学平直仪测量 V 形
导轨的示意图

1—垫板；2—反光镜；3—望远镜；
4—光学平直仪本体

轨则用光学平直仪（自准直仪）测量，如图 6-67 所示。

（2）导轨平行度误差的检测。床身、立柱、滑座等零件，一般均由三条以上的导轨表面组成，而导轨面之间则要求相互平行，这样才能使机床运动部件平稳。检测导轨与导轨面的平行度误差方法较多，具体应以导轨的形状结构而定。如平面导轨与 V 形导轨副的平行度检测，可采用水平仪和平行平尺进行测量。如图6-68所示，用百分表对各导轨间的平行度检测。有的平导轨和 V 形导轨还能用外径千分尺对平行度进行检测。

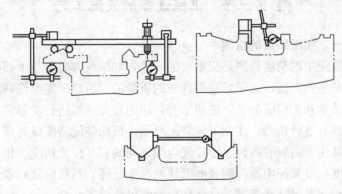

图 6-68　用百分表检测导轨平行度误差

（3）导轨的垂直度检测。导轨之间、导轨和表面之间的垂直度误差检测，同样可用百分表或框式水平仪进行检测。也能用矩形角尺、百分表检测磨床两组导轨间的垂直度误差。如利用框式水平仪两边互成直角这一特性，对牛头刨床床身导轨的垂直度误差进行检测等。

（4）导轨（或端面）对轴线垂直度误差的检测。如图 6-69 所示，利用百分表回转对端面与轴线的垂直度和平行度误差进行检测。

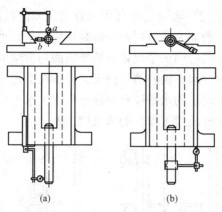

图 6-69　用百分表检测导轨对
轴线的垂直度和平行度

（a）平行度误差；（b）端面对轴线的垂直度误差

（5）圆导轨平面度误差与轴线垂直度误差的检测。立式车床、卧式铣床、滚齿机等都有环形圆导轨。导轨平面必须与轴线垂直，这样才能保证工作台的回转精度，而不使工作台端面圆跳动超差。检测时，可用心轴和百分表对环形圆导轨进行平面度和垂直度误差的检测。

（二）机床部件之间相互位置精度的检测

组、部件装配后，进行部件之间的装配或总装配，必须在基础零件各项精度合格后进行。但是，部件装配后，常会产生部件装配间的累积误差，有时甚至超过总装配规定要求。因此部件装配时，必须对部件之间的位置精度及影响总装配精度的零部件作出规定。例如：卧式铣床立柱导轨的误差分布，就要在立柱导轨的单件加工中消除总装配的累积误差。

1. 立柱导轨对底座表面或工作台的垂直度误差检测

设有立柱导轨的机床较多，如龙门刨床、立式车床、卧式铣床、摇臂钻床等。这些机床都属大中型或超重型设备，有的立柱导轨的重量有几吨，甚至更重。对这类立柱导轨的装配需要格外细心和选择正确的检测方法。但是，就其精度检测的内容而言，同中小型机床基本相同。

立式车床立柱导轨对工作台面垂直度误差的检测如图 6-70 所示。在车床工作台面上，放置两个等高垫块和平行平尺，使水平仪置于平尺中间，然后用水平仪在立柱导轨面与横梁成平行和垂直两个方向进行检测。水平仪的测量位置，分别在立柱导轨面的上部和下部。这时，平尺上的水平仪和立柱导轨面上水平仪的读数最大代数差，即为立柱导轨对工作台的垂直度误差。

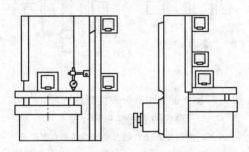

图 6-70　立式车床立柱导轨对工作台面垂直度误差的检测

2. 机床横梁导轨的移动刀架对工作台面的平行度误差检测

设有横梁导轨的机床，通常都有刀架或主轴箱等部件，在横梁上的水平方向作左右移动，如立式车床、龙门铣床和双柱式坐标铣床等。为了保证被加工零件的精度，这些移动部件对工作台面间的平行度误差均有较高要求。以如图 6-71 所示的龙门刨床为例，检测时应将横梁固定在距工作台的适当位置，并使工作台相应移至床身导轨的中间。这时，工作台上放置两个等高垫块和平行平尺，而用千分表固定在横梁的刀架上。将千分表测头触及平行平尺表面或工作台表面。刀架则自左至右在工作台全部宽度上进行移动。千分表在刀架每米行程上和工作台全部宽度上读数的最大差值，即横梁导轨与工作台面的平行度误差。

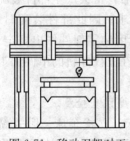

图 6-71　移动刀架对工作台面的平行度检测

3. 轴线与轴线平行度误差的检测

如图 6-72 所示为无心磨床砂轮中心线与导轮中心线的平行度误差检测。检测时，可通过托架定位槽的导向面作为两中心线的基准面，以此分别检测两个轮轴中心线与导向面的平行度误差。

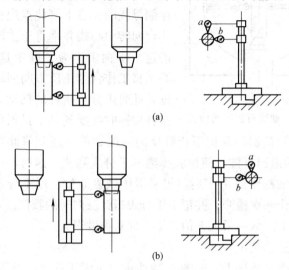

(a)

(b)

图 6-72 无心磨床砂轮中心线与
导轮中心线平行度误差的检测

（1）图 6-72（a）为托架定位槽导向面对砂轮轴线平行度误差的检测。首先应预制一根装在砂轮定心锥轴上与其相密配的检验轴套，及一块托架定位槽上检测用的专用垫板。然后将千分表固定在专用垫板上，并使千分表测头触及轴套表面。这时即可左右移动专用垫板，分别在 a 上母线和 b 侧母线上检测，并记下千分表读数的最大差值。然后将砂轮轴转向 $180°$，用同样方法再次检测，取两次测量结果代数和之半，此值即是托架定位槽导向面对砂轮轴线的平行度误差。

（2）图 6-72（b）为托架定位槽导向面对导轮轴线平行度误差的检测。测量和平行度误差的计算方法均与以上相同。

4. 轴线对称度误差的检测

卧轴圆台平面磨床，其回转工作台的中心，应与主轴中心相交

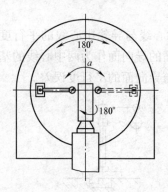

图 6-73 轴线对称度的检测

且垂直,其检测方法如图 6-73 所示。先在砂轮轴定心锥面上套置一个紧密配合的筒形检验棒,使千分表固定在工作台面上。把千分表测头触及检验棒侧母线的 a 点上,此点应在通过工作台回转中心线并垂直于主轴中心线的这个平面上。为了确定这个点 a,必须将工作台作正反方向回转一个角度,此时千分表指针的摆动,是先使指针按逆时针摆到某个最低值后,随即按顺时针摆回,并记下指针反向时的数值(通常将此数作为零位)。然后退回滑体,使检验棒离开千分表测头。这时,应将工作台和砂轮轴都转向 180° 后,仍将滑体恢复原位,用千分表按上述相同方法作两次检测,并记下千分表指针反向时的数值。千分表在同一截面上读数的最大差值之半,即对称度误差。

二、空箱定位装配

在一个主体件上,如图 6-74 所示的车床床身上,需装配床鞍、溜板箱、进给箱、挂架等零件和部件。通常的单件装配方法是先将主轴箱、进给箱、溜板箱等部件装配好,然后装到床身上。并以床鞍为基准,用螺杆和压板夹持床鞍和溜板箱。然后以床身导轨来校正进给箱、溜板箱、挂架的装配位置。将床鞍的螺钉光孔配划溜板箱,同时将进给箱和挂架的螺钉光孔配划于床身,然后拆下各部件,按配划线的样冲孔、钻螺纹底孔和钻定位锥销孔等进行装配。

空箱定位装配,是将空箱体置于床身的各装配位置,利用空箱体的辅助定位工具,校正各空箱体的尺寸位置。将空箱体上的螺钉光孔配划于床身上,并作好配划标记,再进行各箱体部件的装配。

空箱定位装配的特点是轻便灵活,易于调整,对各箱体的定位装配能及时发现各箱体的制造误差,便于纠正。空箱定位适用于批量生产和大型机体的装配。

下面以 B558 型插床为例介绍空箱定位装配的方法、步骤。

B558 型插床的工作台部分是由下床身、下滑板和上滑板三个

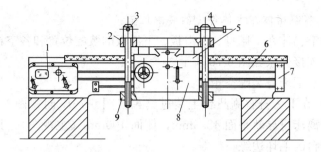

图 6-74　床身确定溜板箱等部件装配位置图

1—进给箱；2—压板；3、4—螺杆；5—床鞍；

6—床身；7—挂架；8—溜板箱；9—螺母压板

主体件组成，并在这三个主体上装配箱体、附件、支架等部件，形成一个有纵向、横向、回转移动的传动系统。其下床身的各部传动原理如图 6-75 所示。

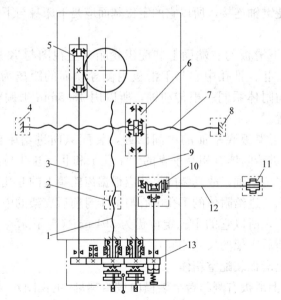

图 6-75　下床身各部件传动原理图

1—横向进给丝杆；2—横向进给螺母；3—光杠；4—前支架；5—蜗杆
支架；6—纵向附件；7—纵向进给丝杆；8—后支架；9—光杠；10—反
向附件；11—进给箱；12—花键轴；13—齿轮箱

1. 各空箱体在主体件上的装配位置

各空箱体在下床身、上滑板、下滑板的装配位置和各空箱之间的尺寸连接关系如图 6-76 所示。

(1) 下床身装配空箱体。

1) 在下床身右侧凸台上装进给箱 (图 6-76K 向视图)。其孔中心距离床身导轨平面 48.5mm,侧面 100mm (主视图)。其余对齐装配台的毛坯边缘。

2) 下床身正面的中间凸台装前后支架。支架中心距离床身导轨侧面 394mm,两支架相互位置距离 1200mm (俯视图)。其余对齐装配台的毛坯边缘。

(2) 下滑板装配空箱体。

1) 在下滑板的底平面上装反向附体 (主视图)。其定位尺寸与下床身右侧装进给箱相同,距离导轨平面 48.5mm,侧面 100mm。因用同一花键轴连接,所以它的定位基面应是下床身与下滑板的贴合面 K。

2) 在下滑板的右端面上装配齿轮箱 (主视图与 K 向视图)。齿轮箱Ⅰ、Ⅱ、Ⅲ孔中心与下滑板内侧导轨面的距离为 100mm,Ⅰ孔与反向附体系同一根传动轴,所以用 48.5mm 来调整进给箱的高低位置。

3) 在下滑板底平面的中间凹处,装配纵向进给附体 (主视图)。纵向进给附体有相互垂直的十字孔Ⅰ和Ⅱ,Ⅱ孔与齿轮箱的Ⅱ孔共一根传动轴,故其装配尺寸应根据齿轮箱上的Ⅱ孔来调整垫片厚度。纵向进给附体的Ⅰ孔中心与下床身前后支架的中心通过纵向进给丝杆,所以它的Ⅰ孔定位仍为 394mm (与下床身正面的中间凸台装前后支架的尺寸相同)。

(3) 上滑板装配空箱体。

1) 在上滑板右侧凸台上装横向进给螺母(主视图)。横向进给螺母的中心与齿轮箱的Ⅲ孔用横向进给丝杆传动,所以横向进给螺母需根据上滑板的下平面,与侧导轨面(图 6-76 的 A—A 视图)来决定。平面的尺寸即为下滑板上下平面的厚度为(199mm + 48.5mm)-(97.5mm+120mm)=30mm(图 6-76 主视图),侧面尺

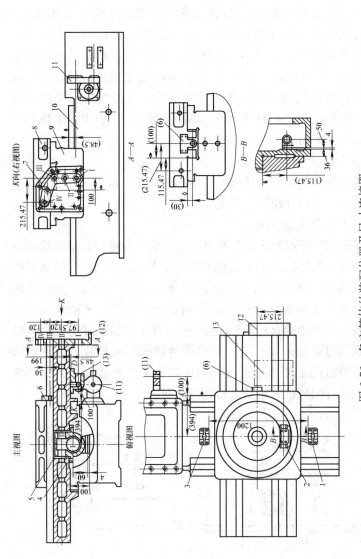

图 6-76　各空箱体的装配位置及尺寸连接图

1—前支架；2—蜗杆支架；3—后支架；4—调整垫；5—纵向进给附件；6—横向进给螺母；7、12—齿轮箱；8—上滑板；9—下滑板；10—下床身；11—进给箱；13—反向附件

寸为 100mm(图 6-76 的 *A*—*A* 视图)。

2) 上滑板空腔内的台子装配蜗杆支架（图 6-76 俯视图）。支架孔的中心应以齿轮箱的第Ⅳ孔来定位。齿轮箱的Ⅳ孔距离Ⅰ、Ⅱ、Ⅲ孔为 215.47mm（*K* 向视图）。横向进给螺母的中心距离上滑板侧面导轨为 100mm（*A*—*A* 视图）。所以在上滑板装配蜗杆支架时，应以 215.47mm－100mm＝115.47mm 来定位。蜗杆支架与上下滑板接触面的高低位置为：接触面距离装配蜗杆支架的台面 36mm，垫片 4mm，蜗杆支架高 50mm（图 6-76 的 *B*—*B* 视图）。它们的和为 90mm。

2. 定位方法

以上叙述了传动路线原理、各空箱体的装配位置以及相互连接的尺寸关系。下面介绍定位方法。

(1) 下床身定位方法。

1) 图 6-77 所示为下床身侧面定位进给箱示意图。将定位辅具装在下床身平面导轨的两个定位基面（有◆记号）上，拧紧调整螺钉，然后将床身侧放。进给箱置于下床身台上，在进给箱的 $\phi80H7$ 孔中装定位套（定位套的作用主要是代替所装的轴承，这样可以减小定位轴的直径，使轴通用）。将定位轴通过定位辅具的 $\phi45H7$ 孔及进给箱的定位套，调整进给箱的纵向位置，使毛坯边缘与下床身台的毛坯边缘平齐，并使定位轴轻松转动，无偏心现象，这样就可配划进给箱的螺钉孔与床身。

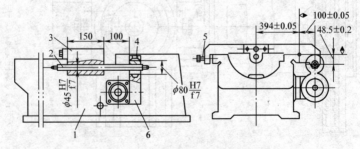

图 6-77 下床身侧面定位进给箱示意图

1—下床身；2—定位轴；3—定位辅具；4—定位套；

5—调整螺钉；6—进给箱

2）图 6-78 所示为下床身正面定位前、后支架示意图。将定位辅具置于下床身平面导轨中段位置与定位基面（有◆记号处）贴合，拧紧调整螺钉。定位辅具 ϕ45H7 孔装入定位轴。在定位轴的两端 ϕ40H6 阶台上装前、后支架，并用量块测量前、后支架对台子的尺寸 H。用测出的尺寸 H 来确定调整垫片的厚度，这时即可配划前、后支架的螺钉孔。前、后支架的中心，距离床身侧导轨面 394mm，由定位辅具来保证。床身平面距离前、后支架底面的尺寸为：36mm＋60mm＋4mm＝100mm（其中 36mm 为纵向进给附件的尺寸，60mm 为前、后支架的尺寸，4mm 为调整垫片的厚度）。所以定位时要调整垫片的厚度，床身平面与台子的加工误差以及前、后支架的加工误差，都集中到调整垫片上来消除。前、后支架的装配距离 1200mm 由定位轴的轴肩来保证。

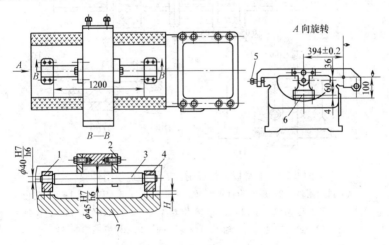

图 6-78　下床身正面定位前、后支架图

1—前支架；2—定位辅具；3—定位轴；4—后支架；

5—调整螺钉；6—垫片；7—下床身

（2）下滑板定位方法。

1）图 6-79 为下滑板定位反向附件、纵向进给附件示意图。将反向附置于装配位置，装上定位套 1、2 和轴 10 以反向附件 48.5mm 为基准，校正定位辅具的上下位置及与侧导轨面贴合（K

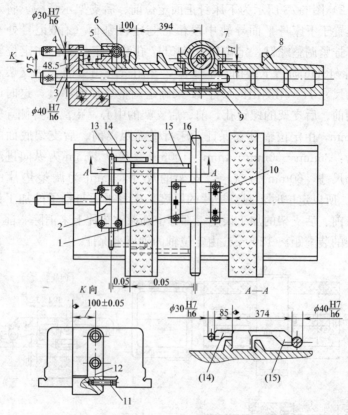

图 6-79　下滑板定位反附件、纵向进给附件图

1—纵向进给附件；2—反向附件；3—轴 4；4—轴 2；5—定位套 1；6—定位套 2；7—定位套 3；8—下滑板；9—定位套 4；10—调整螺钉；11—定位螺钉；12—定位辅具；13—轴 1；14—样板 1；15—样板 2；16—轴 3

向有◆记号处）。移动反向附件的位置，调整轴 2，使轻松转动时即可将定位螺钉适当拧紧。这时用样板 1 校正轴 1 中心至下滑板纵向侧导轨平行距离 100mm，样板 1 的尺寸为 100mm 减去轴 1 的半径，即 100mm—15mm＝85mm，校正后配划反向附件的螺钉光孔。

2）在纵向进给附件的两个相互垂直的孔中，分别装上定位套 3、4 及轴 3，并置于装配位置。将轴 4 通过定位辅具孔并装配到纵向进给附件的定位套 4 的孔中。调整纵向进给附件上的调整螺钉，使轴 4 轻松转动，这时用样板 2 校正轴 3 中心至与下滑板纵向侧导轨平行距离 394mm，样板 2 的尺寸为 394mm 减去轴 3 的半径，即 394mm－20mm＝374mm（见图 6-79A—A）。校正后将纵向进给附件的螺钉光孔配划在下滑板上。同时应测量 H 的厚度来配磨调整垫片。

3）图 6-80 为下滑板端面定位齿轮箱示意图。先将定位辅具置于下滑板的两个导轨面上，紧贴两基面（有◆记号处），再将齿轮箱的Ⅲ、Ⅳ孔装配在定位辅具的 A、B 轴上（Ⅲ、Ⅳ孔与 A、B 轴的配合为 H7/h6），即可将齿轮箱的螺钉光孔配划在下滑板端面上。

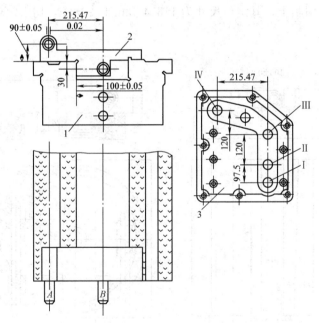

图 6-80　下滑板端面定位齿轮箱示意图
1—下滑板；2—定位辅具；3—齿轮箱

（3）上滑板定位方法。

1）图 6-81 所示为上滑板端面定位横向进给螺母示意图。把定位辅具贴合在上滑板横向导轨的两基面。将横向进给螺母置于装配位置，定位轴通过定位辅具 $\phi34H7$ 孔与横向进给螺母的 $Tr40\times6$ 螺纹底孔。横向进给螺母的台肩紧贴上滑板端面，调整横向进给螺母位置，使定位轴轻松转动，即可在滑板上配划螺母的螺钉光孔。两基面距离横向进给螺母的中心为 100mm 和 30mm，均由定位辅具来保证。

2) 图 6-82 所示为上滑板定位蜗杆支架示意图。将定位辅具置于图 6-81 所示的同一基面上，用 C 字形定位辅具夹牢，贴合在两基面上。定位轴通过定位辅具 $\phi40H7$ 孔，并装配到蜗杆支架的定位套内（图 6-82C—C）所示。调整蜗杆支架的高低，使定位轴轻松转动，即可确定调整垫片的厚度。然后将蜗杆支架的螺钉光孔配划在上滑板上，其定位尺寸为 115.47mm 和 90mm，均由定位辅具来保证。

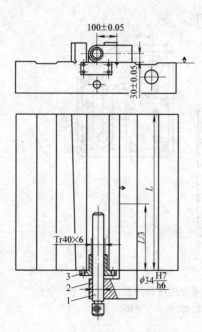

图 6-81 上滑板端面定位横向
进给螺母示意图
1—定位轴；2—定位辅具；
3—横向进给螺母

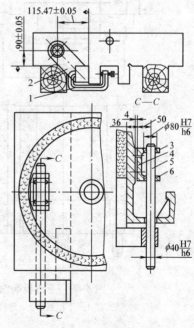

图 6-82 上滑板定位蜗杆支架示意图
1—C 形夹；2—定位辅具；3—蜗杆支架；
4—调整垫片；5—定位轴；6—定位套

446

3. 空箱定位零件对机械加工的要求

空箱的装配位置，必须保证装配尺寸的准确性和各传动链能轻松地转动。因此空箱零件在机械加工时，除了要达到图样上所规定的技术要求外，还要达到装配所提出的各项精度要求，才能保证空箱定位的正确性。

（1）参见图 6-76 主视图所示的反向附件，按图样标注，D 平面与孔中心距为 48.5mm，如果从空箱定位的要求考虑，机械加工应控制在 48.5mm±0.05mm。公差太大或过小都会影响其他空箱体的定位和调整。这是因为反向附体没有调整垫片，而整个传动部分的空箱位置又必须以反向附件为准。

（2）参见图 6-76 主视图所示下滑板的导轨面 K 和装反向附体的台面 D。在机械加工中要求一刀切削加工，以保证在同一平面上，其直线度允差为 0.10mm（如导轨面 K 机加工后还需刮削，则应留有适当的刮削余量）。因为下床身在定位进给箱时是以 K 面为基准，其尺寸是 48.5mm，所以 K、D 面应在同一水平面上，这样才能保证进给箱和反向附件的传动轴装在同一轴心线。

（3）图 6-83 所示的横向进给螺母，它的螺距为 Tr40×6，如按一般的螺纹精度加工，底孔可加工成 $\phi34H8$，表面粗糙度值为 $Ra6.3\mu m$。但为了减少定位误差，要求机械加工在工艺上改为 $\phi34H7$，表面粗糙度值为 $Ra3.2\mu m$，即精度和表面粗糙度都要相应提高一级。

（4）图 6-76 俯视图所示的下床身在装配时，前后支架的台子中心与侧导轨面距离为 394mm。在机加工划线时，要校正毛坯台子，使 394mm 距离尽量保持准确，以保证前、后支架与台子在装配时不错位，使毛坯边缘整齐，提高机床的

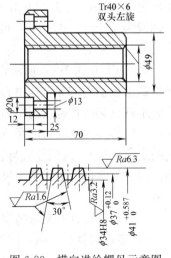

图 6-83 横向进给螺母示意图

外观质量。

4. 空箱定位对定位辅具的要求

空箱体装配位置的正确与否,全靠定位辅具来保证。因此,对定位辅具的制造要有一定尺寸精度要求。

(1)定位辅具尺寸的确定。先要弄清装配尺寸和空箱零件相互连接的关系。对传动系统较复杂的空箱定位,有时在装配图上找不到其装配尺寸,往往要查阅空箱零件图,并通过计算才能确定。如图 6-76A—A 视图所示的两个基面至横向进给螺母的中心,垂直方向 100mm,水平方面 30mm,下滑板内侧导轨宽 200mm,上述尺寸如标在装配图上,其意义并不大,而定位横向进给螺母时又必须根据这些尺寸,所以必须把它和其他零件的关系弄清楚,才能确定定位辅具的尺寸。

图 6-80 所示的齿轮箱Ⅲ、Ⅳ孔的距离在垂直方向为 120mm,水平方向为 215.47mm,Ⅲ孔是通过横向进给丝杠来传动横向进给螺母,Ⅳ孔是通过光杠连接蜗杆支架。其装配尺寸关系如下:

1)上、下滑板导轨结合的平面,距上滑板装蜗杆支架的台子为 36mm(图 6-76B—B 视图),垫片厚 4mm,垫片距蜗杆支架孔中心为 50mm,它们的和为 90mm,而齿轮箱Ⅲ、Ⅳ孔垂直方向的距离为 120mm。故上、下滑板导轨的结合平面,距横向进给螺母的轴线为 120mm—90mm=30mm(即横向进给螺母水平方向的定位尺寸)。

2)如图 6-76A—A 所示,下滑板内侧导轨宽为 200mm,横向进给螺母装在内侧导轨的中心。齿轮箱安装横向进给丝杠的Ⅲ孔和安装蜗杆支架的Ⅳ孔之间距离为 215.47mm。在定位横向进给螺母时,其中心与内侧导轨的距离为 100mm(即横向进给螺母垂直方向的定位尺寸)。内侧导轨与装蜗杆支架的中心距离为 115.47mm,当横向进给螺母的上述定位尺寸确定后,定位辅具就按这个尺寸来制造。

(2)定位辅具的制造精度。

1)定位辅具的导向,即辅具体与定位轴配合的长度。一般是导向部分长,定位精度就高。但也要从实际出发,如图 6-77 下床身侧面定位进给箱，定位辅具离进给箱 100mm，辅具体的导向长 1500mm，如果单从这个定位考虑，似乎辅具体偏长了，原因是它与图 6-78 所示下床身定位前、后支架时能够通用。前、后支架的距离为 1200mm，辅具体导向为 1500mm，两者都能达到定位要求。对于辅具体与基面的导向长度，一般以总长的 1/3 为宜，如图 6-81 所示。但不是绝对的，还需以基面的平面度决定。

2）孔与轴的公差配合。定位辅具孔与定位轴的配合，一般为 $\frac{H8}{f7}$（基孔制）、$\frac{F8}{h7}$（基轴制）。因为空箱定位只配作空箱的螺钉孔，实箱后还要校正配钻定位销孔，所以定位辅具的制造精度达到上述要求即可满足装配需要。辅具的定位基面与定位孔距的要求，在基本尺寸上允差为 ±0.05mm，平行度允差为 0.02mm/300mm。

3）定位套的要求。在空箱定位中，定位套主要用来代替装配孔中的轴承、衬套等。如图 6-84 所示，图 6-84（a）为实箱装配图，因 6-84（b）为空箱定位图。用定位套代替实箱的轴承、衬套，可减小定位轴的直径。定位轴、套的配合为 $\frac{H7}{h6}$ 和 $\frac{H8}{f7}$。

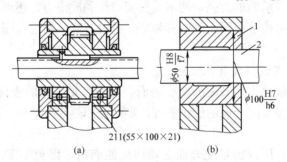

211(55×100×21)

图 6-84　用定位套代替实箱的轴承和衬套

（a）实箱装配图；（b）空箱装配图

1—定位套；2—定位轴

5. 空箱定位的优越性

空箱定位经过长期的实践，证明比实箱定位装配有以下优点：

（1）部件的定位精度高，与基准面的平行度和垂直度都比较好。以 B558 型插床下床身总装配后的试验证明，用弹簧秤检查其纵向、横向、回转手轮的转矩力，均比实箱装配的要小 1/3，手动时很轻松，减轻了操作工人的劳动强度。

（2）对定位后的螺钉配作孔，可以单件吊往钻床上钻孔和攻螺纹，代替用电钻配钻孔的操作，提高钻孔质量和劳动生产率。

（3）适应范围较广，不论新产品试制或批量生产都很实用。空箱定位的零件在机械加工时，可按经济精度要求制造，相应减少机加工的工艺装备。

（4）定位辅具的制造精度要求不高，简单易行。对空箱之间连接尺寸不复杂的，只需几根通用的定位轴和定位套即可实现。

（5）由于空箱定位能单件配划钻孔，而不是实箱后多件配划钻孔，所以装配的作业面积小，并能防止事故发生。

三、过盈连接装配

过盈连接是以包容件（孔）和被包容件（轴）配合后的过盈值来达到紧固连接的目的。装配后，由于材料的弹性变形，在包容件和被包容件配合面间产生压力。工作时，依靠此压力产生的摩擦力传递转矩、轴向力或两者均有的复杂载荷。这种连接的结构简单，对中性好，承载能力强，能承受交变载荷和冲击力，还可避免零件由于加工键槽等原因而削弱其强度。但过盈连接的配合面加工精度要求较高。

1. 过盈连接装配的要点

（1）过盈连接装配的配合表面，应具有足够细的表面粗糙度，并要十分注意配合面的清洁处理。零件经加热或冷却后，配合面要擦拭干净。

（2）在压合前，配合面必须用机油润滑，以免装配时擦伤表面。对于细长的薄壁件，要特别注意其过盈量和形状偏差，装配时最好垂直压入，以防变形和倾斜。

2. 红套装配

红套装配就是过盈配合装配，又称热配合。它利用金属材料热胀冷缩的物理特性，在孔与轴有一定过盈量的情况下，把孔加热胀大，然后将轴套入胀大的孔中，待自然冷却后，轴与孔就形成能传递轴向力、转矩或两者同时作用的结合体。

红套装配的优点是结构简单，比迫击配合和挤压配合能承受更大的轴向力和扭矩，所以应用较为广泛。对又重又大的零件或结构复杂的大型工件，为了解决缺乏大型加工设备的困难，也可采用红套装配的方法。如万匹柴油机的曲轴，就是将主轴颈和轴柄分别制造后，将它们红套组合成一个整体的曲轴。红套装配必须掌握两个因素：一是红套的加工方法和温度；二是配合的过盈量。

（1）红套装配的加热方法。工件红套时可根据其尺寸及过盈量，采用不同的加热方法。

1）一般中小型零件选用 HG38、52、62 等过热气缸油（它们的闪点分别是 290、300、350℃）。将过热气缸油倒入与红套零件大小相适应的容器内，加热到所需的温度，并保温一段时间，即可取出零件与轴套合。这种加热方法能使零件得到整体加热，其受热均匀，产生的内应力小，可以不变形或少变形，表面不会产生氧化皮，故应用较广。

2）大型零件红套时，往往受到加热容器的容积限制，零件又必须竖放。如果用过热气缸油加热的方法不能适应时，可采用炭风加热炉立式红套法，如图 6-85 所示。这种方法目前已广泛应用。但是采用炭风加热炉加热还有一定的缺点，如果操作不当易使零件受热不均匀，加热后孔径不圆，影响红套质量。采用炭风加热炉加热应控制好恰当的温度，力求加热均匀。对厚薄不均匀的零件更应注意温度的控制。

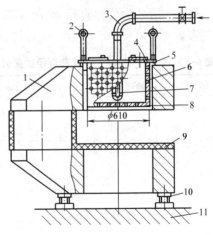

图 6-85　炭风加热炉立式红套简图
1—工件；2—吊环；3—进风管；4—炉盖；
5—上盖；6—炉壁；7—炉心；8—炉底；
9—石棉；10—调整顶；11—平台

除了以上介绍的过热气缸油加热和炭风加热炉加热两种方法

外，在有条件的时候，也可采用煤气加热、中频电加热和感应加热器等。

（2）红套装配的过盈量。红套装配是依靠轴、孔之间的摩擦力来传递转矩的，摩擦力的大小与配合过盈量的大小有关。过盈量太小，传递转矩时孔与轴就会松动；但当过盈量过大时，孔的附近会产生过大的配合应力，增加了配合的塑性变形。如加热温度高，更容易产生塑性变形，使实际过盈量并不增加多少。因此，红套装配的过盈量是个至关重要的因素。

红套过盈量的经验公式如下

$$\delta = \frac{d}{25} \times 0.04\text{mm}$$

式中　δ——轴与孔间的过盈量（mm）；

　　　d——轴或孔的基本直径（mm）。

即每 25mm 直径需要 0.04mm 的过盈量。

表 6-4 所列为公称直径 $\phi25\sim\phi750$mm 红套配合的轴、孔过盈公差表。

表 6-4　　　　　　　　　　红套直径过盈公差表　　　　　　　　　mm

公称直径(ϕ)	轴的偏差	孔的偏差	公称直径(ϕ)	轴的偏差	孔的偏差
25	+0.06 +0.04	+0.015 +0	175	+0.31 +0.28	+0.018 +0
50	+0.10 +0.08	+0.015 +0	200	+0.35 +0.32	+0.020 +0
75	+0.14 +0.12	+0.015 +0	225	+0.40 +0.36	+0.020 +0
100	+0.18 +0.16	+0.016 +0	250	+0.44 +0.40	+0.025 +0
125	+0.23 +0.20	+0.016 +0	275	+0.48 +0.44	+0.025 +0
150	+0.27 +0.24	+0.018 +0	300	+0.52 +0.48	+0.030 +0

公称直径(ϕ)	轴的偏差	孔的偏差	公称直径(ϕ)	轴的偏差	孔的偏差
325	+0.57 +0.52	+0.030 +0	550	+0.93 +0.88	+0.060 +0
350	+0.61 +0.56	+0.035 +0	575	+0.97 +0.92	+0.060 +0
375	+0.65 +0.60	+0.035 +0	600	+1.02 +0.96	+0.060 +0
400	+0.69 +0.64	+0.040 +0	625	+1.06 +1.00	+0.060 +0
425	+0.73 +0.68	+0.040 +0	650	+1.10 +1.04	+0.060 +0
450	+0.77 +0.72	+0.050 +0	675	+1.14 +1.08	+0.070 +0
475	+0.81 +0.76	+0.050 +0	700	+1.18 +1.12	+0.070 +0
500	+0.85 +0.80	+0.050 +0	725	+1.22 +1.16	+0.070 +0
525	+0.89 +0.84	+0.050 +0	750	+1.26 +1.20	+0.070 +0

（3）风机转子红套装配实例。风机转子组是人字齿轮轴与叶轮装配而成的，如图 6-86 所示。这种风机是单侧单极离心鼓风机，转子轴是悬臂的，叶轮为后弯式透平叶轮，由 20 片 U 形叶片与前、后盘铆接而成。转子轴由电动机驱动，工作转速为4350r/min。叶轮外径为 ϕ992mm，转子轴基本直径为 ϕ120mm，转子轴与叶轮材料均为 30CrMnSiA 合金钢。叶轮与转子轴的配合过盈量为 +0.11～+0.15mm。下面简单介绍该工件的红套装配工艺过程。

1）红套工件（叶轮）的加热。根据叶轮的最大直径 ϕ992mm，

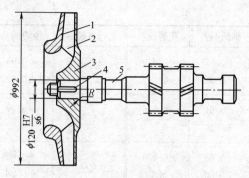

图 6-86 风机转子轴与叶轮装配图

1—后盘；2—D 型叶片；3—前盘；4—平键；5—转子轴

可按图 6-87 所示的加热方法，用过热气缸油加热。过热气缸油选用 HG38、52、62 中任何一种均可。将过热气缸油倒入油池内，接通螺旋加热器的电源，使其加热。电子继电器和温度导电表是用来控制油温的。

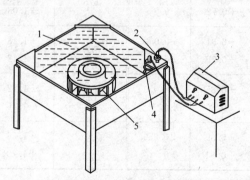

图 6-87 叶轮加热示意图

1—油箱；2—温度导电表；3—电子继电器；4—螺旋加热器；5—工件

先计算出叶轮孔膨胀所需的温度

$$T_H = \frac{\delta_{max} + \delta_0}{ad} + t_0$$

$$= \frac{0.15 + 0.015}{11 \times 10^{-6} \times 120} + 30℃$$

$$= 145℃$$

式中 T_H——热红套所需温度（℃）；

δ_{max}——最大配合过盈量（mm）；

δ_0——红套时表面摩擦所需的最小间隙，一般取工件基本直径的 IT6 或 IT7 两种公差等级中的最小间隙（mm）；

a——零件的线膨胀系数（mm/℃·mm）；

d——红套零件基本直径（mm）；

t_0——红套时的环境温度（℃）。

根据上式计算出油的加热温度为 145℃，这个温度值能使孔膨胀至轴的最大配合过盈量。在红套装配时，实际油温应高于计算油温，因为加热零件从油池中取出到吊往工作平台，包括零件的冷缩过程。在与轴颈套合时，因轴、孔两者温差大，冷缩将会更快些，这个经验应掌握好。所以实际油温需达 200℃ 左右为好。

2）红套前的准备工作：

a. 做好叶轮和转子的清洁整理工作。

b. 检查孔径与轴颈的过盈尺寸。特别要注意轴颈的过渡 R 与孔口倒角 $3\times45°$ 是否合适（图 6-88）。并检查键与键槽尺寸的配合情况及对称度。

c. 准备好吊装用的辅助卡具并进行试吊。

d. 准备垫放叶轮的平台，并用水平仪校正。

3）套合。按图 6-87 所示的叶轮加热方法，当油温加热到约

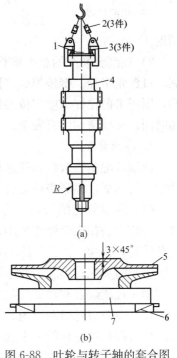

图 6-88 叶轮与转子轴的套合图
（a）吊装转子轴；（b）叶轮孔的
垂直校正
1—调整水平；2—反、顺螺母（3件）；
3—夹具（3件）；4—转子轴；5—叶
轮；6—调整铁；7—平台

455

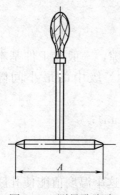

图 6-89　测量孔膨胀
值用的量规

150℃时，吊进叶轮。待升温到 200℃后，保温 0.5～1h，然后吊出叶轮，用图 6-89 所示的量规测量孔径。如已胀大至量规规定数值，即可将叶轮吊至校正好的平台上，随后吊装转子轴，使键槽对准叶轮孔进行套合。图中量规的尺寸 A ＝轴颈＋装配间隙＝120.15mm＋0.25mm＝120.40mm。

（4）工作要求。对红套装配工作有以下两点要求：

1）红套装配后的连接件要有足够强度，其各表面间均应保持良好的位置精度和尺寸精度。

2）在红套装配的整个操作过程中，对零件的尺寸、形状、毛刺、过渡角半径、倒棱等应严格注意。套合后如有角度、方向要求的，则需事前作好角度定位夹具。加热与冷却，既要合理控制温度和时间，又要密切注意安全。

3. 冷缩装配

冷缩装配是将被包容件进行低温冷却使之缩小，然后装入包容件中，待其受常温膨胀后结合。

（1）冷缩装配的特点。冷缩装配的特点是操作简便，生产率高，与热胀法相比收缩变形小，且产生的内应力较小，表面不易产生杂质和化合物。因此，冷缩装配适用于精密轴承的装配；中小型薄壁衬套的装配；金属与非金属物件之间的紧密配合等。冷缩装配较多用于过渡配合和轻型过盈配合。

（2）冷缩装配时制冷剂的选用。工件进行冷缩装配时，可以根据工件材料和过盈量的大小选用相应的制冷剂。

1）对过渡配合或小过盈量配合的中小型连接件，如薄壁衬套、尼龙、塑料、橡胶制品等，均可采用干冰制冷剂，它的制冷温度可达－75℃。方法是将干冰置于一密闭的保温箱内，再将工件放入干冰箱，待保温一段时间后，取出工件即可进行配合装配。

2）对于过盈量较大的连接件和厚壁衬套、发动机主、副连杆衬套等，可用氮制冷剂（液氮），它的制冷温度可达－195℃。方法是将工件放入液氮箱中，保温一定时间（时间的多少要以过盈的大小及液氮箱的温度而定），取出工件即可进行配合装配（切忌加热催化）。

（3）冷缩装配的过盈量确定。一般冷缩装配的构件，并不用来传递大转矩和大轴向力，较多用于过渡配合和小过盈量配合。但是，在冷缩装配时，也要正确选用其过盈量。实际上，冷缩装配时的过盈量，也可采用红套装配的过盈量，因为两者都是利用材料的热胀冷缩的物理特性，因此其材料的线膨胀系数是一致的。冷缩装配的过盈量可采用红套过盈量的经验公式计算。

（4）连杆球面垫的冷缩装配实例。连杆球面垫是由垫座（45钢）与衬垫（尼龙）装配而成，如图6-90所示。这种连杆球面垫经冷缩装配后，可进行切削加工。45钢垫座的内孔尺寸为ϕ120H8，尼龙衬垫的外径尺寸为ϕ120x9，垫座与衬垫的配合过盈量为＋0.297mm～＋0.156mm。

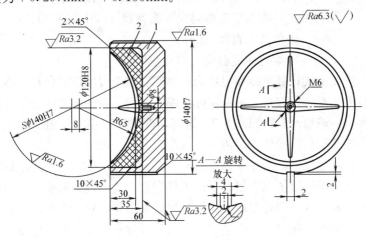

图6-90 冷缩装配实例

1—垫座；2—衬垫

1）冷缩前的准备工作。

a. 做好垫座和衬垫的清洁整理工作。

b. 检查衬垫外径与垫座孔的过盈尺寸及两工件的厚度深浅

尺寸。

c. 准备好防冻手套和夹钳尼龙衬垫的工具，并将垫座孔向上平放在工作台上。

2) 冷缩与套合。根据垫座和衬垫的最大过盈量（+0.297mm），计算出尼龙衬垫所需的冷冻温度

$$T_C = -\left(\frac{\delta_{max} + \delta_0}{ad} + t_0\right)$$

$$= -\left(\frac{0.297mm + 0.015mm}{100 \times 10^{-6} \times 120mm/℃ \cdot mm} + 30℃\right)$$

$$= -(26℃ + 30℃) = -56℃$$

式中　T_C——过盈配合件所需的冷缩温度（℃）；

　　　δ_{max}——过盈配合件的最大过盈量（mm）；

　　　δ_0——冷缩时配合件所需的最小间隙，一般取工件基本直径的 IT6 或 IT7 两种公差等级中的最小间隙（mm）；

　　　a——工件冷缩及升温时线膨胀系数（mm/℃·mm）；

　　　d——工件基本直径（mm）；

　　　t_0——冷缩时环境温度（℃）。

根据上式计算出冷缩温度为-56℃，这个温度值能使衬垫冷缩到最大的配合过盈量。但在实际冷缩时，冷缩箱的温度应低于计算温度，一般取（1.2～1.5）T_C 为宜，即-70℃左右。因冷缩工件从冷冻箱取出后经清洗，再与垫座配合需用一定时间，所以工件套合时速度要快；减少环境温度的影响。并要用深度千分尺或量规检查其底面的接触情况。根据上述工件套合所需的冷缩温度，可以选用干冰制冷剂，但是要用密封性较好的保温箱。对于非金属材料工件，如尼龙、塑料、有机玻璃等，由于其导热性差，故其保温时间宜长些，一般保温时间为 3～4h；对于金属工件，如钢、铁、铜、铝等，由于其导热性较好，所以保温时间相应可短些，一般为 1h左右。

当尼龙衬垫在干冰保温箱内保温 3～4h 后，即可取出，并迅速用卡规或千分尺测量其外径。当已符合缩小要求，即可套入垫座孔

内，待其在常温下膨胀结合。切忌加温，防止衬垫膨胀不均匀，影响结合质量。

（5）冷缩装配的几点要求。

1）冷缩装配前根据配合过盈量和被冷缩工件材料的线膨胀系数，先计算出零件冷缩所需的温度（T_C），并取（$1.2\sim1.5$）T_C。然后确定相应制冷剂。

2）冷缩装配的两结合体，其表面间均应保持良好的位置精度和尺寸精度。

3）在冷缩装配的整个操作过程中，对工件的尺寸、形状、毛刺、过渡角半径、倒棱等应严格注意。套合后如有角度、方向等要求的工件，则需在套前做好角度定位夹具。

4）冷缩套合中，既要合理控制温度和保温时间，又要密切注意操作安全。因为干冰和液氮都是强制冷剂，极易灼伤皮肤，所以必须戴好防护器具。

四、行星减速器的装配

如图 6-91 所示为两级行星减速器，其装配方法与其他机床设备的装配具有一般共性，可以先分几个组件装配，然后再将组件进行部件装配，其步骤如下。

1. 装配前的准备

（1）准备好图样及工艺文件。看清图样和熟悉工艺，并按工艺要求准备好装配用的工具，并以零件配套表为准领齐装配零件。

（2）零件清洗。减速箱体内的未加工零件表面，包括减速箱体、端盖、行星架等，均需涂上耐油防锈漆。将各零件内外的防锈油、切屑、灰尘等污物清洗干净，对各油孔应重点清洗，用压缩空气吹净，确保油路畅通。

（3）零件整形。将零件毛刺及工序转运中产生的碰撞印迹修整，按组件装配顺序使零件分开放置，以免混错。

2. 零件预装

（1）序号 6、20 两种共 6 根柱销在做好油孔清洁工作后，应及时用 NPT 1/8 六角螺栓堵将其工艺孔堵塞，使螺孔口固定，以防松动。

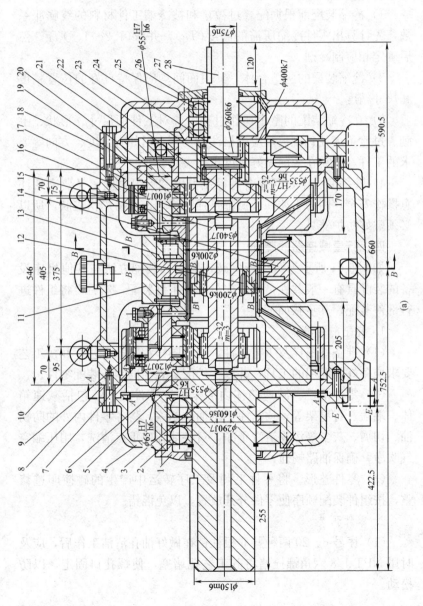

(a)

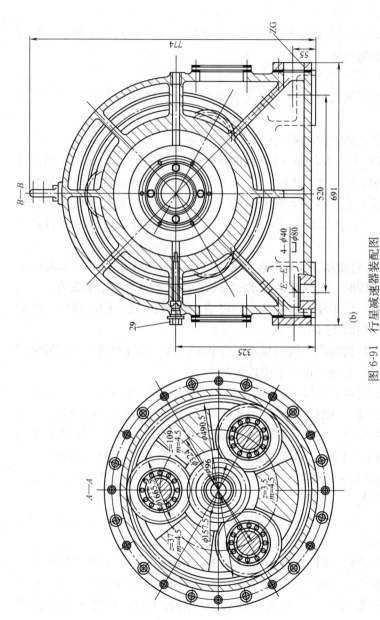

(b)

图 6-91 行星减速器装配图

1—两轴承盖；2、7、13、16、25、27—轴承；3—止柱；4—端盖；5—两级行星架；6—柱销；8—两级齿圈；9—两级行星齿轮；10—减速器体；11—迷宫环；12—两级齿系杆；14—定位螺钉；15—齿杆；17——级齿圈；18—承座圈；19——级行星齿轮；20—柱销；21—轴盖；22——级中心轮；23——级行星架；24——级齿系杆；26—轴承盖；28—高速轴；29—定向杆

（2）将止柱 3 分别装入齿杆 15、两级行星架 5、一级中心轮 22。

（3）将阻油塞堵塞两级行星架的油路工艺孔，并使螺孔口固定，以防松动。

3. 划分组件

根据两级行星减速器的装配图，可以将其分为以下几个组件装配。

（1）高速段轴盖组件装配。

1）先将 $\phi85mm$ 挡圈装在高速轴 28 的近齿部的槽内，然后分别把滚动轴承 25、隔环、挡圈装上高速轴。滚动轴承内圈装配采用热装工艺，将轴承置于体积分数为 $7\%\sim10\%$ 的乳化液水中加热至 $100℃$，并保温一定时间后，迅速装上高速轴，待冷却后再次清洗。

2）将轴承盖 26 装在轴盖 21 上，其间隙为 $0.20\sim0.25mm$。调整间隙时，应保证两轴承的原始游隙，不得有损轴承滚道。

（2）轴承座圈组件装配。将滚动轴承 27 及挡圈，用打入法装进轴承座圈 16 内。

（3）高速段一级行星架组件装配。这一部分共有三个相同的行星齿轮，必须先进行小组件装配。

1）将挡圈及滚动轴承 7 装入一级行星轮 19 内腔（共三组）。

2）将一级行星架 23 的 $\phi200mm$ 端向上放稳，然后分别把三个一级行星轮、垫环、柱销等装在行星架中，其垫环与轴承的间隙为 $0.15mm$。因为是单配间隙，垫环应打上钢印标记，以防调错。

3）用定位螺钉、垫圈对准柱销上的定位孔固定柱销。注意为定向装配，不能装错。

4）将滚动轴承 13 用热装工艺装入行星架 $\phi200mm$ 孔内，并用挡圈定位。

5）将一级齿系杆 24、压环及 $\phi16mm$、$\phi10mm$ 两弹性柱销装入行星架（两弹性柱销装入时应将柱销槽口向受力方向装入，第二根柱销装入应与第一根柱销成 $180°$ 对称方向，柱销不得高出平面）。

（4）低速段二级行星架组件装配。

1）将滚动轴承 2、隔环装入端盖 4 的 ϕ290mm 孔内。

2）将轴承盖 1 装进端盖 4，其间隙应调整至 0.20～0.25mm。间隙调整好后，须拆下轴承盖，待两级行星架装好后再装轴承盖。

3）分别将挡圈、滚动轴承 7、垫环装进两级行星齿轮 9 的孔中，使垫环与滚动轴承的间隙调整至 0.15mm（共三个行星齿轮）。该垫环须打上钢印标记，以防调错。

4）将三个已组装好的行星齿轮分别装上行星架。装入时，柱销定位孔应与行星架定位螺孔对准，不得有错。然后紧固螺钉，并使垫圈固定。

5）将滚动轴承用热装工艺装入两级行星架，并用挡圈固定（同一级行星架热装工艺）。

6）将行星架调向 180°，使轴端向上，然后把端盖连同轴承一起置于乳化液中，用热装工艺装上行星架 ϕ160mm 外圆，并用挡圈固定轴承位置。

7）将已调整好间隙的轴承盖装上油封后一起装上端盖。

（5）减速器体组件装配。

1）分别将两级齿圈 8、一级齿圈 17 按图装在减速器体 10 两端。装配时，应将两端面对准钻、铰加工用的定位标记（因配钻、铰加工），不能装错位置。然后装入弹性柱销，柱销槽口向受力方向装入。

2）将迷宫环 11、滚动轴承 13 的外圈装入减速器体 ϕ340mm 孔内，用挡圈定位轴承，然后用定向杆 29 固定减速器体。定向杆与进油口成 180°对称方向。

3）将减速器体两侧有机玻璃油窗及底部两侧的法兰盘全部装好，同时把顶部的透气帽和吊环一起装好。

（6）行星减速器总装配。

1）将组装好的减速器体一级行星轮向上，拨正三个行星轮，然后装上一级中心轮 22 和一级齿系杆 24。

2）分别将已组装好的轴承座圈、轴承盖装上一级行星架与齿系杆连接。轴承内圈用打入法而不用热装工艺。

3）先把油封装进轴承盖，后将轴承盖装上轴承座圈。

4）至此，高速段一级行星减速器部已装配完毕，现将减速器体调向 180°，使高速段向下，这时应将整体垫平放稳。

5）将已组装好的两级行星架，用夹具夹紧 $\phi150mm$ 轴颈，然后装进减速器体。这一次装配是为了测定中心齿杆端部的止柱与两级行星架端部的止柱间隙的预装，所以两级行星轮暂时不装。两止柱的间隙为 0.5mm。但是，这一间隙较难精确测定，主要是由于多级轴承原始游隙的累积和各轴承挡圈间隙的累积影响，在卧式静态下的测量是不够精确的。因此，较理想的间隙测量，应该将减速器箱体竖直，使高速轴端向上，并转动高速轴，使各部轴承向下游动。然后在下部低速端拧紧端盖螺钉，这样两止柱用压物测量间隙相对要正确。但这种操作方法要注意安全，需有防范措施。两止柱间的测量垫料，宜用橡皮泥，软铅丝压缩过大易变硬性，影响精度。实践证明，两止柱间隙过小，会因速比不同而易烧坏。

6）在两止柱的间隙确定并调整好后，即可将减速器体转向 180°，使高速端向下，然后装上行星轮和行星架。

7）拆下轴承盖后装好油封，这时可将轴承盖装上端盖，这时行星减速器装配结束。

4. 空运转试车及负载试车

（1）润滑油采用 L-N10 全损耗系统用油。

（2）空载或重载试车不得有冲击性的噪声。

（3）负载运转后，检查各齿啮合面，沿齿高不少于 45％，沿齿长不少于 60％。

第四节　典型零件和设备的装配工艺

一、滚动导轨的装配

（一）滚动导轨的结构

滚动导轨一般由滚动体、保持架、镶装导轨等组成。滚动导轨按滚动体的不同，可分为滚珠导轨、滚柱导轨及滚针导轨。

1. 滚珠导轨

滚珠导轨如图 6-92 所示，其结构紧凑，制造容易，成本较低，但由于接触面积小，刚度低，因而承载能力较小。一般用作轻型、小型灵敏度要求高的导轨，如仪器、仪表导轨，工具磨床工作台导轨，磨床的砂轮修整器导轨等。

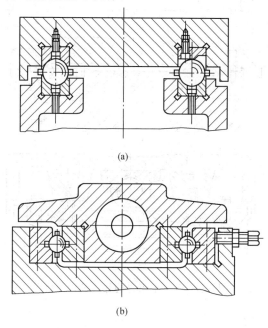

(a)

(b)

图 6-92　滚珠导轨

2. 滚柱导轨

滚柱导轨承载能力和刚度都较滚珠导轨大，它适用于载荷较大的机床，应用很广。然而滚柱导轨的平行度（扭曲度）要求很高，如导轨稍有不平行，就会造成滚柱偏移和侧向滑动，使导轨磨损加剧，精度降低。因此滚柱最好做成腰鼓形，中间直径比两端大 0.02mm 左右。

图 6-93 所示 V—平组合的开式滚柱导轨，其结构简单，导轨面可以配制或配磨，制造较方便，应用较广。一般可采用淬火钢镶装导轨。在无冲击载荷、运动又平稳的情况下，可采用铸铁导轨。

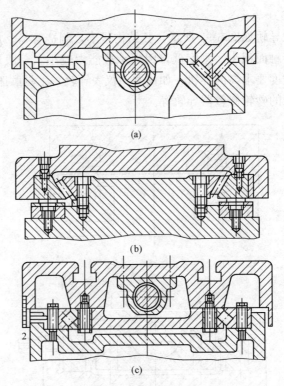

(a)

(b)

2

(c)

图 6-93　V—平组合的开式滚柱导轨

3. 滚针导轨

滚针导轨上滚针的长度与直径的比值较滚柱大，因此滚针导轨的尺寸小、结构紧凑。与滚柱相比，在同样长度内可以排列更多的滚针，因而滚针导轨的承载能力较大，但摩擦因数也要大些。在装配中应注意：滚针可以按直径大小分组选择，中间的滚针应略小于两端，以便提高运动精度。

（二）滚动导轨的装配

1. 滚动导轨的预紧

预紧可以提高滚动导轨的刚度，一般来说，有预紧的滚动导轨比无预紧的滚动导轨，刚度可以提高 3 倍以上。除了刚度提高外，同时还提高了导轨的接触刚度和消除间隙，提高了导轨的运动精度。

预紧力可按下列原则选择，见图 6-94，装配前，滚动体母线之间的距离为 A，压板与溜板间所形成的包容尺寸为 $A-\delta$。装配后，δ 就是过盈量。由此而产生上、下滚动体与导轨面间的弹性变形各为 $\delta/2$，预紧力各为 Q。在载荷 F 作用下，上面的滚子受的力加大为 $Q+F$，下面滚子减小为 $Q-F$。当 $F=Q$ 时，下面滚子的弹性变形为零，不再受力；而上面的滚子受力为 $2F$。因此，预紧力应大于载荷，使与受力方向相反一侧的滚子与导轨间不出现间隙。

预紧的办法一般有两种：

（1）采用过盈配合。如图 6-94 所示，在一定范围内增加过盈量，导轨的接触刚度开始时急剧增加，牵引力开始时增加不大。在过盈超过一定范围时，接触刚度增加减少，牵引力便急剧增加。所以合理地确定过盈量是很重要的，一般取过盈量 $\delta = 0.005 \sim 0.006mm$。中等尺寸的机床也可用测牵引力的办法来检验预紧是否合适。导轨上的牵引力一般不超过 $30 \sim 40N$。

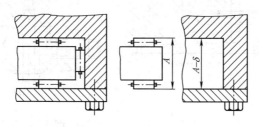

图 6-94　滚动导轨的预紧

（2）采用调整元件。如图 6-93（b）、（c）所示，调整原理和调整方法如下：

1）用镶条调整。镶条常用作调整矩形导轨及燕尾导轨副的配合间隙。镶条的位置应在受力较小的一侧。镶条可分为楔形镶条（图 6-95）及平镶条（图 6-96）。

由于楔形镶条一面与动导轨斜面贴紧，另一面与静导轨有一定配合间隙，因此对镶条的加工要求是与动导轨斜面相贴的贴合面可按平板基本刮平。而对另一面在粗刮时，可采用将镶条轻轻敲进敲出，根据接触点进行修刮，镶条两端必须倒角。当此面基本接触后，就必须按动、静导轨运动状态，研点修刮，直到点子均匀，并达到点数要求，最后在镶条上开沟槽。这种镶条间隙调整方便。

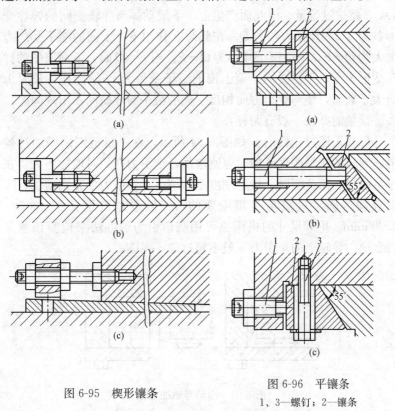

图 6-95　楔形镶条

图 6-96　平镶条
1、3—螺钉；2—镶条

平镶条是靠螺钉 1 移动镶条 2 的位置而调整间隙的，如图 6-96 (c) 所示，其调节过程是先拧螺钉 3 将镶条 2 贴平在动导轨上，再调整镶条与静导轨配合间隙，最后拧紧螺钉 3，将镶条固定。

平镶条可在平板上磨点修刮，对于图 6-96 (c) 所示的镶条配合角度可修刮镶条上平面，因为该面较小，易修整。

2) 用压板调整。压板用于调整间隙并承受颠覆力矩，其形式见图 6-97。

在图 6-97 (a) 中，对间隙的调整是依靠磨削压板 3 的 e 或 d

面来达到的；在图 6-97（b）中，间隙调整是依靠改变压板与床鞍结合面垫片 4 的厚薄来达到的，在图 6-97（c）中，间隙调整是依靠在压板与导轨之间的平镶条 5，再通过调节螺钉来达到的。

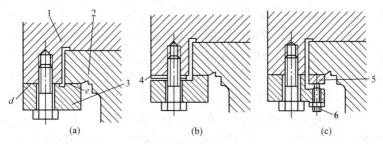

(a)　　　　　　　　(b)　　　　　　　　(c)

图 6-97　压板

1、2—导轨；3—压板；4—垫片；5—平镶条；6—螺钉

2. 滚动导轨的装配、调试

（1）按图样所规定的床身导轨技术要求，在床身安装水平调整后，对导轨直线度及平行度进行严格检测，并达到所规定的技术要求。

（2）对滚动体的检测，按技术要求检测直径。

（3）将滚动体装入隔离架。

（4）装配中注意预紧力的大小，并进行牵引力的测定。

二、滚珠丝杆机构的装配

1. 滚珠丝杆螺母机构的结构和特点

如图 6-98 所示，滚珠丝杆螺母机构是在丝杆 1 和螺母 2 之间连续装入若干等直径的滚珠 3。当丝杆和螺母转动时，滚珠便沿螺旋槽向前滚动，在丝杠上滚过数圈后，通过回程引导装置，逐个地又滚回到丝杠与螺母之间，构成了一个闭合的循环回路。

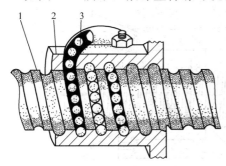

图 6-98　滚珠丝杠螺母

1—丝杠；2—螺母；3—滚珠

（1）滚珠丝杠螺母传

469

动的特点。滚珠丝杠螺母传动是滚动摩擦，它与滑动丝杆螺母机构相比，有如下优点：

1）传动效率高，滚动摩擦阻力很小，其传动效率为普通滑动丝杆螺母效率的 3 倍左右。

2）动作灵敏。滚动摩擦的启动摩擦阻力很小，所以滚珠丝杠螺母的动作很灵敏，用较小的转矩就可以启动。而且在速度很低的情况下，仍可获得均匀的运动，有利于克服爬行现象，因此，特别适用于位移速度很低的传动。

3）能实现无间隙传动。在丝杠上一般采用两个滚珠螺母，以便进行配合间隙的调整。调整时可以调整到完全消除轴向间隙，必要时还可施加一定的预紧力来提高其轴向刚度。在无间隙和过盈的情况下仍能正常运转，传动的位移精度很高。

4）精度保持性好。滚动摩擦要比滑动摩擦的磨损小得多，而且滚珠、丝杠和螺母的螺旋槽表面都是淬硬的，故在长期运转中能保持较好的精度。

由于上述优点，近年来滚珠丝杠传动已在各类精密、数控机床上得到了广泛的应用。

（2）滚珠丝杠螺母传动的结构。根据滚珠的循环方式，滚珠丝杠螺母机构有内循环式（滚珠在循环回路中始终与丝杠接触的结构形式）和外循环式（滚珠在循环回路中与丝杠脱离的结构形式）两大类。图 6-99 所示是一种单圈内循环的结构形式。在螺母 4 的侧

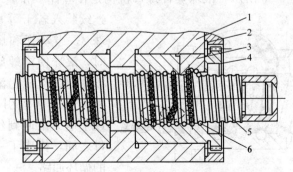

图 6-99　单圈内循环式结构

1—螺母座；2—齿圈；3—反向器；4—螺母；5—丝杠；6—滚珠

孔中装一个接通相邻两滚道的反向器 3，利用平键和外圆柱定位，借助反向器迫使滚珠越过丝杠牙顶进入相邻滚道，实现循环。通常，在一个螺母上采用三个反向器，沿螺母圆周相互错开 120°。这种结构由于一个循环只有一圈滚珠，因而回路短，工作滚珠数目少，流畅性好，摩擦损失小，效率高，径向尺寸紧凑，承载能力较大，刚度也好。缺点是反向器的加工困难，需有专门机床才能加工。

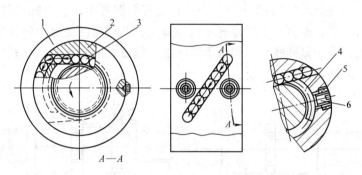

图 6-100　螺旋槽外循环式结构

1—螺母座；2—螺母；3—滚珠；4—挡珠器；5—固定螺母；6—螺栓

图 6-100 所示为机床上常用的一种外循环式结构。在螺母 2 上，相隔一定圈数（2.5～3.5 圈）的螺旋槽上钻两孔与螺旋槽相切，作为滚珠的进口和出口。在螺母的外圆表面上，铣出螺旋槽（螺旋方向与螺母的螺旋线方向相反）沟通两孔，构成外循环的回路。在螺母的进出口处，各装上一个挡珠器 4，它是用一段直径同滚珠相同的钢丝弯成螺旋形状，再铜焊上一段螺栓 6，用螺母 5 固定在螺母的螺旋槽内。挡珠器的一端修磨成圆弧形，与螺母上的切口相衔接。滚珠滚到出口处时，被挡珠器的爪端挡住，引入回程道。滚珠由回程道滚到进口处时，被另一个挡珠器的爪端顺利地引入螺旋槽。由于回程道的制造简单，转折比较平缓，便于滚珠返回，因此，外循环螺旋槽式的滚珠螺母结构在各种机床中得到广泛应用。

（3）滚珠丝杠螺母间隙的消除方法。消除滚珠丝杠螺母的间隙和对其施加预紧力,对于实现精密位移传动十分必要。为此,通常采用双螺母的结构,常用的有下列几种形式。

1) 垫片式。如图 6-101 所示,一般用螺钉把两个带凸缘的螺母固定在壳体的左右两侧,并在其中一个螺母的凸缘中间加垫片,调整垫片的厚度,使螺母产生轴向位移以消除间隙。垫片式的特点是结构简单、刚度好,但调整时需修磨垫片,在工作中不能随时调整。这种方法适用于一般精度的机构。

2) 螺纹式。如图 6-102 所示,在两个螺母中,一个螺母的外端有凸肩,而另一个螺母有一段外螺纹,并用两圆螺母固定锁紧。旋转两个锁紧圆螺母,即可消除间隙。螺纹式的特点是结构紧凑、调整方便,应用较广泛。

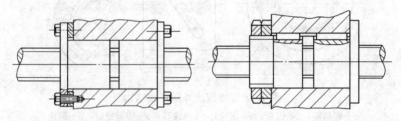

图 6-101　垫片式消除间隙机构　　　图 6-102　螺纹式消除间隙机构

3) 齿差式。如图 6-103 所示,在两个螺母的凸肩上加工出相差一个齿的齿轮,再装入内齿圈中。为了获得微小的调整量,须将螺母旋至外径比螺纹小径略小的光杠上(装配调整工艺套)。将两端外齿轮拉出来,都相对齿轮同一个方向转过一个或几个齿。然后再插入内齿圈中,则两个螺母便产生了相对转角,从而实现调整间隙的目的。

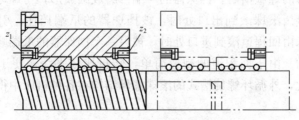

图 6-103　齿差式消除间隙机构

若左右两端齿数分别为 z_1 和 z_2，如果两个螺母同时向同方向转过 n 个齿，丝杠螺距为 P，则调整位移量为

$$\Delta P = n\Big(\frac{1}{z_1} - \frac{1}{z_2}\Big)P$$

以 Wch3006（外循环齿差式双螺母，名义尺寸为 30mm，螺距为 6mm）滚珠丝杆为例，其齿数 $z_1 = 79$，$z_2 = 80$，当同时同方向转过 n 个齿，其调整量为

$$\Delta P = n\Big(\frac{1}{z_1} - \frac{1}{z_2}\Big)P = n\Big(\frac{1}{79} - \frac{1}{80}\Big) \times 6\text{mm} = 0.000\ 95n\text{mm}$$

当 $n=1$ 时，$\Delta P = 0.000\ 95$mm，即最小调整量为 0.95μm。

这种结构的特点是调整精确可靠，定位精度高，但结构比较复杂。目前在数控机床上应用较广。

2. 滚珠丝杠螺母的装配工艺要点

（1）选择滚珠丝杠螺母。滚珠丝杠螺母目前我国已经系列化，根据不同要求可由专门工厂生产提供，但其螺母座则需根据使用设备的不同自行配制。

（2）做好清洁工作。装配滚珠丝杠时，必须特别注意做好各装配件的清洁工作。但在装配调整的工作过程中不加注润滑剂，一般要在装配调整达到要求后，才按要求完成润滑剂的加注工作。

（3）正确装配。在装配挡珠器（或反向器）时，首先要注意作为滚珠进出口与螺旋槽相切的孔，必须保证能准确地同螺旋槽圆滑衔接。螺母上的螺旋回程道也必须同两个切向孔衔接好，保证滚珠在运行时不产生冲击、卡珠或伴随产生滑动摩擦的不良现象。挡珠器（反向器）在装配修整时，不能与螺母的滚道发生接触，同时要保证与滚珠接触的端部具有正确的形状和位置，能使滚珠顺利运行。

（4）检验滚珠。在装入滚珠时，应检验滚珠直径是否符合要求，且在一套滚珠中应保证其直径的一致性。在整个循环回路中所装入的滚珠数目，不能排得过满，一般应有一个滚珠直径左右的间隙，否则在工作时易产生滚珠间的撞击损坏。

（5）正确调整。在调整间隙时，可根据其不同结构按上述所

述方法进行。对作为传递动力的滚珠丝杠，应在整个行程中保持有一定的较小间隙；对传递精确运动的滚珠丝杠，可以调整到有一定的过盈量，以提高其轴向精度，并保证有较高的位移精度，但应使其在整个行程中的摩擦阻力矩保持基本一致，没有局部过紧现象。

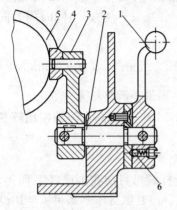

图 6-104　摆动式单独操纵机构

1—手柄；2—轴；3—摆杆；
4—滑块；5—滑移齿轮；6—钢球

三、机床操纵机构的装配

（一）操纵机构的作用和基本形式

机床操纵机构的装配用来实现机床各工作部件的启动、停止、变速、变向以及控制各种辅助运动等。操纵机构的类型很多，为了便于分析说明其装配工艺中的一些共性问题，下面先介绍几种常见的基本结构形式。

1. 单独操纵机构

图 6-104 所示为结构最简单的摆动式单独操纵机构。扳动手柄 1，使轴 2 带动摆杆 3 及滑块 4 左右摆动，即可控制滑移齿轮 5 在轴上的不同位置。钢球 6 用以在手柄 1 转动至选定的变速啮合位置时，能在弹簧作用下推入定位孔实现定位。

2. 集中式操纵机构

图 6-105 所示为铣床进给变速箱中的一种孔盘式集中变速操纵机构。它可以同时控制进给变速传动机构中的三个变速滑移齿轮 A、B、C，使Ⅳ轴获得 18 种不同的转速。孔盘上分布着许多大孔和小孔。孔盘固定在轴上，可随轴转动，也可随轴作轴向移动。对着孔盘有三对齿条轴，每一对齿条轴与另一个齿轮相啮合，并可相对地作轴向往复移动。每一对齿条轴带动一个拨叉，齿条轴轴向移动时，拨叉便带动滑移齿轮移动。

图 6-106 所示为孔盘控制一个三联滑移齿轮变速的工作原理。当处于工作位置Ⅰ时，上面的齿条轴和拨叉被孔盘推到左边位置，

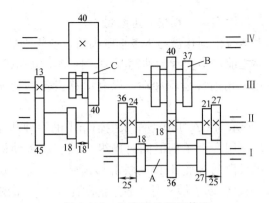

图 6-105 铣床进给变速传动

下面齿条轴右端直径大的轴段从大孔中通过。从工作位置Ⅰ变到工作位置Ⅱ时，先将孔盘退回，然后转动孔盘选速，再将孔盘推向左

边，这时一对齿条轴右端小轴均从小孔中通过，孔盘推动齿条轴把三联滑移齿轮推到中间位置。从工作位置Ⅱ变到工作位置Ⅲ时，则下面齿条轴被孔盘推向左边，上面齿条轴右端直径较大的轴段从大孔中通过，使拨叉带动滑移齿轮到右边位置。照此原理，孔盘同时控制三个拨叉，可以变换 18 种转速。

操纵机构前端有一个选速盘及一个菌形转换手柄，选速盘上标有 18 种进给量。变速时，先将菌形手柄向右拉出，使齿条轴全部脱出孔盘，转动菌形手柄，使选速盘转到所需进给量的数值与指示箭头对准时，变速孔盘也转到相应位置。最后将手柄向左推回原位，孔盘就推动各组齿条轴，通过拨叉分别将各滑移齿轮推到预选

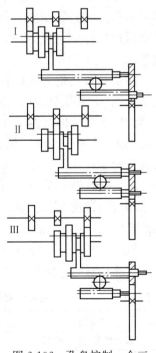

图 6-106 孔盘控制一个三联滑移齿轮变速工作原理

的啮合位置，从而实现了预选的进给量。

当转换手柄拉出到孔盘与齿条轴脱离后，或将手柄推入到孔盘与齿条轴接触之前，均会触动冲动开关，使进给电动机瞬时通电。电动机带动变速箱内各齿轮冲动，以利滑移齿轮顺利地进入啮合状态。

图 6-107 所示为 CA6140 型车床主轴箱中的一种凸轮式集中变速操纵机构，它用一个手柄能同时操纵主轴变速传动机构中的轴Ⅱ、Ⅲ上的双联滑移齿轮 1 和三联滑移齿轮 2，变换 6 种传动比（图 6-108）。用手转动手柄 9 时，通过传动比为 1∶1 的链传动，可带动轴 7 上的曲柄和盘形凸轮 6 与手柄 9 同步转动。曲柄 5 上装有圆销 4，其伸出端上套有滚子，嵌入拨叉 3 的长槽中。曲柄带着圆销作偏心运动时，可带动拨叉 3 拨动滑移齿轮 2 沿轴Ⅲ左右移换位置。盘形凸轮 6 的端面上有一条封闭的曲线槽，它由不同半径的两段圆弧和过渡直线组成，每段圆弧的中心角稍大于 120°。凸轮曲线槽通过杠杆 11 和拨叉 12，可拨动轴Ⅱ上的双联滑移齿轮 1 移换位置。

曲柄 5 和凸轮 6 有 6 个变速位置，见图 6-107（b）。顺次转动变速手柄 9，每次转 60°，使曲柄 5 处于变速位置 a、b、c 时，三联滑移齿轮 2 相应地被拨至左、中、右位置。此时，杠杆 11 短臂上的圆销 10 处于凸轮曲线槽大半径圆弧段中的 a'、b'、c' 处，双联滑移齿轮 1 在左端位置。这样，便得到了三种不同的齿轮啮合的组合情况。继续转动手柄 9，使曲柄 5 依次处于位置 d、e、f，则齿轮 2 相应地被拨至右、中、左位置。此时，杠杆 11 上的圆销 10 进入凸轮曲线槽小半径圆弧段中的 d'、e'、f' 处，齿轮 1 被移换至右端位置，得到另外三种不同的齿轮啮合的组合情况。曲柄和凸轮在不同变速位置时，滑移齿轮 1 和 2 轴向位置的组合情况见表 6-5。

表 6-5　　　　　　　滑移齿轮和轴向位置的组合情况

曲柄位置	a	b	c	d	e	f
三联滑移齿轮 2 的位置	左	中	右	右	中	左
双联滑移齿轮 1 的位置	左	左	左	右	右	右

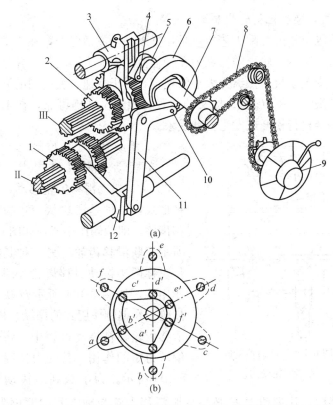

(a)

(b)

图 6-107 CA6140 型车床主轴箱凸轮式集中变速操纵机构示意图

1—双联滑移齿轮；2—三联滑移齿轮；3、12—拨叉；4、10—圆销；
5—曲柄；6—盘形凸轮；7—轴；8—传动链；9—手柄；11—杠杆

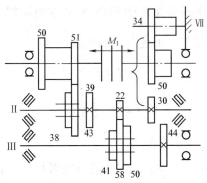

图 6-108 CA6140 主轴箱变速运动

（二）操纵机构的装配工艺要点

操纵机构的装配工艺要点是：操纵必须灵活轻便，在正常操作时，转动手柄（轮）的操纵力在行程范围内应大小均匀，并且不得超过国家关于机床操纵力大小的规定。对于变速、变向用的操纵机构，其操纵手柄（轮）、拨叉的位置必须定位准确可靠，在工作过程中不会自行松开或发生抖动现象。

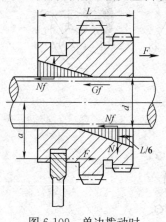

图 6-109　单边拨动时
滑移齿轮受力图

1. 操纵力大小的控制

在摆动式操纵机构中，滑块（或拨叉）拨动滑移齿轮移动，有两种形式：一种是滑块从一边拨动滑移齿轮，即偏侧作用式，如图 6-105 所示三联滑移齿轮；另一种是滑块从对称两边拨动滑移齿轮，即对称作用式，如图 6-104 所示双联滑移齿轮。在偏侧作用式的操纵机构中，滑移齿轮在被推动过程中，将受到偏转力矩的作用，其受力情况如图 6-109 所示。为了顺利地拨动滑移齿轮移动，其拨动力 F 必须克服滑移齿轮与轴之间的摩擦阻力。摩擦阻力由滑移齿轮的重量所产生的摩擦力 Gf 和由偏转力矩所产生的附加摩擦力 $2Nf$ 两部分组成。设附加正压力是在配合总长度 L 的一半上按三角形分布，则其合力 N 在距端部 $\dfrac{1}{6}L$ 处。在不考虑其他阻力的情况下，上述各力的平衡式为

$$F = Gf + 2Nf$$

$$Fa = N\frac{2}{3}L$$

式中　L——滑移齿轮长度（mm）；

　　　f——滑移齿轮与轴之间的静摩擦因数，一般取 0.3 左右；

　　　a——滑移齿轮中心到拨叉拨动部位的径向距离（mm）。

由上述平衡式可解得

$$F = \frac{Gf}{1 - \frac{3a}{L}f}$$

根据上式关系，可得出获得较小操纵力 F 的有关条件如下：

1）从结构角度分析，当 $\frac{a}{L}$ 越大，则操纵力就越大，且当 $\frac{a}{L} \geqslant 1$ 时，操纵机构会发生自锁。一般应使 $\frac{a}{L} < 1$。

2）在摆动式操纵机构中，当摆杆摆动时，其端部滑块的运动轨迹是圆弧，因此滑块在齿轮的环形槽内相对滑移齿轮轴线有偏移。偏移量越大，作用在滑移齿轮上的倾侧力矩也越大。为了减少滑块的偏移量，摆杆轴最好布置在滑移齿轮行程的中点垂直面内，而摆杆的定位位置应使其运动范围对称于滑移齿轮行程的中点。图 6-110（a）表示滑移齿轮有两个位置；图 6-110（b）表示滑移齿轮有三个位置。这样对称布置的结果，可使滑块的偏移量 a 减小。

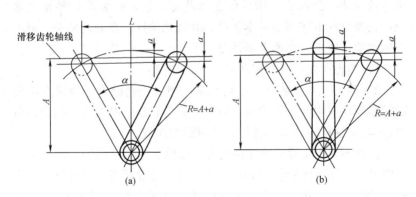

图 6-110　摆杆及摆杆轴对称布置
（a）二位；（b）三位

3）为增加附加正压力的接触线长度，以减小倾侧力矩，滑移齿轮与轴的配合间隙，在保证能灵活滑移的情况下越小越好。

4）为避免在滑块推动滑移齿轮时存在压力角，以致增加操纵力,在装配中要保证摆杆、滑块件的运动方向与滑移齿轮轴线具有一定的平行度精度。滑块与滑移齿轮环形槽有良好的接触。

在对称作用式操纵机构中,从结构上看,其拨动力是通过滑移齿轮轴线或近于轴线,可以改善受力情况。但在装配中应注意要使两对称滑块与滑移齿轮环形槽侧面能同时均匀地接触,否则其受力情况将与偏侧作用式相似,失去其结构上应有的优点。

2. 操纵构件相对准确位置的控制

对图 6-104 所示的单独操纵机构来说,一般应使摆杆的工作运动范围能对称于滑移齿轮行程的中点垂直面。装配中的控制方法是:先将摆杆与连接轴固接好,装入箱体孔中,检查并保证滑块与滑移齿轮环槽的良好接触。然后依次装入有关零件,调整好连接轴的轴向间隙,使无明显的轴向窜动。再调整好操纵手柄位置,使其与摆杆在同一平面内,钻、铰固定销孔,并用锥销固接好。最后,根据摆杆的运动范围,以滑移齿轮行程的中点为对称面,准确制作出操纵手柄的定位孔。

对于集中式操纵机构,尽管操纵杆件较多,构件的操纵位置变化也较复杂,为保证各构件的正确装配位置,就装配调整角度来说,只要掌握下述两个基本条件,并按此条件进行装配调整,就不难达到规定要求。这两个条件是:

1)熟悉图样,掌握好各操纵杆的行程大小。

2)确定出各变速滑移齿轮在某一规定啮合时(一般可选取三联滑移齿轮在中间啮合位置,双联滑移齿轮在左端或右端啮合位置时),其操纵杆应处的位置以及此时的变速量。

例如图 6-105 所示的孔盘式集中进给变速操纵机构,由孔盘式集中进给变速操纵机构可知,孔盘设计尺寸能使齿条轴控制滑移齿轮 A 和 B(图 6-105)有 50mm 行程,滑移齿轮 C 有 18mm 行程。当滑移齿轮 A 和 B 在中间位置、滑移齿轮 C 在右端啮合位置时,各齿条轴的位置如图 6-111 所示,此时的进给速度为 750mm/min。

根据以上条件,该机构主要的装配调整要求如下:

1)根据各操纵杆的行程大小和滑移齿轮的轴向尺寸,调整好各固定齿轮间的轴向距离,以保证在交换滑移齿轮啮合位置时,其端面错位量不超过 1mm。

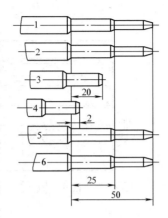

2）将各齿条轴按图 6-111 所示位置调整好，以建立操纵件的某一基准位置。将定位套及选速盘的 750mm/min 的数值对准指示箭头，使孔盘的控制孔位与其相对应。然后将各齿条轴顶紧孔盘，装入齿条轴的传动齿轮，以保持各对齿条轴的相对关系。当各齿条轴无过大的轴向窜动时，即可将孔盘用紧定螺钉与连接轴固紧定位，以便最后与连接轴一起用销作固定连接。

图 6-111　齿条轴位置

3）调整各拨叉在齿条轴上的轴向位置。在保证各啮合齿轮处于图 6-111 所示位置时，用紧定螺钉初定位，然后检查所有 18 挡的啮合位置是否准确可靠，最后将拨叉与齿条轴作固定连接。至此，即能达到各操纵杆件的相对准确位置。

其他类型的集中式操纵机构，其装配调整的工艺要点与此大致相似。

四、机床夹具的装配

（一）车床夹具的装配

图 6-112 是开合螺母的车削工艺图。车削 Tr44×12 梯形螺纹。

车削时，各平面间的尺寸精度根据工艺要求均已由上道工序保证。图 6-113 是车削该开合螺母的夹具，卡盘 1 的 B 面是与车床卡盘连接圆盘相连，ϕ10H7 孔定位。

零件以 A、D、E 三个面在夹具上定位。其技术要求为：

（1）夹具的 A、E 两平面与卡盘 1 回转中心的平行度为 0.02mm。

（2）D 面与卡盘回转中心的垂直度为 0.01mm。

（3）D 面靠两个钩形压板 3 作主要夹紧，A、E 面靠两个内六角螺钉 9、10 作辅助定位并夹紧。

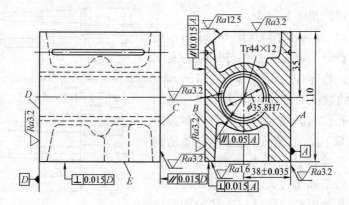

图 6-112　开合螺母车削工艺图

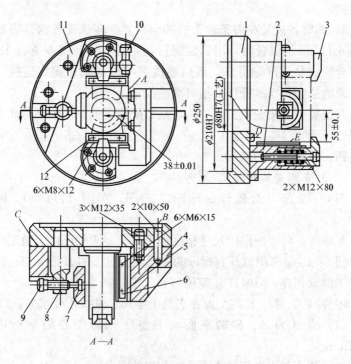

图 6-113　卡盘式夹具

1—卡盘；2—套；3—钩形压板；4—支座；5、6、12—定位板；

7—压板；8—带螺孔销座；9、10—内六角螺钉；11—配重

车床夹具的装配工艺过程如下：

（1）清洗待装配零件，并去毛刺和倒棱。

（2）检验各主要零件的质量。

（3）刮削（或磨削）卡盘 1 的 C 面与 B 面平行。

（4）定位板 12 用螺钉装在卡盘平面上，并经平面磨床磨削 D 面与卡盘 B 面平行。

（5）刮削支座 4 与卡盘连接面，以及定位板 5、6。

（6）以已刮削的支座底面为基准，在工具磨床上磨削定位板 5、6 的 A、E 面，垂直度误差不大于 0.05mm。

（7）将合格的支座组件用内六角螺钉与圆柱销装在卡盘 C 平面上，并保证 (38 ± 0.01)mm 和 (55 ± 0.1)mm 的尺寸要求。

（8）装钩形压板组件与辅助夹具定位组件。

（9）装配重（平衡块）11。

（10）作标记。

（11）夹具总检验或装在车床上试切削。

（二）钻床夹具的装配

图 6-114 是开合螺母的钻孔工序图。零件在钻模上钻铰 $2\times\phi10^{-0.004}_{-0.020}$mm 及 M8 的螺纹孔，并须保证 $2\times\phi10$mm 孔中心线与 Tr44×12 梯形螺纹孔中心线尺寸精度为 (23 ± 0.05)mm，与端面 D 的尺寸精度为 (50 ± 0.05)mm；M8 螺孔与 A 面尺寸为 10mm。

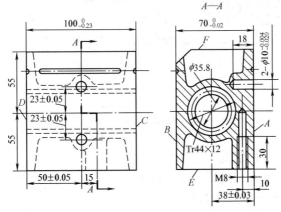

图 6-114　开合螺母钻孔工序图

钻孔用的夹具如图 6-115 所示，该夹具为翻转式，用梯形螺纹孔 $\phi 35.8H7$ 定位。钻孔前，零件的 *A*、*B*、*C*、*D*、*E*、*F* 面及 Tr44×12 都已加工好，底面用斜楔调整使 *B* 面定位。

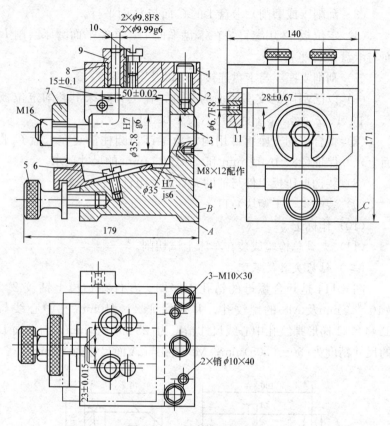

图 6-115　开合螺母钻夹具

1—钻模板；2—夹具体；3—定位心轴；4—斜楔；5—调节螺钉；

6、10—有肩螺钉；7—快换垫圈；8—固定套；

9—快换钻套；11—钻套

钻床夹具的装配工艺过程如下：

（1）清点和清洗待装配的各种零件，去毛刺、倒棱边。

（2）检验各零件质量。

（3）装定位心轴 3，并钻 M8×12 螺孔，将定位心轴紧固在夹具体 2 上。

（4）将固定套 8、钻套 11 压入钻模板 1 内，并把钻模板 1 预装在夹具体 2 的顶面上。

（5）检验钻模板上的尺寸 (50 ± 0.02) mm 及 (23 ± 0.015) mm 尺寸与定位心轴 3 的位置精度，符合技术要求后，钻 $2\times\phi10$ mm 定位销孔，并拧紧螺钉和装入定位销。

（6）装零件斜楔 4、调节螺钉 5、有肩螺钉 6、快换垫圈 7 及螺母等。

（7）作标记。

（8）夹具总检验。

该夹具系翻转式钻夹具，因此对夹具体的 A、B、C 面有垂直度要求，可用平面磨床磨削，也可在总装时由钳工修刮。

（三）铣床夹具的装配

图 6-116 是带分度装置的轴瓦铣开夹具。零件口是靠孔与端面在定位套 11 和带轴分度盘 7 上定位。用开口压板垫圈 2 和螺母 1 夹紧，当铣好第一个口后，分度盘 7 连同夹紧的零件 12 一起转 $180°$，这时需松开螺母 5，拔出定位销 6，转对位置后，再将定位销插入，用螺母 5 把分度盘 7 锁紧。当第二个开口铣削完，松开螺母 1，卸下开口压板垫圈 2，取下零件，即完成轴瓦的铣削加工。

轴瓦的铣开夹具装配工艺过程如下：

（1）清点和清洗待装配的各种零件，去毛刺，倒棱边。

（2）检验各主要零件的质量。

（3）刮削夹具体 13 底面 A 及轴套 10，并将刮削好的轴套压入夹具体孔内（油槽向上）。

（4）钻、扩、铰油杯孔并装入油杯 9。钻、攻螺纹并装入轴套紧固螺钉。

（5）在带轴分度盘 7 上压入对定销 6 及平键，并装入轴套孔内（保证 $\dfrac{H7}{g6}$ 配合）。

（6）装调整螺母 14 与定位销、螺母 5。

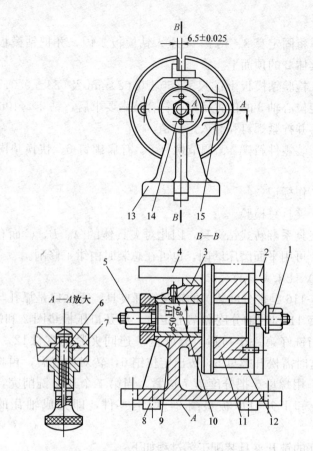

图 6-116　轴瓦铣开夹具

1、5—螺母；2—开口压板垫圈；3—对刀块；4—导向件；6—定位销；
7—带轴分度盘；8—定位键；9—油杯；10—轴套；11—定位套；
12—零件；13—夹具体；14—调整螺母；15—对定装置

(7) 装定位套 11、开口压板垫圈 2 和螺母 1。

(8) 装对刀块 3 和导向件 4。

(9) 装对定装置，保证对定时灵活。

(10) 装定位键 8。

(11) 作标记。

(12) 夹具总检验（或零件试切削）。

（四）内圆磨具的装配与调整

内圆磨具是重要的磨削内孔工具，它安装在卧式车床、立式车床上，可以扩大机床的使用范围。由于它具有很高的转速，因此对磨具的装配与调整有较高的精度要求，以保证工件的磨削质量。

1. 内圆磨具的结构原理

如图 6-117 所示，主轴前后支承各装有两个高精度的向心推力球轴承，其四个轴承内圈用螺母 8 通过中间隔套紧固在主轴 4 上。

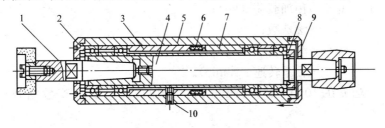

图 6-117　内圆磨具

1—接长轴；2—前封油盖；3—套筒；4—主轴；5—壳体；6—弹簧；
7—隔套；8—螺母；9—后封油盖；10—螺钉

前轴承的外圈紧靠在套筒 3 的左端面，套筒是用螺钉 10 与壳体 5 相连接。因此，前轴承除承受径向外力外，还可承受向右的轴向力。套筒 3 上有 8 个小孔，装有 8 根弹簧，通过隔套 7 使前后轴承产生预加载荷。当主轴在运转中因温度升高而伸长时，后轴承内圈会随主轴伸长而向右移动。由于弹簧推力作用，可保证轴承的原来接触精度，前封油盖 2 与主轴连接，后封油盖 9 与壳体相连，接长轴 1 装在主轴的锥孔中，靠螺母拉紧。

2. 内圆磨具的总装与调整

总装与调整的工艺过程如下：

（1）用煤油仔细清洗主轴、套筒、弹簧和轴承等零件。

（2）对滚动轴承进行预加载荷。操作时，按图 6-118 所示，用手转动重块 1，先推动外

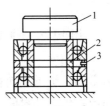

图 6-118　轴承预加
载荷示意

1—重块；2—内
衬圈；3—外衬圈

衬圈 3，凭操作者的经验可知外衬圈松紧现象。如果内衬圈 2 尺寸高，须对内衬圈修正；反之则外衬圈尺寸高。重块 1 的转动在 $1\sim1\frac{1}{2}r$ 范围内停止为佳。

重块 1 的质量可参考各轴承厂生产的轴承预加载荷数，也可采用一般计算经验公式。

当 $n<1000r/min$ 时

$$A_0=0.03zd_{\mathrm{m}}^2$$

式中　A_0——预加载荷（kg）；

　　　z——滚珠数；

　　　d_{m}——滚珠直径（mm）；

　　　n——轴承转速（r/min）。

当 n 在 $1000\sim2000r/min$ 时，预加载荷应比计算数据减少 $1/3$。

（3）将砂轮端的一组轴承预热，并根据轴承内、外圈最高径向圆跳动点（装配前作好标记）与主轴定向装配，然后再用汽油冲洗。待其挥发后在轴承内涂润滑脂，推入壳体孔中，再装后一组轴承，最后装上两端封油盖。

（4）用手转动主轴，感觉灵活自如无阻滞现象即可。

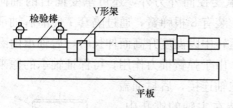

图 6-119　主轴锥孔轴线径向圆跳动

（5）把装好的磨具放在 V 形架上（图 6-119），锥孔中插入检验棒，用千分表在离主轴端 150mm 处测量径向圆跳动误差，其允差为 0.01mm。

若超差，应从以下方面检查和调整：首先检查封油盖是否与壳体端面、轴承端面相碰；依次检查轴承内、外圈是否有倾侧和卡住情况；内、外衬圈的厚度是否符合要求；弹簧工作是否正常。

查明情况进行修整，再装配调整至符合要求。

（6）装配后试车 1h 后进行精度检验。结果应满足：装砂轮处（前端）之径向圆跳动误差小于 0.005mm；装砂轮凸肩平面之轴向圆跳动误差小 0.01mm；装带轮处（后端）之径向圆跳动误差小于 0.01mm；轴承温升控制在 30℃。

五、复合冲裁模的装配

（一）复合冲裁模的组成和特点

复合冲裁模是指在一次行程中能完成多道工序的冲模，如落料冲孔模、落料拉深模、落料冲槽模、冲孔切断模等。它用来冲孔、落料拉深等。复合模的结构形式较多，但归纳起来其组成有下列几个部分：

（1）模架由上模座、下模座、导柱及导套组成。模架的类别也很多，有压入式、可卸式、粘结式及滚珠式等。

（2）主模由凸模、凹模及凹凸模组成。复合模中的凸模、凹模、凹凸模的形式有整体式、镶拼式和嵌入式。究竟采用何种形式的主模，要根据冲件的精度要求、几何形状、尺寸大小、加工车间设备以及工人技术等级等多方面的因素来考虑。大型复合模由于机械加工设备的限制，大都采用镶拼式结构。

（3）卸料器和顶件器等。

（4）定位零件如定位销、定位板等。

复合冲裁模的优点是结构紧凑、生产率高，冲出的制件具有较高的加工精度。它常用于大量生产和大小不一的各种制件的批量生产中，特别是用在形状复杂、精度要求高和表面粗糙度值小的冲裁加工中。其缺点是结构复杂、对模具零件的精度要求高，因而制造成本较高，装配和调整都较困难。

图 6-120（a）所示是为小型发电机转子冲片落料、冲槽、冲孔用的整体式复合模。

该复合模结构的特点是：

（1）冲裁模的间隙较小，凹凸模槽口尺寸小，刚达到冲模的极限要求。因此采用滚珠式模架，可以防止因导柱与导套间的间隙偏差在使用过程中引起冲压机导轨的间隙而造成上模座径向偏移，刃口崩刃。

（2）可卸式导柱，可以使模具刃口变钝后，刃磨方便。

（3）浮动模柄，可以弥补冲床滑块端面对工作台的精度不足。

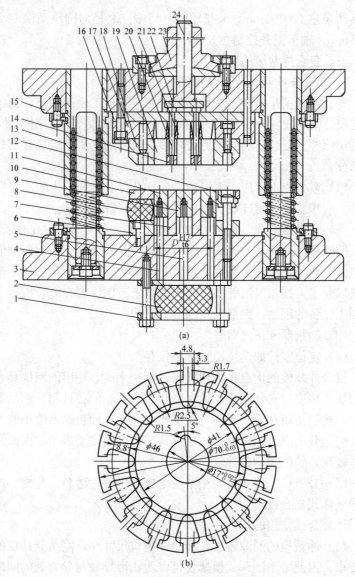

图 6-120 整体式复合模及冲裁件

(a) 整体式复合模；(b) 冲裁件

1—橡胶夹板；2、8—橡胶；3—下模座；4、5—顶杆；6—下固定板；7—凸凹模；9、11—顶块；10—卸料板；12—螺钉套管；13—导向装置；14—打料板；15—上模座；16—垫板；17—上固定板；18—落料凹模；19—冲槽凸模；20—打杆；21—冲孔凸模；22—圆形打板；23—浮动模柄；24—打棒

(二) 冲裁模的装配

装配是模具的最重要工序。模具的装配质量与零件加工质量及装配工艺有关。模具的拼合结构又比整体式结构的装配工艺要复杂。对于冲裁模，一般有下列装配要点。

1. 选择基准件

根据模具主要零件的加工时相互依赖关系来确定基准件，可以用作基准件的一般有导向板、固定板、凹模及凸模。

2. 装配次序

按照基准件装有关零件。

(1) 以导向板作基准进行装配时，通过导向板将凸模装入固定板，再装入上模座，然后再装凹模及下模座。

(2) 固定板具有止口的模具，可以用止口进行定位装配其他零件 (该止口尺寸可按模块配制，一经加工好就作为基准)。先装凹模，再装凹凸模及凸模。

当模具零件装入上、下模座时，先装基准件，并在装好后检查无误，钻铰销钉孔，打入定位销。后装的在装妥无误后，要待试冲达到要求时，才能进行钻铰销钉孔，打入定位销。

(3) 导柱压入下模座。要求导柱表面与下模座平面间的垂直度符合精度，还应保证导柱下端面离下模座底面有 $1\sim2$ mm 距离，以防止使用时与冲压机台面接触。

(4) 装入下模座导套，将导套与下模座的导柱套合。套合后，要求上模座自然地从导柱上滑下，不能有任何紧涩现象。

(5) 控制凹、凸模间隙。间隙对冲裁工作的影响见表 6-6。

(6) 冲模试冲。可用切纸试冲，检查切下处是否都是光边或毛边，如不一致，说明间隙不够均匀，需要校正后再切纸，直到符合要求为止。然后将在装配时尚未固定定位销的上模座或下模座用定位销进行定位，在进行试冲。若不符合要求，再进行间隙调整和重钻铰销钉孔。

(三) 冲裁模的调整与试冲

1. 成品的冲模应达到的要求

(1) 能顺利地安装到指定的压力机上。

(2) 能稳定地冲裁出合格的冲裁件。

(3) 能安全地进行操作使用。

表 6-6 间隙对冲裁工作的影响

序号	项　目	影　响　情　况				
		大间隙	较大间隙	正常间隙	较小间隙	小间隙
1	断面质量	圆角大，毛刺大，撕裂角大，只适用一般冲孔	圆角大，稍有毛刺，断面质量一般，尚可使用	圆角正常，无毛刺，能满足一般冲裁件要求	圆角小，毛刺正常，有二次剪切痕迹，断面近乎垂直	断面圆角小，毛刺正常，断面与料垂直
2	冲裁力	减　小		适　中	增　大	
3	模具寿命	增　大		适　中	减　小	
4	工件尺寸	外形尺寸小于凹模尺寸内形尺寸大于凸模尺寸		尺寸合适	外形尺寸大于凹模尺寸内形尺寸小于凸模尺寸	

2. 冲裁模的调整

冲模的调整内容包括下列五方面：

(1) 将冲裁模安装到指定的压力机上。

(2) 用指定的坯料在冲裁模上进行试冲。

(3) 根据试冲件的质量进行分析和加以解决，最终冲出合格的冲裁件。

(4) 排除影响安全生产、稳定产品质量和操作方面的因素。

(5) 根据设计要求，有的冲裁模还需进行试验决定尺寸的工作。

按上述五方面内容，对冲裁模安装在压力机上后具体进行调整，主要是刃口及其间隙调整、定位的调整和卸料系统的调整。

1) 调整刃口及其间隙时，其刃口常见的缺陷和解决办法见表6-7。

2) 定位的调整。定位零件的形状应与前工序冲裁件的形状相吻合，否则定位将不稳定，影响冲裁件的冲孔位置和在冲裁过程中发生变形。因此当定位块、定位销等定位元件的位置不当时，要修正其位置，必要时还要更换定位零件。

3）调整卸料系统时，冲裁模不仅要保证冲裁件的质量，而且还应使冲裁下的废料能顺利地排除，便于继续进行冲压。

试冲和调整时应注意以下几点：

（1）卸料板（顶件器）形状是否与冲裁件相吻合。

（2）卸（顶）料弹簧是否有足够的力。

第三，卸料板（顶件器）的行程是否合适。

第四，凹模刃口是否有倒锥。

第五，漏料孔和出料槽是否畅通无阻。

如发现有缺陷时，应及时采取措施，予以排除。

表 6-7　　　　　　　　冲裁模刃口常见的缺陷和解决办法

冲裁件缺陷	产生原因	解决办法	
		落料（修边）	冲孔
形状或尺寸不符合图样要求	基准件的形状或尺寸不准确	先将凹模的形状尺寸修准，然后调整凸模，保证合理的间隙	先将凸模的形状和尺寸修磨，然后调整凹模，保证合理的间隙
剪切断面光亮带太宽，甚至出现双亮带和毛刺	冲裁间隙太小	（1）磨小凸模，保证合理的冲裁间隙 （2）在不影响冲压件尺寸公差的前提下，可采取磨大凹模的办法来保证合理的冲裁间隙	（1）磨大凹模，保证合理的冲裁间隙 （2）在不影响冲压件的尺寸公差前提下，可采用磨小凸模的办法来保证合理的冲裁间隙
剪切断面圆角太大，甚至出现拉长的毛刺	冲裁间隙太大	（1）凸模镶块往外移 （2）更换凸模 （3）在不影响冲压件尺寸公差的前提下，再采用缩小凹模（窜动镶块）的办法来保证合理的间隙	（1）缩小凹模（窜动镶块）的尺寸 （2）更换凹模 （3）在不影响冲压件尺寸公差的前提下，可采用加大凸模尺寸（更换或窜动镶块）的办法来保证合理的间隙
剪切断面的光亮带宽窄不均	冲裁间隙不均	（1）修磨凸模（或凹模）保证间隙均匀 （2）重装凸模或凹模	（1）修磨凸模（或凹模）保证间隙均匀 （2）重装凸模或凹模

🛠 第五节 装配作业自动化、装配线和装配机

一、装配作业自动化

装配作业自动化的主要内容，一般包括给料自动化，传送自动化，装入、连接自动化，检测自动化，等等。

适合于自动化装配作业的基本条件是要有一定的生产批量。产品和零部件结构需具有良好的自动装配工艺性，即装配零件能互换，零件易实现自动定向，便于零件的抓取、安装和装配工作头的引进、调节，可使装配夹具简单；便于选择工艺基准面，保证装配定位精度可靠，结构简单并容易组合。

（一）自动给料

1. 自动给料装置的选用

自动给料一般包括储料、定向、隔料、上料等内容。其中的定向和上料是可靠地实现自动给料的关键。

设计自动给料装置时，要根据零部件的结构、装配要求和给料装置的类型来决定自动给料各项内容的区分、联系形式和取舍。图6-121是料斗式和料仓式两大类给料装置的主要组成内容和各自存在形式的相互关系，重叠部分说明有关作用可以在给料装置中结合起来实现。

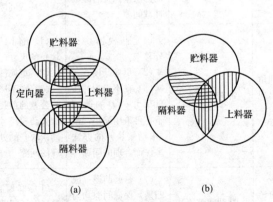

(a)　　　　　　(b)

图 6-121　给料装置的类型和组成

(a) 料斗式给料；(b) 料仓式给料

在选用和设计自动给料装置时，要注意下列事项：

（1）进入装配的零件，均须经检验合格。尤其对一些精密零件，应注意其材料、表面粗糙度和硬度等条件，避免擦伤、碰毛或损坏。振动式料斗尤须注意选用适当的振动频率和振幅。

（2）整个给料过程都应防止油污、杂质接触混入零件。如使用压缩空气，要将压缩空气进行油水分离处理，以免零件锈蚀。部件给料应防止在给料过程中发生部件松散现象。

（3）选择或设计料斗给料装置时，需注意避免静电、剩磁等现象。

（4）对形状不利于定向、定位的零件，要注意妥善处理好定向、定位。同时要考虑到料斗堵塞、料道流动不畅、隔料器卡住、零件在夹具中装入不良等故障的可能，慎重选用适当装置或进行多次定向。

表 6-8 是料斗式给料和料仓式给料的特点比较。

表 6-8 　　　　　　**两类给料装置的比较**

装置类型	适用零件		装料容量	定向功能	剔除功能	定向检测功能	给料可靠性	效率	再生使用	日常费用
	尺寸	形状								
料斗式	小、中	较简单	较大	一般有	可以设置	可以设置	料仓式比料斗式可靠	高	困难	一般料斗比料仓式低
料仓式	中、大	可以复杂	中等	无(定向装入)	无需设置	一般不设置		中等	有可能	

（1）料斗。在料斗中，散乱堆放的零件由料斗使其产生各种不同方式的运动，以实现逐个分离给料。零件的定向可根据条件设置在料斗中或单独设立。选择或设计料斗时，应考虑：

1）在不影响工件质量的前提下，料斗容量应尽可能大些，以减少加料次数。

2）零件定向应尽可能设在料斗中，或在由料斗向料道输送过程中解决，避免设置专门的定向装置使装配机构庞大、复杂。

3）应使料斗工作的噪声最小。

（2）料仓。形状复杂、尺寸较大或精密、脆性的零件，宜采用料仓给料方式，由人工定向装入，或利用就近前道工序定向。料仓内储存的定向排列的零件，常用重力、弹簧、压缩空气和机械方式推送给料。表 6-9 是几种基本的料仓。

表 6-9　　　　　　　　料仓给料装置的几种型式

型式	示　意　图	使用说明	附　注
立式		用以储存柱、轴、套、环、片、块类零件	亦可为料斗式
卧式	重锤型　　　　弹簧型 	重锤型推力为常数，储存量较大，弹簧推送随零件减少而推力变小，贮存量不宜过多	另有机动型，可按工作节拍送料
多层式		料仓 1 能在水平方向和垂直方向移动。当送料气缸 2 与送料槽 3 对准时，零件被推送进入待装工位，这样每格零件都可用去	储存量较大
曲线式		适用于球、环、柱、轴、套等回转体零件	曲线式夹板料仓适用于带头零件

型式	示　意　图	使用说明	附　注
斗式		适用于细长的柱、轴、管、套类零件	另有扁平型斗式料斗，适用于扁平的盖、环、片类零件
轮式	夹料器	间歇或连续转动，适用于较大、较复杂的轴类零件	另有用垂直轴的轮式，适用于较大的盘类零件
链式	装料构件　链	可连续式间歇传动，适用于大、中型较复杂的轴、箱体等零件　装料构件须根据零件外形设计	占地较多

2. 零件的定向

零件定向是使料斗中散放的零件以要求的姿势进入装配工作头。大多数类型的零件都能利用料斗本身的结构特征完成定向要求。凡一次定向仍不能满足装配要求的零件，常需在料斗外单独设立定向装置，进行二次或多次定向。

零件自动定向的基本方法有概率法、极化法和测定法等三种。表 6-10 是三种方法的定向性质、特征和应用。

表 6-10   **自动定向基本方法**

方法	主要特征	定向性质	应用范围
概率法	料斗结构以不同方式使零件产生各种运动。由于零件的外形、重心特征、运动中的姿态概率不同,使其连续或间断地在运动中排列定向,通过特定的定向装置,把排列好的零件送出,排列不合格的零件则返回原处,使其重新加入排列、定向	被动定向	这种方法通常在振动式料斗中采用,适用于中、小零件,形状较简单,一般只需一次定向 在振动式料斗中,定向装置一般复合在贮料器中
极化法	利用零件本身形状或两端重量的明显差异,通过特定的定向装置使其排列、定向	自然定向	这种方法较适用于具有轴对称、两端差异又易于识别的零件 用这种方法,通常单独设定向装置,有时可与概率法并用作为零件的二次定向
控制法	利用零件形状特征,以一定措施控制其运动方向,或用测定来识别其在给料装置中的位置,并设置各种机构主动改变零件的方向,达到定向的目的	主动定向	这种方法适合于形状复杂的零件,多为特设装置,有时可与概率法并用,作零件多次定向

下面简要介绍一些零件定向的应用实例。

图 6-122 为振动料斗中的螺钉定向。图中挡片下面的间隙可以

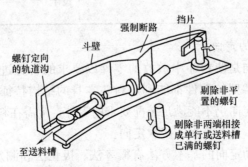

图 6-122   振动料斗中的螺钉方向

调整，使立着的或叠起的螺钉排至料斗中或被迫成为单个平置。通过强制断路，到达轨道沟时只允许是排成单行的螺钉，任何一端向前均可。在这个定向系统中，挡片和强制断路是被动设施，最后的定向沟则是主动的，因此送入的螺钉都可得到正确定向。

图 6-123 的简单设计为平垫圈所常用，但如果为开口的弹簧垫圈定向，就必须把相互错位或两个叠置在一起运动的垫圈分开，先使各个垫圈以垂直姿势依次进给，经过垫圈进入轨道的垂直沟，平置的和大部分钩住的垫圈滑回料斗，在继续运动中再剔除又经挑选而仍钩住的垫圈，把它们另行收集起来，然后将正确定向的开口垫圈进给至送料槽。这种定向方法复杂而困难，应经过试验抉择，或须改变零件的结构形状，或改由料仓给料为好。

图 6-124 所示为 U 形件用轨条支持的定向进给；部分零件爬上轨条而送出，其余的回入料斗中。

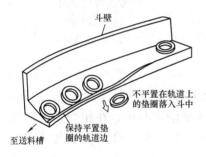

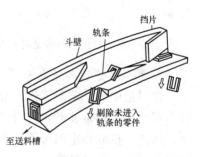

图 6-123　振动料斗中的
平垫圈定向

图 6-124　振动料斗中的
U 形件定向

在料斗外进行的定向多是第二次定向，不剔除进给中不符合要求的零件，因为一经剔除就不易回入料斗，而常以自然定向并使零件获得正确姿势。图 6-125 所示即这种装置。其中图 6-125（a）是当杯形件自料斗送出，若是鼻端先下降，则途径虽被偏斜而仍能保持原有姿势；若先以开端进给，则碰到钉子就会重新定向，使鼻端向下。图 6-125（b）是同一杯形件的再定向，当杯形件推下横梁时，不论姿势如何，通过重心位置的作用，都先以鼻端下降，进入送料槽。

双头螺柱由于两端螺纹的长度不同，装配时需要控制方向。图 6-126 为一种电感式的自动检测方法。两端的螺纹长度不同，测量产生的感应电压也不同，即能检测出螺柱的正反方向。输出信号经放大、整形后驱动执行机构，即能使螺柱按要求的方向进入装配工位。

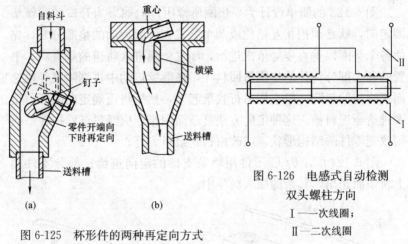

图 6-125　杯形件的两种再定向方式

图 6-126　电感式自动检测
双头螺柱方向
Ⅰ—一次线圈；
Ⅱ—二次线圈

3. 零件的送进和抓取

在料道中的已定向零件，常需按要求进行汇合、分配、隔离，有节奏地送入抓取机构或工作头或装配夹具中。在相当多的情况下，送进、抓取和定向可以复合在一起。表 6-11 所列为各种典型的零件送进、抓取机构。

（二）装配工序自动化

装入和螺纹连接是自动装配中常用的重要工序。

1. 自动装入

零件经定向送至装入位置后，通过装入机构在装配基件上就位对准、装入。常用装入方式有重力装入、机械推入、机动夹入三种，见表 6-12。

装入动作宜保持直线运动。压配件装入时，一般应设置导向套，并缓慢进给。当装配线的节拍时间很短时，压配件装入可分配在几个装配工位上进行，并注意采用间歇式传送。选用的压入动力要便于准确控制装入行程。

2. 螺纹连接自动化

螺纹连接自动化包括螺母、螺钉等的自动传送、对准、拧入和拧紧。其中拧紧工作所需的劳动强度较大，是实现自动化应首先考虑的问题。自动对准和拧入的难度较大，在某些场合，用手工操作往往在经济上更合理。自动化设计中以少用螺纹连接为宜。

表 6-11　　　　　　　　　典型送进、抓取机构

名　称	简　图	说　明
定量隔料送进机构	气缸或电磁铁　爪(B)　爪(A)　用于改变隔离爪位置的长槽　滑道　N个　送往装配工位	可根据工艺要求，对料道上的零件进行隔离并按所需数量送入装配工位 这种装置对于圆柱形零件的多件送进具有一定的通用性，并可按需要改变送入的数量
汇合隔离送进机构	(B)(A)　输入滑道　隔料板(A)　隔料板(B)　与装配节拍一致动作　送往装配工位	适用于多储料器送料或工艺要求间隔送入不同零件到装配工位的情况 这种装置具有隔料功能
分配隔离送进机构	微动开关　气缸　滑道　分流滑道　(A)(B)(C)(D)　柱塞门板	可满足多工作头装配需要，同时对各工作位置送入多件装配零件 这种机构能进行分配和隔离工作，用数量控制开关作定量供料，送进和隔离通过杠杆实现联动

名　称	简　图	说　明
识别分配隔离机构		可识别不同直径尺寸的零件并将它们送入不同的料道中：由检测板决定是否使挂钩脱开，通过活门的开关来实现这种识别和分配功能 适用于将同一料斗中两种不同零件送入不同工位的要求。隔料器的工作频率要大于装配工作头节拍2倍以上，使工作头能连续工作
摇臂式隔离抓取机构		具有隔离功能，能在将零件送入工作头和装配工作之间的同时进行隔离 选用时须注意转入装配工位时的定向和定位精度，保证满足装入的工艺要求
上料机械手		动作可由计算机控制，但一般只具有两个或多个固定点之间的简单途径的抓取、安放操作功能 与装配机器人的区别在于：动作功能简单，不具有生物空间运动能力，工作程序固定，定点不能灵活改变，主要用于重复抓、放操作；由于无触觉、视觉功能，不能用于高精度配合件的装入

名　称	简　图	说　明
抓放用的机器人	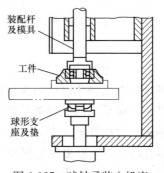	具有零件识别能力，能避开运动轨迹上的障碍物。可在抓取过程中进行再次定向。可为多个作业点提供多种装配零件，将抓取、送进、安放集于一身，具有很强的通用性

表 6-12 　　　　　　　　　　　**自动装入方式**

装入方式	定位、控制方法	适　用　零　件
重力装入	不需外加动力，用一般挡块、定位杆等定位	钢球、套圈、弹簧等
机械推入	用曲柄连杆、凸轮和气缸、液压缸直接连接的往复运动机构等控制装入位置，外加动力装入	垫圈、柱销、轴承、端盖等
机动夹入	用机械式、真空式、电磁式等夹持机构的机械手将零件装入	手表齿轮、盘状零件、轴类零件、轻型板件、薄壁零件等

3. 其他工序

装配中，其他工序类型甚多，它们的自动化多用工作头机构直接操作来完成各种不同工作。下面是若干实例。

（1）球轴承装入。如图 6-127 所示，将球轴承装入机座。机座先置入转台上的一个装配夹具内，当转入装配位置后，用手放上一个轴承。旋转工作台，用工作头装配杆垂直校准机座与轴承外圈位置。

装配杆由液压缸操纵下压时，支座垫抬起。装配杆压到轴承上时，支座垫接触转台底面，可减缓冲击力。

图 6-127　球轴承装入机座

装配杆的运动与转台驱动机构运动联锁,以保证分度和装配正常配合。工作速度为 1000 次/h。

(2) 螺钉自动装配。图 6-128 所示的工作头能实现螺钉的自动送进、抓取、对准和拧紧。

1) 螺钉送进:螺钉 6 沿料槽 5 滑下,受弹性片 7 的限制而停留在料槽端部。

2) 抓取和对准:在控制箱 4 的作用下,抓取器 1 在料槽 5 上后退,直至螺钉 6 的上方,凸轮 3 转动使抓取器 1 张开抓住一个待装螺钉。然后凸轮复位,抓取器向前移动至拧紧轴 2 下端对准螺孔位置,见图 6-128 (a)。

3) 拧入和拧紧:拧紧轴 2 下降直至端部的螺钉旋具(又称起子、螺丝刀)嵌入螺钉头部。凸轮 3 转动,抓取器 1 张开,于是电动机启动,拧紧轴作旋转和进给运动,将螺钉拧入、拧紧,见图6-128 (b)。

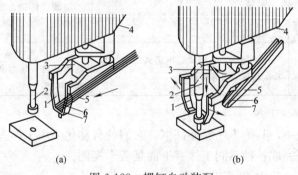

图 6-128 螺钉自动装配

1—抓取器;2—拧紧轴;3—凸轮;4—控制箱;

5—料槽;6—待装螺钉;7—弹性限位片

(3) 螺母拧入。图 6-129 表示供料并在螺杆上拧上六角螺母。螺母从振动料斗以径向定位形式进入垂直供料槽,排头的螺母掉入槽内,夹爪内的螺母被带到拧紧器前,螺孔对准气缸的探杆。气缸伸出,将探杆插入螺母,见图 6-129 (a)。夹爪向左移动,把螺母留在杆上。气动操作使驱动马达带动拧紧器旋转,主滑块朝工件前进,螺母进入拧紧器。此时探杆已从螺母中退出,相配螺杆被送到螺母的对面并对中。拧紧器继续前进，螺杆即拧入螺母，见图 6-129 (b)。螺母完全拧紧时，这个机构随之退回到其开始位置，让装配好的工件移往下一工位。工作速度为 1200 次/h。

（4）螺钉定向及合套。其装置如图 6-130 所示。螺钉 3 与垫圈 2 分别沿振动圆筒的螺旋槽 4 和 1 前进，在前进过程中，先使螺钉杆部嵌入开口槽 5 中以完成定向，垫圈则成单片整齐排列，沿槽底行进。合套时，垫圈先进入合套装置下部，再转到螺钉下面，此时螺钉正好落入合套装置，两者

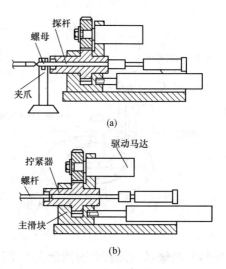

图 6-129　螺母自动拧入

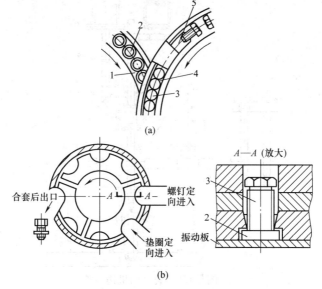

图 6-130　振动定向及合套装置

1、4—振动螺旋槽；2—垫圈；3—螺钉；5—开口槽

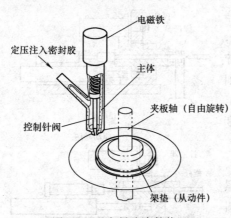

图 6-131 密封胶涂敷装置

随即一起前进合套后送出。

（5）密封胶涂敷。图 6-131 所示的工作头用于在金属圆盘周围涂敷一层密封胶。工件首先进入架垫之上，然后上升至自由旋转的夹板轴处，将工件夹紧。架垫的上升与被电磁铁操纵的阀杆上移动作同步，即将针阀打开，定压将胶液输送到旋转着的圆盘上。工件完成一周的涂胶后，电磁铁控制针阀阀杆下降，关闭出液口，然后架垫下降，卸去工件。此装置的生产率为 120 个/min。

（6）装气门。图 6-132 所示为气门装配工作头，附设有机械

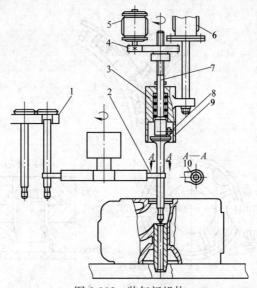

图 6-132 装气门机构

1—料道；2—机械手；3—弹簧；4—齿轮组；5—电动机；6—液压缸；

7—主轴；8—滚轮；9—工作头；10—弹性衬圈

手。当气门到达料道 1 末端待装后，机构依次完成下列动作：

1）机械手 2 抓放气门转到工作头 9 下方，此时工作头、气门与气门导管三者对中。

2）液压缸 6 操纵工作头 9 下降到图示位置，滚轮 8 与气门边缘接触，电动机 5 通过齿轮组 4 使主轴 7 带着滚轮以一定转速旋转。

3）由于机械手是通过弹性衬圈 10 抓住气门，因此在滚轮沿气门边缘滚动时，气门即围绕自身中心线摇摆，在工作头继续下降中，气门杆与导管接触，弹簧 3 起缓冲作用。气门进入导管，机械手随即松开，气门自行落下装入。

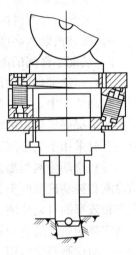

图 6-133　调整位置误差的机器人装入工具

（7）调整位置误差的装入。正确抓放待装入的工件，必须在不改变零件定向状态下符合装入时的位置精度要求。图 6-133 所示的工具，能在装配时自动调整装配位置的误差，常为机器人所采用。当由于工件尺寸变化、臂位误差或夹具公差而发生两种配合件的中线不对准时，可得到调整，并减小装入力和工件损伤。工具周围装有 6 个剪力垫片的弹性体，受压时是坚硬的，受剪力时则相当柔软。垫片因受剪力而偏斜，使零件移动或转动，以消除中线互不对准现象。

（三）检测自动化

1. 工艺要求

（1）自动检测项目。与手工操作机械装配不同，自动装配中主要的装配作业属于互换性配合副的装配，各个配合面间的位置检测和装配件的尺寸检测明显减少，而代之以零件供给（即是否缺件）、方向和位置、装入件配合间隙、螺纹连接件装配质量等的检测。

装配中自动检测的项目，与所装配的产品或部件的结构和主要技术要求有关。常用的自动检测项目，可以归纳为如下 10 项：

1）装配过程的缺件；

2）零件的方向；

3）零件的位置；

4）装配过程的夹持误差；

5）零件的分选质量；

6）装配过程的异物混入；

7）装配后密封件的误差；

8）螺柱的装入高度、螺纹连接的扭矩；

9）装配零件间的配合间隙；

10）运动部件的灵活性。

自动装配中，零件越多，检测工作量就相应增加甚多，故需根据实际情况确定应设的检测项目，并注意不使自动检测设备过分复杂。有时采用手工检测，往往在技术上和经济上较为合理。

（2）自动检测类型。装配过程中的自动检测，按作用分，有主动检测和被动检测两类。主动检测是参与装配工艺过程、影响装配质量和效率的自动检测，能预防生成废品；被动检测则是仅供判断和确定装配质量的自动检测。

主动检测通常应用于成批生产，特别应用在装配生产线上，且往往在线上占据一个或几个工位，布置工作头，通过测量信号的反馈能力实现控制，这是在线检测。如应用自动分选机，多半为不在生产线上的离线检测。

（3）可靠性。自动装配件一般为强制性节奏，装配节拍短，所以配置的检测自动化的可靠性是首要的。自动检测还要在装配线中占据工位，故检测作业时间有严格限制，必须与装配节奏一致。

为了保证多个装配位置的严格同步和装配线工作过程的连续性，自动检测装置的输出信号必须有一定的能量，通过放大环节可以驱动执行机构对不合格装配件及时进行处理。

（4）不合格装配件的处理。对不合格零件和装配误动作的处理方式有以下四种，要通过控制系统实现：

1）紧急停止：经自动检测不合格，输出信号经控制回路使执行机构停止下一个动作，装配工位的工作紧急停止。

2) 不合格零件直接排出：一般只需在装配工位设置附加排出器，将不合格零件直接排出。也可将自动测量结果送入记忆装置，使不合格装配件在规定的下料装置处自动排出。

3) 重复动作：经自动检测发现装配动作失误，未能发出完成动作信号，可用重复动作处理方式发出指令，使原来失误的动作重复进行。同时将此次失误信号送入记忆装置，指令失误动作以后的装配工序终止进行，直至重复动作按规定完成后，才使下一个零件进入工作。

4) 修正动作：以装配夹持为例，当零件的夹持未能达到规定的位置要求时，自动检测装置发出信号指令，在下一个装配工位通过执行机构一面使夹具振动、一面使用夹钳再作一次修正夹持，使零件夹持达到规定位置；然后，重新自动检测，发出合格信号。

修正动作的处理方式多半用于关键性工序，即只有当关键工序失误所造成的装配调整工作量大、将招致装配工作头等设备损坏时，才不得不采用修正动作处理方式。

(5) 设备选用。自动检测工作头为主动检测的主要装置，按测量项目区分，具有各种作用。在检测项目相同和作用相同的条件下，常有不同类型的传感器，形成不同的系统结构和动作，可供选用。

传感器的种类很多，用于装配中自动检测的主要为电触式、电感式、光电式、气动式、液压式等。选择时一般应考虑：

1) 符合自动检测精度要求；

2) 工作稳定可靠，使用维修方便；

3) 有一定的抗干扰能力。

2. 自动检测装置

(1) 机械式装配位置自动检测工作头。这类工作头的最简单结构是限位开关，如图 6-134 所示。

在图 6-134 (a) 中，限位开关 3 必须触及零件，才能发出零件就位信号，可用于检测送料器终端有无零件存在。如零件位置翻转 90°，即如图 6-134 (b) 所示时，限位开关 3 未能触及零件，仍不

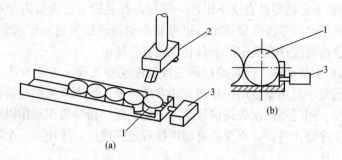

图 6-134　用限位开关自动测量零件位置
1—零件；2—送料器；3—限位开关

能发出零件就位信号。

（2）液压阀检漏工作头。图 6-135 所示的工作头为真空状态下减压阀装配检漏用。带分度的转台将工件夹好，垂直安装的气缸动作，使真空测试头下降至工作位置。真空测试设备包括壳体与装有传感杆的调节活塞，传感杆与下面气缸的封闭活塞腔连接，调节活塞上下面均有气孔。由 1 号气孔进气降低上活塞，使密封环接触壳体内凸缘。从 2 号气孔内加压使传感杆上移，形成测试腔真空。当密封良好时，由于真空，传感杆到一定位置即不能再动，当密封不良时，传感杆继续上移，触动微开关，发出信号。

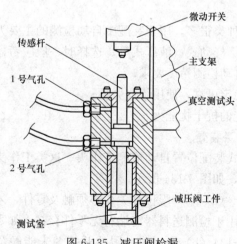

图 6-135　减压阀检漏

该机构工作速度 1200 个/h。

（3）零件方向自动检测工作头。凡属几何形状不对称的零件，在自动装配中都有方向的检测要求。图 6-136 为气动式的零件方向自动检测工作头，用于自动检测装入的轴承。

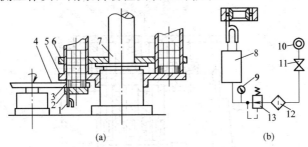

图 6-136　气动式轴承方向自动检测

（a）检测工作头；（b）喷嘴和继电器的气路

1—测量喷嘴；2—挡板；3—轴承；4—旋臂式送料器；5—支承板；6—驱动板；7—旋转式料仓；8—压差式继电器；9—压力计；10—气阀；11—阀门；12—过滤器；13—稳压器

在自动装配中，采用料仓供料时，需注意将轴承有防尘盖的一面朝下。为防止正反面弄错，一般宜在料仓出口设置轴承方向启动检测工作头。如图 6-136（a）所示，轴承由旋转式五工位料仓供料，自料仓出口落下的轴承 3 落在挡板 2 上。送料器 4 的旋臂的两端都有弹性夹爪，旋臂每转一次夹取一个轴承送到装配工位。同时另一端的夹爪就张开在出口下面，等待下一个轴承落到挡板 2 上。

轴承方向由测量喷嘴 1 与轴承 3 正反面间的间隙不同来识别。喷嘴 1 的位置固定，因与轴承有防尘盖的一面或无防尘盖的一面形成不同间隙而引起压力变化，通过压差式继电器 8 发出信号。喷嘴和继电器的气路见图 6-136（b）。

（4）交流接触器铁芯片的厚度和形位误差自动检测工作头。图 6-137（a）所示为检测前铁芯片的状态。铁芯片 1 由定位爪 2 定位。液压缸活塞 5 下降，动块 12 由弹簧 11 下压，将原来松散的芯片预压紧。此时，6 根探杆 7 开始插入芯片的 6 个铆钉孔内。接着，液压缸活塞继续下降，压块 9 与动块 12 接触并压向芯片。盖板 6 与光学量表 3 的测头开始触及。这样，芯片被压紧，见图 6-137（b）。然后，开始进行芯片的厚度测量。

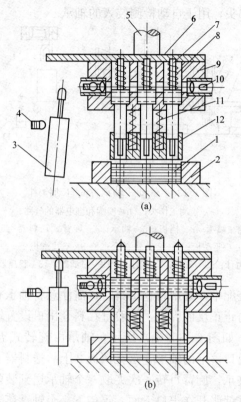

图 6-137　交流接触器铁芯片的厚度和形位误差自动测量工作头
1—铁芯片；2—定位爪；3—光学量表；4—光源；5—液压缸活塞；6—盖板；
7—探杆；8、11—弹簧；9—压块；10—光敏晶体管；12—动块

芯片厚度的测量结果，取决于盖板触及光学量表测头后的实际移动量。这种表是特制的，测头带动其中隔光盘，小孔发射出的光线信号数量，由控制箱数码管显示。

如果芯片形位误差在允许范围内，则全部探杆插入铆钉孔，此时光源 4 的平行光线通过探杆上的小孔发射到光敏晶体管 10 上，由控制系统发出合格信号。

如果厚度或芯片间形位误差超差，在下一个装配工位上将被剔除；剔除下来的芯片和夹板经手工整理后可重复利用。

（5）气门弹簧座键的自动检测系统。由于小型计算机的发展和光学传感器的改进，现在已可自动检测零件的位置和尺寸。如汽车发动机的气门弹簧座键，其检测系统见图 6-138。缸头的各个气门装置移动经过阵列照相机，形成图像的狭细边缘和纵横向对称轴，从其亮度分析，先找正装置的中心，探测这周围区域的亮度特征，以检查几个座键的存在和位置。光学信号数字化后，用小型计算机进行数据处理，决定取舍。这个设施的产量为 400 缸头/h，有效、可靠而又经济。

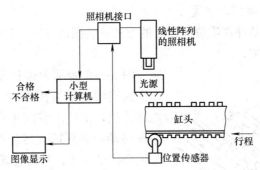

图 6-138　气门弹簧座键检测的图像计算机系统

二、装配线和装配机简介

（一）装配工位间传送装置

装配工位间传送装置是装配线（机）的本体部分。它使随行夹具连同装配基体一起从上一个工位自动地传送到下一个工位，为装配线（机）按节拍工作提供基本条件。

选择装配工位间传送装置的步骤如下：

（1）确定工位间传送方式；

（2）确定装配操作和装配工作头的工作方向；

（3）确定传送装置的基本形式；

（4）确定传送装置的结构形式。

在确定上述各项时，应综合地考虑下列各项因素：

（1）生产纲领和生产率；

（2）产品的结构和尺寸特性；

（3）装配过程所需的工位数；

（4）传送装置应有的工作速度；

（5）装置的可靠性和定位精度；

（6）增减速引起的惯性负荷；

（7）工位上工作方向和操作作用力；

（8）对多品种或产品变型的通用性；

（9）动力源（机械、液压、电力、气动）；

（10）厂房条件和具体的工艺布置。

1. 工位间传送方式

按装配基件在工位间传送的方式，装配机（线）有连续传送和间歇传送两类。

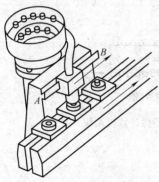

图 6-139 带往复式装配工作头的连续传送装配方式

图 6-139 所示为带往复式装配工作头的连续传送装配方式。装配基件连续传送，工位上装配工作头也随之同步移动。对直进式传送装置，工作头须作往复移动；对回转式传送装置，工作头须作往复回转。当一个装配工序可能要由几个工位连续完成时，进行同一动作的工作头需配置在几个工位上。

因机械产品较为复杂，目前使用连续传送方式多有困难，除小型简单工件装配中有所采用外，一般都使用间歇式传送方式。

间歇传送中，装配基件由传送装置按节拍时间进行传送，装配对象停在工位上进行装配，作业一完成即传送至下一工位。按照节拍时间的特征，间歇传送的装配方式又可分为同步传送和非同步传送两种。

间歇传送的多数是同步传送：各工位上的装配对象，每隔一定节拍时间都同时向下一工位移动，见图 6-140。对小型工件来说，一般装配作业的时间（即停留在工位上的时间），慢的为 2～3s，最快的可达 0.2s，而由于装配夹具比较轻小，传送时间可以取得很短，因此实用上对小型工件和节拍小于十几秒的大部分制品的装配，可以采取这种固定节拍的同步传送方式。

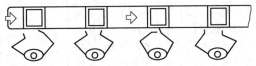

图 6-140　同步传送示意图

同步传送的工作节拍是最长的工序时间与工位间传送时间之和。这样，在工序时间较短的其他工位上都有一定的等工浪费，并且当一个工位发生故障时，全线会受到停车影响。为此，发展趋势是采用非同步传送方式。

图 6-141 所示为非同步传送方式。工位间允许有 3～5 个可积放的缓冲夹具，完成了上道工序的夹具可以积贮在下道工序前面，下道工序完成时可以从贮备中放出一个进入空出的装配工位。这种方式不但允许各工位速度有所波动，而且可以把不同节拍的工序组织在一条装配线上，使平均装配速度趋于提高，适用于操作比较复杂而又包括手工工位的装配线。采用这种传送方式的装配线还可以在线旁设置返修叉道，返修后的装配件连同随行夹具仍可重新返回装配线。

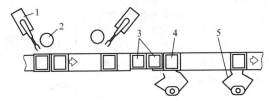

图 6-141　非同步传送装置示意图

1—机械手；2—料斗；3—缓冲贮存；4—随行夹具；5—操作者

在实际使用的装配线上，各工位完全自动化是不必要的，由于技术上和经济上的原因，多数以采用一些手工工位为合理，因而非同步传送就采用得越来越多。

各种传送方式的比较见表 6-13。

表 6-13　　　　　　　　传送方式的比较

传送方式	特征	优缺点	适用范围
连续传送	工件连续恒速传送,装配作业与传送过程重合,工位上装配工作头需连续地与工件同步回转或直线往复	生产速度高,节奏性强,但不便采用固定式装配机械,装配时工作头和工件之间相对定位有一定困难	使用范围有限,仅适用于某些结构简单的轻小件自动装配或大型产品的机械化流水装配
间歇传送	工件间歇地从一个工位移至下一个工位,装配作业在工件处于固定状态下进行	便于采用固定式装配机械和装配时的相对定位,可避免装配作业受传送平稳性的影响	是回转型和直选型装配线(机)中使用最普遍的一种传送方式
同步传送	每隔一段时间,全部工件同时向下一工位移动,多数情况下间隔时间是一定的(即固定节拍传送),少数场合需待装配持续时间最长的工位完成装配后才能传送(称非固定节拍传送)	生产速度较高,节奏性较强,但某个工位出现故障往往导致全线停车,固定节拍同步传送的各工位节拍必须平衡,非固定节拍同步传送效率较低	固定节拍传送适用于产量大、零件少、节拍短的场合,非固定节拍传送仅适用于操作速度波动较大的场合
非同步传送	全线各工位同随行夹具的传送不受最长工序时间的限制,完成上道工序的工件连同夹具自连续运行的传送链带向下一工位或积存在下一工位前面,待下道工序完成即可从上面积存中放出一个进入空出的装配工位	由于各工位间"柔性"连接,各工位的操作速度不受节拍的严格限制,允许波动,平均装配速度提高,夹具传送时间缩短,而且个别工位出现短时间可以修复的故障时不会影响全线工作,设备利用率也因之提高	节拍有波动或装配工序复杂的手工装配工位与自动装配工位组合在一条装配线上

2. 传送装置的基本型式

传送装置的基本型式有水平型和垂直型两类。采用水平型还是垂直型,主要取决于装配工作头对装配对象的工作方向,有时也取决于工艺布置。

水平型有回转式（包括转台式、中央立柱式、立轴式）、直进式和环行式三种布置方式，垂直型有回转式、直进式两种布置方式，见表 6-14。

表 6-14　　　　　　　　　传送装置的基本型式

类型		名称	夹具连接	图　　例
回转式	水平型	转台式	夹具固定连接	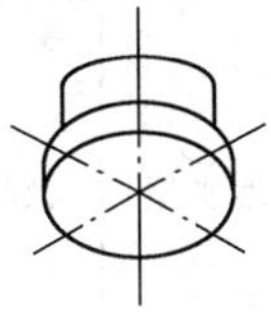
		中央立柱式		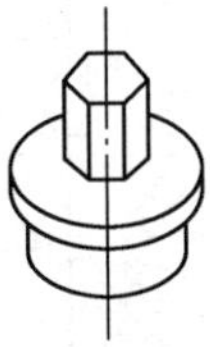
		立轴式		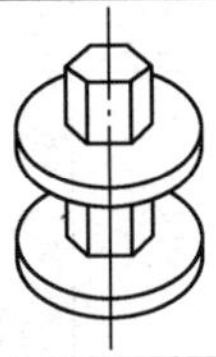
	垂直型	卧轴式		
直进式	水平型	椭圆侧面轨道		
		椭圆平面轨道		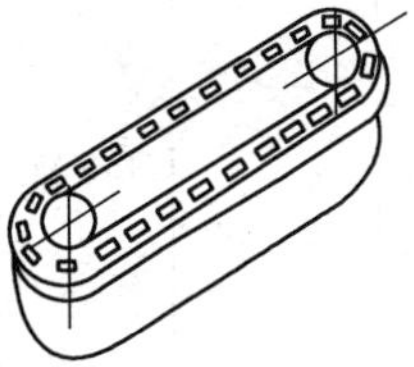

517

类型		名称	夹具连接	图　　例
直进式	水平型	矩形平面	夹具浮动连接	
		狭轨式		
		直接传送	无夹具	
	垂直型	上部返回型	夹具浮动连接	
		下部返回型		
		上下轨道	夹具固定连接	

续表

类型		名称	夹具连接	图 例
环行式	水平型	椭圆平面轨道	夹具固定连接	
		矩形平面轨道		

垂直型常用于直线配置的装配线。装配对象沿直线轨道移动，各工位沿直线配列。

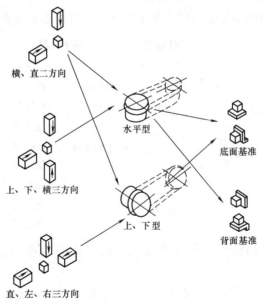

图 6-142 工作头工作方向、传送装置
和随行夹具方位三者关系

519

环行式是装配对象沿水平环形配列。其特点是没有大量空夹具返回,近似回转式。如环形轨道一边布置工位,另一边作为空夹具返回,则成为直选式。

工作头对装配对象的工作方向大致有三种:横、直两个方向,上、下、横三个方向;直、左、右三个方向。工作头方向、传送装置和随行夹具方位三者关系综合起来,可用图 6-142 表示。

水平型适宜用于装配起点和终点相互靠近以及宽而不长的车间,当产品装配后还需进行诸如试验、喷漆、烘干等其他生产过程时,采用这种布置也比较方便。缺点是占地面积大,易影响车间其他的物料搬运。

为了适应手工或装配工作头的工作方向,装配线的运载工具(如夹具小车、随行夹具)可以是回转式的。对于由几段组成的装配线,有时可通过设置在段与段之间的专用翻转装置来改变工件的装配位置。

(二)装配线(机)的类型

按照结构和传送方式,装配线(机)可作如下分类:

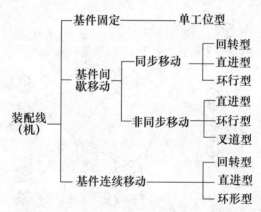

按照节拍特性,装配线(机)还可以分为刚性装配和柔性装配。

刚性装配都是按一定的产品类型进行设计的,适合于大批量生产,能实现高速装配,节拍稳定,生产率趋于恒定,但缺乏灵活性。

柔性装配也称可编程序的装配，既有人工装配的灵活性，也有刚性装配的高速和准确性。柔性装配是在非同步刚性装配的基础上，采用可编程装配工作头，程序编制比较简单，适用性、灵活性增大，可在一个装配工位同时进行多项装配，适合于多品种中小批生产，也能适应产品设计的变化。

各种装配线（机）的工作方式见图6-143。

1. 装配线基本型式及其特点

各种类型装配线的特点和应用见表6-15。

（1）带式装配线。图6-144所示是带式装配线的一种布置形式。在传送装置的一段带上由纵向的挡板分为两条通路，工件沿着通路送给传送装置左右两边的工人，完成后借卸载板传送到第二台传送装置或接收装置内。

（2）板式装配线。最佳传送速度取决于具体的运行条件，如载荷的大小和装载的均匀性等。运送沉重载荷时，速度通常相当低。为使装配线的振动和颤动减至最小，应采用精密滚子链条和机械加工的链轮。采用双排或多排链条时，为了防止部件产生过度的应力和传送装置发生扭曲，应装设对偶的链条。

图6-145是轮式拖拉机的板式装配线，板面上设有安装拖拉机底盘和轮轴的支架。

（3）车式装配线。车式装配线通常由传动装置、张紧装置、运行部分（包括运载小车）、机架等部分组成。

图6-146是一种上下轨道的车式装配线。绕传动链轮轴线小车可以从上轨道翻转到下轨道，上下轨道之间用铁板隔开，以免工具或零件落入下层。这种装配线比较适宜于装配质量和尺寸都比较大的机械产品，如中小功率的内燃机、齿轮箱、机床主轴箱等。

当装配作业安排在装配线一侧进行时，为了改善装配的接近性和适应工作方向，普遍采用回转式小车。

由于链条伸长和轨道误差，小车运行的精确性和平稳性较差，要使装配工作头和小车上装配基件能相互精确定位，常需附设导向装置。为提高小车运行和从上轨道翻转到下轨道时的平稳性，可采用平行的牵引链分装在靠近两边车轮处。

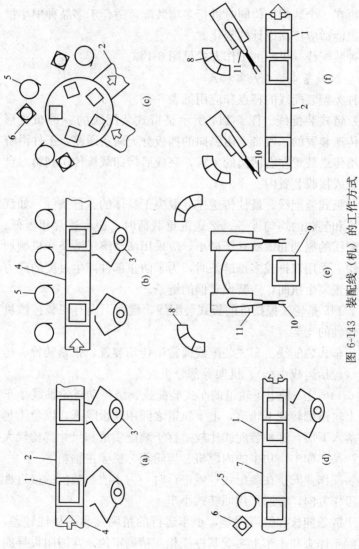

图 6-143 装配线（机）的工作方式

1—随行夹具；2—缓冲段；3—操作者；4—自由传送装置；5—供料装置；6—装配工作头；7—传送装置；
8—料仓；9—装配工位；10—夹爪；11—机械手

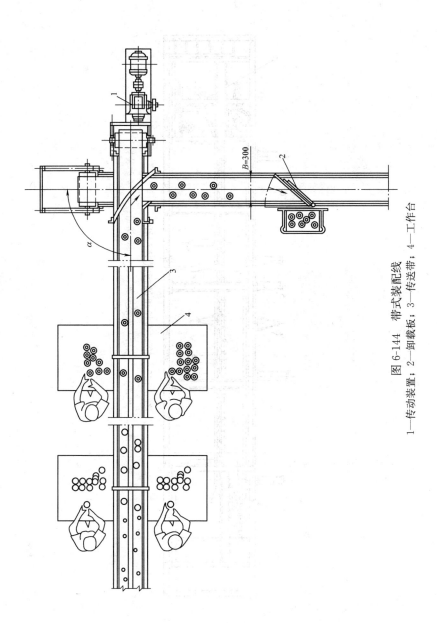

图 6-144 带式装配线

1—传动装置；2—卸载板；3—传送带；4—工作台

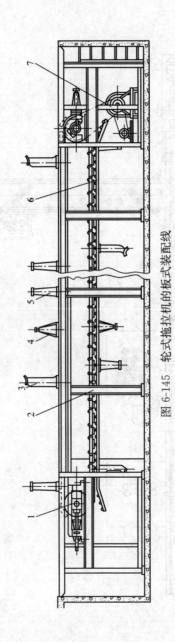

图 6-145 轮式拖拉机的板式装配线

1—张紧装置；2—机架；3、4、5—安装支架；6—回程滚道；7—驱动装置

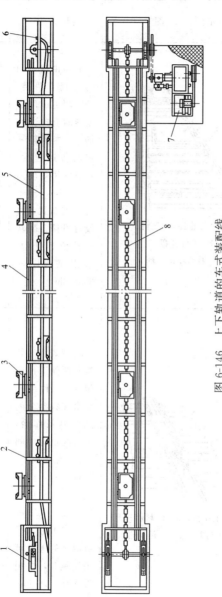

图 6-146 上下轨道的车式装配线

1—张紧装置；2—机架；3—夹具小车；4—上轨道；

5—下轨道；6—弧形弯道；7—驱动装置；8—传送链

表 6-15   **常用装配线类型及其特点**

装配线	布置形式	示　图	特　点	应用场合
辊道装配线	直进型、环行型及其他组合	1—自动停止器；2—辊子；3—工件托盘；4—手动停止手柄	有自由辊道和动力辊道两类。动力辊道适用于上料时有冲击的场合，能保持一定的传送速度。辊道常用宽度为 $0.3\sim1m$，辊子可双列布置，可设置升降、翻转和转位等机构。常用速度为 $1.5\sim30m/min$	底面平整或带托盘的装配基件在辊道上进行流水装配作业
带式装配线	直进型或其他型组合	1—工作台；2—卸料器；3—工件托盘；4—传送带	由带式传送装置和两侧工作台组成，工件或托盘由卸料器分配到两侧工作台，工位间可有中间贮存，结构简单，传送平稳，但速度较低，常用速度为 $1.2\sim18m/min$。对质量大或有油污的工件可采用钢带，常用带宽为 $0.5\sim1m$	仪器仪表和电器制造中组织轻型流水装配

装配线	布置形式	示　　图	特　点	应用场合
板式装配线	直进型上下轨道及其他型	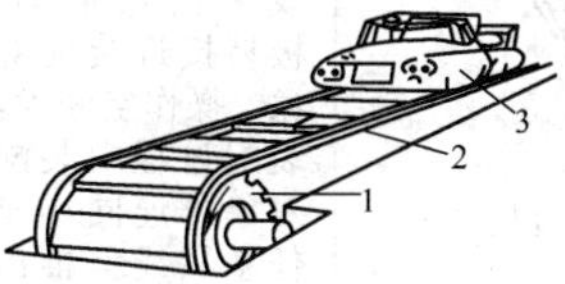 1—驱动链轮；2—板条； 3—汽车车身	有地面型和高架型两种，铺板可用钢板、木板或其他材料，板带宽度一般在 0.5～3m 之间，板上可设置装配支架，平整宽敞，承载能力大，但自重也较大，速度低，常用速度为 0.35～2.5m/min	在低速、重载荷和有冲击条件下工作，如汽车、拖拉机、工程机械、内燃机制造业中部装和总装线，可用于连续传送装配线中
车式装配线	直进型上下轨道	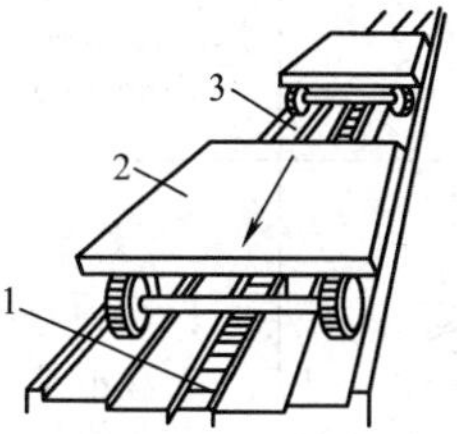 1—牵引链；2—小车； 3—导轨	有地面型和高架型两种，小车与牵引链连接，承载能力大，但运行平稳性和精确性较差，因而不便采用自动装配机械，工作速度较低，常用速度为 0.3～1m/min	广泛用于机械制造的装配中，如拖拉机、内燃机、齿轮箱等较大、较重和其他一般大中型制品的装配线
步伐式装配线	直进型上下轨道和环行型水平轨道	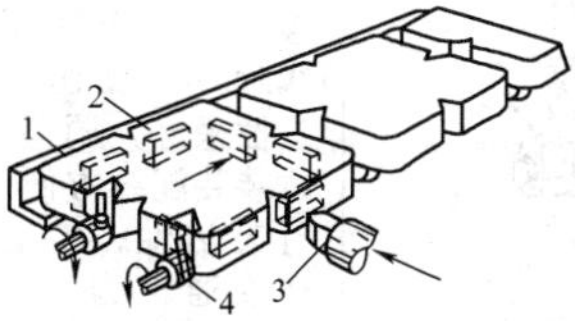 1—导轨；2—随行夹具； 3—定位销；4—推杆	推杆推动夹具和工件作步伐式间歇传送，夹具支承良好，能承受较大载荷，传送平稳，便于夹具定位和采用固定式装配机械，传送速度可以提高	适用于汽车、内燃机、电机及轻工业中自动化程度较高的间歇传送装配线中

装配线	布置形式	示　　图	特　　点	应用场合
拨杆式装配线	环行型平面轨道	 1—牵引链; 2—小车;3—拨杆	工位环行布置,牵引链设在地下,操作者可在装配线中任意走动,极易接近装配对象,操作空间大,装配过程中装配对象可连同小车任意从线上推出推入,通过插入或拨出小车拨杆可使小车传送或停止,还可根据生产条件使装配线调整为间歇的或连续的,并可作为非同步的自由节奏装配线使用。常用速度为2~10m/min	如发动机、变压器等装配及向总装、喷漆、烘干等场地运送
推式悬链装配线	悬挂立体轨道	 1—牵引轨道;2—牵引小车; 3—牵引链;4—承载轨道; 5—可积放小车;6—吊臂; 7—减速箱;8—装配支架; 9—发动机(工件)	承载小车与安装支架的吊臂相连,通过链推块与牵引小车的接合或脱开,使小车传送或停止。由自动转移机构实现线之间的转移。直接作装配线使用,操作接近性极好,调整、改装装配线方便,有灵活性。传送速度通常为3~20m/min	汽车、发动机及家用电器产品装配中不同节拍的分装线和供料线与总装线同步运行的自动化生产系统

装配线	布置形式	示　　图	特　　点	应用场合
气垫装配线	直进型及其他	1—气孔；2—空气管；3—托盘；4—气垫单元；5—空气台；6—工件	利用压缩空气形成的气膜，把装置连同其工件一同托起，飘浮在支承面上，用很小推力或牵引力就可移动，摩擦因数很小，便于推移转向和定位，传送工件时装置重心低，承载能力大，运行平稳，结构简单，维护方便，但要求支承面平整光滑，致密无缝，所需空气压力为 $0.3\sim0.7$MPa，移动速度约 15m/min	适用于大件、重件的装配，如飞机、工程机械、重型变压器

（4）步伐式装配线。此种装配线对机械化自动化装配的适应性要比连续移动的装配线为好，并便于在装配工位上采用各种固定式装配机械。步伐式传送装置由气缸、液压缸、链传动、齿轮齿条、凸轮机构等驱动。装配线的传送机构形式很多，按牵引件分有单推杆、双推杆、单链、双链以及推杆—链条组合等型式。气缸或液压缸驱动时，通常设有终点缓冲机构，以改善运动特性。链轮链条应用于推杆—链条组合的型式，连接推杆两端的牵引链由链轮驱动作往复运动。齿轮齿条较适用于大转位的行程，凸轮机构紧凑，运动特性较好，但转位行程不大。

图 6-147 是一种液压驱动的推杆步伐式装配线。推杆布置在传送装置轨道的侧面，通过棘爪推动工件。两端升降台实现上下轨道间的自动循环。返回轨道是带有坡度的，夹具小车借自重返回传送装置起点。有阻尼装置缓冲。当采用水平返回轨道时，可由强制返回装置返回。

（5）拨杆式装配线。见图 6-148，小车通过置于其前端的拨杆插入牵引链上推块而运行。

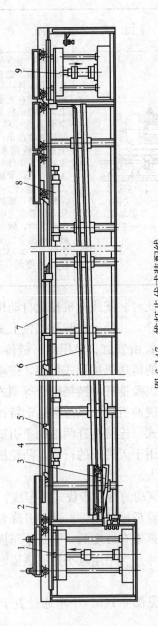

图 6-147 推杆步伐式装配线

1—升台；2—随行小车；3—工作轨道；4—拉入液压缸；5—棘爪；6—返回轨道；7—主传动液压道；8—推出液压缸；9—降台

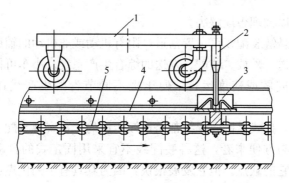

图 6-148　拨杆式装配线小车的驱动方式

1—小车；2—拨杆；3—推块；4—支承导轨；5—牵引链

这种装配线还可设计成图 6-149 所示的不连续运行结构。在 AB 和 CD 段链条的轨道以一定的坡度下降，使小车在 AB 段逐渐自动脱离链条推块并最终停止运行。此时退出拨杆，装配好的工件连同小车即可自线上移出，进入其他生产流程（如喷漆或试验）。其后，空小车再由人工推入 DC 段，插入拨杆使小车重新进入装配线循环。

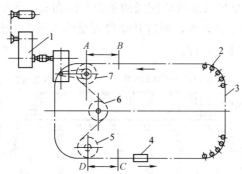

图 6-149　不连续循环的拨杆式装配线

1—驱动装置；2—导轮；3—牵引链；4—承载小车；

5、6—张紧链轮；7—驱动链轮

（6）推式悬链装配线。一般机械装配线不能解决向与装配以后紧密联系的试验、修理（必要时）油漆等发送的一系列转运过程的封闭性和连续性，因而需另行增设转运设备或机构。这个问题在推

531

式悬链可以被理想地解决。

推式悬链装配线可设置岔道,附有机动或非机动的辅助线,组成一个输送、贮放、装配、发送的综合生产系统。小车可按相同的或不同的间歇或速度运行,便于把不同节奏的生产线连成一个整体。

目前,推式悬链装配线都是连续传送的。从实现装配工艺自动化的可靠与方便来看,这种装配线不宜采用固定式的自动装配设备,这是它的缺点。但它发展很快,因为其具有下列优点:

1)结构简单,不易发生故障,可保证生产的均衡和稳定。

2)对多品种生产有较好适应性,组织多品种生产时无需过多地调整安装夹具,可灵活布置工位。

3)生产发展时,调整工位或改装装配线都比较方便。

4)装配对象只要经过一次安装即可在其上连续完成装配、试验、修理、油漆,直至到达仓库或发送站的整个生产过程。生产过程与输送过程的高度结合,大大提高了劳动生产率。

5)这种装配线可以因地制宜,便于工艺流程布置。

图 6-150 是推式悬链装配线的系统平面布置。装配完外围件的发动机进入汽车总装线,通过升降段直至装入汽车,多余的发动机可以在贮存线路上贮存。

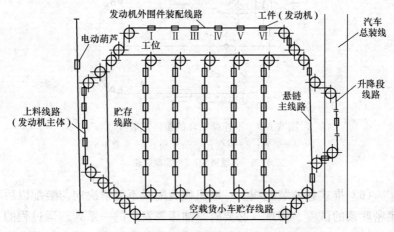

图 6-150　发动机推式悬链装配—输送封闭系统

（7）气垫装配线。一般有气垫托盘和气垫运输车两类。

气垫托盘的应用形式很多，可以单独或成组地使用。空气台也可由多节组成。

气垫运输车的主要部分，是均布在小车钢架下面的气垫单元。可采用车间一般的供气系统或自身安装的空气压缩机供气。

图 6-151 是装配工程机械的气垫运输车装配线。气垫单元和风动马达由同一气源供气，每一气垫车上设有卷绕空气软管的伸缩卷筒，空气接头都安排在地面下，隔一段一个，运输车每换一次接头都能运行一段距离。

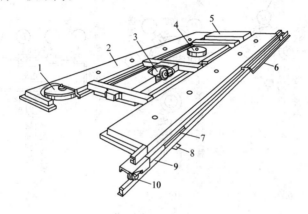

图 6-151　装配工程机械的气垫运输车装配线
1—气垫单元；2—本体；3—风动马达；4—软管伸缩卷筒；5—控制箱；
6—空气软管；7—磁力传感器；8—地面电磁铁；9—导轨；10—导轮

气垫车可自动地按预编的程序移动。在车底下设有磁力传感器，沿装配线地面每隔一段距离设一个电磁铁。通常电磁铁处于励磁状态，当操纵台使其一个电磁铁失去磁性时，磁力传感器松开，气垫就充气，气垫车向前移动到下一个电磁铁位置，磁力传感器闭合，气垫就不充气。每个电磁铁可以单独控制，因此气垫车就能移动任意一段距离。

气垫车的直线移动是由导轨控制的。在气垫开始工作时，两个导轮自动落到导轨上引导气垫车直线移动，到装配线终点后，导轮缩回，气垫车就可向任意方向移动或转动。

2. 装配机基本型式及其特点

（1）单工位装配机。零件相当少的成品，有时由一个操作者进行整个装配是合适的，而且也容易适应产量的变化。图 6-152 表示固定的供料装置将零件送进装配机构，然后各种零件依次送到装配基件上进行装配。这种单工位装配的机械化程度变化很大，而以人工上下料和无送进装置的简单装配用得较多。

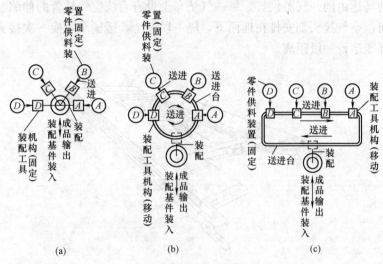

图 6-152　单工位装配机

（2）回转型自动装配机。它适用于很多轻小型零件的装配。为适应供料和装配机构的不同，有几种结构型式，都只需在上料工位将工件进行一次定位夹紧，结构紧凑，节拍短，定位精度高。但供料和装配机构的布置受地点和空间的限制，可安排的工位数目也较少。

（3）直选型自动装配机。这是装配基件或随行夹具在链式或推杆步伐式传送装置上边行直线或环行传送的装配机，装配工位沿直线排列。图 6-153 和图 6-154 分别为垂直型夹具升降台返回的和水平型夹具水平面返回的直选型自动装配机。

（4）环行型自动装配机。这种装配机的装配对象沿水平环行传送，各工位环行配列，具有无大量空夹具返回的特点。矩形平面的环行型自动装配机见图 6-155。

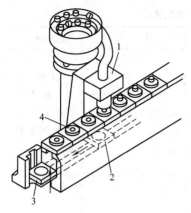

图 6-153　夹具升降台返回
的直选型装配机

1—工作头；2—返回空夹具；

3—夹具返回起始位置；4—装配基件

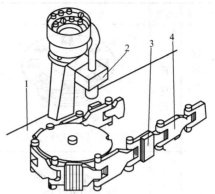

图 6-154　夹具水平面返回的
直选型装配机

1—工作头安装台面；2—工作头；

3—夹具安装板；4—链板

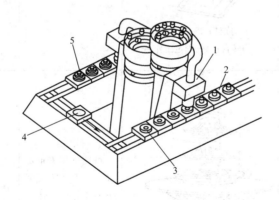

图 6-155　矩形平面轨道环行型自动装配机

1—工作头；2—随行夹具；3—基件；

4—空夹具返回；5—装配成品

　　除了上述自动装配机型式之外，还有很多其他型式可以满足不同装配对象的需要。具有代表性的自动装配机型式见表 6-16。

　　自动装配机三种基本型式的比较见表 6-17。

表 6-16　　　　　　　　　　自动装配机基本型式

型式	布置	示　　图	特　　点	应用场合
回转工作台	转台式	 1—夹具；2—工件； 3—回转工作台	给料装置和装配动力头沿转台周围布置	仪器、仪表、轻工等轻小件的连续和间歇传送装配
中央立柱式	转台式	 1—立柱；2—工作头； 3—转台；4—固定工作台	中央立柱可安装装配动力头或零件进给机构，装配机周围可利用的范围扩大，外侧比较敞开	仪器、仪表、轻工等轻小件的连续和间歇传送装配
立轴式	转台式	 1—立轴；2—转台； 3—固定工作台	可使工作头布置在上、下、横三个方向工作，立轴平台和固定工作台上可安装装配工作头和零件供料机构	仪器、仪表、轻工等轻小件的连续和间歇传送装配

型式	布置	示　图	特　点	应用场合
链牵引随行夹具传送	直进型侧面轨道	1—导轨；2—驱动链轮；3—夹具；4—转位机构；5—动力输入轴	工位沿两侧布置，夹具直立安装，可从上、下、横方向进行装配作业，可配置机加工工位，切屑容易清除；当夹具与牵引链非固定连接时，可实现非同步传送	如开关板和汽车减震器、活塞等装配
	直进型平面轨道	1—驱动链轮；2—夹具；3—装配机械安装面；4—从动链轮；5—转位机构	工位直线或环行布置，直线布置时轨道另一边作空夹具返回，环行布置时内侧可作为自动工位，外侧接近性好，可配置手工工位	如电工机械产品等装配
	直进型上下轨道	1—驱动端；2—夹具；3—上轨道；4—下轨道；5—从动端	夹具支承良好，能承受较大载荷，可从上面和横面进行装配，但增加一倍返回用空夹具，切屑落入传送装置下部不易清除，故不宜配置机加工工位	如发动机、电容器等自动装配
	环行型平面轨道	1—驱动和转位机构；2—牵引链；3—随行夹具	工位环行布置，夹具与牵引链非固定连接时可实现非同步传送，夹具支承良好，能承受较大载荷，可配置机加工工位，但占地面积大	如汽车后桥、变速箱等中型部件装配或总装配

型式	布置	示 图	特 点	应用场合
推杆步伐式	直进型平面狭轨式	1—主传动液压缸；2—转向液压缸；3—导轨；4—夹具	工位直线布置，空夹具由轨道另一边单独返回，可减少返回用空夹具数量，可配置机加工工位，夹具非固定连接时可实现非同步传送	如汽车的启动电机装配
	直进型上下轨道升降台返回	1—升降台；2—返回夹具；3—工件；4—工作夹具；5—返回轨道	夹具由推杆传送，空夹具由下方轨道单独返回，可减少返回空夹具数量，重力返回时终点应有缓冲装置，可非同步传送	中小型内燃机、变速箱、小型电机等产品装配
	环行型矩形平面轨道	1—转向机构；2—夹具；3—定位机构；4—主传动机构	工位环行布置，夹具支承良好，能承受较大载荷，夹具前后串联，由推杆驱动，传送平稳性好	如汽车差速器、自行车踏脚等自动装配

表 6-17　　回转型、直进型、环行型三种结构型式的比较

序号	比较项目	回转型	直进型	环行型
1	装配基件的大小	轻小型装配基件	中小型装配基件	大中型装配基件
2	装配方向	上面或侧面	上面、侧面、下面	

序号	比较项目	回转型	直进型	环行型
3	传送方式	连续、间歇同步传送	间歇同步和非同步传送	
4	装配工位数	一般不大于12个	一般在30个以下	在10~30个之间或更多
5	工位数的调整	除预留工位外，不能增加工位数	采用分段化设计，调整增加工位方便	
6	手工操作工位的混合	难以混合	可以混合手工工位	
7	夹具数量	与工位数相同	等于、大于工位数或工位数的2倍	等于或大于工位数
8	夹具浮动连接	不易	可以	
9	定位精度	取决于分度机构精度	采用定位机构，精度容易提高	
10	工作速度	较高	有一定限制	
11	对装配机械的布置	装配机械和工作头受空间限制不能太大	装配工作头可以较大，也可独立安装装配机械	可独立安装装配机械，工作头大小不受限制
12	对零件供料机构的布置	可布置在工作台四周或中央立柱上，受空间限制	可布置在工位后侧，比较简单容易	前后侧均可布置，简单容易
13	传送装置结构	较简单、紧凑	较复杂，有空夹具返回	复杂，有随行夹具循环
14	维修、操作	接近性差，特别对多工位工作台，维修比较困难	接近性好，维修、操作均比较方便	
15	占地面积	较小	较大	
16	与前后生产流程的连接	较困难	方便	较方便

3. 非同步装配线（机）

非同步装配线（机）是由连续运转的传送链来传送浮动连接的随行夹具，实现装配工位间的柔性连接。

（1）直选型上下轨道的非同步装配线。其示意图见图 6-156。这种装配线工位的定位方式见图 6-157。夹具 4 由链条传送至工位，被自动停止机构的挡块制动。然后顶杆 2 和定位销 3 由气缸顶出，使夹具在工位定位基面 1 上定位夹紧。

图 6-158 为这种装配线的随行夹具。离合器钢带 2 在弹簧作用

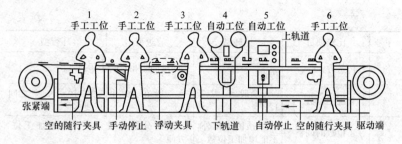

图 6-156 直选型非同步装配线

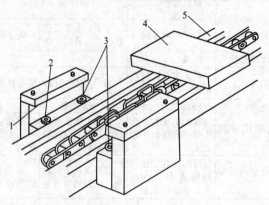

图 6-157 工位上的定位装置
1—定位基面；2—顶杆；3—定位销；4—夹具；5—导轨面

下处于张紧状态时，随行夹具就随着链条一起移动，当凸块 7 在停止机构作用下被向上推起时，则离合器钢带被放松，链轮空转，随行夹具就停了下来。若停止机构松开，则弹簧又将凸块压下，离合器钢带重新张紧，又进行传送。

随行夹具的传送和积放原理见图 6-159。凸块除了由装在各工位上的停止机构操纵之外，后面的夹具如果碰到停在工位上的

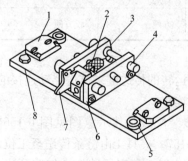

图 6-158 随行夹具结构
1—定位块；2—离合器钢带；
3—滚轮；4—制动杆；5—定位孔；
6—侧板；7—凸块；8—支座

夹具，则它的凸块会被前面夹具上的制动杆抬起，也跟着停止并积存在工位之间。

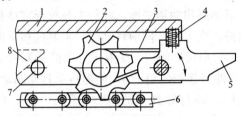

图 6-159　随行夹具的传送和积放原理

1—夹具体；2—链轮；3—离合器销带；4—弹簧；5—凸轮；

6—链条；7—制动杆；8—后面夹具的凸块

（2）直进型水平轨道的非同步装配机。其循环过程示意图见图 6-160。气缸 1 把升台 12 上的随行夹具 2 推入上导轨 4，并由传送链 5 传送至降台 11。气缸 10 横向推进，使其从传送链 5 移至回送链 7。气缸 9 下降，再将其从上导轨 4 送至下导轨 6，气缸 8 则将其推入下导轨，由回送链 7 送回升台。气缸 3 升起，使夹具 2 从下导轨 6 升至上导轨 4，气缸 13 再从横向推进，使其从回送链 7 移至传送链 5，待进入下一个循环。各个气缸动作均由行程开关控制联锁。

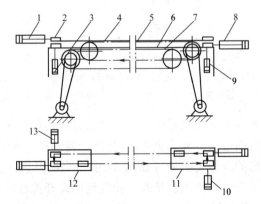

图 6-160　直进型水平轨道非同步装配机

1、3、8、9、10、13—气缸；2—随行夹具；4—上导轨；

5—传送链；6—下导轨；7—回送链；11—降台；12—升台

（3）环行轨道的双链非同步传送装配线。如图 6-161 所示，两条平行链条分别在两条 U 形槽钢中运转，链条底面链板在槽钢中滑动。上面链板稍高出轨道平面，随行夹具就浮在链板上，靠摩擦力带动夹具前进。当夹具 6 向前移动时，夹具底板下的销子 8 碰上行程开关 7 [见图 6-161 (a)]，使液压缸 2 的活塞杆上升，抬起联动杆 4，摇臂 5 即竖起挡住销子 8，使随行夹具 6 制动 [见图 6-161 (b)]。与此同时，随行夹具 6 的另一销子 10 也碰上了行程开关 12，使定位夹紧液压缸推动菱形销 13 向上将夹具定位夹紧。

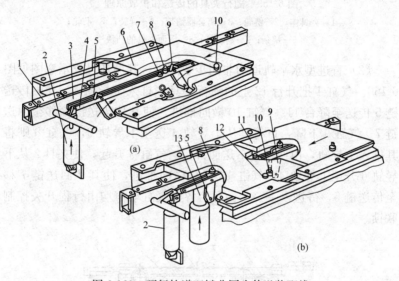

图 6-161　环行轨道双键非同步传送装配线

1—传送链；2—制动液压缸；3—槽钢；4—联动杆；5、9—摇臂；6、11—随行夹具；7—行程开关；8、10—销子；12—行程开关；13—菱形销

由于摇臂 5 和 9 是联动的，因此在摇臂 5 挡住销子 8 以后，摇臂 9 也能把后面过来的随行夹具 11 挡住，使它积存在工位之间。

随行夹具的定位夹紧原理见图 6-162。当夹具进入工位被制动后，菱形销 1 上升，将夹具抬起，使其底面离开连续运行的传送链 3 而被夹紧。装配作业完成，输出信号，菱形销下降，夹具落下到传送链上，被送向下一工位。随行夹具通过环行平面轨道的圆弧弯段时，其销子 7 嵌在导向槽 8 中平稳转弯。

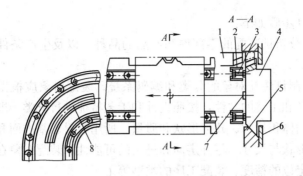

图 6-162 随行夹具的定位夹紧

1—菱形销；2—槽钢；3—传送链；4—随行夹具；
5—导轨；6—定位板；7—销子；8—导向槽

4. 柔性自动装配系统简介

柔性自动装配系统是按照成组的装配对象，确定工艺过程，选择若干相适应的装配单元和物料储运系统，由计算机或其网络统一控制，能实现装配对象变换的自动化。工件和工具的储运系统用于从仓库中将工件和工夹具提出，供给装配设备。通过改变计算机的程序编制、调整和更换相应的零部件和工夹具，就能使柔性装配单元适应不同结构产品和装配过程的需要，从而启动调整并实现在一定范围内具有柔性的多品种成批的高效生产。

柔性装配系统能用于自动化和无人化生产，也可用于仅具有柔性装配系统的基本特征，但自动化程度不很高的经济型生产。

柔性装配系统常配备有装配过程中的检验和故障诊断装置。

主要工艺设备用的是模块化结构的可调装配机、可编程的通用装配机、装配中心，以及装配机器人和机械手。模块化结构的装配机是依靠调整其某些机构和装置，或者应用组合化原理更换其少数元件而实现重新调整。对可编程的装配中心，通过输入新的控制程序，必要时调整和更换工夹元件，改变自动化装配设备的工艺可能性来实现。

设计柔性装配系统，必须先确定系统自动化和柔性的最优化水平。柔性是指改变装配产品时，通过调整系统能改变其工艺的性能。柔性必须适合工艺系统所组成的结构，使其最经济。

设计步骤如下：

1）分析被装配的零部件和产品的品种，以及生产条件和企业能力。

2）制订装配对象的分类和编码系统。装配对象应根据采用的工艺设备和工装的共性，按照设计和工艺特征进行分类，即考虑装配对象的体积尺寸、几何形状和质量、所用材料、基准面和配合面的几何形状与尺寸、零件定向和进给的可能性、装配对象在装配位上相对定位的精度、装配工序的类型等。

3）根据零部件和产品的分类，按所用设备、工装、调整件和装配工艺的共性将其分组。分组时，要考虑装配对象的各种特征的共性。装配传送方式和装配工艺过程的共性、调整设备的共性和产品批量等。

4）根据对装配对象的分析和分组，对它们进行通用化和结构的工艺性处理，并考虑在使用柔性自动化装配系统的条件下对成组零件的工艺要求。

5）制订和标定成组（通用化的）装配工艺，计算工艺设备、工装和劳动力的需要量，确定装配过程的组织和柔性自动化装配系统的自动化水平。

6）计算投入批量的大小和重复频率以及间隔时间（每班、昼夜、每月、每季）的重调次数，确定重调的性质（更换装配工具、夹具、控制程序等），计算装配对象、成套件、装配工具和工装的供应数和进度。

7）制定工夹具系统的储运组织，确定工艺设备和工装，工件传送方法，上下料和检验方法，管理工作的组织，制定和设计柔性装配系统的总体结构，编制自动控制系统和全部装配功能的技术任务书（包括软件）。

（1）装配中心。装配中心是以现代结构的通用和可编程的装配装置、自动化输送—存储系统、工夹具库以及计算机控制的装配编程手段为基础建立起来的一种柔性装配系统。它既可作为一个独立的系统使用，也可作为柔性装配系统中一个或几个独立的装配设备使用，以它广泛的功能用于小批或成批生产中结构不同的产品。

如图 6-163 所示的装配中心，装配零件是装在零件盒 4 中用传送带送至装配中心的，操作器 20 以规定的方式将其配套后转送至盒 3。为抓取形状不同的各种零件，操作器备有卡爪自动更换系统，配好套的零件盒向传送带 1、6、12 运往第一和第二工位的抓取处。在第一工位，零件从盒 15 和 18 中抓出，用抓料定向装置 17 相对装配夹具 5 定向，零件由装置 16 定位和压合，此装置可沿 x、y、z 坐标移动。装置 16 和 17 备有自动换夹爪系统和装配工具系统。

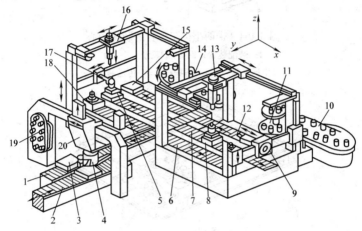

图 6-163　装配中心

1、2、6、7、12—传送带；3、4、15、18—零件盒；5、8—装配夹具；
9—上螺纹装置；10、11—装配工具库；13—拧螺钉工具；14—装配工具库；
16—零件定位和压合装置；17—抓料定向装置；19—夹爪库；20—操作器

完成第一工位装配后，工件与夹具一起由传送带 7 运往第二工位，这里有上螺纹装置 9 和拧螺钉工具 13，也可沿 x、y、z 坐标移动。

这些装置都装有装配工具自动更换系统。完成了第二工位工序的工件，由传送带 7 送出装配中心。

图 6-164 所示为装有 6 个不同装配装置 1 和两坐标工作台 3 的装配中心。装配装置能提供适合被装配工件的工作头，并按控制系统规定的程序工作。在两坐标工作台上，装有底板和 4 个组件，见图 6-165（a）。组件包括装配夹具和一套被装配工件，见图 6-165（b）。4 个组件装在一块底板上，这样可同时进行 4 个工件的装配。

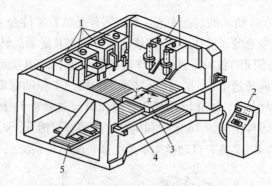

图 6-164　带两坐标工作台的装配中心
1—装配装置；2—控制系统；3—两
坐标工作台；4—防护杠；5—传送装置

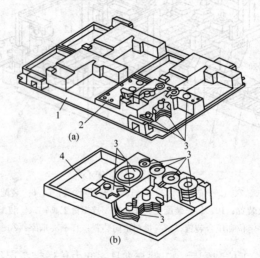

图 6-165　底板和组件
1—底板；2—基件；3—被装配零件；4—夹具放置区

（2）柔性装配线。图 6-166 是以若干台装配中心为基础组织起来的复杂结构产品的柔性自动化装配线。工位 3 把送向装配传送装置 1 的零件放在底板 4 上，装有配套零件的底板通过装置 1 和 5 在装配中心 8 区域内移动，在装配中心中完成相应的装配工序，然后底板和工件一起从装置 1 转向存储传送装置 19，再转向装配传送装置 12，底板由此再依次通过装配中心 8 的区域，以完成最后的

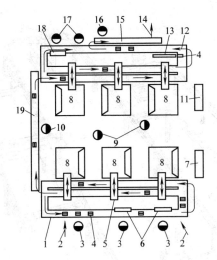

图 6-166 以装配中心为基础的柔性自动装配线

1、12—装配传送装置；2—供应零件；3—装配零件配套工位；4—底板；
5—运输装置；6—零件收集站；7、11—装配传送装置控制系统；8—装配
中心；9—操作人员工位；10、16、17—装配工位；13—特殊装配装置；
14—成品输出；15—运输装置；18—通用装配装置；19—存储传送装置

装配工序。装好的产品转向运输装置 15，在工位 10 装入夹具中，在工位 17 消除缺陷和不合格品，在工位 16 进行检验，然后输出。

图 6-167 所示的柔性装配线由可编程的装配机、机器人和非同步传送装置组成，在小型计算机控制下，把装配、送料、传输以至自动检测等统一管理起来，按照编制的程序进行工作。根据产品类型、批量、节拍、装配工位数量、装配工作性质等，可以进行各种不同的组合，更换产品时也可重新调整，具有很大的灵活性。还可以在这种装配线内划定人工装配区，用人工来修整在自动装配工作中出现装配缺陷的产品或用于装配较为复杂、自动装配难以胜任的工作。

（3）装配机器人（机械手）。用机器人代替普通抓放机构和进行多种比较简单的装配工作，可用计算机来控制。装配中心常备有单臂或双臂的机器人，如用双臂，一臂从料仓或给料器选取零件并输送至装配位置，另一臂则进行前一个零件的装配，互不干扰，可

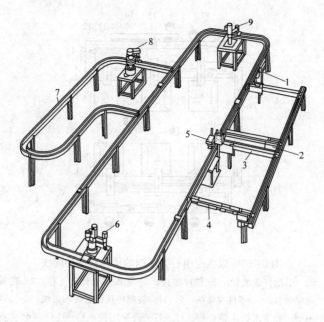

图 6-167　可编程综合自动化装配线

1—环形线驱动站；2—直线驱动；3—横向运输段；4—提升段；

5—自动装配工位；6、8、9—机器人；7—修理回路

节省装配工时。手臂配有通用夹爪，零件由可编程的装置供给。

　　装配机器人是实现柔性自动装配系统的有效手段，它的柔性大，长时间内程序动作快。但必须正确地选定操作运动和工作范围。

　　根据所选定的机器人的运动，零件可在直角坐标（平面和空间）和曲线坐标（圆柱坐标、球坐标和关节型）系中移动。坐标系决定了机器人工作区域的形状。

　　直角和圆柱坐标系的装配机器人能保证较高的定位精度和广阔的工作空间，缺点是在垂直方向内不能保证高速度时的装配力，容易磨损手臂的伸出部件，从而降低定位精度。

　　现代高效装配机器人已越来越多地应用圆柱和球坐标系。这类机器人有较高的结构刚度、定位精度和较大的工作空间，可以较高的装配速度完成空间的复杂运动。计算机控制的智能机器人更具有

人工视觉、触觉、学习、记忆和一定的逻辑判断功能。在装配操作需要对零件的位置和方向进行识别或鉴定时，机械手通过人工视觉对零件进行探测和摸索，通过具有高的空间分辨率的触觉传感器对零件加以辨别和确定其位置与方向，并且用自计算机控制的"手"将零件选出，进行装配。即使产品变型或工艺过程改变，只要相应改变程序编制，就能实现工艺过程的重新调整。

装配机器人手腕部分的柔性，对自动装配的作用至关重要。手腕系统大致有三种方式：

1）主动柔性手腕：如图 6-168 所示，是一种带有力反馈机构的机器人装配作业。柔性手腕 3 的 x、y 方向装有应变片 4 和板簧 6，z 方向则装有接触力传感器，通过应变片 4 和板簧 6 作为力控制器来测出装入零件的位置偏差，并发出信号自动加以找正。自动装入过程的控制方法见图 6-169，它是一种主动柔性控制程序，缺点是速度较慢。

2）被动柔性手腕：这是一种多关节球坐标型装配机器人，见图 6-170，其所占据的空间约与一个操作工人相等，能举重 2.5kg，

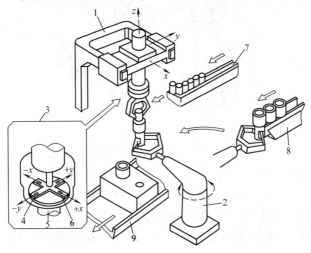

图 6-168　带有力反馈机构的机器人装配作业

1、2—机器人；3—柔性手腕；4—应变片；5—弹性腕部；
6—板簧；7、8—供料装置；9—传送装置

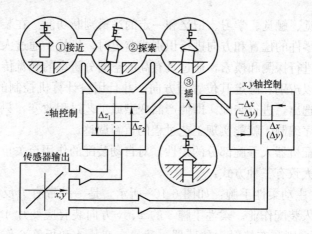

图 6-169　自动装入的控制方法

定位重复精度可达±0.1mm，使用静装配力为 60N。

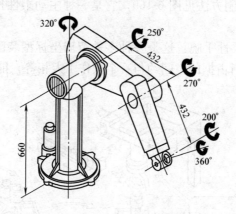

图 6-170　多关节球坐标型机器人

图 6-171 是它的柔性手腕的工作原理。利用零件装入过程中位置误差引起的接触反作用力，使连接于连杆机构上的手腕位置产生水平位移和陀螺一样的回转，来消除定位误差。这种机构可消除的误差范围，一般为水平位置误差 1～2mm，角度误差 1°～2°，重复定位精度在±0.1mm 左右。

3) 可选择柔性手腕：是指机构在不同的坐标方向具有不同的柔性。对装配作业来说，理想的状况是装配工具或零件在水平方向

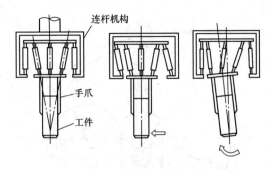

图 6-171　柔性手腕工作原理

有较大的柔性，以便进行误差补偿运动，而沿轴线方向则只要很小的柔性，但需要有较大的装配力。图 6-172 所示即为这种在水平方向有较大工作区域和柔性的机器人，图 6-173 为其工作区域图。机器人在水平方向的柔性，与电动机的扭矩特性、伺服放大系统的特性、两臂所构成的角度以及各机构运动副的阻尼等有关。与被动柔性手腕相比，这种手腕承重能力强，装配力大，重复精度高（可达±0.05mm），动作速度快，且底座尺寸小、结构紧凑，比较容易纳入装配生产线布置。

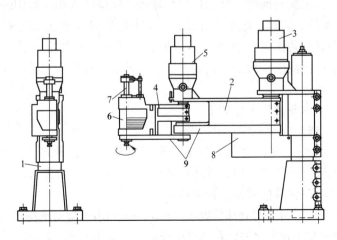

图 6-172　圆柱坐标型装配机器人

1—立柱；2—第一臂；3、5—伺服电动机；4—第二臂；

6—可换手部（工作头）；7—气缸；8—步进电机；9—同步传送带

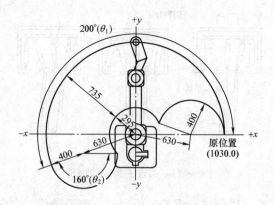

图 6-173　机器人的工作区域

（三）装配线和装配机实例

1. 向心球轴承装配自动线

向心球轴承装配自动线全线共有 9 台自动机（包括检验、清洗、包装在内），一台钢球料仓，共 21 个工位。

（1）装配工艺过程。如图 6-174 所示，内、外环在检测工位分别进行外径、内径检验后，送入选配合套工位，同时检测内、外环沟道，找出配合间隙。然后送到装球机按间隙装入相应组别的钢球（包括拨偏、装球、拨中、分球、装上下保持架），经点焊工位把保持架焊好。装配好的轴承再通过退磁、清洗、外观检查和振动检验，最后再清洗、涂油、包装入库。除外观检查由人工进行外，其余均自动进行。

（2）主要装配工序如下。

1）选配合套工序：

a. 选配：在自动选配机上，测量轴承的内、外环沟道尺寸，并根据选配机测出的内、外环尺寸公差和装配游隙的要求，选择钢球尺寸，并将其信号发给钢球料仓。

在钢球尺寸信号处理装置中，承担测量和求出沟道平均尺寸、计算内外环沟道尺寸之差以及选择钢球尺寸等级用的系统，可以采用电气的、气动—电气或电气—机械的系统来完成。无论采用哪种系统，其选配信号处理的系统和程序都可归纳为图 6-175 所示的框图结构。

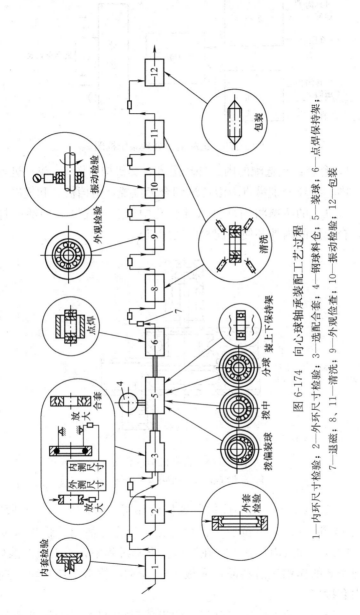

图 6-174　向心球轴承装配工艺过程

1—内环尺寸检验；2—外环尺寸检验；3—选配合套；4—钢球料仓；5—装球；6—点焊保持架；
7—退磁；8、11—清洗；9—外观检查；10—振动检验；12—包装

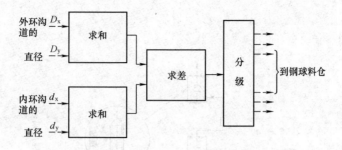

图 6-175　选配信号处理系统框图

b. 合套：经选配的内、外环送入合套机构（图 6-176）进行合套，内、外环分别沿重力滚道滚到合套位置，由挡板 2 和气缸 3 定位。气缸 1 的活塞将内环推入外套孔中，然后气缸 3 的活塞杆退回，合套后的内外环便一同滚向装球机。

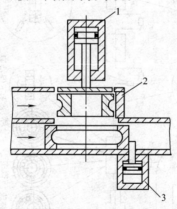

图 6-176　合套机构示意图
1—合套气缸；2—挡板；3—定位气缸

2）装球工序：内环拨偏装球机构如图 6-177 所示，当外环由挡块 14 和压块 15 定位后，行程开关 1 压合，活塞 7 使压头 6 下降，拨爪 2 插入内环孔中。在拨爪 2 下降过程中，其上端的滚轮 5 由弹簧 3 的作用，沿斜面（靠板 10）摆动，拨爪 2 绕销轴 4 向左将内套拨偏。

当压头 6 的进球口与料道 9 的出球口对准时，销轴 12 正好把活门 11 推开，钢球靠自重落下经弧形板 13 进入套圈沟糟。最后一

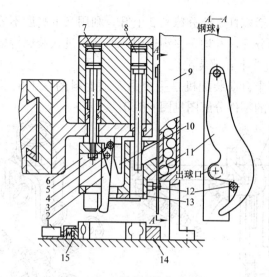

图 6-177　内环拨偏装球机构

1—行程开关；2—拨爪；3—弹簧；4、12—销轴；5—滚轮；6—压头；7、8—活塞；
9—料道；10—靠板；11—活门；13—弧形板；14—定位挡块；15—弹簧压块

个钢球用活塞 8 压入，然后各机构复位。

3）内环拨正工序：如图 6-178 所示，活塞 1 上升，杠杆 3 压外环使其产生 0.2～0.3mm 的弹性变形。以后活塞 2 上升，其上的弧形托板 5 把钢球托起到沟道中心，同时杠杆 8 被螺钉挡住产生摆动，即可将内环向右拨正。从此工位送到下一工位进行分球前，传送机构的卡爪 4 可以分别卡住内、外环，利用爪的弧形槽使钢球位置相对固定。

4）分球工序：如图 6-179 所示，活塞 5 推动杠杆 3，把内环压向右边挡块 4 上，防止分球时

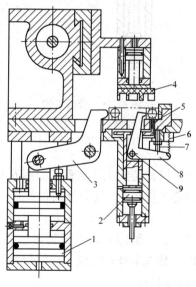

图 6-178　内环拨中机构

1、2—活塞；3、8—杠杆；4—卡爪；
5—弧形托板；6—拉簧；7—螺钉；9—销轴

轴承抬起。活塞杆 1 使分球叉 2 上升，利用叉上高度不等的分球齿使钢球逐渐分开，并均布在沟道内，然后可进入装保持架工位。

2. 万向节半自动装配机

万向节半自动装配机是一台由人工上料的六工位半自动装配机。万向节的零件分解图见图 6-180。

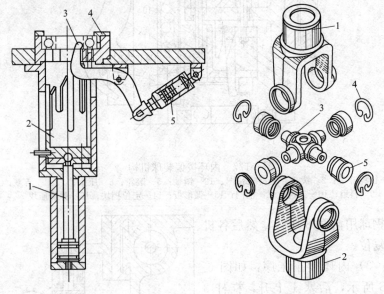

图 6-179　分球机构
1—活塞杆；2—分球叉；
3—杠杆；4—挡块；5—活塞

图 6-180　万向节零件分解图
1、2—叉耳；3—十字轴；
4—卡环；5—滚针轴承

(1) 装配工艺流程。如图 6-181 所示，回转工作台 2 的外圆是固定工作台 1，其上分别布置有：工位 Ⅰ，人工上料，把待装的叉耳和十字轴装入随行夹具；工位 Ⅱ，从两边对叉耳定向和夹紧，同时将十字轴定向；工位 Ⅲ，自动送进轴承并压入叉耳孔内；工位 Ⅳ，装入卡环；工位 Ⅴ，将轴承和卡环推至叉耳孔环槽外端；工位 Ⅵ，卸料。

(2) 机构工作原理。回转工作台的结构见图 6-182。液压缸通过齿轮齿条 2、离合器 3 和齿轮副 4、5 驱动工作台 1，液压缸 7 通

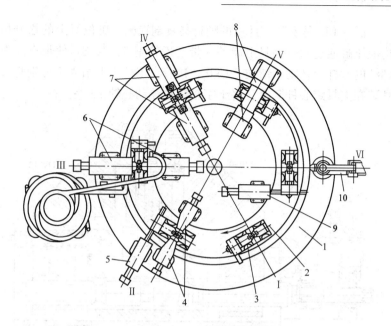

图 6-181　万向节半自动装配机的工位布置

1—固定工作台；2—回转工作台；3—随行夹具；4—定心夹具；
5—夹紧机构；6—压轴承工作头；7—装卡环工作头；
8—分叉机构；9—松开机构；10—卸料机构

过杠杆 8 将工作台定位，同时离合器 3 脱开。

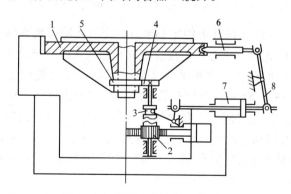

图 6-182　回转工作台结构示意图

1—工作台；2—齿轮齿条；3—离合器；
4、5—齿轮副；6—定位销；7—液压缸；8—杠杆

图 6-183 是安装工件用的随行夹具剖视图。工位Ⅵ上的松开机构液压缸通过随行夹具上齿条 5 带动齿轮副 6、7、8，使带有左右螺纹的丝杆 3 转动，滑块 2 松开，接着在工位Ⅰ上由人工分别将叉耳装在夹具定心杆 9 上、将十字轴装在浮动心轴 10 上。

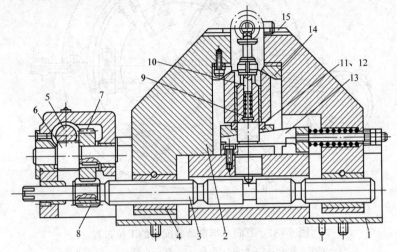

图 6-183　安装叉耳用的随行夹具剖视图

1—夹具座；2—滑块；3—丝杆；4—螺母；5—齿条活塞杆；

6、7、8—齿轮副；9—定心杆；10—浮动心轴；

11、12—支承座；13—楔块；14—挡块；15—V形槽

图 6-184 为工位Ⅱ上的定心夹具，安装在随行夹具两边。当工件转到工位Ⅱ后，定心杆 2 在液压缸 6 和活塞杆 5 推动下前伸，对叉耳两个轴承孔和十字轴的两个轴颈定心，然后随行夹具的楔块 13（图 6-183）将叉耳端与支承座之间的间隙消除，工位Ⅱ上夹紧机构的液压缸通过随行夹具上齿条、齿轮带动丝杆反向旋转，滑块 2 遂向中心移动，使挡块 14 把叉耳压向支承座 12，并把位置固定下来。滑块顶面的 V 形槽 15 则对十字轴颈起到支承和定位的作用。

图 6-185 是压轴承的工作头。在工位Ⅲ上，两个工作头同时把两个轴承压入到叉耳孔内。在原始位置，带挡块 1 和探棒 2 的压杆 4 处于装料窗孔的右边，弹簧 7 把定向器 3 推到右边，在液压缸活

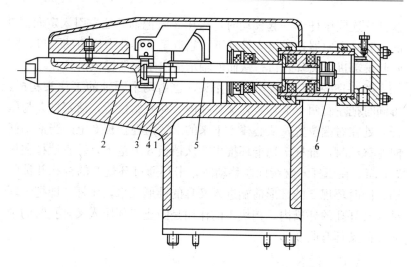

图 6-184　定心夹具

1—支座；2—定心杆；3—连接螺栓；4—螺母；5—活塞杆；6—液压缸

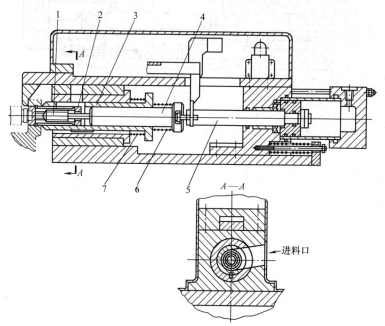

图 6-185　压轴承工作头

1—挡块；2—探棒；3—定向器；4—压杆；5—活塞杆；6、7—弹簧

559

塞杆5连同压杆4一起移动时，探棒2就把轴承往左引入定向器3的内腔。定向器在弹簧6推动下，趋近至叉耳孔有倒角的孔口，同时其锥部进入叉耳孔口，从而使轴承滑出定向器进入叉耳孔。

图6-186是安装卡环的工作头，也由两个同轴的工作头构成，可同时把左右两个卡环装入叉耳孔内。在原始位置，活塞杆5与压杆6处在右端位置，从心棒4下来的卡环落在挡板8上。当活塞杆向左移动时，推杆7把卡环推出，从挡板8上落下，垂直地挂在板3上面。在压杆6继续向左移动时，卡环通过环规2的锥孔并被收缩，同时环规2的锥形前端进入叉耳的锥形孔口，压杆6即把卡环推入叉耳孔的环槽内。挡块1的作用是防止卡环压入叉耳孔时的轴向力使叉耳弯曲变形。

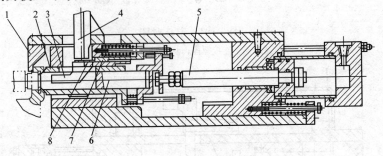

图6-186　安装卡环的工作头

1—挡块；2—环规；3—板；4—心棒；5—活塞杆；6—压杆；7—推杆；8—挡板

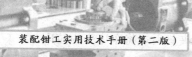

第七章

机床夹具的设计与制造

第一节 机床夹具概述

一、机床夹具的定义

一般来说，凡是在机械制造过程中使任何工序加速、方便或安全加工的附加装置，均可称为夹具。其范围包括机床夹具、冲压夹具、热处理夹具、焊接夹具、装配夹具等。

我们通常所说的夹具，一般指机床夹具，它主要用于机床加工，起到机床与工件、刀具之间的桥梁作用，使它们联系起来，即用以装夹工件（和引导刀具）的装置。

二、机床夹具的作用

夹具的作用可归纳为以下四个方面：

（1）保证工件的加工质量。采用夹具后，工件上的各有关表面的相互位置精度是由夹具保证的，省去了费时的划线和找正工序，精度稳定可靠，降低了对操作者的技术水平要求。

（2）提高劳动生产率、降低加工成本。生产率的高低是以单位时间内生产出工件数量的多少来衡量的。采用夹具后，不仅省去了划线、找正等辅助时间，简化了装夹工作，采用先进的夹具后使装夹时间大大缩短，从而使生产率得以提高。

（3）改善工人的劳动条件。采用一些专用夹具后，可使工人装夹工件变得方便、省力、安全、迅速。

（4）扩大机床的工艺范围，改变或扩大机床的用途。在单件或小批量生产或多品种成批生产的条件下，企业内的机床种类、数量将会与生产发生矛盾，因此可设计制造专用夹具，使机床"一机多用"。图 7-1 所示是在车床上装上专用夹具后，将车床变为拉床。

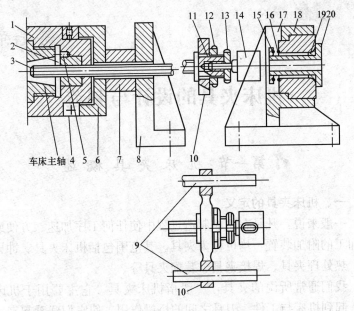

图 7-1　将车床改为拉床的专用夹具

1—壳体；2、12、13、15—螺母；3—丝杠；4—推力轴承；5—止动螺钉；
6—止推盘；7—套筒；8、17—前、后支架；9—导杆；10—导向臂；11—键；
14—夹头；16—弹簧；18、19—球面支座；20—定位套

　　该夹具由装在车床主轴和前支架 8 上的主体部分和装在后支架 17 上的浮动装置所组成。前后支架均固紧在床身导轨上。

　　主体部分解决了将主轴的回转运动改变为丝杠 3 的轴向传动。装在前后支架上的两根导杆 9 是固定不动的，与导杆相配合的导向臂 10 用键 11 和螺母 12 固定在丝杠 3 上。这种结构保证了当车床主轴正、反转时，丝杠不能转动而只沿轴向作往复移动。

　　由壳体 1、推力轴承 4、止推盘 6、套筒 7 及固定在床身导轨上的前支架 8 组成了卸荷装置，使车床主轴不承受拉力。拉削时，工件紧靠定位套 20 的端面，拉刀穿过工件内孔并装在夹头 14 中，拉刀夹头则与丝杠用螺纹连接，并用螺母 13 锁紧。由定位套 20、球面支座 18、19、弹簧 16 和螺母 15 组成的浮动装置装在固定的后支架 17 上，其作

用是支承工件、补偿工件端面对被拉孔轴线的垂直度误差。

若卸下夹具，装上车床原有的床鞍、滑板、刀架和尾座等部件，拉床又可恢复车床原来的状态和功能。

三、机床夹具的分类

随着机械制造业的发展，机床夹具种类不断增多，可按夹具的通用性和使用特点，所使用的机床类型，以及所用动力源进行分类如下：

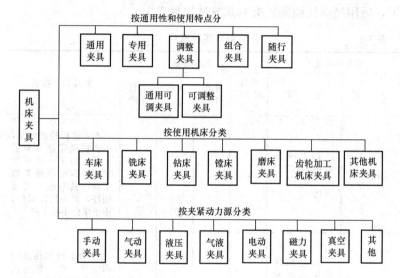

四、机床夹具的组成

夹具的种类不同，其结构也不一样，但按组成夹具各元件在夹具中的作用、地位及结构特点，可划分为以下几类：

（1）定位元件及定位装置；

（2）夹紧元件及夹紧装置（或称夹紧机构）；

（3）夹具体；

（4）对刀、导引元件及装置（包括刀具导向元件、对刀装置及靠模装置等）；

（5）动力装置；

（6）分度、对定装置；

（7）其他元件及装置（包括夹具各部分相互连接用的以及夹具与机床相连接用的紧固螺钉、销钉、键和各种手柄等）。

　　每个夹具不一定所有各类组成元件都具备，如手动夹具就没有动力装置，一般的车床夹具就不一定有刀具导向元件及分度装置。反之，按照加工等方面要求，有些夹具上还需要设有其他装置及机构，例如在有的自动化夹具中必须有上下料装置等。

五、夹具系统的选用

　　选用夹具系统时，应考虑生产的批量，在保证产品质量的条件下，适用经济性原则。夹具系统选用见表 7-1。

表 7-1　　　　　　　　　　　夹具系统选用

夹具系统		生产类型				夹具系统特点
分　类	说　明	单件和小批生产	中批生产	大批生产	大量生产	
通用夹具	加工两种或两种以上工件的同一夹具	√				不需进行特殊调整，不能更换定位和夹紧元件，用于一定外形尺寸范围的各种类似工件，具有很大的通用性，常为机床附件，用于单件小批生产
组合夹具	由可循环使用的标准夹具零、部件（专用零部件）组装成易于连接和拆卸的夹具	√				分槽系列和孔系列两大类，由一整套预制的不同形状规格、具有互换性和耐磨性的标准元、部件组成。可迅速多次拼合成各种专用夹具，夹具使用后，元、部件可拆散保存
可调夹具　通用可调夹具	通过调整或更换个别零、部件，即能适用于多种工件加工的夹具	√				针对一定范围的工件设计，由通用基体和可调整部分组成，可换定位件、可调整夹紧元件。用于一组或一类工件的典型工序，调整范围较大，加工对象不定。适应多品种小批量生产，也可用于成组加工

夹具系统			生产类型				夹具系统特点
分　类		说　　明	单件和小批生产	中批生产	大批生产	大量生产	
可调夹具	专用可调或成组夹具	根据成组技术原理设计的用于成组加工的夹具	✓				根据一组结构形状及尺寸相似、加工工艺相近的不同产品零件的某道工序而专门设计的，常带动力装置。可用于专业化成批、大批生产。对不同组零件具有专用性。对同一组零件具有可调性
专用夹具		专为某一工件的某一工序而设计的夹具			✓	✓	适于产品固定不变、批量较大的生产
高效专用夹具		具有动力装置、机械化和自动化程度较高的专用夹具				✓	顺序动作自动化的高生产率专用夹具，适用于稳定的大批量生产

第二节　机床夹具常用元件和装置

一、机床夹具常用定位元件和装置

（一）工件以平面作定位基准的定位方法及定位元件

当工件以一个平面为定位基准时，一般不以一个完整的大平面作为定位元件的工作接触表面，常用三个支承钉或两、三个支承板作为定位元件，各定位钉（板）的位置应尽量远离，以使工件定位可靠。有时由于某种特殊原因，如工件很薄、很小，而不得不用平面定位元件，此时可去除中间的一部分或开若干小槽，以便提高定位精度并便于清除切屑。

1. 支承钉与支承板

支承钉的主要结构及尺寸规格见表 7-2，其中 A 型用于定位基准已加工过的情况，B 型、C 型用于定位基准未加工过的情况。支

表 7-2　　　　　　支承钉（摘自 JB/T 8029.2—1999）　　　　　　mm

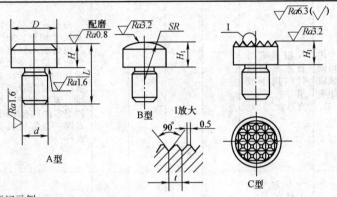

标记示例

$D=16$、$H=8$ 的 A 型支承钉标记为：

支承钉 A 16×8 （JB/T 8029.2—1999）

技术条件

1. 材料：T8 按 GB/T 1299—2014 的规定。

2. 热处理：(55~60) HRC。

3. 其他技术条件按 JB/T 8044—1999 的规定。

D	H	H_1 基本尺寸	H_1 极限偏差 h11	L	d 基本尺寸	d 极限偏差 r6	SR	t
5	2	2	0 −0.060	6	3	+0.016 +0.010	5	1
	5	5		9				
6	3	3	0 −0.075	8	4	+0.023 +0.015	6	
	6	6		11				
8	4	4	0 −0.090	12	6		8	
	6	6		16				
12	6	6	0 −0.075		8	+0.028 +0.019	12	1.2
	12	12	0 −0.110	22				

D	H	H_1		L	d		SR	t
		基本尺寸	极限偏差 h11		基本尺寸	极限偏差 r6		
16	8	8	$\begin{array}{c}0\\-0.090\end{array}$	20	10	$\begin{array}{c}+0.028\\+0.019\end{array}$	16	1.5
	16	16	$\begin{array}{c}0\\-0.110\end{array}$	28				
20	10	10	$\begin{array}{c}0\\-0.090\end{array}$	25	12	$\begin{array}{c}+0.034\\+0.023\end{array}$	20	
	20	20	$\begin{array}{c}0\\-0.130\end{array}$	35				
25	12	12	$\begin{array}{c}0\\-0.110\end{array}$	32	16		25	
	25	25	$\begin{array}{c}0\\-0.130\end{array}$	45				
30	16	16	$\begin{array}{c}0\\-0.110\end{array}$	42	20	$\begin{array}{c}+0.041\\+0.028\end{array}$	32	2
	30	30	$\begin{array}{c}0\\-0.130\end{array}$	55				
40	20	20		50	24		40	
	40	40	$\begin{array}{c}0\\-0.160\end{array}$	70				

注　根据机械部1995年标准清理整顿结果，部分夹具及刀具零部件由国家推荐标准降为机械行业推荐标准，相应的标准号由 GB/T ×××—1991，改为 JB/T ×××—1995（标准号数字也已改变），但标准本身内容无改变，以下同。

承板也主要用于已加工过的定位基准，它的结构及尺寸见表 7-3，其中 B 型与 A 型的主要区别在于工作接触表面上有斜槽，这样使接触面积减小，且斜槽中有碎屑时不易影响定位精度。

表 7-3   **支承板**（摘自 JB/T 8029.1—1999）   mm

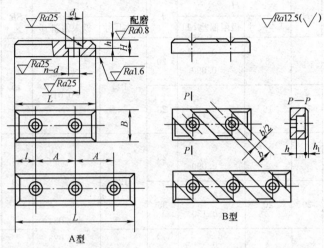

A 型

B 型

标记示例

$H=16$、$L=100$ 的 A 型支承板标记为：

支承板 A 16×100（JB/T 8029.1—1999）

技术条件

1. 材料：T8 按 GB/T 1299—2014 的规定。

2. 热处理：(55～60)HRC。

3. 其他技术条件按 JB/T 8044—1999 的规定。

H	L	B	b	l	A	d	d_1	h	h_1	孔数 n
6	30	12	—	7.5	15	4.5	8	3	—	2
	45									3
8	40	14		10	20	5.5	10	3.5		2
	60									3
10	60	16	14	15	30	6.6	11	4.5		2
	90									3
12	80	20	17	20	40	9	15	6	1.5	2
	120									3
16	100	25								2
	160									3
20	120	32	20	30	60	11	18	7	2.5	2
	180									3
25	140	40			80					2
	220									3

2. 调节支承及浮动自位支承

当一个夹具需用于加工不同批工件，而不同批工件定位基准形状变化很大时，往往需要定位元件中的某一个或两个支承钉能够调节位置。图 7-2 是用标准零件组装成的调节支承的几种结构方案示例。其中图 7-2（a）可用手直接调节；图 7-2（d）、图 7-2（e）结构最为简单；图 7-2（b）、图 7-2（c）具有衬套，不易磨损。

当为了增加工件刚度，或者其他原因，需要使定位元件所相当于的支承点数多于六点定则所规定的点数时，如前所述，必须使其中多余的点数成为浮动的或自动定位的（或称自动调节的）。图 7-3 是几种浮动支承的结构示例，其中图 7-3（a）、（b）、（c）是两点浮动，（d）是 3 点浮动，都只起相当于一个支承点的定位作用。

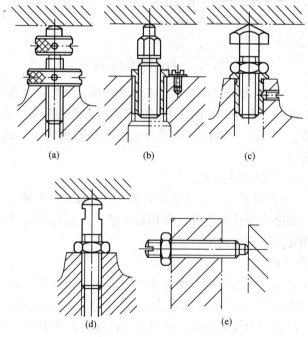

图 7-2　调节支承方案示例

（a）圆螺母锁紧；（b）、（c）衬套式；（d）六角螺母锁紧；（e）侧面支承

表 7-4 所列是常用的自动调节支承的结构及主要尺寸，它不起定位作用，只起增加刚度的辅助作用，故又称为辅助支承。

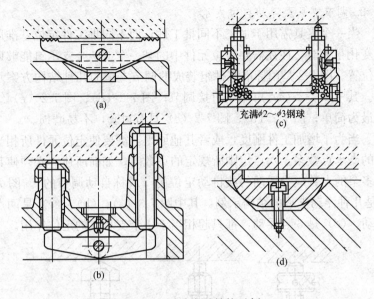

充满$\phi2\sim\phi3$钢球

(c)

图 7-3　浮动支承结构示例

（二）工件以外圆柱面为定位基准的定位方法及定位元件

以工件的一个外圆柱面作为定位基准时，常用的定位方法是将外圆柱装在圆孔、半圆孔、V 形块或定心夹紧机构中。其中后两种最为常用。

常用的 V 形块结构见表 7-5。

（三）工件以圆孔为定位基准的定位方法及定位元件

定位基准为圆孔的工件，常用定位销及定位心轴定位。此外，还可利用定心夹紧机构进行定位。

1. 定位销

定位销按其主要结构类型分为固定式定位销（表 7-6）和可换定位销（表 7-7）两大类。前者的定位销可按过盈配合直接装在夹具体中；后者则可按间隙配合通过套筒再装在夹具体上。两个表中具有台阶的定位销，主要用于工件除以圆孔为定位基准外，还需要以垂直于圆孔轴心线的端面亦为定位基准的情况下。两个表中的 B型结构又称为削边定位销，主要用于工件以两圆孔为定位基准的情况。

表 7-4　　　　**自动调节支承**（摘自 JB/T 8026.7—1999）　　　　mm

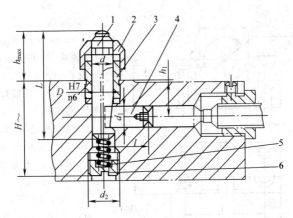

1—支承；2—挡盖；3—衬套；4—顶销；5—弹簧；6—螺塞

d	$H\approx$	h_{max}	L	D	d_1	d_2	h_1	l
	45		59				16	
12	49	32	62	16	10	M18× 1.5	20	18.2
	55		68				26	
	56		65				18	
16	66	36	75	22	12	M22× 1.5	28	22.3
	76		85				38	
	72		85				25	
20	82	45	95	26	16	M27× 1.5	35	30.6
	92		115				45	

表 7-5　　　　**V 形块**（摘自 JB/T 8018.1—1999）　　　　mm

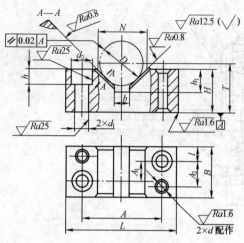

标记示例

$N=24$mm 的 V 形块标记为：

V 形块　24 JB/T 8018.1—1999

技术条件

1. 材料：20 钢按 GB/T 699—2015 的规定。

2. 热处理：渗碳深度为 0.8～1.2mm，硬度为58～64HRC。

3. 其他技术条件按 JB/T 8044—1999 的规定。

注：尺寸 T 按下式计算：

$$T=H+0.707D-0.5N$$

N	D	L	B	H	A	A_1	A_2	b	l	d 基本尺寸	d 极限偏差 H7	d_1	d_2	h	h_1
9	5～10	32	16	10	20	5	7	2	5.5	4		4.5	8	4	5
14	>10～15	38	20	12	26	6	9	4	7			5.5	10	5	7
18	>15～20	46	25	16	32	9	12	6	8	5	+0.012 0	6.6	11	6	9
24	>20～25	55		20	40			8							11
32	>25～35	70	32	25	48	12	15	12	10	6		9	15	8	14
42	>35～45	85	40	32	64	16	19	16	12	8		11	18	10	18
55	>45～60	100		35	76			20			+0.015 0				22
70	>60～80	125	50	42	96	20	25	30	15	10		13.5	20	12	25
85	>80～100	140		50	110			40							30

表 7-6　　　　　　固定式定位销（摘自 JB/T 8014.2—1999）　　　　　　mm

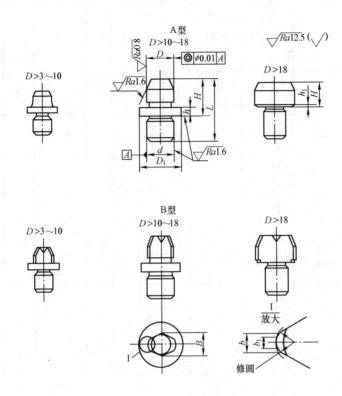

标记示例

D=11.5mm、公差带为 f7、H=14mm 的 A 型固定式定位销标记为：

定位销　A11.5f7×14（JB/T 8014.2—1999）

技术条件

1. 材料：D≤18mm，T8 钢按 GB/T 1299—2014 的规定。

　　D>18mm，20 钢按 GB/T 699—2015 的规定。

2. 热处理：T8 钢为 55～60HRC；20 钢渗碳深度为 0.8～1.2mm，硬度为
　　55～60HRC。

3. 其他技术条件按 JB/T 8044—1999 的规定。

续表

D	H	d 基本尺寸	d 极限偏差 r6	D_1	L	h	h_1	B	b	b_1
>3~6	8	6	+0.023	12	16	3	—	D−0.5	2	1
	14		+0.015		22	7				
>6~8	10	8	+0.028	14	20	3		D−1	3	2
	18		+0.019		28	7				
>8~10	12	10		16	24	4	—	D−2	4	3
	22				34	8				
>10~14	14	12	+0.034	18	26	4		D−2	4	3
	24		+0.023		36	9				
>14~18	16	15		22	30	5				
	26				40	10				
>18~20	12	12			26		1	D−2	4	
	18				32					
	28				42					
>20~24	14		+0.034		30			D−3		3
	22	15	+0.023		38				5	
	32				48		2			
>24~30	16			—	36	—		D−4		
	25				45					
	34				54					
>30~40	18	18			42				6	4
	30		+0.041		54			D−5		
	38		+0.028		62		3			
>40~55	20	22			50				8	5
	35				65					
	45				75					

注　D 的公差带按设计要求决定。

表 7-7 可换式定位销（摘自 JB/T 8014.2—1999） mm

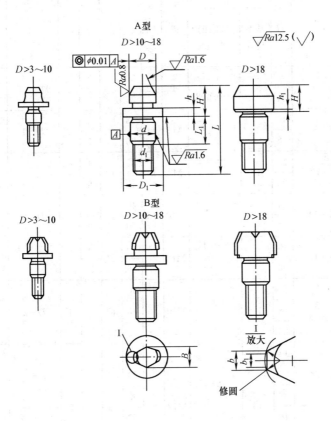

标记示例

$D=12.5$mm，公差带为 f7、$H=14$mm 的 A 型可换定位销标记为：

定位销：A12.5f7×14 （JB/T 8014.3—1999）

技术条件

1. 材料：$D≤18$mm，T8 钢按 GB/T 1299—2014 的规定。

   $D>18$mm，20 钢按 GB/T 699—2015 的规定。

2. 热处理：T8 钢硬度为 55～60HRC。20 钢渗碳深度为 0.8～1.2mm，硬度为

   55～60HRC。

3. 其他技术条件按 JB/T 8044—1999 的规定。

D	H	基本尺寸	极限偏差 h6	d_1	D_1	L	L_1	h	h_1	B	b	b_1
>3~6	8	6	0	M5	12	26		3		D−0.5	2	1
	14		−0.008			32	8	7				
>6~8	10	8	0	M6	14	28		3		D−1	3	2
	18		−0.009			36		7				
>8~10	12	10		M8	16	35	10	4	—			
	22					45		8				
>10~14	14	12	0	M10	18	40	12	4		D−2	4	3
	24		−0.011			50		9				
>14~18	16	15		M12	22	46	14	5				
	26					56		10				
>18~20	12	12		M10		40			1	D−2	4	
	18					46	12					
	28					55						
>20~24	14		0			45			2	D−3		3
	22	15	−0.011	M12		53	14					
	32					63					5	
>24~30	16			—		50			2	D−4		
	25					60	16					
	34					68						
>30~40	18	18	0	M16		60			3	D−5	6	4
	30		−0.013			72	20					
	38					80						
>40~50	20	22		M20		70					8	5
	35					85	25					
	45					95						

注 D 的公差带按设计要求决定。

工件同时以圆孔和端面定位时，除可使用具有台阶的定位销外，还可用圆锥定位销，见图 7-4，多用较大的锥度，此时相当于 3 点定位。

2. 定位心轴

图 7-5 所示为常用的圆柱心轴的 3 种主要结构示例。图 7-5（a）是过盈配合心轴，装卸工件时既不方便又很慢，但可以对工件的两个端面进行加工；图 7-5（b）是间隙配合心轴，因此装卸工件比较方便，但定心精度较差，主要用在工件端面亦起定位基准作用的情况下；图 7-5（c）是一种定心夹紧心轴，该心轴利用钢球外移的作用，迫使薄壁套外涨，从而使工件得到定心夹紧。

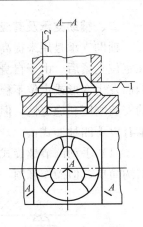

图 7-4 圆锥定位销

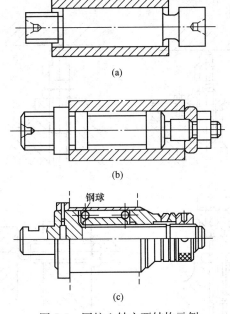

(a)

(b)

钢球

(c)

图 7-5 圆柱心轴主要结构示例

（a）过盈配合心轴；（b）间隙配合心轴；（c）定心夹紧心轴

二、辅助支承及其应用

辅助支承是用来提高工件的装夹刚度和稳定性的支承件。工件在定位夹紧后，由于自身的形状和重力、切削力、夹紧力等因素影响而发生变形或定位不稳定，这时就要增加辅助支承，以提高工件的安装刚度和稳定性，但辅助支承不得限制工件的自由度。辅助支承有以下四种形式：

（1）手动调节螺旋式辅助支承。如图 7-6 所示，这种辅助支承结构简单，但操作麻烦，效率低。

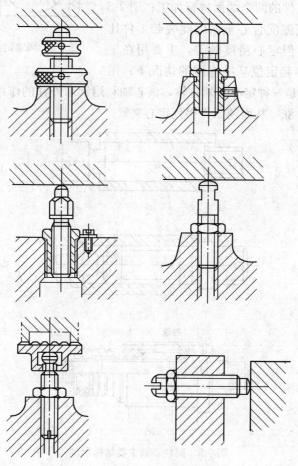

图 7-6　常用手动式调节支撑件

（2）自动调节辅助支承。如图 7-7 所示，在这类结构中，支承是在弹簧的作用下与工件接触，通过手柄推动滑柱，利用滑柱斜面锁紧支承。在这类支承中，弹簧的弹力不应太大，否则会顶起工件破坏定位。这类元件均有国家标准，在夹具设计时各组合元件的具体尺寸可从标准中查得。

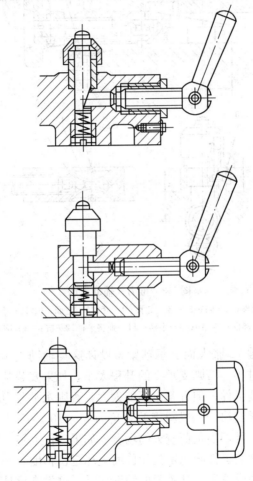

图 7-7　自动调节辅助支承

（3）推力式辅助支承。如图 7-8 所示，这种支承主要靠推动手柄 9，并依靠斜楔 1 上的斜面将支承 3 顶起而接触工件，然后转动

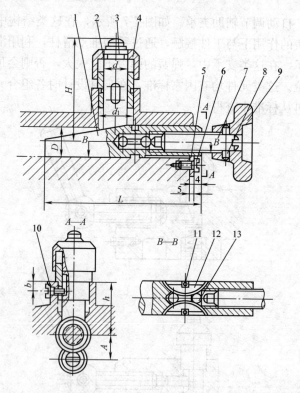

图 7-8　推力式辅助支承

1—斜楔；2—防护罩；3—支承；4—套；5—垫圈；6、10—螺钉；

7—螺杆；8—销；9—手柄；11—弹簧卡；12—键；13—钢球

手柄使两个键 12 胀大而支承锁紧。设计这类辅助支承时，斜楔 1 的升角不能过小，否则支承 3 的升程太小，如果安装基面误差太大可能接触不到工件；但升角也不能太大，否则水平分力过大，会使键块无法锁紧楔块。一般斜楔的升角为 8°～10°。这类辅助支承用于工件较重而且切削负荷较大的场合。如果工件太轻，则推动手柄时，就有可能使工件脱离定位元件而破坏定位精度。

　　（4）气动或液压自动锁紧的辅助支承。这类支承是为提高工件装夹的自动化程度而设计的，利用弹簧力使支承上升接触工件，而用气缸或油缸来推动斜面将支承锁紧。图 7-9 所示为气动弹簧自引式辅助支承结构，它是由气缸的活塞杆斜面推动滑柱将支承锁紧。

三、机床夹具的夹紧机构及装置

（一）机床夹具的夹紧机构及装置的分类

工件夹紧的目的，是保证工件在夹具中的定位，不致因加工时受切削力、重力或伴生力（离心力，惯性力，热应力等）的作用而产生移动或振动。

夹紧装置是夹具完成夹紧作用的一个重要而不可缺少的组成部分，除非工件在加工过程中所受到的各种力不会使它离开定位

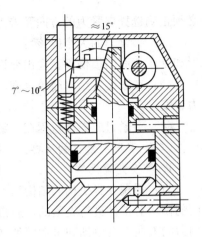

图 7-9　气动弹簧自引式
辅助支承结构

时所确定的位置，才可以没有夹紧装置。夹紧装置设计的优劣，对于提高夹紧的精度和工作效率，减轻劳动强度都有很大影响。

按照夹紧机构的类型和夹紧装置的动力源不同，夹紧装置可分类如下：

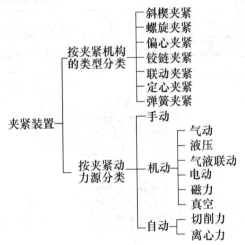

设计夹紧装置时，应满足下述主要要求：

（1）夹紧装置在对工件夹紧时，不应破坏工件的定位，为此，

必须正确选择夹紧力的方向及着力点。

（2）夹紧力的大小应该可靠、适当，要保证工件在夹紧后的变形和受压表面的损伤不至超出允许范围。

（3）夹紧装置结构简单合理，夹紧动作要迅速，操纵方便，省力、安全。

（4）夹紧力或夹紧行程在一定范围内可进行调整和补偿。

（二）常用夹紧机构及典型结构

1. 斜楔夹紧机构

（1）斜楔夹紧机构的结构特点。斜楔夹紧机构是直接利用有斜面的楔块对工件进行夹紧的，通常与其他机构联合使用，可转变作用力的方向，有手动和机动两种结构形式。机动的动力源多采用气动和液压。图 7-10 所示为几种斜楔夹紧机构。图 7-10（a）为与螺纹夹紧机构联合使用的实例，由于斜楔夹紧的增力比 i_p 较小（一般 $i_p = 2 \sim 5$），为了得到较大的夹紧力，宜用气动和液压驱动；图 7-10（b）、（c）为用于气动和液压夹具的例子。斜楔夹紧也常用在自动定心夹紧机构中。

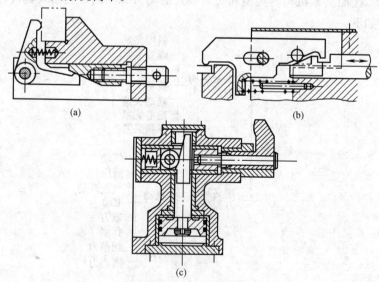

图 7-10 斜楔夹紧机构

(a) 斜楔—螺纹机构；(b)、(c) 气动、液压斜楔机构

（2）斜楔夹紧机构的自锁条件。当用人力夹紧时，原始力 Q 不能长期作用在楔块上，因此要求在解除原始力 Q 后，楔块仍能保持对工件的夹紧作用，这种要求称为对夹紧机构的自锁要求。自锁条件是楔角 α 不能超过某一个数值 α_0。α_0 值可以从分析图 7-11（c）所示楔块在自锁极限条件下的受力情况中求得。

$$\varphi_2 = \alpha_0 - \varphi_1$$
$$\alpha_0 = \varphi_1 + \varphi_2$$

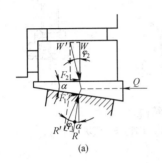 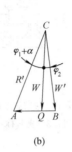 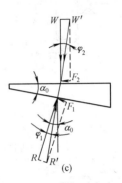

图 7-11　斜楔夹紧受力分析图

以上是极限情况，所以自锁条件为

$$\alpha < \alpha_0 = \varphi_1 + \varphi_2 = 2\varphi(\text{设 } \varphi_1 = \varphi_2 = \varphi)$$

一般钢铁的摩擦因数 $f = 0.1 \sim 0.15$，故

$$\alpha < 11° \sim 17°$$

为可靠起见取

$$\alpha = 6° \sim 8°$$

用气动、液压和其他能保证自锁的机构联合使用时，斜楔的 α 角不受此限制。

2. 螺旋夹紧机构

（1）螺旋夹紧机构的结构特点。螺旋夹紧在生产中使用极为普遍，图 7-12 所示为螺旋夹紧机构。生产中常用图 7-12（b）所示结构，压块与螺钉浮动连接，以保证与工件表面的良好接触，压块结构见图 7-12（c）。图 7-13 为螺母夹紧结构，其中：图 7-13（a）是最简单的螺母夹紧；图 7-13（b）用星形螺母，可以直接用手拧动；图 7-13（c）、（d）、（e）、（f）是手柄螺母的各种典型结构。

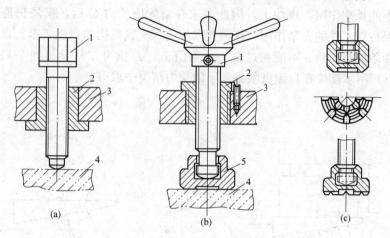

图 7-12　螺旋夹紧结构

1—螺钉；2—螺母；3—夹具体；4—工件；5—压块

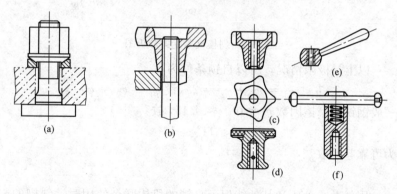

图 7-13　螺母夹紧结构

　　螺母夹紧机构具有增力大，自锁性能好的特点，很适合于手动夹紧。它的主要缺点是夹紧动作慢，因此在快速机动夹紧中应用较少。

　　（2）螺旋压板夹紧机构。螺旋夹紧较多的是与压板和其他机构组合成复合机构应用。螺旋压板夹紧机构是应用最多的复合夹紧机构。图 7-14 为典型螺旋压板机构，图 7-15 为万能自调压板，图7-16为特殊结构的螺旋压板，图 7-17 为自动回转钩形压板。

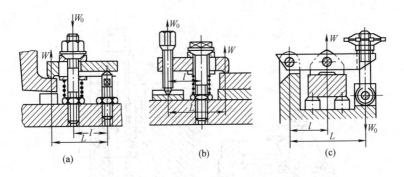

图 7-14 典型螺旋压板机构

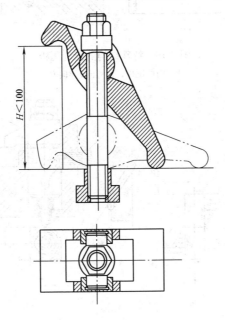

图 7-15 万能自调压板

3. 偏心夹紧机构

（1）偏心夹紧机构的结构特点。偏心夹紧是指由偏心轮或偏心凸轮实现夹紧的夹紧机构，常用的偏心结构见图 7-18。偏心夹紧机构具有结构简单、制造方便，夹紧迅速，操作方便的优点。缺点是夹紧行程和增力比较小，自锁性能较差。

（2）偏心夹紧机构简图。偏心夹紧机构简图如图 7-19 所示。

585

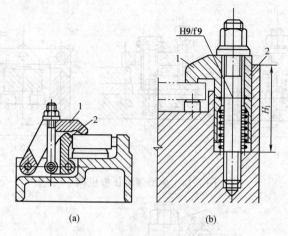

图 7-16　特殊结构的螺旋压板

1—钩形压板；2—压板导向套

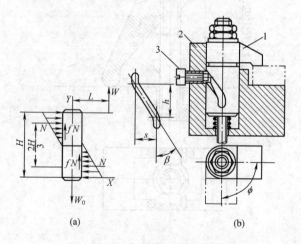

图 7-17　自动回转钩形压板

1—钩形压板；2—导向孔座；3—导向螺钉

4. 铰链夹紧机构

铰链夹紧机构是一种增力机构，由于机构简单，增力倍数较大，但不具有自锁性能，因此常常作为气动夹紧的增力机构，以弥补气缸或气室推力的不足。图 7-20 所示是它的三种基本结构。

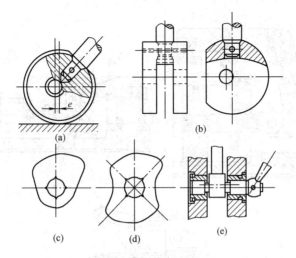

图 7-18　常用偏心结构图

（a）、（b）带有手柄的偏心轮；（c）、（d）偏心凸轮；（e）偏心轴

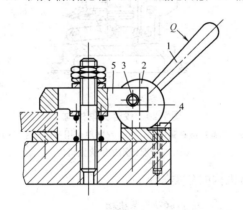

图 7-19　偏心夹紧机构简图

1—手柄；2—偏心轮；3—轴；4—垫板；5—压板

5. 联动夹紧机构

联动夹紧机构是指利用一个原始力来完成若干个预定动作的机构。采用联动夹紧机构不仅能保证在多点、多向或多件上同时均匀地夹紧工件，而且由于各点的夹紧动作在机构上是联动的，因此缩短了辅助工时，提高了生产率。

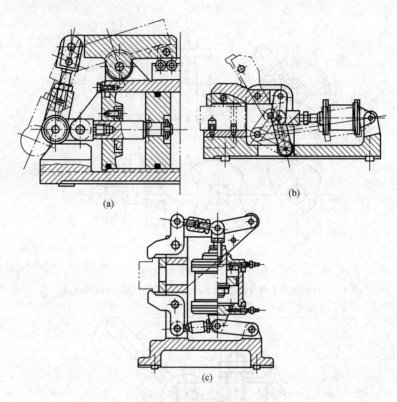

(a)

(b)

(c)

图 7-20 铰链夹紧机构

(a) 单臂铰链夹紧机构；(b) 双臂单作用铰链夹紧机构；
(c) 双臂双作用铰链夹紧机构

联动夹紧机构的分类如下。

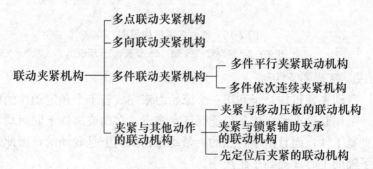

（1）多点联动夹紧机构。多点联动夹紧机构是用一个原始作用力，使工件在同一方向上同时获得多点均匀夹紧的机构。图 7-21 所示为两个典型结构示例，其中：图 7-21（a）是依靠滑柱的浮动实现两点联动；图 7-21（b）是依靠摇板的浮动实现两点均匀压紧。

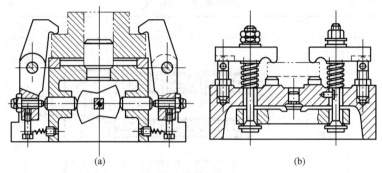

(a)　　　　　　　　　　　(b)

图 7-21　两种典型多点联动结构示例

（a）依靠滑柱的浮动实现两点联动；（b）依靠摇板的浮动实现两点均匀加紧

（2）多向联动夹紧机构。多向联动夹紧机构是利用一个原始作用力在不同的方向上同时夹紧工件的机构。典型示例见图 7-22，其中：图 7-22（a）是利用组合浮动压块实现对工件的多向夹紧；图 7-22（b）是利用两个铰链压板实现对工件的交叉式浮动夹紧。

（3）多件联动夹紧机构。多件联动夹紧机构是采用一个原始

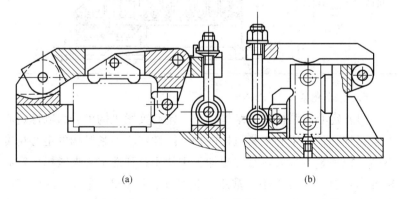

(a)　　　　　　　　　　　(b)

图 7-22　多向联动夹紧机构典型示例

（a）利用组合浮动压块实现多向夹紧；（b）利用铰链压板实现浮动夹紧

力，将一次装夹的若干个工件同时并均匀地夹紧的机构。多件联动夹紧机构一般有两种基本型式，即多件平行夹紧机构和多件依次连续夹紧机构，其典型结构见表 7-8。

表 7-8　　　　　　　　　　　多件夹紧典型结构

类　型		结　构　简　图
多件平行夹紧机构	气动斜楔传动	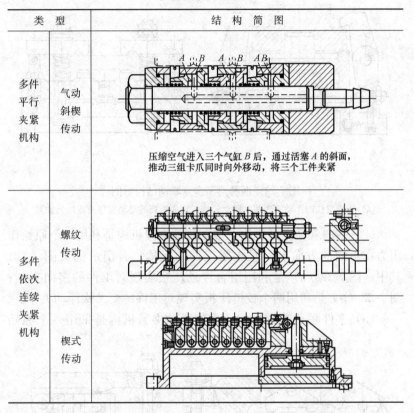压缩空气进入三个气缸 B 后，通过活塞 A 的斜面，推动三组卡爪同时向外移动，将三个工件夹紧
多件依次连续夹紧机构	螺纹传动	
	楔式传动	

6. 定心夹紧机构

（1）定心夹紧机构的结构特点。定心夹紧机构可分为刚性定心夹紧机构和弹性定心夹紧机构两种。刚性定心夹紧机构的定心精度不高，但夹紧行程大，常在粗加工中使用；弹性定心夹紧机构定心精度高，但夹紧行程小，常用于精加工。图 7-23 所示是各种定心夹紧机构的结构简图。其中：图 7-23（a）是利用螺旋的刚性定心夹紧原理的定心虎钳夹紧机构；图 7-23（b）是利用偏心及杠杆原

理的定心夹紧机构；图 7-23（c）是楔块定心夹紧机构；图 7-23
（d）是弹性定心夹紧机构的一种弹簧夹头定心夹紧典型结构。按
自动定心夹紧原理来分，定心夹紧装置可分为：对工件的一个定位
基准进行定心夹紧的，见图 7-24；对工件的两个定位基准进行定
心夹紧的，见图 7-25。

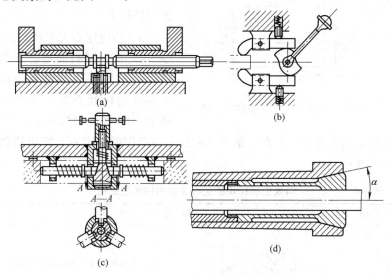

图 7-23 定心夹紧机构示例

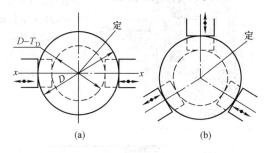

图 7-24 一个定位基准定心夹紧

（2）斜面作用的定心夹紧机构。常用的斜面作用的定心夹紧机
构有以下四种形式：

1）斜楔式定心夹紧机构。这种结构夹紧行程较小，夹紧间隙

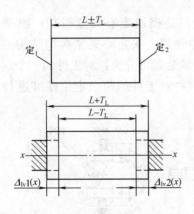

图 7-25 两个定位基准定心夹紧

小，但它的定心精度比螺旋定心夹紧精度高。

2）螺旋定心夹紧机构与螺母的配合间隙较大，定心精度不高，但其夹紧力和夹紧行程较大。

3）凸轮定心夹紧机构。

4）自夹紧斜面定心夹紧机构。它是一种不用专门动力装置的机动夹紧，通常是利用切削力或机床运动产生

的离心力来夹紧工件的。表 7-9 列出了斜面作用的定心夹紧机构的一些典型结构。

表 7-9　　　　　斜面原理作用的定心夹紧机构典型结构

类　型	结　构　简　图
离心力夹紧的定心夹紧机构	夹具在机床主轴的带动下高速旋转，4 个重块 1 产生了离心力。重块在离心力作用下绕销钉 4 转动，通过拨杆 3 扳动滑块 5 向后运动，从而夹具体 6 迫使弹簧夹头 7 收缩夹紧工件。机床主轴停止转动时，靠弹簧 2 的作用松开工件
齿轮齿条定心机构	

类 型	结 构 简 图
楔式定心夹紧机构	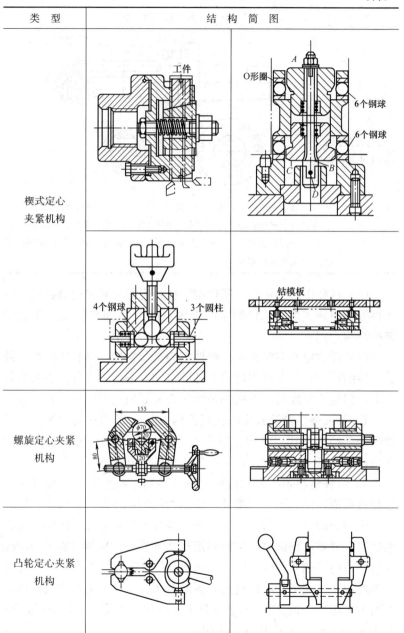
螺旋定心夹紧机构	
凸轮定心夹紧机构	

类　型	结 构 简 图
切削力夹紧的 定心夹紧机构	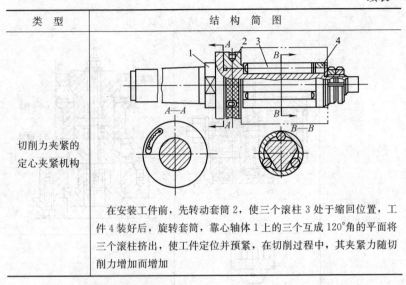 在安装工件前，先转动套筒 2，使三个滚柱 3 处于缩回位置，工件 4 装好后，旋转套筒，靠心轴体 1 上的三个互成 120°角的平面将三个滚柱挤出，使工件定位并预紧，在切削过程中，其夹紧力随切削力增加而增加

（3）杠杆作用的定心夹紧机构。杠杆定心夹紧机构是通过杠杆比相等的原理实现对工件的定心夹紧，图 7-26 是杠杆定心夹紧的典型结构示例。

（4）弹性定心夹紧机构。弹性定心夹紧机构，是利用弹性元件受力后的均匀弹性变形实现对工件的自动定心的。这种定心夹紧行程小，但定心精度高。常用的弹性定心夹紧机构有以下两种：

1）锥面弹性套筒式定心夹紧机构。图 7-27 所示为弹簧夹头的弹性套筒结构形式。其中：图 7-27（a）、（b）用于夹紧工件外圆柱面；图 7-27（c）、（d）用于夹紧工件的内孔表面。

2）液性塑料定心夹紧机构。液性塑料定心夹紧机构是利用液性塑料或液压油的不可压缩性，将压力均匀地传给薄壁套筒，使套筒产生均匀的弹性变形，夹紧工件。液性塑料定心夹紧机构的定心精度高，通常可保证被加工面与定位基准面间的同轴度在 0.01mm 以内，最高可达 $0.003\sim0.005$mm。但受薄壁套筒本身材料的弹性极限所限，其变形量不能过大，因此对工件定位基准面有较高的加工精度要求。一般定位直径小于 40mm 时，可采用 H7/g6 配合；大于 40mm 时，可采用 H8/f8 配合。

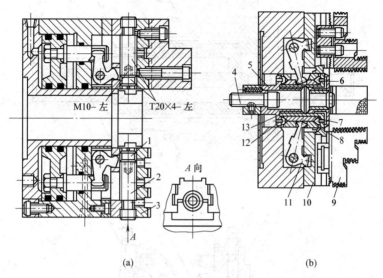

M10－左　　　　T20×4－左

A 向

1—螺钉；2—调整螺杆；3—卡爪座；4—拉杆；5—拉套；6、12—锥销；
7—内套；8—外套；9—卡爪；10—卡爪座；11—拨杆；13—螺套

图 7-26　杠杆传动自动定心卡盘

（a）三爪自动定心卡盘；（b）四爪自动定心卡盘

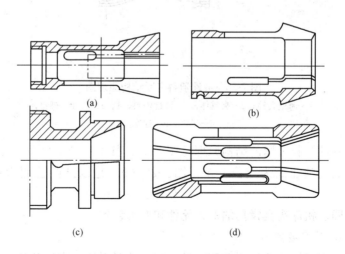

图 7-27　弹性套筒结构形式

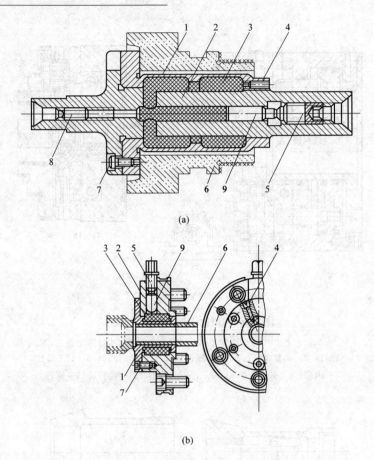

图 7-28　液性塑料夹紧结构原理图

1—薄壁套筒；2—夹具体；3—液性塑料；4、5、7、8—螺钉；

6—工件；9—柱塞

液性塑料夹紧的结构原理见图 7-28，其中：图 7-28（a）是以工件的内圆柱面为定位基准；图 7-28（b）是以外圆柱面为定位基准。

四、机床夹具常用的对刀元件和对刀装置

1. 对刀装置与元件

对刀装置主要用于铣床夹具，它包括对刀块、塞尺及其他对刀元件。

表 7-10 所列是几种对刀装置典型结构示例。常用的标准对刀块和塞尺的规格与结构尺寸见表 7-11 和表 7-12。

表 7-10　　　　　　　　　对刀装置典型结构示例

序号	简　　图	简　要　说　明
1	高度对刀装置	铣厚度为 t 的平面时所用的对刀装置。用对刀块及平面塞尺来控制铣刀相对夹具的高度位置
2	直角对刀装置	铣槽时所用的直角对刀装置。用对刀块及平面塞尺来控制铣刀相对于夹具的高度及侧面位置
3	V 形对刀装置	用 V 形对刀块及平塞尺来控制成型刀具与夹具间的相对位置

序号	简　图	简　要　说　明
4	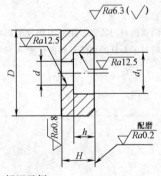	用特殊对刀块与圆柱塞尺来调整控制成型刀具与夹具间的相对位置

表 7-11　　　　　　　　　常用对刀块的结构　　　　　　　　mm

1. 圆形对刀块(摘自 JB/T 8031.1—1999)

2. 方形对刀块(摘自 JB/T 8031.2—1999)

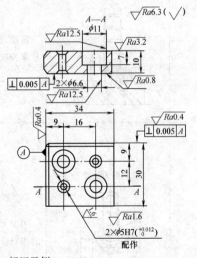

标记示例:

$D=25$mm 的圆形对刀块标记为:

对刀块 25JB/T 8031.1—1999

D	H	h	d	d_1
16	10	6	5.5	10
25		7	6.6	11

标记示例:

方形对刀块标记为:

对刀块 JB/T 8031.2—1999

续表

3. 直角对刀块(摘自 JB/T 8031.3—1999)	4. 侧装对刀块(摘自 JB/T 8031.4—1999)
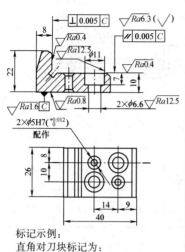　标记示例： 直角对刀块标记为： 对刀块 JB/T 8031.3—1999	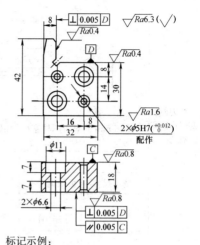　标记示例： 侧装对刀块标记为： 对刀块 JB/T 8031.4—1999

注　1. 材料：20 钢按 GB/T 699—2015 的规定。
　　2. 热处理：渗碳深度 0.8~1.2mm，硬度为 58~64HRC。
　　3. 其他技术条件按 JB/T 8044—1999 的规定。

表 7-12　　　　　常用塞尺的结构　　　　　mm

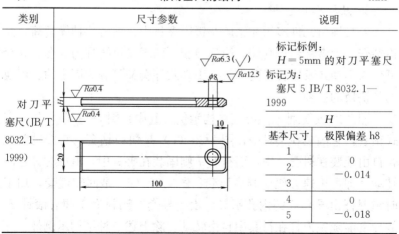

类别	尺寸参数	说明

标记标例：

$H=5mm$ 的对刀平塞尺标记为：

塞尺 5 JB/T 8032.1—1999

对刀平塞尺(JB/T 8032.1—1999)

基本尺寸	极限偏差 h8
1	0 −0.014
2	
3	
4	0 −0.018
5	

类别	尺寸参数	说明

对刀圆柱塞尺(JB/T 8032.2—1999)

标记示例：

$d=5$mm 的对刀圆柱塞尺标记为：

塞尺　5　JB/T 8032.2—1999

d		D（滚花前）	L	d_1	b
基本尺寸	极限偏差 h8				
3	0 −0.014	7	90	5	6
5	0 −0.018	10	100	8	9

注　1. 材料：T8 钢按 GB/T 1299—2014 的规定。

　　2. 热处理：55～60HRC。

　　3. 其他技术条件按 JB/T 8044—1999 的规定。

2. 刀具导引元件

刀具导引元件多用在钻床及镗床夹具中。前者称钻模套筒，简称钻套；后者称镗模套筒，简称镗套。两者又可统称为导套。导套可分为不动式及回转式两大类。不动式导套又可分为固定的、可换的及快换的三种。

图 7-29 是三种典型导套结构示例。其中：图 7-29（a）是固定式钻套，它固装在夹具中；图 7-29（b）是快换钻套，它按过渡配合自由地装在衬套 7 中，而衬套 7 则固装在夹具中，沿反时针方向转动，即可迅速方便地调换导套；图 7-29（c）是回转镗套，加工时镗刀杆由导套 3 的内孔引导，由于导套 3 与衬套 1 间有滚针 2，故导套能随镗刀杆在衬套中自由转动。除上述三种结构示例外，导

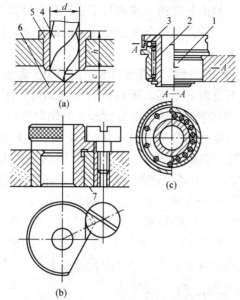

图 7-29　典型导套结构示例

（a）固定式钻套；（b）快换钻套；（c）回转镗套

1、7—衬套；2—滚针；3、5—导套；4—刀具；6—工件

套还可根据加工的具体情况作成各种特殊的结构形式。

导套的高 h［图 7-29（a）］对于刀具 4 在导套 5 中的正确位置影响很大，h 越大，则刀具与导套中心线间可能产生的偏倾角越小，因此精度也越高。但 h 与 d 之比越大，则刀具带入导套的切屑越易于使刀具和导套受到磨损。一般最好取 $h=1.5d\sim2d$。对于较小的孔，h 可取得较大；对于较大的孔，h 应取得较小。

导套 5 的下端必须离工件 6 有一定距离 c，以使得大部分的切屑容易从四周排出，而不至被刀具同时带入到导套中，以免刀具被卡死或切削刃在导套中被磨钝。一般可取 $c=\dfrac{1}{3}d\sim d$。被加工材料越硬，c 值应取得越小；材料越软，应取得较大。

五、机床夹具分度装置

分度装置常用在铣床或钻床的转动工作台或其他必须分度的夹具上。

601

分度装置一般由分度销（或称对定销）与分度盘两个主要部分所组成。其中之一装在夹具需要分度转动的部位上，另一则装在夹具的固定部位上。

图 7-30 是常用分度装置的典型示例。图中 1 表示分度盘，2 表示分度销，拉开分度销 2 后，即可进行分度回转。图 7-30（a）与（b）的主要区别在于，前者是沿分度盘 1 的轴向进行分度，而后者是沿径向进行分度。图 7-30（c）中的分度销 2 是圆柱形的；图 7-30（b）中的是双斜面楔形的。此外，圆锥形的分度销也比较常见。图 7-30（c）是手动分度的结构示例，当向外拉手柄时，分度销压缩弹簧而退出分度盘，然后让手柄回转 90°，使小销 3 顶住套 4 的凸缘而停留在拉出的位置上，即可进行分度回转，分度完毕，再将手柄回转 90°到小销 3 正好对准套 4 凸缘上的槽口时，弹簧即推动分度销进入分度盘的下一个分度套筒 5 中。

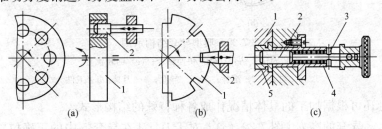

图 7-30　常用分度装置典型示例

1—分度盘；2—分度销；3—小销；4—固定套；5—分度套筒

设计分度装置时，最主要的问题是：

（1）保证必要的分度精度。产生分度误差的原因很多，主要的原因是分度销与分度盘套筒之间的间隙，分度销与固定套之间的间隙，分度套筒装在分度盘上的位置不准确，以及分度套内、外两圆柱面的偏心差等。

（2）保证分度动作的方便可靠。加工批量较大的工件时，常用机械化、自动化的分度；批量较小时，多用手动分度，但往往可使分度的若干动作同时由一个手柄操纵进行。

（3）保证分度销结构的足够强度。为保证分度销的足够强度，在受力较大的情况下，往往使分度销只起分度对定作用，而避免承受任何外力。因此分度完毕后，必须由另外的紧定装置，使整个分度装置连同工件紧固在分度后的位置。

✿ 第三节　典型机床夹具及其结构

一、钻床夹具

钻床夹具的种类繁多，一般分为固定式、回转式、翻转式和盖板式等，习惯上都称为钻模。

1. 固定式钻模

固定式钻模在使用过程中，钻模和工件在钻床上的位置固定不动，多用于在立钻上加工较大的单孔或在摇钻上加工平行孔系。若要在立钻上使用这种钻模加工平行孔系，需要在钻床主轴上安装多轴传动头。

在立钻上安装钻模时，一般应先将装在主轴上的定尺寸刀具（精度要求高时用心轴代替刀具）伸入钻套中，以确定钻模在钻床上的位置，然后将其紧固。这种加工方式钻孔精度较高。

图 7-31 所示为固定式钻模的结构，工件用一个平面、一个外凸圆柱及一小孔作定位基准，用开口垫圈和螺母夹紧。

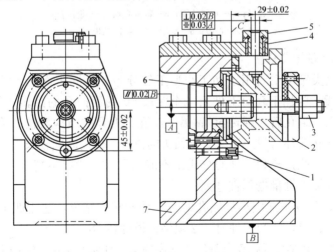

图 7-31　固定式钻模

1—削边定位销；2—开口垫圈；3—螺母；4—钻模板；5—钻套；6—定位盘；7—夹具体

2. 回转式钻模

这类钻模主要用于工件上被加工孔的轴线平行分布于圆周上的孔系。该夹具大多采用标准回转台与专门设计的工作夹具联合成钻模。由于该类钻模采用了回转式分度装置，可实现一次装夹进行多工位加工，既可保证加工精度，又提高了生产率。

回转式钻模的结构形式，按其转轴的位置可分立轴式(图 7-32)、卧轴式(图 7-33 和图 7-34)和斜轴式(图 7-35)三种。

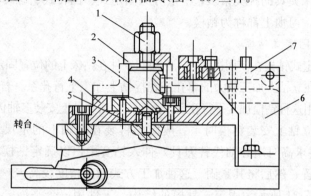

图 7-32　立轴式回转式钻模

1—螺母；2—开口垫圈；3—定位心轴；4—定位盘；

5—中心销；6—支架；7—铰链钻模板

3. 翻转式钻模

这类钻模主要用于加工小型工件分布在不同表面上的孔，图 7-35 所示为加工套筒工件上 4 个互成 60°的径向孔的翻转式钻模。当钻完一组孔后，翻转 60°钻另一组孔。夹具的结构虽较简单，但每次钻孔前都需找正钻套对于钻头的位置，辅助时间较长，且翻转费力。因此钻模和工件的总质量不能太重，一般以不超过 10kg 为宜，且加工批量也不宜过大。

图 7-36 是适应小件钻孔的另一种翻转式钻模，它用四个支脚来支承钻模，装卸工件时，必须将钻模翻转 180°。

箱式和半箱式钻模是翻转式钻模的又一种典型结构，它们主要用来加工工件上不同方位的孔。其钻套大多直接装在夹具体上，整个夹

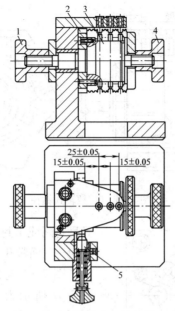

图 7-33　卧轴式回转钻模

1、4—滚花螺母；2—分度盘；3—定位心轴；5—对定销

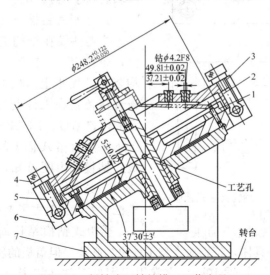

图 7-34　斜轴式回转钻模（工作夹具）

1—定位环；2—削边定位销；3—钻模板；4—螺母；5—铰链螺栓；6—转盘；7—底座

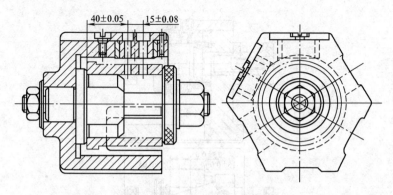

图 7-35　60°翻转式钻模

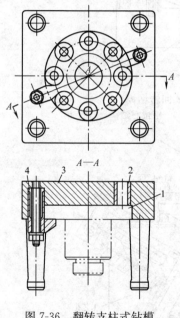

图 7-36　翻转支柱式钻模

1—工件；2—钻套；

3—钻模板；4—压板

具呈封闭或半封闭状态，夹具体的一面～三面敞开，以便于安装工件。

图 7-35 也是箱式翻转钻模。图 7-37 所示为半箱式翻转钻模，利用它加工某壳体工件上有 5°30′ 要求的两小孔 $\phi6F8$。

4. 盖板式钻模

这类钻模在结构上不设夹具体，而将定位、夹紧元件和钻套均装在钻模板上。加工时，钻模板直接覆盖在工件上来保证加工孔的位置精度。图 7-38 所示是加工车床溜板箱 A 面上的孔用的盖板式钻模，由图可知，其定位销 2、3，支承钉 4 和钻套都装在钻模板 1 上，且免去了夹紧装置。

盖板式钻模结构简单，省去了笨重的夹具体，特别对大型工件更为必要。但盖板的质量也不宜太重，一般不超过 10kg。它常用于大型工件（如床身、箱体等）上的小孔加工。

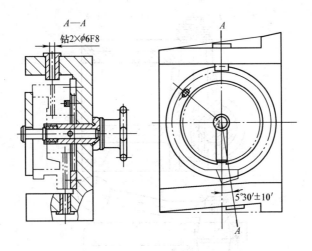

图 7-37 半箱式翻转钻模

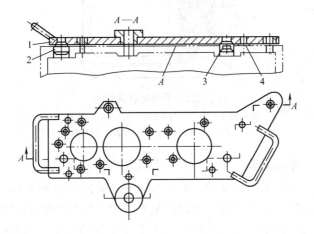

图 7-38 盖板式钻模

1—钻模板；2、3—定位销；4—支承钉

5. 滑柱式钻模

滑柱式钻模是工厂常用的带有升降钻模板的通用可调整夹具，可分为手动和气动夹紧两种。通常由夹具体、滑柱升降模板和锁紧机构等几部分组成，其结构已标准化。

手动滑柱式钻模如图 7-39 所示。

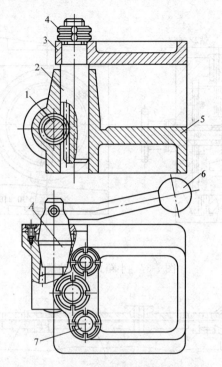

图 7-39　手动滑柱式钻模

1—斜齿轮轴；2—齿条轴；3—升降钻模板；
4—螺母；5—夹具体；6—手柄；7—滑柱

二、车床夹具

车削零件形状较复杂，加工表面的位置精度要求较高时，若用通用卡盘装夹比较困难，有时甚至不可能。当生产批量较大时，使用花盘或其他附件装夹工件，生产率又不能满足生产纲领的要求，故需设计专用夹具。下面介绍两种车床专用夹具的结构。

1. 角铁式夹具

图 7-40 是一个车削横拉杆接头工序图。本工序要加工 M24×1.5-6H-LH 内螺纹，其轴线与上道工序已加工好的 $\phi34$ 及 M36×1.5—5H 螺孔轴线保持垂直度误差小于 0.05mm，并距已加工好的端面 A 为 27mm。按工序加工要求，根据基准重合原则，选用 A 面、$\phi34$ 孔和 $\phi32$ 外圆作为定位基面，实现完全定位。考虑到 M24

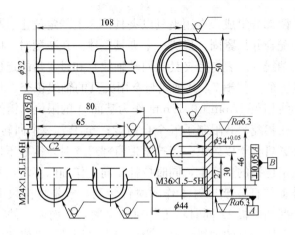

图 7-40　横拉杆接头工序图

孔的壁厚均匀，采用定心夹紧机构。

图 7-41 为该工序所使用的车削夹具。它由角铁式专用夹具和

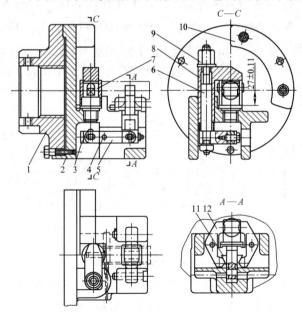

图 7-41　角铁式车床夹具

1—过渡盘；2—夹具体；3—连接块；4—销钉；5—杠杆；6—拉杆；7—定位销；
8—钩形压板；9—带肩螺母；10—配重块；11—楔块；12—摆动压板

609

过渡盘 1 两部分组成，专用夹具以夹具体 2 上的定位止口与过渡盘的凸缘相配合并加紧固，形成一个夹具整体。在装配时，应使夹具体止口的轴线（代表专用夹具的回转轴线）和过渡盘的定位圆孔同轴。夹具上的定位销 7，其轴线与专用夹具的轴线正交，其台肩平面与该轴线相距 27mm±0.11mm 作为基面 A 的限位，销的外圆与工件 $\phi34$ 孔相配，共限制了五个自由度；至于另一个回转自由度，由对中夹紧机构予以约束。当拧紧带肩螺母 9 时，钩形压板 8 将工件压紧在定位销的台肩上，同时拉杆 6 向上作轴向移动，并通过连接块 3 带动杠杆 5 绕销钉 4 作顺时针转动，于是将楔块 11 拉下，通过两个摆动压板 12 同时将工件对中夹紧，从而使工件待加工孔的轴线与专用夹具的轴线一致。为保持夹具回转运动时的平衡，在角铁的相对位置设置了平衡配重块 10。

2. 圆盘式车床夹具

图 7-42 为齿轮泵体的工序图。工件外圆 $\phi70_{-0.02}^{0}$ mm 及端面 A 已加工，本工序要加工 $\phi35_{0}^{+0.027}$ mm 两孔及两端面 B、T，并要保证孔心距 $30_{-0.02}^{+0.01}$ mm（如改用对称偏差表示即为 29.995 ± 0.005mm），孔 C 对 $\phi70$mm 的同轴度公差为 ±0.05mm，以及两端面的平行度公差 0.02mm。

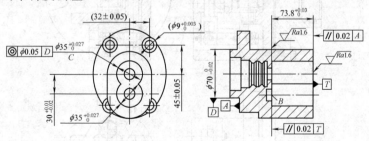

图 7-42　齿轮泵体工序图

图 7-43 所示为所使用的车削夹具。工件以端面 A、外圆 $\phi70$mm 及角向小孔 $\phi9_{0}^{+0.03}$ mm 为定位基准，夹具的转盘 2 上的 N 面、圆孔 $\phi70$mm 和削边销 4 作为限位基面，用两副螺旋压板 5 压紧。转盘 2 则由两副 L 形压板 6 压紧在夹具体 1 上。当第一个

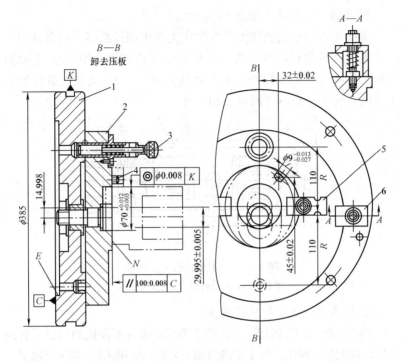

图 7-43　车削齿轮泵体两孔的夹具

1—夹具体；2—转盘；3—对定销；4—削边销；5—螺旋压板；6—L 形压板

$\phi 35$mm 孔加工好后，拔出对定销 3 并松开压板 6，将转盘连同工件一起回转 $180°$，对定销即在弹簧力作用下插入夹具体上另一分度孔中，再夹紧转盘后即可加工第二孔。专用夹具利用本体上的止口 E 通过过渡盘与车床主轴连接，安装时可按找正圆 K（代表夹具的回转轴线）校正夹具与机床主轴的同轴度。

三、铣床夹具

铣床夹具是指用于各类铣床上安装工件的机床夹具。这类夹具主要用于加工零件上的平面、沟槽、缺口、花键、直线成形面和立体成形面等。由于在铣削加工中多数情况是夹具和工作台一起作送进运动，而夹具的整体结构又在很大程度上取决于铣加工的送进方式，故将铣床夹具分为直线送进式、圆周送进式和沿曲线靠模送进式等三种类型。

1. 直线送进的专用铣床夹具

直线送进的专用铣床加具在铣床夹具中用得最多，按夹具中一次装夹工件的数目，可分为单工位和多工位两种。图 7-44 所示为在双工位转台 3 上安装两个工作夹具 1 和 2。一个夹具在进行加工工作时，另一个夹具可同时装卸工件。

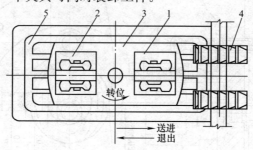

图 7-44　双工位转台工作原理

1、2—工作夹具；3—转台；4—铣刀；5—工作台

2. 圆周送进的专用铣床夹具

圆周铣削法的送进运动是连续不断的，能在不停机的情况下装卸工件，因此是一种生产效率很高的加工方法，适用于较大批量的生产。

图 7-45 所示为在立式铣床上连续铣削拨叉的夹具简图，通过电动机、蜗杆—蜗轮机构带动转台 6 回转。夹具上能同时装夹 12 个工件拨叉，以圆孔及端面、外侧面在定位销 2 及挡销 4 上定位，由液压缸 5 驱动拉杆 1 通过开口垫圈 3 将拨叉夹紧。AB 是切削区域，CD 为装卸区域。

3. 靠模送进的铣床夹具

零件上的各种成形面（直线、曲线和立体），可以在靠模铣床上按照靠模（用木、石膏等材料预制）仿形铣切，也可以设计专用靠模夹具在一般万能铣床上加工。图 7-46 所示为机械式靠模夹具。

四、磨床夹具

（一）磨床夹具的分类

磨床的夹具分通用夹具和专用夹具两大类，具体分类和用途见表 7-13。

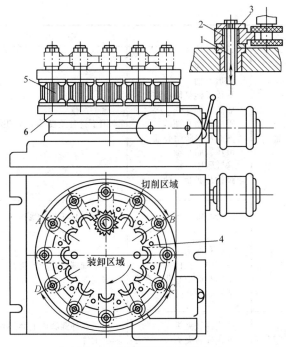

图 7-45 圆周送进的铣床夹具

1—驱动拉杆；2—定位销；3—开口垫圈；4—挡销；5—液压缸；6—转台

表 7-13　　　　　　　　　　磨床夹具的分类和用途

	种　　类		主　要　用　途
通用夹具	顶尖	普通顶尖 硬质合金顶尖 半顶尖 大头顶尖 长颈顶尖 阴顶尖 弹性顶尖	用于在外圆磨床上磨削轴类工件的外圆，在平面磨床上成形磨削及分度磨削
	鸡心夹头	单口鸡心夹头 双口鸡心夹头 圆环形夹头 方形夹头 双尾鸡心夹头	用于在外圆磨床上磨削轴类工件的外圆，在平面磨床上成形磨削及分度磨削

种　类			主　要　用　途
通用夹具	心轴	锥度心轴 带肩心轴 莫氏锥柄悬伸心轴 胀胎心轴 锥度胀胎心轴 液态塑料胀胎心轴 液压胀胎心轴 橡胶胀胎心轴 弹性片胀胎心轴	用于衬套及盘类工件的磨削
		组合心轴	用于筒体工件的磨削
	中心孔柱塞	中心孔柱塞 带肩中心孔柱塞 带圆锥面中心孔组合塞 活柱式中心孔塞	用于轴端有孔的轴类及筒体类工件的磨削
	弹簧夹头	拉式弹簧夹头 推式弹簧夹头	用于在外圆磨床上磨削直径较小的轴类工件
	吸盘	磁力吸盘 圆形电磁吸盘 圆形永磁吸盘	用于内、外圆磨削
		磁力吸盘 矩形电磁吸盘 矩形永磁吸盘	用于平面磨削
		真空吸盘 矩形真空吸盘	用于在平面磨床上磨削薄片或非导磁性工件
		真空吸盘 圆形真空夹头	用于外圆或万能磨床
	卡盘与花盘	三爪自定心卡盘 四爪单动卡盘 花盘	用于内、外圆磨床上磨削各种轴、套类工件
	虎钳与直角块	精密平口虎钳 磨直角用夹具 直角块	用于在平面磨床上磨削工件的直角

种　　类			主　要　用　途
通用夹具	多角形块	多角形块 六角形块 八角形块	用于在平面磨床上磨削多角形工件或花键环规及塞规
	正弦夹具	正弦夹具 正弦虎钳 正弦中心架 正弦分度夹具（含万能磨夹具）	用于在平面磨床上磨削样板、冲头等成形工件
		光学分度头	用于在平面磨床上成形磨削
专用夹具	专用夹具		用于成批大量生产的内、外圆或平面磨削

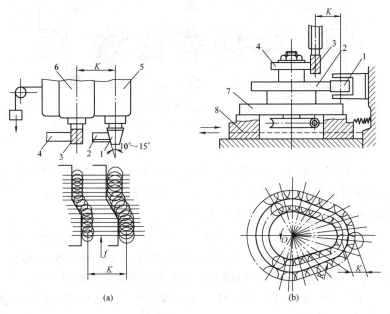

图 7-46　机械式靠模夹具

（a）直线送进靠模夹具；（b）圆周送进靠模夹具

1—滚柱；2—靠模板；3—铣刀；4—工件；5—滚柱滑座；

6—铣刀滑座；7—回转台；8—溜板

615

（二）专用磨床夹具实例

1. 专用矩形电磁吸盘

专用矩形电磁吸盘如图 7-47 所示。该吸盘是根据工件尺寸和形状而设计的，专门用来磨削尺寸小而薄的垫圈。为了将工件吸牢，将吸盘的铁心 4 设计成星形，以增大其吸力，同时由螺钉 3 将定位圈 5 固定在吸盘面板上星形铁心的中心位置。定位圈 5 的外径 D 小于工件的孔径，厚度也小于工件。磨削时，工件不会产生位移。

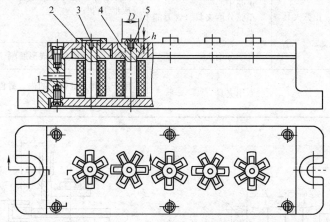

图 7-47　专用矩形电磁吸盘

1—线圈；2—工件；3—螺钉；4—星形铁心；5—定位圈

2. 真空吸盘

真空吸盘如图 7-48 所示。该吸盘用于在平面磨床上磨削有色金属和非磁性材料的薄片工件。真空吸盘可放在磁力吸盘上，也可放在磨床工作台上用压板压紧后使用。

为了增大真空吸盘的吸力并使其均匀，与工件接触的吸盘面上有若干小孔与沟槽相通。沟槽组成网格形，沟槽的宽度为 $0.8\sim 1\mathrm{mm}$，深度为 $2.5\mathrm{mm}$。根据需要可在本体上钻若干减重孔 6。

真空吸盘根据工件的形状、大小等设计，工件与吸盘面结合要严密，为避免漏气，一般需垫入厚度为 $0.4\sim 0.8\mathrm{mm}$ 的耐油橡胶垫。预先垫上一个与工件形状相同、尺寸稍小的孔口，然后放上工件，将孔口盖住，开启真空泵抽气，工件就被吸牢。如果是多个工

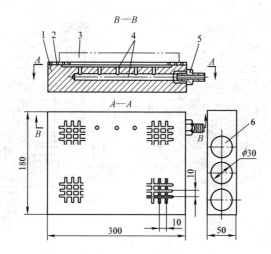

图 7-48 真空吸盘

1—本体；2—耐油橡胶；3—工件；4—抽气孔；5—接头；6—减重孔

件，则按工件数开孔。

3. 真空夹头

真空夹头也是利用真空装置吸附工件的夹具，也称为吸盘。它可用于外圆或万能磨床上夹持薄圆片工件。

图 7-49 所示是用于万能磨床上磨削薄圆片内、外圆的真空夹头。橡皮垫厚度为 0.8mm，工件由定位销 2 定位。

4. 圆形电磁无心磨削夹具

图 7-50 所示为在内圆磨床上进行无心磨削轴承外圈内槽面的电磁无心磨削夹具。磁力的大小可由设计决定，这是电磁夹具的一个优点。该夹具磁力大小要使工件被吸住而又不至吸得很紧，在受到推力后可产生滑动。夹具的面盘 6（即吸盘）与普通

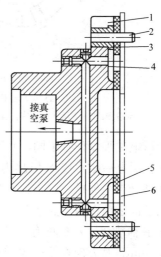

图 7-49 夹持薄圆片的真空夹头

1—本体；2—定位销；3—衬套；

4—真空室；5—橡皮垫；

6—工件（薄圆片）

617

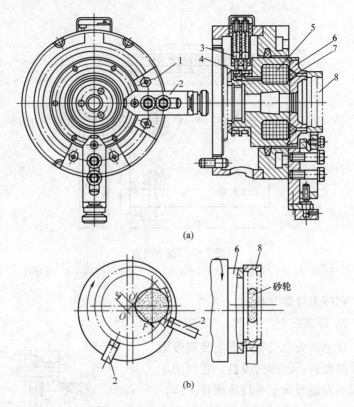

图 7-50　圆形电磁无心磨削夹具

(a) 夹具结构图；(b) 无心磨削原理图

1—支承滑座；2—支承；3—炭刷；4—滑环；5—线圈；6—面盘；7—隔磁层；8—工件

圆形电磁吸盘稍有不同，其隔磁层 7 是只有一圈的环形圈，磁力不大。通电后磁力线 N 极从内圈经过工件 8 到外圈回到 S 极，吸住工件。当受到推力后，工件与面盘 6 产生相对滑动。将工件 8 的外圆表面紧贴在两个支承 2 上 [见图 7-50 (b)]，使工件中心 O' 与机床主轴中心 O 之间有一个很小的偏心量 e，e 一般为 $0.15 \sim 0.5$mm，其方向在第一象限内。当夹具绕中心 O 转动时，由于有偏心量 e 的存在以及吸而不紧的状况，工件便绕中心 O' 转动，同时相对夹具面盘 6 滑动，以实现无心内圆磨削，保证了轴承外圈内、外圆的同轴度与壁厚公差要求。

五、镗床夹具

镗床夹具习惯上称为镗模，它广泛应用于各类镗床、多轴组合机床等来加工箱体类、支架类零件上的精密孔系，其孔的加工精度和位置精度可不受镗床精度的影响，而主要由镗模保证。

镗模在结构方面与钻模非常相似，也采用了刀具导向元件——镗套。与钻套布置在钻模板上一样，镗套也是按工件被加工孔的坐标位置布置在一个或几个导向支架（镗模架）上。镗模体与镗床工作台的连接方式与铣床夹具有相似之处，从而保证镗套轴线与镗床进给方向（主轴轴线）一致。由于箱体孔系的加工精度一般要求较高，因此镗模的制造精度比钻模高得多。

镗模的结构类型主要取决于镗套的布置方式。而在布置镗套时，主要考虑镗杆刚度对加工的影响。因此根据被加工孔的长径比（l/D）而分为以下几种形式：

（1）单支承引导（图7-51）。图7-51（a）所示为单支承前引导，镗套布置在刀具的前方，主要用于加工孔径 $D>60\text{mm}$，$l/D<1$ 的通孔。它便于在加工中观察和测量，特别适合需要锪平面、攻螺纹的工序；缺点是切屑易带入镗套之中，镗杆和镗套易于磨损，刀具的行程较长。

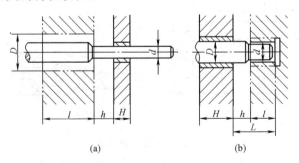

(a)　　　　　　　　　(b)

图 7-51　单支承引导

（a）单支承前引导；（b）单支承后引导

图 7-51（b）为单支承后引导，镗套布置在刀具的后方，主要用于镗 $D<60\text{mm}$ 的通孔和不通孔。这种方式装卸工件和换刀较方便。适用场合分两种情况：当 $l/D<1$ 时，镗杆引导部分的直径 d

可大于 D，故镗杆刚性较好，加工精度较高；当 $l/D > 1 \sim 1.25$ 时，$d < D$，以便缩短 h 和 L，保证镗杆刚度。一般 $h = (0.5 \sim 1)D$，其值在 $20 \sim 80$mm 之间，以便于装拆刀具和进行测量。

（2）双支承引导。采用双支承引导时，镗杆和机床主轴用浮动连接［图 7-52（a）、（c）为浮动接头］，这样所镗孔的位置精度主要取决于镗模精度，而不受机床主轴回转精度的影响，故两镗套必须严格同轴。双镗套的布置有两种方式：图 7-52（a）为前后单支承引导，工件介于两套之间，主要用于加工孔径较大，且 $l/D > 1.5$ 或一组同轴线的孔，其缺点是镗杆较长，刚度较差，更换刀具不便；当 $L > 10d$ 时，由于前后孔相距较远，应增加中间引导支承，以提高镗杆刚度。

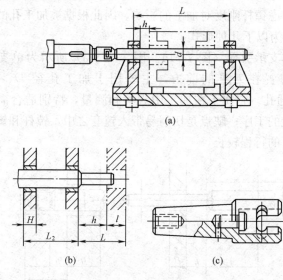

图 7-52　双支承引导
（a）前后单支承引导；（b）双镗套；（c）浮动镗杆接头

（3）双前引导。因条件限制不能使用前后引导时，可在刀具后方布置双镗套［图 7-52（b）］。此法既有前后引导法的优点，又避免了它的缺点。但镗杆伸出支承的距离 $L < 5d$，以免悬伸过长，同时镗杆导引长度 $L_2 > (1.25 \sim 1.5)L$，以增强其刚度和轴向移动时的平稳性。

为缩短镗杆长度，当采用预先装好的多把镗刀镗一组同轴等径通孔时，在镗模上可设置让刀机构（图7-53），使工件相对于镗杆轴线偏移或抬高一定的距离，待刀具通过后再回复原位。所需最小让刀偏移量为

$$h_{\min} = Z + x_2$$

这时允许镗杆的最大直径为

$$d_{\max} = D_1 - 2(h_{\min} + x_1)$$

其中

$$Z = \frac{D - D_1}{2}$$

式中　Z——孔的单边加工余量（mm）；

　　　x_1——镗杆与毛坯孔壁之间隙；

　　　x_2——镗刀尖通过毛坯孔时所需间隙；

　　　D_1——毛坯孔直径。

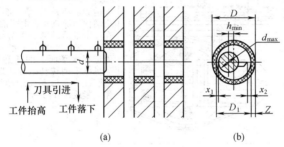

图7-53　镗杆的让刀偏移量

第四节　通用可调夹具与成组夹具

一、通用可调夹具

通用可调夹具是适应多品种小批量生产特点的一类新式夹具。所有的各种可调整夹具都具有一个共同特点，即基本上是由通用基本部分以及可调整部分联合组成的，每次使用时可根据工件的不同形状及加工要求，在通用基本部分的基础上对某些元件进行调换、调整或附加加工，以组成所需要的夹具。这就可以多次使用，而顶多只要换去可调部分，这部分所占整个夹具的制造劳动量和所需金属的比例都是

很小的，从而比设计制造专用夹具能大大节省劳动量及成本。

这类夹具的通用基本部分主要包括夹具体、传动装置、操纵机构等，可调整部分主要包括定位元件、夹紧元件、导向对刀元件等。

可调整夹具的通用基本部分，最常用的主要是各类卡盘、各种机用虎钳、滑柱钻模等。可调整部分也可以采用标准件或已制成的出售件。

表 7-14 所列是用机用虎钳作为通用基本部分，调换可调整部分以构成各种用途的通用可调夹具示例。

表 7-14　　　　　　　以通用虎钳为通用的基本部分的通用可调夹具示例

序号	所属部分	结 构 简 图	概 要 说 明
1	通用基本部分:手动机用虎钳	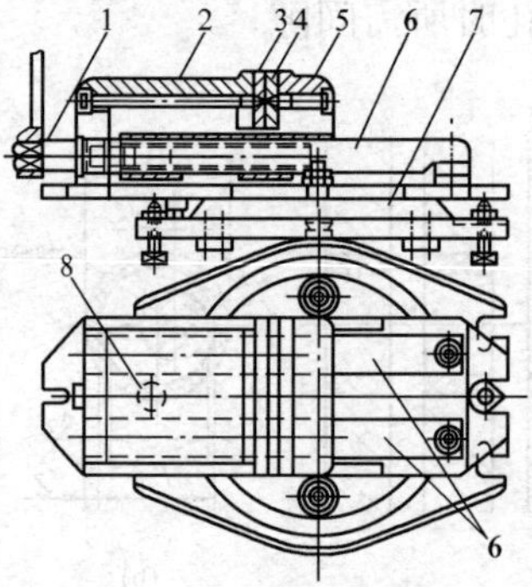	由固定部分2，活动部分5以及两个圆柱形导轨6等主要部分所组成。在固定及活动部分上分别安装钳口3、4，整个虎钳靠分度底座7可以固定在水平面上的任意角度位置。当操纵手柄转动螺杆1时，即可通过圆柱形螺母8而带动活动部分5作夹紧或松开移动
2	可调整部分:可换钳口	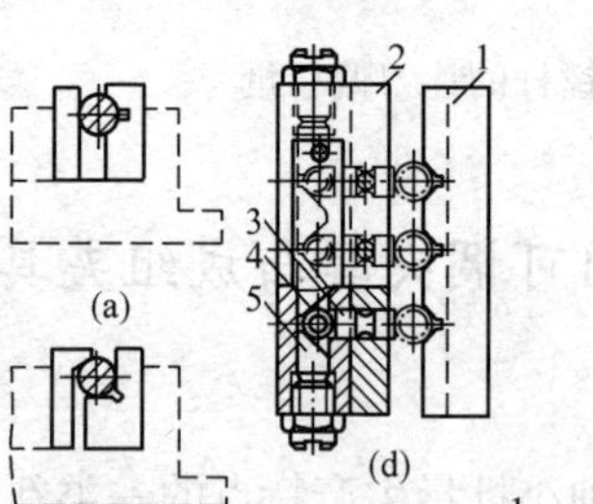	图（a）所示是用V形块及平板作可换钳口小圆柱工件的例子 图（b）是夹紧小圆柱形工件时，使其同时受到向下的夹紧力所用的可换钳口 图（c）是夹紧较小工件时，使其得到一定的倾斜角度所用的可换钳口 图（d）所示是同时夹紧3个工件用的可换钳口，图中1是固定钳口，2是活动钳口，滑柱3、小圆柱体4及斜面滑柱5是作为自动调整保证三个工件同时夹紧用的 图（e）是用塑料制成的活动钳口。塑料中可加进金属或其他添加剂，用以提高塑料的抗磨损性能。添加剂与塑料1在冷却状态下混合在一块，然后加热倾注到可换钳口壳体2中，铸造与工件外形相吻合的钳口形状

图 7-54 是以滑柱钻模为通用基本部分的通用可调整夹具应用示例。可换垫板 1 及下端做成 V 形的压紧套 3 是用以钻，铰连杆小头孔的可调整件，分别装在钻模的本体及钻模板 4 上，工件以定位销 2 和槽 C 得到初步定位。摇动手柄使钻模板下降，即可通过压紧套 3 使工件获得最后定心并夹紧。

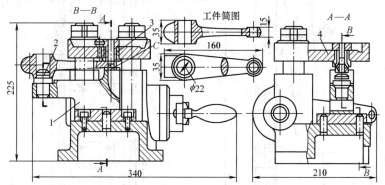

图 7-54　滑柱钻模的通用可调整夹具示例
1—可换垫片；2—定位销；3—压紧套；4—钻模板

二、成组夹具

成组夹具是在推行成组技术的基本程序中，根据一组（或几组）具体相似零件的典型复合零件而设计制造的夹具。根据具体工件定位、夹紧和导向等方面的具体条件，而做相应调整的夹具，也是用于推行成组加工实现成组工序的重要物质基础。

（一）成组夹具的特点

（1）在多品种成批生产的机械加工中，采用成组技术的加工方法，把多种类型和系列产品的零件，按加工所用的机床刀具和夹具等工艺装备的共性分组。

成组夹具兼有专用夹具精度高、装夹快速和通用夹具多次重复使用的优点，一般不受产品改型的限制。故成组夹具具有较好的适应性和专用性，其适应性仅次于组合夹具，但又具有比现场调整迅速、操作简单的优点。成组夹具能补偿组合夹具结构、刚度和精度不足，制造成本较高和生产管理较繁的缺点。图 7-55 是针对一定尺寸范围和相似零件设计的，用来加工柴油机进排气管螺柱安装孔双支承回转夹具。

623

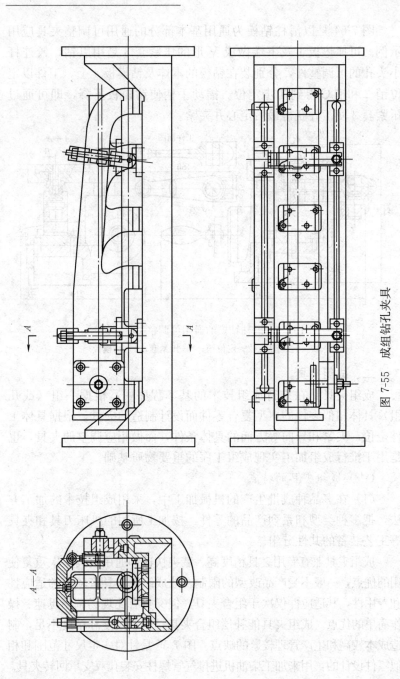

图 7-55　成组钻孔夹具

（2）成组夹具的形式很多，但基本结构都是由基础（固定）部件、可调整和可更换部件两部分组成。

基础部件包括夹具体和中间传递装置，作为夹具的通用部分。当加工零件的成组批量足够满足机床负荷时则安装校正后可长期固定在机床工作台上，不必因产品轮番生产而更换。可更换和可调整元件有定位部件、夹紧部件、导向元件和对刀元件，是根据加工零件的具体结构要素、定位夹紧方式及工序加工要求而专门设计的。可调节和可更换元件以及相应的组件，是成组夹具的专用元件，当更换加工零件时，通过更换和调整工作，可以满足一组不同零件的工艺要求。

（3）多品种成批生产的零件加工，采用成组夹具可克服使用专用夹具时的设计制造工作量大、成本高和生产技术准备周期长的缺点。

表 7-15 和表 7-16 为成组钻夹具、成组铣夹具与其相应的专用夹具的经济效果比较表。表 7-17 的分析数据列出加工 20～25 个零件使用成组夹具所节约制造费用的平均值。

表 7-15　　　　　成组与专用钻夹具经济效果比较表

项　目　内　容		夹具形式		节　省
		专　用	成　组	
钻模板		250	6	—
可换构件套数		—	250	
每套平均成本	钻模	30 元	110 元	51%
	可换构件	—	12 元	
每套设计工时	钻模	12h	40h	58.7%
	可换构件		4h	
每套材料耗量	钻模	7kN	12kN	74%
	可换构件		15kN	

表 7-16　　　　成组与专用铣夹具的经济效果比较表

项　目　内　容		夹具形式		节　省
		专　用	成　组	
工件种类数		800	800	—
夹具套数		552	22	
每套平均成本	夹具	80 元	177 元	74%
	可换衬垫		16 元	
每套设计工时	夹具	20h	115h	59%
	可换衬垫		5h	
可换衬垫数		—	475	

表 7-17 单件或成组加工时夹具制造费用比较

成组夹具使用于	成组夹具上被加工零件种类的数量	被成组夹具替换的专用夹具数量	夹具成本（元）	
			成组夹具	被代换的专用夹具
六角车床	20～30	20～25	20	400
车床	15～20	10～15	150	1500
铣床	45～55	35～40	150～200	3200
镗床	40～50	30～40	150～200	3500
钻床	60～70	50～60	100～200	1500

(4) 多品种成批生产零件加工使用的专用夹具，在产品更新时整批专用夹具均应报废，造成很大的损失；而成组夹具仅报废可换调整元件，其余部分仍可继续使用，可充分发挥夹具的潜力，提高夹具的有效使用寿命。

(5) 一般专用夹具在多品种成批生产条件下，由于批量小，夹具结构都比较简单，夹紧机构多属手动。为了压缩工装系数，尽量不采用夹具加工零件。使用成组夹具扩大了生产批量，故常采用高效的机动传递装置。当变换加工另一种零件时，工艺系统的调整时间比专用夹具的安装和校正时间短，故可提高工序的生产效率和改善操作的劳动强度。

(6) 成组夹具的设计，是建立在零件相似原理分类的基础上，考虑了零件加工过程中定位与夹紧的统一问题。这样使夹具的调整有规律性，故成组夹具具有更多的系列化和标准化元件。夹具的结构设计和制造工艺，也可典型化，促使夹具三化程度的发展。

(7) 在新产品试制过程中，为减轻生产技术准备的工作量，导致压缩工装系数。在产品结构和配合精度日趋提高的情况下，难以保证产品质量和可靠性。成组夹具可在小批量生产类型保持合理的工装系数条件下，提供快速和有效的夹具，以满足低消耗高质量的要求。

(8) 随着产品品种日益增多，保管这些专用夹具的场地面积也不断增加，一套成组夹具可替代几套甚至十几套专用夹具，故可大大节约夹具存放面积。

(9) 零件的轮廓尺寸，是设计成组夹具最重要的分类特征。加工大型零件，由于夹具设计的复杂性，应具备大量的不同结构的夹紧装置。这样需有较大的调节范围，支承和定位元件也相应有较大的调节范围，并保证所需的刚度，所以大型零件还很少采用成组夹具。

（10）被加工零件组在数量和批量不多，而且不能保证成组夹具的长期使用时，从经济效果的费用计算，使用成组夹具是不够经济的，宜采用装拆式的组合夹具系统。

（11）设计一套成组夹具，要求适应一组或相似零件的一个尺寸段所有零件的加工使用，夹具某些元件是要可调整的。哪一元件要可换的，还要紧固和锁住。因此，一套成组夹具要比一套同类型的专用夹具结构更复杂，层次更多，外廓体积和质量也有一定程度的增大。所以设计难度大，设计周期要比同类型的专用夹具多2～3倍，制造成本也相应增加，但分配到零件组内大量的零件上则显示很大的经济效果。

（二）成组夹具的要求

根据成组加工的特点，成组夹具除应满足机床夹具的一般基本要求外，还应符合下列要求：

（1）通过调节或更换某些定位、夹紧和导向元件，能迅速而稳定地装夹零件组中任一种零件，能确保零件组全部零件实现加工精度及有关工艺要求。

（2）应有较好的工艺继承性和体现对新产品发展的预见性，能适应用于该零件组不断增加的同类型新产品零件的加工。考虑成组夹具结构时，不应局限于被确定的零件组，试制新产品中的零件、历年生产过的或今后拟发展的宜属于同一加工零件组范畴中。对其他零件的结构要素、工艺特性、尺寸精度等方面进行统计分析，使所设计的成组夹具不但对现有产品有一定的适应性和通用性，而且对发展中的新产品也具有良好的继承性，可继续使用。

（3）尽可能采用先进结构和高效装置。零件加工的总劳动量在小批生产的辅助时间达55％～60％。为了进一步提高劳动生产率，主要应降低辅助时间。成组夹具设计时应尽量考虑缩短辅助时间，所以应尽可能采用高效装置，如机动夹紧机构、联动机构和快速夹紧机构。

（4）元件的调整和更换，应力求简便迅速，准确可靠。加工零件转换到另一种零件时，重新调整的时间应最小。可换元件和组件应便于保管、不易散失。

（5）结构紧凑合理，基础部件和可换元件应具有足够刚度和较长的寿命，以保证加工精度。

（6）成组夹具结构上允许重新调整和组合，是标准化和统一化的工装。在设计时应尽量采用标准件和通用部件。

（7）设计成组夹具的结构方案，确定被加工零件的尺寸系列和加工零件的品种数时，要按加工批量进行全面的经济分析，力求以最低的成本获得较好的经济效益。

（三）成组夹具的结构设计

成组夹具就是需重新调整和装拆、可加工一个零件组的多用夹具。其结构由与机床工作台紧固的基础部分和与被加工零件直接接触的可换调整部分组成。基础部分的设计和一般专用夹具底座或夹具体设计基本相同，它必须能每个零件的安装和夹紧。基础部分对各零件是通用的。可换调整部分的设计，是成组夹具设计的关键，它直接影响成组夹具的加工精度、使用范围、工作效率、制造成本及维修管理诸方面的技术经济效果。

1. 夹具可换调整部分的设计要求

在生产使用的成组夹具中，可换调整方式有三种：

（1）更换式：全部或局部更换定位夹紧元件，如钻模板、钻套等。用于几何参数和工艺过程不同，但定位夹紧方法在某些工序中相同的工件。它可以对某些工件设计专用件。

（2）调整式：根据加工对象的工艺要求，对成组夹具上的定位夹紧元件作相应的移动或调整相互的工作位置。

（3）混合式：更换元件和调整位置相结合的方法。

更换式适用范围较广，可达到较高的精度和稳定性，并且工作可靠、调整简单，但保管较烦、制造成本也比调节式要高些。调整式元件较少，保管维护方便、制造成本低但调节费时、调整误差影响尺寸精度。一般多采用更换与调整相结合的混合方式，主要定位元件和导向元件位置精度要求高的通常设计为更换式。这样，零件加工精度取决于可换件本身的制造和安装精度，不受基础部分的组装误差及调整误差的影响。所以可换式元件与夹具基础部分的连接应具有固定的限位、导向和校正的表面、使调整迅速可靠。辅助定位元件因其定位精度、工作位置无严格要求，故多做成调整式。夹紧机构也常采用调整式，以满足不同零件结构和外廓尺寸的要求。可换和调整元件的设计，通常应满足下列要求：

1）结构简单紧凑，调整直观清楚，接近性好，不要拆下更多的元件。

2）改变加工另一种相似零件时，更换调整件应装卸迅速、需要的时间最短，不需高级调整技巧，操作者能自行调节。

3）保证组内各零件要求的加工精度，尽量减少装配层次、提高装配的连接刚度，杜绝装配失误的可能性。

4）最大限度地利用现有机床夹具零部件标准，有良好的通用性和继承性。

5）加工工艺性好，尽可能设计成组合体，便于维护和保管、成本低，各元件本身有必需的精度和刚度。

6）经常调整和更换的易损元件，应选用适当的耐磨材料和相应的硬度，并有防尘装置。

7）更换件的数量应最少，在调整和更换的管理工作中，应有图可查、不致混淆。应掌握操作和管理的制度和习惯，力图减轻劳动量和辅助时间。

8）有确保相对位置精度及简化调整方法，缩短调整时间的措施和机构，如校准元件、定位插销、调整垫块、刻度游标或调整螺钉等。

9）将调整元件按调整距离的大小和调整时间的长短分为大调、小调和微调。

2. 夹具结构设计要求

为满足成组工艺和生产管理要求，成组夹具的结构设计，除遵循专用夹具一般设计原则外，还应注意下列要求：

（1）成组夹具安装的零件，是按工艺特征分类成组的，零件结构形状互有差异。设计时应考虑其定位和夹紧元件在操作和调整时仍能保证为加工一个零件而精心设计的专用夹具。

（2）要求夹具的通用化程度高，适应机床类型广，以便扩大工艺范围。如图 7-56 所示，用于加工轴承座类零件组的成组车床夹

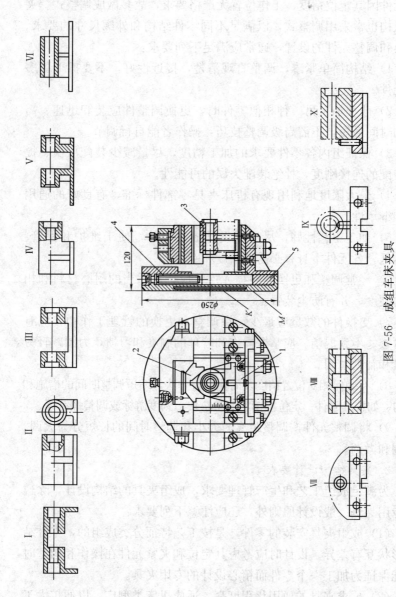

图 7-56 成组车床夹具

1—可换定位垫板；2—可换 V 形块；3—工件；4—固定平衡块；5—可动平衡块；Ⅰ～Ⅹ—加工零件工艺组

具与机床连接的基准面应考虑 K 和 M 两处。使夹具体既可安装在机床主轴的凸肩上，也可安装在花盘的平面上，以适应生产调度需要。

（3）在保证连接刚度足够的条件下，应尽量采用组合式装配结构（见图 7-57），这样比整体结构使用更灵活（见图 7-58），制造成本更低，避免了为扩大工艺范围而使得成组夹具结构过分庞大、复杂和笨重。

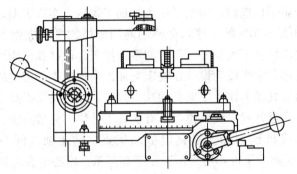

图 7-57 组合式成组分度钻模

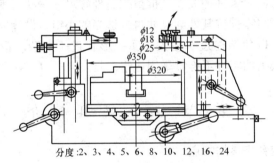

分度：2、3、4、5、6、8、10、12、16、24

图 7-58 整体式成组分度钻模

（4）有高效的成组夹具，才能发挥成组工艺的优越性。通常，专用夹具基本采用手动夹紧机构。但设计成组夹具应尽量广泛使用高效、机动夹紧机构和快速联动夹紧机构更为合理。当同组零件的批量形成成组批量，使机床负荷达到满意值时，成组夹具的通用基础部分，可长期固定在加工机床的工作台上，为采用高效的机动夹紧装置创造条件。

(5) 成组夹具的基础部分，在整套成组夹具中约占其设计制造劳动量的 $70\%\sim80\%$。它影响成组夹具的整体结构和刚度、生产效率和经济效果。因成组夹具设计的基本要求是保证精度、更换及调整的速度，故通常优先考虑采用先进的、典型的通用机床的标准辅具和通用夹具。尽量利用机床附件进行设计，可换垫块、钳口、夹爪等装配为成组夹具。在铣削工作中，使用专用的可换钳口和衬垫的机床用平口虎钳，提供了很大的加工领域。实践表明，在铣削加工有 $60\%\sim70\%$ 的工序，可使用通用机械的平口虎钳上的可换元件来完成尺寸不大和外形简单的零件加工。设计和使用可换钳口和可换衬垫，应当成为设计在铣床上加工中小型零件用的成组夹具主要方向。其成本比专用夹具的减少数倍，而且还能提高劳动生产率。另外，悬臂式滑柱钻模，具有安装工件快、夹紧方便、应用范围广、可成批预制和可换钻模板的优点，钻孔轴线间距在大于0.15mm 误差的工件均可采用。至于在三爪自定心卡盘和四爪单动卡盘，更换专用卡爪的成组车床夹具，早已被广泛使用。

(6) 若同组零件种类多、批量大、外廓尺寸变动范围广，则设计时应注意将零件按其外廓尺寸再分适当的小组，设计成几种同类成组夹具，以免结构过于庞大笨重。形状过于复杂、精度要求太高、批量很大的零件不推荐采用成组夹具。

✿ 第五节　组合夹具简介

一、组合夹具的特点

组合夹具由一套结构、尺寸已经规格化、系统化的通用元件和合件构成。是一套预先制造好的，不同形状，不同规格，具有互换性、耐磨性的标准元件和合件，根据工件的加工要求，采用组合的方式，拼装而成各种专用夹具。组合夹具用完之后可以拆开，将元件擦洗干净，贮藏在夹具零件库里，待以后重新组装夹具时重新使用。

(1) 组合机床夹具是根据工件特定工序的加工要求、工件在工序间的输送方式、工件工艺基准面的状态、工件加工质量的保证手段、工序顺序的安排和刀具导向装置的形式等因素而确定的，是为组合机床实现专用功能而设计的专用部件，所以夹具结构和形式也是按这些部件的具体要求来确定。通用机床夹具随工件形式不同而更换，是作为机床的辅助部件或可随后补充的附件。在设计过程中，组合机床夹具的形式，在很大程度上决定了组合机床的形式，有时对组合机床的加工精度有直接影响，甚至改变机床的总体方案、工艺过程或生产率。

（2）组合机床是高生产率的设备，其夹具是供大量和成批生产类型用的，专用和自动化程度都很高。通常多采用高效、快速、动力传动的夹紧装置和联动机构。结构复杂，而且在多工位机床上的夹具数量多，尺寸精度和形位公差要求高，所以设计和制造的周期长，费用大。为此，提出设计任务时，对所加工的产品零件，必须是技术成熟、参数先进、功能可靠、质量稳定、市场前景广宽，并已经样试、小批生产、用户使用和扩大验证后经鉴定的定型产品。以免产品结构修改时涉及机床零部件或整机报废。

（3）采用高效率的自动化生产的组合机床设备，应考虑年生产纲领，进行技术经济效果分析，并需计算追加基本投资回收期指标（我国组合机床行业定为 7 年），以便充分提高和发挥设备利用率。否则应考虑夹具结构的可调性和可换性，甚至采用成组加工或柔性制造的夹具方案。

（4）通常组合机床是在多轴、多刀条件下，在工件一次装夹后集中工序进行多件、多面、多工位的加工，产生很大的切削力和振动。这样，对工件的准确定位和可靠夹紧就显得更为重要了。所以夹具体和定位、夹紧元件应具有足够的稳定性和刚度，保证在整个加工过程中，工件不产生任何位移和变形。

（5）为保证机床实现程序动作的可靠性，夹具在工件装夹和刀具引进的操作过程中，都有严密的互锁联系，各部件动作顺序都要有逻辑性的相关控制和检查。为此，夹具各机构的动作，要配置指令和检查信号，夹具体上要考虑安装电气接线座的电器壁龛。设计者需掌握机床的全部动作循环和各部件运行程序的相互关系，设计工作复杂繁重。

（6）在组合机床加工选用的切削用量，虽然比通用机床的一般要低 30%～50%，但其工艺采用多轴、多刀、多面和多件的集中工序加工，产生大量切屑，尤其是组合机床自动线用的夹具。所以夹具定位机构附近要有足够的空间以便自动排屑，避免堆积在定位基面和导套上，有时需采用强力喷射切削液和清理定位基面的措施。

（7）组合机床夹具的定位、夹紧和导向元件及部件的结构，已基本实现了标准化、通用化和商品化。设计时，为保证夹具机构的动作和功能可靠、耐用，应最大限度地使用传统结构和经长期考验的典型通用部件和标准元件。创造性构思的新颖结构，应符合客观规律和实际条件。采用先进技术时，应注意技术进步和经济实用的统一。

（8）组合机床夹具结构的特点，表现在安装导向元件的钻模板。在多工位机床上，因各工位加工工序不同，所需要的导向套内径尺寸也不一样。同时，工件在机床加工过程中，为实现工位移动完成多工位的加工，还要转动或移动。故需将夹具各工位的导向装置单独做成活动钻模板，与其加工的多轴箱连接在一起，与刀具的进给运动一同移动，见图 7-59。

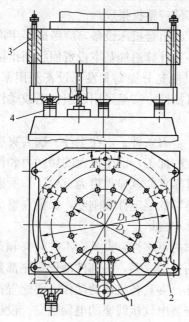

（9）组合机床，是大批大量生产的加工设备，意外停机事故，将招致企业严重的经济损失。组合机床夹具是保证工件加工精度的重要部件。为确保夹具能持久稳定地保持初始精度，除精心设计结构和认真调试外，还应做好维护保养工作，保证必要的润滑和有效的防尘措施。并应考虑夹具不拆下的条件下，更换易损件的可能性，尽量减少停机损失。

（10）组合机床加工精度，基本由夹具来保证。组合机床主要用于孔加工的集中工序，其刀具大多数是在导套中工作。所以

图 7-59　活动钻模板

1—工件；2—活动钻模板；

3—多轴箱；4—夹具

组合机床夹具的精度一般比通用机床的高。即使是粗加工的机床夹具，为避免影响精加工工序，也必须有一定的精度要求。

（11）组合机床加工的工件，常常需要安装多件或两次安装，装卸操作频繁，而且是重复、固定、单调的动作，劳动强度大。所以设计时应结合人机工程学的安全、省力、舒适和效率的原则，优化人机系统，使能互相协调。通常采用动力传动夹紧装置和联动机构，见图 7-60，工件上下料具有最大程度的机械化和自动化，以缩短辅助时间、改善劳动强度。

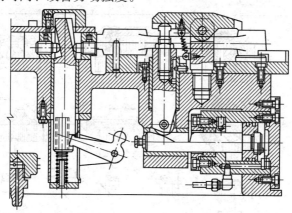

图 7-60　从两个方向同时夹紧的联动装置

二、组合夹具的常用元件

组合夹具的通用标准元件和合件包括基础件、支承件、定位件、导向件、压紧件、紧固件、其他件和合件等。它可分为槽系与孔系两大类，表 7-18 所列就是槽系组合夹具元件中的一部分。

表 7-18　　　　　　　　槽系组合夹具元件和部件

种　类	元 件 和 部 件 图
基础件	

种　类	元件和部件图
支承件	
定位件	
导向件	

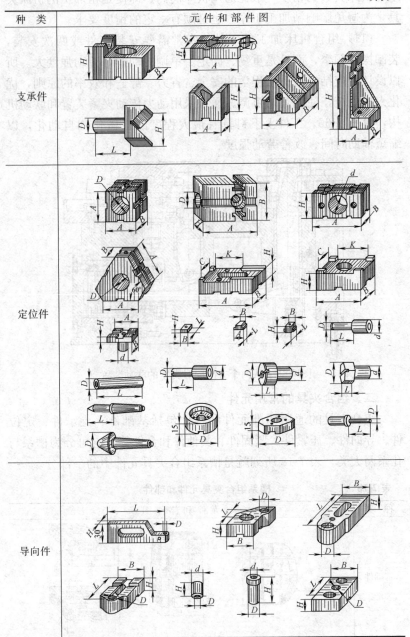

种 类	元 件 和 部 件 图
压紧件	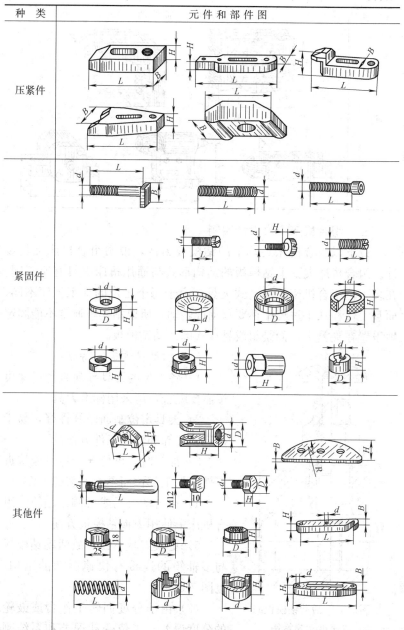
紧固件	
其他件	

种类	元件和部件图
合件	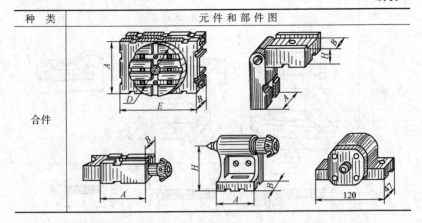

三、组合机床夹具设计实例

以下以组合机床夹具上的钻模板为例，说明组合机床夹具设计。组合机床夹具上钻模板的结构形式与通用机床夹具有所不同。在多工位组合机床的移动式夹具，由于每个工位的加工工序不同，而且工件在加工过程中还要移动或转动，所以钻模板通常不能固定地设置在夹具上，而是组成悬挂式的活动钻模板。

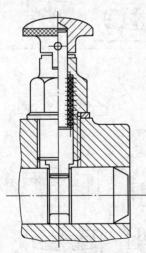

图 7-61　活动钻模板的
快速拆卸弹簧销

（1）活动钻模板的特点：

1）各工位的刀具导向直径尺寸可按需要配合，可采用标准刀具。

2）夹具定位基面敞开性好，易于接近，装卸和输送工件方便。

3）加工时，可使导套尽可能接近工件的加工部位而不影响装卸工作。

4）在自动换箱或可调多轴箱的组合机床上使用更换钻模板方便。

5）更换刀具不便，故活动钻模板与多轴箱的连接有快速拆卸的结构，见图 7-61。

（2）由于分度回转工作台或鼓轮的分度误差、工位变动误差和系统刚度的影响，使加工孔轴线位置精度比固定钻模板降低 50%，所以采用活动钻模板时应考虑以下条件：

1）采用活动钻模板加工孔的位置精度与钻模板的结构有关。通常，在分度回转工作台上加工，结构性误差占总加工误差的 15%～30%。如能消除该误差，则可保证加工孔与定位基准间的位置精度 ±0.15mm～±0.20mm。采用刚性钻模板（与夹具或工件没有定位和夹紧，与多轴箱是刚性连接）为±0.20mm～± 0.35mm。

2）活动钻模板与多工位夹具的定位件，应具有一定的定位装置，通常用一面两销的定位方式来保证。在立式回转工作台组合机床上，是以一公用钻模板包容所有的全部工位，见图 7-59。定位套孔的底孔数为分度回转工作台的加工工位数。工作台上各夹具的相应部位，配置有定位销和支承块，见图 7-62。但实际具定位作用的通常只有两个定位套。在开始工作进给时，活动钻模板至少应有四处支承块贴靠在各回转夹具的支承块所组成的平面上。为了提高钻模板加工孔的位置精度，可使钻模板与夹具支承块结合面及定位销之间距离，尽可能布置远些。钻模板的重力和导杆上的压簧压力中心应在各支承块中间，以提高支承刚度。支承块的高度应能防止切屑堆积。立式机床活动钻模板的特点是有很大的外形尺寸，所以在坐标镗床上以其一个平面为基准进行加工有相互联系的孔系时，应注意钻模板的加工工艺性，要避免个别凸台高出主要基准面的范围。

3）活动钻模板与工件直接定位时，可提高钻孔与定位基准的

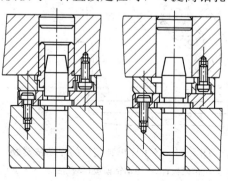

图 7-62　活动钻模板的定位销和支承块

位置精度。但采用这种方案设计时应注意：

　　a. 在多工位机床上可能切屑堵塞；

　　b. 定位销与工件的精密孔配合，易使其表面损伤；

　　c. 钻模板角向定位较困难；

　　d. 为了在活动钻模板上获得最高的定位精度，最好是在公用钻模板上带着各工序单独用的几个浮动钻模板，分别按照各工位上的移动式夹具实现定位，见图 7-63。

　　4）活动钻模板应有足够的刚度，夹紧元件应与其隔离，以免

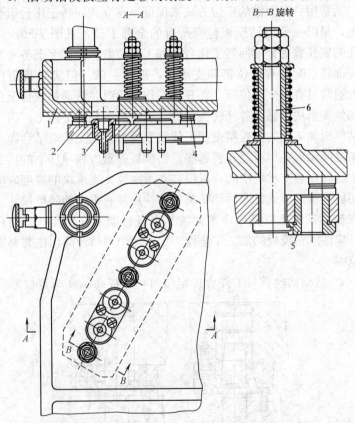

图 7-63　各工序单独定位的浮动钻模板

1—公用钻模板；2—浮动钻模板；3—钻套；4—支承块；

5—与移动式夹具定位的导套；6—浮动钻模板的导柱

引起变形。为提高钻模板的连接刚度，可将它的支承导杆固定在多轴箱体上，而不是在多轴箱盖上。在卧式组合机床多轴箱上的导杆直径为 40mm 时，常用于支承轻型活动钻模板（小型系列组合机床除外），对多轴箱前端面的悬伸量应小于 400mm；当直径为 600mm 时，悬伸量也不应超过 500mm。有关活动钻模板导杆结构的参数，见表 7-19。

表 7-19　　　　　　　　活动钻模板导杆尺寸参数　　　　　　　mm

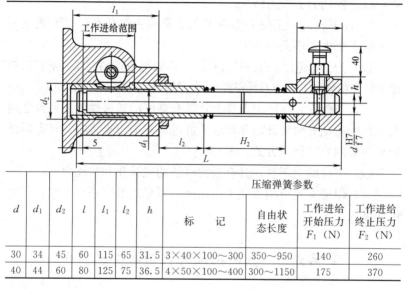

							压缩弹簧参数			
d	d_1	d_2	l	l_1	l_2	h	标　记	自由状态长度	工作进给开始压力 F_1（N）	工作进给终止压力 F_2（N）
30	34	45	60	115	65	31.5	3×40×100～300	350～950	140	260
40	44	60	80	125	75	36.5	4×50×100～400	300～1150	175	370

　　5）在立式多工位机床上，活动钻模板的质量超过 80kg 时，模板上的导杆可不必用压缩弹簧在各夹具的支承块平面上压紧钻模板。

　　6）在回转鼓轮式组合机床上的夹具，钻模板不应安装在鼓轮两侧的支架壁上，而应安装在分度回转鼓轮上，随夹具一同回转，以消除结构性误差，这样，各工位的刀具导向直径都应当是相等的。

四、组合机床夹具使用要求

（1）提高组合机床夹具加工精度的措施：

　　1）选配组装零件，以便选配间隙。

　　2）缩短尺寸链，减少组装零件数量，减小积累误差。

　　3）合理布置压紧机构，避免从外界用力顶紧零件。

4) 考虑采用两个圆柱销插入的过定位方法消除间隙，增加定位的稳定性和提高分度的位置精度。

5) 采用较大直径的分度盘，减小相应误差。

6) 采用前后导向的钻模和镗模，增加导向长度。

7) 选用刚度好的元件结构，增大元件的结合刚度。增多支承点和压紧点的数量。

8) 尽可能把切削负荷大的工位布置在靠近机床立柱或滑座导轨，以改善动力头受力情况。

9) 能够在同一工位上实现工艺要求的一组孔系，尽可能在一个工位上集中工序进行加工。

10) 为了避免加工孔的孔径扩大，不应将重切削（如铣削和粗扩加工）和精加工工序的刀具安置在同一钻模板上导向和同时加工。

(2) 工件安装在固定夹具上，需有良好的通过性能。夹具必须在工件的运动方向敞开，并要求工件进入和退出夹具时，具有同样的最简单的直线运动方式。

(3) 工件的上下料，具有最大可能的机械化和自动化。

(4) 保证夹具机构按照工作循环，可靠地顺序进行工作，且动作速度快。

第六节 数控机床与自动线夹具简介

一、数控机床夹具

(一) 数控机床夹具特点

在柔性制造生产方式下，加工设备主要是数控机床和加工中心。工件结构要素的位置尺寸是用机床自动获得、确定和保证。因此，夹具的作用是把工件精确地装载入机床的坐标系中，确定工件加工点的空间位置，保证工件、托板、机床及位置测量系统各坐标系之间的尺寸联系，故用于装夹工件的夹具仍是必须的。在柔性制造系统中，要加工大批的从几件到几十件工件，因此，应有与专用夹具不同的夹具准备系统。在这种生产方式下，工件通常只经一次装夹，即用一个夹具就可连续地对其各待加工面自动完成多种工序，这与专用夹具仅能完成特定工序的加工有所不同。根据柔性、制造系统及其工件流的运储特征，工件装夹系统所采用的夹具，对满足工件的高精度，降低系统或单元的制造成本及提高系统运行的可靠性，具有重要作用。并且由于以机械加工为主的柔性制造系统纳入的机床种类，虽然加工对象有所不同，但主要是用加工中心和数控化机床组成的。在这类机床上工作的夹具特点是：

（1）为确定工件对刀具相对移动的空间位置，简化夹具的定位和安装。夹具的每一定位面，相对于机床及位置测量系统，必须建立和协调各坐标系原点间的坐标联系。在设计数控机床夹具时，应画出协调夹具安装和数控编程的坐标图，标明在机床坐标系统中起刀点的位置及其与工件定位基准间的相对位置尺寸。

（2）通常柔性加工中数控机床最主要的特点，是工序高度集中，采取按所用的刀具来划分工序和工步的原则，以减少换刀次数和时间。对于同轴度要求高的孔系，考虑重复定位误差，应在一次定位后顺序连续换刀。所以要求工件装夹次数尽量少（少于 3 次），要求在一次装夹中尽可能多地完成各工序和工步。为此，要考虑便于各个面都能被加工的定位方式。

（3）数控机床的加工，适用于小批量、多品种生产。数控机床夹具应具有较高的柔性。应尽量采用标准化的通用夹具、组合夹具和拼装式快速调整的夹具系统，以缩短夹具装配时间，提高机床效率。

（4）夹具系统必须满足数控机床的高精度、高效率和柔性及自动化加工的要求，故对工艺系统的刚度有较高的要求，夹具元件数尽可能少。

（5）在托板上安装工件定位时，要求装夹方便、快捷准确；在托板交换时，不损失定位精度，多次重复更换工件具有保持精度能力。

（6）经快速装拆，能改造适合新工件所需的夹具。

（二）数控机床夹具方案的选定和设计

1. 数控机床夹具方案的选定

单件和中小批量非回转体件的加工，为了发挥设备负荷的高生产率和适应工件的频繁变化，现在多采用加工中心或以加工中心为主的柔性加工单元和柔性制造系统。因此，非回转体件在柔性制造过程中的工件准备系统,主要需与加工中心配套,以托板交换和更完善的组合式夹具为主要保证措施。为了解决能以适当的方式提供大量的、各种类型的夹具,每一工件采用专用夹具显然不合理,应采用由预先制成的标准通用构件组装的夹具。可采用预先制成的定位和夹紧构件。这样,可用所拥有的零部件,在短时(通常为几小时)内装配成夹具,实质上取消了生产技术准备周期。对新产品或其零件结构的修改,具有广泛的适应性和长期重复使用的继承性,以及暂时可代替专用夹具的优点。也允许采用能迅速装配各种标准化的动力夹紧装置。这种工装系统适应小批量生产的短促生产准备周期。

非回转体工件在运贮系统的装料托板和料架,多处于加工过程所需的装夹状态,贮装和夹紧构件也多为组合式。操作装置的任务仅限于在机床托板的交换工作台上交换托板。专用夹具需专门设计和制造,生产准备周期长,制造成本及贮存管理费用高。只有在工件的定位和夹紧元件,不能采用组合式可调夹具,或者加工的基本时间不长,必须使用多位专用夹具以增加加工时间采用。必须采用专用夹具时,夹具结构应尽量简单、制造周期短,夹具体在大多数情况下是用钢板焊接。万能机床专用夹具传统的制造方法,是用定位销和螺钉装配个异精密元件,但制造数控机床用的夹具时,将夹具元件预先在夹具体上进行粗加工,然后在数控机床上将基准精密加工,或者在底板上加工定位和夹紧孔,效果较好。特别是利用同样的编程程序加工,使其制造时间大为缩短。

按工件族采用成组技术的成组夹具,其通用性和适用性仍有限。组合夹具是由很多具有不同功能、形状和尺寸、系列化和标准化的构件组成,可按工序任务的需要,灵活地拼装成加工不同种类工件的柔性化夹具。虽然其具有层次多、质量较大(一般为专用夹具的1.3倍、3倍)、刚度较差的缺点,但组合夹具各元件是专业厂商制造的商品,具有完全互换性、协调性和耐用性,故适用多变的中小批量的生产任务。

模块化夹具,是用于柔性制造系统的一种拼装结构,它有一个共同的基础件(平板、方箱、底座),可将一个工件或几个工件同时安装上,实现定位和夹紧,见图7-64。这种夹具的应用范围与

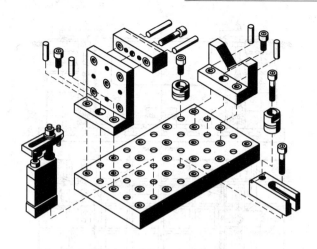

图 7-64　模块化组合夹具

一般通用性的组合夹具有所不同，通用性组合加具可组装成任一工件的任一工序用的夹具，而模块化组合夹具具有某种专用性。因是在柔性制造系统中，根据某一类特定的加工对象进行设计并在成组技术相似原理基础上建立的夹具系统，即使以后新增某个零件，只要其轮廓外形、结构尺寸、加工工序内容和定位基准形式等在夹具系统原设计特性范围内，夹具各元件仍可使用，仅需重新拼装即可，这就是模块式组合夹具的实质。它可做到元件的种类和数量最少，但能拼装出特定的柔性制造系统中全部加工对象用的夹具，满足柔性制造系统中工件频繁变换与自动化加工的需要。

（1）组合式夹具的分类。组合式夹具根据各主要构件的连接方式，可分为三种：

1）槽式。此种夹具的所有构件上都有网格状分布的 T 形槽，通过在 T 形槽内安装相应的连接件而将各构件相互连接，组合成具有精确定位的夹具，见图 7-65。此夹具可承受很大的外力，适用于需大夹紧力的加工工序。

2）螺纹孔式。此种夹具基础件上有成矩阵分布的螺孔，用于紧固夹压件、定位支承件和结构件的连接，但承受的外力比槽式小。

3）配合孔式。此种夹具具有矩阵分布的精密配合孔，采用定位连接销相互连接，便于计算机编程。

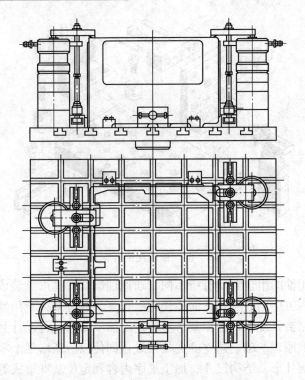

图 7-65　槽式连接的组合夹具

　　为适应加工中心的需要，模块式组合夹具系统的零部件装配的夹具（见图 7-66）是理想的用于一次性加工或试制任务的临时性夹具元件。其主要构件如下：

　　1）基础件有底板、底座、双面和四面基座、角度块等，是其他各种构件拼装连接的基础。

　　2）结构件的组成有必要的高度、跨度和角度所需的垫块、过渡件，用以构成各种型式的结构。

　　3）定位支承件是用以组成工件的定位面和支承，如 V 形块、方形和圆形定位支承块。

　　4）夹压件有各种压板和压座组件，见图 7-67。

　　5）连接件有各种标准的定位销、定位键、定位块和螺钉等。

　　模块式组合夹具结构特点，是为了能迅速准确地实现工件和夹具在机床工作台或托板上定位。在基础件的标准底板和各形基座

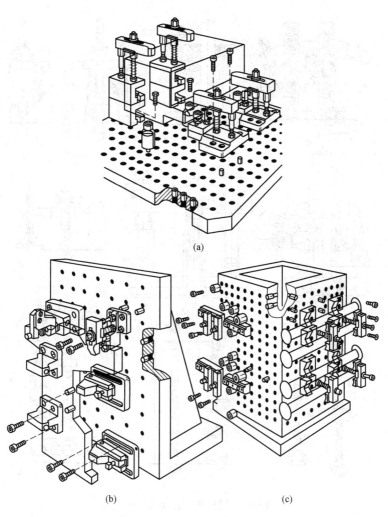

(a)

(b) (c)

图 7-66 模块式组合夹具

（a）底板式；（b）角度块式；（c）箱式

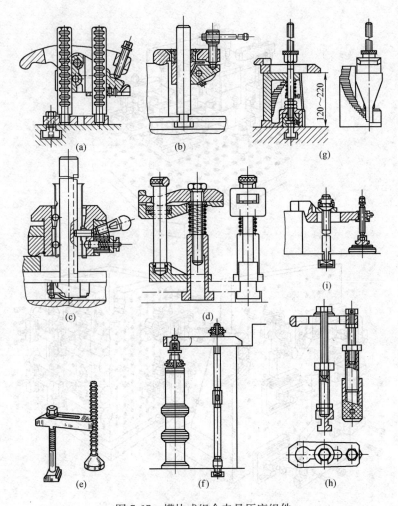

图 7-67　模块式组合夹具压座组件

(a)、(b)、(c) 高度快调压座；(d)、(h)、(i) 高度可调压座；(e) 环阶
式支承压座；(f) 高度快换组合件；(g) 螺旋阶式垫块压座

上，除精确位置的定位孔和安装孔外，尚
有位置精密布置成矩阵坐标的多功能的配
合孔系。这种孔均是阶梯型双层结构，见
图 7-68。淬硬钢的定位衬套精细安装在底
板或基座端面的孔座内，供定位连接用。
定位衬套轴线下，拧紧螺钉衬套供定位和
夹紧元件及各种构件的螺纹连接用。这种
系统有如下优点：

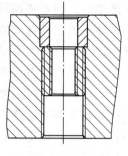

图 7-68　矩阵坐标
阶梯配合孔

1）通过定位元件，夹具底座与机床工
作台或托板相结合，可保证相对基准点的
位置误差为±0.02mm。

2）所需构件数量比一般槽式的约可降低到 60%。

3）可直接在基础件上，用工件实物或样件拼装，制成夹具，
可简化甚至取消设计夹具的时间。

4）系统中的基础件规格多、尺寸覆盖面宽，构件品种多、功
能齐全，可减少更换托板和切削停顿时间。

5）用球墨铸铁制造的基础件，切削时具有吸振和提高加工精
度的效果。

6）元件结构和刚度较好，而且组装方便。由于夹具基础件的
位置精密孔系形成矩阵式坐标，其他元件都可按矩阵网格的坐标孔
组装在基础件上。基础件的孔系矩阵坐标与托板孔系的矩阵坐标相
对协调，因而简化了数控编程中的工件坐标计算。

（2）托板的分类。通常、通用机床夹具不伴随着工件流程的各
个工位。但在柔性制造的自动化运储系统中，工件要通过加工中心
的工作台和代替随行夹具的托板为接口，配合夹具在机床上准确可
靠地安装、交换，以保证工件在正确的位置上按程序操作，才能实
现加工作业。不仅在非回转体件加工的柔性加工设备上广泛使用托
板，在加工回转体件的车削中心上也常采用。

机械加工领域所用的托板，按结构形式，分板式和箱式。箱式
托板通常不进入机床工作空间，主要用于小型件及回转体件，其基
本功能是贮装和运输。为保持工件在箱内的相互位置和状态，设有

V形钳口、剪形托座或心杆的构件以存放工件。板式托板用于非回转体的大型箱体和扁平件,通常是单件安装。不仅用于工件贮装、输送,有时尚需安装夹具,还需进入机床工作空间。在加工过程中需承受切削力、热变形和振动等负载。

　　为安装和固定工件毛坯或夹具,在托板工作面的定位可采用中心孔和相关的固定孔、定位孔和基准T形槽。也可利用两条互相垂直的榫槽、侧定位挡板,见图7-69。工件以托板两侧边的定位挡板和工作面组成三个面的定位方式,用在加工中心是最简单可靠的,可保证实现很高的定位精度。但一次安装要完成加工4~5个面,通常是不可能的。托板顶面用来安装和固定工件,夹具基座的工作面应有与夹具相应配合的T形槽,或者定位、找正、检查、固定用的功能孔和定位用的挡板。具有输送基面及定位基准面、导向和夹紧面以及能识读的编码板,以便在系统中连线运行。另外,尚有交换精度、形状、刚度、抗震性、承受和传递切削力、防止切屑和切削液进入托板表面的要求。现在,托板的外形尺寸和结构已

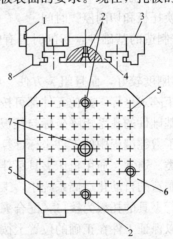

图 7-69　标准结构托板

1—被加工毛坯定位挡板的定位面;2—托板和夹具找正检查孔;3—安装固定毛坯、夹具的工作面;4—托板在机床上定位用的基准面;5—托板在机床上定位用的基准孔;6—紧固被加工毛坯或夹具用的矩阵分布固定孔;7—夹具在托板上定位用的中心孔;8—在托板交换台和托板库中定位和导向用的导引面

规格化和标准化了。图 7-69 为名义尺寸至 800mm 的工件夹紧托板（见《ISO 8526—1：1990》）。

2. 夹具的设计

（1）设计程序。使用模块式夹具系统时，首先应熟悉工件图样和有关工艺过程资料。例如了解工件各加工工步及所需的安装次数、多件装夹的可能性、刀具工作顺序、工件需加工的面积和机床规定的工作等。然后根据所拥有的模块夹具构件在工作图上标出定位、支承和夹紧点，按被加工零件的尺寸及装夹个数选用相应的模块系列。画出夹具拼装草图及附表，附表要指明夹具构件的地址、编号、名称和件数。根据这些资料，用一套模块式组合夹具系统的零部件，可以在短时间内装配成夹具。也可按产品样件或实物直接在足够大的标准底板上，按需要进行增置定位件和夹紧件，或者补充专门的零部件，就可拼装成夹具。用模块式组合夹具系统装配的夹具，很少需要补充加工，也应当避免过多的补充加工。拼装的组合夹具在投入使用前，应从各个角度方向将其拍成照片，并将各零部件列入明细表内。照片和明细表应归档供参考。有时，还可通过计算机辅助设计（CAD）系统通过人机交互方式修改和选优，并按最后确定的方案直接输出编制的夹具拼装图和附表，显示拼装后夹具的实物状态。

（2）夹具的计算机辅助设计。夹具计算机辅助设计的优点有：①实现夹具设计过程自动化；②数字、文本及图表都可通过计算机处理；③有很高的精确度和可复制性能；④通过简易的迭代过程、实现优化；⑤使各种独立任务集成化。

1）夹具计算机辅助设计程序。为了实现夹具设计过程的自动化，必须分析和归纳夹具的功能及其相应的结构元件，将设计过程划为与其功能相应的过程。各种夹具均需完成定位、夹紧、支承、导向和连接等基本功能，并有与之相应的结构元件。选用或设计夹具的结构元件是夹具设计的核心。在夹具计算机辅助设计过程中，首先输入工件的几何参数、形状及加工量信息。然后考虑加工部位和夹具形式，输入选择定位元件、支承部件及对刀和导向元件的信息。最后输入元件的空间位置以及工作面的形式信息，见图 7-70

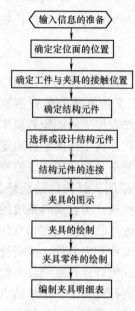

图 7-70　夹具计算机辅助
设计流程框图

输入信息的准备

确定定位面的位置

确定工件与夹具的接触位置

确定结构元件

选择或设计结构元件

结构元件的连接

夹具的图示

夹具的绘制

夹具零件的绘制

编制夹具明细表

所示的流程。夹具结构元件,是根据工件接触表面的形式和尺寸进行设计,或者从数据库中选用标准、通用零件,在空间进行组合,并与夹具底座相连接。在人工设计时,夹具方案的构思和设计是相辅进行的,而在计算机辅助设计过程中是分成单独阶段进行的。结构元件与工件发生关系的那部分结构及尺寸,取决于工件有关部位的结构要素与尺寸,而与夹具体相连接部分可人为确定。各种结构元件标准结构的信息,事先储存在计算机数据库中,以便设计时调用。

夹具设计程序主要由程序模块组成。它可完成综合结构的发生、演变及绘图功能。设计时使用的全部标准和专用的夹具元件,将按照输入的几何指令进行组合,并以三坐标模式输出所设计的夹具。选用标准和通用零件时,其相应的型号从存储器或手册中选取。专用件是根据输入的基本几何体及参数自动设计。人机交互实现夹具计算机辅助设计的信息结构,见图 7-71。这种人机交互设计过程如下:

a. 输入原始信息,其来源为工件图样、工艺规程和工序图。这些信息应在工艺过程制订中形成并存贮。

b. 在支持软件和应用软件的提供条件下,对定位件、夹紧件、连接件和基础件进行选择与设计、分析和计算。

c. 夹具的结构设计,是利用上述设计结果形成的夹具元件图形和图形库的预储图形。设计拼装夹具装配图。

d. 编制明细表,是借助在设计过程中生成并储存于数据库中的信息,自动生成夹具元件清单和夹具装配图上的标题栏与零件明细表。

e. 输出夹具元件清单及装配图。

2) 夹具计算机辅助设计的程序库、数据库和图形库。夹具的计算机辅助设计中，所有借助于计算机来进行的作业，都是通过程序来实现的。夹具程序库是指在夹具设计分析和计算时所用到的程序集合，如用于定位误差分析计算及定位元件设计计算的程序，用于夹紧力的计算及夹紧元件几何尺寸计算的有关程序。主要有进行夹具结构综合的设计程序、显示设计模型的显示程序、输出设计结果的输出程序、绘制夹具装配图及零件图的绘图程序，以及对有关数据资料进行计算，加工处理和输出的程序。这些预先设计并存储于计算机存储装置中的程序，组成了

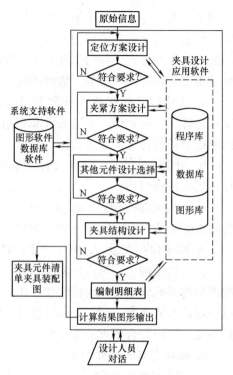

图 7-71　夹具计算机辅助
设计系统的信息结构

夹具的计算机辅助设计的程序库，以执行文件的形式储存并显示，供设计调用。

夹具数据库，是一种能够描述和存储有关夹具和夹紧装置的元件、组件数据以及托板本身数据存放于计算机存储装置中并经过组织方式的数据资料。在相应软件管理下，可达到自动检索和高速存取的目的，也能用于工件编程、夹具设计及采用标准夹具与夹紧装置模块用机器人进行夹具组装。夹具计算机辅助设计的数据库中，通常有夹具结构元件数据库、典型图形数据库、设备数据说明书、材料标准、夹具制造条件数据库、夹具设计中有关标准元件、典型结构和材料选择等多方面必要的设计资料。其中主要部分是夹具结构元件数据库，存有典型结构元件的装配图、零件图、配合关系、

使用条件及特性、零件明细表等。具有相同三维空间几何特性(外形、构造及尺寸链)的结构元素为同一类型。夹具数据库是以一定的组织方式储存在一起的相互有关的数据集合,能以最佳方式、最少的重复为多种用途服务。数据库的功能是:

a. 描述和储存有关夹具和夹紧装置的基础元件、定位元件、支承元件、导向元件、夹紧元件和各组件的重要结构尺寸的数据、图形以及随行托板的有关数据。

b. 用于工件编程、夹具设计及采用标准夹具和夹紧装置模块用机器人进行组装。

c. 分析处理托板定位和定向误差,工件往托板上装夹及将带有工件的托板装到机床上的一些数据、数据存储以及适时误差补偿工作。

d. 用于保存在设计过程中产生的各种交互信息。

夹具的结构元件可由典型图形表示。典型图形数据库中每一典型图形都具有固定的几何特性和自律的坐标系统。夹具的图形库是以一定的形式表示,用于夹具设计的子图形集合。其作用是使夹具系统能拼装出符合要求的夹具装配图。其功能是:

a. 储存夹具各元件的图形。

b. 储存各种标注符号、文字和框格图形。

夹具制造后,选用机床备有的适当尺寸随行托板安装和固定夹具,作为辅助储运和机床工作区外实现更换工件的工具。并在其侧面编码,以便在系统中连线运行时,在目标地址处被识读,并在加工循环时间内变换安装工件的夹具。

二、自动线夹具

自动线按照使用机床类别可分为通用机床自动线、专用机床自动线和组合机床自动线三种。组合机床自动线上所用的夹具有两种类型,即固定夹具与随行夹具。根据自动线的形式的不同,采用的夹具类型也不同。直接输送和悬挂式输送时,采用固定式夹具;间接输送时,除了采用随行夹具之外,还需要有固定夹具。

1. 固定夹具

自动线的每台机床,以及一些检查、测量工位上都配置有固定夹具。所谓固定夹具,即夹具固定在机床的中间底座或床身上,不随工件输送而移动。工件或随行夹具在固定夹具上直接进行定位和夹紧。适用于箱体类形状比较规则，且具有良好定位基面和输送基面的工件。

图 7-72 是 135 柴油机气缸盖自动线中固定夹具的示例。该夹具同时安装两个气缸盖，用于从两端进行扩孔和铰孔。工件由步伐式输送带直接送进夹具以后，在侧面导向板 9 的导向下，使工件底面定位在支承板 4 上，另外工件顶面的两个孔用圆柱定位销 2 和削边销 6 进行定位。4 个定位销通过油缸 10、推杆 11、杠杆 12 和 18 及杠杆 20 使轴Ⅰ和轴Ⅱ产生联动，同时被拨动，自上而下插入工件的定位孔内。通过两个油缸 7 和压块 8 将两个工件夹紧在支承板 4 上。

在定位销的轴Ⅱ上，安装有挡块盘 13，在定位销进入孔中定位或全部拨出的位置上，两个挡块分别压合行程开关，发出连锁控制信号。这套定位销的传动和控制机构在组合机床夹具及自动线夹具中，已经典型化和标准化。

这个夹具的一边设置手动润滑泵 15，润滑油经分油器 14 通过 b、c 分到各润滑点，如果自动线具有自动润滑系统的话，则夹具上可不设单独的润滑泵。

设计固定夹具时，在结构上与一般组合机床夹具相比，大部分是共同的，其定位夹紧、导向等机构和元件可以按标准结构选用。但需注意下列几点：

（1）保证工件有良好的通过性。工件从固定夹具的一端进入机床，加工完后由另一端送出。因此，自动线固定夹具在结构上沿着工件运动方向是敞开的，以保证工件的顺利通过。如图 7-72 中的 16 为支承滚轮，17 为滚轮支架。当夹具沿自动线纵向尺寸较长时，则在夹具体两头都应安装支承滚轮，以增加输送带的支承刚性。

为了保证工件输送的可靠性，夹具上水平安置的定位支承板以及钢导向板等，都应做成连续的；当必须间断时，间断距离不能大。

（2）定位夹紧机构应是自动化，并保证工件定位夹紧可靠。为此，定位、夹紧动作与自动线其他动作的连锁是十分重要的，只有在定位、夹紧的情况下，才能启动机床进行加工。也只有当工件确已松开后，才能输送工件。

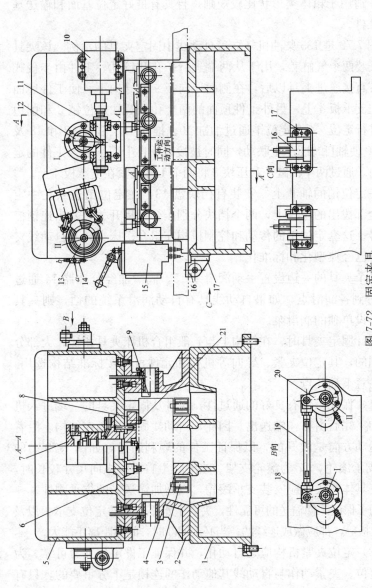

图 7-72 固定夹具

1—底座；2—定位销；3—输送爪；4—支承板；5—上盖；6—削边销；7、10—油缸；8—压块；9—侧面导向板；11—推杆；12、18、20—杠杆；13—挡块盘；14—分油器；15—手动润滑泵；16—支承滚轮；17—支承支架；19—连杆；21—圆柱销

（3）要有良好的排屑和防屑性能。为了确保切屑能顺利地通过夹具排屑口而自动落屑的自动线排屑设备，在夹具设计时，应注意排屑口的位置和形式。为了防止定位元件不受残留切屑的影响，支承板不应有孔和凹坑，而应开出排屑槽，以便工件或随行夹具在输送过程中将支承板定位面上的切屑刮掉。

（4）采用步伐式输送带运送工件时，应使工件定位孔滞后于定位销 0.3～0.5mm，以便定位销插入工件孔中时，能将工件向前拉到准确的位置。为此，在布置夹具上两个定位销时，最好将圆柱销安排在前进方向的前方。

2. 随行夹具

随行夹具适用于结构形状比较复杂的工件。这类工件缺少可靠的输送基面，在组合机床自动线上较难用步伐式输送带直接输送。对于有色金属工件，如果在自动线中直接输送时，其基面容易磨损，因而也须采用随行夹具。工件安装在随行夹具上，除了完成对工件的定位和夹紧外，还带着工件按照自动线的工艺流程，由自动线的运输机构运送到各台机床的固定夹具上，由固定夹具对它进行定位和夹紧。也有的随行夹具本身不带夹紧机构，工件在随行夹具上定位以后，由自动线输送机构输送到固定夹具上，直接由固定夹具压紧。

图 7-73 所示是随行夹具在自动线各台机床上工作的结构简图。

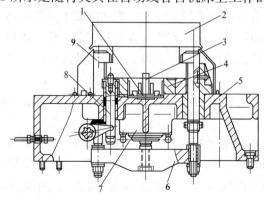

图 7-73 在自动线各台机床上的随行夹具

1—支承滚轮；2—随行夹具；3—带棘爪的步伐式输送带；4—输送支承定位面；
5—机床固定夹具；6—杠杆；7—夹紧液压缸；8—定位机构；9—钩形压板

657

图 7-73 中 2 的随行夹具,由自动线上的输送带(一般常用带棘爪的和摆杆的)输送到自动线的各台机床的固定夹具上。3 是带棘爪的步伐式输送带,它支承在支承滚轮 1 上,5 是机床固定夹具。自动线各台机床上都有一个相同的固定夹具,它除了要对随行夹具进行定位和夹紧外,还必须提供一个输送随行夹具的输送支承面 4。随行夹具在机床固定夹具上的定位,采用一面二销的定位方法,8 是液压操纵的定位机构。夹紧是用四个钩形压板 9 压住随行夹具的下部底板,钩形压板由液压缸 7 通过杠杆 6 带动。

随行夹具,主要用于那些形状复杂而不规则的工件,以便将工件装夹于输送基面完整的随行夹具上,然后再通过自动线各台机床进行加工。有时为了在自动线上尽可能加工完所有的被加工表面,不得不选用毛坯面作安装基准,而毛坯面不能作多次安装,这就需要使用随行夹具,以便一次安装完成全部加工内容。

第七节 专用夹具设计及制造

一、夹具设计基本要求

对机床夹具的基本要求可归纳为以下四个方面:

(1)稳定地保证工件的加工精度;

(2)提高机械加工的劳动生产率和降低工件的制造成本;

(3)结构简单,操作方便,省力和安全,便于排屑;

(4)具有良好的结构工艺性,便于夹具的制造、装配、检验、调整与维修。

在设计过程中,首先必须保证工件的加工要求,同时应根据具体情况综合处理好加工质量、生产率、劳动条件和经济性等方面的关系。在大批大量生产中,为提高生产率应采用先进的结构和机械传动装置;在小批生产中,则夹具的结构要尽量简单,以降低夹具的制造成本。工件加工精度很高时,则应着重考虑保证加工精度。

专用夹具适用于产品相对稳定的批量生产中。在小批量生产中,由于每个品种的零件数较少,所以设计制造专用夹具的经济效益很差。因此，在多品种小批量生产中往往设计和使用可调整夹具、组合夹具及其他易于更换产品品种的夹具结构。

二、常用夹具材料的选用

夹具材料的选择应根据其硬度、强度、韧性、耐磨性、脆性、可加工性来确定。

铸铁通常用于制造夹具体；中、低碳钢一般用作结构件、压板、螺杆和螺母等；高碳钢则用于制作易磨损件，如定位元件、对刀导引元件等；工具钢用于需要高强度和耐磨损的夹具元件；铝材加工性好，质量轻，是夹具中使用的有色金属材料。另外，木材、塑料、橡胶、环氧树脂等在多品种少批量生产中也可作为夹具材料。

三、专用夹具的设计步骤

专用夹具设计的主要步骤如下：

（1）收集并分析原始资料，明确设计任务。设计夹具时必要的原始资料为工件的有关技术文件、本工序所用机床的技术特性、夹具零部件的标准及夹具结构图册等。

首先根据设计任务书，分析研究工件的工作图、毛坯图，有关部件的装配图，工艺规程等，明确工件的结构、材料、年产量及其在部件中的作用，深入了解本工序加工的技术要求，前后工序的联系，毛坯（或半成品）种类、加工余量和切削用量等。

为使夹具的设计符合本厂实际情况，还要熟悉本工序所用的设备、辅助工具中与设计夹具有关的技术性能和规格、安装夹具部位的基本尺寸、所用刀具的有关参数、本厂工具车间的技术水平及库存材料情况等。

在设计中应充分利用各方面的成功经验，参考生产中行之有效的典型结构和先进夹具，熟悉夹具零部件标准，以使所设计夹具具有实用性和先进性。

（2）拟定夹具的结构方案，绘制结构草图。在此阶段主要应解决的问题大致顺序是：遵照六点定位规则确定工件的定位方式，并设计相应的定位元件；确定刀具的导引方案，设计对刀、导引装置，研究确定工件的夹紧部位和夹紧方法，并设计可靠的夹紧装置，确定其他元件或装置的结构形式，如定向键、分度装置等；考虑各种装置和元件的布局，确定夹具体和夹具的总体结构。

设计中最好考虑几个不同方案，画出草图，经过工序精度和结构型式的综合分析比较和计算，同时也应进行粗略的经济分析，选取最佳方案。设计人员还应广泛听取工艺部门、制造部门和使用车间有关人员的意见，使夹具方案进一步完善。

(3) 绘制夹具总图。夹具总装配图应遵循国家标准绘制，比例尽量选用1∶1，必要时也可采用1∶2、1∶5、2∶1、5∶1等比例。在能够清楚表达夹具的工作原理、整体结构和各种装置、元件间相互位置关系的前提下，应使总图中的视图数量尽量少。还应尽量选择面对操作者的方向为主视图。绘制夹具总图的顺序是：

1) 用双点划线或红色铅笔绘出工件的轮廓外形和主要表面（定位面、夹紧面、待加工面），并用网线表示出加工余量。

2) 视工件轮廓为透明体，按工件的形状和位置依次绘出定位、对刀导引、夹紧元件及其他元件或装置。最后绘出夹具体，形成一个夹具整体。绘图后还要对夹具零件进行编号，并填写零件明细表和标题栏。

3) 标注有关尺寸和夹具的技术条件见表 7-20。

(4) 绘制夹具零件图。夹具总图中的非标准件都要绘制零件图。在确定夹具零件的尺寸、公差和技术要求时，要考虑满足夹具总图中规定的精度要求。夹具精度通常是在装配时获得的。夹具的装配精度可由各有关零件相应尺寸的精度保证，或采用装配时直接加工、修配法等来保证。若采用后种方法，在标注零件图中有关尺寸时，应标明对装配的要求。

设计人员应注意夹具制造、装配和试用过程中出现的问题，及时加以改进，直至夹具能投入生产使用为止。

四、夹具体的设计

在专用夹具中，夹具体的形状和尺寸往往是非标准的。设计夹具体时应注意以下问题：

表 7-20　夹具总图的技术要求

应标注的技术要求	技术要求允差值	配合精度　孔径公差为 F7，G7，H7，G6 的基轴制配合		
1. 夹具外形的最大轮廓尺寸	1. 夹具上与工件加工精度有关的尺寸公差，可取工件相应尺寸公差的 1/5～1/2	钻套	刀具与钻套	$\frac{H7}{g6}$、$\frac{H7}{f7}$、$\frac{H6}{g5}$
2. 定位元件工作部分的位置尺寸	2. 工件上的尺寸和角度未标公差时，夹具上相应尺寸和角度的公差分别可取 ±0.1mm 和 ±10′		钻套与衬套　固定式	$\frac{H7}{n6}$、$\frac{H7}{r6}$
3. 夹具与刀具的联系尺寸			钻套与衬套　可换式 快换式	$\frac{F7}{n6}$、$\frac{F7}{k6}$
4. 夹具与机床的联系尺寸	3. 夹具上工作面的相互位置公差可取工件有关表面位置公差的 1/3～1/2	镗套	衬套或钻套与钻模板	$\frac{H7}{g6}$、$\frac{H7}{h6}$、$\frac{H6}{js6}$、$\frac{H6}{g5}$、$\frac{H6}{h5}$
5. 其他装配尺寸	4. 工件加工表面未标相互位置公差时，夹具有关表面间的位置公差不应超过 $\frac{0.02～0.05}{100}$ mm		镗套与镗杆	$\frac{H7}{h6}$、$\frac{H6}{h5}$、$\frac{H6}{g5}$、$\frac{H6}{js5}$
6. 有关夹具制造和使用的特殊要求			镗套与衬套	$\frac{H7}{h6}$、$\frac{H6}{h5}$、$\frac{H6}{js5}$
			衬套与支架	$\frac{H7}{h6}$、$\frac{H6}{n5}$
		其他配合件	相对运动件　无紧固件固定	$\frac{H9}{d9}$、$\frac{H11}{c11}$
			固定不动件　有紧固件固定	$\frac{H7}{n6}$、$\frac{H7}{p6}$、$\frac{H7}{r6}$、$\frac{H7}{js6}$、$\frac{H7}{k6}$、$\frac{H7}{m6}$、$\frac{H7}{u6}$、$\frac{H8}{k7}$

(1) 应有足够的刚度和强度：铸造夹具体壁厚一般为 15～30mm；焊接夹具体壁厚 8～10mm。必要时可用加强筋或框式结构以提高刚度。

(2) 力求结构简单，装卸工件方便：在保证刚度和强度前提下，尽可能体积小，质量轻，便于操作。

(3) 尺寸要稳定：夹具体的制造应进行必要的热处理，以防其日久变形。

(4) 要有良好的结构工艺性：夹具体的结构应便于加工夹具体的安装基面、安装定位元件的表面和安装对刀或导引装置的表面，并有利于实现这些表面的加工精度要求。夹具体上毛面与工件表面之间应留有 4～15mm 的空隙。加工面应高出不加工面。

(5) 清除切屑要方便：切屑不多时，可加大定位元件工作表面与夹具体之间的距离或增设容屑沟。加工产生大量切屑时，则应设置排屑口。还应考虑能排除切削液。

(6) 在机床上安装要稳定、可靠、安全。

夹具体毛坯可用铸造（大多采用 HT150 或 HT200 灰铸铁，也可用铸钢或铸铝）、焊接、锻造或用标准零部件装配的方法获得。

五、夹具的结构工艺性

夹具的工作精度通常是采用调整、修配、就地配作等方法进行装配来保证的。设计中应注意：

(1) 正确选择装配基准。对装配基准面的要求是：在夹具上其位置不再作调整或修配，且其他零件对其进行调整或修配时，不会发生相互干涉或牵连现象。

(2) 夹具结构中某些零部件要具有可调性。作为补偿环节的元件应留有余量，以便于用调整、修配，从而保证夹具的装配精度。

(3) 夹具结构应便于进行测量和检验，必要时可增设工艺孔。应用工艺孔时需注意：

1) 工艺孔的位置应便于加工和测量，并尽可能设计在夹具体上。

2) 为简化计算过程，工艺孔的位置一般选在工件的对称轴线方向上，或使其中心线通过所钻孔或定位元件的轴线。

3）工艺孔的位置尺寸应取整数，并标注双向公差。一般距离尺寸公差为 $\pm 0.01 \sim 0.02$mm，角度公差为工件相应公差的 $1/5$。

4）工艺孔径一般为 6、8、10mm，与量规的配合采用 $\dfrac{H7}{h6}$，其中心线对夹具安装基面的平行度、垂直度、对称度不大于 $\dfrac{0.05}{100}$mm。

（4）夹具结构应便于维修和更换易磨损件，某些配合的零件应易于拆卸。

六、专用夹具设计实例

表 7-21 所示为钻削转向摇臂零件大端直径为 14mm 锁紧孔的立式钻床夹具的设计实例，产量为中批生产。

表 7-21 **专 用 设 计 实 例**

结 构 设 计 说 明	
结构设计步骤	简 图
工件加工工艺分析 　本工序钻锁紧孔前，除 5mm 开口槽外，其余各表面均已加工完毕，故按图示定位夹紧方案设计钻模，并要保证以下加工精度要求：中心距 $20.52_{-0.2}^{0}$ mm；距离 16 ± 0.10mm；不垂直度不大于 0.10mm	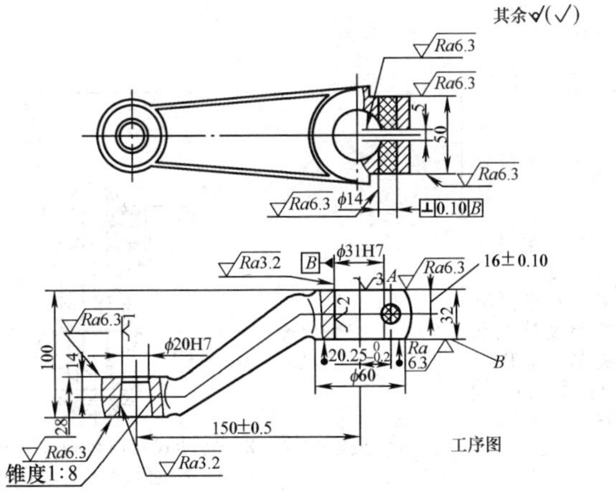 工序图

结构设计步骤	简　图
定位方案和定位元件设计 　用 A 面及 $\phi 31\text{H}$ 7mm、$\phi 20\text{H}$ 7mm 两孔以一面两销实现完全定位。$\phi 31\text{H}$ 7mm 孔中设置圆柱销以利于保证其与锁紧孔间的精度要求。为利于减少转角误差并保证工件装卸，削边销设计成可沿孔心距方向作适当的调整	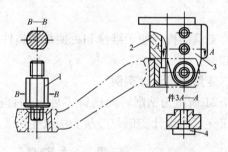
导引方案及导引元件设计 　一次钻削加工采用固定式钻套。钻模板上设计导向面，便于装配时作位置调整以利精确固定钻模板	1—削边销；2—圆柱销；3—钻模板；4—钻套
夹紧方案及夹紧元件设计 　采用转动式开口垫圈及端面斜楔夹紧，动作迅速可靠，自锁性好	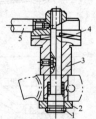 1—夹紧螺栓；2—转动式开口垫圈；3—圆柱销（支承体）； 4—端面斜楔；5—手柄

结构设计步骤	简　图
夹具体的设计　根据以上各主要元件的设计，将各部分连成一整体，构成钻模的设计装配草图　（当结构方案确定后，有时根据需要还应进行精度分析和误差计算）	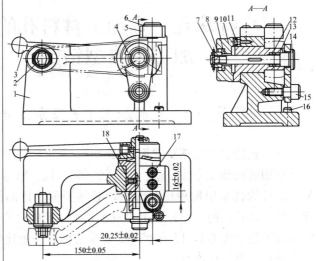

1—座体；2—移动式菱形销；3—手柄；4—转动式开口垫圈；
5—钻板；6—带肩钻套；7—开口销；8—六角槽形螺母；
9—圆垫圈；10—端面斜楔；11—圆柱头螺钉；12—支承体；
13—弹簧；14—夹紧螺柱；15—支承钉；16—圆柱头螺钉；
17—内六角螺钉；18—紧定螺钉

第八章

特殊孔、难加工材料孔的
加工及典型钻头

 第一节 孔的加工工艺及加工要点

一、孔的加工工艺及常用刀具

常用的孔加工方法有钻、扩、铰、镗、拉、磨等。在生产中对某一工件的孔采用何种加工方法，必须根据工件的结构特点（形状、尺寸及孔径的大小）和主要技术要求（孔的尺寸精度、表面粗糙度及形位精度等），以及生产批量等条件，分析比较各种加工方法，最后得出最佳方案。

（1）加工不同精度和表面粗糙度的孔，可采用相应的加工方法和步骤。

（2）选择孔的加工方法，必须考虑工件的结构形状是否适合在相应机床上装夹与加工，并用简便的方法保证加工精度要求。工件结构形状不同，往往也影响孔的加工工艺方法。

例如箱体上的重要孔，一般尺寸较大，精度和表面质量要求较高 ［公差等级 IT7 级和表面粗糙度值 $Ra(3.2\sim0.8)\mu m$］。该孔与某个或某些孔的轴线间有尺寸精度、同轴度、平行度及垂直度要求。这类孔一般在镗床上加工能比较方便地保证其精度和技术要求。

对支架或单个轴承座上的重要孔，其尺寸精度或表面粗糙度有一定要求，孔的轴线与底面间一般也有一定尺寸精度和位置精度要求。当工件尺寸较大时，可在镗床上加工；尺寸较小时，可在车床上用花盘和角铁装夹进行孔的加工。

对回转对称体上的孔，精度和表面粗糙度有一定要求，如孔与外圆有同轴度要求，孔与端面有垂直度要求，这类工件一般在车床上加工。

对于连杆类零件，往往有孔距尺寸要求，两孔轴线平行度和孔与端面垂直度要求，一般经过划线或使用钻模在钻床上加工；对于形状简单，尺寸不大的工件，也可在车床上利用花盘装夹进行加工。

（3）工件加工批量不同，往往采用的加工方法也不同。以车削齿轮坯为例，其内孔公差等级为 IT7 级，表面粗糙度值 $Ra1.6\mu m$，下列方法均能达到要求：

1）钻→粗镗→精镗（车床）；

2）钻→镗→粗磨→精磨（车床、磨床）；

3）钻→扩→粗铰→精铰（车床）。

采用方案 1），在普通车床上用试切法镗孔达公差等级 IT7 和表面粗糙度值为 $Ra1.6\mu m$ 是比较困难的，并且生产率不高。

采用方案 2），其内孔容易达到技术要求，尤其对淬过火的工件采用这种方法较好，但生产率也不高。

当工件生产批量较大时，可采用方案 3）。由于扩孔钻、铰刀是多刃刀具，在一次走刀后便能切去加工余量，达到孔的技术要求，因此生产效率高。但采用这种方法需配备一套价值较贵的扩孔钻和铰刀。

二、孔的加工方法及加工余量

孔的加工方法，除车孔（镗孔）和以上介绍的切削加工方法外，还有冷压加工（无切屑加工）采用的挤光和滚压加工。孔的挤光和滚压属于孔的精密加工，将在本章第七节中专门介绍。

1. 扩孔、镗孔、铰孔余量

扩孔、镗孔、铰孔余量见表 8-1。

表 8-1　　　　　　　　扩孔、镗孔、铰孔余量　　　　　　　　mm

直径	扩或镗	粗铰	精铰
3～6		0.1	0.04
>6～10	0.8～1.0	0.1～0.15	0.05
>10～18	1.0～1.5	0.1～0.15	0.05
>18～30	1.5～2.0	0.15～0.2	0.06
>30～50	1.5～2.0	0.2～0.3	0.08

直径	扩或镗	粗铰	精铰
>50~80	1.5~2.0	0.4~0.5	0.10
>80~120	1.5~2.0	0.5~0.7	0.15
>120~180	1.5~2.0	0.5~0.7	0.2
>180~260	2.0~3.0	0.5~0.7	0.2
>260~360	2.0~3.0	0.5~0.7	0.2

2. 金刚镗孔加工余量

金刚镗孔加工余量见表 8-2。

表 8-2 金刚镗孔加工余量 mm

镗孔直径	轻合金		巴氏合金		青铜、铸铁		钢	
	粗镗	精镗	粗镗	精镗	粗镗	精镗	粗镗	精镗
≤30	0.2	0.1	0.3	0.1	0.2	0.1	0.2	0.1
>30~50	0.3	0.1	0.4	0.1	0.3	0.1	0.2	0.1
>50~80	0.4	0.1	0.5	0.1	0.3	0.1	0.2	0.1
>80~120	0.4	0.1	0.5	0.1	0.3	0.1	0.3	0.1
>120~180	0.5	0.1	0.6	0.2	0.4	0.1	0.3	0.1
>180~260	0.5	0.1	0.6	0.2	0.4	0.1	0.3	0.1
>260~360	0.5	0.1	0.6	0.2	0.4	0.1	0.3	0.1
>360~500	0.5	0.1	0.6	0.2	0.5	0.2	0.4	0.1
>500~640					0.5	0.2	0.4	0.1
>640~800					0.5	0.2	0.4	0.1
>800~1000								

3. 磨孔加工余量

磨孔加工余量见表 8-3。

表 8-3 磨孔加工余量 mm

孔的直径	热处理状态	孔的长度				
		≤50	>50~100	>100~200	>200~300	>300~500
≤10	未淬硬	0.2	—	—	—	—
	淬 硬	0.2	—	—	—	—
>10~18	未淬硬	0.2	0.3			
	淬 硬	0.3	0.4			
>18~30	未淬硬	0.3	0.3	0.4		
	淬 硬	0.3	0.4	0.4		

续表

孔的直径	热处理状态	孔的长度				
		≤50	>50～100	>100～200	>200～300	>300～500
>30～50	未淬硬	0.3	0.3	0.4	0.4	—
	淬　硬	0.4	0.4	0.4	0.5	—
>50～80	未淬硬	0.4	0.4	0.4	0.4	—
	淬　硬	0.4	0.5	0.5	0.5	—
>80～120	未淬硬	0.5	0.5	0.5	0.5	0.6
	淬　硬	0.5	0.5	0.6	0.6	0.7
>120～180	未淬硬	0.6	0.6	0.6	0.6	0.6
	淬　硬	0.6	0.6	0.6	0.6	0.7
>180～260	未淬硬	0.6	0.6	0.7	0.7	0.7
	淬　硬	0.7	0.7	0.7	0.7	0.8
>260～360	未淬硬	0.7	0.7	0.7	0.8	0.8
	淬　硬	0.7	0.7	0.8	0.8	0.9
>360～500	未淬硬	0.8	0.8	0.8	0.8	0.8
	淬　硬	0.8	0.8	0.8	0.9	0.9

4. 珩磨孔加工余量

珩磨孔加工余量见表 8-4。

表 8-4　　　　　　　　　　珩磨孔加工余量　　　　　　　　　　mm

零件基本尺寸	直 径 余 量						珩磨前偏差（H7）
	精镗后		半精镗后		磨　后		
	铸铁	钢	铸铁	钢	铸铁	钢	
≤50	0.09	0.06	0.09	0.07	0.08	0.05	＋0.025
>50～80	0.10	0.07	0.10	0.08	0.09	0.05	＋0.03
>80～120	0.11	0.08	0.11	0.09	0.10	0.06	＋0.035
>120～180	0.12	0.09	0.12	—	0.11	0.07	＋0.04
>180～260	0.12	0.09	—	—	0.12	0.08	＋0.045

5. 研磨孔加工余量

研磨孔加工余量见表 8-5。

表 8-5　　　　　　　　研磨孔加工余量　　　　　　　　mm

零件基本尺寸	铸　铁	钢
≤25	0.010～0.020	0.005～0.015
>25～125	0.020～0.100	0.010～0.040
>125～300	0.080～0.160	0.020～0.050
>300～500	0.120～0.200	0.040～0.060

注　经过精磨的零件，手工研磨余量为 0.005～0.010mm。

三、孔的加工精度

1. 车削内孔

在车床上加工内孔，可采取钻孔、扩孔、镗孔（或车孔）、铰孔等切削加工方法和滚压加工方法。在车床上加工内孔的公差等级及适用范围见表 8-6。

表 8-6　　　　　在车床上加工内孔的公差等级及适用范围

加工方案	精度 (IT)	表面粗糙度 Ra（μm）	适　用　范　围
钻	11～13	12.5	未淬硬钢、铸铁及有色金属实心毛坯（加工孔径 15～20mm）
钻—铰	9～10	1.6～3.2	
钻—粗铰—精铰	7～8	0.8～1.6	
钻	12～13	12.5	未淬硬钢、铸铁及有色金属实心毛坯（加工孔径 15～35mm）
钻—扩	10～11	3.2～6.3	
钻—扩—铰	8～10	1.6～3.2	
钻—扩—粗铰—精铰	7～9	0.8～1.6	
粗镗	11～13	6.3～12.5	未淬硬钢、铸铁及有色金属铸孔（或锻孔）毛坯
粗镗—半精镗	9～11	1.6～3.2	
粗镗—半精镗—精镗（铰）	8～10	0.8～1.6	
粗镗—半精镗—精镗—浮动镗铰	6～7	0.4～0.8	
粗镗—半精镗—精镗—浮动镗铰—滚压	6～8	0.1～0.4	未淬硬钢件的铸孔或锻孔毛坯

2. 孔的其他加工方法

除了在车床上对孔实行加工以外，大部分工件孔的加工还必须借助于钻床、镗床、磨床等设备对孔实行半精加工和精加工。不同加工方法所达到的孔径的公差等级与表面粗糙度见表 8-7。

表 8-7　　　不同加工方法所达到的孔径的公差等级与表面粗糙度

加 工 方 法	孔径精度	表面粗糙度 Ra（μm）
钻	IT12～13	12.5
钻、扩	IT10～12	3.2～6.3
钻、铰	IT8～11	1.6～3.2
钻、扩、铰	IT6～8	0.8～3.2
钻、扩、粗铰、精铰	IT6～8	0.8～1.6
挤光	IT5～6	0.025～0.4
滚压	IT6～8	0.05～0.4

对于不同孔距精度及其加工方法、适用范围见表 8-8。

表 8-8　　　　　　　不同孔距精度及其加工方法、适用范围

孔距精度 $\triangle a$（mm）	加 工 方 法	适 用 范 围
±0.25～0.5	划线找正、配合测量与简易钻模	单件、小批生产
±0.1～0.25	用普通夹具或组合夹具、配合快换卡头	小、中批生产
	盘、套类工件可用通用分度夹具	
±0.1～0.25	采用多轴头配以夹具或多轴钻床	小、中批生产
±0.03～0.1	利用坐标工作台、百分表、量块、专用对刀装置或采用坐标、数控钻床	单件、小批生产
	采用专用夹具	大批、大量生产

✦ 第二节 铸铁及有色金属件孔加工典型钻头

一、铸铁件孔加工典型钻头

铸铁硬度、强度低,含有石墨,组织粗松,与钢相比钻削力不大。但铸铁的塑性变形小,耐磨性好,热导率低,钻削力、热集中在刃口,崩碎的切屑夹在钻头的后刀面、刃带和孔壁间,产生剧烈的摩擦,钻深孔时碎屑难排出等,都会加剧钻头的磨损。铸造的硬皮、砂眼、白口等,对钻头的寿命都极为不利。因此,增加钻头切削刃的强度、改善散热条件、强制排出碎屑等,是改革钻型必须要考虑的。

(一) 三重顶角钻头 (见图 8-1)

1. 修磨要点

(1) 磨出三重顶角,使钻头外圆转角处变宽,改善钻头切削部

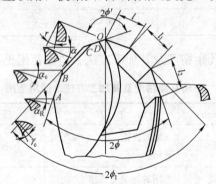

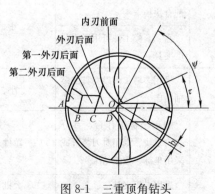

图 8-1 三重顶角钻头

分的散热条件。

（2）在主切削刃 1 处磨出负前角，增强刃口强固性，当铸件表面偶有铸造黑皮时，能避免崩刃现象。

（3）钻刃切削能力较好，能快速连续钻削，寿命高。

（4）修磨横刃，减少轴向力及扭矩。

（5）后角较大，冷却液较易流入切削区，减少钻削热。

2. 参数值

（1）切削刃角度参数：

外刃顶角 $2\phi = 90°$；第一顶角 $2\phi' = 145°$；

第二顶角 $2\phi_1 = 50°$；内刃前角 $\gamma_\tau = -10°$；

外刃后角 $\alpha = 14°$；外刃前角 $\gamma_f = -5°$；

横刃斜角 $\varphi = 60°$；内刃斜角 $\tau = 25°$；

第二外刃后角 $\alpha_R = 14°$；大后角 $\alpha_p = 20°$；

第一外刃后角 $\alpha_c = 16°$。

（2）切削刃长度参数：

外刃长 $l = l_1 = l_2$；第一外刃长 $l_1 = l = l_2$；

第二外刃长 $l_2 = l = l_1$；负前角宽 $f_b = 5mm$。

3. 钻削用量推荐值（见表 8-9）

表 8-9　　　　　　　　　三重顶角钻钻削用量推荐值

钻头直径 d_0 (mm)	切削速度 v (m/min)	转速 n (r/min)	进给量 f (mm/r)
25	20	425	0.75
30	20	325	0.75
35	20	270	0.81
40	21	210	0.81
45	21	160	0.90
50	21	125	0.90

4. 实用效果

比标准麻花钻可提高工效 3～4 倍；能钻削较硬铸铁材料；在批量生产中能连续快速强力钻削，但必须使用冷却液润滑。

（二）双后角钻头（见图 8-2）

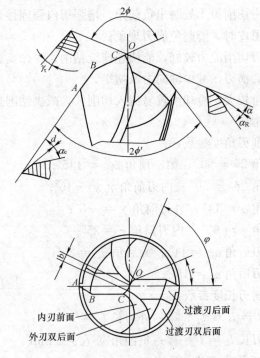

图 8-2　双后角钻头

1. 修磨要点

（1）外刃顶角 2ϕ、横刃斜角 φ 和内刃斜角 τ 的修磨与标准麻花钻常用的修磨方式相同。

（2）磨出过渡刃 AB 后，形成双重顶角 $2\phi'$，约 $65°\sim75°$。

（3）磨窄横刃 b，使内刃前角 γ_τ 约为 $-10°$。

（4）在外刃和过渡刃上各磨出双后角为：$\alpha = 12°\sim14°$、$\alpha_R = 16°\sim18°$ 和 $\alpha' = 10°\sim12°$、$\alpha_c = 14°\sim16°$。

2. 实用效果

（1）采用双后角后，使冷却液容易流入钻削区，降低刃口处的切削温度，延长了钻头的使用寿命。

（2）可采用较大的进给量 $f = 1.0\sim1.2\text{mm/r}$ 进行连续钻削。如在钻削 $\phi25\times80\text{mm}$ 孔（材料 HT20～40）时，选取 $f = 1.0\text{mm/r}$、

$v=21\text{m}/\text{min}$、冷却条件充分，可钻孔 270～300 个；而用标准麻花钻时仅可钻 80～100 个。提高工效 3～4 倍。

（3）双重顶角使外缘转角处变宽，加大了主切削刃与棱边的夹角（刀尖角），减小切削负荷，改善散热条件，使切削刃不易磨损，外缘交界处抗磨性好。

（4）修磨横刃后，变挤压状态为切削状态，增大了切削刃近中心处的前角，减小切削阻力及钻头偏移现象，降低轴向抗力。

（5）刃磨双后角前无需修整砂轮，节省了刃磨时间，修磨方便、省力，操作简单，便于掌握。

（三）高效钻头（见图 8-3）

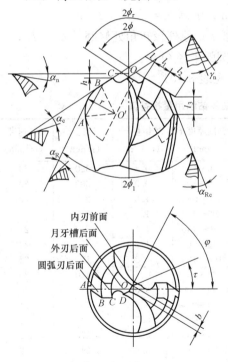

图 8-3 高效钻头

1. 修磨要点

（1）磨小月牙槽，减小内刃顶角，加强钻头的定心作用，使三尖能很快同时切削，孔位不会偏移，避免了月牙槽较大时，在钻削中所产生的定心不稳、钻头发生颤抖的现象。

（2）磨窄横刃，缩短横刃长度至原来的 1/5～1/4，改变原刮削状态为切削状态，减轻钻削抗力和轴向力。

（3）磨有外刃双后角，使冷却液容易流入切削区，降低切削温度。

（4）外刃和棱边交界处磨成圆弧刃（即圆弧形过渡刃），使外缘转角处变宽，改善散热条件，使切削刃不易磨损，以延长钻头使用寿命；并能在强力钻削时，使圆弧刃在钻削中产生修光、挤压作用，避免了标准麻花钻钻孔时容易产生的孔壁粗糙现象，改善了被钻孔的粗糙度。

2. 参数值

(1) 切削刃角度参数：

内刃顶角 $2\phi_\tau = 120°$；内刃前角 $\gamma_{\tau c} = -10°$；

外刃顶角 $2\phi = 115°$；内刃后角 $\alpha_{\tau c} = 12°$；

外刃后角 $\alpha_c = 14°$；圆弧刃后角 $\alpha_R = 16°$；

圆弧刃双后角 $\alpha_{Rc} = 12°$；横刃斜角 $\varphi = 60°$；

内刃斜角 $\tau = 25°$。

(2) 切削刃长度参数：

横刃长 $b = 1 \sim 1.5\text{mm}$；尖高 $h = 1.5 \sim 2\text{mm}$；

外刃长 $l_1 = $ 原分外刃长 l；原外缘转角处修磨长 $l_2 = l_3$；

圆弧刃所对弦长 $AB = $ 圆弧半径 $O'A$。

(3) 钻削用量推荐值（见表 8-10）。

表 8-10　　　　　　　高效钻头钻削用量推荐值

工件材料	钻削孔径 d_0（mm）	钻削厚度 B（mm）	进给量 f（mm/r）	转速 n（r/min）	切削速度 v（m/min）
铸　铁 HT20~44	$\phi20$	40~60	0.8	350	20
	$\phi25$	60~80	0.9	300	20
	$\phi30$	80~100	1.0	270	20
	$\phi35$	100~120	1.1	240	21
	$\phi40$	120~140	1.1	210	21
	$\phi45$	140~160	1.2	180	22
	$\phi50$	160~180	1.2	150	22
碳素钢 (20、35、40、45)	$\phi15$	30~50	0.4	420	20
	$\phi20$	50~70	0.5	380	20
	$\phi25$	70~90	0.6	350	21
	$\phi30$	90~110	0.7	300	21
	$\phi35$	110~130	0.8	270	22
	$\phi40$	130~150	0.9	240	22
	$\phi45$	150~170	1.0	210	23

注　1. 使用表中钻削用量推荐值钻削时，需切削轻快、顺利，不允许机床有超负荷现象。

　　2. 如果遇钻削可锻铸铁、锰铸铁、合金钢等材料硬度较高，及机床刚性较低、钻削条件较差时，可适当降低表中的进给量和切削速度值。

3. 实用效果

钻削材料 HT24～44，孔径、孔深分别为 $\phi29 \times 160$、$\phi26 \times 50$、$\phi25 \times 50$ 的工件时，采用此钻进行快速钻削，$f = 1 \sim 1.2\text{mm/r}$，$v = 21 \sim 23\text{m/min}$、30% 的乳化液冷却，使用 Z3080 型钻床，经济效益比用标准麻花钻钻削提高 4～6 倍。

4. 使用注意事项

（1）当采用钻削钢件时，圆弧刃不可磨得太大，以免因切削刃增长导致轴向扭矩增大，引起振动。

（2）当因钻削时间较长使圆弧刃磨损或崩刃而需重磨时，可磨掉圆弧刃 AB 部分，即成直线形状的过渡刃，形成双重顶角后也可继续进行钻削，使钻头显得更为耐用。这是因为一支麻花钻切削部分的完整角度如直接磨出直线过渡刃的双重顶角，则需磨掉外缘转角处的一大块（图 8-3 中以 l_2、l_3 为两边的等腰三角形部分），但如先磨出圆弧刃，等钻削磨损（外缘转角处比月牙槽、横刃部分易磨损）后再磨掉圆弧刃而自然成为直线过渡刃，这显然更为经济。

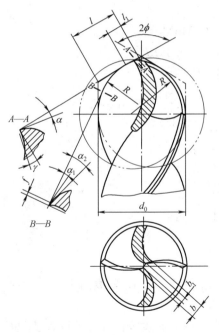

（四）大圆弧刃钻头（见图 8-4）

1. 修磨要点

（1）将标准麻花钻两直线主切削刃改磨成大圆弧刃，使原集中在钻头外圆尖角处和顶刃处的切削力沿圆弧刃均匀分布，单位刃长受力小，刃长散热好。

图 8-4 大圆弧刃钻头

（2）圆弧刃各点主偏角是变化的，从里向外逐渐减小，使钻削中切削刃与工件的接触面不固定，切削点在全部切削刃上移动；在钻头的中心部分约 1/3 的主刃的长度上是直线，而在外缘转角处用圆弧刃平滑过渡，使整个切削刃上前角变化比较均匀，增强了刀刃强度，改善散热条件，提高寿命。

(3) 磨成圆弧刃后转角处平滑，转角处的刃边很自然地被磨掉一部分，形成一定的副后角（约 $6°\sim 8°$），减小了该处的摩擦发热，提高寿命。

(4) 钻芯处横刃磨短，使钻削容易，减小轴向力。

2. 参数值

(1) 圆弧半径 R 和顶角 2ϕ。

1) 用于钻削一般灰铸铁和结构钢

$$R = (0.6 \sim 0.65)d_0$$

$$2\phi = 100° \sim 120°$$

d_0 为钻头直径。

2) 用于钻削高强度钢，如 5CrMnMo

$$R = (0.75 \sim 0.85)d_0$$

$$2\phi = 130°$$

3) 用于钻削低强度材料，如磷青铜

$$R = (1.3 \sim 1.35)d_0$$

$$2\phi = 90°$$

(2) 圆弧刃处后角 α_1、α_2。

1) 钻削灰铸铁

$$\alpha = 14° \sim 118°$$

2) 钻削钢料

$$\alpha = 6° \sim 8°$$

双后角 $\alpha_2 = 25° \sim 30°$。

(3) 直线切削刃长度 l_1。根据圆弧刃半径 R 值而定，一般约为整个切削刃长度 l 的 $1/3\sim 1/4$。

(4) 横刃修磨长度 b_1。约为原横刃长度 b 的 $1/3\sim 1/4$。b_1 也可按钻头直径 d_0 确定，推荐值为：d_0 小于 10mm 时，$b_1 = 0.6\sim 0.9$mm；$d_0 = 10\sim 20$mm 时，$b_1 = 1$mm；$d_0 = 20\sim 30$mm 时，$b_1 = 1\sim 1.5$mm；$d_0 = 30\sim 50$mm 时，$b_1 = 1.5\sim 2$mm。

（5）修磨横刃后过渡刃处的前角 γ 为

$$\gamma = 0° \sim -15°$$

3. 实用效果

（1）与直刃麻花钻相比，切削刃长度增加，在相同的孔径和进给量时，外缘转角处切屑厚度逐渐减薄，切屑变长，散热好，避免了磨损集中在外缘转角处，可使钻头寿命提高 3～10 倍。

（2）钻削中圆弧部分与孔壁为曲线接触，长度大，且有自动定心作用，孔的扩张量小，钻出的孔精度和直线性好；在钻削不完整孔时，钻头的稳定性也好。圆弧刃相当于光刀加工，钻得的孔的表面粗糙度较标准麻花钻低 1～2 级；精度提高 1～2 级。

4. 刃磨步骤和注意事项

（1）先按磨标准麻花钻的方法磨出两直刃，保持顶角 2ϕ 及两刃对称性。

（2）修磨横刃 b_1。

（3）磨圆弧刃 R，注意圆弧部分与直线部分连接要光滑、两边要对称。

（4）磨出后角 α_1、α_2。

（5）前刀面表面粗糙度要求在 $Ra0.8\mu m$ 以上；各刃要对称；刃口处无微小锯齿缺口；各刃交接处光滑过渡，无凸角。

（五）圆弧三尖钻头（见图 8-5）

1. 修磨要点

（1）磨出的外圆弧刃具有类似于大圆弧刃钻头的构造特性。

（2）在近钻头中心约 $1/3d_0$ 处的内刃磨出类似于群钻的对称月牙槽，形成三个尖，定位好，且改善近钻芯处的切削条件。

2. 参数值

（1）切削刃角度参数：

内刃顶角 $2\phi = 110° \sim 120°$；横刃斜角 $\varphi = 65° \sim 75°$；

内刃斜角 $\tau = 15° \sim 25°$；过渡刃偏角 $K_{\gamma e} = 3° \sim 6°$；

后角分三个折线形 $\alpha_{01} = 8° \sim 15°$、$\alpha_{02} = 20° \sim 30°$、$\alpha_{03} = 35° \sim 45°$。

（2）切削刃长度参数：

外圆弧刃半径 $R_1 = 0.5d_0$；内圆弧刃半径 $R_2 = 0.2d_0$；

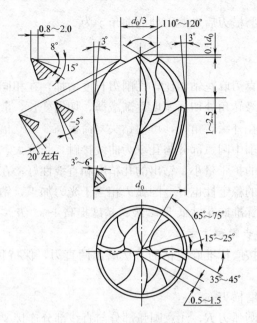

图 8-5　圆弧三尖钻头

过渡刃长度 $f_\gamma = 1 \sim 2.5\text{mm}$；横刃长度 $b = 0.5 \sim 1.5\text{mm}$；钻芯尖高于左右两尖的高度 $h = 0.1d_0$。

3. 适用场合

钻削铸铁、马口铁和球墨铸铁等。用于粗加工时可不磨过渡刃。

（六）无横刃、余芯自折的钻头

1. 结构、刃形特点（见图 8-6）

（1）在合金钢钻体上开出螺旋槽，其螺旋角小于标准麻花钻，约 20°。

（2）切削部分镶焊硬质合金刀片，刀片应选用韧性高、抗黏性强的 YW1 或 YW2，钻削铸铁则用 YG6 或 YG8。

（3）镶焊刀片时，在旋转中心处应留有较小的空隙，其值约 0.8～1.5mm，钻头直径大的取大值；间隙深度应能保证在非切削区的芯柱完全折断，并顺利排出。

（4）为提高钻尖强度，靠近非切削区的切削刃作成圆弧刃或折线刃，并向外逐渐过渡为直线刃。

680

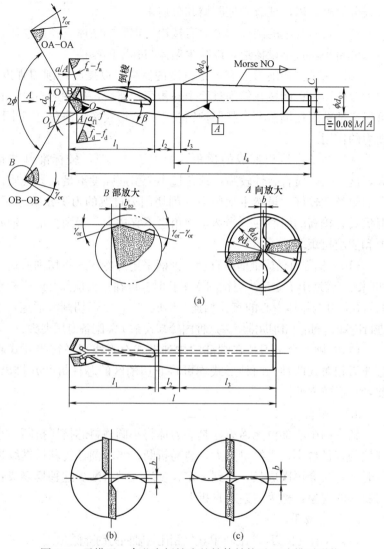

图 8-6　无横刃、余芯自折钻头的钻体结构及刀片排列形状
（a）钻体结构；（b）直线刃平行错开式；（c）直线刃相对式

（5）直线刃的前角取较大的正值，约 $25°\sim28°$；靠近中心的折线刃也为正值，约 $18°\sim20°$。

（6）在两个主切削刃上磨出断屑台；对于直径较大的钻头，还

681

可开分屑槽,以保证有效地断屑和分屑。

(7) 硬质合金的圆柱部分设有棱边;钢制的钻体直径比硬质合金部分略小,且不设棱边,以减少钻体与孔壁的摩擦。

(8) 两条主切削刃上有一定宽度的倒棱,以提高切削刃强度,增大散热面积;倒棱在钻削过程中易积存积屑瘤,条件适当时,它可稳定地粘附在倒棱上,起保护钻头刃口、增大实际前角、减小切削力的作用。

(9) 两条直线刃形成的顶角,约 125°~145°,较标准麻花钻大,这是因硬质合金性较脆,顶角过小会引起强度不足;另硬质合金的耐磨性较好,虽然主切削刃向副切削刃过渡的刀尖角减小了,但仍具有较高的耐磨性。当然,顶角也不宜过大,否则会增大轴向力和切削扭矩。

(10) 柄部可做成锥柄或直柄。锥柄采用外冷却式将切削液送到切削区,较适用于立钻;当钻削水平孔时,可在钻头顶部开两个较小的斜孔,并与钻体中心的直孔相连,形成"Y"字形切削液通道,以进行冷却、润滑和协助排屑。这种内冷却式钻头需配备专用夹头。

(11) 硬质合金刀片在端部的排列形式有直线刃平行错开式和直线刃相对式两种。两种形式均可将非切削区的芯柱折断并排出。前者重磨较方便。

2. 钻削机理

钻头的中心部位无横刃,是靠刀体将小圆柱料芯挤压折断。小圆柱的直径愈小,进给量愈大,愈易折断;当小圆柱折断后继续进给时,它又会再次成长,达到一定长度后又被折断。这种反复成长与脱落的现象,称为"余芯自折"。

3. 实用效果

(1) 不存在横刃,与标准麻花钻相比,轴向力约降低 34%~45%。

(2) 因切削部分采用了硬质合金刀片,切削速度可提高到60~70m/min,为标准麻花钻的 2~3 倍。在轴向力相近的条件下,进给量可提高 2 倍。

(七) 钻削铸铁的其他钻头

其他钻削铸铁的钻头见表 8-11。

表8-11　钻削铸铁的典型钻头

序号	名称	简 图	修磨要点和参数	切削用量和实用效果	注意事项
1	60°定心钻头	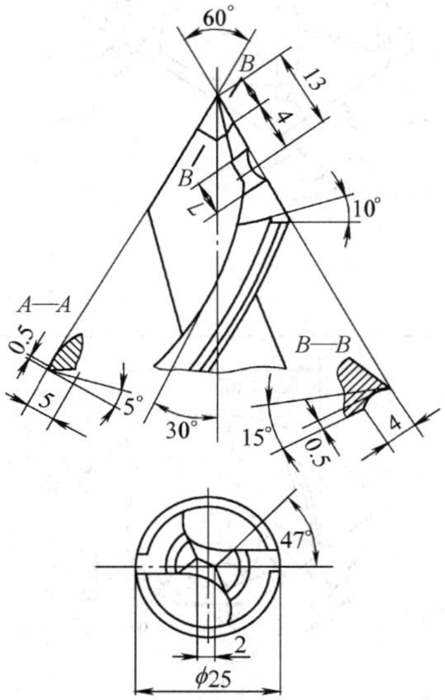	(1) 钻尖角磨成60°，定定中心，不产生滑脱现象 (2) 钻头直径超过17mm时，为了使钻削抗力减小，可在一刀上磨一分屑槽	切削用量： 适用于钻削铸铁，$v=35\sim40\text{m/min}$，$f=0.14\sim0.19\text{mm/r}$，采用乳化液冷却、润滑 实用效果： (1) 导向好，即使是钻削较深的孔，也不会产生偏斜情况 (2) 由于切削刃锥面长，钻头散热条件良好，在高速钻削条件下不易因发热而烧伤，可大大提高钻头寿命 (3) 切屑成微小的细片状，表面粗糙度稳定在$Ra6.3\sim3.2\mu\text{m}$，能保证加工质量，降低废品率	(1) 刃磨刀刃间夹角时，两刃口必须对称，以免钻削时受力不均匀。刃磨后应用样板校验 (2) 刀刃应刃磨光滑、锋利，不要有毛刺，应避免碰伤

683

续表

序号	名称	简 图	修磨要点和参数	切削用量和实用效果	注意事项
2	综合开花钻头		(1) 磨去横刃,轴向力很小 (2) 磨有双重顶角、改善散热条件、提高钻头寿命	钻削铸铁、钻头直径 $d_0 = 20\mathrm{mm}$,进给量 $f = 1\mathrm{mm/r}$	最好用钻模定位。若无钻模时,开始要用手进给,直到钻头入工件后,再自动进给,以避免钻出的孔成多角形
3	大后角钻头		(1) 将后角 α_2 磨至 $45°$,倒棱宽度 $f_\mathrm{b} = 0.2 \sim 0.5\mathrm{mm}$ (2) 修磨前刀面,前角均匀为 $\gamma = 1° \sim 3°$ (3) 顶角 $2\phi = 118°$, $2\phi' = 120°$ (4) 修磨横刃、长度为原来的 $1/3$,一般约为 $0.5 \sim 1\mathrm{mm}$	钻削用量推荐值: 进给量 $f = 0.28 \sim 1\mathrm{mm/r}$,切削速度:当 $d_0 < 25\mathrm{mm}$ 时, $v = 40\mathrm{m/min}$;当 $d_0 > 25\mathrm{mm}$ 时, $v = 30\mathrm{m/min}$ 实用效果: (1) 后角虽大,但前角减小且倒棱,所以刀刃强度仍足够 (2) 表面粗糙度可达 $Ra6.3 \sim 3.2\mu\mathrm{m}$ (3) 定心好、孔偏移小、孔扩张量小 (4) 冷却剂足够时,因为是大后角,切削刃冷却好,切屑呈银白色	冷却剂足够时,因为冷却是大后角,切削刃冷却好,切屑呈银白色

续表

序号	名称	简 图	修磨要点和参数	切削用量和实用效果	注意事项
4	综合型钻头		(1) 修磨横刃，长约 0.5~1mm， (2) 磨出双后角，$l/3$ 的后面为 $\alpha=8°~12°$；其余为 45° (3) 磨出双重顶角 $2\varphi_1=75°$ (4) 在 4~5mm 的棱边上磨出副后角 $\alpha'=6°~8°$	钻削用量： 钻孔直径 d_0 (mm) / 进给量 f (mm/r) / 转速 n (r/min) / 切削速度 v (m/min) 20 / 1.2 / 500 / 32 32 / 1 / 335 / 34 40 / 0.8 / 255 / 33 50 / 0.56 / 180 / 29 效果： 表面粗糙度可达 $Ra6.3~3.2\mu m$，钻头寿命为 4~5h，效率提高 2~4 倍	修磨时，应注意各刃的对称性

续表

序号	名称	简 图	修磨要点和参数	切削用量和实用效果	注意事项
5	60°顶角钻头		磨出60°顶角	钻削用量推荐值： (1) 钻削 $\phi 32 \times 40$ ，$n=180 \sim 250$r/min，$f=0.56 \sim 0.8$mm/r (2) 钻削 $\phi 18.5 \times 55$ ，$n=475 \sim 950$r/min，$f=0.14 \sim 0.19$mm/r 实用效果： (1) 适于钻削表面有硬皮的铸件 (2) 定心好，导向准确，钻透时不会"啃" (3) 表面粗糙度达 $Ra6.3 \sim 3.2\mu m$，钻头寿命长，可提高效率 $0.5 \sim 1.5$ 倍	
6	无横刃钻头		(1) 磨去横刃 (2) 磨出双后角，第一后角为 $8°$；第二后角为 $13°$	用量推荐： 钻头直径 $d_0=19$mm 时，进给量 $f=1.4$mm/r 实用效果： 表面粗糙度达 $Ra6.3\mu m$；效率提高 3 倍	钻削深孔时，应采用乳化液或煤油冷却润滑 因无横刃，定心不好，钻削时需用钻模

续表

序号	名称	简 图	修磨要点和参数	切削用量和实用效果	注意事项
7	多重顶角钻头	 (a) 双重顶角 118° 75° 8°~12° (b) 三重顶角 140° 80° 90°	双重顶角钻头： 一般第一顶角较小、$2\phi_1=60°\sim75°$；而近钻芯处的第二顶角较大，$2\phi=118°\sim150°$；$l_1=(1/4\sim1/3)l$ 三重及多重顶角钻头可加长切削刃、减薄外刃切削厚度，加大刀尖角，加大外缘转角处刃尖角，增强该处强度	多重顶角钻头降低单位刃长上的热负荷，提高钻头寿命$1\sim2$倍或增高切削速度$10\%\sim20\%$。但因外缘顶角减小，该处前角减小、切削刃加长，将使切削扭矩稍有增大	

续表

序号	名称	简　图	修磨要点和参数	切削用量和实用效果	注意事项
8	硬质合金双尖钻头	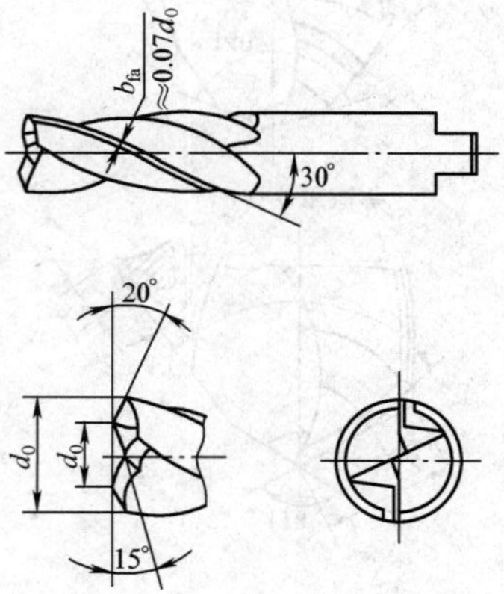	这是一种直径小于 16mm 的整体硬质合金麻花钻头，修磨参数如图示	(1) 适合高速钻削铸铁和难加工的钢料 (2) 加工时自定心效果好，不用钻套仍可避免钻头偏斜 (3) 分屑效果好，切屑可从孔中顺利排出，退出钻头排屑次数减少 (4) 因采用硬质合金材料，允许用较高的钻削用量，提高钻削效率，同时钻头较长使用寿命	

二、钻削铝及铝合金的钻头

铝和铝合金硬度小，导热性好，适于高速切削；因硬度小，应防止表面划伤和碰伤；熔点低，易形成积屑瘤，影响表面粗糙度和尺寸精度；切削刃宜锋利，以避免积屑瘤和减小加工硬化。

1. 大顶角钻铝合金钻头（见图 8-7）

（1）顶角加大后，刀头强度增加，钻削厚度增加，切屑呈略扭曲条状顺螺旋槽排出，畅流无阻。

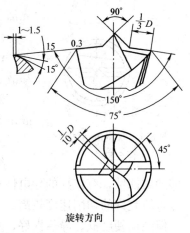

图 8-7　大顶角钻铝合金钻头

（2）采用了大后角，减少了与工件间的摩擦；再加上排屑带走了部分热量和工件本身的导热性好等因素，钻削时温度不高。

（3）为提高钻头的寿命，在主切削刃靠后面处刃磨出一条不宽的棱边；为改善孔壁表面粗糙度，在主切削刃靠外缘处倒一小的角度。

（4）为减小轴向力，在横刃处修磨了前角，使钻削时有削铝如泥之感。

（5）效果：结构简单，刃磨方便，效率高，寿命长，无需加冷却液。对于钻削精度要求不高的较深孔，更能发挥其显著优越性。

2. 三尖顶角钻铝钻头（见图 8-8）

修尖横刃，减小轴向力，使切削轻快，将刃背磨去，加大后角，减少摩擦，并容易加进冷却液，消除热量集中现象；磨出三尖顶和两个圆弧 R，起分屑、定心作用。

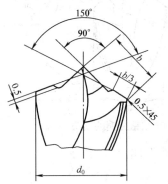

图 8-8　三尖顶角钻铝钻头

用量：$d_0 = 20$mm 时，$n = 1050 \sim 1700$r/min；$f = 0.56 \sim 0.9$mm/r.

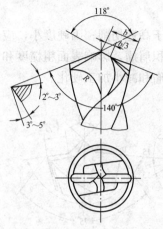

图 8-9 双顶角钻钴铝
合金钻头

3. 双顶角钻钴铝合金钻头（见图 8-9）

磨有双重顶角，即钻芯顶角 118°，其余为 140°；外缘转角的圆弧半径等于钻头直径的 1/4；前面与横刃一起修磨光洁。

用量 $d_0 = 13 \sim 17mm$ 时，$n = 2000r/min$；$f = 0.4 \sim 0.6mm/r$；加冷却液。

效果：表面粗糙度达 $Ra(6.3 \sim 3.2)$ μm；钻头寿命 $1 \sim 2h$；效率提高 4 倍。

三、钻削纯铜的钻头

纯铜有高的强度和良好的塑性，有足够的耐蚀性，有优异的导电性和导热性。其切削加工性比黑色金属好，所允许的切削速度较高。

但纯铜硬度低，导热性好，塑性、韧性大，不易断屑；切屑易粘附在钻头的切削刃上，加剧钻头磨损；易形成积屑瘤，影响钻削表面质量。

1. 钻纯铜钻头（见图 8-10）

把横刃修磨为原来的 1/5，使轴向力减小，易定中心；修磨前角和副后角，减少摩擦，提高钻头的寿命。

钻 $\phi18mm$ 孔时推荐用量为：$n = 1700r/min$；$f = 0.67 \sim 1.2mm/r$。可避免因纯铜的韧性在钻削时发出的"嘶嘶"叫声。

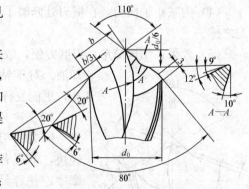

图 8-10 钻纯铜的钻头

2. 钻纯铜群钻（见图 8-11）

参数如下：

$b \approx 0.02d_0$；

$h \approx 0.06d_0$；

$R \approx 0.15 \sim 0.2d_0$；

$d_0 > 25\text{mm}$ 时需开分屑槽；

横刃斜角 $90°$；

钻芯高，圆弧后角要减小。

所得孔形光整无多角。

3. 三重顶角钻纯铜钻头（见图 8-12）

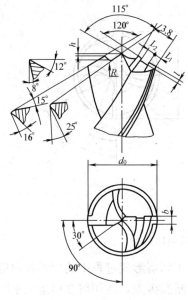

三重顶角可分屑，排屑顺利，钻头不易被咬住；横刃窄，钻芯顶角小，定心好；横刃斜角 $30°$。

钻削 $\phi17\text{mm}$ 孔时用量推荐为：$n = 1700\text{r/min}$；$f = 0.5 \sim 1\text{mm/r}$。

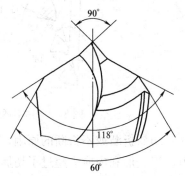

图 8-11　钻纯铜的群钻　　　图 8-12　三重顶角纯铜钻头

所得孔壁表面粗糙度达 $Ra(6.3 \sim 3.2)\mu\text{m}$；钻头寿命 $2 \sim 3\text{h}$；效率提高 3 倍。

第三节　钻削难加工材料的钻头

一、钻削不锈钢的钻头

不锈钢机械性能高，特别是高温强度、硬度高，钻削中切屑切离时的负荷大，消耗能量大，同样条件下的钻削力比 45 号钢高 10%～30%；加工硬化现象严重，冷作强化趋势剧烈，加工后表面显微硬度有显著提高；导热性差，仅为碳素钢的 1/3～1/4，切削热不易从工件传出，加大切削刃的热负荷；对其他金属材料的粘附性强，在一定高温、高压下钻头表面易于产生粘结现象，形成积屑瘤；组织中含有碳化钛微粒，加剧钻头磨损；塑性、韧性高于中碳钢，切屑不易折断。

1. 钻不锈钢的断屑钻头 Ⅰ（见图 8-13）

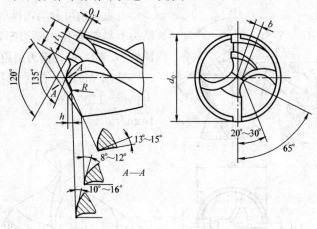

图 8-13　钻不锈钢的断屑钻头（Ⅰ）

切屑折断或不折断的原因，在于切屑形成过程中的变形和内应力。当变形和内应力超过了切屑的断裂极限，或切屑变形运动不断变化，处于不稳定状态时，切屑就会折断。

修磨时取：$l = 0.32d_0$；$\frac{1}{3}l < l_1 < \frac{1}{2}l$；$R \approx 0.2d_0$；$h \approx 0.04d_0$；$b \approx 0.04d_0$。

钻削时，由于外刃分屑槽深度很小，使切屑不能一下子完全分开，但因切削刃上各段刀刃的排屑方向和切削速度方向不一致，因而造成了切屑互相撕裂，使切屑时分时不分。每当切屑分开变窄往外流出到 100～150mm 长度时，切屑又开始不分裂并变宽，形成螺旋形的切屑；当螺旋形的切屑卷 3～4 圈后，由于内变形的增加，就在宽切屑与窄切屑交界处自然折断，切屑呈礼花状。切屑折断后，立即又开始变窄，这个过程反复进行，于是礼花状的切屑就从孔内顺利跳出，取得了很好的断屑、排屑效果。

对于 $d_0 = 20$、25、30mm 的钻头，推荐采用 $n = 105\text{r/min}$ 和 $f = 0.32$、0.4、0.56、0.67mm/r，均可顺利断屑。

2. 钻不锈钢的断屑钻头 II（见图 8-14）

外刃顶角适当加大，取 $2\phi = 140° \sim 160°$，内刃顶角 $2\phi_\tau = 110° \sim 140°$；横刃斜角 $\varphi = 60°$；内刃斜角 $\tau = 25°$；横刃长度 $b = 0.05d_0$；尖高适当加大 $h = 0.09d_0$；分屑槽深度为 0.1mm。月牙槽的深浅按不锈钢材料的组织确定，如果不是奥氏体组织，槽要深些；圆弧刃与外刃的交界处要圆滑过渡，此处的刀尖角不应过小，以免影响断屑效果。

采用 $v = 10\text{m/min}$；$f = 0.32 \sim 0.5\text{mm/r}$，断屑、排屑效果良好。

3. 钻不锈钢的断屑钻头（III）（见图 8-15）

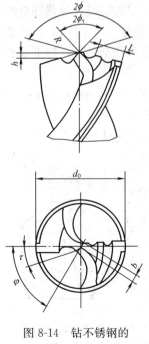

图 8-14　钻不锈钢的
断屑钻头（II）

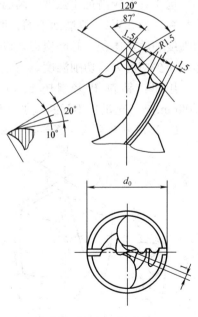

图 8-15　钻不锈钢的
断屑钻头（III）

有分屑槽，排屑好，可进行大进给；切削长，散热好，可提高钻头寿命；修磨横刃长度，从而减小轴向力；刃带磨去 1/2，减小钻头与孔壁间的摩擦。

使用条件：适于在摇臂钻床上钻不锈钢，$v = 15 \sim 25\text{m/min}$；$f = 0.32 \sim 0.4\text{mm/r}$；乳化液冷却。

二、钻削淬火钢、硬钢的钻头

淬火钢的组织为回火马氏体，硬度很高，导热系数低，切削抗力、切削热大。高硬度淬火钢是典型的脆性很大的材料。

钻普通淬火钢钻头（见表 8-12）。

三、钻削高锰钢的钻头

高锰钢的组织为固熔体，塑性、韧性高，当进行切削加工塑性变形时，加工硬化现象严重，硬度高 1 倍以上；加工过程中形成的氧化层硬度也很高；高锰钢的导热性很差，散热条件不好，切削温度很高。

1. 镶硬质合金的钻高锰钢钻头（Ⅰ）（见图 8-16）

选用具有较高抗压强度、高温强度、耐磨性以及导热性好的刀片材料，如 YW1；修磨前刀面，磨出负前角 $\gamma = -17°$，以增强刀刃强度和散热体积；修磨横刃，以改善横刃切削条件，降低塑性变形，减少切削力、切削温度。

用量：钻削孔径 $\phi16.5\text{mm}$ 时，取 $n = 850\text{r/min}$；$f = 0.09\text{mm/r}$，充足且不间断地加乳化液冷却。

2. 镶硬质合金的钻高锰钢钻头（Ⅱ）（见图 8-17）

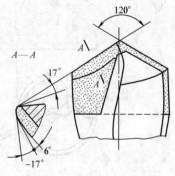

图 8-16　镶硬质合金的
钻高锰钢钻头（Ⅰ）

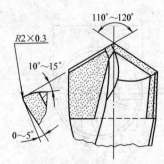

图 8-17　镶硬质合金的
钻高锰钢钻头（Ⅱ）

表 8-12 钻削淬火钢的钻头

序号	名称	简图	结构及刃形特点	各部分参数	切削用量
1	钻普通淬火钢钻头		(1) 当钻削硬度为 HRC42~47 淬火钢时，钻头材料宜采用高性能高速钢 W6Mo5Cr4V2Al 或 W2Mo9Cr4VCo8 (2) 磨有内刃顶角 $2\phi'$，月牙槽 BC 处的圆弧半径 R 较大，以增大主切削刃 AB 和侧刃 BD 的刃尖角，增强散热能力 (3) 前刀面沿主切削刃修磨成内刃 b_1，改变原主切削刃上近钻芯处前角较小、外缘处前角较大，各点前角不相等的状况 (4) 修磨前刀面后，主切削刃的前面呈"棱面"，增强了刃口的强固性和钻削能力，使切削刃上的"楔形"强度增加。"棱面"有利于钻削热的传出，切削刃的崩刃情况大为减少 (5) 在外刃上磨出单面分屑槽，改善了分屑、排屑情况	(1) 切削刃角度参数： 外刃顶角 $2\phi = 118°$ 内刃顶角 $2\phi' = 125°$ 外刃后角 $\alpha_c = 12°$ 外刃前角 $\gamma_c = -10°$ 内刃前角 $\gamma_{rc} = -10°$ 横刃斜角 $\varphi = 65°$ 内刃斜角 $\tau = 30°$ (2) 切削刃长度参数： 尖高 $h = 3mm$ 圆弧半径 $R = 4mm$ 外刃修磨宽 $b_1 = 3mm$ 横刃宽 $b = 2mm$ 分外刃 $l_1 = l_2 = \dfrac{l}{3}$ 分屑槽 $l_2 = l_1 = \dfrac{l}{3}$	切削用量推荐： $v = 10m/min$, $f = 0.12mm/r$, 3%乳化液冷却

695

续表

序号	名称	简图	结构及刃形特点	各部分参数	切削用量
2	钻硬钢件钻头		(1) 钻头材料最好用 W6Mo5Cr4V2A1 或 W2Mo9Cr4VCo8 (2) 外刃上有双层的月牙形圆弧刃 BC 和 CD，把外刃分成几儿段，在各段交界处有明显的转折点，形成双层内刃顶角 $2\phi'$，$2\phi_\tau$，使主切削刃分刃切屑，轴向抗力、扭矩大为降低 (3) 以其 5 尖在孔底形成圆弧凸筋，定心好，不偏移，也适宜在硬材料面上钻孔 (4) 有较大的双后角 α_{Rc}，减少摩擦；且切削液易入切削区，有效地降低切削温度，延长钻头使用寿命	(1) 切削刃角度参数： 外刃顶角 $2\phi = 110°$ 内刃顶角 $2\phi' = 125°$ 第二内刃顶角 $2\phi_\tau = 120°$ 内刃后角 $\alpha_c = 10°$ 外刃双后角 $\alpha_{Rc} = 16°$ 内刃前角 $\gamma_{rc} = 8°$ 内刃转角 $\varphi = 65°$ 内刃转角 $\tau = 25°$ (2) 切削刃长度参数： 尖高 $h = b/2$ 圆弧半径 $R = 1.5mm$ 横刃宽 $b = 1.5\sim2mm$ 外刃 $l_1 = \dfrac{l}{2}$	切削用量： 钻 HRC45 硬钢，孔径 22mm，用 $n = 250r/min$，$f = 0.2mm/r$，乳化液冷却 切削效果： 用 67 型群钻一次刃磨可钻37～40个孔 用此钻，一次刃磨可钻75～80个孔，轴向力降低32%，扭矩降低 36%，排屑顺利

续表

序号	名称	简图	结构及刃形特点	各部分参数	切削用量
3	钻渗碳工件的高效钻头		(1) 减小外刃顶角2φ，延长切削刃，降低长度切削负荷，使刃口加宽，有利于扩散热量。 (2) 磨出浅月牙槽R及内刃顶角2φ'，加大主偏角，增高钻心尖，使其导向好，定心稳，强度得到加固，避免在钻削中钻头产生振动和出现定心磨颤或刃口崩刃现象。 (3) 磨窄横刃b，缩短横刃长度至原来的1/5，把刮削变为切削状态，降低轴向抗力和扭矩，减少刃尖热源。 (4) 磨出外刃双重顶角2φ'，使外刃变长，外缘转角处加宽，改善散热条件，刃口不易磨损。 (5) 修磨后，用机油油泡浸过的氧化铝磨石修研，鐾光前、后面及外缘刃口，消除毛刺，不平点以及外缘刃瘤残痕；并在外刃前面磨出负前角3～5°倒锥，表面粗糙度达Ra0.4μm。	(1) 切削刃角度参数： 外刃顶角 $2\phi = 115°$ 内刃顶角 $2\phi' = 130°$ 横刃斜角 $\psi = 72°$ 内 刃斜角 $\tau = 30°$ 内刃前角 $\gamma_{\tau c} = -20°$ 外刃后角 $\alpha = 14°$ 第 圆弧后角 $\alpha_R = 10°$ 第 二外刃顶角 $2\phi_1 = 70°$ (2) 切削刃长度参数： 圆弧半径 $R = 0.4d_0$ 横刃长度 $b = 0.7d_0$ 外刃长 $l = 0.3d_0$ 尖高 $h = 0.1d_0$ 过渡刃长 $l_1 = \dfrac{l}{2}$	切削用量：被钻材料20Cr，表面镀铜后，渗碳深1～1.3mm，淬火后硬度HRC60～65。孔径φ12mm，在Z25立式钻床上采用$n=320r/min$，$f=0.16mm/r$；25%乳化液冷却。 效果： 效率较标准麻花钻提高5～6倍；较群钻提高2～3倍。当孔钻通时，断屑圈不会钻断，前刀面很少有积屑瘤粘附，排屑良好。经济效益较高。

硬质合金 YG8；修磨参数见图 8-17。

采用 $v = 15 \sim 20\text{m/min}$；$f = 0.035 \sim 0.09\text{mm/r}$，不用冷却液。

钻削 ZGMn13 高锰钢时，寿命 40min。

机床刚性要好，振动小；钻头伸出量不应大于钻头直径的 4 倍。

为防止刀片脱焊，每隔 4～5min，钻头从孔内退出一次。

3. 镶硬质合金的钻高锰钢钻头（Ⅲ）（见图 8-18）

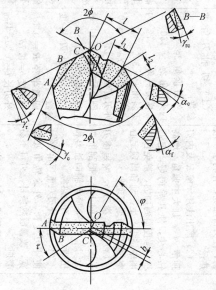

图 8-18　镶硬质合金的钻高锰钢钻头（Ⅲ）

（1）结构、刃形特点。

1）切削部分的材料采用 YW2 硬质合金。

2）磨出双重顶角 $2\phi_1$，改变外缘转角，切削速度高，热量集中在外缘刃尖上，致使磨损加快。使钻头外刃和棱边交界处变宽，改善散热条件。

3）在主刃和过渡刃上修磨前面，形成外刃前角 γ_τ 和过渡刃前角 γ_c，使该处不易崩刃和磨损，并改善切削性能，使切屑变形增大，有利于切屑呈撕裂状态。

4）外刃上磨出分屑槽，当钻头直径较大（$d_0 \geqslant 25\text{mm}$）时，可在两外刃上交叉刃磨分屑槽，使切屑产生附加变形，容易切离和折断。

5) 加大外刃后角 α_c 和过渡刃后角 α_f，比钻一般钢料大 $4°\sim 6°$，以减小钻头后面与孔壁的摩擦。实践证明，当外刃后角为 $15°$、过渡刃后角为 $18°$ 时，钻头寿命较高。

（2）参数值。

1）切削刃角度参数：

外刃顶角 $2\phi = 115°$；双重顶角 $2\phi_1 = 60°$；

外刃后角 $\alpha_c = 14°$；过渡刃后角 $\alpha_f = 18°$；

外刃前角 $\gamma_\tau = -12°$；内刃前角 $\gamma_{\tau c} = -14°$；

过渡刃前角 $\gamma_c = -12°$；横刃斜角 $\varphi = 60°$；

内刃斜角 $\tau = 25°$。

2）切削刃长度参数：

横刃宽 $b = 2\mathrm{mm}$；

分外刃 $l_1 = l_2 = \dfrac{l}{3}$；过渡刃 $l_2 = l_1 = \dfrac{l}{3}$。

（3）用量推荐。钻削 x120Mn12 高锰钢，硬度 HB200，孔径 13、17mm，板厚 20mm，采用 $v = 20\mathrm{m/min}$，$f = 0.15\mathrm{mm/r}$。

（4）效果。钻削稳定，排屑顺利，提高工效 1.5 倍，能减少钻头的热负荷和加工硬化现象。

第四节　钻削非金属材料的钻头

一、钻削胶木的钻头

胶木强度不高，具有软、脆、松特性，钻削中有"扎刀"现象，切屑松散；导热性差，且不耐热（约耐热 $120\sim 180℃$），温度稍高，会导致材质中的树脂变质产生热分裂变形；弹性系数小，热膨胀系数又大，钻削后易缩孔；材质中的填料有纤维性，切削刃不锋利、切削速度较低、进给量较大时，易产生毛边；材质中的纤维织物有各向异性，孔易产生椭圆形；不宜用水剂冷却液冷却，以免影响产品质量。

1. 小顶角钻胶木钻头（见图 8-19）

（1）刃形特点：顶角磨成 $60°\sim 90°$；前面修磨成平面，前角

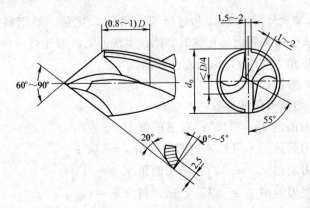

图 8-19　小顶角钻胶木钻头

$0° \sim 5°$；加大后角到 $20° \sim 26°$；前、后刀面用磨石研磨至 $Ra0.4\mu m$。

（2）效果：消除钻头钻削时的退火现象，提高钻头寿命；加工质量好，孔底面不起层（掉皮），上面不出黄边，中间不开裂，孔壁表面粗糙度得到改善，生产效率高；只要机床刚性好，在满足表面粗糙度及精度的条件下，可采用大进给量。

（3）注意事项：加工孔精度要求较高时，必须保证钻尖位置在中心，且刀刃应对称；当工件厚度小于钻尖高度的 0.8 倍时，不能使用这种钻头。

2. 钻胶木群钻（见图 8-20）

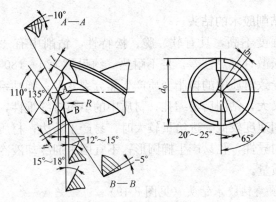

图 8-20　钻胶木群钻

（1）刃形特点：适当磨偏钻芯，有意把孔钻大，以抵消孔的收缩及减小棱边的摩擦与磨损；外刃顶角磨小，加强定心和改善外缘转角处的散热条件；缩短横刃，减小轴向力；后角磨大，减少后刀面的摩擦和磨损；为避免"扎刀"，修磨两侧刃 l 的前刀面，减小前角，使 $\gamma = -5°$ 左右；在外直刃的最外缘保留 $1\sim1.5mm$ 的长度不修磨，保持它的锋利性，从而避免出口处出现毛刺、脱皮等现象。

（2）主要参数值：外刃长 $l \approx 0.2d_0$；圆弧半径 $R \approx 0.1d_0$；尖高 $h \approx 0.03d_0$；横刃长 $b \approx 0.02d_0$；外刃顶角 $2\phi = 100° \sim 110°$；内刃顶角 $2\phi' = 135°$；内刃斜角 $\tau = 20° \sim 25°$；横刃斜角 $\varphi = 65°$；内刃前角 $\gamma_\tau = -10°$；圆弧刃后角 $\alpha_R = 15° \sim 18°$；外刃后角 $\alpha = 12° \sim 15°$。

二、钻削有机玻璃的钻头

有机玻璃的导热性不良，且耐热性低，受热后容易软化，在 $100℃$ 时表现出如软橡皮一样的弹性，切削温度不宜超过 $60℃$；在钻削力作用下，孔壁附近区域产生内应力，易生"银斑"状裂纹，钻削中冷热突变也会产生裂纹；切屑容易堆起，粘在棱边和螺旋槽上，堵住刃沟；弹性大，加大与钻头后面、棱边的摩擦，对孔的质量极为不利；钻削中的微碎屑末与孔壁发生摩擦，将降低其透明度。

钻有机玻璃群钻（见图 8-21），可较有效地保证加工质量。

其特点是：

（1）加大外刃的轴向前角，$\gamma_g \approx 35° \sim 40°$，将横刃 b 修磨的尽可能短，以减少切削力和热量。

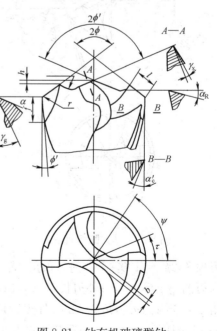

图 8-21　钻有机玻璃群钻

701

(2) 选用较小的外刃顶角,$2\phi = 100° \sim 110°$,并修圆外缘刃尖 r,减轻切削痕迹。

(3) 加大刃带的倒锥,有必要时,可在外圆磨床上磨出半锥角,$\phi' = 15' \sim 30'$ 的锥度;磨窄刃带;加大副刃的径向副后角 $\alpha'_c = 25° \sim 27°$,形成锐刃,以减小钻孔中的摩擦。

(4) 要把刃口和刃带研磨到 $Ra0.4\mu m$ 以下,充分加注冷却液;选用适中的转速和进给量,以 $\phi18mm$ 钻头为例,可取 $n = 338r/min$;$f = 0.09 \sim 0.12mm/r$。

✦ 第五节　钻削非平面孔的钻头

一、钻削大圆弧面的钻头 (见图 8-22)

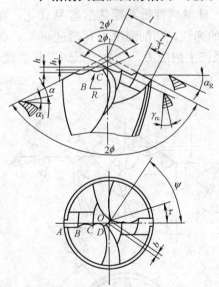

1. 修磨要点

(1) 将钻头磨为五尖十一刃,使主切削刃分刃切削,减轻轴向抗力,钻削轻快。

(2) 磨出第二内刃顶角,使五尖钳制容易定心。

(3) 采用双后角,减少后面与孔壁摩擦,便于冷却,减轻钻削热。

(4) 磨低横刃,使其窄又尖,变负前角挤压为切削状态。

2. 参数值

外刃顶角 $2\phi = 125°$;内

图 8-22　钻大圆弧面钻头

刃顶角 $2\phi' = 130°$;第二内刃顶角 $2\phi_1 = 135°$;圆弧刃后角 $\alpha_R = 18°$;内刃前角 $\gamma_\tau = -15°$;外刃长 $l_1 = l/3$;圆弧刃半径 $R = 3mm$;横刃斜角 $\varphi = 65°$;内刃斜角 $\tau = 25°$;外刃后角 $\alpha = 16°$;外刃双后角 $\alpha_1 = 12° \sim 14°$;尖高 $h = 1.5mm$;第二尖高 $h_1 = 1.5mm$;横刃宽 $b = 1.5mm$。

3. 用量推荐

孔径 $\phi30\text{mm}$ 时，$v = 26\text{m/min}$；手动进给，乳化液冷却。

4. 效果

适于在圆弧面上钻孔，工效比铸钢群钻高 1～2 倍；比标准麻花钻高 5～6 倍。减轻轴向抗力及扭矩，孔位不会偏移。

二、在球面上钻孔的钻头

在球面上钻孔的钻头是在群钻基础上改进和发展而得，切削部分修磨后的几何形状和参数见图 8-23（a）。

被钻工件形状见图 8-23（b），钻削原理参见图 8-23（c）。钻削时，b 刃首先在工件上锪出一道槽 b'，（图中 A）；随着主轴进给，切削刃 a 参加工作，同时横刃参加定心（图中 B）；b' 点钻透，切削刃 a 仍在工作，同时横刃仍起定心作用（图中 C）；a' 点钻透，中心消失，已钻透的 b' 点抵住钻头，同时 b'' 点辅助定心，防止钻头向 b' 点滑移而使孔变椭圆（图中 D）；最后改机动进给为手动进给（起提高工效作用），切削过程完毕。

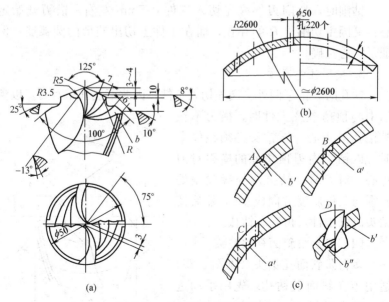

图 8-23　在球面上钻孔的钻头

（a）钻头切削部分几何形状；（b）被钻工件形状；（c）钻削原理

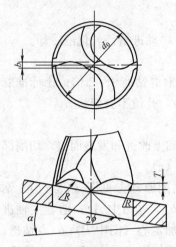

图 8-24　在斜面上钻孔的钻头

当孔径为 50mm 时，采用 $n = 50r/min$，$f = 0.071mm/r$，得表面粗糙度 $Ra6.3\mu m$、椭圆度 $\leqslant 0.1mm$、孔径公差 $\leqslant 0.1mm$。

三、在斜面上钻孔的钻头（见图 8-24）

1. 刃形特点

当钻头直径为 $10 \sim 40mm$ 时，钻芯横刃长度 $b = 0.5 \sim 0.7mm$；圆弧刃半径 $R = d_0/6$；内刃顶角 $2\phi = 70° \sim 80°$；内刃顶角尖端与两外刃尖端的最高距离 $T = (d_0/2)\tan\alpha - (0.2 \sim 0.5)$。这里的 α 为工件的斜度。

2. 钻削原理

钻削时，切削刃外缘先切入工件 0.5mm 左右，横刃开始定心；又因主切削刃 R 的存在，而在工件上切出凸形的圆弧筋，保证了定心正确。

3. 使用注意事项

钻孔时，由于两外尖端先切入工件，因此不能开车对刀，以免当中心顶角触及工件时，横刃不在被钻孔的中心。该钻头必须在停车时，以钻头内刃顶角处的横刃对刀定心。对刀时，钻头两外缘尖角处必须与工件斜度方向成 90°，然后使钻头离开工件，再开车钻孔。

四、多台阶斜面孔的钻头

多台阶斜面孔钻头（见图 8-25）适用于在斜面上钻孔，先用手动进刀，再自动进刀；定心好，易在斜面上找正孔，加工后孔圆光整；表

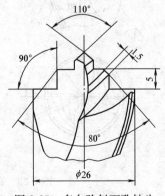

图 8-25　多台阶斜面孔钻头

面粗糙度达 $Ra6.3\sim3.2\mu m$，效率提高 $1\sim2$ 倍，钻头寿命 $1\sim2h$。

钻头直径 $d_0=15\sim40mm$ 时，钻尖顶角 $2\phi=110°$，后角 $\alpha=10°$，台阶刃顶角 $=80°$，台阶刃侧角 $=90°$。

钻不锈钢，$d_0=8\sim18mm$ 时，$v\approx10\sim12m/min$；$f=0.12\sim0.2mm/r$。

第六节　特殊孔的加工

一、深孔加工

在机器制造中，一般孔的深径比 $L/D\geqslant5$ 时称为深孔。深孔加工有如下特点：

（1）深孔加工中，孔轴线容易歪斜，钻削中钻头容易引偏。

（2）刀杆受内孔直径限制，一般细而长，刚度差，强度低，车削时容易产生振动和"让刀"现象，使零件产生波纹、锥度等缺陷。

（3）钻孔或扩孔时切屑不易排出，切削液不易进入切削区域，散热困难，钻头易磨损。

（4）深孔加工很难观察孔的加工情况，加工质量不易控制。

深孔加工有深孔钻削、深孔镗削、深孔精铰、深孔磨削、深孔滚压、珩磨等方法。

1. 钻削深孔

钻削深孔时，必须采用深孔钻。

深孔钻削按工艺的不同可分为在实心料上钻孔、扩孔、套料三种，而以在实心料上钻孔用得最多。按切削刃的多少可分为单刃和多刃；按排屑方式分为外排屑（枪钻）、内排屑（BTA 深孔钻、DF 系统深孔钻和喷吸钻）两种，其工作原理见图 8-26。

各种深孔钻的使用范围根据被加工深孔的尺寸、精度、表面粗糙度、生产率、材料可加工性和机床条件等因素而定。外排屑枪钻适用于加工 $\phi2mm\sim\phi20mm$，长径比 $L/D>100$，表面粗糙度值 Ra（$12.5\sim3.2$）μm、精度为 H8～H10 级的深孔，生产效率略低于内排屑深孔钻。BTA 内排屑深孔钻适用于加工 $\phi6mm\sim\phi60mm$，长

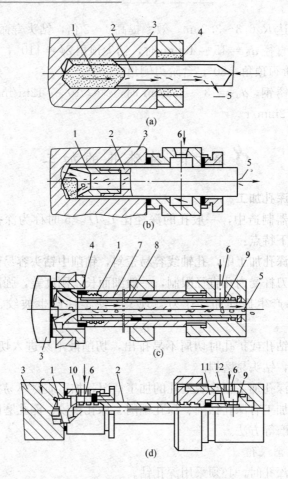

图 8-26　深孔钻的工作原理图

(a)外排屑深孔钻(枪钻)；(b)BTA 内排屑深孔钻；

(c)喷吸钻；(d)DF 内排屑深孔钻

1—钻头；2—钻杆；3—工件；4—导套；5—切屑；6—进油口；

7—外管；8—内管；9—喷嘴；10—引导装置；11—钻杆座；12—密封套

径比为 $L/D < 100$，一般表面粗糙度值 $Ra3.2\mu m$ 左右，精度为 H7 ~H9 级的深孔，生产率较高，比外排屑高 3 倍以上。喷吸钻适合于 $\phi6mm \sim \phi65mm$，切削液压力较低的场合，其他性能同内排屑深孔钻。DF 系统是近年来新发展的一种深孔钻。它的特点是有一个

钻杆，钻杆由切削液支托，振动较少，排屑空间较大，加工效率高，精度好，可用于高精度深孔加工；其效率比枪钻高 3～6 倍，比 BTA 内排屑深孔钻高 3 倍。

（1）深孔钻削刀具。深孔钻削刀具必须具有一定的强度和刚度。生产中常用以下几种钻深孔刀具：

1）扁钻。图 8-27 所示为简易扁钻，钻削时切削液由钻杆内部注入孔中，切屑从零件孔内排出，适用精度和表面粗糙度要求不高的较短的深孔。

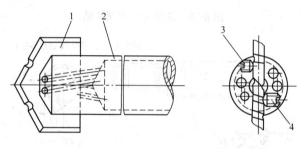

图 8-27　简易扁钻
1—钻头；2—钻杆；3、4—紧固螺钉

另一种带有导向块的扁钻，其结构如图 8-28 所示，其优点是加工时导向块在孔中起导向作用，可防止钻头偏斜。

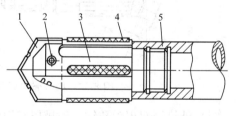

图 8-28　带有导向块的扁钻
1—钻头；2—紧固螺钉；3—钻体；
4—导向块；5—钻杆

2）外排屑单刃深孔钻。外排屑单刃深孔钻如图 8-29 所示。该钻最早用于加工枪管，故常称枪钻。枪钻也是 $\phi 2mm～\phi 6mm$ 深孔加工的唯一方法，适用于 $\phi 2mm～\phi 20mm$。深径比 $L/D > 100$ 的深孔。切削液经钻杆内孔，从钻头后部的进油孔喷射，压入切削区，切屑从钻头凹槽通道向外排出。

3）内排屑单刃深孔钻。内排屑单刃深孔钻如图 8-30 所示，它适用于钻 $\phi 12mm～\phi 25mm$ 的深孔，采用焊接结构。

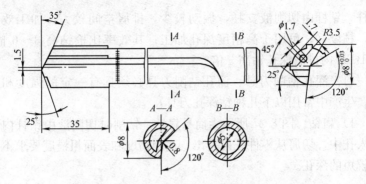

图 8-29　外排屑单刃深孔钻

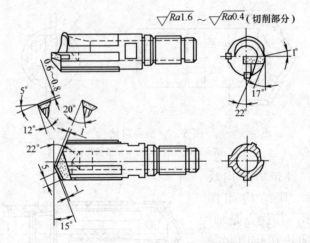

图 8-30　内排屑单刃深孔钻

4) 外排屑双刃深孔钻。外排屑双刃深孔钻如图 8-31 所示，它适用于加工直径 $\phi14mm\sim\phi30mm$ 的深孔，用硬质合金刀片或用整体硬质合金刀头焊接而成。它有对称的 4 条（或两条）导向块，起导向作用，有两条排屑槽或两个油孔，靠高压油将切屑排出。这种钻头结构对径向力平稳有利，但要求有较好的制造和刃磨精度。

5) 内排屑错齿深孔钻。内排屑错齿深孔钻如图 8-32 所示。适用于钻削 $\phi45mm$ 以上钢件深孔。刀齿分别位于轴线两侧，刀齿数有 2～5 个不等，各齿互相错开，搭接分片切割。另外还有 3 个导向块和两个排屑孔。为进一步提高钻头的刚度，钻体后部还镶有 4

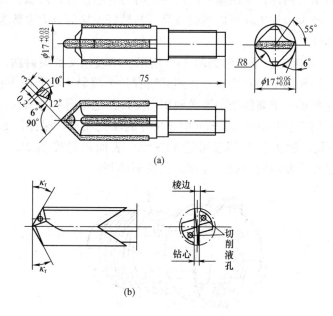

(a)

(b)

图 8-31　双刃外排屑深孔钻

（a）形式一；（b）形式二

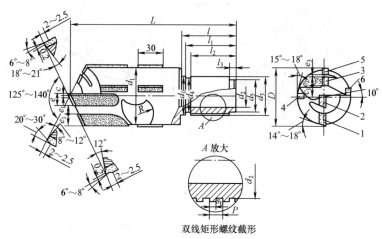

图 8-32　多刃错齿内排屑深孔钻

1、2、3—刀齿；4、5、6—导向块

块导向条。钻体可采用精密铸造件，将刀片槽位置、形状、排屑孔铸出，经少量加工就可以制成成品。与钻杆连接部分大多数为矩形多线螺纹。

6) 喷吸钻。喷吸钻如图 8-33 所示。喷吸钻又称喷射钻，属于实心孔深孔加工刀具之一，在颈部钻有几个喷射切削液的小孔 H，通过这些小孔把高压切削液送到切削区，并把切屑从排屑孔向后排出。适用于 $\phi18mm\sim\phi65mm$ 中等尺寸的深孔加工，深径比 $L/D<100$ 的孔，加工公差等级可达 IT8 级，表面粗糙度值 $Ra3.2\mu m$。切削过程中要求断屑成 C 字形，使排屑顺利。

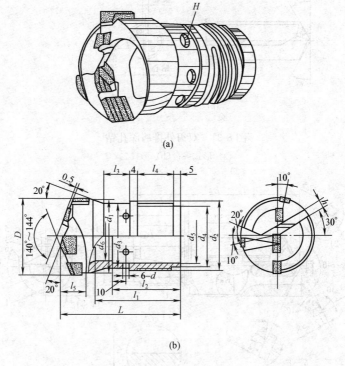

图 8-33　喷吸钻

(a) 喷吸钻外形；(b) 喷吸钻结构尺寸

刀体材料一般选用 40Cr 或 45 钢。对于大规格的喷吸钻，刀体可采用精密铸造。

7）深孔扩孔钻。深孔扩孔钻如图 8-34 所示。这种钻头刀头可换，适用于加工直径 $\phi40mm$ 以上的深孔。在加工深孔时，可以校正在钻削时产生的缺陷，并能提高加工精度和表面质量。适用于半精加工和精加工。

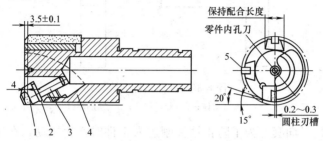

图 8-34　扩孔深孔钻

1—刀头；2—垫圈；3—螺钉；4—刀体；5—导向块

（2）深孔加工的辅助工具。在成批加工的深孔工件中，多采用专用深孔钻床加工；而在单件或小批量生产中，则可在一般车床上附加一些辅助工具来加工深孔。在车床上加工深孔时使用的主要辅助工具有：

1）钻杆。钻杆如图 8-35 所示，外径比内孔直径小 4～8mm，前端的矩形内螺纹和导向圆柱孔与钻头尾部相连接，构成整个深孔钻，装卸迅速方便。为了防止弯曲变形，使用后应涂防锈油吊挂存放。

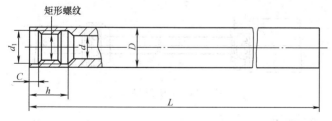

图 8-35　钻杆

2）钻杆夹持架。钻杆夹持架如图 8-36 所示。使用时，将夹持架安装在车床方刀架上，拧动夹持架上的紧固螺钉来夹持钻杆。安装时，必须使开口衬套（有的夹持架衬套为弹性衬套）的轴线对准机床主轴轴线。

711

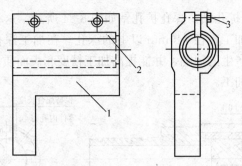

图 8-36   弹性钻杆夹持架
1—夹持架体；2—开口衬套；3—紧固螺钉

3）导向套。为了防止钻头刚进入工件时产生扭动，在工件前端应安装导向套。图 8-37 是枪孔钻的导向套，这种导向套不但可以引导钻头进入工件，而且使切削液和切屑可从 A 排出，而后导向套 B 可以防止枪孔钻的转动。

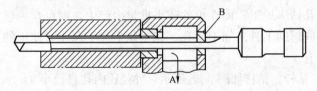

图 8-37   枪孔钻的导向套

图 8-38 是喷吸钻的导向套。

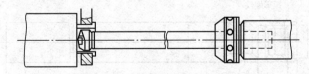

图 8-38   喷吸钻导向套

2. 深孔镗削

（1）粗镗。采用扩孔镗加工深孔，可用图 8-39 所示的镗床刀头来加工。镗孔径大小可用刀规调整。刀头后端用矩形螺纹连接在刀杆上。而刀杆最好用钻削用的钻杆，这样就无需更换和调整刀杆。

（2）精镗。精镗深孔时所采用的刀具是深孔浮动镗刀块，如图

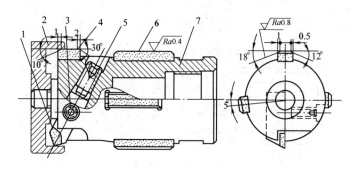

图 8-39　深孔镗刀头

1—刀头；2—刀规；3—调节螺钉；4—前导向垫；

5—紧固螺钉；6—后导向垫；7—刀套

8-40 所示。采用浮动镗刀进行深孔精加工，可以得到更高的精度和更细的表面粗糙度。其具体方法是，半精加工后，工件装夹不动，换上浮动镗刀块，就可进行加工。加工时最好采用反向进给，如图 8-41 所示。

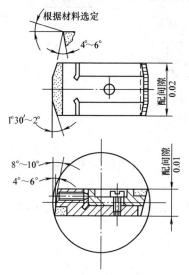

图 8-40　深孔用浮动镗刀块

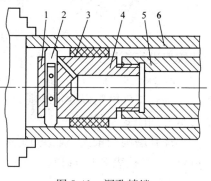

图 8-41　深孔精镗

1—压盖；2—精镗刀块；3—亚麻布；

4—导向头；5—刀杆；6—工件

3. 深孔精铰

精铰深孔可用图 8-42 所示的深孔浮动铰刀进行加工。这种方法加工精度高，生产效率高，适用于批量生产。

对于精度较高的小直径深孔，可采用图 8-43 所示的小直径深

713

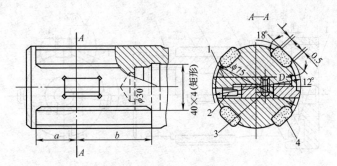

图 8-42　深孔浮动铰刀

1—刀头；2—调节螺钉；3—紧固螺钉；4—导向垫

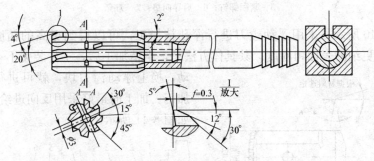

图 8-43　小直径深孔铰刀

孔铰刀进行精加工。

4. 深孔磨削

深孔工件磨削以砂带磨削为主，主要应用接触气囊装置，其结构示意如图 8-44 和图 8-45 所示。

深孔磨削余量大小取决于磨前加工余量，磨前 Ra（3.2～1.6）μm 时，可按表 8-13 选择。

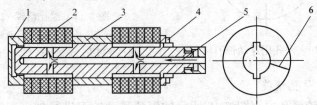

图 8-44　接触气囊结构示意图

1、4—螺母；2—接触气囊；3—隔套；5—压缩空气；6—橡胶环开口

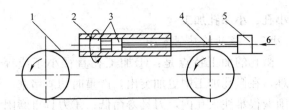

图 8-45　深孔砂带磨头工作情况

1—砂带；2—工件；3—接触气囊；4—推杆；5—进气机构；6—压缩空气

表 8-13　　　　　　　　　　深孔磨削余量　　　　　　　　　　mm

孔　径	直 径 余 量	
	钢　　件	铸　铁　件
25～50	0.015～0.03	0.03～0.05
50～80	0.03～0.05	0.05～0.07
80～120	0.05～0.07	0.07～0.09
120～200	0.07～0.09	0.09～0.11
200～500	0.09～0.13	0.13～0.20

5. 深孔珩磨

对于尺寸精度和表面粗糙度要求高的细长深孔，在浮动镗铰后，还可用珩磨的方法对孔壁进行光整加工。图 8-46 所示是一种可调节的珩磨头。珩磨头以插口式或铰链式接头与珩磨杆连接，珩磨杆的另一端则紧固在刀架上。也可在珩磨杆上用两个接头，使珩磨杆起万向调节作用，使珩磨头的浮动由工件进行导向。

珩磨前，孔的表面粗糙度在 $Ra1.6\mu m$ 以下，珩磨余量为 $0.1\sim0.5mm$。

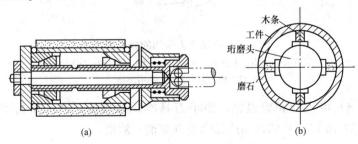

图 8-46　可调节珩磨头

（a）可调节珩磨头；（b）珩磨头截面简图

二、小孔、小深孔加工

(一) 小孔、微孔的钻削方法

小孔、微孔的加工特点是: ①加工孔直径小于或等于 3mm; ②排屑困难, 在微孔加工中更加突出, 严重时切屑堵塞, 钻头易折断; ③切削液很难注入孔内, 刀具寿命低; ④刀具重磨困难, 小于 1mm 钻头需在显微镜下刃磨。

(1) $\phi 1mm \sim \phi 3mm$ 小孔加工需解决的问题:

1) 机床主轴转速要高, 进给量要小, 平稳。

2) 需用钻模钻孔或用中心钻引钻, 以免在初始钻孔时钻头引偏、折断。

3) 为了改善排屑条件, 一般钻头修磨按图 8-47 进行。

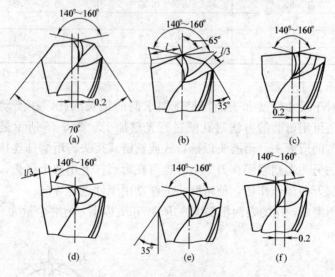

图 8-47　小钻头上采用的分屑措施

(a) 双重顶角; (b) 单边第二顶角; (c) 单边分屑槽; (d) 台阶刃;
(e) 加大顶角; (f) 钻刃磨偏

4) 可进行频繁退钻, 便于刀具冷却和排屑, 也可加黏度低 (L-AN15 以下) 的机油或植物油 (菜油) 润滑。

(2) $\phi 1mm$ 以下微孔加工需解决的问题:

1) 微孔加工时, 钻床主轴的回转精度和钻头的刚度是影响微孔加工的关键，故需有足够高的主轴转速，一般达 10 000 ～ 150 000r/min；钻头的寿命要高，重磨性要好。对钻头在加工中磨损或折断应有监控系统。

2）机床系统刚度要好，加工中不允许有振动，一定要有消振措施。

3）应采用精密的对中夹头和配置 30 倍以上的放大镜或瞄准对中仪。由于液体表面张力和气泡的阻碍，很难将切削液送到切削区域，一般采用黏度低（L-AN15 以下）的机油或植物油（菜油）润滑、冷却或频繁退钻。

4）因排屑十分困难，且易发生故障，故一般采用频繁退钻方式解决。退钻次数可根据钻孔深度与孔径比决定，可参考表 8-14。

表 8-14 **钻小孔时推荐的退钻次数**

孔径/孔深	<3.5	3.5～4.8	4.8～5.9	5.9～7.0	7.0～8.0	8.0～9.2	9.2～10.2	10.2～11.4	11.4～12.4
退钻次数	0	1	2	3	4	5	6	7	8

（二）小孔镗削和铰削

对于精度要求较高的小孔和小直径深孔，钻削加工不能满足其精度要求和表面粗糙度要求时，还可以采用镗削加工和铰削加工的方法。

小孔镗削加工一般在坐标镗床上进行。常用的小孔镗刀见表 8-15。

表 8-15 **小孔镗刀**（坐标镗床用）

	弯 头 镗 刀	铲 背 镗 刀	整体硬质合金镗刀
简图			
特点	制造简单，刃磨方便	刀头后面为阿基米德螺旋面，刃磨时只需磨前面	刀头、刀体采用整体硬质合金与钢制刀杆焊在一起，刚性好

注 小孔镗刀适用于直径不大于 10mm 的小孔。

小直径深孔铰削可采用图 8-43 所示铰刀进行加工。这种铰刀由于切削部分短，不能矫正孔的直线度误差，所以铰孔前要求孔的半精加工应保证孔的直线度要求。在安装铰刀时，铰刀轴线应与工件轴线重合，这些都是提高孔精度的必要措施。

（三）小深孔砂绳磨削

砂绳是以纱绳作基底（或在砂绳内裹以金属丝），表面粘附磨料。有的用府绸作基底，粘以 F240～F280 的磨料，裁成 4mm 宽的砂条，再卷成螺旋状的砂绳，可以解决缝纫机等某些小深孔的加工难题，并可获得粗糙度较低的内孔表面。

（四）小孔、锥孔、不通孔和短孔珩磨

1. 小孔珩磨

珩磨工艺主要有手动珩磨、顺序珩磨和单油石珩磨三种。

（1）手动珩磨法在小型卧式矩形珩磨机上进行，工人手握工件在珩磨头上进行往复移动，珩磨杆转速在 2000r/min 左右，可无级调速。对不便于装夹的小件、薄壁件采用手动珩磨极为方便，而且效率高，废品率低，可适用于各种批量生产。

（2）顺序珩磨法是用一组金刚石珩磨杆，尺寸由小到大，每个珩磨杆只作一次往复行程，每次行程珩去的余量在几个微米以内，珩磨次序按珩磨杆的尺寸顺序进行，直到最后获得所需产品尺寸，并可得到较高的尺寸精度。

这种方法多用固定式夹具与刚度连接珩磨头（磨杆），带回转工作台的多轴珩磨机，工作台需有较高的回转定位精度。

（3）单磨石珩磨法是珩磨头用单面楔胀开磨石。一般多用超硬磨料磨石，其寿命与尺寸精度较高。适用于珩磨孔径为 $\phi5mm\sim\phi20mm$ 的孔，有较长的导向条，可保证珩磨孔较高的直线度要求，常用于珩磨各种阀孔及液压泵的柱塞孔等。珩磨头为刚度连接，可以采用浮动或固定式夹具，用小型立式珩磨机，往复运动为机械驱动。

孔径在 5mm 以上的，多采用珩磨头，磨石数量随着孔径的增大而增加，见表 8-16；孔径在 5mm 以下的，需采用电镀超硬磨料珩磨杆，即在加工好的钢杆上电镀 1～2 层超硬磨料，并根据孔径及余量制成一组直径相差 0.005～0.01mm 的珩磨杆。图 8-48 所示为不同直径的电镀磨料珩磨杆，其上有供珩磨液流通的直线槽与螺旋沟槽，在珩磨过程中通珩磨液，可起到冷却与排屑作用。

表 8-16　　　　　　　珩磨磨石断面尺寸与数量的选择　　　　　　　mm

珩磨孔径	磨石数量 （条）	磨石断面尺寸 （$B \times H$）	金刚石磨石断面尺寸 （$B \times H$）
5～10	1～2	—	1.5×2.2
10～13	2	2×1.5	2×1.5
13～16	3	3×2.5	3×2.5
16～24	3	4×3.0	3×3.0
24～37	4	6×4.0	4×4.0
37～46	3～4	9×6.0	4×4.0
46～75	4～6	9×8.0	5×6.0
75～110	6～8	10×9, 12×10	5×6.0
110～190	6～8	12×10, 14×12	6×6.0
190～310	8～10	16×13, 20×20	—
>310	>10	20×20, 25×25	—

2. 锥孔珩磨

锥孔珩磨头见图 8-49，其中心轴 1 的锥度必须与珩磨孔要求的锥度一致。珩磨时珩磨头进入工件，心轴 1 通过键 5 带动本体 2 转动，同时本体 2 又作往复运动，带着磨石座 3 既随心轴转动，又沿心轴轴线移动，从而珩出一定锥度的孔。锥孔珩磨余量不宜过大，而且心轴旋转时的振摆与轴向窜动应保持最小。珩磨头用刚度连接，配用固定式夹具。选用超硬磨料磨石珩磨长锥孔，可以获得较高的珩磨效率与锥度。

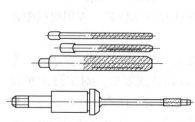

图 8-48　电动超硬磨料珩磨杆

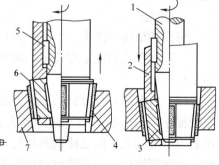

图 8-49　锥孔珩磨头

1—锥形心轴；2—磨头本体；3—磨石座；
4—磨石；5—键；6—簧圈；7—工件

3. 不通孔珩磨

（1）不通孔珩磨。需要选用换向精度较高的珩磨机，其往复换向误差不大于 0.5mm，珩磨主轴的轴向窜动、珩磨头与磨石座的轴向间隙均需严格要求。若为全封闭的不通孔珩磨，则需采用卧式珩磨机，珩磨头与不通孔端的间隙可小于等于 1mm。

不通孔珩磨有两种工艺方法，见图 8-50。

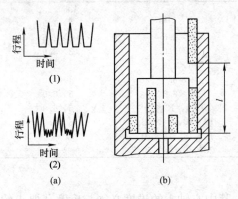

图 8-50　不通孔珩磨

(a) 长磨石珩磨法；(b) 长短磨石组合珩磨法

（2）长磨石珩磨。按通孔珩磨原则选择磨石长度，珩磨中使磨石在不通孔端换向时自动停留片刻（$1\sim2s$），或在预定时间内，对不通孔端进行若干次短行程的珩磨，时间间隔可通过试验确定。这种方法宜采用寿命较高的金刚石磨石，可在普通珩磨机上进行。

（3）长短磨石组合珩磨。在孔的全长上用长磨石珩磨，在孔的不通端将短磨石胀出，增加切削刃，防止长磨石偏磨和产生锥度，既可保证孔的精度，又可提高珩磨效率，但需使用不通孔珩磨头，见图 8-50（b）。

4. 短孔珩磨

短孔是指长径比小于 1 的孔，其珩磨有以下特点：

（1）珩磨头的往复行程短，因此往复频率较高，宜用机械驱动的往复机构。

（2）为保证短孔珩磨的圆柱度及孔与端面的垂直度要求，宜采用刚度连接的珩磨头与平面浮动夹具，见图 8-51。对工件的轴向压紧力不宜过大，以免使端面与孔不垂直的工件产生变形。由于珩磨头是刚度连接，夹具的对中精度要求很高，且要有准确的导向装置，以保证孔的珩磨精度。

（3）短孔珩磨磨石的长度一般等于或略超过孔长 l，而磨石珩磨行程在孔端的越程距离为磨石长度的 1/5。

（4）短孔珩磨头的往复行程短，要求珩磨磨石有较高的珩磨效率，而珩磨压力较低。因此，一般在珩磨条上尽量布置较多的磨石条数，而且要求磨石自锐性好。

（5）对于盘件孔，如果工件两端面平整、平行，可进行多件装夹珩磨，见图 8-52。将工件叠装在开口的筒形夹具内，用心轴定位后再夹紧工件，取出心轴后进行珩磨，可以获得较高的效率与精度。

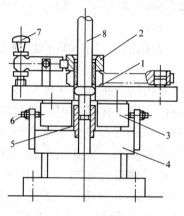

图 8-51　短孔珩磨夹具
1—工件；2—压板；3—浮动体；
4—本体底座；5—导向套；
6—限位螺钉；7—手轮；8—珩磨头

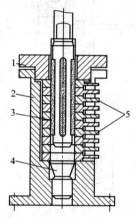

图 8-52　盘件短孔
叠装珩磨夹具
1—压环；2—夹具本体；3—珩
磨头；4、5—工件

5．小孔、不通孔研磨和挤光

直径小于 8mm 的小孔精加工可采用如表 8-24 中所示弹性研瓣研磨。

不通孔的精密加工也可采用如图 8-76 所示不通孔研磨心棒进行研磨。

小孔的精加工还可采用挤光加工方法。

三、其他特殊孔的加工

1．方孔钻削

在普通钻床上采用方孔钻卡头、定位心轴三角形钻头、钻模套

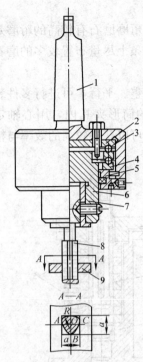

图 8-53　方形钻卡头

1—锥柄（本体）；2—上轴承座；

3—钢球；4—下轴承座；5—锁紧

螺母；6—浮动套；7—衬套；

8—方孔钻头；9—靠模

等三种工具，即可在铸铁、铸钢等脆性材料上钻削出精度不高的方孔（通孔或不通孔）。

（1）方孔钻卡头。钻方孔的关键是钻卡头，它必须同时达到下述三个要求：

1）旋转并传递动力（一般 $n=$ 30r/min）；

2）向下进给（一般 $f=0.1\sim$ 0.2mm/r）；

3）方孔钻头在钻模内作规则的浮动。

将方孔钻卡头本体的锥柄装入钻床主轴内，当本体转动时，通过方形平面轴承带动浮动套。浮动套内装有衬套与方孔钻头，方孔钻头伸入钻模套内，对工件进行钻削（见图 8-53）。钻床主轴回转并进给时，工件上便钻出方孔。钻模套与工件用压板压牢。但工件应先钻一个小于方孔的圆孔，以减少切削余量。

（2）方孔钻。图 8-53A—A 剖面中，若方孔的边长为 a，以方孔边长 a 的中点 B 为圆心，$R=a$ 为半径作圆弧，可得 A、C 两点，然后再以 A、C 为圆心，$R=a$ 为半径作圆弧，交于 B 点；A、B、C 组成圆弧三角形，即为方孔钻头的横截面形状。将 ABC 圆弧三角形在 $a \times a$ 方孔中转动，则 A、B、C 三点形成的轨迹就是方孔 $a \times a$ 的四条边。此时圆弧三角形 ABC 的中心 O 在平面内作规则的浮动。如果将 A、B、C 三点做成锋利的刃口，则 ABC 圆弧三角形在转动时，就可切削成 $a \times a$ 的方孔（四角略有圆弧）。但实际制造方孔钻时，应使 R 约小于边长 a（约 0.2mm），以使钻头在钻模内易于转动。在钻头中心钻出圆

孔 d，便于磨刃口（见图 8-54）。

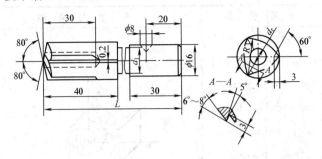

图 8-54　方孔钻

（3）钻模套。方孔钻头切削时，必须在钻模套中转动才能在工件上钻出方孔（图 8-53 中 A-A 截面）。钻模套材料为 20Cr，渗碳处理，硬度为 56HRC 左右。

2. 空间斜孔加工

坐标镗床可用来加工空间斜孔。由于被加工孔的轴线与基面成空间角度，加工前的坐标换算比较繁琐，因此，搞清楚空间斜孔轴线在投影坐标系中的角度关系十分重要。

表 8-17 所列为空间斜孔角度换算的计算公式，只要知道任意两个角度，就可确定其他四个角度。

3. 间断孔、花键孔珩磨

（1）间断孔珩磨。对于各种缸体、箱体及阀体等零件的同轴等径或台阶孔，采用珩磨比用研磨经济且质量高。间断孔珩磨方法如图 8-55 所示。

1）短距孔珩磨：见图 8-55（a）可采用长磨石珩磨，常用于内燃机气缸体的曲轴孔加工。由于珩磨头在一次行程内经过所有的孔，所以磨石磨损均匀，并能使各孔获得较好的同轴度。但珩磨头必须导向好，珩磨头的长度应保证磨石有三个孔的跨距长度，在上下换向端有两个孔的跨距长度留在孔内，以便校正珩磨头的偏摆。由于磨石与孔接触是间断的，有利于提高磨石的自锐性。珩磨头的往复速度不宜选得太高。

表 8-17　　　　　　　　空间斜孔角度换算计算公式

序号	计 算 公 式	角 度 关 系 图
1	$\tan\alpha_H\tan\beta_W\tan\gamma_V=1$	
2	$\cos^2\alpha+\cos^2\beta+\cos^2\gamma=1$	
3	$\tan^2\alpha=\cot^2\alpha_H+\tan^2\alpha_H$	
4	$\tan^2\beta=\cot^2\alpha_H+\tan^2\beta_W$	
5	$\tan^2\gamma=\cot^2\beta_W+\tan^2\gamma_V$	
6	$\tan\alpha_H=\tan\alpha\cos\beta_W$	
7	$\tan\beta_W=\tan\beta\cos\gamma_V$	
8	$\tan\gamma_V=\tan\gamma\cos\alpha_H$	
9	$\cot\alpha_H=\tan\beta\sin\gamma_V$	
10	$\cot\gamma_V=\tan\alpha\sin\beta_W$	
11	$\cot\beta_W=\tan\gamma\sin\alpha_H$	
12	$\cos\alpha=\cot\alpha_H\cos\beta$	
13	$\cos\alpha=\cos\alpha_H\sin\gamma$	
14	$\cos\alpha=\sin\gamma_V\sin\beta$	α—轴线与 x 轴的真实夹角
15	$\cos\beta=\cot\beta_W\cos\gamma$	β—轴线与 y 轴的真实夹角
16	$\cos\beta=\cos\beta_W\sin\alpha$	γ—轴线与 z 轴的真实夹角
17	$\cos\beta=\sin\alpha_H\sin\gamma$	α_H—轴线水平投影与 x 轴夹角（水平投影角）
18	$\cos\gamma=\cot\gamma_V\cos\alpha$	γ_V—轴线正投影与 x 轴夹角（正投影角）
19	$\cos\gamma=\cos\gamma_V\sin\beta$	β_W—轴线侧投影与 y 轴夹角（侧投影角）
20	$\cos\gamma=\sin\beta_W\sin\alpha$	

　　2) 长距孔珩磨：见图 8-55 (b)，不宜采用长磨石，宜根据其孔长选择相应的磨石长度 l_1 与 l_2，同时分别珩磨。但珩磨头上的磨石必须硬度相同，修磨到尺寸一致，以便上下孔同时珩磨到尺寸。

　　这种珩磨工艺同样可应用于同轴的台阶孔 [见图 8-55 (d)]。只是珩磨头磨石尺寸不同。

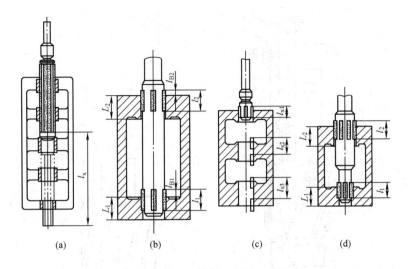

图 8-55　间断孔珩磨方法

(a) 短距孔；(b) 长距孔；(c) 不等长孔；(d) 阶梯孔

3）不等长孔珩磨：见图 8-55（c），若不宜采用长磨石，可采用短磨石分别珩磨，也可保证其同轴度和圆柱度要求。

（2）花键孔珩磨。花键孔的最终光整加工若采用珩磨，可显著提高磨削效率和产品质量。珩磨花键孔方法与珩磨普通内孔基本一样，只是珩磨磨石与速度的选择略有不同。

1）珩磨磨石。珩磨窄花键，可选宽磨石与通用珩磨头，磨石的宽度 B 要略大于两个花键齿的宽度。珩磨宽花键，可用如图8-56所示的花键孔珩磨头，即用斜装磨石的办法，或用电镀超硬磨料珩磨杆及珩铰刀（见图 8-57）。

磨石的粒度和硬度与珩磨同等状态下的光孔相比高一个等级号，其余选择原则相同。

2）珩磨速度。一般花键孔的精加工都在淬火处理后，珩磨速度要根据工件孔的实际硬度确定。虽然花键孔可以改善磨石的自锐性，珩磨速度 v_t 可以偏高选用，但若花键孔是淬硬件，珩磨速度仍要以保证满足需要的珩磨效率为准，即不宜过高，否则磨石会在内孔"打滑"。珩磨网纹交叉角 θ 保持在 $30°$ 左右。

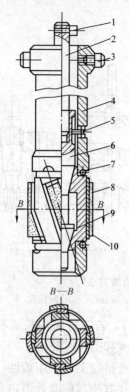

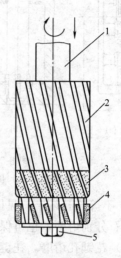

图 8-56　花键孔珩磨头

1—销子；2—推杆；3—销钉；4—磨头
本体；5—镗销；6—胀锥；7—弹簧圈；
8—垫块；9—磨石座；10—磨石

图 8-57　珩铰刀

1—心轴（接珩磨头连接杆）；
2—导向柱；3—珩铰刀；
4—硬质合金铰刀；
5—紧固连接螺钉

4. 螺孔的挤压加工

挤压丝锥挤压螺孔在国外已成为一种成熟的工艺，国内近年来也有不少工厂在推广使用。挤压丝锥主要应用于延伸性较好的材料，特别是强度、精度较高，粗糙度较细而螺纹直径较小（M6 以下）的螺纹精加工。

挤压丝锥挤压螺纹的主要特点有：

（1）加工螺纹精度高，可达到 4H 级精度；

（2）加工螺纹表面粗糙度值可达 $Ra(0.63\sim0.32)\mu m$；

（3）丝锥寿命高，特别是 M6 以下的丝锥，能承受较大的转矩而不易折断；

（4）挤压螺纹速度也比普通丝锥攻螺纹高。

挤压丝锥的结构日趋完善，使用范围不断在扩大。其常用种类及使用范围见表 8-18。

表 8-18　　　　　　　　挤压丝锥的种类及使用范围

序号	种　　类	简　　图	使用范围
1	三棱边挤压丝锥	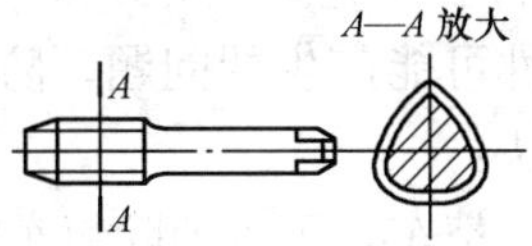 A—A 放大	适用于 M6 以下的挤压丝锥
2	四棱边挤压丝锥	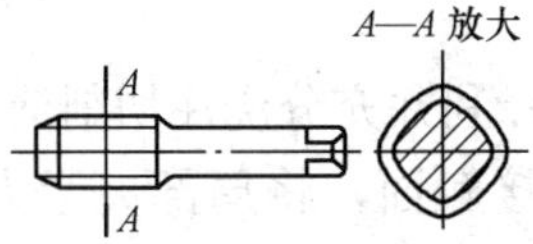 A—A 放大	多用于 M6 左右的挤压丝锥
3	六棱边挤压丝锥	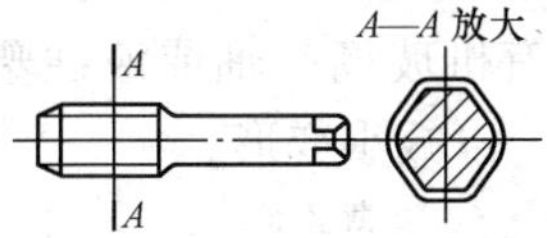 A—A 放大	适用于 M6 以上的挤压丝锥
4	八棱边挤压丝锥	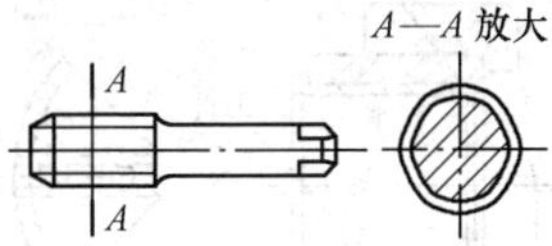 A—A 放大	适用于 M6 以上的挤压丝锥

四、薄壁孔工件的加工

薄壁孔工件的加工应解决的关键技术是变形问题。而工件产生变形的原因来自切削力、夹紧力、切削热、定位误差和弹性变形等方面，其中影响变形最大的因素是夹紧力和切削力。

薄壁孔工件根据批量大小和精度不同可分别采用车削、镗孔、磨削、研磨、滚压等方法加工。在此仅以薄壁孔工件的车削、磨削加工为例对其加工特点进行分析说明。

（一）薄壁孔工件的车削

1. 薄壁工件的加工特点

车薄壁工件时，由于工件刚度差，在车削过程中，可能产生以下现象：

（1）因工件壁薄，在夹紧力的作用下容易产生变形，影响工件的尺寸精度和形状精度。

（2）因工件较薄，车削时容易引起热变形，工件尺寸不易控制。

（3）在切削力（特别是径向切削力）的作用下，容易产生振动和变形，影响工件的尺寸精度、形位精度和表面粗糙度。

2. 防止和减少薄壁工件变形的方法

针对车薄壁工件可能产生的问题，防止和减少薄壁工件变形，一般可采取下列方法：

（1）工件分粗、精车，可以消除粗车时因切削力过大而引起的变形。

（2）车刀保持锋利并充分浇注切削液。

（3）增加装夹接触面，将局部夹紧力机构改为均匀夹紧力机构，可采用开缝套筒［见图 8-58（a）］和特制的大面扇形软卡爪［见图 8-58（b）］，有机玻璃心轴或液性塑料定心夹具，将夹紧力均匀分布在工件上，以减小变形。

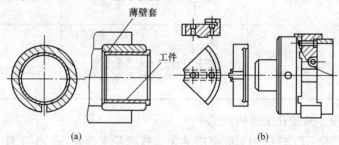

图 8-58　增加装夹接触面减少工件变形

（a）开缝套筒；（b）特制的大面扇形软卡爪

（4）改变夹紧力的方向和作用点。薄壁孔工件应将径向夹紧方法改为轴向夹紧方法，采用如图 8-59 所示夹具装夹，用螺母端面来压紧工件，使夹紧力沿工件轴向分布，并可增加工件刚度，防止夹紧变形。

（5）增加工艺肋，如图 8-60 所示，使夹紧力作用在肋上，以减少工件变形。

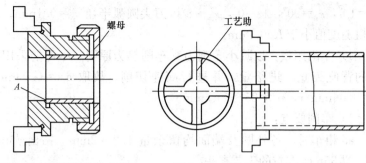

图 8-59 薄壁套的装夹方法　　图 8-60 增加工艺肋减少工件变形

3. 薄壁孔加工实例

（1）普通薄壁工件加工。以图 8-61 所示薄壁工件为例，壁厚最薄为 0.1mm，材料为合金钢。

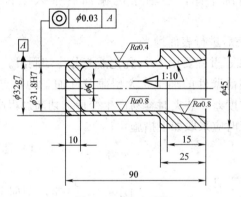

图 8-61 薄壁零件

1）工艺过程：采用毛坯退火—粗车—退火—精车。

2）装夹：为了增大工件的支承面积和夹持面积，在工件一端留出工艺夹头，工件孔与有机玻璃心轴相配合，如图 8-62 所示，使之受力均匀，防止变形。

3）刀具：利用 W18Cr4V 左偏刀，几何角度为 $\gamma_0 = 15°$，

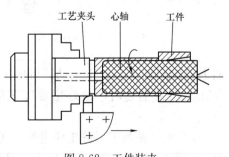

图 8-62 工件装夹

$\alpha_0 = 10°$，$\kappa_r = 90°$，$\lambda_s = 0°$，$\kappa_r' = 8°$，刀尖圆弧半径 $r_\varepsilon = 0.1\text{mm}$，表面粗糙度值小于 $Ra0.2\mu\text{m}$。

4）车削用量：以减小车削力和车削热为原则，尽可能采用较小的背吃刀量、进给量，并进行高速切削。故取 $a_p = 0.03\text{mm}$，$f = 0.06\text{mm/r}$，v 为 $25 \sim 30\text{r/min}$。

5）车削要点：

a. 粗车时，各外圆及端面均留余量 $1.2 \sim 2\text{mm}$，钻出 $\phi6\text{mm}$ 孔，留 35mm 左右的工艺夹头。

b. 精车时，各外圆和端面均留 $0.5 \sim 0.8\text{mm}$ 余量，内孔车到尺寸。

c. 心轴与孔配合间隙为 0.005mm，表面粗糙度值不大于 $Ra0.4\mu\text{m}$，清洗干净，心轴涂机械油后推入工件孔中，精车外圆。

d. 精车完后进行表面抛光。

e. 全部加工过程要用 10%乳化液充分冷却润滑。

（2）大型薄壁件的加工。大型薄壁件加工的特点是工件尺寸大、壁薄、刚度差，装夹时容易产生变形，切削过程产生振动及热变形。故加工时应采取如下措施：

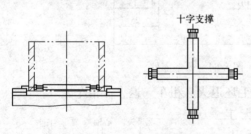

图 8-63　十字支承装夹

1）选择适当的夹紧方法，减少夹紧变形。粗加工时，可采用十字支撑夹紧（见图 8-63），增加夹紧力；筒形薄壁件加工内、外圆时，可采用轴向压紧装夹（见图 8-64）；当工件较高时，加工会产生振动，可增加辅助支撑装夹（见图 8-65）；加工大型薄铜套时，最好增加工艺肋或工艺夹头装夹（见图 8-66）。

2）粗、精加工要分工序进行。工件在粗加工之后，经自然时效，消除粗加工时的残余内应力。粗车后留精车余量，见表 8-19。

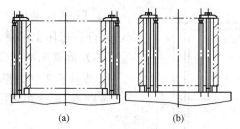

图 8-64　轴向夹紧装夹

（a）工件壁外轴向夹紧；（b）工件壁内轴向夹紧

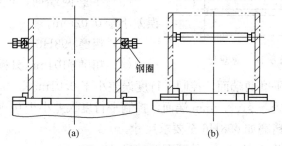

图 8-65　辅助支撑装夹

（a）外支撑；（b）内支撑

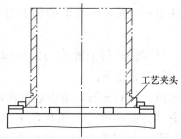

图 8-66　工艺夹头装夹

表 8-19　　　　　　　　　　　　薄壁件精车余量

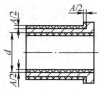

孔径 d （mm）	＜400	400～1000	1000～1500	1500～2000
直径余量 A （mm）	4	5	6	8

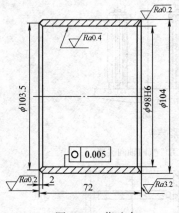

图 8-67　薄壁套

3）壁厚较薄的工件加工后检查，允许在机床上测量。

（二）薄壁孔磨削实例

1. 薄壁孔工件的磨削步骤

薄壁孔工件的磨削步骤见图 8-67。

（1）热处理，消除应力。

（2）平磨两端面，控制平行度误差小于 0.02mm。

（3）粗磨 $\phi98H6$ 孔。

（4）粗磨 $\phi104mm$ 外圆。

（5）平磨两端面，控制平行度误差小于 0.01mm。

（6）研磨 $\phi103.5mm$ 端面，控制平行度误差小于 0.003mm。

（7）精磨如 $\phi98H6$ 至要求尺寸。

（8）精磨 $\phi104mm$ 外圆至要求尺寸。

2. 防止工件变形措施

防止和减少工件变形，是薄壁套磨削加工的关键，主要采取以下措施：

（1）粗磨前后，对零件进行消除应力的处理，以消除热处理、磨削力和磨削热引起的应力变形。

（2）工艺上考虑粗、精磨分开，减少磨削深度和磨削力。

（3）改进夹紧方式，减小变形。采用图 8-59 所示夹具装夹磨内孔，且 A 面经过研修，平面度很高，故工件变形很小。

五、薄板孔工件的加工

薄板件刚度差，易变形，钻孔时容易引起切削振动，使孔不圆和产生毛刺。由于一般钻床有轴向窜动，如采用普通麻花钻钻薄板，则当钻尖将要钻透时，进给量、切削力突然加大，最容易使钻头折断。因此，必须使钻尖锋利，将月牙圆弧加大，外刃磨尖，形成三个尖点，横刃修窄，起到内刃定心、外刃切圈的作用。薄板群钻具体参数见表 8-20。

表 8-20　　　　　　薄板群钻切削部分几何参数

钻头直径 d (mm)	横刃长 b_ψ (mm)	钻尖高 h (mm)	圆弧半径 R(mm)	圆弧深度 h' (mm)	内刃顶角 $2\phi'$ (°)	刃尖角 ε (°)	内刃前角 $\gamma_{o\tau}$ (°)	圆弧后角 α_R (°)
5~7	0.15	0.5	用单圆弧连接	>(δ +1)	110	40	-10	15
>7~10	0.2							
>10~15	0.3							
>15~20	0.4	1	用双圆弧连接					12
>20~25	0.48							
>25~30	0.55							
>30~35	0.65	1.5						
>35~40	0.75							

注　1. δ 是指料厚。

2. 参数按直径范围的中间值来定，允许偏差为 $\pm\Delta/2$。

　　薄板孔的加工，根据孔径尺寸不同和精度要求不同，还可采用冲孔模实行冲裁加工。冲孔模加工不仅能冲单孔，还能冲多孔。如印制板冲孔模，能冲制覆铜箔环氧板孔径 $\phi1.3$mm、板厚 1.5mm 的小孔。对金属材料板件冲裁加工，可根据精度要求不同采用普通冲孔模和精孔冲模加工。

　　精度要求很高的薄板孔工件，由于装夹时容易产生变形，磨削加工或珩磨加工内孔时可采用多件叠装（见图 8-52）夹具装夹加工，但要求薄板上下两面平整、平行，外形规则，这样不仅增加工件装夹时的刚度，还可以保证同一批工件有较高的尺寸精度和形位精度，并可提高加工效率。

第七节　孔的精密加工及光整加工

一、孔的精密加工

　　孔的精密加工根据工件的结构特点和精度要求以及批量不同，可采用不同的加工方法。

　　1. 精孔钻削

　　钻孔一般作为粗加工工序，对孔的精度和表面粗糙度要求都不很高。在特殊情况下，如单件生产或修理工作中，在缺少铰刀或其他形式的精加工条件时，则可采用精孔钻扩孔的办法解决，其扩孔精度可达 0.02～0.04mm，表面粗糙度值可达 1.6～0.8μm。这种扩孔方法比较简便，操作方便，容易掌握，能适用各种不同材料，钻头的使用寿命也较长。

精孔钻削要点如下：

（1）精钻前，先钻底孔，留 0.5～1mm 的加工余量，然后用修磨好的精孔钻头进行扩孔。精扩孔时应浇注以润滑为主的切削液，降低切削温度，改善表面质量。

（2）使用较新或直径尺寸符合加工孔公差要求的钻头，钻头的切削刃尽可能修磨对称，两刃的轴向摆动量应在 0.05mm 以内，使两刃负荷均匀，提高切削稳定性。

（3）用细磨石研磨主切削刃的前、后面，细化表面粗糙度，消除刃口上的毛刺，减小切削中的摩擦。

（4）钻头的径向摆动应小于 0.03mm，选用精度较高的钻床或采用浮动夹头装夹钻头。

（5）进给量应小于 0.15mm，但进给量又不能太小，否则刃口将不能平稳地切入工件而引起振动。

铸铁精孔钻如图 8-68 所示，钢材精孔钻如图 8-69 所示。

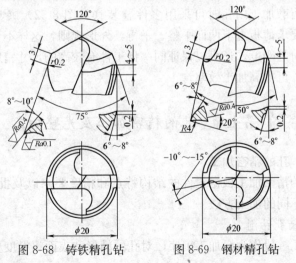

图 8-68　铸铁精孔钻　　　图 8-69　钢材精孔钻

2. 镗削

镗削加工是用各种镗床进行镗孔的一种工艺手段。

镗削加工应用微调镗刀、定径镗刀和专用夹具或镗模后，可精确地保证孔径（H7～H6）、孔距（0.015mm 左右）的精度和较细的表面粗糙度 $[Ra=（1.6～0.8）\mu m]$。因而镗削加工又是实现精密加工的一种重要工艺方法。

通常在坐标镗床上实现孔的精密加工。坐标镗床的加工精度见表 8-21。

表 8-21　　　　　坐标镗床的加工精度

加工过程	孔距精度[①]	孔径精度	加工表面粗糙度 Ra（μm）	适用孔径 d（mm）
钻中心孔—钻—精钻 钻—扩—精钻	1.5～3	H7	3.2～1.6	＜6
钻—半精镗—精钻	1.2～2			
钻中心孔—钻—精铰 钻—扩—精铰	1.5～3			＜50
钻—半精镗—精铰				
钻—半精镗—精镗 粗铣—半精镗—精镗	1.2～2	H7～H6	1.6～0.8	一般

① 为机床定位精度的倍数。

金刚镗床上的加工也属精密镗削加工，一般用于加工工件上的精密孔，镗孔的直径范围为 10～200mm。由于精密镗削所选用的进给量和背吃刀量都很小，切削速度又比较高，所以精密镗削的孔径精度可达 H6，多轴镗孔的孔距公差可控制在 ±0.005～0.01mm。不同情况的加工精度见表 8-22。

表 8-22　　　　　金刚镗床的加工精度

工件材料	刀具材料	孔径精度	孔的形状误差 Δ（mm）	表面粗糙度 Ra（μm）
铸铁	硬质合金	H6	0.004～0.005	3.2～1.6
钢（铸钢）				3.2～0.8
铜、铝及其合金	金刚石		0.002～0.003	1.6～0.2

3. 内圆磨削

内圆磨削也是内孔的精加工方法之一，它可以磨削圆柱孔、圆锥孔等。磨孔的公差等级可达 IT6～IT7 级，表面粗糙度值为 0.8～0.2μm。如采用高精度磨削工艺，尺寸精度可控制在 0.005mm 以内，表面粗糙度值为 0.1～0.025μm。

内圆磨削原理虽与外圆磨削一样，但内圆磨削工作条件较差。内圆磨削有以下特点：

(1) 砂轮直径 D 受工件直径 d 的限制[$D=(0.5～0.9)d$]，尺寸较小，损耗快，需经常修整和更换，影响了磨削生产效率。

(2) 磨削速度低。一般砂轮直径较小，即使砂轮转速已高达每分钟几万转，要达到砂轮圆周速度 25～30m/s 也是十分困难的。因此，内圆磨削要比外圆磨削速度低得多，磨削效率较低，表面粗糙度较大。为了提高磨削速度，我国已试制成功 120 000r/min 的高频电动磨头及 100 000r/min 的风动磨头，以便磨削 1～2mm 的小孔。

(3) 砂轮轴受到工件孔径与长度的限制，刚度差，易弯曲变形，产生振动，从而影响了加工精度和表面粗糙度。

(4) 切削液不易进入磨削区，磨屑排除困难。脆性材料为了排屑方便，有时采用干磨削。

内圆磨削对于淬硬的孔、断续表面的孔（带键槽或花键槽的孔）和长度很短的精密孔，更是主要的精加工方法。内圆磨削可以磨削通孔、台阶孔、孔端面、锥孔及轴承内滚道等（见图 8-70）。

此外，在加工各种精密孔时，还可采用刚性镗铰刀，见图 8-71。这种铰刀的特点是镗削、铰削和挤压结合在一起。刀具最前端具有主偏角 $\kappa_r=40°$ 的切削刃，担任切除大部分余量的镗削任务；3°斜角与圆柱校准部分担负精铰任务；硬质合金导向块起导向、支承和挤压作用。圆柱校准部分的半径比导向块半径小，分别为 0.025、0.032、0.035mm（视工件材料不同而异），以便留有挤压余量，通过导向块对孔挤压，可得到较小的表面粗糙度值。

刚性镗铰刀特别适用于铸铁孔加工，可获得较高的尺寸精度、几何精度及表面质量。刀具耐磨性能好，使用寿命长。

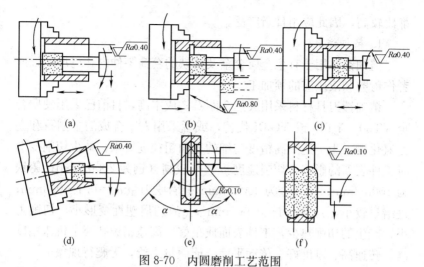

图 8-70 内圆磨削工艺范围
（a）磨通孔；（b）磨孔及端面；（c）磨阶台孔；（d）磨锥孔；
（e）磨滚道；（f）成形磨滚道

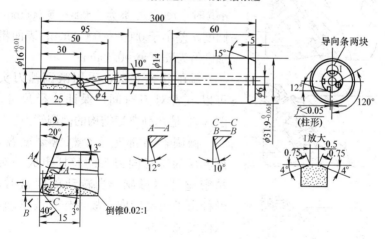

图 8-71 刚性镗铰刀

二、孔的光整加工

当套类零件内孔的加工精度和表面质量要求很高时，内孔在精加工之后还必须进行光整加工，如精细镗削、研磨、珩磨、挤光和滚压等。研磨多系手工操作，劳动强度大，通常用于批量不大且直径较小的孔。而精细镗、珩磨、挤光和滚压由于加工质量和生产率都比较高，因此应用日渐广泛。

1. 精细镗孔

精细镗常用于有色金属合金及铸铁的套筒零件内孔终加工，或者作珩磨和滚压前的预加工。

精细镗刀具材料采用天然金刚石，成本高，目前已采用硬质合金 YT30、YT15 或 YG3X 代替，或者采用人工合成的金刚石和立方氮化硼。为了达到高精度与细的表面粗糙度要求，减少切削变形对工件表面的影响，切削速度 v 选得较高（钢为 200m/min；铸铁为 100m/min；铝合金为 300m/min）；背吃刀量 $a_p=0.1\sim0.3$mm；进给量较小，$f=0.04\sim0.005$mm/r。故切屑塑性变形小，切削力小，产生的切削热少，工件表面质量好。高速精镗孔要求机床精度高、转速高、刚度好、传动平稳、能微量进给，无爬行现象。

精细镗在良好的工作条件下，公差等级可达 IT6～IT7。孔径在 $\phi(15\sim100)$ mm 时，尺寸误差为 $0.005\sim0.005$mm；圆度误差小于 $0.003\sim0.005$mm；表面粗糙度值为 $Ra0.50\sim0.10\mu$m。

镗削精密孔时，采用微调镗刀头可以节省对刀时间，保证孔径尺寸。图 8-72 是几种典型结构的微调镗刀。

微调镗刀都有一个精密刻度盘，刻度盘的螺母同刀头的丝杆组成一对精密丝杆螺母副。当转动刻度盘时，丝杆由于用键定向，故可作直线移动，从而实现微调。

微调镗刀在镗刀杆上的安装角度通常采用两种形式，即直角型和倾斜型，如图 8-73 所示。倾斜型交角通常为 $53°8'$，因为 $53°8'$ 的正弦值为 0.8，在刻度盘上标注刻线方便，读数直观。

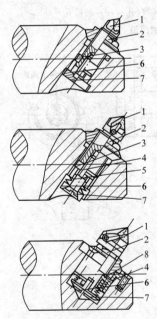

图 8-72 微调镗刀典型结构
1—刀头；2—刻度盘；3—键；
4—弹簧；5—碟形弹簧；6—垫圈；
7—螺钉；8—衬套

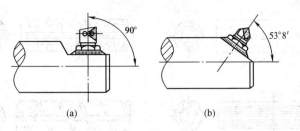

图 8-73　微调镗刀的安装形式

（a）直角型；（b）倾斜型

2. 研磨孔

研磨是一种传统的光整、精密加工方法，研磨精度可达到亚微米级的精度（尺寸精度可达 $0.025\mu m$，圆柱度误差可达 $0.1\mu m$），表面粗糙度值可达 $Ra0.10\mu m$，并能使两个零件的接触面达到精密配合。

（1）内孔研具。内孔研具又称研磨心棒，按使用形式分为可调式与不可调式两种，如图 8-74 所示。心棒锥度和研磨套的配合锥度为 $1:20\sim 1:50$。锥套外径比工件小 $0.01\sim 0.02mm$，大端壁厚为 $(0.125\sim 0.8)d_w$（d_w 为工件被研孔径）。研具长度 $l=(0.7\sim 1.5)l_w$（l_w 为工件被研表面长度）。对于大而长的工件取小值。

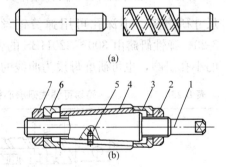

图 8-74　不可调式与可调式心棒

（a）不可调式；（b）可调式

1—心棒；2、7—螺母；3、6—套；

4—研磨套；5—销

研磨心棒结构可分为开槽与不开槽两种。开槽心棒多用于粗研磨，槽分直槽、螺旋槽和交叉槽等，如图 8-75 所示。

1）简易可调式心棒：中间沿轴向开有一条宽度为 B 的槽，用数个平头顶丝调节心棒的直径。这种心棒结构简单，制造容易，但调节较麻烦，可靠性差。其常用的结构尺寸见表 8-23。

2）小孔研具（直径小于 8mm）：一般用低碳钢制成成组固定

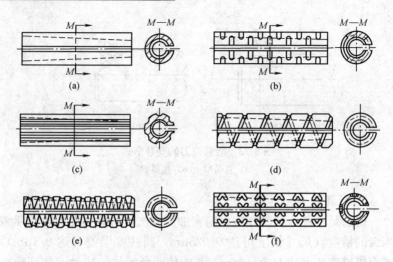

图 8-75　内孔研磨心棒沟槽形式

（a）单槽；（b）圆周短槽；（c）轴向直槽；（d）螺旋槽；（e）交叉槽；（f）十字交叉槽

尺寸研磨棒。小深孔可用弹簧钢丝制作研瓣。其尺寸可参考表 8-23。弹性研瓣由 300～320HBS 的弹簧钢丝制成，适于一般精度的小孔研磨，也可研磨母线为曲线的小孔。

表 8-23　　　　　　　　　简易可调式研磨心棒结构尺寸　　　　　　　　　　mm

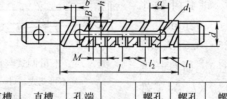

外径 d	长度 l	直槽 槽宽 B	直槽 端孔 径 d_1	孔端 间距 l_1	螺孔 M	螺孔 距 l_2	螺孔 数 n	螺旋 槽槽 距 a	槽宽 b	槽深 h
16	250	1.5	4	0	M4	43	5	25	1	0.5
16	320	1.5	4	0	M4	40	7	25	1	1
20	200	2	6	10	M4	50	2	20	1.5	1
20	500	3	10	13	M6	65	2	65	1.5	1

3）不通孔研磨心棒（见图 8-76）：利用螺纹，通过锥度使外径胀大。研磨心棒的工作部分长度必须大于被研孔的长度 20～

30mm，配合锥度为 1：20～1：50。

（2）内孔研磨方法有以下三种：

1）内孔手工研磨。内孔手工研磨主要使用固定式或可调式研磨棒加工。加工时将工件夹持在 V 形块上，

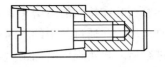

图 8-76 不通孔研磨心棒

待研磨棒置入孔内再调整螺母，使研磨棒产生弹性变形，给工件以适当压力。然后双手转动铰杆，同时沿工件轴线做往复运动。

2）内孔半机械研磨。这种研磨主要利用研磨棒在车床上进行。研磨时把研磨棒夹持在车头上，手握工件在研磨棒的全长上做往复移动，均匀研磨。研磨速度一般可控制在 0.3～1m/s 之间。研磨中可不断调大研磨棒直径，以使工件得到所要求的尺寸和几何精度。

表 8-24　　　　　　　　弹性研瓣 R 和 h 尺寸表　　　　　　　　　　mm

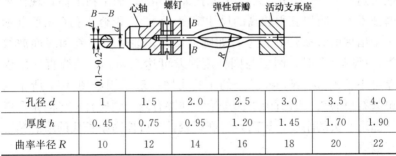

孔径 d	1	1.5	2.0	2.5	3.0	3.5	4.0
厚度 h	0.45	0.75	0.95	1.20	1.45	1.70	1.90
曲率半径 R	10	12	14	16	18	20	22

3）不通孔研磨。在精密组合件中，不通孔较多，其尺寸精度、几何精度一般均在 1～3μm 之间，表面粗糙度值在 $Ra0.2μm$ 以下，配合间隙一般为 0.01～0.025mm，有的可达 0.004mm。由于研磨棒在不通孔中运动受到很大限制，所以工件研前加工精度应尽可能接近对工件的最终要求，研磨余量应尽可能压缩到最小。研磨棒工作长度应稍长于孔长 5～10mm，并使其前端具有大于其直径 0.01～0.03mm 的倒锥。粗研时用较粗的研磨剂（如 W20），精研前应洗净残余研磨剂，更换细粒度研磨剂，以确保工件获得较低粗糙度表面。

3. 珩磨孔

珩磨是一种低速磨削法，常用于内孔表面的光整、精加工。珩

磨磨石装在特制的珩磨头上，由珩磨机主轴带动珩磨头做旋转和往复运动，并通过其中的胀缩机构使油石伸出，向孔壁施加压力以做进给运动，实现珩磨加工。

为了提高珩磨质量，珩磨头与主轴一般都采用浮动连接，或用刚性连接而配用浮动夹具，以减少珩磨机主轴回转中心与被加工孔的同轴度误差对珩磨质量的影响。

珩磨工艺大量应用于各种形状孔的光整或精加工，孔径从 $\phi1mm\sim\phi1200mm$，长度可达 12 000mm。国内珩磨机工作范围为 $\phi5mm\sim\phi250mm$，孔长 3000mm。珩磨适用于金属材料与非金属材料的加工，如铸铁、淬火与未淬火钢、硬铝、青铜、黄铜、硬铬与硬质合金、玻璃、陶瓷、晶体与烧结材料等。

珩磨加工表面质量特性好，可以获得较小的表面粗糙度值，一般可达 $0.8\sim0.2\mu m$，甚至可低于 $0.025\mu m$；加工精度高，现代珩磨技术不仅可以获得较高的尺寸精度，而且还能修正孔在珩磨前加工中出现的轻微形状误差，如圆度误差、圆柱度误差和表面波纹等。珩磨小孔时，圆度与圆柱度误差可达 $0.5\mu m$，轴线直线度误差可小于 $1\mu m$。$\phi5mm$ 以上的小孔珩磨一般采用如图 8-77 所示的单磨石珩磨头。磨石由单面进给，并镶有两个硬质合金导向条，以增加珩磨头的刚度。导向条与磨石较长，可提高小长孔的珩磨精度与效率。

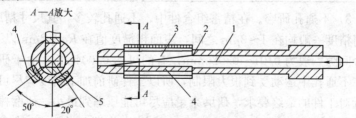

图 8-77　小孔珩磨头

1—胀锲；2—本体；3—磨石座；4—辅助导向条；5—主导向条

此外，珩磨加工还具有珩磨效率高、珩磨工艺较经济等特点。

4. 孔的挤光和滚压

(1) 孔的挤光。挤光加工是小孔精加工中高效率的工艺方法之一，它可得到 IT5～IT6 的公差等级。表面粗糙度值 $Ra=0.025$～$0.4\mu m$ 的孔，所使用的工具简单、制造简单方便，对设备除要求刚度较好外，无其他特殊要求。但挤压加工时径向力较大，对形状不对称、壁厚不均匀的工件，挤压时易产生畸变。挤光工艺适用于加工孔径 $\phi2mm$～$\phi30mm$（最大不超过 $\phi50mm$）、壁厚较大的孔。

凡在常温下可产生塑性变形的金属，如碳钢、合金钢、铜合金、铝合金和铸铁等金属的工件，都可采用挤光加工，并可获得良好的效果。

挤光加工分为推挤和拉挤两种方式，一般加工短孔时采用推挤，加工较长的孔时（深径比 $L/D>8$ 时）采用拉挤。各种挤光方式见图 8-78。

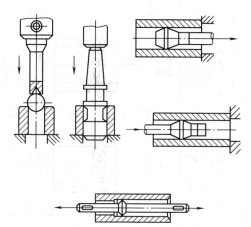

图 8-78　孔的挤压加工

挤光工具可采用滚珠（淬硬钢球或硬质合金球）、挤压刀（单环或多环）等，以实现工件的精整（尺寸）、挤光（表面）和强化（表层）等目的。

一般情况下，经过精镗或铰等预加工，公差等级为 IT8～IT10 的孔，经挤光后可达 IT6～IT8。经预加工表面粗糙度值为 $Ra>(1.6～6.3)\mu m$ 的孔，经挤光后铸铁零件可达 $Ra0.4～1.6\mu m$，钢制零件可达 $Ra0.2～Ra0.8\mu m$，青铜零件可达 $Ra0.1～Ra0.4\mu m$。

（2）孔的滚压。孔的滚压加工可应用于直径 6～500mm，长

3~5m 以内的钢、铸铁和有色金属的工件。

内孔滚压工具分为可调和不可调的、刚性和弹性、滚柱（圆柱和圆锥）式的和滚珠式的。根据工件的尺寸和结构、具体用途和对孔要求的精度和表面粗糙度的不同，可采用不同的滚压方式和不同结构的内孔滚压工具来滚压。

内孔各种滚压方法的特点见表 8-25。

表 8-25　　　　　　　　各种内孔滚压方法的特点

序号	滚压方式	主要功用	加工工件和尺寸范围 d（mm） l（mm）	生产特点	简　图	达到要求		
						公差等级（IT）	表面粗糙度 Ra（μm）	冷硬深度 h（mm）
1	多圆滚柱、刚性、不可调式	精整尺寸、压光表面	通孔和不通孔 $d>6$ ~ $8l<30$	小批成批		7~6	0.1~0.05	~5
2	多锥滚柱、刚性、可调式		通孔和不通孔，刚性好 $d>20l$ 不限	成批		9~7	0.2~0.05	~15
3	多圆滚柱、刚性、不可调冲击式		通孔和不通孔 $d>20l$ 不限	成批		9~7	0.2~0.05	~5
4	多滚珠、刚性、可调式		通孔 $d>20$ l 不限	成批		9~7	0.2~0.05	~5

序号	滚压方式	主要功用	加工工件和尺寸范围 d (mm) l (mm)	生产特点	简 图	达到要求		
						公差等级 (IT)	表面粗糙度 Ra (μm)	冷硬深度 h (mm)
5	单滚珠、弹性式	压光表面、强化表层	通孔 $d>20$	单件小批		—	0.2~0.05	~2
6	多圆滚柱、弹性式		通孔,中等刚性 $d>60l$ 不限	成批		—	0.2~0.05	~5
7	多滚珠、弹性式		通孔,刚性差 $d>60$ l 不限	小批成批		—	0.2~0.05	~2
8	多滚珠、弹性振动式		通孔,刚性差 $d>20$ l 不限	成批		—	0.2~0.05	~2

第九章

高精度工件加工及超精加工

 第一节 刮 削 技 术

一、刮削的特点及技术要求

用刮刀刮除工件表面薄层金属的加工方法称为刮削，它属于精加工。

1. 刮削的特点及应用

刮削具有切削量小、切削力小、产生热量小、装夹变形小等特点，不存在车、铣、刨等机械加工中不可避免的振动、热变形等因素，所以能获得很高的尺寸精度、形状和位置精度、接触精度、传动精度和很小的表面粗糙度值。

刮削后的工件表面能形成比较均匀的微浅凹坑，可创造良好的存油条件，改善了相对运动零件之间的润滑情况。

因此，机床导轨、与滑行面和滑动轴承接触的面、工具量具的接触面等，在机械加工之后通常用刮削方法进行加工。

2. 刮削原理

刮削是将工件与校准工具或与其相配合的工件之间涂上一层显示剂，经过对研，使工件上较高的部位显示出来，然后用刮刀进行微量刮削，刮去较高的金属层，这样反复地显示和刮削，就能使工件的加工精度达到预定的要求。

3. 刮削余量

由于刮削每次的刮削量很少，所以要求工件在机械加工后留下的刮削余量不宜太大，一般为 0.05～0.4mm 之间，具体数值依工件刮削面积而定。刮削面积大，加工误差也大，所留余量应大些。刚性差的工件容易变形，刮削时余量可取大些。合理的刮削余量见表 9-1。

表 9-1	刮 削 余 量				mm
平面的刮削余量					
平面宽度	平 面 长 度				
	100～500	500～1000	1000～2000	2000～4000	4000～6000
100 以下	0.10	0.15	0.20	0.25	0.30
100～500	0.15	0.20	0.25	0.30	0.40
孔的刮削余量					
孔径	孔 长				
	100 以下		100～200		200～300
80 以下	0.05		0.08		0.12
80～180	0.10		0.15		0.25
180～360	0.15		0.20		0.35

二、刮削工具

1. 刮刀

刮刀是刮削中的主要工具，要求刀头部分具有足够的强度，刃口必须锋利，刀头硬度可达 60HRC 左右。根据工件的不同表面，刮刀可分为平面刮刀和曲面刮刀两类。

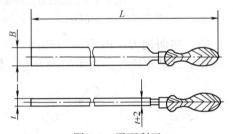

图 9-1 平面刮刀

（1）平面刮刀。平面刮刀如图 9-1 所示，主要用来刮削平面如平板、平面导轨等，也可用来刮削外曲面。一般可分为粗刮刀、细刮刀和精刮刀三种，其长短、宽窄并无严格规定，以使用适当为宜。表 9-2 所列为平面刮刀的尺寸，可供参考。

表 9-2	平 面 刮 刀		mm
种 类	尺 寸		
	全长 L	宽度 B	厚度 t
粗刮刀	450～600	25～30	3～4
细刮刀	400～500	15～20	2～3
精刮刀	400～500	10～12	1.5～2

刮刀的角度按粗、细、精刮的要求而定,三种刮刀顶端角度如图 9-2 所示:粗刮刀为 90°～92°30′,刀刃平直;细刮刀为 95°左右,刀刃稍带圆弧;精刮刀为 97°30′左右,刀刃带圆弧;如用于刮削韧性材料,可磨成小于 90°,但这种只适于粗刮。

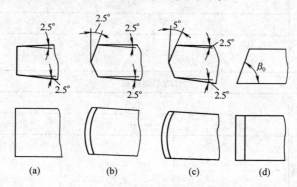

图 9-2　平面刮刀头部形状和角度

(a) 粗刮刀;(b) 细刮刀;(c) 精刮刀;(d) 韧性材料刮刀

(2) 曲面刮刀。曲面刮刀如图 9-3 所示,主要用来刮削内曲面,如滑动轴承内孔。常用的刮刀有三角刮刀、蛇头刮刀。

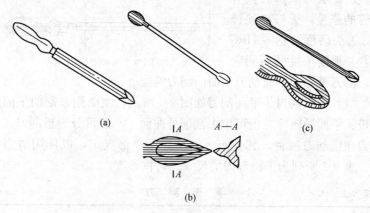

图 9-3　曲面刮刀

(a)、(b) 三角刮刀;(c) 蛇头刮刀

三角刮刀可由三角锉刀改制或用工具钢锻制,一般三角刮刀有三个长弧形刀刃和三条长的凹槽。蛇头刮刀由工具钢锻制,它有四

个刃口，在刮刀头部两个平面上各磨出一条凹槽。

2. 校准工具

校准工具是用来研磨接触点和检验刮削面准确性的工具，常用的有以下几种：

（1）标准平板。它是用来检查较宽的平面，有多种规格，选用时其面积应大于刮削面的 3/4。

（2）检验平尺。它是用来检验狭长的平面。图 9-4（a）所示是桥形平尺，用来检验机床导轨面的直线度误差。图 9-4（b）所示是工字形平尺，有双面和单面两种，常用它来检验狭长平面相对位置的正确性。

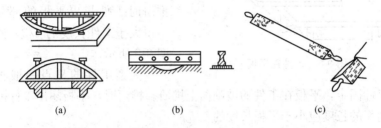

(a)　　　　　　　　　(b)　　　　　　　　　(c)

图 9-4　检验平尺和角度平尺

（a）桥形平尺；（b）工字形平尺；（c）角度平尺

（3）角度平尺。它是用来检验两个刮削面成角度的组合平面，如燕尾导轨面，其形状如图 9-4（c）所示，有 55°、60°等。

检验曲面刮削的质量，多数是用与其配合的轴作为校准工具。

3. 显示剂

显点是刮削工作中判断误差的基本方法。显点时，必须用标准工具或与其配合的工件，合在一起对研。在其中间涂上一层涂料，经过对研，凸起处就显示出点子，用刮刀刮去。所用的涂料称为显示剂。

（1）显示剂的种类。

1）红丹粉：用机油和牛油调和后使用，广泛用于钢和铸铁工件。呈褐红色或橘黄色。

2）蓝油：多用于精密工件和有色金属及其合金的工件，呈深蓝色。

（2）显示剂的使用方法。显示剂一般涂在工件表面上，显示的是红底黑点，容易看清。在调和显示剂时应注意：粗刮时调得稀些，便于涂抹，显点也大；精刮时调得干些。显示剂涂抹应薄而均，显点细小，便于提高刮削精度。

（3）显点的方法。显点应根据工件的不同形状和被刮面积的大小区别进行。

中、小型工件的显点一般是校准平板固定不动，工件被刮面在

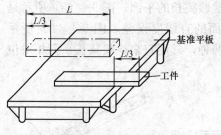

平板上推磨，推研时压力要均匀。如果工件小于平板，推研时最好不出头；如果被刮面等于或稍大于平板面，推研时工件超出平板的部分不得大于工件长度的 1/3，如图 9-5 所示。

图 9-5　工件在平板上显点

大型工件的显点一般将工件固定，平板在工件的被刮面上推研。推研时，平板超出工件被刮面的长度应小于平板长度的 1/5。

重量不对称的工件的显点一般应在工件某个部位托或压，如图 9-6 所示，用力大小要适当、均匀。若两次显点有矛盾，应分析原因及时纠正。

三、平面刮削

平面刮削有手刮和挺刮两种方法。

手刮的姿势如图 9-7 所示，右手如握锉刀姿势，左手四指向下握住近刮刀头部。刮削时右手随着上身前倾，使刮刀向前推进，左

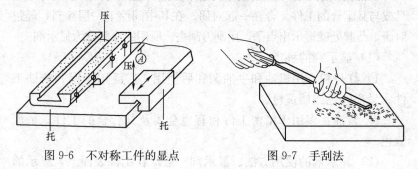

图 9-6　不对称工件的显点　　　　图 9-7　手刮法

手下压，落刀要轻，当推进到所需位置时，左手迅速提起，完成一个手刮动作。手刮不适宜大余量的刮削。

挺刮的姿势如图9-8所示，将刮刀柄放在小腹右下侧，双手并拢握在刮刀前部距刀刃约80mm左右处。刮削时刮刀对准研点，左手下压，利用腿部和臀部力量，使刮刀向前推挤，在推动到位的瞬间，同时用双手将刮刀提起，完成一次刮点。挺刮法适合大余量的刮削。

图9-8 挺刮法

平面刮削分为粗刮、细刮、精刮和刮花。

（1）粗刮。当工件表面有较深的加工刀痕，工件表面严重生锈或刮削量较多（如0.2mm以上）时，都进行粗刮。刮削时可采用长刮法，刮削的刀迹连成长片。刮削要在整个刮削面均匀进行，一般应顺工件长度方向。当刮到在25mm×25mm面积内有3～4个接触点且分布均匀时粗刮结束。

（2）细刮。主要是使刮削面进一步改善不平现象。刮削时采用短刮刀法。每刮一遍时，必须保持一定方向，刮第二遍时要交错刮削，以消除原方向的刀迹。为了使接触点很快增加，在刮削接触点时，把接触点周围部分也刮去，这样当最高点刮去后，周围的次高点容易显现出来，经过几遍刮削，次高点周围的接触点又会很快显示出来，可提高刮削效率。刮削过程中，要防止刮刀倾斜而划出深痕，显示剂要涂布得薄而均匀。当在25mm×25mm的面积内出现12～15个接触点时，细刮即告结束。

（3）精刮。在细刮的基础上通过精刮增加接触点，使工件符合精度要求。刮削时采用精刮刀进行点刮，要注意落刀轻、起刀迅速，在每个接触点上只刮一刀，不重复，并始终交叉进行刮削。当在25mm×25mm的面积内有20点以上时，可将接触点分为三类分别对待：最大、最亮的接触点全部刮去；中等接触点在其顶点刮去一小片；小接触点留着不刮。这样连续刮几遍，待出现的接触点数达到要求即可。

（4）刮花。可使刮削面美观，能使滑动件之间造成良好的润滑条件，并且还可以根据花纹的消失多少来判断刮削面的磨损程度。常见的花纹有以下三种，如图9-9所示。

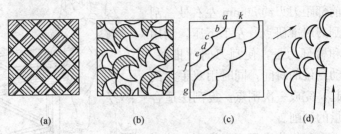

图 9-9　刮花的花纹

(a) 斜纹花；(b) 鱼鳞花；(c) 半月花；(d) 鱼鳞花的刮法

1）斜纹花纹，即小方块。它是用精刮刀与工件边成45°角的方向刮成。

2）鱼鳞花纹，是随着左手在向下压的同时，还要把刮刀有规律地扭动几下，扭动结束即推动结束，立即起刀完成一个花纹。如此连续地推扭，就能刮出鱼鳞花纹来。

3）半月花纹的刮削方法与鱼鳞花纹的刮法相似，所不同的是一行整齐的花纹要连续刮出，难度较大。

四、曲面刮削

曲面刮削和平面刮削的原理一样，但刮削方法不同。曲面刮削时，是用曲面刮刀在曲面内做螺旋运动。刮削时，用力不可太大，否则容易发生抖动，表面产生振痕。每刮一遍之后，刀迹应交叉进行，刀迹与孔中心线约成45°这样可避免刮削面产生波纹。

滑动轴承的刮削是曲面刮削中最典型的实例。刮削姿势如图9-10所示，右手握刀柄，左手掌心向下四指

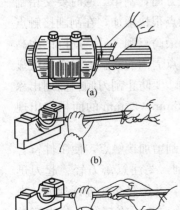

图 9-10　曲面刮削

横握刀身，拇指抵着刀身。刮削时左、右手同时做圆弧运动，且顺曲面使刮刀作后拉或前推运动。

接触点常用标准轴或与其相配合的轴作内曲面显点的校准工具。校准时将显示剂涂在轴的圆周面上或轴承孔表面，用轴在轴承孔中来回旋转，显示接触点，根据接触点进行刮削。

五、刮削精度的检查

刮削精度包括尺寸精度、形状和位置精度、接触精度及贴合程度、表面粗糙度等。

检查刮削质量最常用的方法，是将被刮面与校准工具对研后，用边长为 25mm 的正方形罩在被检查面上，根据方框内接触的点数来决定，如图 9-11 所示。各种平面接触精度的接触点数见表 9-3；曲面刮削主要是对滑动轴承内孔的刮削，不同接触精度的接触点数见表 9-4。

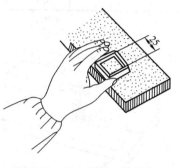

图 9-11　用方框检查接触点

表 9-3 各种平面接触精度的接触点数

平面种类	每边长为 25mm 正方形面积内的接触点数	应 用 举 例
一般平面	2～5	较粗糙机件的固定结合面
	5～8	一般结合面
	8～12	机器台面，一般基准面、机床导向面、密封结合面
	12～16	机床导轨及导向面、工具基准面、量具接触面
精密平面	16～20	精密机床导轨、平尺
	20～25	1 级平板、精密量具
超精密平面	＞25	0 级平板、高精度机床导轨、精密量具

大多数刮削平面还有平面度和直线度的要求。如工件平面大范围内的平面度、机床导轨面的直线度等，这些误差可以用框式水平仪来检查，如图 9-12 所示。

表 9-4　　　　　　　　　滑动轴承的接触点数

轴承直径 d (mm)	机床或精密机械主轴轴承			锻压设备、通用机械的轴承		动力机械、冶金设备的轴承	
	高精密	精密	普通	重要	普通	重要	普通
	每边长为 25mm 的正方形面积内的接触点数						
≤120	25	20	16	12	8	8	5
>120		16	10	8	6	6	2

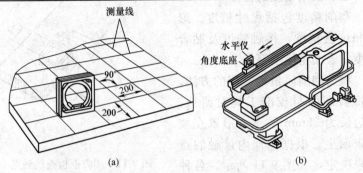

(a)　　　　　　　　　　　　(b)

图 9-12　用水平仪来检查刮削精度

(a) 检查平面度；(b) 检查直线度

六、刮削实例

平板是基本的检验工具，要求非常精密。如缺少标准平板，则可以用三块平板互研互刮的方法，刮成精密的平板，这种平板称为原始平板。其刮削可按正研刮削和对角刮削两个步骤进行。

先将三块平板单独进行粗刮，然后将三块平板分别编号为 1、2、3，按编号次序进行刮削。其刮削方法如图 9-13 所示。

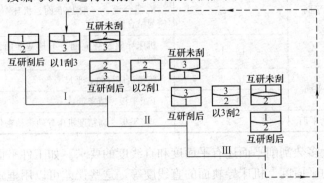

图 9-13　原始平板正研刮削法

（1）一次循环如图 9-13 中Ⅰ所示，先设 1 号平板为基准，与 2 号平板互研互刮，使 1、2 号平板贴合。再将 3 号平板与 1 号平板互研，单刮 3 号平板，使之相互贴合。然后，2 号与 3 号平板互研互刮，使它们的不平程度略有改善。

（2）二次循环如图 9-13 中Ⅱ所示，在 2 号与 3 号平板互研互刮的情况下，按顺序以 2 号平板为基准，1 号与 2 号平板互研，单刮 1 号平板，然后 3 号与 1 号平板互研互刮。这时，3 号与 1 号平板的不平程度进一步得到改善。

（3）三次循环如图 9-13 中Ⅲ所示，在上一次的基础上，按顺序以 3 号平板为基准，2 号与 3 号平板互研，单刮 2 号平板，然后 1 号与 2 号平板互研互刮，这时，1 号与 2 号平板的不平程度又进一步得到改善。

按上述三个顺序循环进行刮削，循环次数愈多，平板愈精密。到最后在三块平板上任取两块合研，都无凹凸，每块平板上的接触点都在 25mm×25mm 面积内有 12 点左右时，正研刮削即告一段落。

正研过程中往往在平板对角部位产生平面扭曲现象，如图 9-14 所示。要了解和消除扭曲现象，可采用如图 9-15 所示的对角研方法显点，并通过接触点修刮消除扭曲现象。

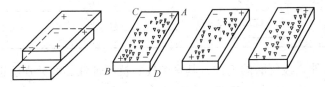

图 9-14　平面扭曲现象

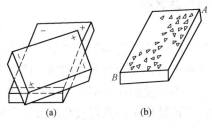

图 9-15　对角研示意图

✿ 第二节　研　磨　技　术

用研磨工具和研磨剂，从工件上研去一层极薄表面层的精加工方法，称为研磨。

一、研磨的特点和方法

研磨是一种精加工，能得到精确的尺寸，尺寸误差可控制在0.001~0.005mm；能提高工件的形位精度，形位误差可控制在0.005mm 范围内；此外还能获得极细的表面粗糙度值。表 9-5 所列为各种不同加工方法所能获得的表面粗糙度。

表 9-5　　　　　各种加工方法所得表面粗糙度

加工方法	加工情况	表面放大的情况	表面粗糙度 Ra（μm）
车			1.5~80
磨			0.9~5
压光			0.15~2.5
珩磨			0.15~1.5
研磨			0.1~1.6

另外，经研磨的工件，其耐磨性、抗腐蚀性和疲劳强度也都相应提高，从而延长了工件的使用寿命。

二、研具材料与研磨剂

1. 研具材料

研具材料的组织结构应细密均匀，避免产生不均匀磨损；其表面硬度应稍低于被研工件，使研磨剂中的微小磨粒容易嵌入研具表面，但不可太软，否则会使磨粒全部嵌入研具而失去研磨作用；应有较好的耐磨性，保证被研工件获得较高的尺寸和形状精度。

灰铸铁是常用的研具材料，它具有润滑性好、磨耗较慢、硬度适中、研磨剂在其表面容易涂布均匀等优点，是一种研磨效果较好、价廉易得的研具材料。

球墨铸铁比灰铸铁更容易嵌存磨料，且更均匀、牢固，因此用球墨铸铁制作的研具，精度保持性更好。

2. 研具的类型

生产中不同形状的工件应选用不同类型的研具。常用的有以下几种：

（1）研磨平板：主要用来研磨平面，如图 9-16 所示，有槽平板用于粗研，光滑平板用于精研。

（2）研磨环：主要用来研磨圆柱外表面，研磨环的内径比工件的外径大 0.025～0.05mm，如图 9-17 所示。

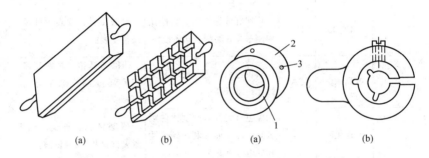

(a)　　　　(b)　　　　　　(a)　　　　　　(b)

图 9-16　研磨平板

（a）光滑平板；（b）有槽平板

图 9-17　研磨环

1—开口调节圈；2—外圈；3—调节螺钉

（3）研磨棒：主要用于圆柱孔的研磨，有固定式和可调节式两种，如图 9-18 所示。固定式研磨棒制造容易，但磨损后无法补偿，多用于单件研磨或机修当中；可调节研磨棒因尺寸能调节，故适于成批生产，应用较广。

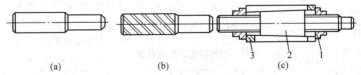

(a)　　　　　　(b)　　　　　　(c)

图 9-18　研磨棒

（a）固定式光滑研磨棒；（b）固定式带槽研磨棒；（c）可调节式研磨棒

1—调节螺母；2—心轴；3—研磨套

3. 研磨剂

研磨剂是由磨料和研磨液调和而成的混合剂。

(1) 磨料。它在研磨中起切削作用,与研磨加工的效率、精度、表面粗糙度有关。常用的磨料有刚玉类磨料、碳化物磨料、金刚石磨料三类。磨料的系列与用途见表9-6。

表9-6 磨料的系列与用途

系列	磨料名称	代号	特征	适用范围
刚玉	棕刚玉	A	棕褐色。硬度高,韧性大,价格便宜	粗、精研磨钢、铸铁、黄铜
	白刚玉	WA	白色。硬度比棕刚玉高,韧性比棕刚玉差	精研磨淬火钢、高速钢、高碳钢及薄壁零件
	铬刚玉	PA	玫瑰红或紫红色。韧性比白刚玉高,磨削表面质量好	研磨量具、仪表零件及高精度表面
	单晶刚玉	SA	淡黄色或白色。硬度和韧性比白刚玉高	研磨不锈钢、高钒高速钢等强度高,韧性大的材料
碳化物	黑碳化硅	C	黑色有光泽。硬度比白刚玉高,性脆而锋利,导热性和导电性良好	研磨铸铁、黄铜、铝、耐火材料及非金属材料
	绿碳化硅	GC	绿色。硬度和脆性比黑碳化硅高,具有良好的导热性和导电性	研磨硬质合金、硬铬、宝石、陶瓷、玻璃等材料
	碳化硼	BC	灰黑色。硬度仅次于金刚石,耐磨性好	精研磨和抛光硬质合金、人造宝石等硬质材料
金刚石	人造金刚石	JR	无色透明或淡黄、黄绿色或黑色。硬度高,比天然金刚石略脆,表面粗糙	粗、精研磨硬质合金、人造金刚石、半导体等高硬度脆性材料
	天然金刚石	JT	硬度最高,价格昂贵	
其他	氧化铁		红色至暗红色。比氧化铬软	精研磨或抛光钢、铁、玻璃等材料
	氧化铬		深绿色	

磨料粗细用粒度表示，分为41个号。其中颗粒尺寸大于$50\mu m$的用筛网分的方法测定，有F4、F5、…、F240号共27种，粒度号数大，磨料细；尺寸很小的磨料一般用显微镜测量的方法测定，有W63、W50…W0.5共14种，这一组号数大，粒度粗。常用的研磨粉见表9-7。

表 9-7　　　　　　　　　常用的研磨粉

研磨粉号数	研磨加工类别	可达到的表面粗糙度 Ra（μm）
F100～F240	用于最初的研磨加工	
W40～W20	用于粗研磨加工	0.2～0.1
W14～W7	用于半精研磨加工	0.1～0.05
W5 以下	用于精细研磨加工	0.05 以上

（2）研磨液。它在研磨中起调和磨料、冷却和润滑的作用。研磨液应具备一定的黏度和稀释能力，有良好的润滑和冷却作用，同时应对工人无害，对工件无腐蚀作用，且易于洗净。

常用的研磨液有煤油、汽油、L-AN22与L-AN32全损耗系统用油、工业用甘油以及熟猪油等。

一般工厂常采用成品研磨膏，使用时加机油稀释即可。研磨膏分粗、中、精三种，可按研磨精度的高低选用。

三、研磨工艺方法

1. 研磨余量的选择

研磨是一种切削量很小的精密加工方法，研磨余量不能过大。研磨面积较大或形状复杂且精度高的工件，研磨余量可取较大值。通常研磨余量在0.005～0.03mm范围内比较适宜。

2. 研磨方法

研磨分手工研磨和机械研磨两种。手工研磨时，工件表面各处要均匀切削，还应选择合理的运动轨迹。

（1）手工研磨运动轨迹的形式。为了使工件达到理想的研磨效果，根据工件形状的不同，常采用不同的研磨运动轨迹，如图9-19所示，它们的共同特点是工件的被加工面与研具工作面作相密合的平行运动。

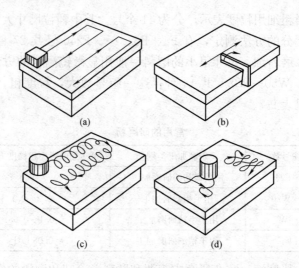

图 9-19　研磨运动轨迹
(a) 直线；(b) 直线摆动；(c) 螺旋形；(d) 8 字形和仿 8 字形

1) 直线研磨运动轨迹。可获得较高的几何精度，适用于有阶台的狭长平面的研磨。

2) 摆动式直线研磨运动轨迹。即在左右摆动的同时做直绕往复移动，适于对平面度要求较高的 90°角尺的侧面以及圆弧测量面等。

3) 螺旋形研磨运动轨迹。主要适用于研磨圆片或圆柱形工件的端面。

4) 8 字形和仿 8 字形研磨运动轨迹。主要适用于研磨小平面。

(2) 研磨平面。平面的研磨是在非常平整的研磨平板上进行的。

1) 研磨时的上料。研磨时上料的方法有压嵌法和涂敷法两种。

a. 压嵌法有两种：一是用三块平板在其上加研磨剂，用原始研磨法轮换嵌入磨粒，使磨料均匀嵌入平板；二是用淬硬压棒将研磨剂均匀压入平板，以进行研磨工作。

b. 涂敷法是将研磨剂涂敷在工件或研具上。

2) 研磨速度和压力。研磨应在低压、低速情况下进行。粗研时，压力以 $(1\sim2)\times10^5$ Pa、速度以 50 次/min 左右为宜；精研时，压力以 $(1\sim5)\times10^4$ Pa、速度以 30 次/min 左右为宜。

3) 研磨步骤。先用煤油或汽油把研磨平板的工作表面清洗、擦干，再上研磨剂，然后把待研磨面合在研板上，沿研磨平板的全部表面以8字形或螺旋形的旋转和直线运动相结合的方式进行研磨，如图9-20所示，并不断地变更工件的运动方向，直至达到精度要求。

在研磨狭窄平面时，可用导靠块作依靠进行研磨，且采用直线研磨运动轨迹，如图9-21所示。

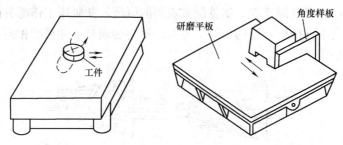

图 9-20 用 8 字形研磨平面　　　　图 9-21 狭窄平面的研磨

（3）研磨圆柱面。圆柱面的研磨一般是手工与机器配合进行研磨。

1）研磨外圆柱面。如图9-22所示，工件由车床带动，其上均匀涂布研磨剂，用手推动研磨环，通过工件的旋转和研磨环（研套）在工件上沿轴线方向作往复运动进行研磨。一般工件的转速在直径小于 80mm 时为 100r/min；直径大于 100mm 时为 50r/min。

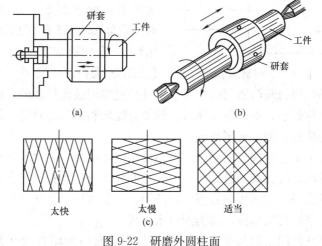

图 9-22 研磨外圆柱面

研套的往复运动速度,可根据工件在研磨时出现的网纹来控制。当出现45°交叉网纹时〔见图9-22 (c)〕,说明移动速度适宜。

2)研磨内圆柱面。内圆柱面的研磨是将工件套在研磨棒上进行。研磨时,将研磨棒夹在机床卡盘上,把工件套在研磨棒上进行研磨。机体上大尺寸孔,应尽量置于垂直地面方向,进行手工研磨。

(4)研磨圆锥面。工件圆锥表面的研磨,其研棒工作部分的长度应是工件研磨长度的1.5倍左右,锥角必须与工件锥度相同,如图9-23所示。

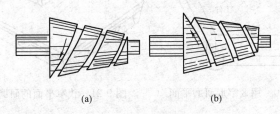

(a)   (b)

图 9-23   圆锥面研磨

(a) 左向螺旋槽;(b) 右向螺旋槽

研磨时,一般在车床或钻床上进行,在研棒上均匀涂上研磨剂,插入工件锥孔中或套进工件的外锥表面旋转4~5圈后,将研

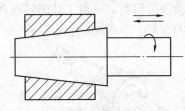

图 9-24   研磨圆锥面

具稍微拔出一些,然后再推入研磨,如图9-24所示。研磨到接近要求时,取下研具,擦净研磨剂,重复套上研磨(起抛光作用),一直到被加工表面呈银灰色或发光为止。

(5)研磨阀门密封线。有些工件是直接用彼此接触的表面进行研磨来达到的,不必使用研具。例如分配阀和阀门的研磨,就是以彼此的接触表面进行研磨的。

为了使各种阀门的结合部位不渗漏气体或液体,要求具有较好的密封性,故在其结合部位,一般是制成既能达到密封结合,又能便于研磨加工的线接触或很窄的环面、锥面接触,如图9-25所示。这些很窄的接触部位,称为阀口密封线。

研磨阀门密封线的方法,多数是用阀盘与阀座直接互相研磨

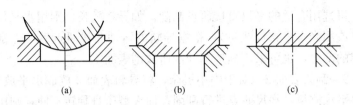

图 9-25　阀门密封线的形式

(a) 球形；(b) 锥面形；(c) 平面形

的。由于阀盘和阀座配合类型的不同，可以采用不同的研磨方法。如气阀、柴油机喷油器，它们的锥形阀门密封线是采用螺旋形研磨的方法进行研磨的。

第三节　高精度工件的加工

一、机床导轨的刮研

在机床导轨副中，滑动导轨的应用非常普遍，因此，对滑动导轨的刮研修理也就更显得重要。

（一）单导轨的刮研

直线运动的滑动导轨，它的作用是使机床移动部件，如工作台、溜板等有严格的直线运动，当导轨磨损时能有补偿或调整的可能。机床导轨大多是由几个平面构成多边形，通常使导轨的接触面数量减少到最少，即三个。

由多面组成的导轨构成凸形的和凹形的相配合，配合型式很多。凸形的不易积存切屑，但也不易存油，多用于低速；而凹形的则相反，多用于高速。

1. 单条矩形导轨

（1）各表面的作用。单条矩形导轨的作用面有四个或三个。如图 9-26 所示，表面 1、4 是保证垂直平面内的直线运动；表面 2、3 保证水平面内的直线运动。

（2）各表面的刮研步骤：

1）一般先刮研表面 1。如为短导

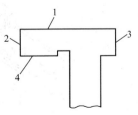

图 9-26　单条矩形导轨

763

轨,可选用合适的平尺直接研点刮削;如导轨较长,则用水平仪测量(或用光学平直仪测量),根据导轨的运动曲线研点后,先刮去凸起的部分,也可采用预选基准刮研法刮表面 1。

2)刮研表面 2。对于中小机床,将导轨表面 2 放成水平放置,用水平仪测量,平尺研点进行刮削;而大型床身翻转不便,则用准直仪测量表面 2 在水平面内的直线度误差,根据测量作出运动曲线,采用预基准刮削法刮削表面 2,同时也要使它与表面 1 保持垂直度要求(可用 90°角尺测量)。

3)刮研表面 3。表面 3 的刮研要与表面 2 平行(可用千分尺测量平行度误差),起码测 3 点,与表面 1 保持垂直度要求(用 90°角尺测量)。

4)刮研表面 4。该面是压板的滑动平面,要与表面 1 平行,中小型床身导轨采用翻身办法使表面 4 朝上,进行刮削;若是重型床身,有条件的可采用导轨磨磨削;也有采用"自修自"的办法进行拉刨和用移动式磨头磨削。拉刨是用已刮好的导轨面为基准,装上夹具和可调刀具(刀架),用刨刀刨削表面 4。

2. 单条 V 形凹导轨的刮研

床身导轨 V 凹形对称的比较多,不对称的较少。在刮削 V 形导轨时,要考虑到使两倾斜面与水平面和垂直面的交线同时达到直线度要求。其刮研步骤分下面三种情况进行叙述:

(1)中小型机床的导轨磨损不太大时,床身刚度好的,可用专门的支架支持 V 形导轨的床身,把 V 形导轨的一个斜面放成水平位置,如图 9-27(a)所示,像刮平导轨的办法一样用平尺研点,用水平仪测量,刮至要求;再用同样的办法刮研另一个斜面至要

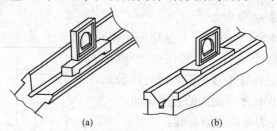

(a)　　　　　　　　(b)

图 9-27　V 形导轨的刮研测量方法

求。也可用 V 形平尺，以一个斜面为基准，刮另一斜面。然后以 V 形水平仪座（或圆柱棒）检查导轨在垂直平面内的直线度误差，如图 9-27（b）所示。采用此法刮研 V 形导轨，因导轨的两个斜面直线度已达要求，所以水平面 b 内的直线度及单导轨的水平倾斜也可以保证。

（2）刚性较差的床身不能采用翻转刮研，可用平尺分别刮研两个斜面，再用 V 形水平仪座和水平仪测量导轨在垂直平面内的直线度误差和单导轨的水平倾斜。水平面内的直线度误差可用平行平尺和千分表检查。较长的导轨用平尺接长法检查，或拉钢丝用显微镜检查。若要获得高的精度，则用准直仪测量。

（3）V 形导轨最有效的刮研方法是采用 V 形导轨方形平尺为研具，如图 9-28 所示，利用准直仪分别测量水平面内和垂直平面内的

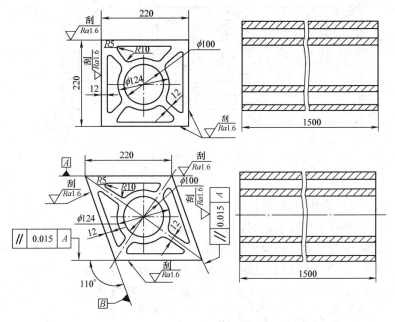

技术条件
1.刮研点数每刮方不少于16点。
2.粗加工后应经过时效处理。
3.非加工表面必须清洁，并涂油漆。

图 9-28　方形平尺之一

直线度误差，绘制运动曲线。根据曲线，利用方形平尺研点粗刮，当作出曲线已基本符合要求后，进入细刮，最后复验，再进行精刮。

3. 单条 V 形凸导轨的刮研

V 形凸导轨即菱形导轨，它的刮研方法实际上与 V 形凹导轨的刮研方法相同。可用平尺和水平仪等工具分别刮两个斜面，最后检查其垂直和水平两个平面内的直线度误差。采用图 9-29 所示的平尺作研具，对导轨的研点较便利。

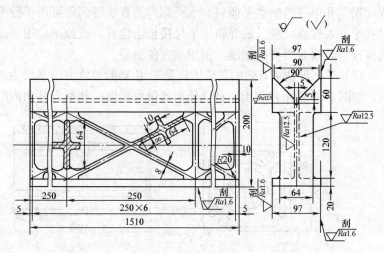

技术条件：同图 9-28

图 9-29　V 形凸导轨平尺

（二）导轨副的刮研

在刮研机床导轨副时，不仅要求单条导轨在垂直平面内和水平平面内保持平直，还要求导轨副之间保持平行或保持垂直。对一些不磨损的固定安装面或轴孔，在修刮时一般作为修理基准使用，以免总装时影响传动。

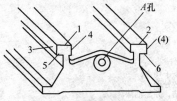

图 9-30　矩形导轨副刮研

1. 矩形导轨副

矩形导轨副的刮研如图 9-30 所示。其刮研步骤如下：

（1）刮研前，用机床调整垫块调整床身的安装水平，使其处于较好状态。

（2）以水平仪在表面 1、2 上的读数在同一图上绘制运动曲线。

（3）检验棒插入孔 A，用百分表及表座分别测量表面 1、2 与检验棒上母线的平行度误差。

（4）分析测量结果，选择与孔 A 轴线平行度较好的一表面为基准，假定为表面 1，用平尺研点，刮直表面 1，并使其与检验棒上母线平行。

（5）刮研表面 2，用桥板测量表面 1、2 的平行度（若两条导轨中心距不大时，可使用轻型平板刮研）。

（6）刮研表面 3，将表面 3 放成水平位置，用平尺刮研，用水平仪测量，并检查表面 3 与检验棒侧母线的平行度误差；若床身不便翻转，则用平尺研刮水平面内直线度，长导轨可用准直仪或拉钢丝用显微镜检查。

（7）刮研表面 4，其刮研方法与刮研表面 3 相同，因表面 3 已刮好，可采用平行导轨三点刮研法来刮表面 4。

（8）刮研表面 5、6，一般都将机床床身翻转过来，用平尺刮研，使与表面 1、2 保持平行即可。若不便翻身，可利用拉刨或磨削等方法"自修自"来修复。

2. V—平面或菱形（三角）—平面组合导轨

其刮研步骤（要点）简述如下：

（1）在刮削 V—平或菱—平导轨时，因 V 或菱形导轨比平面导轨刮研困难得多，故一般都先刮削 V、菱导轨，刮好后再刮削平导轨。在刮 V、菱导轨时一般不必考虑与另一平面导轨的平行度要求，而先选择 V、菱导轨最有利的位置进行刮削。V、菱导轨刮研好后，再以 V、菱导轨为基准刮削平面导轨，除保证平面导轨本身的直线度要求外，还要保证它们之间的平行度要求。在刮削平面导轨时，用平尺研点。

（2）在刮削组合导轨时，应同时检查其与传动部件安装平面的平行度或垂直度误差，以避免刮削后破坏原来的传动性能。

（3）V—平、菱—平导轨副分别用图 9-31、图 9-32 所示的方法检查两导轨的平行度误差。当导轨副已刮削至合乎要求后，用桥

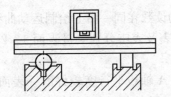

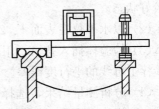

图 9-31　V—平导轨的刮研和测量　　图 9-32　菱—平导轨的刮研和测量

板在每米长度内检查 3～5 挡，即均分为 200～500mm 距离测量一次。计算在每米长度内和导轨全长内的水平仪最大代数差值是否符合机床精度专业标准中规定的平行度允差。

精密机床滚动导轨形式如图 9-33 所示。滚动导轨的刮研方法与滑动 V—平、菱—平导轨系统完全相同，在上下导轨合研后，在 V—平导轨上放上直径尺寸相适应的滚柱即可。若 d_2 为已知，则 d_1 为

$$d_1 = d_2 \sin\alpha$$

3. 双 V 形凹导轨的刮研步骤

(1) 用专用研具刮研。为了要消除导轨副在水平面内的平行度误差，用一副凸或凹形样板研具，如图 9-34 所示，可较方便地刮研双 V 形或双菱形导轨副。研具的长度应是导轨长度的 1～1.5 倍，但原则上长些为好。使用此研具，两条导轨可同时刮研，并可利用它测量垂直平面内的直线度误差、两导轨的平行度误差和在水平面内的直线度误差。

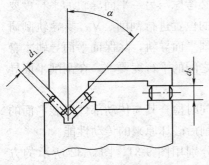

图 9-33　滚动导轨形式

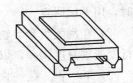

图 9-34　双 V 形凹导轨专用研具

（2）用通用工具刮研。

1）利用平尺或方形平尺等通用工具，按单条 V 形导轨刮研法先将一条导轨刮研至符合要求（要使两倾斜面与水平面、垂直面的交线同时达到直线度要求）。

2）以此导轨为基准，用平尺为研具，桥板和水平仪为测量工具，再刮另一条 V 形导轨的一个斜面，如图 9-35 所示。

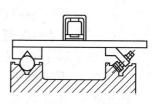

3）当一个斜面与基准导轨的平行度刮至要求后，用同样方法测量刮研第二个斜面。

图 9-35 测量双 V 形凹导轨的平行度

4）当两个斜面都刮好后，再刮台面导轨。

5）当台面导轨上的研点合格后，可用台面导轨与床身导轨合研，以检查床身导轨全长内的接触质量。当接触质量不够理想时，可微量地修刮床身导轨，使导轨研点逐步扩大和均匀。

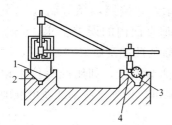

6）最后复验一次导轨副在垂直平面内的平行度误差和水平面内的直线度误差。

（3）用 V 形块及百分表测量平行度刮研。如图 9-36 所示，当 V 形导轨表面 1、2 已刮至要求后，用平尺研刮表面 3 或表面 4 时，V 形块及百分表分别在表面 3 和 4 处检查导轨面的平行度误差（最好在上下两处

图 9-36 利用 V 形块检查 V 形凹导轨斜面的平行度误差

测量）。并依据检查结果刮研至要求。

利用该法检查导轨平行度误差的缺点，是基准导轨单导轨在水平面内的倾斜会反映到测量的读数中来。当 V 形面越狭而表杆越长时，会按比例成倍地放大读数误差，故测量不准。

为了纠正此测量误差，在用百分表测量两导轨平行度误差的同时，用水平仪同时检查单导轨水平面内的倾斜。将单导轨水平面内的倾斜读数计算成线值后，在百分表读数中加以修正。修正值的计

算公式为

$$\pm\Delta = nxl\sin\alpha$$

式中　Δ——百分表读数修正值（μm）；

　　　n——水平仪水泡偏移格数；

　　　x——水平仪每格读数精度；

　　　l——千分表触头到 V 形座外边距离（mm）；

　　　α——V 形导轨半角度数。

"＋""－"值的选用：

对表面 3：水泡向左，取"－"，即在读数中减去此修正值；水泡向右，取"＋"，即在读数中加上此修正值。

对表面 4：水泡向左，取"＋"；水泡向右，取"－"。

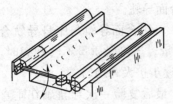

图 9-37　检查双 V 形凹导轨的平行度误差

（4）用双圆柱检查导轨平行度误差预选基准刮研。先刮直第一根 V 形导轨，用百分表和标准圆柱检查另一导轨的平行度误差，如图 9-37 所示，并按照两条导轨在水平面内和垂直面内的误差要求，先在这一导轨的两端刮研好"基准"，然后按这两个基准，利用准直仪来检查导轨全长的精度和刮研所需的全部基准，依据这些基准就可准确地刮研整个导轨。

刚性较好的中小型机床工作台，可利用它作研具，对机床凹导轨进行研点。但在刮研时，还是要按测量后作出的运动曲线为依据，研点仅作参考。当导轨在水平面内和垂直平面内的直线度已基本刮好，就配刮工作台导轨，刮至接触点较好后，再对床身导轨进行细刮和精刮。

用工作台导轨作研具刮研床身导轨，能保证导轨副良好配合及两条 V 形导轨平行度，但床身导轨在水平面内和垂直平面内的直线度和平行度仍须通过测量方法才能保证，这就避免了导轨副的研点虽好，但两根导轨在垂直平面和水平面内出现平行弯曲的情况发生。

4. 双 V 形凸导轨的刮研

这类导轨的刮研方法基本与双 V 形凹导轨相同，仅是采用的工具略有改动。可用图 9-38 的专用研具刮研；或用图 9-39 的桥板测量后进行刮研；也可用图 9-38 的双 V 形座及标准圆柱进行测量，预先刮好基准；也可利用配合件作研具进行刮研。

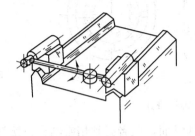
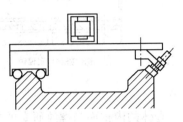

图 9-38　用 V 形座及标准圆柱测量
双 V 形凸导轨的平行度误差

图 9-39　双 V 形凸导轨
平行度误差的测量

5. 燕尾形导轨副

这种型式的导轨多用于车床刀架溜板、牛头刨床的滑枕等小件导轨。

以牛头刨床滑枕燕尾形导轨为例，见图 9-40，燕尾导轨由表面 1 及斜面 2、3 组成。其刮研步骤如下：

（1）用平板或平尺刮研表面 1，在刮研时要保证表面 1 纵向的直线度和横向的平行度。

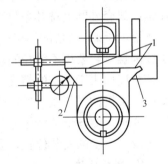

图 9-40　测量牛头刨床
滑枕导轨的平行度误差

（2）用角形研具或平尺和角度样板刮研表面 2、3，刮研时需用百分表及样板检查平行度。

二、精密螺杆的研磨

对 5 级以上的高精度丝杆，在精磨螺纹后，还要进行研磨工序。研磨主要是为了减小单个螺距误差、局部累积螺距误差和周期误差。

1. 研具

研磨螺杆用的研具就是一个螺母，在研具与螺杆的螺旋表面之间注入研磨剂，靠研磨剂中的游离磨粒进行加工。

图 9-41 所示为研具的基本结构，它由研具壳体、螺纹研套、调整螺母、定位销等组成。

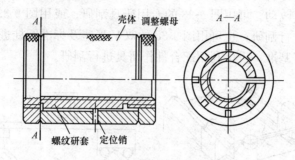

图 9-41　螺杆研具

壳体的内锥面与螺纹研套的外锥面，两者必须精密结合，接触面要求在 85% 以上，它也用精磨和研磨来达到。研套内径应比螺杆底径大 0.05～0.3mm，这个量要根据螺杆的直径来选定，直径大的取大值，直径小的取小值。当锥度的接触面加工符合要求后，在螺纹研套外圆上铣几条供调整用的沟槽（其中一条铣通），并修去槽沿的毛刺。然后揩干净，即可装入壳体内进行螺杆的研磨。对于铰削螺纹，要用不等径的丝锥，三个组成一套。由于螺纹研磨的螺纹精度取决于丝锥的精度，所以丝锥的技术要求必须严格保证。其中最关键的是牙型，丝锥的牙型必须和螺杆的牙型相同。为满足这一要求，磨丝锥的砂轮应与磨螺杆的砂轮一致，即用加工螺杆的砂轮及其不变的安装位置，去磨削丝锥和螺杆的相近牙型。

2. 螺杆研磨

图 9-42 所示为研磨螺纹时的螺距误差的平均作用原理，图 9-42（a）表示研具的误差平均作用，能够修正螺距误差。

（1）螺距误差的修正。研磨时，螺杆旋转，用手或工具把持研具做往复运动。由于研具的螺距和螺杆的螺距都有微量误差（$p_1 > p_2$），在相对运动中，螺杆的大螺距迫使螺母移动速度加快，而小螺距的螺母却迫使移动速度减慢。因此，使得小螺距的 c 牙螺旋表面上受到较大的压力。这时，在研磨剂的作用下，磨粒在 c 面上磨去较多金属，而在 b 面上因（$p_1 < p_2$）压力小，所以磨去较少。

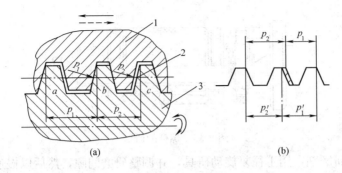

图 9-42 研磨螺纹时的螺距误差的平均作用原理
1—研具；2—被研去部分；3—螺杆

这样使大螺距变小，小螺距研大，研磨后，小螺距 p_1 增大为 p'_1[图 9-42（b）]，螺距的尺寸趋向平均，提高了螺杆精度。

（2）长螺杆的研磨。研磨时，必须考虑螺杆与研具的热变形。由于两者材料不同，一般研具材料多采用铸铁或中软黄铜，而螺杆的材料常采用热处理变形小的钢，如优质碳素工具钢、中碳合金钢、渗氮钢和渗碳钢等制成，其热膨胀量亦不相同。若不考虑这一因素，则研磨后会引起螺距误差。因此，要注意以下几方面问题：

1）在研磨时，要严格控制螺杆与研具的温度；若超过一定温度时，要停止研磨，待螺杆冷却到室温后，再进行研磨。

2）长螺杆易变形，操作者要经常测量螺杆的螺距误差变化，防止超差。

3）对研具的螺距要放大，若研具材料是铸铁，则它的螺距每25mm 时，放大 2μm 较好（螺杆材料为钢）。

（3）极精密的标准螺杆研磨。它要防止热变形外，还须避免自重变形的影响。研磨时，必须采用螺杆直立研磨的方法。

精研时，为了降低表面粗糙度值，在质量分数为 10% 的油酸和质量分数为 50% 的煤油溶液中加入 Cr_2O_3，研磨速度以 1～1.5m/min 为宜。

3. 操作方法

如图 9-43 所示，将研具旋入螺杆当中，在螺杆上涂上一层薄

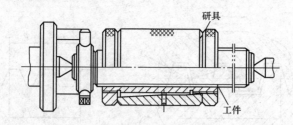

图 9-43　螺杆的研磨

薄的研磨剂，用手往复旋动研具，并调整研磨间隙，然后以慢速进行正、反转研磨。研磨时，研具要掌握平稳，要通过人手赋予研具进退一个反向的作用力，使双方的牙型始终保持单面接触。同时，要严格注意研磨间隙，如发现间隙过大，应及时调整研具，予以补偿后再进行研磨工作。

总之，螺杆的研磨要注意以下几个方面：

（1）研磨前，要仔细分析螺杆的精度，然后确定研磨部分及研磨量的大小。

（2）研磨用的研具，螺纹牙型要准确。

（3）研磨速度要均匀，不能太快，也不能有单方向过大的研磨力，以免研具单面磨损和螺杆弯曲。

（4）粗研的研磨膏可用 W3 白刚玉，精研用氧化铬研磨膏，未经淬火的螺杆只能用氧化铬研磨膏。最后清洗干净，可用油脂研磨膏或凡士林对研，把余砂清除。

三、卡规的制造

1. 卡规的分类

卡规是用来检验轴类零件外圆尺寸的量规。它具有两个平行的测量面，也可改用一个平面与一个球面或圆柱面，也可改用两个圆柱面作为测量面。

卡规的种类较多，常用的结构类型见表 9-8。

2. 板状卡规的制造工艺过程

单端圆形板状卡规是应用最广的卡规，如图 9-44 所示。

圆形板状卡规一般按以下工艺过程制造：

（1）落料。

表 9-8　　　　　　　　　常用卡规的结构类型

名　称	简　图	检验范围（mm）
双端板状卡规		1～50
单端矩形板状卡规		10～70
单端圆形板状卡规		1～180
镶钳口单端卡规		100～325

（2）车两端面和外圆，两端面留磨削余量。

'（3）粗磨两端面，留精磨余量。

（4）划出轮廓线。

（5）钻孔。

（6）铣内、外轮廓面，工作面留磨余量。

（7）去毛刺，打标记。

（8）热处理淬火、时效处理。

（9）精磨两端面。

（10）磨工作表面，留研磨余量。

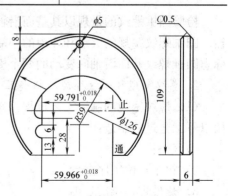

图 9-44　单端圆形板状卡规

（11）研磨工作面。

四、螺纹量规的制造

1. 螺纹量规的分类

螺纹量规是检验内、外螺纹的专用量规。检验内螺纹使用螺纹塞规，检验外螺纹使用螺纹环规或螺纹卡规。

检验圆柱螺纹的量规都有通端和止端，如图 9-45 所示。通端的牙型为完整牙侧，通端螺纹塞规或环规不仅控制工件螺纹的中径误差，还可控制螺距误差、牙侧角误差及形状误差等误差指标。止端只控制螺纹的实际中径。为了减小螺距误差的影响，止端的螺纹长度缩短；为了减小牙侧角误差的影响，将螺纹牙侧截短。

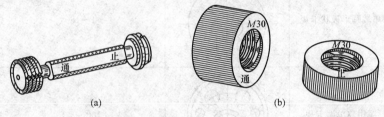

图 9-45　螺纹量规

（a）螺纹塞规；（b）螺纹环规

检验圆锥螺纹的量规以其基面沿轴向的变动量控制锥螺纹的中径。圆锥螺纹塞规的大端和环规的小端都有台阶，台阶的两个平面标志圆锥螺纹基面沿轴向变动的两个极限位置。

2. 螺纹塞规和螺纹环规的制造工艺过程

（1）螺纹塞规的制造工艺过程。螺纹塞规的结构较简单，一般按以下工艺过程制造：

1）落料。

2）粗车，留工序余量。

3）热处理，调质处理。

4）精车两端面，钻中心孔，车外圆及螺纹，螺纹部分留磨削余量。

5）去毛刺，修去两端不完整螺纹，打标记。

6）热处理淬火，时效处理。

7）热处理，氧化。

8）研磨中心孔，磨削螺纹大径。

9）磨削螺纹。

（2）螺纹环规的制造工艺过程。螺纹环规的内螺纹加工较为困难，一般按以下工艺过程制造：

1）落料。

2）粗车外圆、两端面及内孔，留工序余量。

3）热处理调质。

4）精车外圆、两端面及内螺纹，两端面及螺纹部分留磨削余量。

5）铣去两端不完全螺纹。

6）去毛刺，打标记。

7）热处理淬火、时效处理。

8）磨削两端面。

9）磨削螺纹小径。

10）磨削或研磨螺纹。

制造孔径小于 12mm 的螺纹环规时，螺纹的车削加工比较困难，常用特制的专用丝锥攻制螺纹。

制造孔径大于 80mm 的螺纹环规时，可以在螺纹磨床上磨削螺纹表面；当螺纹孔径太小或缺少螺纹磨床时，可采用研磨加工。

五、精密镶嵌样板的加工制作

镶嵌工件的加工方法较多，有各种仿形机床和特种加工机床等。也有用钳工加工方法制造的。它包括划线、钻、锉、刮、研等综合性复合加工。

（一）十字块工件镶嵌

1. 凸形工件的加工

图 9-46 所示的凸形工件，该工件是直线性加工，对锉削和测量都较方便，因此要以锉削加工完成。

工件分析：直线铣削较简单，测量方法有两种，一种是用千分尺或深度千分尺直接测量，另一种是用杠杆百分表和量棒作比较测量。这两种测量方法均可，但其加工方法却不一样，具体分析

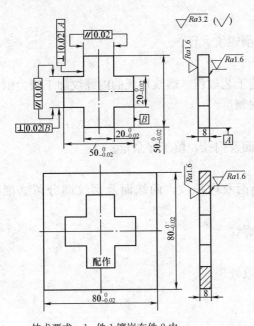

技术要求：1. 件 1 镶嵌在件 2 内
2. 材料 45 钢

图 9-46　十字块工件镶嵌

如下：

（1）用千分尺测量的加工方法。

1）先将凸形坯件的一组相邻直角边锉削好，以此为基准，划好全部加工线。

2）分别锉好两组 50mm 对边，并相互垂直和平行（成 50mm 正方形）。

3）锯去第一角和第三角（对角）；并锉好 35mm 处，但是锯去第二角和第四角后的锉削测量基准已失去基面，只能用换算方法来求得。这种测量方法容易产生误差，其相邻两角的直角底边的直线度难保证，同时千分尺的测量头太大，无法测量到内角根部。

（2）用深度千分尺测量的加工方法。

1）先将凸形件的一组相邻直角边锉好，以此为基准，划好全部加工线。

2）分别将 4 个内角全部锯去成十字形。

3）以一组相邻直角边为基面，分别锉好两组 50mm 对边，并相互垂直与平行。

4）分别锉好 4 个内角底边 15mm 深度。

这样 4 个内角底边的根部都能测量到，有利于两直角底边的直线度。但是，深度千分尺单面测量较难掌握，容易产生误差，应反复测量。

（3）用杠杆百分表和 35mm 量棒作比较测量的加工方法。

778

1）先将凸形坯件的一组相邻直角边锉好，以此为基准，划好全部加工线。

2）分别将 4 个内角全部锯去成十字形。

3）以一组相邻直角边为基准，分别锉好两组 50mm 对边，并相互垂直与平行。

4）分别锉好 4 个内角底边 35mm 高度，用 35mm 量棒作比较测量。其优点是杠杆百分表测量点小，接近内角根部，而且百分表又比千分尺灵敏度高，能保证两内角底边的直线度要求。缺点是不能直接读数。

2. 凹形工件的加工

凹形工件的加工一般都用凸形件来配作。但应注意工件的位置精度和形状公差。而尺寸精度有间隙规定，不作另外检测。凹形件加工步骤如下：

（1）以工件外圆为基准，划中心十字线及全部加工线。

（2）钻 4 个 $\phi18$mm 的工艺孔，然后用锯将内部锯去，成十字形内腔，并留 1~1.5mm 锉削余量。

（3）先锉好相邻两角底边，达到直线度要求，而对边的直线度用凸形件去配作。但要注意工件的垂直与平行，这样可使间隙控制在规定要求内。

（4）用以上相同方法配作另一条底边，并保证间隙。

（5）用凸件分别配作两组 50mm 对边，使间隙符合要求。

（6）不论锉削凹形件或凸形件的内直角，都要使用改制过的锉刀。通常的扁形锉是不能加工内角的，圆形锉刀侧面易锉伤邻边。改制的方法是将锉刀侧面修磨成小于 90°的锐角。这对内角根部的锉削较好。

（二）转子板工件镶嵌

1. 工件分析

如图 9-47 所示，转子板工件的加工面，全部为圆弧面曲线加工，并有凹凸曲线相连接。对这一类工件的加工，在精锉时只能采用推锉或滚锉的方法，或用圆柱体磨点后用曲面刮刀修刮。测量也较困难，应使用小于 $R30$mm 的圆柱体贴合圆弧面后，用千分尺测

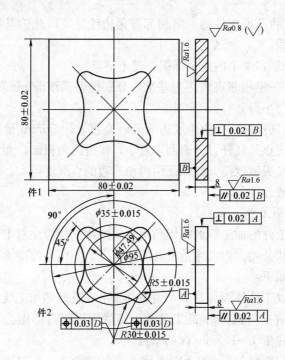

图 9-47　转子板工件镶嵌

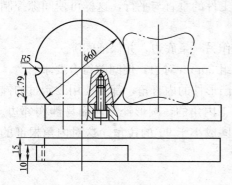

图 9-48　加工转子板曲面工具

量。为了保证凸形工件 R5mm 和 R30mm 圆弧面的精确，可以使用图 9-48 所示的简易工具，但不准使用其他形式样板或成形研具。用锉削或曲面刮削的方法，不准用研磨砂加工。

2. 凸形工件的加工

（1）先将凸形坯件的一组相邻直角边锉好。

（2）分别将两组对边加工到 43.58mm 成正方形，并相互平行和垂直（其尺寸是根据图样计算求得）。

（3）划中心十字线及 $R5mm$ 和 $R30mm$ 的加工线。

（4）分别将 4 个 $R30mm$ 圆弧面加工好，并做好规定尺寸及位置要求。

（5）分别将 4 个 $R5mm$ 圆弧面加工好，并做好规定尺寸及要求。

3. 凹形件的加工

凹形件的加工通常用加工好的凸形件来配作，方法如下：

（1）先将凹形坯件一组相邻直角边加工好。

（2）以加工面为基准，划中心十字线及全部加工线。

（3）用 9.5mm 精扩钻将 4 个 $R5mm$ 工艺孔钻好，并保证有余量，否则应缩小工艺孔。

（4）用钻小孔排钻或锯割的方法将内部去掉，但不得用狭錾子强錾，以免工件变形。

（5）内腔粗加工至留 $0.5\sim0.6mm$ 精加工余量。

（6）精锉已加工过的划线基准面。并分别锉好两组 80mm 对边，保证相互垂直和平行。

（7）用凸形工件精配凹件内腔，直至符合间隙要求。

✗ 第四节　精密加工及超精密加工

一、精密加工和超精密加工的特点和方法

1. 精密加工和超精密加工的概念

机械制造工艺技术是随着人类社会生产力和科学技术的不断发展而发展的。保证和提高加工质量是机械制造工艺要解决的关键问题。所谓精密加工，是指在一定发展时期中，加工精度和表面质量达到较高程度的加工工艺。当前是指被加工零件的加工精度在 $1\sim0.1\mu m$、表面粗糙度 Ra 为 $0.1\mu m$ 以下的加工方法，如金刚车、金刚镗、研磨、珩磨、超精加工、镜面磨削等，用于精密机床、精密测量仪器等制造业中关键零件加工。而超精密加工则是指加工精度和表面质量达到最高程度的精密加工工艺，当前指加工精度在 $0.1\sim0.01\mu m$，表面粗糙度值 Ra 为 $0.001\mu m$ 的加

工方法，如金刚石精密切削、超精密磨料加工、机械化学加工、电子束、离子束加工等，多用于精密元件加工、超大规模集成电路制造和计量标准元件制造等。表9-9中列出了精密加工和超精密加工目前达到的水平。

表 9-9   精密加工和超精密加工目前达到的水平 μm

项目 加工类别	精密加工	超精密加工
尺寸精度	2.5～0.75	0.3～0.25
圆度	0.7～0.2	0.12～0.06
圆柱度	1.25～0.38	0.25～0.13
平面度	1.25～0.38	0.25～0.13
表面粗糙度 Ra 值	0.1～0.025	≤0.025

目前，随着航天、计算机、激光技术以及自动控制系统等尖端科学技术的迅速发展，综合应用近代的先进技术和工艺方法，超精密加工正从微米、亚微米级（$1～10^{-2}\mu$m）的加工技术向纳米级（$10^{-2}～10^{-3}\mu$m，$1nm=10^{-3}\mu$m）的加工技术发展。纳米加工技术是当今最精密的制造工艺。从物质加工精度的理论上来分析，纳米工艺的加工方法（如离子溅射去除镀膜和注入等）可以达到去除、附着或结合以原子或分子为单位的物质层，因此已经深入到物质内部结构，这已经是单纯用常规加工方法所难以达到的了。

2. 精密加工和超精密加工的方法

根据加工方法的机理和特点，精密加工和超精密加工的方法可以分为四类，其所用工具、所能达到的精度和表面粗糙度以及应用见表9-10。

3. 影响精密加工和超精密加工的因素

精密加工和超精密加工发展到今天，已不再是一种孤立的加工方法和单纯的工艺过程，而是形成了内容极其广泛的制造系统工程。它涉及超微量切除技术、高稳定性和高净化的加工环境、计算

表9-10

常用精密加工和超精密加工的方法

分类		加工方法	加工工具	精度（μm）	表面粗糙度 Ra（μm）	被加工材料	应用
刀具切削加工	切削	精密、超精密车削	天然单晶金刚石刀具、人造聚晶金刚石刀具、立方氮化硼刀具、陶瓷刀具、硬质合金刀具	1～0.1	0.05～0.008	金刚石刀具：有色金属及其合金等软材料　其他材料刀具：各种材料	球、磁盘、反射镜
		精密、超精密铣削					多面棱体
		精密、超精密镗削					活塞销孔
		微孔钻削	硬质合金钻头、高速钢钻头	20～10	0.2	低碳钢、铜、铝、石墨、塑料	印刷线路板、石墨模具、喷嘴
磨料加工	磨削	精密、超精密砂轮磨削	氧化铝、碳化硅、立方氮化硼、金刚石等磨料　砂轮	5～0.5	0.05～0008	黑色金属，硬脆材料、非金属材料	外圆、孔、平面
		精密、超精密砂带磨削	砂带				平面、外圆磁盘、磁头
	研磨	精密、超精密研磨	铸铁、硬木、塑料等研磨具，氧化铝、碳化硅、金刚石等磨料	1～0.1	0.025～0.008	黑色金属，硬脆材料、非金属材料	外圆、孔、平面
		磨石研磨	氧化铝磨石、玛瑙磨石、电铸金刚石磨石	10～1	0.01	黑色金属	平面
		磁性研磨	磁性磨料			黑色金属材料	外圆去毛刺
		滚动研磨	固结磨料、游离磨料，化学或电解作用液体			黑色金属等	型腔

续表

分类	加工方法	加工工具	精度 (μm)	表面粗糙度 Ra (μm)	被加工材料	应用
磨料抛光加工	精密、超精密抛光	抛光器、氧化铝、氧化铬等磨料	1~0.1	0.025~0.008	黑色金属、铝合金	外圆、孔、平面
	弹性发射加工	聚氨酯球抛光器、高压抛光液	0.1~0.001	0.025~0.008	黑色金属、非金属材料	平面、型面
	液体动力抛光	带有楔槽工作表面的抛光器抛光液	0.1~0.01	0.025~0.008	黑色金属、有色金属材料	平面、圆柱面
	液中研抛	聚氨酯抛光器抛光液	1~0.1	0.01	黑色金属材料	平面
	磁流体抛光	非磁性磨料磁流体	1~0.1	0.01	黑色金属、非金属材料	平面
	挤压研抛	粘弹性物质磨料	5	0.01	黑色金属等	型面、型腔去毛刺、倒棱
	喷射加工	磨料液体	5	0.01~0.02	黑色金属等	孔、型腔
	砂带研抛	砂带接触轮	1~0.1	0.01~0.008	黑色金属、非金属材料	外圆、孔、平面、型面
	超精研抛	研具(脱脂木材、细毛毡)、磨料、纯水	1~0.1	0.01~0.008	黑色金属、有色金属材料	平面

续表

分类		加工方法	加工工具	精　度（μm）	表面粗糙度 Ra（μm）	被加工材料	应　用
磨料加工	超精加工	精密超精加工	磨条 磨削液	1～0.1	0.025～0.01	黑色金属等	外圆
	珩磨	精密珩磨	磨条 磨削液	1～0.1	0.025～0.01	黑色金属等	孔
特种加工	电火花加工	电火花成形加工	成形电极、脉冲电源、煤油、去离子水	50～1	2.5～0.02	导电金属	型腔模
		电火花线切割加工	钼丝、铜丝、脉冲电源、煤油、去离子水	20～3	2.5～0.16	导电金属	冲模、样板（切断、开槽）
	电化学加工	电解加工	工具极（铜、不锈钢）电解液	100～3	1.25～0.06	导电金属	型孔、型面、型腔
		电铸	导电原模 电铸溶液	1	0.02～0.012	金属	成形小零件

续表

分类	加工方法	加工工具	精度 (μm)	表面粗糙度 Ra (μm)	被加工材料	应用
化学加工	蚀刻	掩模板、光敏抗蚀剂、离子束装置、电子束装置	0.1	2.5~0.2	金属、非金属、半导体	刻线、图形
	化学铣削	刻形、光学腐蚀溶液、耐腐蚀涂料	20~10	2.5~0.2	黑色金属、有色金属等	下料、成形加工（如印制线路板）
特种加工	超声加工	超声波发生器、换能器、变幅杆、工具	30~5	2.5~0.04	任何硬脆金属和非金属	型孔、型腔
	微波加工	针状电极（钢丝、铱丝）、波导管	10	6.3~0.12	绝缘材料、半导体	打孔
	红外光加工	红外光发生器	10	6.3~0.12	任何材料	打孔、切割
	电子束加工	电子枪、真空系统、加工装置（工作台）	10~1	6.3~0.12	任何材料	微孔、蚀刻
离子束加工	离子束去除加工	离子枪、真空系统、加工装置（工作台）	0.01~0.001	0.02~0.01	任何材料	成形表面、刃磨、蚀刻
	离子束附着加工		1~0.1	0.02~0.01		镀膜
	离子束结合加工					注入、掺杂
	激光束加工	激光器、加工装置（工作台）	10~1	6.3~0.12	任何材料	打孔、切割、焊接、热处理

续表

分类	加工方法	加工工具	精度（μm）	表面粗糙度 Ra（μm）	被加工材料	应用
电解	精密电解磨削	工具极、砂轮、电解液	20~1	0.08~0.01	导电黑色金属、硬质合金	轮铰、刀具刃磨
电解	精密电解研磨	工具极、磨料、电解液	1~0.1	0.025~0.008	导电金属	平面、外圆、孔
电解	精密电解抛光	工具极、磨料、电解液	10~1	0.05~0.008	导电金属	平面、外圆、孔、型面
超声	超声超精车削	超声波发生器、换能器、变幅杆、车刀	5~1	0.1~0.01	难加工材料	外圆、孔、端面、型面
超声	精密超声磨削	超声波发生器、换能器、变幅杆、砂轮	3~1	0.1~0.01		外圆、孔、端面
复合加工	精密超声研磨	超声波发生器、换能器、变幅杆、研具	1~0.1	0.025~0.008	黑色色金属等硬脆材料	外圆、孔、平面、型面
化学	机械化学研磨	研具、磨料、化学活化研磨剂	0.1~0.01	0.025~0.008	黑色色金属、非金属材料	外圆、孔、平面、型面
化学	机械化学抛光	抛光器、增压活化抛光液	0.01	0.01	各种材料	外圆、孔、平面、型面
化学	化学机械抛光	抛光器、化学活化抛光液	0.01	0.01		外圆、孔、平面、型面

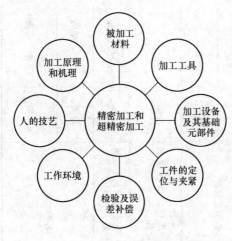

图 9-49　精密加工和超精密
加工的影响因素

技术、工况监控及质量控制等。由此可归纳出影响精密加工和超精密加工的因素有：加工原理和机理、被加工材料、加工工具、加工设备及其基础元部件、工件的定位与夹紧、检验及误差补偿、工作环境和人的技艺等，如图 9-49 所示。

4. 精密加工和超精密加工的一般原则

精密加工和超精密加工的方法很多，它们一般应遵循以下原则：

（1）创造性加工原则。在精密加工和超精密加工中，往往是用"以粗干精"的加工原则，即用低精度的设备和工具，借助于工艺手段加工出高精度的工件的创造性加工原则。精密平板加工为一个典型例子。研磨、刮研等是最古老最原始的加工方法，既简单又可靠，现在仍然是重要的精密加工和超精密加工方法。

（2）微量切除原则。要获得高精度，一定要实现与此精度相适应的微量切除。为此，机床应具备低速进给机构和微量进刀机构，如采用滚动导轨的微动工作台、利用弹性变形的进给刀架、利用电致伸缩、磁致伸缩的微位移机构等。

（3）稳定加工原则。要实现精密加工和超精密加工，必须排除来自工艺系统及其他外界因素的干扰，才能稳定进行加工，例如采用液体静压轴承、液体静压导轨、空气静压导轨等。同时还要有相应的高净化的工作环境，如恒温室、净化间、防振地基等。

（4）测量精度应高于加工精度。精密测量是实现精密加工、超精密加工的前提。一定精度的加工必须有相应更高的测量技术和装置，如精密光栅、激光干涉仪等。目前测量超大规模集成电路所用的电子探针，其测量精度可达 0.25nm，预计近年将实现原子级尺寸的加工。

5.精密加工和超精密加工的特点

精密加工和超精密加工处于发展中，当前有如下几个特点：

（1）综合技术。精密加工和超精密加工是一门多学科的综合高级技术。精密加工和超精密加工要达到高精度和高表面质量，不仅要考虑加工方法本身，而且要考虑整个制造工艺系统和综合技术，因此涉及面较广。如果没有这些综合技术和条件的支持，孤立的加工方法是不能得到满意的效果的。在研究超精密切削理论和表面形成机理、建立数学公式和模型的同时，还要研究各相关技术。

（2）与微细加工密切相关。精密加工和超精密加工与微细加工和超微细加工密切相关，精密加工和微细加工有共同的基础和相同的加工方法。这些加工方法除切削加工、磨削加工、特种加工外，还包括涂层加工、蚀刻、切片、焊接和变形加工等。精密加工比微细加工的范围更广阔，内容也更丰富。

（3）新工艺和复合加工技术。精密加工和超精密加工出现了许多新工艺和复合加工技术，打破了传统加工工艺的范围，出现了激光加工、离子束加工等许多特种加工新工艺。特种加工方法的出现，开辟了精密加工的新途径，不仅可以加工一些高硬度、高脆性的难加工材料，如硬质合金、淬火钢、金刚石、陶瓷、石英等。同时可以加工刚度很差的精密零件，如薄壁零件、弹性零件等。

当前，传统加工方法仍然占有较大的比例，而且是主要加工手段，经过长时期的发展，有了很厚实的基础。由于特种加工的发展，出现了各种复合加工技术，可以提高精度、降低表面粗糙度值，提高效率，而且扩大了加工应用范围。

（4）加工检测一体化。超精密加工的在线检测和在位检测（工件加工完毕不卸下，在机床上直接进行检测）极为重要，因为加工精度很高，表面粗糙度参数值很小。如果工件加工完毕卸下后检测，发现问题就难再进行加工，因此要进行在线检测和在位检测的可能性和精度的研究。

（5）与自动化技术联系紧密。精密加工和超精密加工与自动化技术联系紧密，采用微机控制、误差补偿、适应控制和工艺过程优化等技术，可以进一步提高加工精度和表面质量，避免手工操作人为引起的误差，保证加工质量及其稳定性。

二、超精密磨料加工

(一) 精密磨削与超精密磨削机理

精密磨削是依靠砂轮的精细修整，使磨粒在具有微刃的状态下进行加工而得到低的表面粗糙度参数值，微刃的数量很多且有很好的等高性，因此被加工表面留下的磨削痕迹极细，残留高度极小。随着磨削时间的增加，微刃逐渐被磨钝，微刃的等高性进一步得到改善，切削作用减弱，微刃的微切削、滑移、抛光、摩擦使工件表面凸峰被碾平。工件因此得到高精度和极细的表面粗糙度。磨粒上大量的等高微刃是用金刚石修整工具精细修整而得到，微刃如图9-50所示。

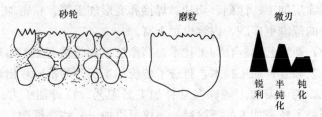

图 9-50　磨粒微刃示意图

超精密磨削的机理主要是背吃刀量极小，是超微量切除。除微刃切削作用外，还有塑性流动和弹性破坏等作用。

各种方式精密磨削、超精密磨削和镜面磨削的工艺参数见表9-11～表9-13。

表 9-11　　　　内孔精密、超精密及镜面磨削工艺参数

工 艺 参 数	精密磨削	超精密磨削	镜面磨削
砂轮转速（r/s）	167～333	167～250	167～250
修整时纵向进给速度（m/min）	30～50	10～20	10～20
修整时横向进给次数（单程）	2～3	2～3	2～6
修整时横向进给量（mm/r）	≤0.005	≤0.005	0.002～0.003
光修次数（单程）	1	1	1

工　艺　参　数	精密磨削	超精密磨削	镜面磨削
工件速度（m/min）	7～9	7～9	7～9
磨削时纵向进给速度（m/min）	120～200	60～100	60～100
磨削时横向进给量（mm/r）	0.005～0.01	0.002～0.003	0.003～0.005
磨削时横向进给次数（单程）	1～4	1～2	1
光磨次数（单程）	4～8	10～20	20
磨前零件粗糙度 Ra（μm）	0.4	0.20～0.10	0.05～0.025

注　1. 表中采用 WA60K 或 PA60K 砂轮磨削。

　　2. 修磨砂轮工具采用锋利的金刚石。

表 9-12　　　　　外圆精密、超精密及镜面磨削工艺参数

工　艺　参　数	工　　序			
	精密磨削	超精密磨削		镜面磨削
砂轮粒度	F60～F80	F60～F320	W20～W10	＜W14
修整工具	单颗粒金刚石，金刚石片状修整器			锋利单颗粒金刚石
砂轮速度（m/s）	17～35	15～20	15～20	15～20
修整时纵向进给速度（m/min）	15～50	10～15	10～25	6～10
修整时横向进给量（mm/r）	≤0.005	0.002～0.003	0.002～0.003	0.002～0.003
修整时横向进给次数	2～4	2～4	2～4	2～4
光修次数（单行程）	—	1	1	1
工件速度/（m/min）	10～15	10～15	10～15	＜10
磨削时纵向进给速度（m/min）	80～200	50～150	50～200	50～100
磨削时横向进给量（mm/r）	0.002～0.005	＜0.0025	＜0.0025	＜0.0025
磨削时横向进给次数（单程）	1～3	1～3	1～3	1～3[①]
光磨次数（单程）	1～3	4～6	5～15	22～30
磨前零件粗糙度 Ra（μm）	0.4	0.2	0.1	0.025

① 一次进给后，如压力稳定，可不再进给。

表 9-13　　　　　平面精密、超精密及镜面磨削工艺参数

工 艺 参 数	工 序		
	精密磨削	超精密磨削	镜面磨削
砂轮粒度	F60～F80	F60～F320	W10～W5
修整工具	单颗粒金刚石 片状金刚石	锋利金刚石	锋利金刚石
砂轮速度（m/s）	17～35	15～20	15～30
修整时磨头移动速度(mm/min)	20～50	10～20	6～10
修整时垂直进给量（mm/r）	0.003～0.005	0.002～0.003	0.002～0.003
修整时垂直进给次数	2～3	2～3	2～3
光修次数（单程）	1	1	1
纵向进给速度（m/min）	15～20	15～20	12～14
磨削时垂直进给量（mm/r）	0.003～0.005	0.002～0.003	0.005～0.007
磨削时垂直进给次数	2～3	2～3	1
光磨次数（单程）	1～2	2	3～4
磨前零件粗糙度 Ra（μm）	0.4	0.2	0.025
磨头周期进给量（mm/r）	0.2～0.25	0.1～0.2	0.05～0.1

（二）精密磨削与超精密磨削砂轮的选择

1. 磨料选择

（1）精密磨削的磨料：磨钢件、铸铁件选用刚玉类；磨有色金属用碳化硅。

（2）超精密磨削的磨料：一般采用金刚石、立方氮化硼等高硬度磨料。

2. 粒度选择

精密磨削选 F60～F80 以下，超精密磨削选用 F240～W20。

3. 硬度选择

要求磨粒不能整颗脱落和有较好的弹性。一般选择 J、K、L 级较适合；对砂轮硬度的均匀性也应严格要求。

4. 结合剂选择

一般用陶瓷结合剂和树脂结合剂砂轮均能达到要求。

5. 组织选择

要求有均匀而紧密的组织，尽量使磨粒数和微刃数多些。一般精密磨削砂轮的选择见表 9-14，超精密磨削和镜面磨削砂轮的选择见表 9-15。

表 9-14　　　　　　　　精密磨削的砂轮选择

砂　　　　轮					被加工材料
磨粒材料	粒　　度	结合剂	组织	硬度	
白刚玉（MA）	粗 F46 ～ F80	细 F240 ～ W7	石墨填料 环氧树脂 酚醛树脂	密 分布均匀 气孔率小	中软 （K、L）	淬火钢、铸铁 15Cr、40Cr，9Mn2V
铬刚玉（PA）						工具钢 38CrMoAl
绿碳化硅（GC）						有色金属

（三）精密和超精密研磨

精密和超精密研磨与一般研磨有所不同，一般研磨会产生裂纹、磨粒嵌入、麻坑、附着物等缺陷，而精密和超精密研磨是一种原子、分子加工单位的加工方法，可以使这些缺陷达到最小程度。其加工机理主要为磨粒的挤压使被加工表面产生塑性变形以及化学作用时，工件表面生成的氧化膜被反复去除。

表 9-15　　　　　　超精密磨削、镜面磨削砂轮的选择

	磨　料	粒　度	结合剂	硬度	组织	达到的表面粗糙度 Ra（μm）	特　　点
超精磨削	WA PA	F60～F80	V	K、L	高密度	0.08～0.025	生产率高，砂轮易供应，容易推广，易拉毛
	A WA	F120～F240 W28～W14	B R	H、J	高密度	<0.025	质量较上栏粗，粒度稳度，拉毛现象少，砂轮寿命较高
镜面磨削	WA WA+GC 石墨填料	W14 以下微粉	B 或聚丙乙烯	E、F	高密度	0.01	可达到低表面粗糙度值，镜面磨削

注　用于磨削碳钢、合金钢、工具钢和铸铁。

1. 磨石研磨

磨石研磨的机理是微切削作用。由加工压力来控制微切削作用的强弱，压力增加，参加微切削作用的磨粒数增多，效率提高，但压力太大会使被加工表面产生划痕和微裂纹。磨石与被加工表面之间还可以加上抛光液，加工效果更好。

磨石研磨采用各种不同结构的磨石，主要有下列三种：

(1) 氨基甲酸酯磨石：利用低发泡氨基甲酸乙酯和磨料混合制成的磨石。

(2) 金刚石电铸磨石：利用电铸技术使金刚石磨粒的切刃位于同一切削面上，使磨粒具有等高性，平整而又均匀，从而可以获得极细的表面粗糙度加工表面。金刚石电铸磨石的制作过程如图 9-51 所示。电铸磨石的铸模是一块有极细表面粗糙度的平板，经过电铸、剥离、反电镀和粘结等工序，即成电镀磨石。反电镀的作用是使金刚石工作刃外露。磨石可根据要求做成各种形状。

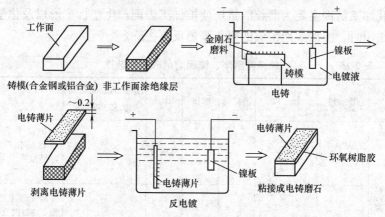

图 9-51　金刚石电铸磨石的制作过程

(3) 金刚石粉末冶金磨石：将金刚石或立方氮化硼等微粉与铸铁粉混合起来，用粉末冶金的方法烧结成块。烧结块为双层结构，只在表层 1.5mm 厚度内含有磨料。将双层结构的烧结块用环氧树脂粘结在铸铁板上，即成磨石。这种磨石研磨精度高，表面质量好，效率高。

2. 磁性研磨

工件放在两磁极之间，工件和磁极间放入含铁的刚玉等磁性磨料，在磁场的作用下，磁性材料沿磁感应线方向整齐排列，如同刷子一般对被加工表面施加压力，并保持加工间隙。研磨压力的大小随磁场中磁通密度及磁性材料填充量的增大而增大，可以调节。研磨时，工件一面旋转，一面沿轴线方向振动，使磁性材料和被加工表面之间产生相对运动。此种方法可用来加工轴类工件的内外表面，也可用来去毛刺。由于磁性研磨是柔性的，加工间隙有几毫米，因此可以研磨形状复杂的不规则工件。磁性研磨的加工精度达 $1\mu m$，表面粗糙度可达 $Ra0.01\mu m$。对于钛合金有较好的效果。磁性研磨的原理如图 9-52 所示。

3. 滚动研磨

把需要研磨的工件型腔作为铸型，将磨料作为填料加在塑料中浇注而成为研具。研磨时，工件带动研具振动、旋转或摆动，从而使研具和工件型腔间产生相对运动。也可以在研具和被加工型腔表面之间加入游离磨料，或能起化学作用、电解作用的液体，这样能加快研磨过程和提高研磨质量。滚动研磨主要用来加工复杂型腔。

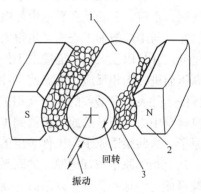

图 9-52　磁性研磨原理
1—工件；2—磁极；3—磁性磨料

4. 电解研磨

电解研磨是电解和研磨的复合加工。研具既起研磨作用，又是电解加工的阴极，工件接阳极，用硝酸钠水溶液为主配制成的电解液通过研具的出口流经工件表面，在工件表面生成阳极钝化薄膜并被磨料刮除。在这种机械和化学的反复双重作用下，获得极细的表面粗糙度，并提高加工效率。

除电解研磨外，尚有机械化学研磨、超声研磨等复合研磨方法。机械化学研磨，是在研磨的机械作用下，加上研磨剂中的活性化学物质的化学反应，从而提高了研磨的质量和效率。超声研磨是在研磨中使用研具附加超声振动，从而提高效率，适宜难加工材料的研磨。

（四）几种新型精密和超精密抛光方法

1. 软质磨粒抛光

软质磨粒抛光的特点是可以用较软的磨粒，甚至比工件材料还要软的磨粒（如 SiO_2、ZrO_2）来抛光。它不产生机械损伤，可大大减少一般抛光中所产生的微裂纹、磨粒嵌入、洼坑、麻点、附着物、污染等缺陷，获得极好的表面质量。软质磨粒抛光有以下三种方法。

（1）软质磨粒机械抛光。这是一种无接触的抛光方法，利用空气流、水流、振动及在真空中静电加速带电等方法，使微小的磨粒加速，与工件被加工表面产生很大的相对运动，磨粒得到很大的加速度，并且以很大的动能撞击工件表面，在接触点处产生瞬时高温高压而进行固相反应。高温使工件表层原子晶格中的空位增加；高压使工件表层和磨粒的原子互相扩散，即工件表层的原子扩散到磨粒材料中去，磨粒的原子扩散到工件表层的原子空位上，成为杂质原子。这些杂质原子与工件表层的相邻原子建立了原子键，从而使这几个相邻原子与其他原子的联系减弱，形成杂质点缺陷。当有磨粒再撞击到这些杂质点缺陷时，就会将杂质原子与相邻的这几个原子一起移出工件表层，见图 9-53。

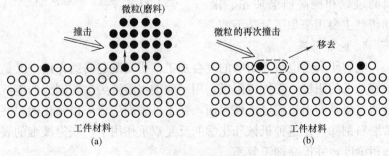

图 9-53　软质磨粒机械抛光过程
（a）扩散过程；（b）移去过程

另一方面，也有不经过扩散过程的机械移去作用。即加速了的微小磨粒弹性撞击被加工表面的原子晶格，使表层不平处的原子晶格受到很大的剪切力，致使这些原子被移去。

典型的软质磨粒机械抛光是弹性发射加工（Elastic Emission Machining，EEM），其原理如图 9-54 所示。它是利用水流加速微小磨粒，要求磨粒尽可能在工件表面的水平方向上作用，即与水平面的夹角（入射角）要尽量小，这样加速微粒使工件表层凸出的原子受到的剪切力最大，同时表层也不易产生晶格缺陷。抛光器是聚氨酯球，抛光时与工件被加工表面不接触。

数控弹性发射加工的试验装置如图 9-55 所示，用数控方法控制聚氨酯球的位置，以获得最佳的几何形状精度，同时使超细微粒加速，对工件进行原子级的弹性破坏。整个装置是一个三坐标数控系统，聚氨酯球 7 装在数控主轴上，由变速电动机 3 带动旋转，其负载为 $2N$。在加工硅片表面时，用直径为 $0.1\mu m$ 的氧化锆微粉，以 $100m/s$ 的速度和与水平面成 $20°$ 的入射角向工件表面发射，其加工精度可达 $\pm0.1\mu m$，表面粗糙度为 $Rz0.000\ 5\mu m$ 以下。

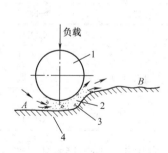

图 9-54　弹性发射加工原理图
1—聚氨酯球；2—磨粒；
3—抛光液；4—工件；
A—已加工面；B—待加工面

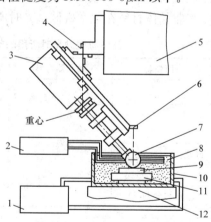

图 9-55　数控弹性发射加工装置
1—循环膜片泵；2—恒温系统；3—变速
电动机；4—十字弹簧；5—数控主轴箱；
6—加载杆；7—聚氨酯球；8—抛光液和
磨料；9—工件；10—容器；11—夹具；
12—数控工作台

（2）机械化学抛光。这也是一种无接触抛光方法，即抛光器与被加工表面之间有小间隙。抛光时磨粒与工件之间有局部接触，有些接触点由于高速摩擦和工作压力产生高温高压，致使磨粒和抛光液在这些接触点与被加工表面产生固相反应，形成异质结构生成物，这种作用称为抛光液的增压活化作用。这些异质结构生成物呈薄层状态，被磨粒的机械作用去除（见图 9-56）。这种抛光是以机械作用为主，其活化作用是靠工作压力和高速摩擦由抛光液而产生，因此称为机械化学抛光，是软质磨粒抛光的一种。

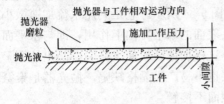

图 9-56　机械化学抛光

（3）化学机械抛光。化学机械抛光强调化学作用，靠活性抛光液（在抛光液中加入添加剂）的化学活化作用，在被加工表面上生成一种化学反应生成物，由磨粒的机械摩擦作用去除，由此可以得到无机械损伤的加工表面，而且提高了效率。表 9-16 列举了几种晶体和非晶体材料在化学机械抛光时所用的磨料和添加剂。

表 9-16　　　　　**化学机械抛光时所用的磨料和添加剂**

工件材料	抛光器材料	磨　　料	抛光添加剂
硅（Si）	聚氨酯	氧化锆（ZrO_2）	NaOCl
		硅石（SiO_2）	NaOH
			NH_4OH
砷化镓（GaAs）			NaOCl
磷化镓（GaP）			Na_2O_3
铌酸锂（$LiNbO_3$）			NaOH

化学机械抛光原理可参考图 9-56，它也是一种非接触式抛光。

用单纯的机械抛光方法对单晶体或非晶体进行抛光时可以获得很好的效果。但对多晶体（如大部分金属、陶瓷等）进行抛光时，由于在同一抛光条件下，不同晶面上的切除速度各不相同，即单晶表面切除速度的各向异性，就会在被加工表面上出现台阶。这些台阶的高度取决于加工方法和相邻晶粒的晶向。试验表明，化学机械抛光能很好地改善这种状况，不仅能获得极低的表面粗糙度参数值，而且在晶界处台阶很小，同时又极好地保留了边棱的几何形状，满足工件的功能性质要求。例如用 Fe_2O_3 微粉和 HCl 添加剂的抛光液在抛光多晶 $Mn-Zn$ 铁氧体时就可以得到满意的效果。

化学机械抛光是一种精密复合加工方法，在加工过程中，化学作用不仅可以提高加工效率，而且可以提高加工精度和降低表面粗糙度参数值。化学作用所占比重较大，甚至可能是主要的。其关键是根据被加工材料选用适当的添加剂及其成分的含量。类似的加工方法有化学机械研磨、化学机械珩磨等。

2. 浮动抛光

浮动抛光是一种无接触的抛光法，是利用流体动力学原理使抛光器与工件浮离接触。其原理如图 9-57 所示，

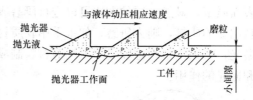

图 9-57 液体动力浮动抛光原理

在抛光器的工作表面上做出了若干楔槽，当抛光器高速回转时，由于油楔的动压作用使工件或抛光器浮起，其间的磨粒就对工件的表面进行抛光，抛光质量与浮起的间隙大小及其稳定性有关。浮起间隙的稳定性与装夹工件的夹具上的负重和抛光器的材料等有关，抛光器为非渗水材料如聚氨酯、聚四氟乙烯等时可获得稳定不变的浮起间隙，但由于工件与这些材料的抛光器之间有粘附作用，只能提供少量的磨粒，因而不能迅速产生工件和磨粒之间的相对运动速度，以致切除率较低，影响抛光效率；而渗水性好的材料能提高磨粒与工件之间的相对运动速度，抛光效率高，但浮动间隙不稳定，降低表面质量。如果夹具上的负重增加，会减弱运动跟随性，使浮动间隙产生波动。浮动抛光可达到 0.3mm：75 000mm 的直线度误差，表面粗糙度可达 $Ra0.008\mu m$。

液体动力浮动抛光的实例之一是加工硅片，见图 9-58，这时硅片就是图中的工件 5，它们的浮起是靠抛光器 6（圆盘工具）高速回转的油楔动压及带有磨粒的抛光液流的双重作用而产生的。浮

动抛光可大大减少一般抛光的缺陷，获得极好的表面质量。

3. 液中研抛

液中研抛是在恒温液体中进行研抛，图 9-59 为研抛工件平面的装置，研抛器 7 材料为聚氨酯，由主轴带动旋转，工件 6 由夹具 5 来进行定位夹紧，被加工表面要全部浸泡在抛光液中，载荷使磨粒与工件被加工表面间产生一定的压力。恒温装置 1 使抛光液恒温，其中的恒温油经过螺旋管道并不断循环流动于抛光液中，使研抛区的抛光液保持一定的温度。搅拌装置 4 使磨料和抛光液 8（此处用水）均匀混合。这种方法可以防止空气中的尘埃混入研抛区，并抑制了工件、夹具和抛光器的变形，因此可以获得较高的精度和表面质量。显然，这种方法可以进行研磨或抛光，如果采用硬质材料制成的研具，则为研磨；如果采用软质材料制成的抛光器，则为抛光；当采用中硬橡胶或聚氨酯等材料制成的抛光器，则兼有研磨和抛光的作用。

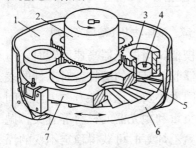

图 9-58　液体动力浮动抛光装置

1—抛光液槽；2—驱动齿轮；3—环（其作用是使工件转动）；4—装工件的夹具；5—工件（硅片）；6—抛光器；7—载环盘

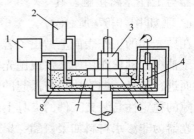

图 9-59　液中研抛装置

1—恒温装置；2—定流量供水装置；3—载荷；4—搅拌装置；5—装工件的夹具；6—工件；7—研抛器；8—抛光液和磨料

4. 磁流体抛光

磁流体是由强磁性微粉（10～15nm 大小的 Fe_3O_4）、表面活化剂和运载液体所构成的悬浮液，在重力或磁场作用下呈稳定的胶体分散状态，具有很强的磁性。其磁化曲线几乎没有磁滞现象，磁化强度随磁场强度增加而增加。将非磁性材料的磨粒混入磁流体中，置于有磁场梯度的环境之内，则非磁性磨粒在磁流体内将受磁浮力作用向低磁力方向移动。例如当磁场梯度为重力方向时，如将电磁铁或永久磁铁置于磁流体的下方，则非磁性磨粒将漂浮在磁流体的上表面（如将磁铁置于磁流体的上方，则非磁性磨料将下沉在磁流体的下表面）。将工件置于磁流体的上面并与磁流体在水平面产生相对运动，则上浮的磨粒将对工件的下表面产生抛光加工。抛光压力由磁场强度控制。

图 9-60 所示为一比较简单的磁流体抛光装置，工件 3 放在一个充满非磁性磨粒和磁流体的容器 4 中，能回转的抛光器 2 置于工件上方，两者之间的间隙可由调节螺钉 1 来调节。容器置于电磁铁 7 的铁心 6 上。电磁铁通电后，在磁场作用下，磨粒上浮，在抛光器作用下，磨粒抛光工件上表面。电磁铁有循环水冷却，以防止升温带来的影响。

图 9-61 所示是由三块永久磁铁构成的磁流体抛光装置，磁铁

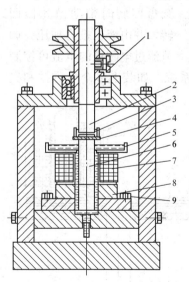

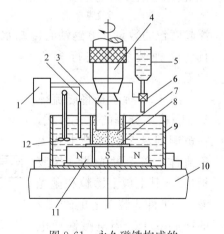

图 9-60　磁流体抛光装置

1—调节螺钉；2—抛光器；3—工件；4—容器；5—冷却水；6—铁心；7—电磁铁；8—非磁性体；9—紧固螺钉

图 9-61　永久磁铁构成的磁流体抛光装置

1—控制开关；2—热电偶测温计；3—工件；4—夹具；5—冷却水；6—电磁阀；7—磁流体和非磁性磨粒；8—容器；9—水槽；10—工作台；11—永久磁铁；12—搅拌器

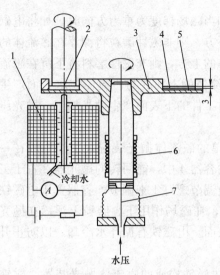

图 9-62　回转式磁流体抛光装置

1—电磁铁；2—工件；3—黄铜圆盘；4—磁流体和非磁性磨粒；5—抛光器；6—球轴承；7—波纹膜盒

排列时使其相邻极性互不相同，从而使得磨粒集中于磁流体的中央部分，以便于进行有效的抛光。装置中配有调温水槽来控制工作温度。

图 9-62 所示是在黄铜圆盘 3 上的环形槽中置入 3mm 厚的发泡聚氨酯抛光器 5，其上每隔 7mm 开有一个直径为 5mm 的孔，孔中注入带有非磁性磨粒的磁流体 4，工件 2 装在夹具上并有一装置带动回转。黄铜圆盘回转时带动抛光器回转，并由液压推力加压。调节流过电磁铁的电流可控制浮起磨粒的数量。电磁铁有冷却水系统。如装上多个电磁铁和夹具，这种装置可进行多件加工。

图 9-63 所示是将磁流体 8 与磨粒 1 分隔的抛光方式，在黄铜圆盘 7 的环槽中置入磁流体，盖上抛光器（橡胶板）2，其上放上磨粒和抛光液 1。工件 6 装在上电磁铁 3 的铁心 5 上。当电磁铁通电后，由于磁流体的作用使橡胶板上凸而加压，工件下表面与抛光器间的磨粒和抛光液产生抛光作用。压力可由通入电磁铁的电流大小来调

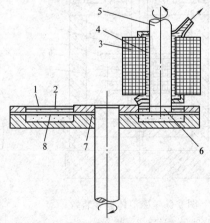

图 9-63　磁流体与磨粒分隔的抛光装置

1—磨粒和抛光液；2—抛光器（橡胶板）；3—电磁铁；4—冷却水；5—铁心；6—工件；7—黄铜圆盘；8—磁流体

节。这种抛光方式不必将磨粒加入磁流体中，使磁流体可以长期使用，可进行湿式抛光和干式抛光。

磁流体抛光中，由于磁流体的作用，磨粒的刮削作用多，滚动作用少，加工质量和效率均较高。磁流体抛光不仅可加工平面，还可以加工自由曲面。加工材料范围较广，黑色金属、有色金属和非金属材料均可加工。加工过程控制比较方便。这种方法又称为磁悬浮抛光。

5. 挤压研抛

挤压研抛又称挤压研磨、挤压珩磨、磨料流动加工等，主要用来研抛各种型面和型腔，去除毛刺或棱边倒圆等。

挤压研抛是利用黏弹性物质作介质，混以磨粒而形成半流体磨料流反复挤压被加工表面的一种精密加工方法。挤压研抛已有专门机床，工件装于夹具上，由上下磨料缸推动磨料形成挤压作用（见图 9-64）。图 9-64（a）为加工内孔，图 9-64（b）为加工外圆表面。

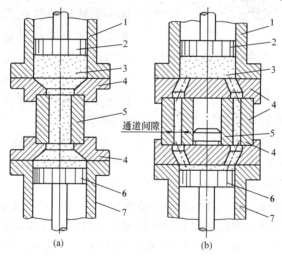

图 9-64　挤压研抛
（a）挤压抛光内表面；（b）挤压抛光外表面
1—上磨料缸；2—上磨料缸活塞；3—磨料流；4—夹具；5—工件；
6—下磨料缸活塞；7—下磨料缸

磨料流的介质应是高黏度的半流体，具有足够的弹性，无粘附性，有自润滑性，并容易清洗，通常多用高分子复合材料，如乙烯基硅橡胶,有较好的耐高温、低温性能。磨料多用氧化铝、碳化硅、碳化硼和金刚砂等。清洗工件多用聚乙烯、氟利昂、酒精等非水基溶液。

要正确选择磨料通道的大小、压力和流动速度,它们对挤压研抛的质量有显著的影响。对于挤压研抛外表面,要正确选择通道间隙。磨料通道太小,磨料流动可能不流畅,一般孔最小可达 0.35mm。

6. 超精研抛

超精研抛是一种具有均匀复杂轨迹的精密加工方法,它同时具

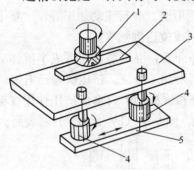

有研磨、抛光和超精加工的特点。超精研抛时,研抛头为圆环状,装于机床的主轴上,由分离传动和采取隔振措施的电动机作高速旋转。工件装于工作台上,工作台由两个作同向同步旋转运动的立式偏心轴带动作纵向直线往复运动,工作台的这两种运动合成为旋摆运动(见图9-65)。研抛时,工件浸泡在超精研抛液池中,主轴

图 9-65 超精研抛加工运动原理
1—研抛头;2—工件;3—工作台;
4—双偏心轴;5—移动溜板

受主轴箱内的压力弹簧作用对工件施加研抛压力。

超精研抛头采用脱脂木材制成,其组织疏松,研抛性能好。磨料采用细粒度的 $CrZO_3$,在研抛液(水)中成游离状态,加入适量的聚乙烯醇和重铬酸钾以增加 $CrZO_3$ 的分散程度。

由于研抛头和工作台的运动造成复杂均密的运动轨迹,又有液中研抛的特性,因此可以获得极高的加工精度和表面质量。当用它来研抛精密线纹尺时,表面粗糙度可达 $Ra0.008\mu m$,效率也有较大的提高。

(五)超硬磨料磨具磨削

1. 金刚石砂轮磨削

(1)金刚石砂轮磨削特点。

1)可加工各种高硬度、高脆性材料,如硬质合金、陶瓷、玛瑙、光学玻璃、半导体材料等。

2）金刚石砂轮磨削能力强，磨削力小，仅为绿色碳化硅砂轮的 1/4～1/5，有利于提高工件的精度和降低表面粗糙度。

3）磨削温度低，可避免工件烧伤、开裂、组织变化等缺陷。

4）金刚石砂轮寿命长、磨耗小，节约工时，使用经济。

（2）金刚石砂轮磨削用量选择。

1）磨削速度：人造金刚石砂轮一般都采用较低的速度。国产金刚石砂轮推荐采用的速度见表 9-17，不同磨削形式的磨削速度见表 9-18。

通常干磨时砂轮速度要低些；金属结合剂比树脂结合剂砂轮的速度要低些；深槽和切断磨削也应使用较低的速度。

2）背吃刀量：背吃刀量增大时，磨削力和磨削热均增大，一般可按表 9-19 和表 9-20 选择。

表 9-17　　　　　　　　　**金刚石砂轮磨削速度**

砂轮结合剂	冷却情况	砂轮速度 v_s (m/s)
青铜	干磨	12～18
	湿磨	15～22
树脂	干磨	15～20
	湿磨	18～25

表 9-18　　　　**不同磨削形式推荐的金刚石砂轮速度**

磨削形式	砂轮速度 v_s (m/s)
平面磨削	25～30
外圆磨削	20～25
工具磨削	12～20
内圆磨削	12～15

表 9-19　　　　　　　　**按粒度及结合剂选择背吃刀量**

金刚石粒度	背吃刀量 （mm）	
	树脂结合剂	青铜结合剂
70/80～120/140	0.01～0.015	0.01～0.025
140/170～230/270	0.005～0.01	0.01～0.015
270/325 及以细	0.002～0.005	0.002～0.003

表 9-20   **按磨削方式选择背吃刀量**   mm

磨削方式	平面磨削	外圆磨削	内圆磨削	刃　磨
背吃刀量	$0.005 \sim 0.015$	$0.005 \sim 0.015$	$0.002 \sim 0.01$	$0.01 \sim 0.03$

3）工件速度：工件速度一般在 $10 \sim 20m/min$ 范围内选取。内圆磨削和细粒度砂轮磨削时，可适当提高工件转速，但不宜过高，否则砂轮的磨损将增大，磨削振动也大，并出现噪声。

4）进给速度：进给速度增大，砂轮磨耗增大，表面粗糙度增大，特别是树脂结合剂砂轮更严重。一般选用范围见表 9-21。

表 9-21   **进给速度的选择**

磨削方式	进给运动方向	进给速度（m/min）
内、外圆磨削	纵向	$0.5 \sim 1$
平面磨削	纵向	$10 \sim 15$
	横向	$0.5 \sim 1.5$ （mm/行程）
刃磨	纵向	$1 \sim 2$

2. 立方氮化硼（CBN）砂轮磨削

（1）立方氮化硼砂轮磨削特点。

1）热稳定性好。其耐热性（$1250 \sim 1350℃$）比金刚石（$800℃$）高。

2）化学惰性强。不易和铁族元素发生化学反应，故适于加工硬而韧的金属材料及高温硬度高、热传导率低的材料。

3）耐磨性好。对于合金钢磨削，其磨耗仅是金刚石砂轮的$1/3 \sim 1/5$，是普通砂轮的 1%。CBN 砂轮寿命长，有利于实现加工自动化。

4）磨削效率高。在加工硬质合金及非金属硬材料时，金刚石砂轮优于 CBN 砂轮；但加工高速钢、耐热钢、模具钢等合金钢时，CBN 砂轮特别适合，其金属切除率是金刚石砂轮的 10 倍。

5）加工表面质量高，无烧伤和裂纹。

6）加工成本低。虽然 CBN 砂轮价格昂贵，但加工效率高，表面质量好，寿命长，容易控制尺寸精度，所以综合成本低。

（2）立方氮化硼砂轮磨削用量。

1）砂轮速度：CBN 砂轮可比金刚石砂轮磨削速度高一些，以充分发挥 CBN 砂轮的切削能力。国产 CBN 砂轮推荐速度见表 9-22。

表 9-22　　　　　　　　国产立方氮化硼砂轮磨削速度

磨削形式	v_s (m/s)		结合剂	备　注
	湿　磨	干　磨		
平面磨削	28～33	20～28	树脂	通常用湿式
外圆磨削	30～35	20～28	树脂	通常用湿式
工具磨削	22～28	15～25	树脂、陶瓷	通常用干式
内圆磨削	17～25	15～22	树脂	通常用湿式

随着砂轮的速度提高，砂轮的磨耗降低，磨削比增大，加工表面粗糙度降低，因此，在机床、砂轮等加工条件的许可前提下，CBN 砂轮有采用高速磨削的趋势。例如青铜结合剂砂轮，速度可达 45～60m/s，切断砂轮（宽度＞8mm）磨削速度达 80m/s。

2）背吃刀量：背吃刀量可参考表 9-19 和表 9-20。CBN 砂轮磨粒比较锋利，砂轮自锐性较好，所以背吃刀量可略大于金刚石砂轮。

3）工件速度和进给速度：工件速度对磨削效果影响较小，一般在 10～20m/min 范围内选择。采用细粒度砂轮精磨时，可适当提高工件速度。轴向进给速度或轴向进给量一般在 0.45～1.8m/min 范围，粗磨时选大值，精磨时选小值。

3. 使用超硬磨料砂轮对机床的要求

使用超硬磨料砂轮与普通磨料砂轮相比，要求加工稳定性高，振动小。因此要求机床具备如下条件：

（1）砂轮主轴回转精度高，一般要求轴向窜动小于 0.005mm，径向振摆小于 0.01mm。

（2）磨床必须有足够的刚度，要求比普通磨床刚度提高 50% 左右，若机床静刚度提高 20%，则超硬磨料寿命可提高 50% 以上。

（3）磨床密封必须优良可靠，尤其是头架主轴轴承部分。

（4）磨床进给机构的精度要高，应保证均匀准确送进，有 0.005mm/次以下的进给机构。

（5）磨床应有防振措施。

4. 切削液的选择

金刚石砂轮常用的切削液有煤油、轻柴油或低号全损耗系统用油和煤油的混合油、苏打水、各种水溶性切削液（如硼砂、三乙醇胺、亚硝酸钠、聚乙二醇的混合水溶液）及弱碱性乳化液等。例如磨硬质合金，普遍采用煤油，若磨削时烟雾较大，可用混合水溶液，但不宜使用乳化液。树脂结合剂砂轮不宜用苏打水。

CBN 砂轮一般不用水溶性切削液，而采用轻质矿物油（煤油、柴油等），因为 CBN 磨粒在高温下会和水起化学反应，称水解作用，加剧磨料的磨损。当必须用水溶液时，应使用添加剂以减弱水解作用。

5. 超硬磨料砂轮使用实例

金刚石砂轮使用实例见表 9-23。

表 9-23　　　　　　　　　金刚石砂轮使用实例

工　序		ϕ30H7 硬质合金铰刀刃磨前刀面	陶瓷片平面磨削	花岗石切割
工件材料		YG6X	高铝陶瓷片	花岗石（900mm×600mm ×20mm）
机　床		M6025 万能工具磨床	M7120A 平面磨床	自动液压切割机床
砂　轮		12A2/20 125×13×32 D①170/200 B75	粗磨 1A1/T2 250×15×75 D①100/120 M100 精磨 1A1/T2 250×15×75 D①12~22 B50	1A1/T1 480×1.9×50 D①60/70 M25
磨削用量	v_s(m/s)	粗磨 15，精磨 20	38	40
	轴向进给速度 v_f (m/min)	粗磨 0.5，精磨 0.01	轴向进给量 0.5~1mm/s	0.6~0.7
	工件速度（m/min）		12	
背吃刀量(mm)		粗磨 0.01，精磨 0.002	粗磨 0.03，精磨 0.005~0.01	

续表

工　序	$\phi30H7$ 硬质合金铰刀刃磨前刀面	陶瓷片平面磨削	花岗石切割
切削液	干磨	"401"切削油，5%浓度	水
磨削效果 效率	较 GC 砂轮提高 5～10 倍		较 GC 砂轮提高 4～7 倍
表面粗糙度 Ra（μm）	0.4～0.2	0.4	光亮整洁，质量提高
工具费用/年[2]	节约 25%～50%		节约 60%～75%
砂轮寿命	增加 50 倍以上		

① D 为金刚石品种代号 RVD。
② 与应用普通磨料磨具相比。

CBN 砂轮使用实例见表 9-24。

表 9-24　　　　　　　　　　**CBN 砂轮使用实例**

工　序	精磨拉刀底平面	轴承套圈外滚道磨削	精密滚珠丝杠
工件材料	W10Mo4Cr4V3Al 66～67HRC	2916Q1N1/01 Cr4Mo4V 62HRC	GQ60×8 GCr15 58～62HRC
机　床	M7120A 平面磨床	M228	S7432 丝杠磨床
砂轮	1A1/T 2250×10×75×10×3 CBN 100/120 B100	1A1/T2 90×50×25 CBN 100/120 B100[①]	1DD1 450×14×305×10×10 CBN 120/140 V150
磨削用量	$v_s=18.3\text{m/s}$ $v_w=12\sim14\text{m/min}$ $f_a=2\text{mm/st}$ $f_r=0.005\text{mm/st}$	$v_s=35\text{m/s}$ $v_w=20\text{m/min}$ $v_f=0.40\text{m/min}$ $v_r=0.08\text{mm/min}$	$v_s=30\text{m/s}$ $v_w=1.5\text{m/min}$ $f_r=0.05\sim0.1\text{mm}$
切削液	极压乳化液	碳酸钠、亚硝酸钠等水溶液	特种切削液，流量 50～70L/min
效果	表面粗糙度 $Ra=0.4\sim0.2\mu m$ 直线度 500：0.002	$Ra=0.4\sim0.2\mu m$ 无烧伤 金属磨除率 $Z=512\text{mm}^3/\text{min}$ 磨削比 $G=1000$ 砂轮寿命 $T=347\text{min}$	$Ra=0.4\mu m$ 精度 D4 无烧伤 加工总长 360m，比金刚石砂轮寿命提高 16 倍以上

① CBN 磨料电镀 Ni 衣。

三、超精密特种加工简介

1. 超精密特种加工方法

超精密特种加工的方法很多，多是分子、原子单位加工方法，可以分为去除（分离）、附着（沉积）和结合、变形三大类。

分离（去除）加工就是从工件上分离原子或分子，如电解加工、电子束加工和离子束溅射加工等。

附着（沉积）是在工件表面上覆盖一层物质，如化学镀、电镀、电铸、离子镀、分子束外延、离子束外延等。结合是在工件表面上渗入或注入一些物质，如氧化、氮化、渗碳、离子注入等。

变形是利用气体火焰、高频电流、热射线、电子束、激光、液流、气流和微粒子束等使工件被加工部分产生边形，改变尺寸和形状。

有关超精密特种加工方法的分类、加工机理及加工方法见表9-25。

表 9-25　超精密特种加工方法的分类、加工机理及加工方法

分类	加 工 机 理	加 工 方 法
去除（分离）加工	化学分解（液体、气体、固体）	蚀刻（电子束曝光）、机械化学抛光、化学机械抛光
	电解（液体、固体）	电解加工、电解抛光、电解研磨
	蒸发（热式）（真空、气体）	电子束加工、激光加工、热射线加工
	扩散（热式）（固体、液体、气体、真空）	扩散去除加工、离子扩散、脱碳处理
	熔解（热式）（液体、气体、固体）	熔化去除加工
	溅射（力学式）（真空）	离子溅射加工（等离子体、离子束）
附着和结合加工①	化学沉积、化学结合（气体、固体、液体）	化学镀、气相镀、氧化、氮化、活性化学反应
	电化学沉积、电化学结合（气体、固体、液体）	电镀、电铸、阳极氧化
	热沉积热结合（气体、固体、液体）	蒸镀（真空）、晶体生长、分子束外延烧结、掺杂、渗碳
	扩散结合（热式）	浸镀、熔化镀
	熔化结合（热式）	溅射沉积、离子镀（离子沉积），离子束外延
	物理沉积、物理结合（力学式）	离子注入加工
	注入（力学式）	

分类	加　工　机　理	加　工　方　法
变形加工	表面热流动	热流动加工（气体火焰、高频电流、热射线、电子束、激光）
	黏滞性流动（力学式）	液体流动加工、气体流动加工
	摩擦流动（力学式）	微粒子流动加工
	分子定向	液晶定向

① 附着（deposition）：指范德瓦尔斯结合的弱结合。

结合（bonding）：指共价键或离子键、金属键的强结合。

2. 电子束加工

电子束加工一般是利用电子束的高能量密度进行打孔、切槽等工作。而电子是一个非常小的粒子，其半径为 2.8×10^{-12} mm，质量也很小，为 9×10^{-20} g，但其能量很高，可达几百万电子伏（eV）。电子束可以聚焦到直径为 $1 \sim 2\mu m$，因此有很高的能量密度，并能高速精确定位（$0.01\mu m$）。但是高能量的电子束具有很强的穿透能力，穿透深度为几微米甚至几十微米，如工作电压为 50kV 时，加工铝的穿透深度为 $10\mu m$，而且以热的形式传输到相当大的区域，见图 9-66 所示。这就给电子束在超精密加工中的应用带来了一些困难和问题。

电子束加工装置主要可分为电子枪系统、真空系统、控制系统等几个部分。电子枪系统发射高速电子流。真空系统的作用是抽真空，因为只有在真空（$13\,322 \times 10^{-7} \sim 13\,322 \times 10^{-9}$ Pa）中，电子才能高速运动；发射阴极才不会在高温下被氧化，同时也防止被加工表面和金属蒸气氧化。

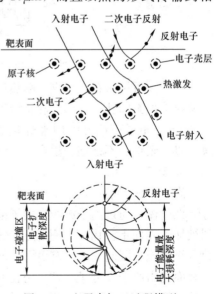

图 9-66　电子束加工过程模型

控制系统由聚焦装置、偏转装置和工作台位移装置等组成，控制电子束的大小、方向和工件位移。电源系统提供稳压电源、各种控制电压及加速电压。

在实际应用中，电子束用来光刻获得很大成功。它是利用电子束透射掩模（其上有所需集成电路图形）照射到涂有光敏抗蚀剂的半导体基片上，由于化学反应，经显影后，在光敏抗蚀剂涂层上就形成与掩模相同的所需线路图形，如图 9-67 所示。以后有两种处理方法，一是用离子束溅射去除，或称离子束刻蚀，再在刻蚀出的沟槽内进行离子束沉积，填入所需金属。经过剥离和整理，便可在基片上得到凹形所需电路。另一是用金属蒸镀方法，即可在基片上形成凸形电路。光刻工艺的图形密度、线宽是很重要的指标，由于电子束波长比可见光要短得多，其光刻线宽可达 $0.1\mu m$。

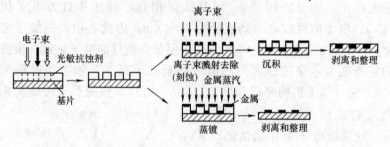

图 9-67　电子束光刻加工过程

电子束可用来在不锈钢、耐热钢、合金钢、陶瓷、玻璃和宝石等材料上加工圆孔、异形孔和切槽等，最小孔径或缝宽可达0.02~0.03mm。电子束还可以用来焊接难熔金属、化学性能活泼的金属，以及碳钢、不锈钢、铝合金、钛合金等。

3. 离子束加工

离子束加工是在真空条件下，将氩（Ar）、氪（Kr）、氙（Xe）等惰性气体，通过离子源产生离子束，经加速、集束、聚焦后，射到被加工表面上。由于这些惰性气体离子质量较大，带有 10keV 数量级动能，因此比电子有更大的能量。当冲击工件时，会从被加工表面打出原子和分子，这种方法称之为"溅射"。离子束加工用惰性气体离子是为了避免这些离子与被加工材料起化学作用。离子束加工时，离子质量远比电子质量大，但速度较低，因此主要通过力效应进行加工，不会引起机械应力、变形和损伤。但可能会有一些离子保留下来，取代置换工件表面的原子。电子束加工时，电子质量小、速度高、动能几乎全转化为热能，使工件材料局部熔化、气化，因此主要通过热效应进行加工。离子束溅射可以分为去除、镀膜和注入加工。

（1）离子束溅射去除加工。离子束溅射去除加工可用离子碰撞过程模型来说明，如图 9-68 所示，有四种情况：

1）一次溅射：由离子直追碰撞使原子或分子分离出来。

2）二次溅射：由离子碰撞了原子或分子，再由这个原子或分子碰撞使别的原子或分子分离出来。

3）回弹溅射：有些受到离子碰撞的原子或分子，又去碰撞别的原子或分子，但自己却被反弹出工件表面外。

4）被排斥的离子：有些离子在碰撞原子或分子时，自己反被弹出工件表面外，成为被排斥的离子。可见这种情况没有溅射作用。

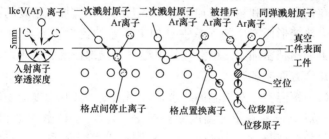

图 9-68　离子碰撞过程模型

离子束溅射去除加工可用于加工消除球差的透镜、刃磨金刚石刀具和显微硬度计金刚石压头、蚀刻大规模集成电路图形和光学衍射光栅等。

（2）离子束溅射镀膜加工。离子束溅射镀膜加工，是用被加速了的离子从靶材上打出原子或分子，并将它们附着到工件表面上形成镀膜。这种镀膜比蒸镀有较高的附着力，因为离子溅射出来的中性原子或分子有相当大的动能，比蒸镀高 $10 \sim 20 eV$，所以效率也比较高。它又是一种干式镀，因此使用比较方便。

（3）离子束溅射注入加工。离子束溅射注入加工就是用数百万电子伏（eV）的高能离子轰击工件表面，离子打入工件表层内，其电荷被中和，成为置换原子或填隙原子（晶格间原子），留于工件表层中，从而改变了工件表面的成分和性质。目前，离子束溅射注入可用于半导体材料掺杂，即将磷或硼等的离子注入单晶硅中。另外，在高速钢或硬质合金刀具的切削刃上注入某些金属离子，能提高其切削性能。

离子束加工的应用范围很广，可根据加工的要求选择离子束斑直径和功率密度。如去除加工时，离子束斑直径较小而功率密度较大；注入加工时，离子束斑直径较大而功率密度较小。离子束用于精密加工和超精密加工，关键在于控制束径精度和工作台的微位移精度。将离子束与精密机械、微机数控结合起来，其在精密加工和超精密加工中的应用将更加广泛。

四、超精密加工的工作环境

1. 恒温

在精密加工和超精密加工时，室温的变化对加工精度的影响很大，由热变形而产生的误差占总加工误差的比例可高达 50%。精密加工和超精密加工的恒温应从恒温室、局部恒温、机床设备的恒温等几个方面来解决。

（1）恒温室。对恒温的要求，可用温度基数和温度变动范围来控制。对于精密测量，温度基数是 20℃。对于精密加工和装配，温度基数可以是 20℃，与测量时相同；也可以随季节而变化，在春秋天取 20℃，夏天取 23℃，冬天取 17℃。这种方案不会影响加工精度，又能节省恒温费用，已经得到国内外的采用。温度变动范围决定了恒温等级，表 9-26 列出了恒温等级。

恒温控制所能达到的精度与恒温室的设计和控制有密切关系。

1）送风方式。清洁恒温的空气进入恒温室有上送、下送、侧送几种方式。上送下排方式容易造成恒温室上下温度不均匀，由于热空气会上升而留于室内，因此送风的温度要低于 20℃时，才能使工作层的温度达到 20℃。侧送侧排方式易造成恒温室水平方向温度不均匀。下送上排的方式较好。

表 9-26　　　　　　　　　　　　　**恒 温 等 级**

等　级	标准温度 （℃）	允许温度差别 （℃）	湿　度	应用场合
0.01 级	20	±0.01	55%～60%	计量标准 超精密加工
0.1 级	20	±0.1		
0.2 级	20	±0.2		精密测量，超精密加工 精密刻线
0.5 级	20	±0.5		
1 级	20	±1		普通精密加工
2 级	20	±2		

2）地面温度控制。精密恒温应在地面下装置恒温水管，以控制地面温度。

3）恒温控制系统。要有高灵敏度的温度传感器和精密的恒温调节系统。

（2）局部恒温。要在大面积范围进行恒温是很困难的，高精度的恒温往往只能在小范围内实现。采用大恒温室内套小恒温室，其空心墙内通入恒温空气。再在设备外建造恒温罩，以保证高精度的局部恒温，是行之有效的方案。有些小恒温室建造在大恒温的地下，是一种有效的布局。

（3）机床设备的恒温。要得到精密恒温，不仅要控制恒温室和局部恒温，而且机床设备本身也要恒温。机床设备的恒温可以采用淋浴式和热管式等方法。

热管是将金属圆筒容器抽成真空后注入少量丙酮等易挥发的液体，将它密封起来。圆筒的内壁有镍丝或玻璃丝编织的纤维，形成具有毛细管作用的材料，当热管的一端受热时，内部的工作液汽化并由于压力差向冷端移动，在冷端冷凝为液体，被毛细管材料吸收送回热端，从而很快达到温度均化，因此具有极高的热传导率。将热管装在机床上，形成冷却系统，能迅速传热，保持机床各部分温度均匀，减小热变形，既高效又经济。

2. 净化

尘埃对精密加工和超精密加工有很大危害。空气中分布了各种尘埃，越接近地面尘埃越多，城市中的尘埃数多于农村。尘埃来自大自然和人类的各种活动，如人的动作、生产过程（如切屑）等。表 9-27 中列出了尘埃分布情况。

进行空气净化的方法主要是滤清，进行净化的房间称净化室或超净室。进入净化室工作的人员应洗澡、更衣，以控制人员活动时产生的尘埃，也可采取风淋、更衣等措施，甚至穿特制的无尘服。

由于直径大于 $0.5\mu m$ 的尘埃对精密加工和超精密加工的危害很大，故通常以每立方英尺体积中直径大于 $0.5\mu m$ 的尘埃数来表示空气净化的等级。表 9-28 表示了空气净化的标准等级。

表 9-27　　　　　　　尘埃分布情况

尘埃直径	尘埃浓度（个数/m³）		
（μm）	农　村	城　市	机械工厂
0.7～1.4	1.25×10^6	48.00×10^6	75.00×10^6
1.4～2.8	0.48×10^6	4.30×10^6	4.00×10^6
2.8～5.6	0.16×10^6	1.40×10^6	0.18×10^6
5.6～11.2	0.04×10^6	0.12×10^6	0.06×10^6

表 9-28　　　　　　　空气净化标准等级

净化等级	100 级	1000 级	10 000 级	100 000 级	普通净化车间
每立方英尺空气中直径 > $0.5\mu m$ 的尘埃数不超过	10^2	10^3	10^4	10^5	5×10^7
每立方米空气中直径 > $0.5\mu m$ 的尘埃数不超过	$\approx35\times10^2$	$\approx35\times10^3$	$\approx35\times10^4$	$\approx35\times10^5$	$\approx176.57\times10^7$

净化也可以进行局部净化，如净化工作台、净化腔等。在净化腔内通入正压洁净空气，可防止外界空气进入，以保持净化等级。

3. 防振与隔振

（1）隔振原理与隔振类别。在精密加工和超精密加工时，振动对加工质量的影响来自两个方面：一是机床内部的振动，如回转零件的不平衡、零件或部件刚度不足等；另一来自机床外部，由地基传入的振动，这就必须用适当的地基和防振装置来隔离，即隔振问题。

隔振原理可用单自由度振动的力学模型来说明。

隔振系统可以分为两大类：

1）积极隔振。这种隔振是防止机器发出的振动传给地基。

2）消极隔振。这种隔振是防止由地基传来的振动传给机器。精密和超精密加工中的隔振系统都属于这种，目的是保证精密和超精密加工设备不受外来的影响。

（2）精密机床和超精密机床的隔振措施。常用的隔振方法有以下两种：

1）防振地基。如图9-69所示为一超精密机床或精密仪器的防振地基，它由基础、防振沟、隔振器等组成，隔振器一般为金属弹簧。在防振要求不高的情况下，可将基础直

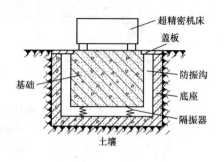

图 9-69　防振地基

接放在土壤上。防振沟主要防止水平方向传入振动。

2）隔振器。主要有空气弹簧（垫）、金属弹簧、橡胶、塑料等。空气弹簧由胶囊和气室两部分组成。气室又有主气室和辅助气室，两者之间由可调阻尼孔相连。一定压力的压缩氮气储于气罐中，经减压阀、开关通入辅助气室，再经可调阻尼孔入主气室到气囊。改变充气压力可得到不同的刚度值。改变可调阻尼孔的大小可得到不同的阻尼值，阻尼系数一般为 0.15～0.5。主气室的气体压强，一般为 200～500kPa。空气弹簧的气路系统见图9-70，主气室为钢制容器，气压作用在顶盖

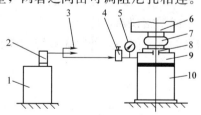

图 9-70　空气弹簧气路系统图

1—储气罐；2—减压阀；3—气路管路；4—开关；5—压力表；6—主气室；7—气囊（橡胶）；8—可调阻尼孔；9—辅助气室；10—支承基座

2 的下端面上，将被隔振对象向上浮起，从而起到隔振作用。其结构原理见图 9-71 所示。

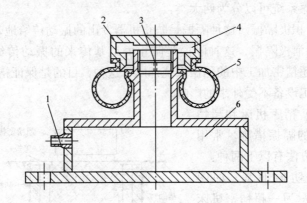

图 9-71　空气弹簧结构原理

1—管接头；2—钢制顶盖；3—可调阻尼孔；4—主气室；

5—气囊；6—辅助气室

　　胶囊内充入压力气体后，在垂直方向和水平方向均有一定刚度。当被隔振对象振动时，压力气体就在主气室和辅助气室之间经阻尼孔往复流动，因阻尼而减振。因此空气弹簧是在柔性密封容器中接入压力气体的一种弹性阻尼元件，是利用空气内能的减振器。

　　空气弹簧作为一种弹性支承，一般用于金属平台的隔振，用三个相互等距离放置的空气弹簧支承一块平台，并使平台的重心与三支承等距，即可构成精密工作平台或精密仪器基座。

　　空气弹簧的刚度很低，有相当的承载能力，使隔振系统的固有频率降低，获得很好的隔振效果。

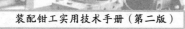

第十章

机床电气控制及数控机床

第一节 电气基础知识

一、低压电器的分类

凡是用来接通和断开电路，以达到控制、调节、转换和保护功能的电气设备都称为电器。工作在交流 1000V 及以下，直流 1200V 及以下电路中的电器称为低压电器。

低压电器产品全型号组成形式如下：

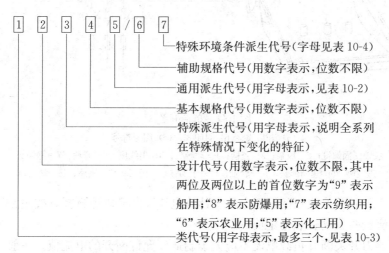

根据在电气线路中所处的地位和作用，低压电器可分为低压配电电器和低压控制电器两大类；按动作方式，可分为自动切换和非自动切换两类；按有无触点结构，又可分为有触头和无触头两类。

二、低压开关

低压开关广泛用于各种配电设备和供电线路，作为不频繁地接通和分断低压供电线路，以作为隔离电源之用。另外，它也可作小容量笼型异步电动机的直接起动。

（一）负荷开关

负荷开关有开启式（俗称胶盖瓷底刀开关）和封闭式（俗称铁壳开关），如图 10-1 所示。

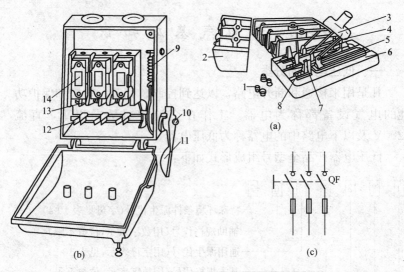

图 10-1　负荷开关

（a）开启式；（b）封闭式；（c）图形符号

1—胶盖紧固螺钉；2—胶盖；3—瓷柄；4—动触头；5—出线座；6—瓷底；7—静触头；8—进线座；9—速断弹簧；10—转轴；11—手柄；12—闸刀；13—夹座；14—熔断器

刀开关按线路的额定电压、计算电流及断开电流选择，按短路电流校验其动、热稳定值。

刀开关断开负载电流不应大于制造厂允许断开的电流值。一般结构的刀开关通常不允许带负载操作，但装有灭弧室的刀开关，可做不频繁带负载操作。

刀开关所在线路的三相短路电流不应超过制造厂规定的动、热稳定值，其值见表 10-1。

表 10-1　　　　刀开关动、热稳定性和保安性技术数据

额定工作电流 I_N（A）	1s 热稳定电流 有效值（kA）		电动稳定电流 峰值（kA）		极限保安电流 峰值（kA）	
	中央 手柄式	杠杆 操作式	中央 手柄式	杠杆 操作式	中央 手柄式	杠杆 操作式
$I_N \leqslant 100$	6	7	15	15	30	30
$100 < I_N \leqslant 250$	10	12	20	25	40	40
$250 < I_N \leqslant 400$	20	20	30	40	50	50
$400 < I_N \leqslant 630$	25	25	40	50	60	60
$630 < I_N \leqslant 1000$	30	30	50	70		95
$1000 < I_N \leqslant 1600$		35		90		110

负荷开关的型号含义如下：

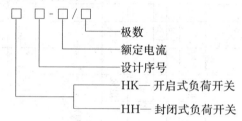

表 10-2　　　　　　　　通用派生代号表

派生字母	代　表　意　义
A、B、C…	结构设计稍有改进或变化
J	交流、防溅式
Z	直流、自动复位、防震、重任务
W	无灭弧装置
N	可逆
S	有锁住机构、手动复位、防水式、三相、三个电源、双线圈
P	电磁复位，防滴、单相、两个电源、电压
K	开启式
H	保护式、带缓冲装置
M	密封式、灭磁
Q	防尘式、手车式
L	电流的
F	高返回、带分励脱扣

表 10-3　低压电器产品型号类组代号表

代号	名称	A	B	C	D	G	H	J	K	L	M	P	Q	R	S	T	U	W	X	Y	Z
H	刀开关和转换开关				刀开关		封闭式负荷开关		开启式负荷开关					熔断器式刀开关	刀形转换开关					其他	组合开关
R	熔断器			插入式			汇流排式			螺栓式					快速	有填料管式			限流	其他	
D	低压断路器														快速			框架式①	限流	其他	塑料外壳式②
K	控制器					鼓形						平面				凸轮				其他	
C	接触器					高压		交流		照明	灭磁	中频					油浸			其他	直流
Q	起动器	按钮式		磁力	电流		减压								手动				星三角		综合
J	控制继电器									电流				热	时间	通用		温度		其他	中间
L	主令电器	按钮							主令控制器	铃					主令开关	足踏开关	旋钮	万能转换开关	行程开关	其他	
Z	电阻器		板形元件	冲片元件		管形元件									烧结元件	铸铁元件			电阻器	其他	
B	变阻器			旋臂式						励磁		频敏		起动	石墨	起动调速	油浸起动	液体起动	滑线式	其他	
T	调整器																				
M	电磁铁												牵引					起重			制动
A	其他		保护器	插销	灯		接线盒														

①原称万能式；②原称装置式。

表 10-4　　　　　特殊环境条件派生代号表

派生字母	说　明	备　注
T TH TA C H Y	按湿带临时措施制造 湿热带 干热带 高　原 船　用 化工防腐用	此项派生代号加注 在产品全型号后

1. 技术数据

常用 HK 和 HH 系列负荷开关的技术数据见表 10-5 和表 10-6。

表 10-5　　　　HK 系列开启式负荷开关的技术数据

型号	额定电流 I（A）	极数	额定电压 U（V）	可控制电动机功率 P（kW）	熔丝规格	
					直径 ϕ（mm）	熔丝材料
HK1	15 30 60	2	220	1.5 3.0 4.5	1.45～1.59 2.30～2.52 3.36～4.00	铅熔丝
	15 30 60	3	380	2.2 4.0 5.5	1.45～1.59 2.30～2.52 3.36～4.00	
HK2	10 15 30	2	250	1.1 1.5 3.0	0.25 0.41 0.56	纯铜丝
	10 15 30	3	380	2.2 4.0 5.5	0.45 0.71 1.12	

表 10-6　　　　HH 系列封闭式负荷开关的技术数据

型号	额定电压 U（V）	额定电流 I（A）	极　数	熔丝规格		材　料
				额定电流	直径 ϕ（mm）	
HH3	250/440	15 30	2/3	6 10 15 20 25 30	0.26 0.35 0.46 0.65 0.71 0.81	纯铜丝

型号	额定电压 U（V）	额定电流 I（A）	极　数	熔丝规格		材　料
				额定电流	直径 ϕ（mm）	
HH3	250/440	60	2/3	40	1.02	纯铜丝
				50	1.22	
				60	1.32	
		100		80	1.62	
				100	1.81	
		200		200		
HH4	380	15	2，3	6	1.08	铅熔丝
				10	1.25	
				15	1.98	
		30		20	0.61	纯铜丝
				25	0.71	
				30	0.80	
		60		40	0.92	
				50	1.07	
				60	1.20	
	440	100	3	60、80、100	—	RTO 系列熔断器
		200		100、150、200		
		300		200、250、300		
		400		300、350、400		

2. 选择

（1）用于照明或电热电路的负荷开关额定电流，应大于或等于被控制电路各个负载额定电流之和。

（2）用于电动机的电路，根据经验，开启式负荷开关的额定电流一般可为电动机额定电流的 3 倍；封闭式负荷开关的额定电流一般可为电动机额定电流的 1.5 倍。

3. 使用与维护

（1）负荷开关不准横装或倒装，必须垂直地安装在控制屏或开关板上，不允许将开关放在地上使用。

（2）负荷开关安装接线时，电源进线和出线不能接反，开启式负荷开关的电源进线应接在上端进线座，负载应接在下端出线座，以便更换熔丝。60A 以上的封闭式负荷开关的电源进线应接在上端进线座，60A 以下应接在下端进线座。

（3）封闭式负荷开关的外壳应可靠接地，以防意外漏电造成触电事故。

（4）更换熔丝必须在闸刀断开的情况下进行，而且应换上与原用熔丝规格相同的新熔丝。

（5）应经常检查开关的触头，清理灰尘和油污等物。操动机构的摩擦处应定期加润滑油，使其动作灵活，延长使用寿命。

（6）在修理负荷开关时，要注意保持手柄与门的联锁，不可轻易拆除。

（二）组合开关

组合开关又名转换开关，常用的 HZ10 系列组合开关的外形如图10-2 所示。

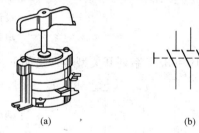

（a）　　　　　　　　　（b）

图 10-2　HZ10 组合开关

（a）外形；（b）图形符号

1. 技术数据

常用 HZ10 系列组合开关的技术数据见表 10-7。3SB 和 3ST系列开关是德国西门子的引进产品，其技术数据见表 10-8。

表 10-7　　　　　　　　**HZ10 系列组合开关的技术数据**

型　号	额定电压 U（V）		额定电流 I（A）	极数
	交流	直流		
HZ10-10/2			10	2
HZ10-10/3				
HZ10-25/3	380	220	25	5
HZ10-60/3			60	
HZ10-100/3			100	

表 10-8   3SB 和 3ST 系列开关技术数据

型号	单相交流 50Hz 电源开关额定工作电流 I（A）	三相交流 50Hz 电动机开关额定工作电流 I（A）	三相交流 50Hz Y-△转换开关额定工作电流 I（A）	机械寿命（次）	操作频率 f（次/h）
3ST1	10	8.5	8.5	3×10^6	500
3LB3	25	16.5	25		
3LB4	40	30	35	1×10^6	100
3LB5	63	45	45		

HZ10 系列组合开关型号含义如下：

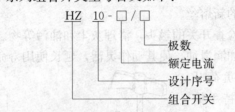

3SB 和 3ST 系列开关型号含义如下：

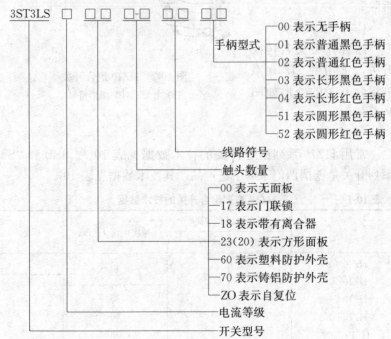

2．选择

（1）用于照明或电热线路的组合开关额定电流，应大于或等于被控制电路中各负载电流的总和。

（2）用于电动机线路的组合开关额定电流，一般取电动机额定电流的 1.5～2.5 倍。

3．使用与维护

（1）由于转换开关的通断能力较低，故不能用来分断故障电流。当用于控制电动机作可逆运转时，必须在电动机完全停止后，才允许反向接通。

（2）当操作频率过高或负载功率因数较低时，转换开关要降低容量使用，否则会影响开关的使用寿命。

（三）低压断路器

空气断路器（俗称自动空气开关），是低压电路中重要的保护电器之一，对电路及电器设备具有短路、过载和欠压保护作用。它

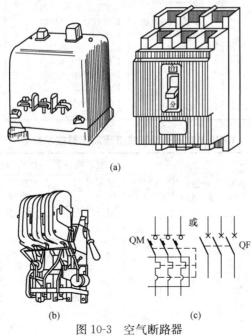

图 10-3　空气断路器

（a）塑壳式；（b）万能式；（c）图形符号和文字符号

还可用来接通和分断电路，也可用于控制不频繁起动的电动机。

常用的塑壳式（俗称装车式）和万能式（俗称框架式）空气断路器的外形，如图 10-3 所示。

1. 技术数据

常用 DZ5-20、DZ10-100 系列塑壳式低压断路器和 DW10 系列塑壳万能式低压断路器的技术数据见表 10-9、表 10-10 和表 10-11。

表 10-9　　　　DZ5-20 系列塑壳式低压断路器技术数据

型　　号	额定电压 U(V)	额定电流 I(A)	极数	脱扣器类别	热脱扣器额定电流 I(A)（括号内为整定电流调节范围）	电磁脱扣器瞬时动作整定值 I(A)
DZ5-20/200	交流380	20	2	无脱扣器	—	为热脱扣器额定电流的 8～10 倍（出厂时整定于 10 倍）
DZ5-20/300			3			
DZ5-20/210			2	热脱扣	0.15(0.1～0.15) 0.20(0.15～0.20) 0.30(0.20～0.30) 0.45(0.30～0.45)	
DZ5-20/310			3			
DZ5-20/220	直流220		2	电磁脱扣	0.65(0.45～0.65) 1.00(0.65～1.00) 2.00(1.00～2.00) 3.00(2.00～3.00)	
DZ5-20/320			3			
DZ5-20/230			2	复式脱扣	4.50(3.00～4.50) 6.50(4.50～6.50) 10.00(6.50～10.00) 15.00(10.00～15.00) 20.00(15.00～20.00)	
DZ5-20/330			3			

表 10-10　　　　DZ10-100 系列塑壳式低压断路器技术数据

型　　号	额定电压 U(V)	额定电流 I(A)	极数	脱扣器类别	复式脱扣器		电磁脱扣器	
					额定电流 I(A)	瞬时动作整定电流	额定电流 I(A)	瞬时动作整定电流
DZ10-100/200	交流380 或直流220	100	2	无脱扣器	15 20 25 30 40 50 60 80 100	脱扣器额定电流的 10 倍	15 20 25 30 40 50	脱扣器额定电流的 10 倍
DZ10-100/300			3					
DZ10-100/210			2	热脱扣				
DZ10-100/310			3					
DZ10-100/230			2	复式脱扣			100	脱扣器额定电流的 6～10 倍
DZ10-100/330			3					

表 10-11 **DW10 系列塑壳万能式低压断路器的技术数据**

型 号	额定电流 I (A)	过电流脱扣器额定电流 I (A)	整定电流范围 I (A)	分励脱扣器需要视在功率 S (VA) 220V	380V	失压脱扣器需要视在功率 S (VA) 220V	380V	电磁铁操作机构需要视在功率 S (VA) 220V	380V	电动机操作机构需要视在功率 S (VA) 220V	380V	极限通断能力交流 380V $\cos\varphi \geqslant 0.4 I$ (A)
DW10-200/2 DW10-200/3	200	100	100~150~300									10 000
		150	150~225~450									
		200	200~300~600									
DW10-400/2 DW10-400/3	400	100	100~150~300							—	—	15 000
		150	150~225~450					10 000	10 000			
		200	200~300~600									
		250	250~375~750	145	145	40	40					
		300	300~450~900									
		350	350~525~1050					20 000	20 000			
		400	400~600~1200							—	—	
DW10-600/2 DW10-600/3	600	500	400~750~1500									15 000
		600	600~900~1800									
DW10-1000/2 DW10-1000/3	1000	400	400~600~1200					—	—	500	500	20 000

续表

型　号	额定电流 I (A)	过电流脱扣器额定电流 I (A)	整定电流范围 I (A)	分励脱扣器需要视在功率 S (VA) 220V	分励脱扣器需要视在功率 S (VA) 380V	失压脱扣器需要视在功率 S (VA) 220V	失压脱扣器需要视在功率 S (VA) 380V	电磁铁操作机构需要视在功率 S (VA) 220V	电磁铁操作机构需要视在功率 S (VA) 380V	电动机操作机构需要视在功率 S (VA) 220V	电动机操作机构需要视在功率 S (VA) 380V	极限通断能力交流 380V $\cos\varphi \geq 0.4$ I (A)
DW10-1000/2	1000	500	500~750~1500	145	145	40	40	—	—	500	500	20 000
		600	600~900~1800									
		800	800~1200~2400									
DW10-1000/3		1000	1000~1500~3000									
DW10-1500/2	1500	1500	1500~2250~4500									20 000
DW10-1500/3		1000	1000~1500~3000									
DW10-2500/2	2500	1500	1500~2250~4500							700	700	30 000
		2000	2000~3000~6000									
DW10-2500/3		2500	2500~3150~7500									
DW10-4000/2	4000	2000	2000~3000~6000									40 000
		2500	2500~3750~7500									
DW10-4000/3		3000	3000~4500~9000									
		4000	4600~6000~12 000									

空气断路器型号含义如下：

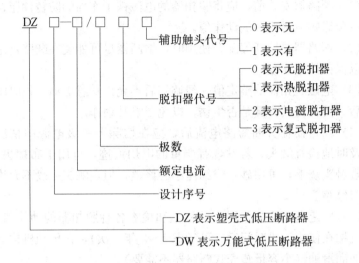

2. 选择

（1）断路器的额定工作电压大于或等于线路额定电压。

（2）断路器的额定电流大于或等于线路计算负载电流。

（3）断路器的额定短路通断能力大于或等于线路中可能出现的最大短路电流（一般按有效值计算）。

（4）线路末端对地短路电流大于或等于 1.25 倍断路器瞬时（或短延时）脱扣整定电流。

（5）断路器的欠压脱扣器额定电压等于线路额定电压。

（6）断路器的分励脱扣器额定电压等于控制电源电压。

（7）电动传动机构的额定工作电压等于控制电源电压。

（8）断路器用于照明电路时，电磁脱扣器的瞬时整定电流一般取负载电流的 6 倍。

（9）断路器用于电动机保护时，延时电流整定值等于电动机额定电流；保护笼型异步电动机时，断路器的电磁脱扣器瞬时整定电流等于（8～15）倍电动机额定电流；对于保护绕线转子电动机的断路器，电磁脱扣器瞬时整定电流等于（3～6）倍电动机额定电流。

3. 使用及维护

(1) 断路器安装前，应将脱扣器的电磁铁工作面的防锈油脂抹净，以免影响电磁机构的动作值。

(2) 断路器与熔断器配合使用时，熔断器尽可能装在断路器之前，以保证使用安全。

(3) 电磁脱扣器的整定值一经调好后不允许随意更动，长时间使用后，要检查其弹簧是否生锈，以免影响其动作。

(4) 断路器在分断短路电流后，应在切除上一级电源的情况下，及时地检查触头。若发现有严重的电灼痕迹，可用干布擦去；若发现触头烧毛，可用砂布或细锉小心修整，但主触头一般不允许用锉刀修整。

(5) 应定期清除断路器上的积尘和检查各种脱扣器的动作值，操动机构在使用一段时间后（可考虑1～2年一次），在传动机构部分应加润滑油（小容量塑壳式断路器不需要）。

(6) 灭弧室在分断短路电流后，或较长时间使用之后，应清除灭弧室内壁和栅片上的金属颗粒和黑烟灰；如灭弧室已损坏，不能再使用。长时间未使用的灭弧室，在使用前应先烘一次，以保证良好的绝缘。

三、熔断器

熔断器主要用作短路保护，当通过熔断器的电流大于规定值时，以其自身产生的热量使熔体熔化而自动分断电路。机床常用熔断器的外形如图10-4所示。

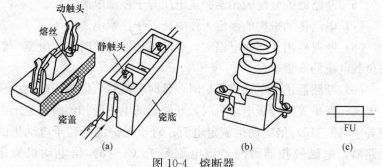

图 10-4　熔断器

（a）RC 系列瓷插式；（b）RL 系列螺旋式；（c）图形符号

（一）技术数据

常用熔断器技术数据见表 10-12。

表 10-12　　　　　　　　　　常用熔断器技术数据

型　号	熔管额定电压 U（V）	熔管额定电流 I（A）	熔体额定电流等级 I（A）	最大分断能力 I（A，500V）
RC1A-5	交流三相380或单相220	5	2、5	250
RC1A-10		10	2、4、6、10	500
RC1A-15		15	6、10、15	500
RC1A-30		30	15、20、25、30	1500
RC1A-60		60	40、50、60	3000
RC1A-100		100	60、80、100	3000
RC1A-200		200	120、150、200	3000
RL1-15	交流500、380、220	15	2、4、6、10、15	2000
RL1-60		60	20、25、30、35、40、50、60	3500
RL1-100		100	60、80、100	20 000
RL1-200		200	100、125、150、200	50 000
RL2-25		25	2、4、6、10、15、20	1000
RL2-60		60	25、35、50、60	2000
RL2-100		100	80、100	3500

熔断器型号含义如下：

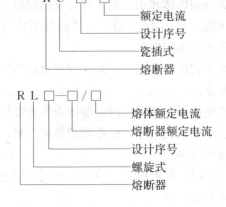

（二）选择方法

1. 熔体额定电流的选择

（1）对于变压器、电炉和照明等负载，熔体的额定电流应略大于或等于负载电流。

（2）对于输配电线路，熔体的额定电流略小于或等于线路的安全电流。

（3）对电动机负载，一般可按下列公式计算：

1）对于一台电动机的负载的短路保护

$$I_{N.R} \geqslant (1.5 \sim 2.5) I_{N.M}$$

式中　$I_{N.R}$——熔体的额定电流；

$I_{N.M}$——电动机的额定电流。

式中 1.5～2.5 系数视负载性质和起动方式而选取。对于轻载起动、起动次数少、时间短或降压起动时，取小值；对于重载起动、起动频繁、起动时间长或全压起动时，取大值。

2）对于多台电动负载的短路保护

$$I_{N.R} \geqslant (1.5 \sim 2.5) I_{N.M} + 其余电动机的计算负载电流$$

2. 熔断器的选择

（1）熔断器的额定电压应大于或等于线路工作电压。

（2）熔断器的额定电流应大于或等于所装熔体的额定电流。

3. 使用及维护

（1）应正确选用熔体和熔断器。有分支电路时，分支电路的熔体额定电流应比前一级小 2～3 级。对不同性质的负载，应尽量分别保护，装设单独的熔断器。

（2）安装螺旋式熔断器时，必须注意将电源线接到瓷底的下接线端，以保证安全。

（3）瓷插式熔断器安装熔体时，熔体应顺着螺钉旋紧方向绕过去，同时应注意不要划伤熔体，也不要把熔体绷紧，以免减小熔体的截面尺寸或插断熔体。

（4）更换熔体时应切断电源，应换上相同额定电流的熔体，不能随意加大熔体规格。

四、交流接触器

交流接触器是一种适应于远距离频繁地接通和分断交流电路的电器。常用的交流接触器的外形如图 10-5 所示。

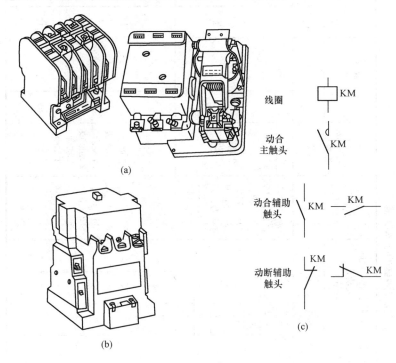

线圈

动合
主触头

动合辅助
触头

动断辅助
触头

(a)

(b)

(c)

图 10-5　交流接触器

(a) CJ10-10 型；(b) CJ20-40 型；(c) 图形符号和文字符号

1. 技 术 数 据

常用交流接触器的技术数据见表 10-13。

交流接触器型号含义如下：

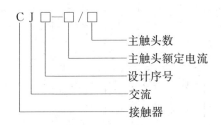

主触头数

主触头额定电流

设计序号

交流

接触器

表10-13 交流接触器的技术数据

型号	主触头额定电流(A) 380V	660V	1140V	辅助触头额定电流(A) 380V	660V	可控制电动机的最大功率(kW) 220V	380V	660V	吸引线圈电压(V)	辅助触头数量	操作频率(次/h) AC-3	AC-4	电寿命(万次) AC-3	AC-4
CJ10-5	5	—		5	—	1.2	2.2	—	除CJ10-5和CJ10-150外为:36,110,220,380,其余均为:36,110,127,220,380	1动合	500	—	60	—
CJ10-10	10	—				2.2	4	—		2动合 2动断				
CJ10-20	20	—				5.5	10	—						
CJ10-40	40	—				11	20	—						
CJ10-60	60	—				17	30	—						
CJ10-100	100	—				29	50	—						
CJ10-150	150	—				47	75	—						
CJ12 CJ12B-100	100	—	—	10		—	50	50	36,127,220,380	5动合 1动断 或 4动合 2动断 或 3动合 3动断	600	—	15	—
CJ12 CJ12B-150	150	—	—			—	75	75						
CJ12 CJ12B-250	250	—	—			—	125	125						
CJ12 CJ12B-400	400	—	—			—	200	200			300	—	10	—
CJ12 CJ12B-600	600	—	—			—	300	300						

续表

型号	主触头额定电流 (A)			辅助触头额定电流 (A)		可控制电动机的最大功率 (kW)			吸引线圈电压 (V)	辅助触头数数量	操作频率 (次/h)		电寿命 (万次)	
	380V	660V	1140V	380V	660V	220V	380V	660V			AC-3	AC-4	AC-3	AC-4
CJ20-40	40	25	—	6		—	22		36		1200	300	100	4
CJ20-63	63	40					30	35	127		1200	300	200	8
CJ20-160	160	100					85	85	220		1200	300	200	1.5
CJ20-160/11			80					85	380	2动合 2动断	300	60	200	1.5
CJ20-250	250			10		—	132		127		600	120	120	1
CJ20-250/06		200						190	220		300	60	120	1
CJ20-630	630						300		380		600	120	120	0.5
CJ20-630/11		400	400					400			300	60	120	0.5
3TB40	9	7.2	—	6	2	—	4	5.5	24	1动合或1动断	1000	1.2×10⁶	250	2×10⁵
3TB41	12	9.5					5.5	7.5	36	1动合或1动断				
3TB42	16	13.5					7.5	11	48	1动合或1动断				
3TB43	22	13.5					11	11	110	2动合或2动断				
3TB44	32	18	—	4	2.5	—	15	15	220	2动合 2动断	750	1.2×10⁶	250	2×10⁵
									380					

2. 接触器的选择

正确地选择接触器,就是要使所选用的接触器的技术数据满足控制线路对它提出的要求。

(1)选择接触器的类型。交流负载应使用交流接触器,直流负载应使用直流接触器。如果控制系统中主要是交流电动机,而直流电动机或直流负载的容量比较小,也可全用交流接触器控制,但是触头的额定电流应适当选择大些。

三相交流电路中,一般选三极接触器;单相及直流系统中,则常用两极或三极并联。当交流接触器用于直流系统时,也可采用各级串联方式,以提高分断能力。

(2)选择接触器主触头的额定电压和额定电流。通常选择接触器触头的额定电压不低于负载回路的额定电压。主触头的额定电流不低于负载回路的额定电流。

(3)控制电路、辅助电路参数的确定。接触器的线圈电压,应按选定的控制电路电压确定。一般情况下多用交流电控制,当操作频繁时则选用直流电(220、110V两种)控制。

接触器辅助触头种类及数量一般可在一定范围内根据系统控制要求确定其动合、动断数量及组合形式,同时应注意辅助触头的通断能力。当触头数量和其他额定参数不能满足系统要求时,可增加接触器或继电器以扩大功能。

一般情况下,回路有 1~5 个接触器时,控制电压可采用380V;当回路超过 5 个接触器时,控制电压采用 220V 或 110V,此时均需加装隔离用的控制变压器。

(4)动、热稳定校验。当线路发生三相短路时,其短路电流不应超过接触器的动、热稳定值;当使用接触器切断短路电流时,还应校验其分断能力。

(5)允许动作频率校验。根据操作次数校验接触器所允许的动作频率。接触器在以下频繁操作时,实际操作频率超过允许值、密接起动、反接制动及频繁正、反转等,为了防止主触头的烧蚀和过早损坏,应将触头的额定电流降低使用,或者改用重任务型接触器。这种接触器由于采用了银铁粉末冶金触头,改善了灭弧措施,因而在同样的额定电流下能适应更繁重的工作。

3. 使用及维护

（1）接触器安装前应先检查线圈的额定电压等技术数据是否与实际使用相符。然后将铁心极面上的防锈油脂或粘结在极面上的锈垢用汽油擦净，以免多次使用后被油垢粘住，造成接触器断电时不能释放。

（2）接触器安装时，除特殊订货外，一般应安装在垂直面上，其倾斜角度不得超过 5°，应将散热孔放在上下位置，以利降低线圈的温度。

（3）接触器安装时，应注意不要把零件落入接触器内，以免引起卡阻而烧毁线圈，同时应将螺钉拧紧，以防振动松脱。

（4）接触器触头应定期清扫和保持整洁，但不允许涂油。当接触器表面因电弧作用形成金属小珠时，应及时铲除。但银及银合金触头表面产生的氧化膜，由于接触电阻很小，可以不必锉修。

第二节　常用电动机的控制与保护

一、常用电动机的控制

（一）三相异步电动机的正反转控制线路

1. 倒顺开关正反转控制线路（见图 10-6）

倒顺开关正反转控制线路是一种较为简单、手动的控制线路。其工作原理如下：合上电源开关 QS1，操作倒顺开关 QS2：当手柄处于"停"的位置时，QS2 的动、静触头不接触，电路不通，电动机不转；当手柄扳到"顺"位置时，QS2 的动触头和左边的静触头接触，电路按 L1—U，L2—V，L3—W 接通，输入电动机定子绕组的电源

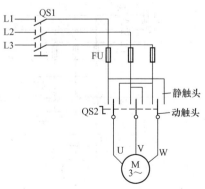

图 10-6　倒顺开关正反转控制线路

电压相序为 L1—L2—L3，电动机正转；当手柄扳到"倒"的位置时，QS2 的动触头和右边的静触头相接触，电路按 L1—W，L2—V，L3—U 接通，输入电动机定子绕组的电源电压相序为 L3—L2—L1，电动机反转。

当电动机处于正转状态时，要使它反转，应先把手柄扳到"停"的位置，使电动机先停转，然后再把手柄扳到"倒"的位置，使它反转。若直接将手柄由"顺"扳到"倒"的位置，电动机定子绕组中会因电流突然反接而产生很大的反接电流，易使电动机定子绕组因过热而损坏。

2. 接触器联锁的正反转控制线路

图 10-7 的接触器联锁的正反转控制线路中，采用了两个接触器，即正转用的接触器 KM1 和反转用的接触器 KM2，它们分别由正转按钮 SB1 和反转按钮 SB2 控制。接触器 KM1 和 KM2 的主触头不允许同时闭合，否则会造成两相电源（L1 和 L3）短路事故。为了保证一个接触器得电闭合时，另一个接触器不能得电动作，以免电源相间短路，就在正转控制线路中串接了反转接触器 KM2 的动断辅助触头。因此 KM1 得电闭合时，KM1 的动断辅助触头断开，切断反转电路；反之 KM2 闭合，则切断正转电路，从而避免了短路现象。这就是联锁（或称互锁），图中用"▽"表示互锁。

线路的工作原理如下：先合上电源开关 QS。

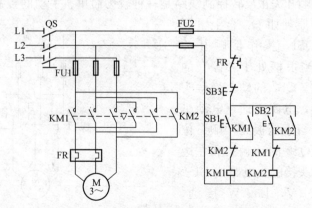

图 10-7　接触器联锁的正反转控制线路

（1）正转控制：

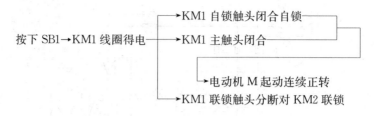

按下 SB1→KM1 线圈得电 ┬→ KM1 自锁触头闭合自锁
　　　　　　　　　　　├→ KM1 主触头闭合
　　　　　　　　　　　　　↘→ 电动机 M 起动连续正转
　　　　　　　　　　　└→ KM1 联锁触头分断对 KM2 联锁

（2）反转控制：

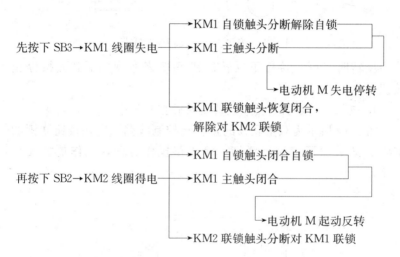

先按下 SB3→KM1 线圈失电 ┬→ KM1 自锁触头分断解除自锁
　　　　　　　　　　　　├→ KM1 主触头分断
　　　　　　　　　　　　　　↘→ 电动机 M 失电停转
　　　　　　　　　　　　└→ KM1 联锁触头恢复闭合，
　　　　　　　　　　　　　　解除对 KM2 联锁

再按下 SB2→KM2 线圈得电 ┬→ KM1 自锁触头闭合自锁
　　　　　　　　　　　　├→ KM1 主触头闭合
　　　　　　　　　　　　　　↘→ 电动机 M 起动反转
　　　　　　　　　　　　└→ KM2 联锁触头分断对 KM1 联锁

停止时，按下停止按钮 SB3 ——→控制电路失电——→KM1（或 KM2）主触头分断——→电动机 M 失电停转。

接触器联锁正反转线路中，电动机从正转到反转，必须先按下停止按钮后，才能按反转起动按钮，否则由于接触器的联锁作用，不能实现反转。

3. 按钮联锁正反转控制线路

图 10-8 所示为按钮联锁正反转控制线路，与图 10-7 相比，这里采用两个复合按钮代替了正、反转按钮 SB1、SB2，并使复合按钮的动断触头代替了接触器的动断联锁触头。其工作原理与接触器联锁正反转线路的工作原理基本相同，只是电动机从正转

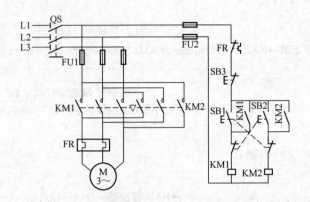

图 10-8　按钮联锁正反转控制线路

改为反转时，可直接按下反转按钮 SB2 来实现，不必先按停止按钮。

4. 按钮、接触器双重联锁的正反转控制线路

图 10-9 所示为双重联锁的正反转控制线路，它在按钮联锁的基础上又增加了接触器联锁，使线路操作方便，工作更加安全可靠。

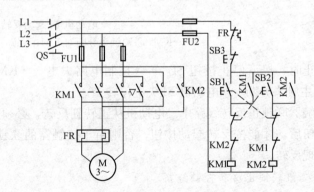

图 10-9　双重联锁的正反转控制线路

（1）正转控制：

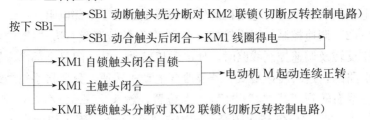

按下 SB1
- SB1 动断触头先分断对 KM2 联锁（切断反转控制电路）
- SB1 动合触头后闭合→KM1 线圈得电→
  - KM1 自锁触头闭合自锁
  - KM1 主触头闭合 → 电动机 M 起动连续正转
  - KM1 联锁触头分断对 KM2 联锁（切断反转控制电路）

（2）反转控制：

按下 SB2
- SB2 动断触头先分断→KM1 线圈失电
  - KM1 自锁触头分断解除自锁
  - KM1 主触头分断 → 电动机 M 失电
  - KM1 联锁触头恢复闭合 → KM2 线圈得电→
- SB2 动合触头后闭合

- KM2 自锁触头闭合自锁
- KM2 主触头闭合 → 电动机 M 起动连续反转
- KM2 联锁触头分断对 KM1 联锁（切断正转控制电路）

（二）绕线转子异步电动机正反转及调速控制

绕线转子异步电动机的优点是可以进行调速，实际应用中通常用凸轮控制器和变阻器来控制，其电路如图 10-10 所示。

（1）正反转控制。手轮由"0"位置向右转到"1"位置时，由图 10-10 可知，电动机 M 通入 L1、L2、L3 的相序，开始正转。由于触头 Z5-Z6，…，Z1-Z6 都未接通，起动电阻全部接入转子电路。将手轮反转，即由"0"位置向左转到"1"位置时，

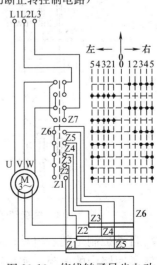

图 10-10　绕线转子异步电动机的正反转及调速控制线路

843

从图 10-10 中可以看出，电动机电源改变相序（L1、L3、L2），所以电动机反转，这时电动机的转子回路也串入了全部电阻。

（2）调速控制。当手轮处于左边"1"的位置或右边"1"的位置正反转及调速控制线路时，使电动机转动，其电阻是全部串入转子电路的，这时转速最低。若要改变电动机转速，只要将手轮继续向左或右转到"2""3""4""5"位置，触头 Z5-Z6、Z4-Z6、Z3-Z6、Z2-Z6、Z1-Z6 依次闭合，随着触头的闭合，逐步切除串入电路中的电阻，每切除一部分电阻，电动机转速就相应升高一点，即只要改变手轮的位置，就可控制电动机的转速，从而达到调节电动机转速的目的。

（三）绕线转子异步电动机自动控制

因为手动控制在实际操作中不方便，也满足不了自动化的要求，所以绕线转子异步电动机目前多采用如图 10-11 所示的自动起动控制电路。

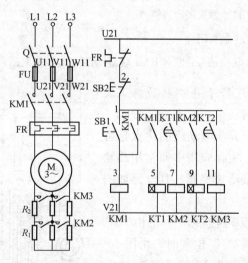

图 10-11　绕线转子异步电动机自动起动控制电路

自动控制是随着电动机起动后转速的升高自动地分级切除串接在转子回路中的电阻。实现这种控制有两种方法：①采用时间继电器；②采用电流继电器。图 10-11 所示就是采用时间继电器来控制切除电阻的。其动作过程是：按起动按钮 SB1，KM1（1-3）闭合并自保；主触头闭合，R_1、R_2 全部接入，电动机 M 开始起动；KM1（1-5）触头闭合，KT1 线圈通电，其触头（1-7）延时闭合，KM2 通电，主触头闭合，切除电阻 R_1；KM2 通电，（1-9）触头闭合，KT2 通电，延时闭合触头（1-11），KM3 通电，主触头闭合切除电阻 R_2，起动结束。

采用起动变阻器起动绕线转子异步电动机，控制系统较复杂，所用电器元件较多，费用较高。

二、电动机的保护

笼型异步电动机常采用的保护措施有如下几种：

（1）短路保护。当电动机发生短路时，短路电流将引起电动机和供电线路的严重损坏，为此必须采用保护措施。通常使用的短路保护装置是熔断器、断路器。熔断器的熔体（熔片或熔丝）是由易熔金属（如铅、锌、锡）及其合金等做成的。当被保护电动机发生短路时，短路电流首先使熔体熔断，从而将被保护电动机的电源切断。用熔断器保护电动机时，可能只有一相熔体熔断而造成电动机断相运行。用断路器作短路保护则能克服这一缺陷，当发生短路时，瞬时动作的脱扣器使整个断路器跳开，三相电源便同时切断。

（2）过电流保护。短时过电流虽然不一定会使电动机的绝缘损坏，但可能会引起电动机发生机械方面的损坏，因此也应予以保护。原则上，短路保护所用装置都可以用作过电流保护，不过对有关参数应适当选择。常用的过电流保护装置是过电流继电器。

（3）过载（热）保护。过载保护是保护电动机绕组工作时不超过允许温升。引起电动机过热的原因很多，例如，负载过大、三相电动机单相运行、欠电压运行及电动机起动故障造成起动时间过长等。过载保护装置必须具备反时限特性（即动作时间随过载倍数的增大而迅速减少）。为了使过载保护装置能可靠而合理地保护电动机，应尽可能使保护装置与电动机的环境温度一致。为了能准确地反映电动机的发热情况，某些大容量和专用的电动机制造时就在电动机易发热处设置了热电偶、热动开关等温度检测元件，用以配合接触器控制它的电源通断。常用的过载保护装置是热继电器和带有热脱扣的断路器。

（4）欠电压保护。正常工作的电动机，由于电源停电而停止转动后，当电源电压恢复时它可能自行起动（俗称自起动）。电动机的自起动可能造成人身事故和设备、工件的损坏。为防止电动机自起动，应设置失压保护。通常由电动机的电源接触器兼做失电压保护。

（5）断相保护。断相保护用于防止电动机断相运行。可用ZDX-1型、DDX-1型电动机断相保护继电器以及其他各种断相保护装置完成对电动机的这种保护。

第三节　数控冲压加工及其编程

冲床属于压力加工机床，主要应用于钣金加工，如冲孔、裁剪和拉深。数控冲床又称为钣金加工中心，任何复杂形状的平面钣金零件都可在数控冲床上完成其所有孔和外形轮廓的冲裁等加工。

一、数控冲床的特点

现代数控冲床均采用液压式，它具有纯机械式冲床无法比拟的优点，被工业界公认为未来钣金柔性加工系统的方向。液压数控冲床具有以下特点：

（1）"恒冲力"加工。一般机械式冲床的冲压力是由小到大，到达顶点时只是一瞬间，无法在全冲程的任何位置都有足够的冲压力。而液压式冲床完全克服了机械式冲床的缺点，建立了液压冲床"恒冲力"的全新概念。

（2）智能化冲头。液压冲床的冲头具有软冲功能（SOFT-CUT，即冲头速度可实现快进、缓冲），既能提高劳动生产率，又能改善冲压件质量。所以液压冲床加工时振动小、噪声低、模具寿命长。数控液压冲床的冲压行程长度的调节可由软件编程控制，从而可完成步冲、百叶窗、打泡、攻螺纹等多种成形工序。液压系统中采用了安全阀和减压阀元件，一旦冲压发生超负载时，能提供瞬间减压及停机保护，避免机床、模具损坏，而且复机简易、快速。

（3）冲裁精度与寿命。由于液压冲头的滑块与衬套之间存在一层不可压缩的静压油膜，其间隙几乎为零，且不会产生磨损，因此液压冲床精度高、寿命长。

数控液压冲床的机身有桥形框架、O 形框架和 C 形框架等结构。数控液压冲床的冲模一般采用转塔式的安装方式，并具有特定的自动分度装置，每个自动分度模位中的模具均能自行转位，给冲剪加工工艺带来了极大的柔性。国内外有许多种类的数控液压冲床，下面以日本生产的 VIPRIS-357Q 型数控冲床为例，介绍数控冲床的结构。

二、数控冲床的结构

VIPRIS-357Q 型数控冲床的结构如图 10-12 所示。

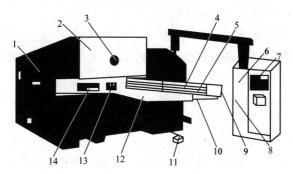

图 10-12　VIPRIS-357Q 型数控冲床的结构

1—控制面板"B"；2—模具平衡装置；3—手柄指示器；4—滑架；
5—工件夹具；6—电源指示灯；7—NC 控制柜；8—电源箱；9—控
制面板"A"；10—"X"轴定位标尺；11—脚踏开关；12—工作台；
13—工件夹持器；14—转塔

工件夹具固定在横向滑架上，夹紧板料，板料由滑板（Y 轴）和横向滑板（X 轴）定位在冲头之下，可实现精确的定位冲压。冲床的模具安装在旋转的转塔上，转塔又称模具库，可同时容纳 58 套模具，根据模具的尺寸范围分为 A～J 九种不同规格工位，以便于不同规格模具的安装。通过程序指令可指定任一工位为当前工位，转盘（T 轴）转动将其送至冲床滑块之下，同时转盘上还有两个由步进电动机单独控制、可自行任意旋转的分度工位（C 轴），在当前工位时可成任意角度进行冲裁。这样，通过程序对 X 轴、Y 轴、T 轴、C 轴的控制，机床就可以实现直线冲压、横向冲压和扭转冲压。

VIPRIS-357Q 型数控液压冲床有以下安全装置，确保机床和操作者的安全。

（1）超程检测装置。该机床的设计可使夹具避免进入上下转盘之间，其特点是使不能冲压的范围减至最小。检测器可以指示夹具的位置，如果夹具有被冲压的危险，检测器可以使操作中断，超程灯亮。

（2）超程保护。如果工作台或输送台超出其最大行程，在其两端的 X、Y 轴的上限位开关将起作用，机床将立即停止，且超行程轴将在 NC 控制面板上出现报警。

（3）超负载保护（DC 伺服电动机）。如果直流（DC）伺服系统发生故障（过负载或其他不良作用），在 NC 控制面板上出现报警，机床立即停止。

（4）工具更换门联锁。当模具更换门打开的时候，"TOOL CHANGE DOOR"（工具更换门）灯亮，机床停止起动；除非门关闭，否则机床不能起动。

（5）分度销和撞针位置的检测。如果撞针不能沿着固定的轨迹移动，或者分度销不能进入上、下转盘分度销孔时，机床将不能冲压。

（6）"X" 轴定位器的联锁。当 "X" 轴定位器升高时，"X" 轴定位器的信号灯亮；除非 "X" 轴定位器降下，否则机床不能起动。

（7）退模失效的检测。如果因为磨损或不恰当的间隙，使 "凸模" 退缩受阻滞时，退模失效灯（STRIPPING MISS）亮，机床操作停止。

除此以外，还有曲轴超转检测、未夹紧保护、低气压保护等安全装置。

三、数控冲床的操作

下面以 VIPRIS-357Q 型数控冲床为例，介绍数控冲床的操作。

1. 电源的接通

（1）确认 NC 控制柜的前、后门及纸带阅读机门处于正常的关闭状态。

（2）接通连接 NC 控制柜的电源。

（3）按 NC 控制柜操作面板上的 POWER　ON 按钮（约 1～2s）。

（4）电源接通数秒后，NC 控制柜的 CRT 应有图像显示。图 10-13 所示为 NC 控制柜的操作面板。

（5）确认 NC 控制柜电气箱冷却风扇电动机旋转。

2. 电源切断

（1）确认控制面板"A"上的循环起动按钮指示灯熄灭。

（2）确认机床移动部件停止运动。

（3）确认纸带阅读机开关被设定在释放位置。

（4）按 NC 控制柜操作面板上的 POWER　OFF 按钮（约 1～2s）。

（5）切断机床电源。

3. 急停操作

如图 10-13 中的 EMERGENCY　STOP（62）（急停）按钮，在紧急情况下，按下此按钮，机床所有运动立即停止，该按钮一直被闭锁在停止位置。急停按钮的释放，一般通过按下该按钮并作顺时针旋转来释放。按下急停按钮：电动机电流被切断、控制单元处于复位状态，在按钮释放前要排除故障。按钮释放后用手动操作或用 G28 指令返回参考点。

4. 加工前的准备工作

（1）接通电源，按 NC 控制柜操作面板上的 POWER ON 按钮（1），一个显示将在 CRT 上出现几秒钟，压力电动机起动，灯（17）NC READY 及（18）TOP READ CENTER 亮，灯（29）至（39）熄灭。

（2）LSK 及 ABS 符号将出现在 CRT 的右下角，将方式选择开关（43）旋转至手动方式（MDI）。

（3）按 JOG 点动按钮－X（56）及－Y（57）移动两轴向负方向运动，至少和其原点距离 200mm。

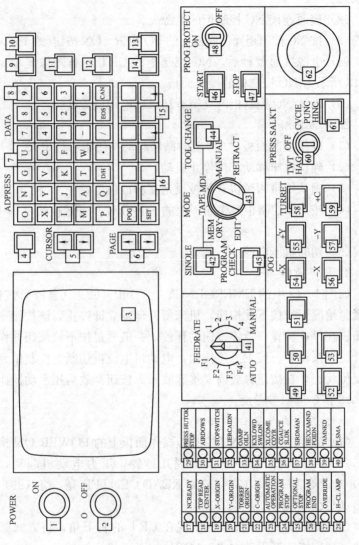

图 10-13　NC 控制柜的操作面板

（4）将方式选择开关(43)旋转至返回方式处（RETRACT），按JOG 点动按钮＋X(54)及＋Y(55)直至 X、Y 原点灯(19)及(20)亮，指明它处于原点位置。

（5）按转盘（TURRET）按钮(60)，直至转盘停止在它的原点，转盘原点灯(21)亮。

（6）当机床配有自动分度装置时，按＋C 按钮(59)直至 C 轴停止在它的原点 C，原点灯(22)亮。此时机床为自动操作作好了准备。

5. 数控冲床加工操作顺序

先准备好加工工件的毛坯和加工程序，然后按以下步骤进行操作：

（1）确认以下灯是亮的：X 原点灯(19)、Y 原点灯(20)、转盘原点灯(21)、C 原点灯(22)。

（2）选择机床自动操作模式：纸带（TYPE）、内存（MEMORY）、手动（MDI）、RS232 输入模式，旋转模式开关(43)至相应的工作方式，将要加工的程序输入数控系统中。

（3）踩下脚踏开关的压板，使工件夹具打开，"夹具打开"灯(32)亮，将加工工件放在工作台上，升起"X"轴定位标尺，"X"轴定位标尺灯亮，将工件靠紧两个工件夹具和"X"轴定位标尺边，再踩下脚踏开关的压板，使工件夹具闭合，"夹具打开"灯熄灭，降下"X"轴定位标尺，"X"轴定位标尺灯熄灭。

（4）确认指示灯(29)至(39)熄灭，同时确认"急停"按钮(62)处于释放状态。

（5）确认，"LSK"及 ABS 符号出现在 CRT 的右下角。

（6）按机床"起动"按钮(46)，开始进行加工。

四、数控冲床的编程

不同控制系统的数控冲床，其数控编程指令是不相同的。下面以 GE-FANUC 数控系统为例，介绍数控冲床的加工编程。

数控冲孔加工的编程是指将钣金零件展开成平面图，放入 X、Y 坐标系的第一象限，对平面图中的各孔系进行坐标计算的过程。

在数控冲床上进行冲孔加工的过程是：

零件图→编程→程序制作→输入 NC 控制柜→按起动按钮→加工

1. 冲孔加工工艺特点

（1）一般不要用和缺口同样尺寸的冲模来冲缺口。

（2）不要用长方形冲模按短边方向进行步冲，因为这样做冲模会因受力不平衡而滑向一边。

（3）实行步冲时，送进间距应大于冲模宽度的 1/2。

（4）冲压宽度不要小于板厚，并且应禁止用细长模具沿横方向进行冲切。

（5）同样的模具不要选择两次。

（6）冲压顺序应从左上角开始，在右上角结束；应从小圆开始，然后是大方孔、切角，翻边和引深等放在最后。

2. 重要编程指令

（1）G70 定位不冲压。在要求移动工件但不进行冲压的时候，可在 X、Y 坐标值前写入 G70。

（2）G27 夹爪自动移位。要扩大加工范围时，写入 G27 和 X 方向的移动量。移动量是指夹爪的初始位置和移动后位置的间距。例如：G27X-500，执行后将使机床发生的动作如图 10-14 所示。

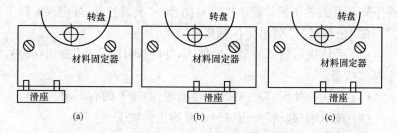

图 10-14　G27 夹爪自动移位

（a）材料固定器压住板材，夹爪松开；（b）Y2.4 表示工作台以增量值移动 2.4mm，X-500 表示滑座以增量值移动 -500mm，Y-2.4 表示工作台以增量值移动 -2.4mm；（c）夹爪闭合，材料固定器上升，释放板材

（3）T＃＃＃模具号指定。指定要用的模具在转盘上的模位号，若连续使用相同的模具，一次指令后，下面可以省略，直至不

同的模具被指定。

例如：

G92　X1830.Y1270（机床一次装夹最大加工范围为：1830mm×1270mm）

G90　X500.Y300.T102［调用 102 号模位上的冲模，在（500，300）位置冲孔］

G91　X50（增量坐标编程，在 X 方向移动 50mm，用同一冲模冲孔）

X50（在 X 方向再移动 50mm，用同一冲模冲孔）

G90　X700.Y450.T201［在（700，450）位置，调用 201 号模位上的冲模冲孔］

在最前面的冲压程序中，一定要写入模具号。

3. 各种加工形状的计算方法及编程指令的用法

【例 10-1】　长方形槽孔的步进冲孔加工，如图 10-15 所示。

（1）起始冲压位置（X_0，Y_0）（绝对值）的计算。设冲压模具为 20mm×20mm 的方模。

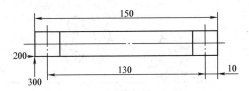

图 10-15　长方形槽孔的步进冲孔

X_0＝长方形槽孔左端的 X 值＋1/2（冲模在 X 轴方向上的长度）

　　＝200＋20/2＝210（mm）

Y_0＝长方形槽孔下端的 Y 值＋1/2（冲模在 Y 轴方向上的长度）

　　＝300＋20/2＝310（mm）

（2）步冲长度（L）＝全长－冲模宽度

　　　　　　　L＝150－20＝130（mm）

（3）步冲次数（N）＝步冲长度（L）/模具宽度（注：小数点以下

都要进一位)

　　$N=130/20=6.5→7$(次)

　　(4)进给间距(P)＝步冲长度(L)/步冲次数(N)

　　$P=130/7=18.57$

　　冲压程序如下：

　　G90　X210.Y310.T306〔在起始位置（210，310）采用306号模位上的冲头冲孔〕

　　G91　X18.57（T306 冲模为 20mm×20mm 的方模冲头，增量编程，步冲 7 次）

　　X18.57（在以下的程序中，采用简化形式）

　　X18.57

　　X18.57

　　X18.57

　　X18.57

　　【例 10-2】　　与 X 成一定角度的直线上的孔的冲孔加工，如图 10-16 所示。

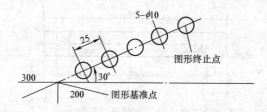

图 10-16　与 X 成一定角度的直线上的孔

　　指令格式：G28I＿J＿K＿T×××（极坐标编程，以当前位置或 G72 指定的点开始，沿着与 X 轴成 J 角的直线冲制 K 个间距为 I 的孔）

　　其中：I 为间距，如果为负值，则冲压沿中心对称的方向（此中心为图形基准点）进行；J 为角度，逆时针方向为正，顺时针方向为负；K 为冲孔个数，图形的基准点不包括在内。

　　如图 10-16 所示孔的冲压加工指令为：

　　G72　G90　X300.Y200〔G72 定义图形基准点（300，200）〕

G28 I25.J30.K5 T203〔极坐标编程，从基准点开始，采用203号冲模（ϕ10mm 的圆形冲头）沿着与 X 轴成 30°角的直线冲制5 个间距为 25mm 的孔〕

如果要在图形基准点（300，200）上冲孔时，则省去 G72，并将 T203 移到上一条程序，即：

G90 X300.Y200.T203〔在当前位置（300，200）采用 203号冲模冲孔〕

G28 I25.J30.K5〔极坐标编程，从当前位置（300，200）开始，沿着与 X 轴成 30°角的直线再冲制 5 个间距为 25mm 的孔，共6 个孔〕

如果将 I25.改为 I－25，则冲孔沿 180°对称的反方向进行。

【例 10-3】 一段圆弧上的孔的冲孔加工，如图 10-17 所示。

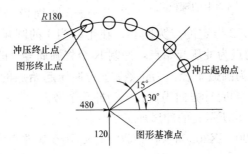

图 10-17 一段圆弧上的孔

指令格式：G29 I__J__P__K__T×××（圆弧极坐标编程，以当前位置或 G72 指定的点为圆心，在半径为 I 的圆弧上，以与 X 轴成角度 J 的点为冲压起始点，冲制 K 个角度间距为 P 的孔）

其中：I 为圆弧半径，为正数；J 为冲压起始点的角度，逆时针方向为正，顺时针方向为负；P 为角度间距，为正值时按逆时针方向进行，为负值时按顺时针方向进行；K 为冲孔个数。

如图 10-17 所示孔的冲压加工指令为：

G72 G90 X480.Y120〔G72 定义图形基准点（480，120）作为圆心〕

G29 I180.J30.P15.K6 T203〔圆弧极坐标编程，以基准点

为圆心，采用 203 号冲模（ϕ10mm 的圆形冲头）在半径为 180mm 的圆弧上，以与 X 轴成 30°角的点为冲压起始点，冲击 6 个角度间距为 15°角的孔〕

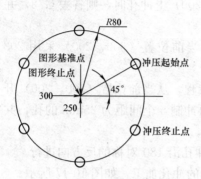

图 10-18　圆周上的螺栓孔

如果要在图形基准点（480，120）冲孔时，则省去 G72，并将 T203 移至上面一条程序。如果将 P15. 改为 P-15.，则从冲孔起始点出发，按顺时针方向进行冲孔。

【例 10-4】　圆周上的螺栓孔的冲孔加工，如图 10-18 所示。

指令格式：G26 I ＿ J ＿ K ＿Txxx（圆周极坐标编程，以当前位置或 G72 指定的点为圆心，在半径为 I 的圆弧上，以与 X 轴成角度 J 的点为冲压起始点，冲制 K 个将圆周等分的孔）

其中：I 为圆弧半径，为正数；J 为冲压起始点的角度，逆时针方向为正，顺时针方向为负；K 为冲孔个数。

如图 10-18 所示孔的冲压加工指令为：

G72　G90　X300. Y250 〔G72 定义图形基准点（300，250）作为圆心〕

G26　I80. J45. K6　T203 〔圆周极坐标编程，以基准点为圆心，采用 203 号冲模（ϕ10 的圆形冲头）在半径为 80mm 的圆周上，以与 X 轴成 45°角的点为冲压起始点，冲制 16 个将圆周等分的孔〕

如果要在图形基准点（300，250）冲孔时，则省去 G72，并将 T203 移至上面一条程序。该图形的终止点和起始点是一致的。

【例 10-5】　排列成格子状的孔的冲孔加工，如图 10-19 所示。

指令格式：G36 I ＿ P ＿ J ＿ K ＿Txxx

或 G37 I ＿ P ＿ J ＿ K ＿Txxx（阵列坐标编程，以当前位置或 G72 指定的点为起点，冲制一批排列成格子状的孔。它们在 X 轴方向的间距为 I，个数为 P，它们在 Y 轴方向的间距为 J，个数为 K）

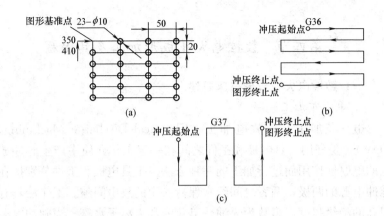

图 10-19　排列成格子状的孔

（a）零件孔位；（b）沿 X 方向冲孔；（c）沿 Y 方向冲孔

G36 沿 X 轴方向开始冲孔，如图 10-19（b）所示；G37 沿 Y 轴方向开始冲孔，如图 10-19（c）所示。

其中：I 为 X 轴方向的间距，为正时沿 X 轴正方向进行冲压，为负时则相反；P 为 X 轴方向上的冲孔个数，不包括基准点；J 为 Y 轴方向的间距，为正时沿 Y 轴正方向进行冲压，为负时则相反；K 为 Y 轴方向上的冲孔个数，不包括基准点。

如图 10-19（b）的加工指令为：

G72　G90　X350. Y410 ［G72 定义图形基准点（350，410）］

G36　I50. P3　J-20. K5　T203（阵列坐标编程，沿 X 轴方向开始冲孔）

如图 10-19（c）的加工指令为：

G72　G90　X350. Y410 ［G72 定义图形基准点（350，410）］

G37　I50. P3　J-20. K5　T203（阵列坐标编程，沿 Y 轴方向开始冲孔）

如果要在图形基准点（350，410）冲孔时，则省去 G72，并将 T203 移至上面一条程序，即

G90　X350. Y410. T203 ［在图形基准点（350，410）冲孔］

G36　I50. P3　J-20. K5（阵列坐标编程，沿 X 轴方向开始冲孔）

❀ 第四节　数控电火花成形加工及其编程

一、数控电火花成形机床概述

1. 电火花加工原理

电火花加工又称放电加工（Electrical Discharge Machining，EDM），是利用工具电极和工件之间在一定工作介质中产生脉冲放电的电腐蚀作用而进行加工的一种方法。工具电极和工件分别接在脉冲电源的两极，两者之间经常保持一定的放电间隙。工作液具有很高的绝缘强度，多数为煤油、皂化液和去离子水等。当脉冲电源在两极加载一定的电压时，介质在绝缘强度最低处被击穿，在极短的时间内，很小的放电区相继发生放电、热膨胀、抛出金属和消电离等过程。当上述过程不断重复时，就实现了工件的蚀除，以达到对工件的尺寸、形状及表面质量预定的加工要求。加工中工件和电极都会受到电腐蚀作用，只是两极的蚀除量不同，这种现象称为极性效应。工件接正极的加工方法称为正极性加工；反之，称为负极性加工。

电火花加工的质量和加工效率不仅与极性选择有关，还与电规准（即电加工的主要参数，包括脉冲宽度、峰值电流和脉冲间隔等）、工作液、工件、电极的材料、放电间隙等因素有关。

电火花加工具有如下特点：

（1）可以加工难切削材料。由于加工性与材料的硬度无关，所以模具零件可以在淬火以后安排电火花成形加工。

（2）可以加工形状复杂、工艺性差的零件。可以利用简单电极的复合运动加工复杂的型腔、型孔、微细孔、窄槽，甚至弯孔。

（3）电极制造麻烦，加工效率较低。

（4）存在电极损耗，影响质量的因素复杂，加工稳定性差。电火花放电加工按工具电极和工件的相互运动关系的不同，可以分为电火花穿孔成形加工、电火花线切割、电火花磨削、电火花展成加工、电火花表面强化和电火花刻字等。其中，电火花穿孔成形加工和电火花线切割在模具加工中应用最广泛。

2. 电火花成形加工机床的组成

如图10-20所示，电火花成形加工机床通常包括床身、立柱、工作台及主轴头等主机部分，液压泵（油泵）、过滤器、各种控制阀、管道等工作液循环过滤系统，脉冲电源、伺服进给（自动进给调节）系统和其他电气系统等电源箱部分。

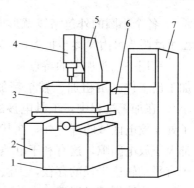

图10-20 电火花成形加工机床
1—床身；2—过滤器；3—工作台；4—主轴头；5—立柱；6—液压泵；7—电源箱

工作台内容纳工作液，使电极和工件浸泡在工作液里，以起到冷却、排屑、消电离等作用。高性能伺服电动机通过转动纵横向精密滚珠丝杠，移动上下滑板，改变工作台及工件的纵横向位置。

主轴头由步进电动机、直流电动机或交流电动机伺服进给。主轴头的主要附件如下：

（1）可调节工具电极角度的夹头。在加工前，工具电极需要调节到与工件基准面垂直，而且在加工型腔时，还需在水平面内转动一个角度，使工具电极的截面形状与要加工出的工件的型腔预定位置一致。前者的垂直度调节功能，常用球面铰链来实现，后者的水平面内转动功能，则靠主轴与工具电极之间的相对转动机构来调节。

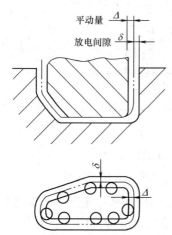

图10-21 平动加工时电极的运动轨迹

（2）平动头。平动头包括两部分，一是由电动机驱动的偏心机构，二是平动轨迹保持机构。通过偏心机构和平动轨迹保持机构，平动头将伺服电动机的旋转运动转化成工具电极上每一个质点都在水平面内围绕其原始位置做小圆周运动（如图10-21所示),各个小圆的外包络线就形成加工表面,小圆的半径即平动量Δ通过调节可由零逐步扩大,δ为放电间隙。

采用平动头加工的特点是:用一个工具电极就能由粗至精直接加工出工件(由粗加工转至精加工时,放电规准、放电间隙要减小);在加工过程中,工具电极的轴线偏移工件的轴线,这样,除了处于放电区域的部分外,在其他地方工具电极与工件之间的间隙都大于放电间隙,这有利于电蚀产物的排出,提高加工稳定性;由于有平动轨迹半径的存在,无法加工出有清角直角的型腔。

工作液循环过滤系统中,冲油的循环方式比抽油的循环方式更有利于改善加工的稳定性,所以大都采用冲油方式,如图 10-22 所示。电火花成形加工中随着深度的增加,排屑困难,应使间隙尺寸、脉冲间隔和冲液流量加大。

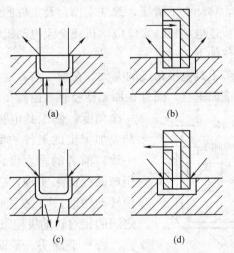

图 10-22　冲、抽油方式
(a) 下冲油式;(b) 上冲油式;(c) 下抽油式;(d) 上抽油式

脉冲电源的作用,是把工频交流电流转换成一定频率的单向脉冲电流。脉冲电源的电参数包括脉冲宽度、脉冲间隔、脉冲频率、峰值电流、开路电压等。

1)脉冲宽度是指脉冲电流的持续时间。在其他加工条件相同的情况下，蚀除速度随着脉冲宽度的增加而增加，但电蚀物也随之增加。

2）脉冲间隔是指相邻两个脉冲之间的间隔时间。在其他条件不变的情况下，减少脉冲间隔相当于提高脉冲频率，增加单位时间内的放电次数，使蚀除速度提高，但脉冲间隔减少到一定程度之后，电蚀物不能及时排除，工具电极与工件之间的绝缘强度来不及恢复，将破坏加工的稳定性。

3）峰值电流是指放电电流的最大值，它影响单个脉冲能量的大小。增大峰值电流将提高速度。

4）开路电压。如果想提高工具电极与工件之间的加工间隙，可以通过提高开路电压来实现。加工间隙增大，会使排屑容易；如果工具电极与工件之间的加工间隙不变，则开路电压的提高会使峰值电流提高。

伺服进给（自动进给调节）系统的作用是，自动调节进给速度，使进给速度接近并等于蚀除速度，以保证在加工中具有正确的放电间隙，使电火花加工能够正常进行。

3. 电火花成形加工的控制参数

控制参数可分为离线参数和在线参数两种。离线参数是在加工前设定的，加工中基本不再调节，如放电电流、开路电压、脉冲宽度、电极材料、极性等；在线参数是加工中常需调节的参数，如进给速度（伺服进给参考电压）、脉冲间隔、冲油压力与冲油油量、抬刀运动等。

（1）离线控制参数。虽然这类参数通常在加工前预先选定，加工中基本不变，但在下列一些特定的场合，它们还是需要在加工中改变。

1）加工起始阶段。这时的实际放电面积由小变大，过程扰动较大，因此，先采用比预定规准较小的放电电流，以使过渡过程比较平稳，等稳定加工几秒钟后再把放电电流调到设定值。

2）加工深型腔。通常开始时加工面积较小，所以，放电电流必须选较小值，然后，随着加工深度（加工面积）的增加而逐渐增大电流，直至达到为了满足表面粗糙度、侧面间隙所要求的电流值。另外，随着加工深度、加工面积的增加，或者被加工型腔复杂程度的增加，都不利于电蚀产物的排出，不仅降低加工速度，而且影响加工稳定性，严重时将造成拉弧。为改善排屑条件，提高加工速度和防止拉弧，常采用强迫冲油和工具电极定时抬刀等措施。

3）补救过程扰动。加工中一旦发生严重干扰，往往很难摆脱。例如，当拉弧引起电极上的结碳沉积后，放电就很容易集中在积碳点上，从而加剧了拉弧状态。为摆脱这种状态，需要把放电电流减少一段时间，有时还要改变极性，以消除积碳层，直到拉弧倾向消失，才能恢复原规准加工。

(2) 在线控制参数。它们对表面粗糙度和侧面间隙的影响不大，主要影响加工速度和工具电极相对损耗速度。

1）伺服参考电压。伺服参考电压与平均端面间隙呈一定的比例关系，这一参数对加工速度和工具电极相对损耗的影响很大。一般来说，其最佳值并不正好对应于加工速度的最佳值，而是应当使间隙稍微偏大些。因为小间隙不但引起工具电极相对损耗加大，还容易造成短路和拉弧，而稍微偏大的间隙在加工中比较安全（在加工起始阶段更为必要），工具电极相对损耗也较小。

2）脉冲间隔。过小的脉冲间隔会引起拉弧。只要能保证进给稳定和不拉弧，原则上可选取尽量小的脉冲间隔，当脉冲间隔减小时，加工速度提高，工具电极相对损耗比减小。但在加工起始阶段应取较大的值。

3）冲液流量。只要能使加工稳定，保证必要的排屑条件，应使冲液流量尽量小，因为电极损耗随冲液流量（压力）的增加而增加。在不计电极损耗的场合另当别论。

4）伺服抬刀运动。抬刀意味着时间损失，因此，只有在正常冲液不够时才使用，而且要尽量缩短电极上抬刀和加工的时间比。

二、电火花成形加工的工艺规律

电火花加工是把电能瞬时转换成热能，通过熔化和气化来去除金属，与切削加工的原理、规律完全不同。只有了解和掌握电火花加工中的基本工艺规律，才能针对不同工件材料正确地选用合适的工具电极材料；只有合理地选择粗、中、精加工的控制参数，才能充分发挥电火花机床的作用。在此主要就电火花加工时影响工件的加工速度和工具电极的损耗速度、工件加工精度、工件表面质量的因素进行说明。

1. 影响工件的加工速度、工具电极的损耗速度的主要因素

电火花加工时工件和工具同时遭到不同程度的电蚀。单位时间内工件的电蚀量称为加工速度，即生产率；单位时间内工具的电蚀量称为损耗速度。它们是一个问题的两个方面。在生产实际中，衡量工具电极是否耐损耗，不只看工具损耗速度，还要看同时能达到的加工速变，因此，采用工具电极相对损耗速度或称相对损耗比（工具损耗速度与加工速度之比）作为衡量工具电极耐损耗的指标。

（1）极性效应的影响。产生极性效应的原因是：正、负电极表面分别受到负电子和正离子的轰击和瞬时热源的作用，在两极表面所分配到的能量不一样，因而熔化、气化抛出的电蚀量也就不一样。电子的质量和惯性较小，容易获得很高的速度和加速度，在击穿放电的初始阶段就有大量的电子奔向正极，把能量传递给正极表面，使正极材料迅速熔化和气化；而正离子由于质量和惯性较大，启动和加速较慢，在击穿放电的初始阶段只有小部分正离子来得及到达负极表面并传递能量。所以在用短脉冲加工时，正极材料的蚀除速度大于负极材料的蚀除速度，这时工件应接正极；当采用长脉冲加工时，质量和惯性大的正离子将有足够的时间加速，到达并轰击负极表面，由于正离子的质量大，对负极表面的轰击破坏作用强，故采用长脉冲时负极的蚀除速度要比正极大，工件应接负极。

（2）工具电极材料的影响。耐蚀性高的电极材料有钨、钼、铜钨合金、银钨合金、纯铜及石墨电极等。钨、钼的熔点和沸点都较高，损耗小，但其机械加工性能不好，价格又贵，所以除线切割加工采用钨、钼丝外，其他场合很少采用。铜钨、银钨合金等复合材料熔点高，导热性好，因而电极损耗小，但也由于成本高且机械加工比较困难，一般只在少数的超精密电火花加工中采用。常用的是纯铜和石墨，这两种材料在宽脉冲粗加工时都能实现低损耗。

铜的熔点虽然低，但其导热性好，会使电极表面保持较低温度从而减少损耗。纯铜有如下优点：①不易产生电弧，在较困难的条

件下也能实现稳定加工；②精加工时比石墨电极损耗小；③易于加工成精密、微细的花纹，采用精微加工能达到优于 $Ra1.25\mu m$ 的表面粗糙度；④用过的电极经锻造后还可加工为其他形状的电极，材料利用率高。纯铜的缺点是机械加工性能不如石墨好。

石墨电极的优点是：①机械加工成形容易（但不易做成精密、微细的花纹）；②电火花加工的性能也很好，在长脉冲粗加工时能吸附游离的碳来补偿电极的损耗，因此目前已广泛用作型腔粗加工的电极。缺点是：①石墨电极容易产生电弧烧伤现象，所以，在加工时应配有短路快速切断装置；②精加工时电极损耗较大，加工表面只能达到 $Ra2.5\mu m$。对石墨电极材料的要求是颗粒小、组织细密、强度高和导电性好。单向加压烧结的石墨有方向性，与加压方向垂直的表面较致密，耐蚀性能较均匀，宜作为工具电极的加工表面。目前已有在 3 个方向等强度加压烧结的高性能石墨，它各向同性、均匀细密，加工中任何方向的表面不会脱层、剥落，在制造重要的模具时应选购这类优质石墨作工具电极。

（3）电参数的影响。无论工具电极是正是负，都存在单个脉冲的蚀除量与单个脉冲的能量在一定范围内成正比的关系，某一段时间内的总蚀除量等于这段时间内各单个脉冲蚀除量的总和，故正、负极的蚀除速度与单个脉冲能量、脉冲频率成正比。所以提高电蚀量和生产率的途径在于：

1）通过减小脉冲间隔，提高脉冲频率；

2）通过增加放电电流及脉冲宽度，增加单个脉冲能量。

实际生产时要考虑到这些因素之间的相互制约关系和对其他工艺指标的影响。例如：脉冲间隔时间过短，会使加工区的工作液来不及消电离、排除电蚀产物及气泡，形成破坏性的电弧放电；如果加工面积较小，而采用的加工电流较大，会使局部电蚀产物浓度过高，并且放电后的余热来不及扩散而积累起来，造成过热，容易形成电弧，破坏加工的稳定性；增加单个脉冲能量，会恶化加工表面质量，降低加工精度，因此，一般只用于粗加工和半精加工的场合，在精加工中为降低表面粗糙度则需要显著降低加工速度。

脉宽与峰值电流的选择：粗加工时，主要按蚀除速度和电极损耗比来考虑；精加工时，主要按表面粗糙度来考虑。脉冲间隔的选择：长脉宽的，粗加工时取脉宽的 $1/5\sim1/10$，短脉宽的，精加工时取脉宽的 $2\sim5$ 倍。

2. 影响工件加工精度的主要因素

（1）放电间隙的大小。电火花加工时，工具电极的凹角与尖角很难精确地复制在工件上，因为在菱角部位电场分布不均，间隙越大，这种现象越严重。当工具电极为凹角时，工件上对应的尖角处由于放电蚀除的概率大、容易遭受腐蚀而成为圆角；当工具电极为尖角时，一则由于放电间隙的等距性，工件上只能加工出以尖角顶点为圆心、以放电间隙值为半径的圆弧，二则工具上的尖角本身因尖端放电蚀除的概率大而容易耗损成圆角。

为了减少加工误差，应该采用较弱的加工规准，缩小放电间隙。精加工由于采用高频脉冲（即窄脉宽），放电间隙小，从而提高仿形的精度，可获得圆角半径小于 0.01mm 的尖棱。精加工的单面放电间隙一般只有 $0.01\sim0.03$mm，粗加工时则为 0.5mm 左右。

（2）工具电极的损耗。假设工具电极从上往下做进给运动，工具电极下端由于加工时间长，所以绝对损耗较上端大；另外，在型腔入口处由于电蚀产物的存在而容易产生二次放电（由于已加工表面与电极的空隙中进入电蚀产物而再次进行非必要的放电），结果是在加工深度方向上产生斜度，上宽下窄，俗称喇叭口。

为了减少加工误差，需要对工具电极各部分的损耗情况进行预测，然后对工具电极的形状和尺寸进行补偿修正。

3. 影响工件表面质量的主要因素

电火花加工的表面和机械加工的表面不同，它是由无方向性的无数小坑和硬凸边所组成，特别有利于保存润滑油；而机械加工表面则存在着切削或磨削刀痕，具有方向性。两者相比，电火花加工表面的润滑性能和耐磨损性能均比机械加工的表面好。电火花加工的表面质量主要包括表面粗糙度和表面力学性能。

（1）表面粗糙度。对表面粗糙度影响最大的是单个脉冲能量。脉冲能量大，则每次脉冲放电的蚀除量也大，放电凹坑既大又深，从而使表面粗糙度恶化。

电火花加工的表面粗糙度可以分为底面粗糙度和侧面粗糙度。侧面粗糙度由于有二次放电的修光作用，往往要稍好于底面粗糙度。用平动头或数控摇动工艺能进一步修光侧面。

平动是利用平动头使工具电极逐步向外运动，而摇动是通过数控工作台两轴或三轴联动而使工件逐步向外运动。摇动加工与平动相同的特点是：可以修光型腔侧面和底面的粗糙度到 $Ra(0.8\sim 0.2)\mu m$，变全面加工为局部面积加工，有利于排屑和稳定加工。与平动不同的是：摇动模式除了小圆轨迹运动外，还有方形、菱形、叉形、十字形运动，尤其是可以做到尖角处的清根。通过数控摇动可以加工出清棱、清角的侧壁和底边。

近年来出现了数控平动头系统，能够完成与数控摇动相同的加工。工件材料对加工表面的粗糙度也有影响。熔点高的工件材料（如硬质合金），单脉冲形成的凹坑较小，在相同能量下加工，其表面粗糙度要比熔点低的工件材料（如钢）好。当然，其加工速度也相应下降。

工具电极的表面粗糙度也影响到加工表面的粗糙度。由于加工石墨电极时很难得到非常光滑的表面，因此，与纯铜电极相比，用石墨电极加工出的工件表面粗糙度较差，所以石墨电极只用于粗加工。

另外，在实践中发现，即使单脉冲能量很小，但在电极面积较大时，表面粗糙度也差。主是因为在煤油工作液中的工具和工件相当于电容器的两个极，当小能量的单个脉冲到达工具和工件时，电能被此电容"吸收"，只起"充电"作用而不会引起火花放电。只有当经过多个脉冲充电到较高的电压、积累了较多的电能后，才能引起击穿放电，打出较大的放电凹坑。这种由于加工面积较大而引起表面质量恶化的现象，称为"电容效应"。近年来出现了"混粉加工"新工艺，可以较大面积地加工出 $Ra(0.1\sim 0.05)\mu m$ 的表面。其办法是在工作液中混入硅或铝等导电微粉，使工作液的电阻率降低，而且，从工具到工件表面的放电通道被微粉颗粒分割，形成多个小的火花放电通道，到达工件表面的脉冲能量被"分散"得很小，相应的放电痕也就小，可以获得大面积的光整表面。

（2）表面力学性能。电火花加工过程中，在火花放电的瞬时高温高压，以及工作液的快速冷却作用下，材料的表面层发生了很大的变化。工件的表面变质层分为熔化凝固层和热影响层。

熔化凝固层位于表面最上层，是表层金属被放电时的瞬间高温熔化后大部分抛出，小部分滞留下来，并受工作液快速冷却而凝固形成的。显微裂纹一般在熔化凝固层内出现。由于熔化凝固层和基体的接合不牢固，容易剥落而加快磨损。

热影响层位于熔化凝固层与基体之间。热影响层的金属材料并没有熔化，只是受到高温的影响，使材料的金相组织发生了变化。对淬火钢，热影响层包括再淬火区、高温回火区和低温回火区，再淬火区的硬度稍高或接近于基体硬度，回火区的硬度则比基体材料低；对未淬火钢，热影响区主要为淬火区，热影响层的硬度比基体材料高。

电火花表面由于瞬间的先热胀后冷缩，因此加工后的表面存在残余拉应力，使抗疲劳强度减弱，比机械加工表面低了许多。采用回火热处理来降低残余拉应力，或进行喷丸处理把残余拉应力转化为压应力，能够提高其耐疲劳性能。另外，试验表明，当表面粗糙度达到 $Ra0.32\mu m$ 时，电火花加工表面的耐疲劳性能与机械加工表面相近，这是因为电火花精微加工所使用的加工规准很小，熔化凝固层和热影响层均非常薄，不出现微裂纹，而且表面的残留拉应力也较小。

三、电火花加工用电极的设计与制造

电火花型腔加工是电火花成形加工的主要应用形式，具有如下一些特点：①型腔形状复杂、精度要求高、表面粗糙度低；②型腔加工一般属于盲孔加工，工作液循环和电蚀物排除都比较困难，电极的损耗不能靠进给补偿；③加工面积变化较大，加工过程中电规准的调节范围大，电极损耗不均匀，对精加工影响大。

1. 型腔电火花加工的工艺方法

常用的加工方法有单电极平动法、多电极更换法和分解电极加工法等。

(1) 单电极平动法是使用一个电极完成型腔的粗加工、半精加工和精加工。加工时依照先粗后精的顺序改变电规准，同时加大电极的平动量，以补偿前后两个加工规准之间的放电间隙差和表面误差，实现型腔侧向"仿形"，完成整个型腔的加工。

单电极平动法加工只需一个电极，一次装夹，便可达到较高的加工精度；同时，由于平动头改善了工作液的供给及排屑条件，使电极损耗均匀，加工过程稳定。缺点是不能免除平动本身造成的几何形状误差，难以获得高精度，特别是难以加工出清棱、清角的型腔。

(2) 多电极更换法是使用多个形状相似、尺寸有差异的电极依次更换来加工同一个型腔。每个电极都对型腔的全部被加工表面进行加工，但采用不同的电规准，各个电极的尺寸需根据所对应的电规准和放电间隙确定。由此可见，多电极更换法是利用工具电极的尺寸差异，逐次加工掉上一次加工的间隙和修整其放电痕迹。

多电极更换法一般用 2 个电极进行粗、精加工即可满足要求，只有当精度和表面质量要求都很高时才用 3 个或更多个电极。多电极更换法加工型腔的仿形精度高，尤其适用于多尖角、多窄缝等精密型腔和多型腔模具的加工。这种方法加工精度高、加工质量好，但它要求多个电极的尺寸一致性好，制造精度高，更换电极时要求保证一定的重复定位精度。

(3) 分解电极法是单电极平动法和多电极更换法的综合应用。它是根据型腔的几何形状把电极分成主副电极分别制造。先用主电极加工型腔的主体，后用副电极加工型腔的尖角、窄缝等。加工精度高、灵活性强，适用于复杂模具型腔的加工。

2. 型腔电极的设计

型腔电极设计的主要内容是选择电极材料，确定结构形式和尺寸等。

型腔电极尺寸根据所加工型腔的大小与加工方式、放电间隙和电极损耗决定。当采用单电极平动法时，其电极尺寸的计算方法如下：

(1) 电极的水平尺寸。型腔电极的水平尺寸是指电极与机床主

轴轴线相垂直的断面尺寸，如图 10-23 所示。考虑到平动头的偏心量可以调整，可用式（10-1）确定电极水平尺寸

$$\begin{cases} a = A \pm k \times b \\ b = \delta + H_{max} - h_{max} \end{cases} \tag{10-1}$$

式中　a——电极水平方向尺寸；

　　　A——型腔的基本尺寸；

　　　k——与型腔尺寸标注有关的系数；

　　　b——电极单边缩放量；

　　　δ——粗规准加工的单面脉冲放电间隙；

　H_{max}——粗规准加工时表面粗糙度的最大值；

　h_{max}——精规准加工时表面粗糙度的最大值。

1）式（10-1）中"±"号的选取原则是：电极凹入部分的尺寸应放大，取"＋"号；电极凸出部分的尺寸（对型腔凹入部分）应缩小，取"－"号。

2）式（10-1）中 k 值按下述原则确定：当型腔尺寸两端以加工面为尺寸界线时，蚀除方向相反，取 $k=2$，如图 10-23 中所示的 A_1、A_2；当蚀除方向相同时，取 $k=1$，如图 10-23 中所示的 E；当型腔尺寸以中心线之间的位置及角度为尺寸界线时，取 $k=0$，如图 10-23 中所示的 R_1、R_2 圆心位置。

（2）电极垂直尺寸。型腔电极的垂直尺寸是指电极与机床主轴轴线相平行的尺寸，如图 10-24 所示。

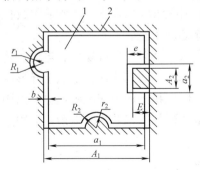

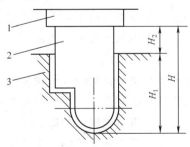

图 10-23　型腔电极的水平尺寸

1—型腔电极；2—型腔

图 10-24　型腔电极的垂直尺寸

1—电极固定板；2—型腔

电极；3—工件

型腔电极在垂直方向的有效工作尺寸 H_1 用式（10-2）确定

$$H_1 = H_0 + C_1 H_0 + C_2 S - \delta \qquad (10\text{-}2)$$

式中　H_1——型腔的垂直尺寸；

　　　C_1——粗规准加工时电极端面的相对损耗率，其值一般小于 1%，$C_1 H_0$ 只适用于未进行预加工的型腔；

　　　C_2——中、精规准加工时电极端面的相对损耗率，其值一般为 $20\% \sim 25\%$；

　　　S——中、精规准加工时端面总的进给量，一般为 $0.4 \sim 0.5\text{mm}$；

　　　δ——最后一挡精规准加工时端面的放电间隙，可忽略不计。

用式（10-2）计算型腔的电极垂直尺寸后，还应考虑电极重复使用造成的垂直尺寸损耗，以及加工结束时电极固定板与工件之间应有一定的距离，以便于工件装夹和冲液等。因此，型腔电极的垂直尺寸还应增加一个高度 H_2，则型腔电极在垂直方向的总高度为：$H = H_1 + H_2$。而实际生产时，由于考虑到 H_2 的数值远大于（$C_1 H_0 + C_2 S$），所以，计算公式可简化为 $H = H_0 + H_2$。

3. 型腔电极的制造

石墨材料的机械加工性能好，机械加工后修整、抛光都很容易，因此，目前主要采用机械加工法。因加工石墨时粉尘较多，最好采用湿式加工（把石墨先在机油中浸泡）。另外，也可采用数控切削、振动加工成形和等离子喷涂等新工艺。

纯铜电极主要采用机械加工方法，还可采用线切割、电铸、挤压成形和放电成形，并辅之以钳工修光。线切割法特别适于异形截面或薄片电极；对型腔形状复杂、图案精细的纯铜电极，也可以用电铸的方法制造；挤压成形和放电成形加工工艺比较复杂，适用于同品种大批量电极的制造。

四、工件和电极的装夹与定位

1. 工件的准备

电火花加工前，工件的型腔部分最好加工出预孔，并留适当的电火花加工余量。余量的大小应能补偿电火花加工的定位、找正误差及机械加工误差。一般情况下，单边余量以 0.3～1.5mm 为宜，并力求均匀。对形状复杂的型孔，余量要适当加大。

在电火花加工前，必须对工件进行除锈、去磁，以免在加工过程中造成工件吸附铁屑，拉弧烧伤，影响成形表面的加工质量。

2. 工具电极工艺基准的校正

电火花加工中，主轴伺服进给沿着 Z 轴进行，因此工具电极的工艺基准必须平行于机床主轴头的轴线。为达到目的，可采用如下方法：

（1）让工具电极的柄部的定位面与工具电极的成形部位使用同一工艺基准。这样可以将电极柄直接固定在主轴头的定位元件（垂直 V 形体和自动定心夹头可以定位圆柱电极柄，圆锥孔可以定位锥柄工具电极）上，工具电极自然找正。

（2）对于无柄的工具电极，让工具电极的水平定位面与其成形部位使用同一工艺基准。电火花成形机床的主轴头（或平动头）都有水平基准面，将工具电极的水平定位面贴置于主轴头（或平动头）的水平基准面，工具电极即实现了自然找正。

（3）如果因某种原因，工具电极的柄部、工具电极的水平面均未与工具电极的成形部位采用同一工艺基准，那么无论采用垂直定位元件还是采用水平基准面，都不能获得自然的工艺基准找正。这种情况下，必须采取人工找正，此时需要具备如下条件：①要求工具电极的吊装装置上配备具有一定调节量的万向装置（如图10-25所示），万向装置上有可

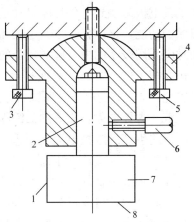

图 10-25 人工校正时工具电极的吊装装置

1—垂直基准面；2—电极柄；
3、5—调节螺钉；4—万向装置；
6—固定螺钉；7—工具电极；
8—水平基准面

供方便调节的环节（例如图 10-25 中的调节螺钉）；②要求工具电极上有垂直基准面或水平基准面。找正操作时，将千分表或百分表顶在工具电极的工艺基准面上，通过移动坐标（如果是找正垂直基准就移动 Z 坐标，如果是找正水平基准就移动 X 和 Y 坐标），观察表上读数的变化估测误差值，不断调节万向装置的方向来补偿误差，直到找正为止。

3. 工具电极与工件的找正

工具电极和工件的工艺基准校正以后（在安装工件时应使工件的工艺基准面与工作台平行，即工件坐标系中的 X、Y 向与机床坐标系的 X、Y 向一致），需将工具电极和工件的相对位置找正（对正），方能在工件上加工出位置正确的型孔。对正作业是在 X、Y 和 C 坐标三个方向上完成的。C 向的转动是为了调整工具电极的 X 和 Y 向基准与工件的 X 和 Y 向基准之间的角度误差。

20 世纪 80 年代以来生产的大多数电火花成形机床，其伺服进给（自动进给调节）系统具有"撞刀保护"或称接触感知功能，即当工具电极接触到工件后能自动迅速回返形成开路。借助于此类撞刀保护功能，可以找正工具电极和工件的相对位置。找正、接触感知时应采用较小的电规准或较低的电压，以免对刀时产生很大的电火花而把工件、电极的表面打毛。用 10V 左右的找正电压完全可以避免约 100V 的电火花腐蚀所导致的型孔损伤。

五、数控电火花成形加工编程

目前生产的数控电火花成形机床，有单轴数控（Z 轴）、三轴数控（X、Y、Z 轴）和四轴数控（X、Y、Z、C 轴）。如果在工作台上加双轴数控回转台附件（A、B 轴），这样就成为六轴数控机床了。此类数控机床可以实现近年来出现的用简单电极（如杆状电极）展成法来加工复杂表面，它是靠转动的工具电极（转动可以使电极损耗均匀和促进排屑）和工件间的数控运动及正确的编程来实现的，不必制造复杂的工具电极，就可以加工复杂的工件，大大缩短了生产周期和展示出数控技术的"柔性"能力。

计算机辅助电火花雕刻就是利用电火花展成法进行的，它可以在金属材料上加工出各种精美、复杂的图案和文字（激光雕刻则通常用于非金属材料的印章雕刻、工艺标牌雕刻）。电火花雕刻机的电极比较细小，因此其长度要尽量短，以保证具有足够的刚度，使其在加工过程中不致弯曲。电火花雕刻的关键在于计算机辅助雕刻编程系统，它由图形文字输入、图形文字库管理、图形文字矢量化、加工路径优化、数控文件生成、数控文件传输等子模块组成。

1. 数控电火花成形加工的编程特点

摇动加工的编程代码，各厂商均有自己的规定。如以 LN 代表摇动加工，LN 后面的 3 位数字则分别表示摇动加工的伺服方式、摇动运动的所在平面、摇动轨迹的形状；以 STEP 代表摇动幅度，以 STEP 后面的数字表示摇动幅度的大小。

2. 数控电火花成形加工的编程实例

【例 10-6】 加工如图 10-26 所示的零件。加工程序如下：

G90 G11F200（绝对坐标编程，半固定轴模式，进给速度 200mm/min）

M88 M80（快速补充工作液，令工作液流动）

E9904（电规准采用 E9904）

M84（脉冲电源开）

G01 Z-20.0（直线插补至 $Z=-20.0$mm）

M85（脉冲电源关）

G13 X5（横向伺服运动，采用 X 方向第五挡速度）

M84（脉冲电源开）

G01 X-5.0（直线插补至 $X=-5.0$mm）

M85（脉冲电源关）

M25 G01 Z0（取消电极和工件接触，直线插补至 $Z=0$mm）

G00 Z100.0（快速移动至 $Z=100.0$mm）

M02（程度结束）

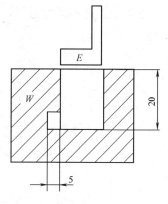

图 10-26 数控电火花
成形加工实例

✦ 第五节 数控电火花线切割加工编程

一、数控电火花线切割加工工作原理与特点

1. 数控电火花线切割加工工作原理

线切割加工（Wire Electrical Discharge Machining，WEDM）是电火花线切割加工的简称，它是用线状电极（铝丝或铜丝）靠电火花放电对工件进行切割，其工作原理如图 10-27 所示，被切割的工件接脉冲电源的正极，电极丝作为工具接脉冲电源的负极，电极丝与工件之间充满具有一定绝缘性能的工作液，当电极丝与工件的距离小到一定程度时，在脉冲电压的作用下工作液被击穿，电极丝与工件之间产生火花放电而使工件的局部被蚀除，若工作台按照规定的轨迹带动工件不断地进给，就能切割出所需要的工件形状。

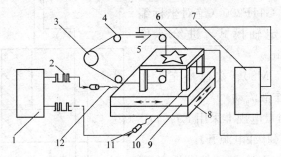

图 10-27　数控线切割加工的工作原理

1—数控装置；2—信号；3—贮丝筒；4—导轮；

5—电极丝；6—工件；7—脉冲电源；8—下工作台；

9—上工作台；10—垫铁；11—步进电机；12—丝杠

线切割机床通常分为快走丝与慢走丝两类。前者是贮丝筒带动电极丝作高速往复运动，走丝速度为 8～10m/s，电极丝基本上不被蚀除，可使用较长时间，国产的线切割机床多是此类机床。由于快走丝线切割的电极丝是循环使用的，为保证切割工件的质量，必须规定电极丝的损耗量，避免因电极丝损耗过大以致电极丝在导轮内窜动。提高走丝速度有利于电极丝将工作液带入工件与电极丝之

间的放电间隙、排出电蚀物，并且提高切割速度，但加大了电极丝的振动。慢走丝机床的电极丝做低速单向运动，走丝速度一般低于0.2m/s，为保证加工精度，电极丝用过以后不再重复使用。

快走丝线切割的加工精度为 0.02～0.01mm，表面粗糙度一般为 $Ra(5.0～2.5)\mu m$，最低可达 $Ra1.0\mu m$；慢走丝线切割的加工精度为 0.005～0.002mm，表面粗糙度一般为 $Ra1.6\mu m$，最高可达 $Ra0.2\mu m$。

线切割机床的控制方式有靠模仿形控制、光电跟踪控制和数字程序控制等方式。目前，国内外 95%以上的线切割机床都已经数控化，所用数控系统有不同水平的，如单片机、单板机、微机。

快走丝线切割机床的数控系统大多采用简单的步进电动机开环系统，慢走丝线切割机床的数控系统大多是伺服电机加编码盘的半闭环系统，在一些超精密线切割机床上则使用伺服电动机加磁尺或光栅的全闭环数控系统。

2. 数控电火花线切割加工特点

数控电火花线切割加工具有如下特点：

(1) 直接利用线状的电极丝作电极，不需要制作专用电极，可节约电极设计、制造费用。

(2) 可以加工用传统切削加工方法难以加工或无法加工出的形状复杂的工件，如凸轮、齿轮、窄缝、异形孔等。由于数控电火花线切割机床是数字控制系统，因此加工不同的工件只需编制不同的控制程序，对不同形状的工件都很容易实现自动化加工。很适合于小批量形状复杂的工件、单件和试制品的加工，加工周期短。

(3) 电极丝在加工中不接触工件，二者之间的作用力很小，因此工件以及夹具不需要有很高的刚度来抵抗变形，可以用于切割极薄的工件及在采用切削加工时容易发生变形的工件。

(4) 电极丝材料不必比工件材料硬，可以加工一般切削方法难以加工的高硬度金属材料，如淬火钢、硬质合金等。

(5) 由于电极丝直径很细（0.1～0.25mm），切屑极少，且只对工件进行切割加工，故余料还可以使用，对于贵重金属加工更有意义。

（6）与一般切削加工相比，线切割加工的效率低，加工成本高，不适宜大批量加工形状简单的零件。

（7）不能加工非导电材料。

由于数控电火花线切割加工具有上述优点，因此电火花线切割广泛用于加工硬质合金、淬火钢模具零件、样板、各种形状复杂的细小零件、窄缝等，特别是冲模、挤压模、塑料模、电火花加工型腔模所用电极的加工。

线切割加工的切割速度以单位时间内所切割的工件面积来表达（mm^2/min）。它是一个生产指标，常用来估算工件的切割时间，以便安排生产计划及估算成本，综合考虑工件的质量要求。通常快走丝的切割速度为 $40\sim80mm^2/min$。

二、数控电火花线切割加工规准的选择

脉冲电源的波形与参数对材料的电蚀过程影响极大，它们决定着放电痕（表面粗糙度）、蚀除率、切缝宽度的大小和电极丝的损耗率，进而影响加工的工艺指标。目前广泛使用的脉冲电源波形是矩形波。

一般情况下，电火花线切割加工脉冲电源的单个脉冲放电能量较小，除受工件表面粗糙度要求的限制外，还受电极丝允许承载放电电流的限制。欲获得较好的表面粗糙度，每次脉冲放电的能量不能太大。表面粗糙度要求不高时，单个脉冲放电的能量可以取大些，以得到较高的切割速度。

在实际应用中，脉冲宽度为 $1\sim60\mu s$，而脉冲频率为 $10\sim100kHz$。

1. 短路峰值电流的选择

当其他工艺条件不变时，短路峰值电流大，加工电流峰值就大，单个脉冲放电的能量亦大，所以放电痕大，切割速度高，表面粗糙度差，电极丝损耗变大，加工精度降低。

2. 脉冲宽度的选择

在一定的工艺条件下，增加脉冲宽度，单个脉冲放电能量也增大，则放电痕增大，切割速度提高，但表面粗糙度变差，电极丝损耗变大。

通常当电火花线切割加工用于精加工和半精加工时，单个脉冲放电能量应控制在一定范围内。当短路峰值电流选定后，脉冲宽度要根据具体的加工要求来选定。精加工时脉冲宽度可在 $20\mu s$ 内选择；半精加工时脉冲宽度可在 $20\sim60\mu s$ 内选择。

3. 脉冲间隔的选择

在一定的工艺条件下，脉冲间隔对切割速度影响较大，对表面粗糙度影响较小。因为在单个脉冲放电能量确定的情况下，脉冲间隔较小，频率提高，单位时间内放电次数增多，平均加工电流增大，故切割速度提高。

实际上，脉冲间隔太小，放电产物来不及排除，放电间隙来不及充分消电离，这将使加工变得不稳定，易烧伤工件或断丝；脉冲间隔太大，会使切割速度明显降低，严重时不能连续进给，加工变得不稳定。

一般脉冲间隔在 $10\sim250\mu s$ 范围内，基本上能适应各种加工条件，可进行稳定加工。选择脉冲间隔和脉冲宽度与工件厚度有很大关系，一般来说，工件厚，脉冲间隔也要大，以保持加工的稳定性。

4. 开路电压的选择

在一定的工艺条件下，随着开路电压峰值的提高，加工电流增大，切割速度提高，表面粗糙度增大。因电压高使加工间隙变大，所以加工精度略有降低。但间隙大有利于电蚀产物的排除和消电离，可提高加工稳定性和脉冲利用率。

综上所述，在工艺条件大体相同的情况下，利用矩形波脉冲电源进行加工时，电参数对工艺指标的影响有如下规律：

（1）切割速度随着加工电流峰值、脉冲宽度、脉冲频率和开路电压的增大而提高，即切割速度随着平均加工电流的增加而提高；

（2）加工表面粗糙度随着加工电流峰值、脉冲宽度、开路电压的减小而减小；

（3）加工间隙随着开路电压的提高而增大；

（4）工件表面粗糙度的改善有利于提高加工精度；

（5）在电流峰值一定的情况下，开路电压的增大有利于提高加工稳定性和脉冲利用率。

实践表明,改变矩形波脉冲电源的一项或几项电参数,对工艺指标的影响很大,需根据具体的加工对象和要求,全面考虑诸因素及其相互影响关系。选取合适的电参数,既要满足主要加工要求,又要兼顾各项加工指标。例如,加工精密小型模具或零件时,为满足尺寸精度高、表面粗糙度低的要求,选取较小的加工电流峰值和较窄的脉冲宽度,这必然带来加工速度的降低。又如,加工中、大型模具或零件时,对尺寸精度和表面粗糙度要求低一些,故可选用加工电流峰值高、脉冲宽度大些的电参数值,尽量获得较高的切割速度。此外,不管加工对象和要求如何,还必须选择适当的脉冲间隔,以保证加工稳定进行,提高脉冲利用率。

三、数控电火花线切割加工的准备工作

1. 电极丝的准备

电极丝的直径一般按下列原则选取:

(1) 当工件厚度较大、几何形状简单时,宜采用较大直径的电极丝;当工件厚度较小、几何形状复杂时(特别是对工件凹角要求较高时),宜采用较小直径的电极丝。

(2) 当加工的切缝的有关尺寸被直接利用时,应根据切缝尺寸的需要确定电极丝的直径。

2. 穿丝孔的准备

电极丝通常是从工件上预制的穿丝孔处开始切割。在不影响工件要求和便于编程的位置上加工穿丝孔(淬火的工件应在淬火前钻孔),穿丝孔直径一般为2～10mm。凹模类工件在切割前必须加工穿丝孔,以保证工件的完整性。凸模类工件的切割也需要加工穿丝孔。如果没有设置穿丝孔,那么在电极丝从坯料外部切入时,一般都容易产生变形,变形量大小与工件回火后内应力的消除程度、切割部分在坯料中的相对位置、切割部分的复杂程度及长宽比有关。

3. 工件的装夹与找正

工件的装夹正确与否,除影响工件的加工质量外,还关系到切割工作能否顺利进行,为此,工件装夹应注意以下两点:

(1) 装夹位置要适当,工件的切割范围应在机床纵、横工作台

的行程之内，并使工件与夹具等在切割过程中不会碰到丝架的任何部分；

（2）为便于工件装夹，工件材料必须有足够的夹持余量。

找正时一般以工件的外形为基准。工件的加工基准可以为外表面［图 10-28（a）］，也可以为内孔［图 10-28（b）］。

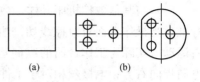

图 10-28　工件的找正和加工基准
(a) 以外表面为基准；(b) 以内孔为基准

对于高精度加工，多采用基准孔作为加工基准，孔由坐标镗床或坐标磨床加工，以保证孔的圆度、垂直度和位置精度。

4. 切割路线的选择

加工路线应是先使远离工件夹具处的材料被割离，靠近工件夹具处的材料最后被割离。

待加工表面上的切割起点（并不是穿丝点，因为穿丝点不能设在待加工表面上），一般也是其切割终点。由于加工过程中存在各种工艺因素的影响，电极丝返回到起点时必然存在重复位置误差，造成加工痕迹，使精度和外观质量下降。为了避免和减小加工痕迹，当工件各表面粗糙度要求不同时，应在粗糙度要求较低的面上选择切割起点；当工件各表面粗糙度要求相同时，则尽量在截面图形的相交点上选择切割起点，如果是有若干个相交点，尽量选择相交角较小的交点作为切割起点。

对于较大的框形工件，因框内切去的面积较大，会在很大程度上破坏原来的应力平衡，内应力的重新分布将使框形尺寸产生一定变形甚至开裂。对于这种凹模：①应在淬火前将中部镂空，给线切割留 2～3mm 的余量，可有效地减小切割时产生的应力；②在清角处增设适当大小的工艺圆角，以缓和应力集中现象，避免开裂。

对于高精度零件的线切割加工，必须采用三次切割方法。第一次切割后诸边留余量 0.1～0.5mm，让工件将内应力释放出来，然后进行第二次切割，这样可以达到较满意的效果。如果是切割没有内孔的工件的外形，第一次切割时不能把夹持部分完全切掉，要保留一小部分，在第二次切割时最后切掉。

四、数控电火花线切割加工编程

1. 数控电火花线切割加工的编程特点

（1）与其他数控机床一样，数控线切割机床的坐标系符合国家标准。当操作者面对数控线切割机床时，电极丝相对于工件的左、右运动（实际为工作台面的纵向运动）为 X 坐标运动，且运动正方向指向右方；电极丝相对于工件的前、后运动（实际为工作台面的横向运动）为 Y 坐标运动，且运动正方向指向后方。在整个切割加工过程中，电极丝始终垂直贯穿工件，不需要描述电极丝相对于工件在垂直方向的运动，所以 Z 坐标省去不用。

（2）工件坐标系的原点常取为穿丝点的位置。当加工大型工件或切割工件外表面时，穿丝点可选在靠近加工轨迹边角处，使运算简便，缩短切入行程；当切割中、小型工件的内表面时，将穿丝点设置在工件对称中心，会使编程计算和电极丝定位都较方便。

（3）当机床进行锥度切割时，上丝架导轮做水平移动，这是平行于 X 轴和 Y 轴的另一组坐标运动，称为附加坐标运动。其中，平行于 X 轴的为 U 坐标，平行于 Y 轴的为 V 坐标。

（4）线切割的刀具补偿只有刀具半径补偿，是对电极丝中心相对于工件轮廓的偏移量的补偿，偏移量等于电极丝半径加上放电间隙。没有刀具长度补偿。

（5）数控线切割的程序代码有 3B 格式、4B 格式及符合国际标准的 ISO 格式。

1）3B 格式是无间隙补偿格式，不能实现电极丝半径和放电间隙的自动补偿。因此，3B 程序描述的是电极丝中心的运动轨迹，与切割所得的工件轮廓曲线要相差一个偏移量。

2）4B 是有间隙补偿格式，具有间隙补偿功能和锥度补偿功能。间隙补偿指电极丝中心运动轨迹能根据要求自动偏离编程轨迹一段距离，即补偿量；当补偿量设定为所需偏移量时，编程轨迹即为工件的轮廓线，当然，按工件的轮廓编程要比按电极丝中心运动轨迹编程方便得多。锥度补偿是指系统能根据要求，同时控制 X、Y、U、V 四轴的运动，使电极丝偏离垂直方向一个角度即锥度，切割出上大下小或上小下大的工件来，X、Y 为机床工作台的运动即工件的运动，U、V 为上丝架导轮的运动，分别平行于 X、Y。

3）ISO 格式的数控程序习惯上称为 G 代码。

目前，快走丝线切割机床多采用 3B、4B 格式，而慢走丝线切割机床通常采用国际上通用的 ISO 格式。

（6）数控电火花线切割加工的程序中，直线坐标以 μm 为单位。

2. 数控电火花线切割编程实例

加工如图 10-29 所示的零件，穿丝孔中心的坐标为（5，20），按顺时针切割。[例 10-7] 是以绝对坐标方式（G90）进行编程，对应图 10-29（a）；[例 10-8] 是以增量（相对）坐标方式（G91）进行编程，对应图 10-29（b）。可以发现，采用增量（相对）坐标方式输入程序的数据可简短些，但必须先计算出各点的相对坐标值。

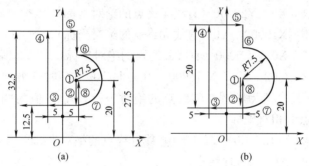

图 10-29　数控电火花线切割加工实例

（a）绝对坐标方式编程；（b）增量（相对）坐标方式编程

【例 10-7】　如图 10-29（a）所示，数控电火花线切割加工的绝对坐标方式编程如下：

N01　G92　X5000　Y20000 [给定起始点（穿丝点）的绝对坐标]

N02　G01　X5000　Y12500（直线②终点的绝对坐标）

N03　X-5000　Y12500（直线③终点的绝对坐标）

N04　X-5000　Y32500（直线④终点的绝对坐标）

N05　X5000　Y32500（直线⑤终点的绝对坐标）

N06　X5000　Y27500（直线⑥终点的绝对坐标）

N07　G02　X5000　Y12500　I0　J-7500（顺时针方向圆弧插补，X、Y 之值为顺圆弧⑦终点的绝对坐标，I、J 值为圆心对圆弧⑦起点的相对坐标）

N08　G01　X5000　Y20000（直线⑧终点的绝对坐标）

N09　M02（程序结束）

【例 10-8】　如图 10-29（b）所示，数控电火花线切割加工的相对坐标方式编程如下：

N01　G92　X5000　Y20000［给定起始点（穿丝点）的绝对坐标］

N02　G01　X0　Y-7500（直线②终点的绝对坐标）

N03　X-10000　Y0（直线③终点的绝对坐标）

N04　X0　Y20000（直线④终点的绝对坐标）

N05　X10000　Y0（直线⑤终点的绝对坐标）

N06　X0　Y-5000（直线⑥终点的绝对坐标）

N07　G02　X0　Y-15000　I0　J-7500（顺时针方向圆弧插补，X、Y 之值为顺圆弧⑦终点的绝对坐标，I、J 值为圆心对圆弧⑦起点的相对坐标）

N08　G01　X0　Y7500（直线⑧终点的绝对坐标）

N09　M02（程序结束）

3. 数控电火花线切割加工的计算机辅助编程

（1）几何造型。线切割加工零件基本上是平面轮廓图形，一般不切割自由曲面类零件，因此工件图形的计算机化工作基本上以二维为主。线切割加工的专用 CAD/CAM 软件有 AutoP、YH、CAXA 和 CAXA-WEDM 软件，其中 AutoP 仍停留在 DOS 平台。

对于常见的齿轮、花键的线切割加工，只要输入模数、齿数等相关参数，软件会自动生成齿轮、花键的几何图形。

（2）刀位轨迹的生成。线切割轨迹生成参数表中需要填写的项目有切入方式、切割次数、轮廓精度、锥度角度、支撑宽度、补偿实现方式、刀具半径补偿值等。

1）切入方式，指电极丝从穿丝点到工件待加工表面加工起始段的运动方式。有直线切入方式、垂直切入方式和指定切入点方式。

2）轮廓精度，即加工精度。对于由样条曲线组成的轮廓，CAM 系统将按照用户给定的加工精度把样条曲线离散为多条折线段。

3）锥度角度，指进行锥度加工时电极丝倾斜的角度。系统规定，当输入的锥度角度为正值时，采用左锥度加工；当输入的锥度角度为负值时，采用右锥度加工。

4）支撑宽度，用于在进行多次切割时，指定每行轨迹的始末点之间所保留的一段未切割部分的宽度。

在填写完参数表后，拾取待加工的轮廓线，指定刀具半径补偿方向，指定穿丝点位置及电极丝最终切到的位置，就完成了线切割加工轨迹生成的交互操作。计算机将会按要求自动计算出加工轨迹，并可以对生成的轨迹进行加工仿真。

（3）后置处理。通用后置处理一般分为两步：一是机床类型设置，它完成数控系统数据文件的定义，即机床参数的输入，包括确定插补方法、补偿控制、冷却控制、程序启停以及程序首尾控制符等；二是后置设置，它完成后置输出的 NC 程序的格式设置，即针对特定的机床，结合已经设置好的机床配置，对将输出的数控程序的程序段行号格式、程序大小、数据格式、编程方式、圆弧控制方式等进行设置。

第十一章

机床的安装调试与维修保养

第一节 概　　述

机床是用切削的方式将金属毛坯加工成机器零件的机器，它是制造机器的机器，它的精度是机器零件精度的保证，因此，机床的安装显得特别重要。机床的装配通常是在工厂的装配工段或装配车间内进行，但在某些场合下，制造厂并不将机床进行总装。为了运输方便（如重型机床等），产品的总装必须在基础安装的同时才能进行，在制造厂内就只进行部件装配工作，而总装则在工作现场进行。

一、机床安装调试要点

1. 机床的基础

机床的自重、工件的质量、切削力等，都将通过机床的支承部件而最后传给地基。所以地基的质量直接关系到机床的加工精度、运动平稳性、机床的变形、磨损以及机床的使用寿命。因此，机床在安装之前，首要的工作是打好基础。

机床地基一般分为混凝土地坪式（即车间水泥地面）和单独块状式两大类。切削过程中因产生振动，机床的单独块状式地基需要采取适当的防振措施；对于高精度的机床，更需采用防振地基，以防止外界振源对机床加工精度的影响。

单独块状式地基的平面尺寸应比机床底座的轮廓尺寸大一些。地基的厚度则决定于车间土壤的性质，但最小厚度应保证能把地脚螺栓固结。一般可在机床说明书中查得地基尺寸。

用混凝土浇灌机床地基时，常留出地脚螺栓的安装孔（根据机床说明书中查得的地基尺寸确定），待将机床装到地基上并初步找好水平后，再浇灌地脚螺栓。常用的地脚螺栓如图 11-1 所示。

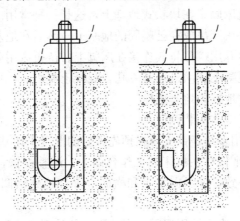

图 11-1　常用的地脚螺栓形式

2. 机床基础的安装方法

机床基础的安装通常有两种方法：一种是在混凝土地坪上直接安装机床，并用图 11-2 所示的调整垫铁调整水平后，在床脚周围

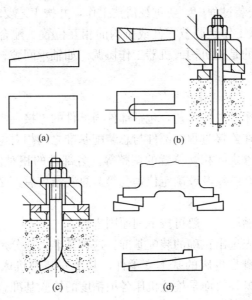

图 11-2　机床常用垫铁

（a）斜垫铁；（b）开口垫铁；（c）带通孔斜垫铁；（d）钩头垫铁

浇灌混凝土固定机床,适用于小型和振动轻微的机床;另一种是用地脚螺栓将机床固定在块状式地基上,这是一种常用的方法。安装机床时,先将机床吊放在已凝固的地基上,然后在地基的螺栓孔内装上地脚螺栓并用螺母将其连接在床脚上。待机床用调整垫铁调整水平后,用混凝土浇灌进地基方孔。混凝土凝固后,再次对机床调整水平并均匀地拧紧地脚螺栓。

(1)对于整体安装调试:

1)机床用多组楔铁支承在预先做好的混凝土地基上;

2)将水平仪放在机床的工作台面上,调整楔铁,要求每个支承点的压力一致,使纵向水平和横向水平都达到粗调要求(0.03~0.04)/1000;

3)粗调完毕后,用混凝土在地脚螺孔处固定地脚螺钉;

4)待充分干涸后,再进行精调水平,并均匀紧固地脚螺帽。

(2)对于分体安装调试,还应注意以下几点:

1)零部件之间、机构之间的相互位置要正确;

2)在安装过程中,要重视清洁工作,并按工艺要求安装;

3)调试工作是调节零件或机构的相互位置、配合间隙、结合松紧等,目的是使机构或机器工作协调。如轴承间隙、镶条位置的调整等。

3. 卧式机床总装配顺序的确定

卧式机床的总装工艺,包括部件与部件的连接,零件与部件的连接,以及在连接过程中部件与总装配基准之间相对位置的调整或校正,各部件之间相互位置的调整等。各部件的相对位置确定后,还要钻孔、车螺纹及铰削定位销孔等。总装结束后,必须进行试车和验收。

总装配顺序,一般可按下列原则进行:

(1)首先选出正确的装配基准。这种基准大部分是床身的导轨面,因为床身是机床的基本支承件,其上安装着机床的各主要部件,而且床身导轨面是检验机床各项精度的检验基准。因此,机床的装配,应从所选基面的直线度、平行度及垂直度等项精度着手。

(2)在解决没有相互影响的装配精度时,其装配先后以简单方便来定。一般可按先下后上，先内后外的原则进行。例如在装配机床时，如果先解决机床的主轴箱和尾座两顶尖的等高度精度或者先解决丝杠与床身导轨的平行度精度，在装配顺序的先后上是没有多大关系的，只要能简单方便地顺利进行装配即可。

（3）在解决有相互影响的装配精度时，应该先装配好公共的装配基准，然后再按次序达到各有关精度。

以 CA6140 型卧式车床总装顺序为例，图 11-3 所示为其装配单元系统图。

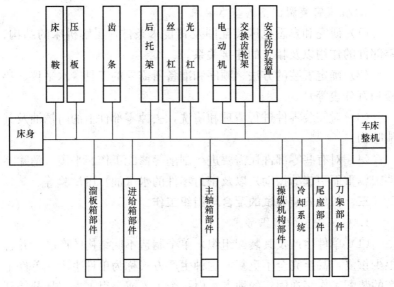

图 11-3　CA6140 型卧式车床总装配单元系统图

二、机床安装调试的准备工作

机床的安装与调试是使机床恢复和达到出厂时的各项性能指标的重要环节。由于机床设备价格昂贵，其安装与调试工作也比较复杂，一般要请供方的服务人员来进行。作为用户，要做的主要是安装调试的准备工作、配合工作及组织工作。

1. 安装调试的准备工作

安装调试的准备工作主要包括以下几个方面：

（1）厂房设施，必要的环境条件。

（2）地基准备：按照地基图打好地基，并预埋好电、油、水管线。

（3）工具仪器准备：起吊设备，安装调试中所用工具、机床检验工具和仪器。

（4）辅助材料：如煤油、机油、清洗剂、棉纱棉布等。

（5）将机床运输到安装现场，但不要拆箱。拆箱工作一般要等供方服务人员到场。如果有必要提前开箱，一要征得供方同意，二要请商检局派员到场，以免出现问题发生争执。

2. 机床安装调试前的基本要求

（1）研究和熟悉机床装配图及其技术条件，了解机床的结构、零部件的作用以及相互的连接关系。

（2）确定安装的方法、顺序和准备所需要的工具（水平仪、垫板和百分表等）。

（3）对安装零件进行清理和清洗，去掉零部件上的防锈油及其他脏物。

（4）对有些零部件还需要进行刮削等修配工作、平衡（消除零件因偏重而引起的振动）以及密封零件的水（油）压试验等。

三、机床安装调试的配合与组织工作

1. 机床安装的组织形式

（1）单件生产及其装配组织。单个制造不同结构的产品，并且很少重复，甚至完全不重复，这种生产方式称为单件生产。单件生产的装配工作多在固定的地点，由一个工人或一组工人，从开始到结束把产品的装配工作进行到底。这种组织形式的装配周期长，占地面积大，需要大量的工具和装备，并要求工人有全面的技能，在产品结构不十分复杂的小批量生产中，也可采用这种组织形式。

（2）成批生产及其装配组织。每隔一定时期后将成批地制造相同的产品，这种生产方式称为成批生产。成批生产时的装配工作通常分成部件装配和总装配，每个部件由一个或一组工人来完成，然后进行总装配。其装配工作常采用移动方式进行。如果零件预先经过选择分组，则零件可采用部分互换的装配，因此有条件组织流水线生产。这种组织形式的装配效率较高。

（3）大量生产及其装配组织。产品的制造数量很庞大，每个工作地点经常重复地完成某一工序，并具有严格的节奏性，这种生产方式称为大量生产。在大量生产中，把产品的装配过程首先划分为主要部件、主要组件，并在此基础上再进一步划分为部件、组件的装配，使每一工序只由一个工人来完成。在这样的组织下，只有当从事装配工作的全体工人，都按顺序完成了他所担负的装配工序以后，才能装配出产品。工作对象（部件或组件）在装配过程中，有顺序地由一个工人转移给另一个工人，这种转移可以是装配对象的移动，也可以由工人移动，通常把这种装配组织形式叫作流水装配法。为了保证装配工作的连续性，在装配线所有工作位置上，完成工序的时间都应相等或互成倍数，在流动装配时，可以利用传送带、滚道或在轨道上行走的小车来运送装配对象。在大量生产中，由于广泛采用互换性原则并使装配工作工序化，因而装配质量好、装配效率高、占地面积小、生产周期短，是一种较先进的装配组织形式。

2. 安装调试的配合工作

在安装调试期间，要做的配合工作包括以下三个方面内容：

（1）机床的开箱与就位。包括开箱检查、机床就位、清洗防锈等工作。

（2）机床调水平，附加装置组装到位。

（3）接通机床运行所需的电、气、水、油源；电源电压与相序、气水油源的压力和质量要符合要求。这里主要强调两点：一是要进行地线连接；二是要对输入电源电压、频率及相序进行确定。

3. 数控设备安装调试的特殊要求

数控设备一般都要进行地线连接。地线要采用一点接地型，即辐射式接地法。这种接地法要求将数控柜中的信号地、强电地、机床地等直接连接到公共接地点上，而不是相互串接连接在公共接地点上。并且，数控柜与强电柜之间应有足够粗的保护接地电缆。而总的公共接地点必须与大地接触良好，一般要求接地电阻小于 4Ω。

对于输入电源电压、频率及相序的确认，有如下要求：

（1）检查确认变压器的容量是否满足控制单元和伺服系统的电

能消耗。

(2) 电源电压波动范围是否在数控系统的允许范围之内。一般日本的数控系统允许在电压额定值的 110%～85% 范围内波动，而欧美的一系列数控系统要求较高一些。否则需要外加交流稳压器。

(3) 对于采用晶闸管控制元件的速度控制单元的供电电源，一定要检查相序。在相序不对的情况下接通电源，可能使速度控制单元的输入熔体烧断。相序的检查方法有两种：一种是用相序表测量，当相序接法正确时，相序表按顺时针方向旋转；另一种是用双线示波器来观察两相之间的波形，两相波形在相位上相差 120°。

(4) 检查各油箱油位，需要时给油箱加油。

(5) 机床通电并试运转。机床通电操作可以是一次各部件全面供电，或各部件供电，然后再作总供电试验。分别供电比较安全，但时间较长。检查安全装置是否起作用，能否正常工作，能否达到额定指标。例如启动液压系统时，先判断液压泵电动机转动方向是否正确，液压泵工作后管路中是否形成油压，各液压元件是否正常工作，有无异常噪声，各接头有无渗漏；气压系统的气压是否达到规定范围值等。

(6) 机床精度检验、试件加工检验。

(7) 机床与数控系统功能检查。

(8) 现场培训。包括操作、编程与维修培训，保养维修知识介绍，机床附件、工具、仪器的使用方法等。

(9) 办理机床交接手续。若存在问题，但不属于质量、功能、精度等重大问题，可签署机床接收手续，并同时签署机床安装调试备忘录，限期解决遗留问题。

4. 安装调试的组织工作

在机床安装调试过程中，作为用户要做好安装调试的组织工作。

安装调试现场均要有专人负责，赋予现场处理问题的权力，做到一般问题不请示即可现场解决，重大问题经请示研究要尽快答复。

安装调试期间，是用户操作与维修人员学习的好机会，要很好地组织有关人员参加，并及时提出问题，请供方服务人员回答解决。

对待供方服务人员，应原则问题不让步，但招待要热情周到。

第二节　普通机床的安装与调试

一、CA6140 型卧式车床的安装与调试

（一）主要组成部件

机床主要由床身、主轴箱、进给箱、溜板箱、溜板刀架和尾座等部件组成。主轴箱固定在床身的左上部，进给箱固定在床身的左前侧。溜板刀架由床鞍、中滑板、转盘、方刀架和小滑板组成。溜板箱用螺钉和定位销与床鞍相连，并一起沿床身上的导轨作纵向移动；中滑板可沿床鞍的燕尾导轨作横向移动。转盘可使小滑板和方刀架转动一定角度，用手摇小滑板使刀架作斜向移动，以车削锥度大的内外短锥体。尾座可在床身上的尾座导轨上作纵向调整移动并夹紧在需要位置上，以适应不同长度的工件加工。尾座还可以相对它的底座作横向位置调整，以车削锥度小而长度大的外锥体。

刀架的运动由主轴箱传出，经交换齿轮架、进给箱、光杠（或丝杠）、溜板箱，并经溜板箱的控制机构，接通或断开刀架的纵、横向进给运动或车螺纹运动。

溜板箱的右下侧装有一快速运动用辅助电动机，以使刀架作纵向或横向快速移动。

（二）车床装配

1. 床身与床脚的安装

（1）床身导轨是滑板及刀架纵向移动的导向面，是保证刀具移动直线性的关键。床身与床脚用螺栓连接，是车床的基础，也是车床装配的基准部件。

（2）床身导轨的精度要求：

1）溜板导轨的直线度误差，在垂直平面内全长为 0.03mm，在任意 500mm 测量长度上为 0.015mm，只许凸；在水平面内，全长为 0.025mm。

2）溜板导轨的平行度误差（床身导轨的扭曲度），全长上为 0.04/1000mm。

3）溜板导轨与尾座导轨平行度误差，在垂直平面与水平面均为全长上 0.04mm，任意 500mm 测量长度上为 0.03mm。

4）溜板导轨对床身齿条安装面的平行度，全长上为 0.03mm，在任意 500mm 测量长度上为 0.02mm。

5）刮削导轨每 25mm×25mm 范围内接触点不少于 10 点；磨削导轨则以接触面积大小来评定接触精度的高低。

6）磨削导轨表面粗糙度值一般在 $Ra0.8\mu m$ 以下。

7）一般导轨表面硬度应在 170HBS 以上，并且全长范围硬度一致。与之相配合件的硬度应比导轨硬度稍低。

8）导轨应有一定的稳定性，在使用中不变形。除采用刚度大的结构外，还应进行良好的时效处理，以消除内应力，减少变形。

（3）床身的安装与水平调整：

1）将床身装在床脚上时，必须先做好结合面的清理工作，以保证两零件的平整结合；避免在紧固时产生床身变形的可能，同时在整个结合面上垫以 1～2mm 厚纸垫防漏。

2）床身导轨的精度可由导轨磨加工来保证。

3）将床身置于可调的机床垫铁上（垫铁应安放在机床地脚螺孔附近），用水平仪指示读数来调整各垫铁，使床身处于自然水平位置，并使溜板对导轨的扭曲误差至最小值。各垫铁应均匀受力，使整个床身搁置稳定。

4）检查床身导轨的直线度误差和两导轨的平行度误差，若不符合要求，应重新调整及研刮修正。

2. 导轨的刮研

（1）选择刮削量最大，导轨中最重要和精度要求最高的溜板用导轨 2、3 作为刮削基准，如图 11-4 所示。用角度平尺（见图11-5）研点，刮削基准导轨面 2、3；用水平仪测量导轨误差并

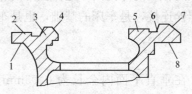

图 11-4　车床床身导轨载面图
1～8—导轨面

绘制导轨曲线图。待刮削至导轨直线度误差、接触点和表面粗糙度均符合要求为止。

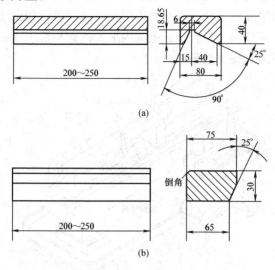

图 11-5　角度平尺

（2）以 2、3 面为基准，用平尺研点刮平导轨面 1。要保证其直线度和与基准导轨面 2、3 的平行度要求。

（3）测量导轨在垂直平面内的直线度误差及溜板导轨平行度误差，方法如图 11-6 所示。检验桥板沿导轨移动，一般测 5 点，得 5

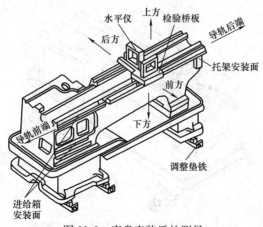

图 11-6　床身安装后的测量

893

个水平仪读数。横向水平仪读数差为导轨平行度误差。纵向水平仪用于测量导轨直线度，根据读数画导轨曲线图，计算误差线性值。

（4）测量溜板导轨在水平面内的直线度误差，如图 11-7 所示。移动桥板，百分表在导轨全长范围内最大读数与最小读数之差，为导轨在水平内直线度误差值。

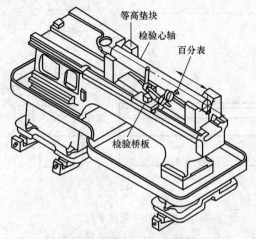

等高垫块
检验心轴
百分表
检验桥板

图 11-7 用检验桥板测量导轨在水平面内的直线度

（5）以溜板导轨为基准刮削尾座导轨 4、5、6 面，使其达到自身精度和对溜板导轨的平行度要求。检验方法如图 11-8 所示，将

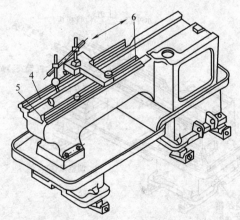

6
4
5

图 11-8 燕尾导轨对溜板导轨平行度测量

桥板横跨在溜板导轨上，触头触及燕尾导轨面4、5或6上。沿导轨移动桥板，在全长上应进行测量，百分表读数差为平行度误差值。

（6）刮削压板导轨7、8，要求达到与溜板导轨的平行度，并达到自身精度。测量方法如图11-9所示。

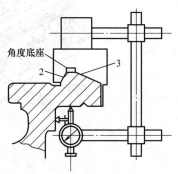

图11-9　测量溜板导轨与压板导轨平行度误差

3. 溜板配刮与床身装配工艺

滑板部件是保证刀架直线运动的关键。溜板上、下导轨面分别与床身导轨和刀架下滑座配刮完成。

（1）配刮横向燕尾导轨。

1）刮研溜板上导轨面。将溜板放在床身导轨上，可减少刮削时溜板变形。以刀架下滑座的表面2、3为基准，配刮溜板横向燕尾导轨表面5、6，如图11-10所示。推研时，手握工艺芯棒，以保证安全。

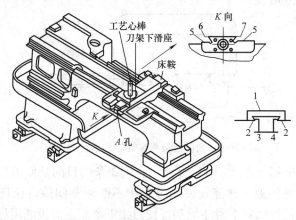

图11-10　刮研溜板上导轨面

表面5、6刮后应满足对横丝杠A孔轴线的平行度要求，其误差在全长上不大于0.02mm。测量方法如图11-11所示，在A孔中插入检验心轴上母线及侧母线上测量平行度误差。

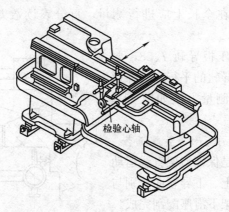

图 11-11　测量溜板上导轨面对丝杠孔的平行度

2) 修刮燕尾导轨面 7，保证其与平面 6 的平行度，以保证刀架横向移动的顺利。可用角度平尺或下滑座为研具刮研。用图 11-12所示方法检查：将测量圆柱放在燕尾导轨两端，用千分尺分别在两端测量，两次测得的读数差就是平行度误差，在全长上应不大于 0.02mm。

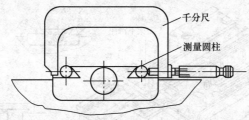

千分尺

测量圆柱

图 11-12　测量溜板燕尾导轨的平行度误差

（2）配镶条。如图 11-13 所示，配镶条的目的是使刀架横向进给时有准确间隙，并能在使用过程中不断调整间隙，保证足够寿命。镶条按导轨和下滑座配刮，使刀架下滑座在溜板燕尾导轨全长上移动时，无轻重或松紧不均匀现象，并保证大端有 10～15mm 调整余量。燕尾导轨与刀架上滑座配合表面之间用 0.03mm 塞尺检查，插入深度应不大于 20mm。

（3）配刮溜板下导轨面。
以床身导轨为基准，刮研溜
板与床身配合的表面，接触
点要求为 10～12 点/25mm×
25mm，并按图 11-14 所示检
查溜板上、下导轨的垂直度。
测量时，先纵向移动溜板，
校正 90°角尺的一个边与溜板

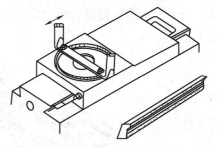

图 11-13 配燕尾导轨镶条

移动方向平行。然后将百分表移放在刀架下滑座上，沿燕尾导轨全
长上移动，百分表的最大读数值，就是溜板上、下导轨面垂直度误
差。超过公差时，应刮研溜板与床身结合的下导轨面，直至合格。

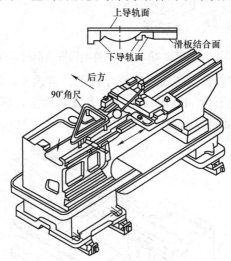

图 11-14 测量溜板上、下导轨的垂直度

本项精度要求为 300mm±0.02mm，只许偏向主轴箱。

刮研溜板下导轨面达到垂直度要求的同时，还要保证两项
要求：

1）测量溜板箱安装面与进给箱安装面的垂直度误差。横向应
与进给箱、托架安装面垂直，其测量方法如图 11-15 所示。在床身
进给箱安装面上夹持一 90°角尺，在 90°角尺处于水平的表面上移

动百分表检查溜板箱安装面的位置精度，要求公差为每 100mm 长度上 0.03mm。

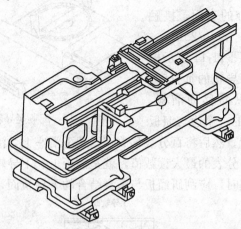

图 11-15　测量溜板结合面对进给箱安装面的垂直度

2）测量溜板箱安装面与床身导轨平行度误差，测量方法如图 11-16 所示。将百分表吸附在床身齿条安装面上，纵向移动溜板，在溜板箱安装面全长上百分表最大读数差不得超过 0.06mm。

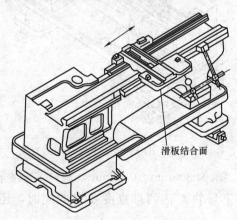

滑板结合面

图 11-16　测量溜板结合面对床身导轨的平行度

（4）溜板与床身的装配，主要是刮研床身的下导轨面及配刮溜板两侧压板，保证床身上、下导轨面的平行度误差，以达到溜板与床身导轨在全长上能均匀结合，平稳地移动。

按图 11-17 所示，装上两侧压板，要求在每 25mm×25mm 的面积上接触点为 6～8 点。全部螺钉调整紧固后，用 200～300N 力推动溜板在导轨全长上移动，应无阻滞现象；用 0.03mm 塞尺片检查密合程度，插入深度应不大于 20mm。

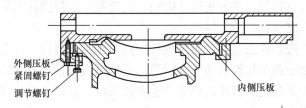

图 11-17　床身与溜板的装配

4. 溜板箱、进给箱及主轴箱的安装

（1）溜板箱安装。溜板箱安装在总装配过程中起重要作用。其安装位置直接影响丝杠、螺母能否正确啮合，进给能否顺利进行，是确定进给箱和丝杠后支架安装位置的基准。确定溜板箱位置应按下列步骤进行：

1）校正开合螺母中心线与床身导轨平行度误差。如图 11-18 所示，在溜板箱的开合螺母体内卡紧一检验心轴，在床身检验桥板上紧固丝杠中心测量工具［见图 11-18（b）］。分别在左、右两端校正检验心轴上母线与床身导轨的平行度误差，其误差值应在 0.15mm 以下。

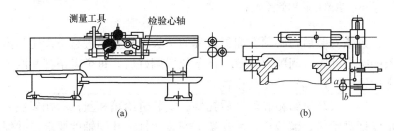

图 11-18　安装溜板箱

2）溜板箱左右位置的确定。左右移动溜板箱，使溜板横向进给传动齿轮副有合适的齿侧间隙，如图 11-19 所示。将一张厚

899

0.08mm 的纸放在齿轮啮合处，转动齿轮使印痕呈现将断与不断的状态为正常侧隙。此外，侧隙也可通过控制横向进给手轮空转量不超过 $\frac{1}{30}$ 转来检查。

3）溜板箱最后定位。溜板箱预装精度校正后，应等到进给箱和丝杠后支架的位置校正后才能钻、铰溜板箱定位销孔，配作锥销实现最后定位。

（2）安装齿条。溜板箱位置校定后，则可安装齿条，主要是保证纵进给小齿轮与齿条的啮合间隙。正常啮合侧隙为 0.08mm，检验方法和横向进给齿轮副侧隙检验方法相同。并以此确定齿条安装位置和厚度尺寸。

由于齿条加工工艺限制，车床齿条由几根拼接装配而成，为保证相邻齿条接合处的齿侧精度，安装时，应用标准齿条进行跨接校正，如图 11-20 所示。校正后，必须留有 0.5mm 左右的间隙。

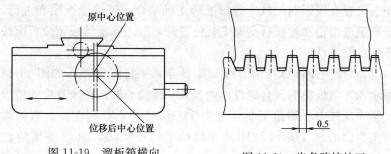

图 11-19　溜板箱横向
进给齿轮副侧隙调整

图 11-20　齿条跨接校正

齿条安装后，必须在溜板行程的全长上检查纵进给小齿轮与齿条的啮合间隙，间隙要一致。齿条位置调好后，每个齿条都配两个定位销钉，以确定其安装位置。

（3）安装进给箱和丝杠后托架。安装进给箱和丝杠后托架主要是保证进给箱、溜板箱、后支架上安装丝杠三孔同轴度要求。并保证丝杠与床身导轨的平行度要求。安装时，按图 11-21 所示进行测量调整。即在进给箱、溜板箱、后支架的丝杠支承孔中，各装入一根配合间隙不大于 0.05mm 的检验心轴，三根检验心轴外伸测量端的外径相等。

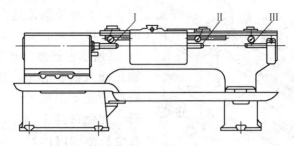

图 11-21 丝杠三点同轴度误差测量

溜板箱用心轴有两种：一种外径尺寸与开合螺母外径相等，它在开合螺母未装入时使用；另一种具有与丝杠中径尺寸一样的螺纹，测量时，卡在开合螺母中。前者测量可靠，后者测量误差较大。

安装进给箱和丝杠后托架，按下列步骤进行：

1）调整进给箱和后托架丝杠安装孔中心线与床身导轨平行度误差。用前面所述图 11-18 中用的专用测量工具，检查进给箱和后支架用来安装丝杠孔的中心线。其对床身导轨平行度公差：上母线为 0.02mm/100mm，只许前端向上偏；侧母线为 0.01mm/100mm，只许向床身方向偏。若超差，则通过刮削进给箱和后托架与床身结合面来调整。

2）调整进给箱、溜板箱和后托架三者的丝杠安装孔的同轴度误差。以溜板箱上的开合螺母孔中心线为基准，通过抬高或降低进给箱和后托架丝杠孔的中心线，使丝杠三处支承孔同轴。其精度在 Ⅰ、Ⅱ、Ⅲ 三个支承点测量，上母线公差为 0.01mm/100mm。横方向移出或推进溜板箱，使开合螺母中心线与进给箱、后托架中心线同轴。其精度为侧母线 0.01mm/100mm。

调整合格后，进给箱、溜板箱和后托架即配作定位销钉，以确保精度不变。

（4）主轴箱的安装。主轴箱是以底平面和凸块侧面与床身接触来保证正确安装位置。底面是用来控制主轴轴线与床身导轨在垂直平面内的平行度误差；凸块侧面是控制主轴轴线在水平面内与床身

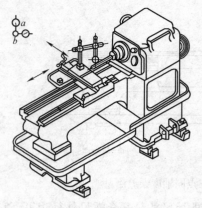

图 11-22　主轴轴线与床身
导轨平行度误差测量

导轨的平行度误差。主轴箱的安装，主要是保证这两个方向的平行度要求。安装时，按图 11-22 所示进行测量和调整。主轴孔插入检验心轴，百分表座吸在刀架下滑座上，分别在上母线和侧母线上测量，百分表在全长范围内读数差就是平行度误差值。

安装要求是：上母线为 0.03mm/300mm，只许检验心轴外端向上抬起（俗称"抬头"），若超差，刮削结合面；侧母线为 0.015mm/300mm，只许检验心轴偏向操作者方向（俗称"里勾"），超差时，通过刮削凸块侧面来满足要求。

为消除检验心轴本身误差对测量的影响，测量时旋转主轴 180°测量两次，两次测量结果的代数差之半就是平行度误差。

5. 尾座的安装

尾座的安装分两步进行：

（1）调正尾座的安装位置。以床身上尾座导轨为基准，配刮尾座底板，使其达到精度要求。

将尾座部件装在床身上，按图 11-23 所示测量尾座的两项精度：

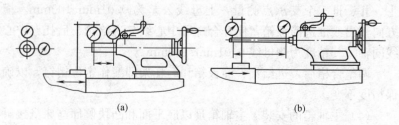

(a)　　　　　　　　　　(b)

图 11-23　顶尖套轴线对床身导轨平行度测量

1）溜板移动对尾座套筒伸出长度的平行度误差。其测量方法是：使顶尖套伸出尾座体 100mm，并与尾座体锁紧。移动床鞍，使床鞍上的百分表接触于顶尖套的上母线和侧母线上，表在 100mm 内读数差即顶尖伸出方向的平行度误差，如图 11-23（a）所示。

该项目要求是：上母线公差为 0.01mm/100mm，只许"里勾"。

2）溜板移动对尾座套筒锥孔中心线的平行度误差。在尾座套筒内插入一个检验心轴（300mm），尾座套筒退回尾座体内并锁紧。然后移动床鞍，使溜板上百分表触于检验心轴的上母线和侧母线上。百分表在 300mm 长度范围内的读数差即顶尖套内锥孔中心线与床身导轨的平行度误差，如图 11-23（b）所示。其要求为：上母线允差 0.03mm/300mm；侧母线允差 0.03/300mm。

为了消除检验心轴本身误差对测量的影响，一次检验后，将检验心轴退出，转 180°再插入检验一次，两次测量结果的代数和之半，即为该项误差值。

（2）调整主轴锥孔中心线和尾座套筒锥孔中心线对床身导轨的等距离。测量方法如图 11-24（a）所示，在主轴箱主轴锥孔内插入一个顶尖，并校正其与主轴轴线的同轴度误差。在尾座套筒内，同样装一个顶尖，二顶尖之间顶一标准检验心轴。将百分表置于床鞍

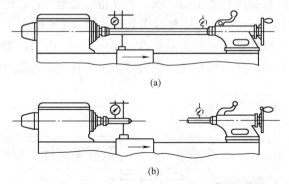

(a)

(b)

图 11-24　主轴锥孔中心线与顶尖锥孔中心线
对床身导轨的等距度

上，先将百分表测头顶在心轴侧母线，校正心轴在水平平面与床身导轨平行。再将测头触于检验心轴上母线，百分表在心轴两端读数差，即为主轴锥孔中心线与尾座套筒锥孔中心线对床身导轨的等距离误差。为了消除顶尖套中顶尖本身误差对测量的影响，一次检验后，将顶尖退出，转过180°重新检验一次，两次测量的代数和之半，即为其误差值。

图11-24（b）所示为另一种测量方法，即分别测量主轴和尾座锥孔中心线的上母线，再对照两检验心轴的直径尺寸和百分表读数，经计算求得。在测量之前，也要校正两检验心轴在水平面内与床身导轨的平行度误差。

测量结果应满足上母线允差0.06mm（只允许尾座高）的要求；若超差，则通过刮削尾座底板来调整。

6. 安装丝杠、光杠

溜板箱、进给箱、后支架的三支承孔同轴度校正后，就能装入丝杠、光杠。丝杠装入后应检验如下精度：

（1）测量丝杠两轴承中心线和开合螺母中心线对床身导轨的等距离。测量方法如图11-25所示，用图11-18所示的专用测量工具在丝杠两端和中央三处测量。三个位置中对导轨相对距离的最大差值，就是等距离误差。测量时，开合螺母应是闭合状态，这样可以排除丝杠质量、弯曲等因素对测量数值的影响。溜板箱应在床身中间，防止丝杠挠度对测量的影响。此项精度允差为：在丝杠上母线上测量为0.15mm；在丝杠侧母线上测量为0.15mm。

（2）丝杠的轴向窜动。测量方法如图11-25所示，在丝杠的后端的中心孔内，用黄油粘住一个钢球，平头百分表顶在钢球上。合

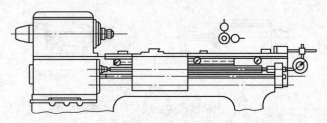

图11-25　丝杠与导轨等距度及轴向窜动的测量

上开合螺母，使丝杠转动，百分表的读数就是丝杠轴向窜动误差，最大不应超过 0.015mm。

此外，还有安装电动机、交换齿轮架、安全防护装置及操纵机构等工作。

7. 安装刀架

小刀架部件装配在刀架下滑座上，按图 11-26 所示方法测量小刀架移动对主轴中心线的平行度误差。

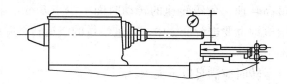

图 11-26　小刀架移动对主轴中心线的平行度误差的测量

测量时，先横向移动刀架，使百分表触及主轴锥孔中插入的检验心轴上母线最高点。再纵向移动小刀架测量，误差不超过 0.03mm/100mm。若超差，通过刮削小刀架滑板与刀架下滑座的结合来调整。

（三）试车验收

1. 机床空运转试验

（1）静态检查。这是车床进行性能试验之前的检查，主要是普查车床各部是否安全、可靠，以保证试车时不出事故。主要从以下几个方面检查：

1）用手转动各传动件应运转灵活。

2）变速手柄和换向手柄应操纵灵活、定位准确、安全可靠。手轮或手柄转动时，其转动力用拉力器测量，不应超过 80N。

3）移动机构的反向空行程应尽量小，直接传动的丝杠，不得超过回转圆圈的 1/30r；间接传动的丝杠，空行程不得超过 1/20r。

4）溜板、刀架等滑动导轨在行程范围内移动时，应轻重均匀和平稳。

5）顶尖套在尾座孔中作全长伸缩，应滑动灵活而无阻滞，手轮转动轻快，锁紧机构灵敏无卡死现象。

6）开合螺母机构开合准确可靠，无阻滞或过松的感觉。

7）安全离合器应灵活可靠，在超负荷时，能及时切断运动。

8）交换齿轮架交换齿轮间的侧隙适当，固定装置可靠。

9）各部分的润滑加油孔有明显的标记，清洁畅通。油线清洁，插入深度与松紧合适。

10）电器设备起动、停止应安全可靠。

（2）空运转。这是在无负荷状态下起动车床，检查主轴转速依次提高到最高转速，各级转速的转动时间不少于 5min。同时，对机床的进给机构也要进行低、中、高进给量的空运转，并检查润滑液压泵输油情况。

车床空运转时应满足以下要求：

1）在所有的转速下，车床的各部工作机构应运转正常，不应有明显的振动。各操纵机构应平稳、可靠。

2）润滑系统正常、畅通、可靠，无泄漏现象。

3）安全防护装置和保险装置安全可靠。

4）在主轴轴承达到稳定温度时（即热平衡状态），轴承的温度和温升均不得超过如下规定：滑动轴承温度 60℃，温升 30℃；滚动轴承 70℃，温升 40℃。

2. 机床负荷试验

车床经空运转试验合格后，将其调至中速（最高转速的 1/2 或高于 1/2 的相邻一级转速）下继续运转，待其达到热平衡状态时即可进行负荷试验。

（1）全负荷强度试验。目的是考核车床主传动系统能否输出设计所允许的最大转矩和功率。试验方法是将尺寸为 $\phi100mm \times 250mm$，中碳钢试件，一端用卡盘夹紧，一端用顶尖顶住。用硬质合金 YT15 的 45°标准右偏刀进行车削，切削用量为 $n = 58r/min$（$v = 18.5m/min$）、$a_p = 12mm$、$f = 0.6mm/r$，强力切削外圆。

试验要求在全负荷试验时，车床所有机构均应工作正常，动作平稳，不准有振动和噪声。主轴转速不得比空转时降低 5％ 以上。各手柄不得有颤抖和自动换位现象。试验时，允许将摩擦离合器调紧 2～3 孔，待切削完毕再松开至正常位置。

（2）精车外圆。目的是检验车床在正常工作温度下，主轴轴线与溜板移动方向是否平行，主轴的旋转精度是否合格。

试验方法是在车床卡盘上夹持尺寸为 $\phi 80\text{mm} \times 250\text{mm}$ 的中碳钢试件，不用尾座顶尖。采用高速钢车刀，切削用量取 $n = 397\text{r/min}$、$a_p = 0.15\text{mm}$，$f = 0.1\text{mm/r}$ 精车外圆表面。

精车后试件允差：圆度误差为 $0.01\text{mm}/100\text{mm}$，表面粗糙度值不大于 $Ra3.2\mu m$。

（3）精车试验。应在精车外圆合格后进行。目的是检查车床在正常温度下，刀架横向移动对主轴轴线的垂直度误差和横向导轨的直线度误差。试件为 $\phi 250\text{mm}$ 的铸铁圆盘，用卡盘夹持。用硬质合金 $45°$ 右偏刀精车端面，切削用量取 $n = 230\text{r/min}$。$a_p = 0.2\text{mm}$，$f = 0.15\text{mm/r}$。

精车端面后，试件平面度误差为 0.02mm（只许凹）。

（4）切槽试验。目的是考核车床主轴系统的抗振性能，检查主轴部件的装配精度、主轴旋转精度、溜板刀架系统刮研配合面的接触质量及配合间隙的调整是否合格。

切槽试验的试件为 $\phi 80\text{mm} \times 150\text{mm}$ 的中碳钢棒料，用前角 $\gamma_0 = 8° \sim 10°$，后角 $\alpha_0 = 5° \sim 6°$ 的 YT15 硬质合金切刀，切削用量为 $v = 40 \sim 70\text{m/min}$，$f = 0.1 \sim 0.2\text{mm/r}$。切削宽度为 5mm，在距卡盘端 $(1.5 \sim 2)d$（d 为工件直径）处切槽。不应有明显的振动和振痕。

（5）精车螺纹试验。目的是检查车床上加工螺纹传动系统的准确性。

试验规范：$\phi 40\text{mm} \times 500\text{mm}$、中碳钢工件；高速钢 $60°$ 标准螺纹车刀；切削用量为 $n = 19\text{r/min}$，$a_p = 0.02\text{mm}$，$f = 6\text{mm/r}$；两端用顶尖顶车。

精车螺纹试验精度要求螺距累计误差应小于 $0.025\text{mm}/100\text{mm}$、表面粗糙度值不大于 $Ra3.2\mu m$，无振动波纹。

二、Z3040 型摇臂钻床的安装与调试

摇臂钻床是一种孔加工机床，可进行钻孔、扩孔、铰孔、镗孔、刮平面及螺纹等工序的加工。它特别适合加工大型工件，如箱体、机座等的孔。加工中工件不必移动，将刀具移动到新的钻孔位置即可钻削，操作非常方便。

Z3040 型摇臂钻床是一种主轴旋转及进给量变换均采用液压预选集中操作的机床。它由底座、内立柱、外立柱、摇臂、主轴箱、工作台等组成。其主要规格如下：最大钻孔直径为 $\phi40mm$；主轴中心线到立柱母线的最大距离为 1400mm；主轴箱水平移动最大行程为 1060mm；摇臂垂直移动的最大行程为 650mm；主轴转速正向 12 级，转速 400～2000r/min；反向 12 级，转速 55～2800r/min。

当调整机床时，可以进行三种调整运动。这些运动的配合可在机床的尺寸范围内将主轴调整到任何一点，以便在工作所需要的位置上进行孔的加工。这些调整运动是：①外立柱带动着摇臂绕固定的内立柱在 360°范围内转动；②摇臂带着主轴头架沿外立柱作垂直移动，这个运动是通过单独的电动机经摇臂垂直机构而实现的；③主轴头架沿摇臂作水平（径向）移动。

外立柱转动到所需要的位置后，可通过液压机构使其与内立柱夹紧。液压机构是通过装在立柱上的单独电动机来带动的。

由于 Z3040 型摇臂钻床属于整体安装，现对其安装的精度要求分述于下：

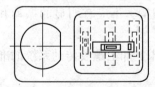

图 11-27　检验机床的水平度

（1）整体安装的摇臂钻床就位前，不应松开立柱的夹紧机构，防止倾倒。

（2）检查机床的水平度时（见图 11-27），应在底座工作台中央按纵、横向放置等高垫块、平尺、水平仪测量（横向测三个位置），水平仪读数均不超过 0.04mm/1000mm。

（3）检验立柱对底座工作面的垂直度误差时（见图 11-28），应符合下列要求：

1）将摇臂转至平行于机床纵向平面，并将摇臂和主轴箱分别固定在其行程的中间位置。

2）在底座工作面中央按纵、横向放等高垫块、平尺、水平仪

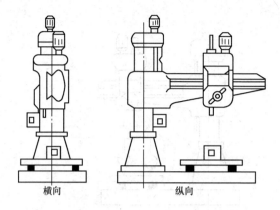

横向　　　　　　纵向

图 11-28　检验立柱对底座工作面的垂直度误差

测量。

3）在立柱右侧母线和前母线上靠贴水平仪测量。

4）垂直度误差以底座与立柱上相应两水平仪读数的代数差计，并应符合表 11-1 的规定。

表 11-1　　　　　　立柱对底座工作面的垂直度误差　　　　　　mm

主轴轴心线至立柱母线间最大距离	垂直度误差不应超过	
	纵向	横向
≤1600	0.2/1000	0.1/1000
>2000～2500	0.3/1000	0.1/1000
>2500～4000	0.4/1000	0.15/1000

5）立柱纵向应向底座工作面倾斜。

（4）检验主轴回转轴心线对底座工作面的垂直度误差时（见图 11-29），应符合下列要求：

1）将摇臂转至主轴轴心线位于机床的纵向平面内，在摇臂固定于立柱的下端和沿立柱向上 2/3 行程处，分别将主轴箱固定于靠近立柱和向外 2/3 行程处进行测量（共测量 4 个位置）。

2）在底座工作面中央，按纵、横向放等高垫块、平尺，在主轴上固定角形表杆和百分表，测头顶在平尺检验面上，旋转主轴 $180°$，分别在纵向平面 a 和横向平面 b 内测量。

3）垂直度的偏差从旋转主轴 $180°$前、后分别读数差计，并均

909

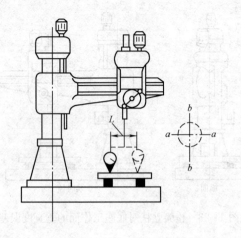

图 11-29　检验主轴回转轴心线对底座工作面的垂直度

应符合表 11-2 的规定。

表 11-2　　　　主轴回转轴心线对底座工作面的垂直度误差　　　　mm

主轴轴心线至立柱 母线间最大距离	测量直径 D	垂直度不应超过	
		纵向	横向
≤2000	300	0.06	0.03
>2000~4000	500	0.1	0.05

　4）主轴箱在其行程 2/3 时，主轴应向立柱方向偏。

　机床在试车前，必须将外表面涂的防腐涂料用无腐蚀性的煤油清洗，再用棉纱擦干，在清洗时不得拆卸部件及固定的零件。然后按机床的润滑要求注入机油，将照明灯装上，接好地线，即可试车。

　试车时各转速、空运转时间不应少于 5min，最高转速不应少于 30min，运转时检查机床工作运转是否平稳。

　机床负荷试验时试件采用 45 号碳素钢，上、下两平面需加工至 $Ra12.5\mu m$，并保持平行。刀具用高速钢 $\phi25mm$ 锥柄麻花钻，切削范围见表 11-3。

表 11-3　　　　　　　　切　削　规　范

主轴转速 n（r/min）	进给量 f（min/r）	钻孔深度 h（mm）	钻孔数量
392	0.36	60	5

机床进给工作时应平稳、准确、灵活，采用表 11-3 切削用量加工 15～30min 时，进给机构的保险离合器不允许脱离，各部分运转机构，不得有噪声和振动。当进给量增加至 0.48mm/r 时，进给保险必须脱离。

采用 0.36mm/r 进给量时，将水平仪纵向放在工作台台面和主轴套筒上，可观察工作台因受钻压而产生的变形，变形值在每 100mm 上不能大于 0.15mm。

负荷试验后，必须按精度检验标准进行一次精度检查，以作最后一次检验。如有超差，可以加以调整，但必须重新再做相关的空运转试验。

三、M1432A 型万能外圆磨床的安装与调试

（一）主要组成部件

M1432A 型外圆磨床用于磨削内外圆柱表面、内外圆锥表面、阶梯轴轴肩和端面、简单的成形旋转体表面等。

M1432A 型外圆磨床由床身、工作台、砂轮架、内圆磨具、滑鞍和由工作台手摇机构、磨头横向进给机构、工作台纵向直线运动液压控制板等组成的控制箱等主要部件组成。在床身顶面前部的导轨上安装有工作台，台面上装有工件头架和尾座，工件靠头架和尾座上的顶尖支承，或用头架上卡盘夹持，由头架带动旋转，实现工件的圆周进给运动。工作台由液压传动作纵向直线往复运动，使工件实现往复进给运动。工作台分上、下两层，上工作台相对下工作台在水平面内可作 ±10° 左右的偏转，以便磨削锥度小的长锥体。砂轮架由内外磨头主轴部件、电动机及带传动部件组成，安装在床身顶面后部的横向导轨上，由带有液压装置的丝杠螺母传递动力作快速移动。头架和磨头可分别绕垂直轴线旋转 ±90° 和 ±30° 的角度，以分别作大锥体、锥孔工件的磨削，内孔磨头的转速由单独的电动机驱动，转速极高。

（二）机床主要部件的安装与调整

1. 砂轮架

在主轴的两端锥体上分别装着砂轮压盘 1 和 V 带轮 13，并用轴端的螺母进行压紧（如图 11-30 所示）。主轴 5 由两个多瓦式油

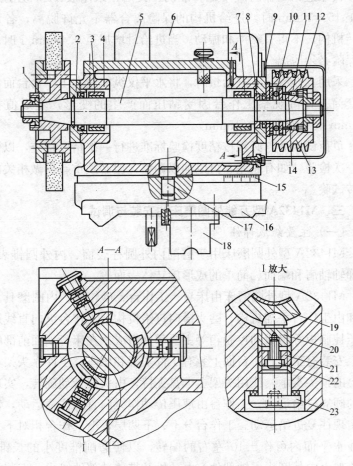

图 11-30　M1432A 型外圆磨床砂轮架结构

1—压盘；2、9—轴承盖；3、7、19—扇形轴瓦；4—壳体；5—砂轮主轴；

6—主电动机；8—止推环；10—推力球轴承；11—弹簧；12—调节螺钉；

13—带轮；14—销子；15—刻度盘；16—滑鞍；17—定位轴销；18—半螺母；

20—球头螺钉；21—螺套；22—锁紧螺钉；23—封口螺钉

膜滑动扇形轴承 3 和 7 支承，每个轴承各由三块均布在主轴轴颈周围、包角为 60°的扇形轴瓦 19 组成。每块轴瓦都由可调节的球头螺钉 20 支承。而球头螺钉的球面与轴瓦的球凹面经过配研，能保证有良好的接触刚度，并使轴瓦能灵活地绕球头自由摆动。螺钉的球头（支承点）位置在轴向处于轴瓦的正中，在周向则离中心一定距离。这样，当主轴旋转时，三块轴瓦各自在螺钉的球头上摆动到一定的平衡位置，其内表面与主轴轴颈间形成楔形缝隙，于是在轴颈周围产生了三个独立的压力油膜，使主轴悬浮在三块轴瓦的中间，形成液体摩擦作用，以保证主轴有高的精度保持性。当砂轮主轴受磨削载荷而产生向某一轴瓦偏移时，这一轴瓦的楔缝变小，油膜压力升高；而在另一方向的轴瓦的楔缝变大，油膜压力减小，这样砂轮主轴就能自动调节到原中心位置，保持主轴有较高的旋转精度。轴承间隙用球头螺钉 20 进行调整，调整时，先卸下封口螺钉 23、锁紧螺钉 22 和螺套 21，然后转动球头螺钉 20，使轴瓦与轴颈间的间隙合适为止（一般情况下，其间隙为 0.01～0.02mm）。一般只调整最下面的一块轴瓦即可。调整好后，必须重新用螺套 21、螺钉 22 将球头螺钉 20 锁紧在壳体 4 的螺孔中，以保证支承刚度。

为保证主轴与壳体孔的中心线同轴，主轴的径向中心可用定心套调整，如图 11-31 所示。将两个定心套套上主轴并装进壳体的孔内，然后用 6 个球头螺钉将 6 块轴瓦轻轻贴上主轴颈。将螺钉固定好后，要求定心套转动自如。

主轴由止推环 8 和推力球轴承 10 作轴向定位，并承受左右两个方向的轴向力。推力球轴承的间隙由装在带轮内的 6 根弹簧 11 通过销子 14 自动消除。但由于自动消除间隙的弹簧 11 的力量不可能很大，所以推力球轴承只能承受较小的向左的轴向力。因此，本机床只宜用砂轮的左端面磨削工件的台肩端面。

砂轮架的壳体 4 固定在滑鞍下面的导轨与床身顶面后部的横导轨配合，并通过横向进给机构和半螺母 18，使砂轮作横向进给运动或快速向前或向后移动。壳体 4 可能绕轴销 17 回转一定角度，以磨削锥度大的短锥体。

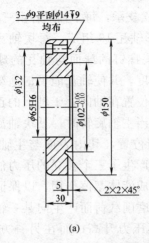

(a)

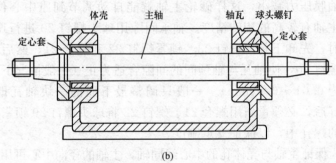

(b)

图 11-31　安装主轴用定心套定位

2. 横向进给机构

M1432A 型外圆磨床横向进给机构如图 11-32 所示,它用于实现砂轮架横向工作进给、调整位移和快速进退,以确定砂轮和工件的相对位置,控制工件尺寸等。调整位移为手动,快速进退的距离是固定的,用液压传动。

手轮 6 的刻度盘 3 上装有定程磨削撞块 5,用于保证成批磨削工件的直径尺寸。如果中途由于砂轮磨损或修整砂轮导致工件直径变大,可用调整旋钮 7(其端面上有 21 个均匀分布的定位孔),使它与手轮 6 上的定位销 8 脱开。然后在手轮 6 不转的情况下,顺时针旋转一定角度(这个角度大小按工件直径尺寸变化量确定)。最后将旋钮 7 推回手轮 6 的定位销 8 上定位,当撞块 5 与定位块 4 再

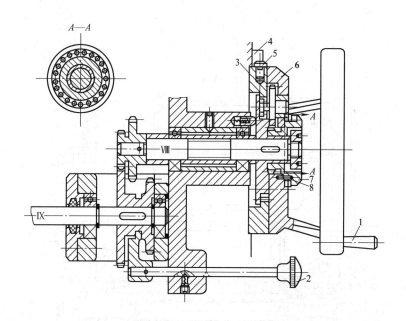

图 11-32　M1432A 型外圆磨床横向进给机构
1—手把；2—手柄；3—刻度盘；4—定位块；5—撞块；
6—手轮；7—旋钮；8—定位销

度相碰，砂轮架便附加进给了相应的距离，补偿了砂轮的磨损，保证工件的要求直径尺寸。

3. 工件头架

工件头架用卡盘夹持工件或与尾座共同使用，用两顶尖支承工件，并使工件作圆周进给运动。如图 11-33 所示，工件头架由壳体、主轴部件、传动装置、底座等组成。它通过底座的底面安装在工作台上。

主轴 10 的前、后支承，各为两个"面对面"排列安装的向心推力球轴承。主轴前轴颈处有一凸台，因此，主轴的轴向定位由前支承的两个轴承来实现，即两个方向的轴向力由前支承的两个轴承承受。通过仔细修磨的隔套 3、5 和 8，并用轴承盖 11 和 4 压紧轴承后，轴承内外圈将产生一定的轴向位移，使轴承实现预紧，以提高主轴部件刚度和旋转精度。

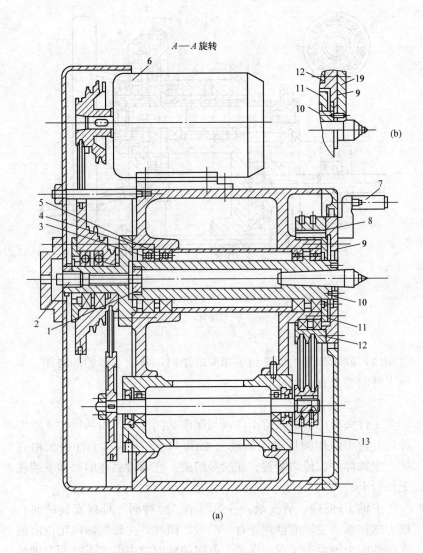

图 11-33　M1432A 型外圆磨床工件头架（一）

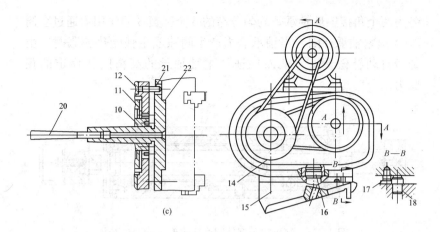

图 11-33　M1432A 型外圆磨床工件头架（二）

1—螺套；2—螺杆；3、5、8—隔套；4、11—轴承盖；6—电动机；
7—拨杆；9—拨盘；10—主轴；12—带轮；13—偏心套；14—壳体；15—底座；
16—轴销；17—销子；18—固定销；19—拨块；20—拉杆；21—拨销；22—法兰

主轴 10 有一中心通孔，前端为莫氏 4 号锥孔，用来安装顶尖、卡盘或其他夹具。卡盘座或夹具可用拉杆 20 将卡盘拉紧。

磨削工件时，主轴可以旋转，也可以不转动，当用前后顶尖支承工件磨削时，可拧紧螺杆 2，通过螺套 1 使主轴掣动，即主轴固定不转动。这样，工件由带轮 12 带动拨盘 9，经拨杆 7 拨动工件上安装的鸡心夹头 ［图 11-33（a）中未示出］而使工件在固定的两顶尖上转动，避免了主轴回转精度误差对加工精度的影响。当用卡盘、夹盘夹持工件时，主轴转动。此时螺杆 2 要松开，并将拨杆 7 卸下，换装上拨销 21 ［图 11-33（c）］，使拨销 21 插在卡盘和主轴一起转动。当磨削顶尖或其他带莫氏锥体的工件时 ［图 11-33（b）］，可直接插入主轴锥孔中，并将拨盘 9 上的拨杆卸下，换上拨块 19，使拨盘 9 的运动经拨块 19 传动主轴和工件一起转动。

壳体 14 可绕轴销 16 相对于底座 15 逆时针回转 0°～90°，以磨削锥度大的短锥体。

4. 内磨主轴部件

M1432A 型外圆磨床的内磨装置如图 11-34 所示。前、后支承各为两个角接触球轴承，均匀分布的8个弹簧3的作用力通过套筒2、4顶紧轴承外圈。当轴承磨损产生间隙或主轴受热膨胀时，由弹簧自动补偿调整，从而保证了主轴轴承的高精度和稳定的预紧力。

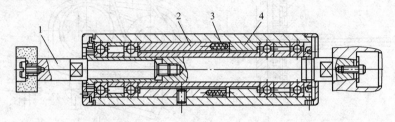

图 11-34　M1432A 型外圆磨床内磨主轴部件结构

1—接长轴；2、4—套筒；3—弹簧

主轴的前端有一莫氏锥孔，可根据磨削孔深度的不同安装不同的内磨接长轴1；后端有一外锥体，以安装带轮，由电动机通过带轮直接传动主轴。

5. 工作台

如图 11-35 所示，M1432A 型外圆磨床工作台面由上台面6和下台面5组成。下台面的底面以一矩一山型的组合导轨作纵向运动；下台面的上平面与上台面的底面配合，用销轴7定中心，转动螺杆11，通过带缺口并能绕销轴10轻微转动的螺母9，可使上台面绕销轴7相对于下台面转动一定的角度，以磨削锥度较小的长锥体。调整角度时，先松开上台面两端的压板1和2，调好角度后再将压板压紧，角度大小可由上台面右端的刻度尺13上直接读出，或由工作台右前侧安装的千分表12来测量。

上台面的顶面 a 做成 10°倾斜度，工件头架和尾座安装在台面上，以顶面 a 和侧面 b 定位，依靠其自身的重量的分力紧靠在定位面上，使定位平稳，有利于它们沿台面调整纵向位置时保持前后顶尖的同轴度要求。另外，倾斜的台面可使切削液带着磨屑快速流走。台面的中央有一 L 形槽，用以固定工件头架和尾座。上台面前侧有一长槽，用于固定工件头架和尾座。下台面前侧有一长槽，用于固定行程挡块3和14，以碰液压操纵箱的换向拨杆，使工作

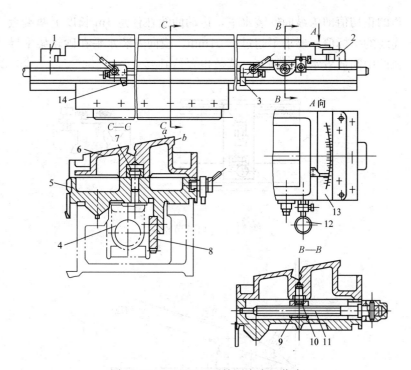

图 11-35　M1432A 型外圆磨床工作台

1、2—压板；3—右行程挡块；4—液压缸；5—下台面；6—上台面；7、10—销
轴；8—齿条；9—螺母；11—螺杆；12—千分表；13—刻度尺；14—左行程挡块

台自动换向；调整 3 和 14 间的距
离，即控制工作台的行程长度。

（1）初步调整安装床身水平
时，一般只采用三块垫铁。垫铁分
布见图 11-36，在床身及砂轮架的

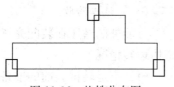

图 11-36　垫铁分布图

平导轨中央，平行于导轨放置水平仪，调整垫铁，使读数达到
要求。

（2）精确调整安装水平时，放入其他辅助垫铁，调整垫铁，测
量床身导轨在垂直平面内的直线度误差。测量方法一般采用图 11-
37 所示的可调节的检具，画出检具运动曲线（如图 11-38 所示）
作一组相距最近的平行直线，夹住运动曲线。平行线对横坐标的夹

角的正切值即为纵向安装水平，运动曲线在任意 1m 长度上两端点连线的坐标值，要求不超过 0.01mm，横向安装水平在砂轮架平导轨的中间放置水平仪调整，读数也要达到要求。

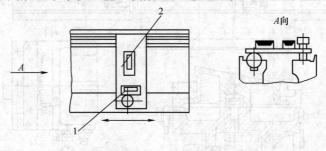

图 11-37　可调节检具

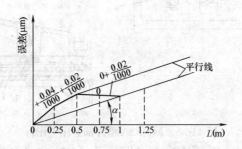

图 11-38　外圆磨床安装水平的调整

（三）试车验收

万能外圆磨床在装配完毕后，必须事先进行空运转试验，观察整体运转情况。

（1）空运转试验前的准备。

1）清除各部件及油池中的污物，并用煤油或汽油洗清之。

2）用手动检查机床全部机构的运转情况，保证没有不正常现象。

3）检查各润滑油路装置是否正确，油路是否通畅，油管不得有弯扁现象。

4）按机床润滑部位的要求，在各处加注规定的润滑油（脂）。

5）床身油池内，按油标指示高度加满油液。油液的油质必须符合说明书中的规定，一般使用纯净中和矿物油，黏度为 $21.1 \times 10^{-6} \, \mathrm{m^2/s}$（50℃），即 N32 或 N46 液压导轨油。

6）将操纵手柄位于关闭，特别是将磨头快速进刀的操纵手柄位于退出。紧固工作台的换向撞块，以防止各运动部件在动作范围内相碰。

7）起动液压泵电动机，注意运转方向是否正确，按说明书中规定调整主油路和润滑油路的压力至要求值。

8）液压系统中的管接头不得有泄漏现象，尤其是低压区更为重要，以免空气进入。

（2）空运转试验。

1）转动工作台的操作手柄，以低速（约 0.1m/min）及短行程运动，观察换位是否正常。然后调整至最大行程位置，以低速运行数十次后，再逐步转至最高速度运行。在运行时，观察换向是否正常，有否撞击和显著停滞现象，并利用工作台快速在全程上移动，以排除系统中残留空气。当工作台换向时发现有冲击或显著停滞时（在无停留位置时），可用操纵箱两侧调节螺钉调整：一般当产生冲击现象时将螺钉拧入，而有停滞时则相反。调整时，必须注意所调整的调节螺钉是否与控制相应调整的一端对应，当调整就绪后，应重新锁紧，并观察是否有变异。要求工作台往复运动，在各级速度下（最低 0.07m/min）不应有振动，以及显著的冲动和停滞现象。工作台在往复运动中，左右行程的速度差不得超过 10%，液压系统工作时，油池温度一般不得超过 60℃；当环境温度≥38℃时，油温不得超过 70℃。

2）慢速移动工作台，将左右的换向撞块固定在适宜的位置上，然后快速引进磨头，要求重复定位精度不得超过 0.003mm。自动进给的进给量误差不得超过刻度的 10%。

3）检查磨削内孔时，磨头快速进刀的安全联锁装置是否可靠。

4）起动磨头电动机时，先不要安装传动带，以便观察其运动方向。待校正电动机方向正确后，装上传动带，然后用点动法起动磨头电动机，使磨头轴承形成油膜后，作正式起动。一般空运转时间不超过 1h。要求磨头及头架的轴承温升不得超过 20℃。内圆磨具的轴承温升不得超过 15℃。

四、X62W 型卧式铣床的安装与调试

铣床是用铣刀进行铣削的机床,能加工平面、沟槽、键槽、T形槽、燕尾槽、螺纹、螺旋槽,以及有局部表面的齿轮、链轮、棘轮、花键轴,各种成形表面等,用锯片铣刀可切断工件。铣刀的旋转运动是铣床的主体运动。铣床一般具有相互垂直的三个方向上的调整移动,其中任一方向的移动都构成进给运动。

X62W 型卧式铣床的工艺特点是主轴水平布置,工作台沿纵向、横向和垂直三个方向作进给运动或快速移动。工作台在水平方向可作±45°的回转,以调整所需角度,适应螺旋表面加工。机床加工范围广,刚度好,生产率高。

(一) 主要部件的安装

(1) 床身。床身是整个机床的基础。电动机、变速箱的变速操纵机构、主轴等安装在其内部,升降台、横梁等分别安装在下部和顶部。它保证工作台的垂直升降的直线度。

(2) 主轴。主轴的作用是紧固铣刀刀杆并带动铣刀旋转。主轴做成空心,其前端为锥孔,与刀杆的锥面紧密配合。刀杆通过螺杆将其压紧。主轴轴颈与锥孔同心度要求高,否则主轴旋转时的平稳性不能保证。主轴的转速通过操纵机构变换床身内部的齿轮位置而变换。

(3) 横梁。横梁上可安装吊架,用来支承刀杆外伸的一端,以加强刀杆的刚度。横梁可在床身顶部的水平导轨中移动,以调整其伸出的长度。

(4) 升降台。升降台可沿床身侧面的垂直导轨上、下移动。升降台内装有进给运动的变速传动装置、快速移动装置及其操纵机构,在其上装有水平横向工作台,可沿横向水平(主轴方向)移动。滑鞍上装有回转盘,回转盘的上面有一纵向水平燕尾导轨,工作台可沿其作水平纵向移动。

(5) 工作台。工作台包括三个部分,即纵向工作台、回转盘和横向工作台。纵向工作台可以在回转盘上的燕尾导轨中由丝杠、螺母的带动作纵向移动,以带动台面上的工件作纵向进给。台面上开有三条 T 形直槽,槽内可放置螺栓,以紧固台面上的工件和附具。

一些夹具或附具的底面往往装有定位键，在装上工作台时，一般应使键侧在 T 形槽内紧贴，夹具或附件便能在台面上迅速定向。在三条槽中，中间的一条精度最高，其余两条较低。横向工作台在升降台上面的水平导轨上，可带动纵向工作台一起作横向移动。横向工作台上的转盘的作用是使纵向工作台在水平面内旋转 ±45°角，以便铣削螺旋槽。工作台的移动可手摇相应的手柄使其作横向、纵向移动和升降移动，也可以由装在升降台内的进给电动机带动作自动送进，自动送进的速度可操纵进给变速机构加以变换。需要时，还可作快速运动。

（二）机床的调整

1. 工作台回转角度的调整

对 X62W 型万能铣床来说，工作台可在水平面内正反各回转 45°。调整时，可用机床附件中的相应尺寸的扳手，将操纵图中的调节螺钉松开，该螺钉前后各有两个，拧松后即可将工作台转动。回转角度可由刻度盘上看出，调整到所需角度后，将螺钉重新拧紧。

2. 工作台纵向丝杠传动间隙的调整

根据机床的标准要求，纵向丝杠的空程量允许为刻度盘 1/24 圈（即 5 格）。当机床使用一定时期后，由于丝杠与螺母之间的磨损或是锁紧螺母的松动而产生纵向丝杠反空程量过大时，可按下述两方面进行调整：

（1）工作台纵向丝杠轴向间隙的调整。调整轴向间隙时（见图 11-39），首先拆下手轮，拧下螺母 1，取下刻度盘 2，将卡住螺母 3 的止退垫圈 4 打开，此时，只要把锁紧螺母拧松，即可用螺母 5 进行间隙调整。螺母 5 的松紧程度，只要垫 6 用手能拧动即可。调整合适后，仍将螺母 3 锁紧，扣上垫圈 4，再将拆下的零件依次装上。

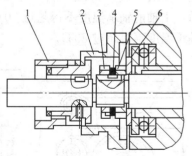

图 11-39　工作台纵向丝杠
轴向间隙的调整

1、3、5—螺母；2—刻度盘；
4—止退垫圈；6—垫

（2）工作台纵向丝杠传动间隙的调整，如图 11-40 和图 11-41 所示，打开盖板 3，拧紧螺母 2，按箭头方向拧紧蜗杆 1，使传动间隙充分减小，直至达到标准为止（1/24 圈）。同时用手柄摇动工作台，检查在全行程范围内不得有卡住现象，调整完后将螺母 2 拧紧，再把盖板装上。

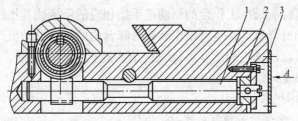

图 11-40　工作台纵向丝杠蜗母蜗杆装配图
1—蜗杆；2—螺母；3—盖板

3. 卧式主轴轴承的调整

为了调整方便，如图 11-42 所示，首先移开悬梁，拆下床身顶盖板 6，然后拧松中间锁紧螺母 5 上的螺钉 4，将专用勾扳手勾住锁紧螺母 5，用棍卡在拔块 7 上，旋转主轴进行调整。螺母 5 的松紧程度可以根据使用精度和工作性质来决定。调整完后，将锁紧螺母 5 上的螺钉 4 拧紧。然后立即进行主轴空运转试验，从最低一级起，依次运转，每级不得少于 2min。在最高 1500r/min 运转 1h 后，主轴前轴承温度不得超过 70℃。当室温大于 38℃时，主轴前轴承温度不得超过 80℃。

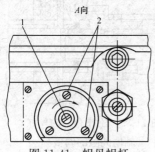

图 11-41　蜗母蜗杆
调整示意图
1—蜗杆；2—螺母

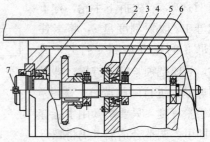

图 11-42　卧式主轴装配示意图
1、3—轴承；2—悬梁；4—螺钉；
5—螺母；6—盖板；7—拔块

4. 主轴冲动开关的调整

机床冲动开关的目的，是为了保证齿轮在变速时易于啮合。因此，其冲动开关的接通时间不宜过长或接不通。时间过长，变速时容易造成齿轮撞击声过高或打坏齿轮；接不通则齿轮不易啮合。主轴冲动开关接通时间的长短由螺钉 1 的行程大小来决定（并且与变速手柄扳动的速度有关）。行程大，接通时间过长；行程小，接不通。因此，在调整时应特别加以注意，其调整方法如下：

调整时，首先将机床电源断开，拧开按钮的盖板，即能看到 LXK-11K 冲动开关 2。然后，再扳动变速手柄 3，查看冲动开关 2 接触情况，根据需要拧动螺钉 1。然后再扳动变速手柄 3，检查 LXK-11K 冲动开关 2 接触点接通的可靠性。照例，接触点相互接通的时间愈短，所得到的效果愈好。调整完后，将按钮盖板盖好。

在变速时，禁止用手柄撞击式的变速，手柄从Ⅰ到Ⅱ时应快一些，在Ⅱ处停顿一下，然后将变速手柄慢慢推回原处（即Ⅲ的位置）。当在变速过程中发现齿轮撞击声过高时，立即停止变速手柄 3 的扳动，将机床电源断开。这样能防止床身内齿轮打坏或其他事故发生。主轴冲动开关装配示意图，见图 11-43。

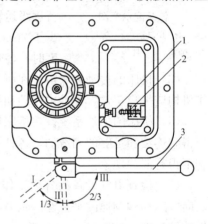

图 11-43　主轴冲动开关示意图
1—螺钉；2—冲动开关；3—变速手柄

5. 快速电磁铁的调整

机床三个不同方向的快速移动，是由电磁铁吸合后通过杠杆系统压紧摩擦片得到的。因此，快速移动与弹簧 3 的弹力有关（见图 11-44）。调整快速时，绝对禁止调整摩擦片间隙来增加摩擦片的压力（摩擦片间隙不得小于 1.5mm）。

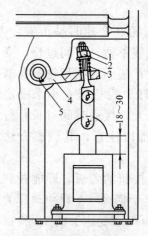

图 11-44　快速电磁
铁装配示意图
1—开口销；2—螺母；
3—弹簧；4—杠板；5—弹簧圈

当快速移动不起作用时，打开升降台左侧盖板，取下螺母 2 上的开口销 1，拧动螺母 2，调整电磁铁芯的行程，使其达到带动为止。

（三）机床的空运转试验

（1）主轴的温升。空运转自低级逐级加快至最高级转速，每级转速的运转时间不少于 2min，在最高转速时间不少于 30min，主轴轴承达到稳定温度时不得超过 60℃。

（2）进给箱各轴承的温升。起动进给箱电动机，应用纵向、横向及升降进给进行逐级运转试验，各进给量的运转时间不少于 2min。在最高进给量运转至稳定温度时，各轴承温度不应超过 50℃。

（3）机床的振动和噪声。在所有转速的运转试验中，机床各工作机构应平稳正常，无冲击振动和周期性的噪声。

（4）机床的供油系统。在机床运转时，润滑系统各润滑点应保证得到连续和足够的润滑油，各轴承盖、油管接头及操纵手柄轴端均不得有漏油现象。

（5）检查电气设备的各项工作情况，包括电动机起动、停止、反向、制动和调速的平稳性，磁力起动器和热继电器及终点开关工作的可靠性。

五、TP619 型卧式镗床的安装与调试

（一）主要组成部件

TP619 型卧式镗床由床身、主轴箱、工作台、平旋盘和前、后立柱等组成。主轴箱内装有主轴部件和平旋盘、主变速和进给变速及其液压预选变速操纵机构。主轴作旋转主体运动，又作轴向进给运动；平旋盘作旋转主体运动，刀架可随径向刀具溜板作径向进给运动；整个主轴箱可沿前立柱的垂直导轨作上下移动。工作台由下滑座、上滑座和上工作台三层组成。工件安装在上工作台上，并

926

可绕垂直轴线在静压导轨上回转（转位），以及随下滑座沿床身导轨作纵向移动（或纵向进给运动），随上滑座沿下滑座的导轨作横向移动（或横向进给运动）。后立柱的垂直导轨上，安装有一个沿导轨上下移动的支架，以便采用长镗杆进行孔加工时作为镗杆支承，增加镗杆的刚度。另外，后立柱还可沿床身导轨作纵向移动，以支承不同长度的长镗杆。

（二）镗床主轴部件的装配

（1）床身上装齿条（共有三根）。在进行齿条装配前，先在平板上测量齿条中径对齿条底面的平行度误差，保持等高，然后按照螺孔尺寸装配，注意保持两齿条接缝处齿距一致。

（2）工作台部件装配。

1）调整啮合间隙，将下滑座和传动件及光杠连接的齿轮套吊在床身上进行装配，按床身斜齿条位置对准斜齿轮。当斜齿轮齿条的间隙小于1mm时，调整斜齿轮的固定法兰，使符合斜齿条副间隙；当间隙大于1mm时，在齿条水平方向定位面和齿条底面之间增垫钢板，调整垫片厚度以保证啮合间隙。

2）校正光杠对床身导轨平行度误差。装两根水平光杠，用百分表检查两光杠的安装平行（见图11-45）。检查时下滑座移动至床身中段，通过调整后支架使光杠两端平行。

3）安装齿轮、各传动件，装配调整下滑座及上滑座的镶条和压板。将镶条、压板分别装入导轨间和相应的部位。调整镶条

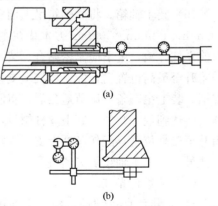

(a)

(b)

图 11-45　校正光杠对床身导轨平行度误差

螺钉，使镶条和导轨有适当间隙，摇动丝杠手柄时滑座移动要求灵活，轻松，无轻重不一感。

（3）装下滑座夹紧装置。装下滑座与床身的压紧装置时，应分

清左右两侧的夹紧轴螺钉的旋向，装后应使 4 个压板能同时刹紧和松开。转动压紧摇手时要求轻松。调正上述装置时，可先在压板和导轨间放入塞尺，试作夹紧，再次测得间隙后逐次调正，使塞尺不应塞入 25mm 长度。调正完毕应拧紧防松螺母。

(4) 装前立柱。将前立柱装上床身时，注意对准锥定位孔，并用螺钉作初固定。在 $\phi16mm \times 80mm$ 锥销上涂机油，用手压入锥孔内，用木锤轻击立柱底边的法兰缘上，让锥销自由插入孔内。此时锥销外露约 10mm，再用纯铜棒将锥销击实。检验前立柱对床身导轨的垂直度误差，先紧固前立柱法兰边四角的螺钉，记下床身水平读数和前立柱垂直方向的水平仪读数。若精度不符，需刮研床身与前立柱结合面。

(5) 装回转工作台。先不装入钢环，将钢球工作台装上上滑座。在工作台上加配重 2000kg 后，用千分表测量工作台圆环和上滑座圆导轨之间的平行度误差以及数值（三个夹紧点外），然后按此尺寸配磨钢环。装中间定位轴承时，注意不要过分压紧轴承内环，希望间隙尽可能小，以防止工作台变形。

(6) 装主轴箱。将主轴箱吊上前立柱，装上压板。用千斤顶或 $100mm \times 100mm \times 500mm$ 方木垫在主轴箱底面，此时检查主轴箱与前立柱导轨，上下应紧密贴合。装入丝杠螺母，并作固定，将主轴箱升至最高位置后，配作丝杠上支架固定螺孔及定位销孔，装上锥销。装上主镶条，调节适当后，将制动螺母拧紧。装后主轴箱行程应能达到规定数值。装上丝杠螺母，旋紧螺母固定螺钉。装主轴箱升至最高位置，配作丝杠上支架固定螺钉及定位销孔，装销子定位。最后装上主轴箱的夹紧机构。

(7) 装垂直光杠。

1) 安装垂直花键轴，检查主轴箱与进给箱孔内 8mm 滑键必须与轴槽贴合。

2) 从上将光杠穿入箱孔、箱内锥齿轮孔内，转动光杠，找出第一个滑键并推光杠至第二个滑键处。此时，需缓缓推，以防冲击，拖动手摇微进给机构，手转产生转动。继续使锥齿轮上滑键对准光杠键槽后，再推光杠，降至第三键槽。用上述方法，将光杠轴伸入蜗杆孔，对准滑键后再与床身的光杠接套连接。

（三）调整后立柱刀杆支座与主轴的重合度

（1）游标尺对准刻线后不应移动，可根据主轴箱游标读数手动调正刀杆支座，使读数与之相符。

（2）同时升高主轴箱和刀杆支座，以校正重合度。

为考虑在上升中校正，可消除丝杆回程间隙，在校正前主轴箱和刀杆支座应在立柱中间位置，留有适当余量。

（四）总装精度调整

按检验标准检验几何精度。调整项目有：

（1）工作台移动对工作台面的平行度误差。超差时修正滑动导轨。

（2）主轴箱垂直移动对工作台平面的垂直度误差。超差时调整床身垫铁，有可能修刮床身与立柱的结合面。

（3）主轴轴线对前立柱导轨的垂直度误差。超差时修刮压板和镶条。

（4）工作台移动对主轴侧母线的平行度误差。

（5）工作台分度精度和角度重复定位精度。超差时，修磨工作台 4 个定位点的调整垫。

（五）空运转试验

机床主传动机构需从低速起至高速，依次运转，每级速度的运转时间不得少于 2min。在最高速时使主轴轴承达到稳定温度，此时运转时间不得少于半小时。

在最高速度运转时，主轴应能稳定温度；滑动轴承温升不得超过 35℃，滚动轴承温升小于 40℃，其他结构温升不超过 30℃。

进给机构应作低、中、高速的空运转试验。快速机构应作快速空运转试验 20min。

在所有速度下，工作机构应平稳、正常、无冲击，噪声要小。

（六）机床负荷试验

负荷试验应注意材料与刀具的正确选用，在一般情况应力求不超负荷。试件材料为铸铁（150～180HBS）。

（1）最大切削抗力试验，用标准高速钢钻头钻孔，试验要求见

表 11-4。

表 11-4　　　　　最大切削抗力试验要求

进给部件	钻孔直径 d (mm)	主轴转速 n (r/min)	进给量 f (mm/r)	钻头长度 L (mm)	切削抗力 F (N)	离合器工作情况
主轴			0.37	>100	<13 000	正常
工作台	$\phi50$	50	0.37			
主轴			1.03	不规定	大于 20 000	脱开
工作台			1.03			

(2) 主轴最大转矩和最大功率试验。用主轴铣削，试验材料为铸铁（150～180HBS），刀具为 YG 硬质合金六刃面铣刀，莫氏 5 号锥柄。试验要求见表 11-5。

表 11-5　　　　主轴最大转矩和最大功率试验要求

进给部件	铣刀直径 d(mm)	侧吃刀量 a_w(mm)	背吃刀量 a_p(mm)	主轴转速 n(r/min)	进给量 f(mm/r)	铣削长度 L(mm)	主轴转矩 M(N·m)	功率 P(kW)
主轴箱	$\phi200$	180	10	64	2	300	1100	7.75
工作台								

六、M7140 型平面磨床的安装与调试

（一）主要组成部件

M7140 型卧轴矩台平面磨床采用 T 字形床身、双立柱结构。T 字形床身的两个后平面上支承左右立柱，两立柱的顶面由一顶盖连接起来，从而由床身、立柱、顶盖构成了一个封闭的框式结构，大大地提高了机床的刚性。两立柱之间是滑板体和磨头，立柱的下部是减速机构，左立柱上固定升降丝杠，升降丝杠螺母则位于滑板体上，机床的工作台液压缸固定在工作台下部的两导轨之间，活塞杆则固定在床身的两个支座上。机床的各主要部分结

构分述如下。

1. 立柱

M7140 型平面磨床的左、右立柱均采用燕尾导轨，这种结构使磨头体的运动具有良好的导向性，当磨头体在纵、横两个方向受力时，始终由同侧的一对燕尾导轨承受载荷，具有良好的定位性。但这种结构比较复杂，维修和制造都比较困难。

立柱上还装有升降丝杠的支座，下部装有减速器。

2. 溜板体

溜板体位于两立柱间，左、右两侧各有一对燕尾导轨，沿立柱作升降运动，中间则是一组水平燕尾导轨，可供磨头体作横向运动。

在呈箱形的溜板体内，装有磨头手动横进给机构和垂直升降丝杠螺母。磨头和溜板导轨及手动机构均由润滑油分配器提供润滑。

3. 磨头

M7140 型平面磨床的磨头结构基本上与 M7130 型平面磨床的相同，只是在轴承间隙调整结构上略有区别，在本结构中，前轴承间隙通过螺母来调节，由于前后螺母具有互锁作用，使轴承间隙在机床运转中保持稳定。磨头结构见图 11-46。

4. 磨头体换向机构

换向机构用来调节磨头横向行程的（见图 11-47）运动，由磨头上的一电动同位器传到换向机构的电动同位器 2，再带动齿轮 12、16、轴 15，最后使分度盘 7 转动，分度盘上的两个可调撞块上装有微动开关，当撞头 4、5 碰到微动开关 8 或 6 时，即控制一电磁吸铁使磨头换向阀换向，从而使磨头运动换向。调节两撞块与撞头之间的相对距离，即可调节磨头横向行程的大小。

（二）主要部件的装配

1. 滑板的装配

（1）配刮磨头液压缸支承面。支承面刮点数 6～8 点/25mm×25mm，保证上侧母线与滑鞍燕尾导轨的平行度误差，扩铰定位销孔，紧固好液压缸。

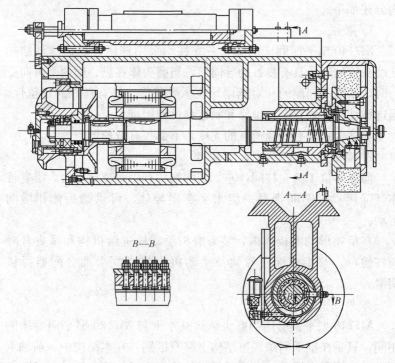

图 11-46 M7140 型平面磨床磨头结构图

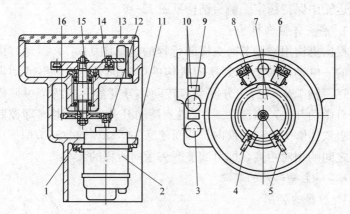

图 11-47 M7140 型磨头换向机构

1、11—环形圈；2—电动同位器；3—按钮；4、5—撞头；6、8—微动开关；

7—分度盘；9、12、16—齿轮；10、13—盖板；14—撞块；15—轴

（2）滑鞍与滑板底配刮连接面。连接面的刮点数 6～8 点/25mm×25mm，各螺孔周围刮点均匀，校正好水平燕尾导轨的垂直度误差，扩铰定位销孔，再紧固连接螺钉，打入定位销。

2. 磨头的装配

（1）顺序将风扇叶、轴承内端盖、内滚珠轴承、轴承垫圈、外滚珠轴承、圆螺母止动垫圈、圆螺母装在主轴尾端，再装轴承座与内端盖，通过螺杆压紧，最后装外端盖并压紧螺钉使之成为一大部件。轴承间隙靠两轴承间的内、外垫圈的厚度差来调节，使之感到灵活，无轴向窜动，轴向窜动误差小于 0.005mm。

（2）主轴的前轴承是一个钢套镶铜的、带外锥面、内圆孔的整体轴承，外锥面与轴承座孔配合，内孔与主轴轴颈配合，要调整轴承间隙时，必须松开螺钉 B，通过前后螺母松紧调节而使轴承沿锥面在轴向上有一定量的移动，使前轴承间隙达到 0.015～0.02mm。然后将螺钉 B 拧紧。用百分表测径向误差应 ≤0.02mm。

3. 立柱的装配

（1）将升降丝杠装入丝杠底座，以定位销初步定位，要求丝杠在同一中心线上摆动，无阻滞现象。

（2）校正丝杠的上侧母线相对立柱导轨的平行度至要求。

（3）确定滚动螺母底座调整垫片的厚度。

（4）装上滑板底、压板、镶条及滚动螺母紧固螺钉，调整垫片，重铰定位销孔，打入定位销。

（5）将立柱装上床身后平面，检查其对床身导轨的垂直度误差，应略向滑板一侧倾斜，若垂直度超差，修正立柱底面。

（6）将滑鞍体装上，拧紧连接螺钉，打入定位销。

（三）机床的运转试验

（1）机床的空运转。机床空运转试验目的在于检查机床各种机构在空载时的工作情况。首先试验机床的运动情况：对主体运动，应从最低速到最高速依次逐级进行空运转，每级速度的运转时间不得少于 2min，最高速度的运转时间不得少于半小时，以检查轴承的温度和温升；对进给运动，应进行低、中、高进给速度试验。

在上述各级速度下，同时检验机床的起动、停止、制动动作的灵活性和可靠性；变速操纵机构的可靠性；安全防护和保险装置的可靠性；必要时，还须检查机床的振动、噪声及空转功率。

（2）机床的负荷试验。机床负荷试验目的在于检验机床各种机构的强度，以及在负荷下机床各种机构的工作情况。其内容包括：机床主传动系统最大转矩试验及短时间超过最大转矩 25% 的试验；机床最大切削主分力的试验及短时间超过最大转矩 25% 的试验；机床传动系统达到最大功率的试验。

负荷试验一般在机床上用切削试件方法或用仪器加载方法进行。

（3）机床的精度检验。为了保证机床加工出来的零件达到要求的加工精度和表面粗糙度，国家对各类通用机床都规定有精度标准。精度标准的内容包括精度检验项目、检验方法和允许误差，此处从略。

七、Y38-1 型滚齿机的安装与调试

（一）Y38-1 型滚齿机

滚齿机可以滚切直齿轮和斜齿圆柱齿轮（包括蜗轮）。Y38-1型滚齿机滚切直齿圆柱齿轮的最大加工模数铸件为 8mm、钢件为 6mm。无外支架时最大加工外径为 800mm，有外支架时为 450mm。加工直齿圆柱齿轮最大齿宽为 270mm。加工斜齿圆柱齿轮时，如工件直径为 500mm，最大螺旋角为 30°；工件直径为 190mm 时，最大螺旋角为 60°。

（二）Y38-1 型滚齿机空运转试验

1. 空运转试验前的准备

（1）将机床调整好，用煤油清洗擦净机床。

（2）电器系统要安全干燥，电器限位开关装置要紧固，电源必须接通地线。

（3）主电动机 V 形带松紧应适度，过紧会增加电动机负荷，过松会造成重切削时停车。

（4）工作台及刀架滑板等各导轨的端部，用 0.04mm 的塞尺

片检查，其插入深度应小于 20mm。

（5）机床各固定结合面的密合程度，用 0.03mm 的塞尺片检查，应插不进。

（6）机床各交换齿轮的侧隙调整要适当，交换齿轮板要紧固，机床罩壳应装好。

（7）各操纵手柄必须转动灵活，无阻滞现象。检查各传动机构、脱开机构的位置是否正确，油路是否畅通。用润滑机油注满所有的润滑油孔和油箱。刀架及工作台分度蜗轮副的润滑油应注入油室至油标红线位置。各滑动导轨的润滑，可用油枪在各球形油眼注入润滑油，润滑油应清洁无杂质。

2. 空运转试验

（1）主轴分别以 $n=47.5r/min$、$n=79r/min$、$n=127r/min$、$n=192r/min$ 四种转速依次运转 0.5h。最高转速须运转足够的时间，使主轴轴承达到稳定的温度为止，但不得少于 1h。

（2）在最高转速下，主轴轴承的稳定温度不应超过 55℃。其他机构的轴承温度不应超过 50℃。

（3）工作台的运转速度按 $z=30$，$K=1$ 的分齿交换齿轮选搭，根据主轴转速依次运转，使工作台由 1.6r/min 依次变到 6.5r/min，并检验分度蜗杆蜗轮副在运转中啮合的情况。

（4）进给机构应按最低、中、最高三级进给量分三级进行空运转试验。快速进给机构也应作快速升降试验。

（5）工作台进给丝杠的反向空程量不得超过 0.05r。转动手柄时所需的力不应超过 80N。

（6）各挡交换齿轮和传动用的啮合齿轮的轴向错位量不应超过 0.5mm。各挡离合器在啮合位置时应保证正确的定位。

（7）在所有速度下，机床的各工作机构应平稳，不应有不正常的冲击、振动及噪声。

（三）Y38-1 型滚齿机负荷试验

负荷试验要求如下：

（1）负荷试验规范见表 11-6。

表 11-6 负荷试验规范表

切削次数	齿数	模数	外径 d (mm)	齿宽 b (mm)	转速 n (r/min)	切削速度 v (m/min)
1	35	8	296	60	64	25.15
2	30	8	256	60	64	25.15
3	25	8	216	60	64	25.15

切削次数	进给量 f (mm)	背吃刀量 a_p (mm)	备注
1	2	17.2	第一次滚切时的外径
2	2	17.2	第二次滚切时的外径
3	2	17.2	第三次滚切时的外径

注 试切材料为 HT150。

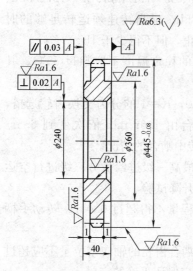

技术要求
1. 径向圆跳动误差：0.045
2. 端面圆跳动误差：0.045
3. 材料：HT150，硬度 180～220HBS
   硬度不均匀度不得大于 20HBS
4. 铸件本身不得有砂眼或缩孔
5. 倒角 1×45°

图 11-48 精切齿坯加工图

（2）进行负荷试验时，所有机构（包括电器和液压系统）均应工作正常。机床不应有明显的振动、冲击、噪声或其他不正常现象。

（3）负荷试验以后，最好将主要部件拆洗一次并检查使用情况。

（四）Y38-1 型滚齿机工作精度试验

机床的工作精度试验，应在机床空运转试验、负荷试验及经调试到几何精度要求后进行。切削要在主轴等主要部分运转到温度稳定时进行。

1. 直齿工作精度试验

所用齿坯尺寸如图 11-48 所示，规范见表 11-7。

2. 斜齿工作精度试验

所用齿坯尺寸如图 11-49 所示，规范见表 11-8。

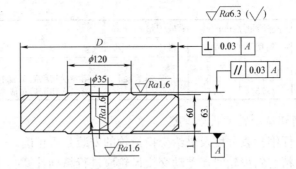

技术要求
1. 径向圆跳动: 0.04
2. 端面圆跳动: 0.03
3. 材料: HT150, 硬度 170~200HBS,
   硬度不均匀度不得大于 20HBS
4. 铸件本身不得有砂眼或缩孔
5. 齿面 Ra1.6, 倒角 1×45°
6. 精度不作检查

图 11-49　精切斜齿轮齿坯加工图

表 11-7　　　　　　　　　**直齿轮精切试验规范表**

齿　数		
		$z=37$

模　数		
		$m=6$

精度等级		
		按齿轮精度标准 7 级

切削规范	粗切	精切
转速 n (r/min)	155	155
背吃刀量 a_p (mm)	10	1
进给量 f (mm/r)	2	0.5

表 11-8　　　　　　　　　**斜齿轮精切试验规范表**

切削次数	螺旋角 β (°)	模数 m (mm)	齿数	外径 d (mm)	转　速 n (r/min)
1	30°	5	50	298.6	97
2	30°	5	45	269.8	97
3	30°	5	40	240.9	97

切削次数	进给量 f(mm/r)		背吃刀量 a_p(mm)		备 注
	粗切	精切	粗切	精切	
1	1.75	0.5	9.5	1.5	
2	1.75	0.5	9.5	1.5	第一次切削后车成本例外径
3	1.75	0.5	9.5	1.5	第二次切削后车成本例外径

3. 精切试验前的机床调整

(1) 仔细检查分度及进给交换齿轮的安装是否正确。

(2) 精切斜齿轮时，差动交换齿轮应进行精确计算。计算时一般应精确到小数后第五位到第六位。

(3) 所选用的齿轮及安装要求。所选用的齿轮，不允许有凸出的高峰、毛刺，用前要清洗齿槽、内孔和齿面，安装间隙要适当。

(4) 机床刀架扳转角度。角度误差不大于 $6'\sim10'$。

4. 刀具的安装与调整

(1) 滚刀心轴应符合图 11-50 规定的精度要求。

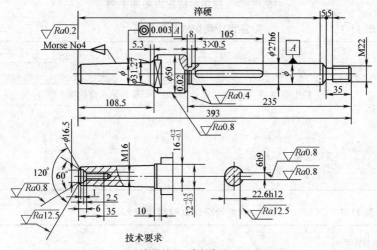

技术要求

1. 局部热处理，高频淬硬 45～50HRC
2. 两端螺纹必须与轴同轴
3. 键槽的直线度误差与轴心线的平行度误差在全长上测量允差 0.015
4. 4 号莫氏锥度与滚刀主轴锥孔在接合长度上的接触面大于 85%
5. 材料：40Cr

图 11-50　滚刀心轴参数图

（2）滚刀心轴安装在机床主轴上之前，必须擦净锥体、外圆和端面，并检查有否毛刺凸边等。

（3）滚刀心轴装入主轴孔内，用拉杆拉紧，如图 11-51 所示。用百分表在 A 和 B 处检查径向圆跳动误差，在端面 C 处检查端面圆跳动误差，其要求见表 11-9。如果滚刀心轴径向圆跳动误差或轴向窜动较大，为了消除跳动量，可将滚刀心轴旋转 180° 安装，使其达到要求为止。如果滚刀心轴轴向窜动超差，可调节主轴和轴向精度或轴向间隙。滚刀装上滚刀心轴后，必须校正滚刀台肩径向圆跳动，如图 11-52 所示。其允差不得大于 0.025mm。

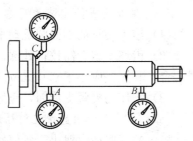

图 11-51　校正滚刀心轴示意图

表 11-9	滚刀心轴的允许跳动量		
加工齿轮精度	允许跳动量		
	在 A 处	在 B 处	在 C 处
7-6-6	0.15	0.02	0.01

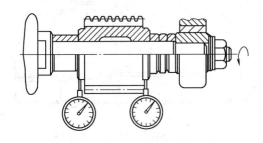

图 11-52　校正滚动径向圆跳动示意图

（4）滚刀垫圈两端面平行度允差不得大于 0.005mm，表面粗糙度达 Ra0.08μm，安装前必须擦清污垢，装夹时应少用垫圈，以减少平行度积累误差。

（5）选择滚刀精度。粗滚选用 A 级或 B 级；精滚选用 AA 级精度。不允许用同一把滚刀同时作粗精加工用。

（6）切齿时滚刀必须对准工件中心。

5. 工件及夹具的安装和调整

（1）滚齿夹具的端面圆跳动量应在 0.007～0.01mm 范围内。

（2）齿坯安装后需校正外圆，使齿坯与机床回转中心台的轴心线重合，其允差应小于 0.03mm。

（3）齿坯的夹紧支承面，应尽可能接近齿根。

（五）Y38-1 型滚齿机几何精度检验

机床的几何精度取决于各部件安装时的精度调整，并在空运转试验前和工作精度试验后各进行一次。机床几何精度检验，应按机床精度检验标准或机床出厂的精度合格证书逐项检验。现将 Y38-1 型滚齿机几何精度检验项目分别介绍如下。

（1）立柱移动时的倾斜度。其检验方法见图 11-53。在立柱导轨上端的纵、横两个方向的平面上，分别靠上水平仪 a 和 b，移动立柱，在立柱全部行程的两端和中间位置上检验。a、b 的误差分别计算，水平仪读数的最大代数差，就是本项检验的误差。其允差分别为 0.02mm/1000mm。

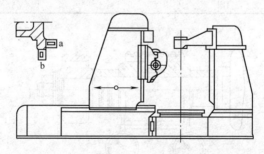

图 11-53　立柱移动时的倾斜度检验

（2）检验工作台的平面度误差。其检验方法见图 11-54。在工作台面上如图 11-54（a）规定的方向放两个高度相等的量块，量块上放一根平尺［见图 11-54(b)］。用量块和塞尺检验工作台面和平尺检验面间的间隙，其允差为 0.025mm，工作台面只许凹。

（3）检验工作台面的端面圆跳动误差。其检验方法见图 11-

55。将千分表固定在机床上，使千分表测头顶在工作台面上靠近边缘的地方，旋转工作台，在相隔 90°或 180°的 a 点和 b 点检验。a、b 的误差分别计算，千分表读数的量大差值，就是端面圆跳动误差的数值。工作台面的端面跳动允差为 0.015mm。

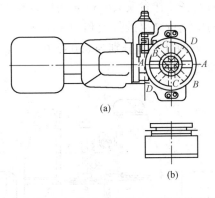

（4）检验工作台锥面孔中心线的径向圆跳动误差。

图 11-54　工作台面的平面度误差检验

其检验方法见图 11-56。在工作台锥孔中心紧密地插入一根检验棒（或按工作台中心调整检验棒）。将千分表固定在机床上，使千分表测头顶在检验棒表面上。旋转工作台，分别在靠近工作台面的 a 处和距离 a 处 l 的 b 处检验径向圆跳动误差。a、b 的误差分别计算，千分表读数的量大差值，就是径向圆跳动误差的数值。l 为 300mm 时，a、b 两处允差分别为 0.015、0.02mm。

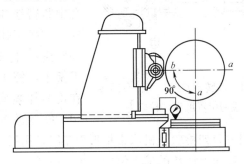

图 11-55　工作台面的端面跳动误差的检验

（5）检验刀架垂直移动对工作台中心线的平行度误差。其检验方法见图 11-57。在工作台锥孔中紧密地插入一根检验棒（或按工作台中心调整检验棒）。将千分表固定在刀架上，使千分表测头顶在检验棒表面上，垂直移动刀架，分别在 a 纵向平面内和 b 横向平面内检验。a、b 测量结果分别以千分尺读数的量大差值表示，然后，将工作台旋转180°，再同样检验一次。a、b的误差分别计算。两次测量结果的代数和的一半，就是平行度误差。l 为 500mm 时，a、b 两处允差分别为0.03、0.02mm。立柱上端只许向工作台方向偏离。

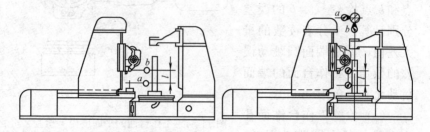

图 11-56 工作台锥孔中心线
径向圆跳动的检验

图 11-57 刀架垂直移动对工作
台中心线的平行度误差

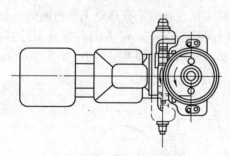

图 11-58 刀架回转中心线与工作台回转
中心线的位置度误差检验

（6）检验刀架回转中心线与工作台回转中心线的位置度误差。其检验方法见图 11-58。在工作台锥孔中紧密地插入一根检验棒（或按工作台中心调整检验棒）。将千分表固定在刀架上，使千分表测头顶在检验棒表面上，旋转刀架 180°检验（机床不带指形刀架时，用主刀架检验；机床带指形刀架时，用指形刀架检验）。千分表在同一截面上读数的最大值的一半，就是刀架回转中心线与工作台回转中心线的位置度误差。用主刀架检验时，其位置度允差为 0.15mm；用指形刀架检验时，其位置度允差为 0.05mm。

（7）检验铣刀主轴锥孔中心线的径向圆跳动误差。其检验方法见图 11-59。在铣刀主轴孔中紧密地插入一根检验棒，将千分表固定在机床上，使千分表测头顶在检验棒表面上，回转铣刀主轴分别在靠近主轴端部的 a 处和距离 a 处 l 的 b 处检验径向圆跳动误差。

a、b 的误差分别计算，千分表读数的最大差值，就是径向圆跳动误差的数值。l 为 300mm 时，a 处的允差为 0.01mm；b 处的允差为 0.015mm。

（8）检测铣刀主轴的轴向窜动。其检验方法见图 11-60。在铣刀主轴孔中紧密地插入一根短检验棒，将千分表固定在机床上，使千分表测头顶在检验棒端面靠近中心的地方（或顶在放入检验棒顶尖孔的钢球上）。旋转铣刀主轴检验，千分表读数的最大差值，就是铣刀主轴的轴向窜动量，其允差为 0.008mm。

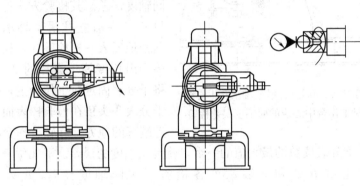

图 11-59　铣刀主轴锥孔
中心线的径向圆跳动检验

图 11-60　铣刀主轴的轴向窜动检验

（9）检测铣刀刀杆托架轴承中心线与铣刀主轴回转中心线的同轴度误差。其检验方法见图 11-61。在铣刀主轴孔中紧密地插入一

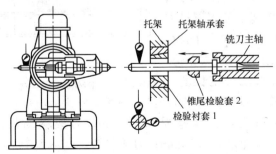

图 11-61　铣刀刀杆托架轴承中心线
与铣刀主轴回转中心线的同轴度误差检验

根检验棒。在检验棒上套一配合良好的锥尾检验套 2,在托架轴承中装一检验衬套 1,衬套 1 的内径应等于锥尾套 2 的外径。将托架固定在检验棒自由端可超出托架外侧的地方。将千分表固定在机床上,使千分表测头顶在托架外侧检验棒表面上。使尾套 2 进入和退出衬套 1 后读数最大值,就是同轴度误差的数值。在检验棒相隔90°的两条母线上各检验一次,同轴度允差为 0.02mm。

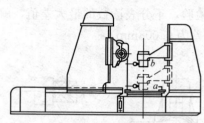

图 11-62 后立柱滑架轴承孔中心线对工作台中心线的同轴度误差检验

(10) 检测后立柱滑架轴承孔中心线对工作台中心线的同轴度误差。其检验方法见图11-62。在后立柱滑架轴承中紧密地插入一根检验棒,检验棒伸出长度等于直径的 2 倍。将千分表固定在工作台上,使千分表测头顶在检验棒表面靠近端部的地方。旋转工作台检验,千分表读数的最大值的一半,就是同轴度的误差。滑架位于后立柱上端 b 处和下端 a 处各检验一次同轴度允差,a 处为0.015mm,b 处为 0.02mm。

(11) 检验刀架垂直移动的积累误差。其检验方法见图 11-63。将分度蜗杆旋转 Z_k 转时(Z_k 为分度蜗轮的齿数),用量块和千分表测量刀架的垂直移动量。千分表在测量长度上读数的最大差值,就是刀架在移动一定长度时的积累误差。刀架移动长度

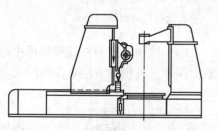

图 11-63 刀架垂直移动的积累误差检验

不大于 25mm 时,其允差为 0.015mm;刀架移动长度不大于300mm 时,其允差为 0.03mm;刀架移动长度不大于 1000mm 时,其允差为 0.05mm。

(12) 检测分度链的精度。其检验方法见图 11-64。调整分度

链，使分度齿数等于分
度蜗轮的齿数 z，在铣
刀主轴上装一个螺旋分
度盘，在立柱上装一个
显微镜，用来确定螺旋
分度盘的旋转角度。在
工作台上装一个经纬仪，
在机床外面支架上装一
个照准仪，用来确定工
作台的旋转角度。当铣

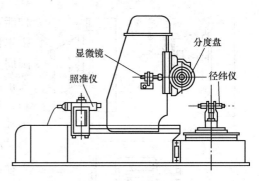

图 11-64　分度链精度的检验

刀主轴转一转时，工作台分度蜗轮应当旋转 $360°/z$，铣刀主轴每
旋转一转，返回经纬仪至原来位置，以确定工作台的实际旋转角
度。工作台正转和反转各检验一次。分度链的精度允差为蜗杆每转
一转时 0.016mm；蜗轮一转时的积累误差为 0.045mm。如无检验
分度链的仪器，可以只检验齿轮齿距偏差和齿距积累误差。

（13）精切直齿圆柱齿轮时，齿距偏差和齿距的累积误差。长
工件直径不小于最大工件直径的 1/2 倍，模数为最大加工模数的
0.4~0.6 倍，材料为铸件或钢件，试件的加工齿数应等于分度蜗
轮的齿数或其倍数。其检验方法见图 11-65。齿轮精切后，用齿距
仪检验同一圆周上任意齿距偏差，其允差为 0.015mm。用任何一

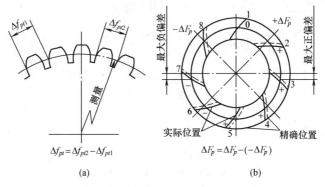

$$\Delta f_{pt} = \Delta f_{p2} - \Delta f_{p1}$$

(a)

$$\Delta F_p = \Delta F_p - (-\Delta F_p)$$

(b)

图 11-65　齿距偏差和齿距的累积误差检验

（a）齿距偏差检验图；（b）齿距的累积误差检验图

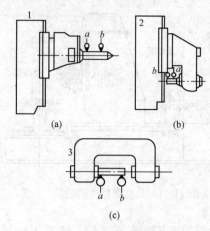

图 11-66　附加铣头铣刀主轴锥孔
中心线的径向圆跳动误差检测

（a）指形铣刀铣削外齿轮的附加铣头

（b）指形铣刀铣削内齿轮的附加铣头；

（c）圆片铣刀铣削内齿轮的附加铣头

种能直接确定或经计算确定齿距累积误差的仪器检验，同一圆周上任意两个同名齿形的最大正值和负值偏差的绝对值的和，就是累积误差。其允差为 0.07mm。

（14）检测附加铣头铣刀主轴锥孔中心线的径向圆跳动误差。其检验方法见图 11-66。在铣刀主轴锥孔中紧密插入一根检验棒，将千分表固定在机床上，使千分表测头顶在检验棒的表面。旋转主轴，分别在靠近主轴端部的 a 处和距离 a 处 150mm 的 b 处检验径向圆

跳动误差的数值。其允差 a 处为 0.02mm；b 处为 0.04mm。

（15）检测附加铣头铣刀主轴轴向窜动。其检验方法见图 11-67。在铣刀主轴锥孔中紧密地插入一根短检验棒，将千分表固定在工作台上，使千分表测头顶在检验棒端面靠近中心的地方（或

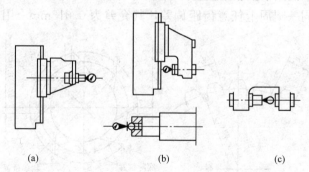

图 11-67　附加铣头铣刀主轴轴向窜动检验

（a）指形铣刀铣削外齿轮的附加铣头；

（b）指形铣刀铣削内齿轮的附加铣头；

（c）圆片铣刀铣削内齿轮的附加铣头

946

顶在放入检验棒顶尖孔的钢球表面上）旋转主轴检验。千分表读数的最大差值，就是轴向窜动的数值，其允差为 0.015mm。

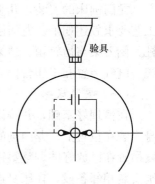

图 11-68　附加铣头的检具上装对刀样板孔的中心线对工作台中心线位置度误差的检测

（16）检测对刀样板孔的中心线对工作台中心线的位置度误差。其检验方法见图 11-68。在工作台锥孔中紧密地插入一根检验棒（或按工作台中心调整检验棒），将角形表杆装在对刀样板孔中，使千分表测头顶在检验棒的表面上。将工作台和角形表杆旋转 180°检验，千分表在同一截面上的读数的最大差值的一半，就是位置度的误差，其允差为 0.04mm。本项检验只适用于圆片铣刀铣削内齿轮的附加铣头。

八、B2012A 型龙门刨床的安装与调试

龙门刨床是一种平面加工机床，适用于加工各种零件的水平面、垂直面、倾斜面及各种平面组合的导轨面、T 形槽等。由于机床采用无级调速，能进行粗、精加工。

B2012A 型龙门刨床是双柱型龙门刨，主要由床身、立柱、横梁、横盖、主刀架、侧刀架及液压控制机构组成。其主要规格为：最大侧吃刀量乘上最大刨削长度 1250mm×4000mm；工作台行程长度 530～4150mm；工作台行程与返回速度，高速 9～90m/min；垂直刀架最大行程 250mm；刀架最大回转角 ±60°；侧刀架最大垂直行程为 750mm；侧刀架最大水平行程为 250mm；最大回转角 ±60°；横梁升降速度 750mm/min。

龙门刨床的主运动由工作台作往复运动来完成，而送进运动则由刨刀来实现。刨刀在工作行程时是不动的，在工作台改变移动方向为返回行程的瞬间，各刨刀都可以沿着垂直于工作台运动方向的导轨在水平和垂直面内移动一个距离，这就是送进运动。对于加工较长的平面，这种机床具有较高的精度和劳动生产率。

　　龙门刨床的安装，几乎全是现场解体安装，现将其安装程序及工艺要求叙述如下。龙门刨床一般按下列程序进行组装：床身、立柱、侧刀架与齿轮箱、顶梁、横梁、升降机构与垂直刀架、润滑系统、电气装置和工作台。

（一）安装床身

　　在清理好基础，并按说明书的要求放好调整垫铁后，即可将床身安装在位置上。龙门刨的床身导轨是分段组装的，先将中间床身段吊置在已放好的调整垫铁上，用水平仪检测，调整其水平；再分别安装相邻各段，在床身连接孔内穿入连接螺栓，并借助调整垫铁使床身结合面的定位销孔正确重合，推入定位销，拧紧连接螺栓，最后以着色法检查定位销与孔的接触情况。然后对床身安装的几何尺寸及安装精度进行检验（检验和安装是交替进行的）。

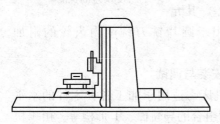

图 11-69　床身导轨在垂直平面内的直线度和平行度误差检测

　　（1）测量导轨在连接立柱处的水平误差。其不可超过 0.04mm/1000mm，这可在导轨上按纵、横放置等高垫块、平尺、水平仪来进行测量。

　　（2）测量床身导轨在垂直平面内的直线度误差中。检验床身导轨在垂直平面内的直线度误差床身导轨的平行度误差时（图 11-69）可按下述方法进行。

　　1）在导轨上按纵、横向放置等高垫块、平尺和水平仪，移动检具在导轨全长上进行测量，每隔 500mm 计量一次（大型刨床可用光学准直法）。

　　2）在垂直平面内直线度误差应按纵向水平仪测量记录画运动曲线计算，测绘结果应符合表 11-10 的规定。

表 11-10　　床身导轨在垂直平面内和水平面内的直线度偏差

导轨长度 L (m)	≤4	>4 ~8	>8 ~12	>12 ~16	>16 ~20	>20 ~24	>24 ~32	>32 ~46
每米导轨直线度误差不应超过（mm）				0.02				

导轨全长直线度偏差不应超过（mm）	0.03	0.04	0.05	0.06	0.08	0.10	0.15	0.26

在每 1m 长度上的运动曲线和它的两端点连线间的最大坐标值，就是每 1m 长度上的直线度误差。

如图 11-70 所示，A、B、C、D 是导轨运动曲线。AB 和 CF 是夹住曲线的另一组平行线，δ_1 和 δ_2 分别是两组平行线间的距离，因 δ_1 小于 δ_2，所以以坐标 δ 就是曲线的直线度误差。

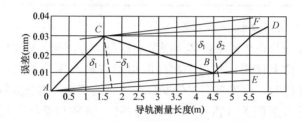

图 11-70　导轨测量运动曲线图

3）检验床身导轨在水平面内的直线度误差时，在床身 V 形导轨上放一根长度等于 500mm 的 V 形棱柱体，棱柱体上装设显微镜，显微镜的镜头应当垂直。同时，沿 V 形导轨绷紧一根直径不大于 0.3mm 的钢丝，调整钢丝使棱柱体和显微镜在导轨两端时，显微镜头的刻线与钢丝的同一侧母线重合。然后移动棱柱体，每隔 500mm（或小于 500mm）记录一次读数，在导轨全长上检验，将显微镜读数依次排列，画出棱柱体的运动曲线，计算结果应符合表 11-10 的要求。

4）对床身导轨的平行度误差测量是在床身平导轨上放一根平尺，V 形导轨上放一根检验棒，在平尺和检验棒上垂直于导轨方向再放一根平尺，其上放置水平仪，移动整个系统，每隔 500mm（或小于 500mm）记录一次读数。在导轨全长上检验，其误差以导轨每 1m 长度和全长上横向水平仪读数的最大代数差计，并符合表 11-11 的规定。如机床有 3 根导轨，两侧导轨均应相对中间导轨分别检验。

表 11-11　　　　　　　　床身导轨的平行度误差　　　　　　　　mm

导轨长度 L (m)	每 1m 平行度不应超过	全长平行度不应超过
≤4		0.04/1000
>4～8		0.05/1000
>8～12		0.06/1000
>12～16		0.07/1000
>16～20	0.02/1000	0.08/1000
>20～24		0.10/1000
>24～32		0.12/1000
>32～46		0.14/1000

(二) 安装立柱和侧刀架

立柱安装在垫座上,其侧面紧靠床身,并用螺钉拧紧。然后对准销孔,插上柱销,其接触状况的检查方法与床身相同。在安装左、右立柱时,可先将右立柱安装在床身的侧面,检查立柱导轨与床身的垂直度误差 (指在 ϕ100mm 圆柱、垫铁与平行平尺上的顶面),然后以右立柱为基准安装左立柱。左、右立柱对床身导轨上的垂直度误差应方向一致,而两立柱的上距离应较下端少。在将水平仪放在立柱导轨表面测量时,应在上、中、下三个位置各测量一次。各项安装精度应符合下列要求:

(1) 测量立柱表面与床身导轨上的垂直度误差。在床身导轨上按与立柱正导轨平行和垂直两个方向分别放专用检具、平尺、水平仪测量,如图 11-71 所示。垂直度误差以立柱与床身导轨上相应两水平仪读数的代数差计,不应超过 0.04mm/1000mm。

(2) 测量立柱表面相互平行度误差。如图 11-72 所示,在立柱下部的正侧导轨上,靠贴水平仪检查左右两立柱表面的相互平行度误差。两立柱只允许向同一方向倾斜,也只允许上

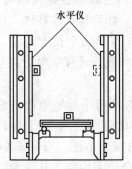

水平仪

图 11-71　测量立柱表面与
床身导轨上的垂直度误差

端靠近，水平仪读数不应超过 0.04mm/1000mm。

（3）测量两立柱导轨表面相对位移。检验两立柱正导轨面的相对位移量时，可用平尺（或横梁）靠贴两立柱的正导轨面，如图 11-73 所示，用 0.04mm 塞尺检验，不得插入。

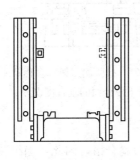 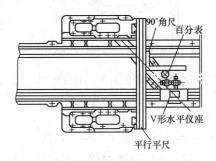

图 11-72 测量立柱表面
相互平行度误差

图 11-73 测量两立柱导轨
表面相对位移

侧刀架是通过滑板导轨面与立柱导轨相结合，安装于左右两立柱上。安装前应检查、清洗钢丝绳、轴承、滑轮及滑轮轴。将平衡锤子吊入立柱孔内固定，同时将导轨面擦净，并涂上润滑油。将装有侧刀架和进给箱的侧滑板装在立柱导轨上，下垫枕木，然后塞入镶条上压板与重锤联结，穿上进给丝杠，并将丝杠两端的支座紧固到立柱上。调整升降丝杠螺母及两端丝杠支座轴孔的三孔同轴度误差，其检查方法如图 11-74 所示。

侧刀架安装好后，应检验侧刀架垂直移动时对工作台面的垂直度误差。这将在工作台安装后配合进行，如图 11-75 所示。应将工作台移在床身的中间位置，在工作台上按与工作台移动相垂直的方向放等高垫块、平尺、90°角尺，在侧刀架上固定百分表，测头顶在 90°角尺检验面上，移动侧刀架 500mm 测量，垂直度误差以百分表读数的最大差计，并不应超过 0.02mm。

当侧刀架、平衡锤组装完后，检验侧刀架镶条与滑动面的贴合程度及其上下移动的灵活性，用 0.03mm 塞尺片检查，不得插入 25mm。

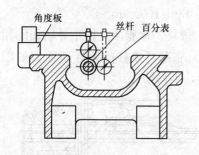

图 11-74　测量侧刀架、升降丝杠
与立柱导轨平行度误差

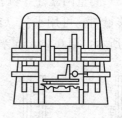

图 11-75　检验侧刀架垂直移动
时对工作台面的垂直度误差

（三）安装连接梁及龙门顶

左右立柱与床身组装时，各项精度已检验合格，因此，当组装连接梁时，应保持立柱原安装的自由状态。

龙门顶组装前，应将升降电动机以及蜗轮箱等构件预装于龙门顶内，然后与龙门顶一起吊装。根据横梁丝杠的实际位置，将龙门顶装于立柱顶上，用锥销定位，螺钉固定。当立柱上一切紧固螺钉与连接梁、龙门顶都紧固后，不能影响已合格的立柱导轨的安装精度。如证明完好，连接梁与龙门顶的组装工作就完成了。

检查连接梁与立柱结合面的密实程度，以用 0.03mm 厚的塞尺片不能塞入为准，否则应进行刮研。同时检查龙门顶与立柱接合面密合程度，以用 0.03mm 厚的塞尺不能塞入为准。

（四）安装主传动装置

穿过轴柱利用齿轮结合器将传动轴连接于蜗杆轴上，再将第二外齿轮结合器的传动轴接到主要传动的减速器上。主要传动的减速器和电动机装在同一平台上，可利用底板下的螺栓调整垫铁到组装的正确位置。在安装主传动装置时应保证蜗杆轴、连接轴、变速箱传出轴之间的同轴度误差不大于 0.2mm，此精度影响工作台运行平稳性。轴上两内齿联轴器的同轴度误差，应符合联轴器同轴度误差精度要求的规定。有定位销时，应检验定位销与孔的接触情况。

（五）安装横梁部件

在横梁上装有垂直刀架两个，并装有进给箱和夹紧机构。横梁升降机构装在龙门顶上，由双出轴电动机同时驱动两个对称的蜗轮减速箱，传至左右立柱内的横梁升降机构，使横梁上下升降。安装时，先将导轨面擦净，并涂以润滑油。再装横梁于立柱前导轨，其上部垫千斤顶或道木，粗调使其上导轨面基本处于水平。同时将龙门顶上蜗杆传动箱的箱盖卸下，穿下横梁升降丝杠，旋入横梁螺母之中，然后固定压板之镶条。此时，将减速器和压紧装置装配完毕，应注意边装配边调整，当横梁全部调整完毕后，即可拧紧螺母，盖上减速器，并对横梁位置的倾斜程度进行检验。

检验横梁位置移动过程中的倾斜时，如图 11-76 所示，应将两垂直刀架移在使横梁平衡的位置，即应和两立柱中心线等距，在横梁上两导轨的中央按平行于横梁的方向放水平仪，移动横梁，在全行程上每隔 500mm 测量一次，全行程至少测量 3 个位置。倾斜以水平仪读数的最大代数差计，并应符合表 11-12 的规定。

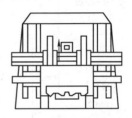

图 11-76　检验横梁位置移动过程中的倾斜

表 11-12　　　　　　　　横梁移置的倾斜

横梁行程（m）	≤2	>2～3	>3～4
倾斜度不应超过（mm）	0.03/1000	0.04/1000	0.05/1000

（六）安装工作台

工作台放在床身之前，应取出通往导轨油孔的油塞，并试验主要传动的润滑是否良好，再将床身导轨经过仔细擦洗、清扫和用机油润滑。安装时应注意要使床身和工作台的导轨互相吻合，工作台的齿条应搭在蜗杆上，并对工作台的各项安装精度进行检测。

（1）对检验工作台直线度误差和工作台移动倾斜时的要求。检验工作台移动在垂直平面内的直线度误差和工作台移动的倾斜时，应符合下列要求：

1）在工作台面中央按纵、横各放一个水平仪，移动工作台，在全行程上每隔 500mm 测量一次。

2) 直线度误差以纵向水平仪读数画运动曲线进行计算，并应符合表 11-13 的规定。

表 11-13 工作台移动在垂直平面内和水平面内的直线度误差

工作台行程 (m)	≤2	>2 ~3	>3 ~4	>4 ~6	>6 ~8	>8 ~10	>10 ~12	>12 ~16	>16 ~22
每一米行程内直线度误差不应超过 (mm)					0.015				
全行程内直线度误差不应超过 (mm)	0.02	0.03	0.04	0.05	0.06	0.08	0.10	0.14	0.20

3) 倾斜以每 1m 行程内横向水平仪读数的最大代数差计，并应符合表 11-14 的规定。

表 11-14 工作台移动时的倾斜

工作台行程 (m)	≤2	>2 ~3	>3 ~4	>4 ~6	>6 ~8	>8 ~10	>10 ~12	>12 ~16	>16 ~22
每 1m 行程内倾斜度误差不应超过 (mm)					0.02				
全行程内倾斜度不应超过 (mm)	0.02	0.03	0.04	0.05	0.06	0.07	0.08	0.10	0.14

（2）检验工作台直线度误差。检验工作台移动在水平面内的直线度误差时，应用光学准直仪或拉钢丝、显微镜方法，测量直线度应符合表 11-13 的规定。

（3）检验工作台面（只检验拼合型工作台的刨床）对工作台移

动的平行度误差。如图 11-77 所示，应在刀架上固定百分表，测头顶在工作台面上，移动工作台在全行程上测量，平行度误差以百分表读数的最大差计，并应符合表 11-15 的规定（在工作台宽度方向的两边各检查一次）。

表 11-15　　　　　　工作台面对工作台移动的平行度误差

工作台行程（m）	>6～8	>8～10	>10～12	>12～16	>16～22
每 1m 行程内平行度误差不应超过（mm）	0.02				
全行程内平行度不应超过（mm）	0.06	0.08	0.10	0.14	0.20

（4）调整床身导轨。工作台移动精度如不符合要求，允许调整床身导轨。经调整后仍不能达到要求，应会同有关部门研究处理。

（5）检验垂直刀架水平移动时对工作台面的平行度误差。检验垂直刀架水平移动对工作台面的平行度误差时，如图 11-78 所示，应将横梁固定在距工作台面 300～500mm 高度处，工作台移动到床身的中间位置，在垂直刀架上固定百分表、测头顶在工作台面上（或顶在放在工作台面上的等高垫块、平尺的检验面上）。移动刀架，在工作台全宽上测量，平行度误差以百分表读数的最大差计，并应符合表 11-16 的规定。

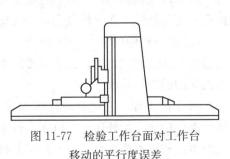

图 11-77　检验工作台面对工作台
移动的平行度误差

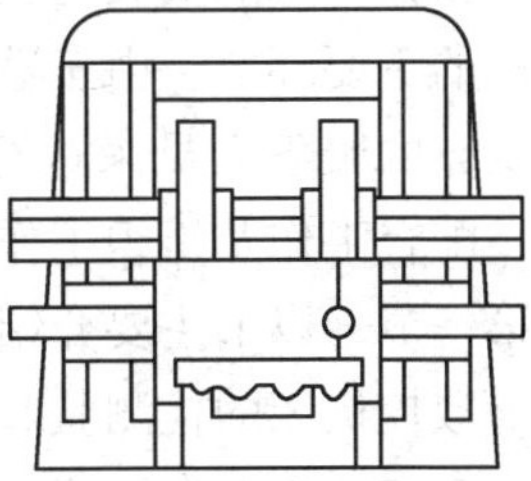

图 11-78　检验垂直刀架
水平移动时

表 11-16　　　垂直刀架水平移动对工作台面的平行度误差

刀架行程（m）	≤1	>1~2	>2~3	>3~4	>4~5
每 1m 行程内平行度误差不应超过（mm）	0.025				
全行程内平行度不应超过（mm）	0.025	0.030	0.040	0.050	0.060

（七）安装润滑系统

龙门刨床的润滑为强力机械润滑。在设备基础上有一平台，上面安放液压泵和滤油器，平台的槽内设有沉淀用的油箱，油管应接通下列部位：机身流油管与油箱，油箱的吸油器与液压泵，滤油器的排油管与沿床身的油管。

（八）安装电力设备

安装在机床外的电力设备和装置，机床电力的传导以及全部电线都要安设在适当位置，并符合电气安装验收规范要求的用电安全操作规程。

（九）试车

机床各部件安装完毕后，应进行一次全面检查，若各部件的安装无误，并均符合有关验收标准，即可进行空负荷试车。

第三节　数控机床安装调试要点

数控机床的安装与调试是使机床恢复和达到出厂时的各项性能指标的重要环节。由于数控机床安装与调试工作比较复杂，一般要请供方的服务人员来进行。但作为用户要做的安装调试的准备工作、配合工作及组织工作与一般机床并无太大差别，读者可参阅本章第一节。以下主要介绍数控机床的检测与验收。

数控机床的检测验收是一项复杂的工作。它包括对机床的机、电、液和整机综合性能及单项性能的检测，另外还要对机床进行刚度和热变形等一系列试验，检测手段和技术要求高，需要使用各种高精度仪器。对数控机床的用户，检测验收工作主要是根据订货合同和机床厂检验合格证上所规定的验收条件及实际可能提供的检测手段，全部或部分地检测机床合格证上的各项技术指标，并将数据记入设备技术档案中，以作为日后维修时的依据。机床验收中的主要工作包括五个方面内容。

一、开箱检查

开箱检查的主要内容包括：

（1）检查随机资料：装箱单、合格证、操作维修手册、图纸资料、机床参数清单及软盘等。

（2）检查主机、控制柜、操作台等有无明显碰撞变形、损伤、受潮、锈蚀、油漆脱落等现象，并逐项如实填写"设备开箱验收登记卡"和入档。

（3）对照购置合同及装箱单清点附件、备件、工具的数量、规格及完好状况。如发现上述有短缺、规格不符或严重质量问题，应及时向有关部门汇报，并及时进行查询、取证或索赔等紧急处理。

二、机床几何精度检查

数控机床的几何精度综合反映了该机床各关键部件精度及其装配质量与精度，是数控机床验收的主要依据之一。数控机床的几何精度检查与普通机床的几何精度检查基本类似，使用的检测工具和方法也很相似，只是检查要求更高，主要依据是厂家提供的合格证（精度检验单）。

常用的检测工具有精密水平仪、直角尺、精密方箱、平尺、平行光管、千分表、测微仪、高精度主轴检验心棒。检测工具和仪器必须比所测几何精度高一个等级。

各项几何精度的检测方法按各机床的检测条件规定。

需要注意的是，几何精度必须在机床精调后一次完成，不允许调整一项检测一项，因为有些几何精度是相互联系、相互影响的。另外，几何精度检测必须在地基及地脚螺钉的混凝土完全固化以后进行。考虑地基的稳定时间过程，一般要求数月到半年后再对机床精调一次水平。

三、机床定位精度检查

数控机床的定位精度是指机床各坐标轴在数控系统的控制下运

动所能达到的位置精度。因此，根据实测的定位精度数值，可判断出该机床自动加工过程中能达到的最好的零件加工精度。

定位精度的主要检测内容如下：

(1) 各直线运动轴的定位精度和重复定位精度；

(2) 各直线运动轴参考点的返回精度；

(3) 各直线运动轴的反向误差；

(4) 旋转轴的旋转定位精度和重复定位精度；

(5) 旋转轴的反向误差；

(6) 旋转轴参考点的返回精度。

测量直线运动的检测工具有测微仪、成组块规、标准长度刻线尺、光学读数显微镜及双频激光干涉仪等。标准长度测量以双频激光干涉仪为准。旋转运动检测工具有 360 齿精密分度的标准转台或角度多面体、高精度圆光栅及平行光管等。

四、机床切削精度检查

机床切削精度检查是在切削加工条件下对机床几何精度和定位精度的综合检查。一般分为单项加工精度检查和加工一个综合性试件检查两种。对于卧式加工中心，其切削精度检查的主要内容是形状精度、位置精度和表面粗糙度。

被切削加工试件的材料除特殊要求外，一般都采用一级铸铁，使用硬质合金刀具按标准切削用量切削。

五、数控机床功能检查

数控机床功能检查包括机床性能检查和数控功能检查两个方面。

1. 机床性能检查

下面以立式加工中心为例介绍机床性能检查内容。

(1) 主轴系统性能。用手动方式试验主轴动作的灵活性和可靠性；用数据输入方法，使主轴从低速到高速旋转，实现各级转速，同时观察机床的振动和主轴的温升；试验主轴准停装置的可靠性和灵活性。

(2) 进给系统性能。分别对各坐标轴进行手动操作，试验正反方向不同进给速度和快速移动的启、停、点动等动作的平衡性和可靠性；用数据输入方式或 MDI 方式测定点定位和直线插补下的各种进给速度。

（3）自动换刀系统性能。检查自动换刀系统的可靠性和灵活性，测定自动交换刀具的时间。

（4）机床噪声。机床空转时总噪声不得超过标准规定的 80dB。机床噪声主要来自于主轴电机的冷却风扇和液压系统液压泵等处。

除了上述的机床性能检查项目外，还有电气装置（绝缘检查、接地检查）、安全装置（操作安全性和机床保护可靠性检查）、润滑装置（如定时润滑装置可靠性、油路有无渗漏等检查）、气液装置（封闭、调压功能等）和各附属装置的性能检查。

2. 数控功能检查

数控功能检查要按照订货合同和说明书的规定，用手动方式或自动方式，逐项检查数控系统的主要功能和选择功能。检查的最好方法是自己编一个检验程序，让机床在空载下自动运行 8～16h。检查程序要尽可能把机床应有的全部数控功能、主轴和各种转速、各轴的各种进给速度、换刀装置的每个刀位、台板转换等全部包含进去。对于有些选择功能要专门检查，如图形显示、自动编程、参数设定、诊断程序、参数编程、通信功能等。

✦ 第四节　机床维修保养简介

金属切削机床的维护与保养要求了解机床日常维护和定期维护的内容与要求；掌握机床的润滑、密封、治漏和常见故障的诊断及排除方法。

机床的正确使用和精心维护，是保障机床安全运转、生产出优质产品，提高企业经济效益的重要环节。机床使用期限的长短、生产效率和工作精度的高低，在很大程度上取决于对它的维修与保养。

一、机床的日常维护

机床的日常维护保养是在机床具有一定精度，尚能使用的情况下，按照规定所进行的一种预防性措施。它包括机床的日常检查、维护，按规定进行润滑以及定期清洗等内容。通过日常维护，使机床处于良好技术状态，并使机床在开动过程中尽可能减轻磨损，避免不应有的碰撞和腐蚀，以保持机床正常生产的能力。因此，机床的日常维护是一项十分重要而不允许间断的细致工作。

1. 日常检查

这项工作是由机床使用者随时对机床进行的检查，具体检查内容如下：

(1) 开车前的检查。开车前要重点检查机床各操纵手柄的位置，看其是否可靠、灵活，用手转动各部机构，待确信所有机构正常后，才允许开车。

(2) 工作过程中的检查。在工作过程中，应随时观察机床的润滑、冷却是否正常，注意安全装置的可靠程度，查看机床外露的导轨、立柱和工作台面等的磨损情况。如果听到机床传动声音异常，就要立即停车，并即刻协同机床维修工进行检查。对轴承部位的温度也要经常检查，滑动轴承温度不得超过 60℃，滚动轴承应低于 75℃，一般用手摸就可判断是否过热（不应烫手）。

(3) 经常性的检查。经常性的检查也是十分重要的，要经常对下述各部进行巡视检查：主轴间隙、齿轮、蜗轮等啮合情况，丝杠、丝杠螺母间隙，光杠、丝杠的弯曲度，离合器摩擦片、斜铁和压板的磨损情况。在检查中，应作必要的记载，以供分析。发现问题及时解决，以保持机床正常运转。

2. 日常维护

机床日常维护的关键在于润滑。按规定进行润滑，加足润滑油，可使运动副之间形成油膜，使两个面接触的干摩擦变成液体摩擦，这样就可大大减少运动副的磨损并降低功率的消耗。机床的日常维护应遵守下列规则：

(1) 在机床开动之前，应将机床上的灰尘和污物清除干净，并按照机床润滑图表进行加油，同时检查润滑系统和冷却系统内的油液量是否足够，如不足，应补足。

(2) 导轨、溜板、丝杠以及垂直轴等必须用机油加以润滑，并经常清除油污，保持清洁。

（3）经常清洗油毡（例如溜板两端的油毡）。清洗的方法是：先用洗油把油毡洗净，并把粘附在油毡上的铁末、切屑等除净，然后换用机油清洗。对于油线，也按同样的方法清洗，以恢复油线的毛细管作用。油线应深入油沟和油管的孔中，以保证润滑油流向润滑部位。

（4）按规定时间并视油的污浊程度，更换废油。

（5）工作完毕下班之前，应进行较为细致的机床保养工作：清除机床上的切屑，并将导轨部位的油污清洗干净，然后在导轨面上涂抹机油，同时将机床周围环境进行整理，打扫干净。

（6）工作中还要注意保护导轨等滑动表面，不准在其上放置工具及零件等物件。

3. 定期清洗

（1）程序。首先对机床表面进行清洗，擦净床身各死角；然后将机床各部盖子、护罩打开，清洗机床的各个部件。

（2）重点清洗。清洗的重点应放在润滑系统：认真清洗润滑油滤清器，并清除杂物，清洗分油器、油线及油毡；疏通油路；清洗各传动零部件，清除堵塞现象；消除润滑系统和冷却系统内的油污杂质及渗漏现象。

（3）检查。清洗过程中应仔细检查各传动件的磨损情况，如果有轻微的毛刺、刻痕，应打磨修光，检查并调整导轨斜铁、交换齿轮的配合间隙，丝杠、丝杠螺母间隙，V 带的松紧程度，以及离合器的松紧程度；对于大型及精密机床，还应定期检查和调整床身导轨的安装水平，如果发现问题必须调整至要求，以防机床永久变形。

（4）注意事项。机床的日常清洗，尤其是精密机床的日常清洗，应注意保护关键的精密零部件（如光学部件），不使清洗液溅入或渗入其中，尤其不准随便拆卸这些零件；所用的油料必须是符合要求的合格品；机床在非工作时间，应盖上防护罩，以免灰尘落入。

二、机床的定期维护

机床的定期维护，就是在机床工作一段时间后，对机床的一些部位进行适当的调整、维护，使之恢复到正常技术状态所采取的一种积极措施。

机床使用一定时间后，各种运动零部件因摩擦、碰撞等而被磨损较重，致使导轨、燕尾槽有拉伤，以及运动部件和运转部位间隙增大等。机床到了此种技术状态，其工作性能将受到很大影响，如不及时进行维修，就会加重磨损。而机床日常维护由于维护内容所限，已不能使之恢复正常，因此，必须进行定期维护。

机床定期维护在一般情况下，如按两班制生产，以每半年左右进行一次为宜。对于受振动、冲击的机床，时间可适当缩短。

1. 机床定期维护主要内容

（1）由操作者介绍机床的技术状态及存在问题。再空车运转 20～30min，检查各工作机构的运转情况。当它作旋转运动时，主要检查各运动部位有无噪声和振动现象。当它作滑动运动时，主要检查各滑动部位有无冲击和不平稳现象。

（2）根据机床存在的问题，有目的地局部解体机床。如同时进行清洗，则对未解体部位也应进行清洗，擦净各死角。对润滑系统应全面清洗保养，修理或更换油毡、油线和油泵柱塞等。清洗冷却装置，修理或更换水管接头，消除润滑系统和冷却装置中的渗漏现象。

（3）检查解体部位各种零件。对"症"进行维护，对磨损严重，虽经维护也难以恢复其原有精度的零件，应更换新件。

（4）调整主轴轴承、离合器、链轮链条、丝杠螺母、导轨斜铁的间隙，以及调整 V 带松紧程度。

（5）检查、维护电器装置并更换损坏元件。

（6）检查安全装置并进行调整。

（7）更换润滑油，按润滑图表加注润滑油。

之后，空载运转机床，并与维护开始时的技术状态进行对照。在正常情况下，运转情况应有所改善。如果发现新的问题，应分析并予排除。最后加工一试件，并检验其几何精度与表面粗糙度，应符合工艺要求。

2. 卧式车床的定期维护

（1）操作者介绍机床日常工作情况，进行空车运转，分析机床是否存在大的毛病。由于机床定期维护是在机床尚能工作的情况下进行的，因此如没有特殊情况，空车运转时间不宜过长。

（2）清洗主轴箱各部，疏通油路，清除滤油器内污物杂质；检查和更换磨损严重的摩擦片；检查齿轮，并修光毛刺。检查床头箱中所有轴的相对位置的正确性，要求轴向无窜动，不允许弯曲变形。调整主轴轴承间隙，调整离合器和刹车带；调整操纵手柄，并使其灵活可靠。

（3）交换齿轮箱、进给箱部分：先清洗各部、检查所有传动轴的相对位置，检查和调整齿轮间隙；调整光杠、丝杠间隙，并调整操纵手柄使之灵活可靠；换新油。

（4）对溜板箱及大、小刀架清洗之后，还须重点清洗溜板导轨两端的防护油毡，检查各传动件磨损情况。清洗刀台，更换刀架固定刀具用螺钉；调整开合螺母，检查和调整斜铁间隙，维护手动手柄，使之无松动，摇动轻便。

（5）清洗尾座（丝杠、螺母与套筒），重点修理套筒内锥孔上的毛刺和刻痕。

（6）清洗床身、去除油污、消除死角。重点修复导轨面的拉伤、刻痕。

（7）维护润滑系统与冷却装置，消除堵塞和渗漏现象。

（8）调整和更换 V 带。

（9）检查和维护电器装置。检查并修理各电器的触点、接线，使之牢固安全。

（10）按规定油质更换润滑油，并按润滑图表加注润滑油。

（11）机床空车运转，作进一步的调整；加工试件，其几何精度与表面粗糙度应满足工艺要求。

三、机床的一级保养

为了便于介绍，下面以普通卧式车床的一级保养为例加以说明。车床一级保养的要求如下：

通常当车床运行 500h 后，需进行一级保养。其保养工作以操作工人为主，在维修工人的配合下进行。保养时，必须先切断电源，然后按下述顺序和要求进行：

1. 主轴箱的保养

(1) 清洗滤油器，使其无杂物。

(2) 检查主轴锁紧螺母有无松动，紧定螺钉是否拧紧。

(3) 调整制动器及离合器摩擦片间隙。

2. 交换齿轮箱的保养

(1) 清洗齿轮、轴套，并在油杯中注入新油脂。

(2) 调整齿轮啮合间隙。

(3) 检查轴套有无晃动现象。

3. 滑板和刀架的保养

拆洗刀架和中、小滑板，洗净擦干后重新组装，并调整中、小滑板与镶条的间隙。

4. 尾座的保养

摇出尾座套筒，并擦净涂油，以保持内外清洁。

5. 润滑系统的保养

(1) 清洗冷却泵、滤油器和盛液盘。

(2) 保证油路畅通，油孔、油绳、油毡清洁无铁屑。

(3) 检查油质，保持良好，油杯齐全，油标清晰。

6. 电器的保养

(1) 清扫电动机、电器箱上的尘屑。

(2) 电器装置固定整齐。

7. 外表的保养

(1) 清洗车床外表面及各罩盖，保持其内、外清洁，无锈蚀、无油污。

(2) 清洗三杠。

(3) 检查并补齐各螺钉、手柄球、手柄。

(4) 清洗擦净后，各部件进行必要的润滑。

四、车床、铣床、刨床、钻床、磨床等机床常见故障及排除方法

(一) 机床常见故障及排除方法

1. 车床常见故障及排除方法

以 CA6140 型卧式车床为例：

（1）负载大时主轴转速降低及自动停车。产生这个问题的原因是摩擦离合器过松，可重新调整摩擦离合器，使之能保证传递额定功率。

（2）切断或强力切削外圆时"擎动"。产生此问题的原因有几种：当主轴轴承间隙过大或主轴中心线径向圆跳动过大时，会出现此现象，应调整主轴轴承的间隙至合理数值并调整主轴的径向圆跳动至最小；当切削功率大于机床额定功率时，也会出现此现象，此时应适当降低切削用量。

（3）停机后主轴仍自转。导致此现象的原因是摩擦离合器调整得过紧，停机后摩擦片未完全脱开，而制动器又调得过松，停机时没有起到制动作用。应重新调整离合器与制动器，使之满足使用要求。

（4）溜板箱自动进给手柄容易脱开。其原因是脱落蜗杆的压力弹簧调节太松或脱落蜗杆的控制板磨损过多。可调整压力弹簧，使之满足要求或采取措施修复控制板。

（5）溜板箱的自动走刀手柄在碰到定位挡铁后还脱不开。此问题产生的原因是脱落蜗杆的压力弹簧调节太紧。排除的方法是重新调整压力弹簧，消除故障。

（6）溜板箱手摇过沉。产生的主要原因是导轨压板调得过紧，其他如导轨变形、齿轮与齿条啮合过紧都可导致溜板箱手摇过沉。处理办法是重新调整导轨压板或调整齿轮与齿条的啮合间隙及修复变形的导轨。

2. X62W 型铣床常见故障产生的原因及排除方法

（1）主轴变速箱变速转换手柄扳不动。产生此故障的原因或是竖轴手柄与孔咬死，或是扇形齿轮与齿条卡住，或是拨叉移动轴弯曲。排除时，应将该部件拆开，仔细检查，或调整间隙、或修整零件加注润滑油、或校直弯曲轴。

（2）铣削时进给箱内有响声。铣削时进给箱内有响声是由于保险结合子的销子没有压紧，需要再次调整保险结合子。

（3）当把手柄扳到中间位置（断开）时，进给中断，但电动机仍继续转动，其原因是横向及升降进给控制凸轮下的终点开关传动杠杆高度未调整好，可调整终点开关上的传动杠杆解决。

(4) 按下快速行程按钮，接触点接通，但没有快速行程产生。此问题的原因是"快速行程"的大电磁吸铁上的螺母松了，需要紧固电磁吸铁上的螺母。

(5) 工作台底座横向移动手摇过沉。产生此故障的原因或是横向进给传动的丝杠与螺母同轴度超差，或是横向进给丝杠产生弯曲，需检查后具体处理。一般螺母与丝杠的同轴度允差在0.02mm以内，若超差，需调整横向移动的螺母支架至要求。当丝杠弯曲时，需校正丝杠。

3. B665型牛头刨床常见故障产生的原因及排除方法

(1) 滑枕换向时有冲击。此故障产生的原因是摇杆上下十字头的平行度和垂直度丧失精度，解决的办法是修复摇杆机构，恢复精度。

(2) 滑枕在长行程时有响声。其原因是滑枕导轨接触不良、方滑块孔与摇杆垂直度超差。解决的办法是修刮导轨、修复零件，使其恢复精度要求。

(3) 滑枕发热。产生的原因可能是压板压得过紧，或压板与滑枕导轨之间接触不良，有凸点，使摩擦表面直接接触而发热。解决时，需要修刮并调整压板间隙。

4. Z35型钻床常见故障产生的原因及排除方法

(1) 主轴箱在横臂导轨上移动不平稳。产生的原因是滚轮表面与导轨表面不平行使其接触面不平稳。解决时，应先检验平行度状态，修刮镶条上两孔中心至平行，然后按孔径配换齿轮轴。

(2) 主轴在主轴箱内上下快速移动不平稳。其原因或是主轴箱体与主轴箱盖两孔中心同轴度超差，或是主轴弯曲。处理的办法是校正箱盖两孔中心同轴度、拧紧螺钉、重铰定位销孔。对于主轴弯曲，能校正则校正，不能校正则更换新轴。

5. 平面磨床常见故障产生的原因及排除方法

(1) 砂轮座横向进给不平稳。产生此故障的原因有多种，如：液压系统中供油压力不足；砂轮座导轨楔铁调整过紧；砂轮座导轨润滑不良；砂轮座导轨表面严重磨损等，都会引起砂轮座进给的不平稳。解决时，需进行认真检查，采取相应措施。

（2）工作台运行不平稳。原因可能是：①液压系统供压不足；②液压缸活塞杆处漏油严重；③工作台导轨润滑不良；④工作台导轨表面发生严重磨损。排除的办法是：①检查、调整工作台液压系统的压力；②对活塞处治漏；③使用黏度适宜的润滑油、改善润滑；④修复磨损的导轨。

（3）磨削工件有扎刀现象。产生故障的主要原因有：①立柱的垂直导轨楔铁调整过紧；②立柱导轨的润滑不良；③升降丝杠与螺母间隙过大或同轴度超差。解决的办法有：①调整楔铁使之配合间隙适当；②使用黏度适宜的润滑油，改善润滑；③调整丝杠、螺母间隙，并使丝杠与螺母同轴。

（二）加工过程中工件产生疵病的原因及排除方法

在加工过程中，有时工件会产生一些疵病，如尺寸不准确、表面质量不好、几何形状和相互位置有误差等，从而影响工件的质量。当这种疵病超过某种限度时，工件就将报废。因此，对于加工工件可能产生的疵病必须予以重视。现就车床、铣床、刨床、磨床等普通机床加工工件常见的疵病及其产生的原因和排除方法，分述如下：

1. 卧式车床加工工件可能产生的误差

（1）外圆产生锥度。当车床主轴中心线与床身纵向导轨不平行；床身导轨安装后精度发生变化；前、后顶尖的轴心线不同轴，使工件轴心线与车床纵向进刀方向不平行；导轨沿纵向发生磨损及切削过程中刀尖发生磨损，都可导致外圆加工产生锥度。

排除：可根据锥度产生的具体原因，相应地调整主轴箱，使主轴轴心线与纵向床身导轨平行，或重新调整床身导轨的精度至要求，或调整尾座，使前后顶尖的轴心线同轴，或修刮磨损的导轨，使之恢复精度，或及时磨刀来消除各种产生锥度的可能性。

（2）外圆产生圆度超差。这主要是由于主轴轴承间隙过大、主轴轴颈椭圆度过大、主轴轴承套与箱体孔配合间隙过大、法兰卡盘的内孔配合过松造成。

排除：可采用调整轴承间隙、修复主轴轴颈、修复箱体轴承孔及更换轴承套、更换新的法兰卡盘等方法予以消除。

(3) 端面精车后,平面度超差。这是由于床鞍上的燕尾导轨与主轴垂直度超差所致。

排除:修刮燕尾导轨,使其与主轴中心线垂直度达允差之内,并重新调整镶条。

(4) 端面精车后,其振摆超差。这是由于主轴的轴向间隙过大所致。

排除:调整主轴的轴向间隙,使主轴的端面圆跳动在公差之内。

(5) 精车外圆,工件表面每隔一定距离重复出现一次波纹。其产生的具体原因及排除方法如下:

1) 溜板箱的纵向进给小齿轮与齿条啮合不好。

排除:调整两者的啮合间隙,并修整各齿条的接缝。

2) 光杠弯曲,产生周期性的振动。

排除:校直光杠,使其直线度小于等于 0.10mm。

3) 进给箱、溜板箱、托架三孔同轴度超差。

排除:检查、调整三孔同轴度,并保持对床身导轨平行。

4) 溜板箱内某一传动齿轮或蜗轮损坏及啮合不正确。

排除:检查溜板箱内的齿轮及啮合情况,修整不正确的啮合状态。

5) 在切削时,床鞍受力而产生顺导轨斜面抬起的现象。

排除:调整床鞍两侧压板、床身导轨间的配合间隙,使床鞍移动平稳、灵活。

(6) 外圆精车后,其表面上有混乱波纹。其具体产生原因及排除方法如下:

1) 主轴轴承间隙过大。

排除:调整轴承间隙在公差之内。

2) 轴承滚道磨损。

排除:更换轴承。

3) 刀架与其底面中滑板接触不良。

排除:修刮刀架,使与滑板均匀接触。

4）中滑板、床鞍的滑动面间隙过大。

排除：调整镶条，保持适当工作间隙。

（7）用小刀架精车锥体时，呈细腰鼓形。

排除：修刮小刀架的上表面或滑板转盘的底面，使小刀架移动时对主轴轴心线平行。

（8）车螺纹时有螺距不等的现象。其具体原因及排除方法如下：

1）主轴轴向有窜动。

排除：调整主轴轴向间隙。

2）交换齿轮处的传动间隙过大。

排除：调整交换齿轮的啮合间隙。

3）丝杠有轴向窜动。

排除：调整丝杠的轴向间隙。

4）进给箱开合螺母闭合不稳定。

排除：检查、调整开合螺母。

（9）精车螺纹表面有波纹。产生这一误差的原因之一是丝杠的轴向间隙过大或工件细长，工件弯曲振动。

排除：应调整丝杠的间隙，并在加工细长轴时加装跟刀架。

2. 铣床加工工件时可能产生的误差

（1）表面质量不好。其具体的产生原因及排除方法如下：

1）进给量过大。

排除：选择合适的进给量。

2）振动大。

排除：采取措施减小振动。如按铣削宽度选择铣刀直径（铣刀直径与铣削宽度之比为 1.2～1.6）；铣刀齿数要适当；减小铣削用量；调整楔铁间隙，使工作台移动平稳。

3）刀具磨钝。

排除：及时刃磨刀具。

4）进给不均匀。

排除：手摇时要均匀，或用自动进给进刀。

5）铣刀摆差过大。

排除：校正刀杆，重装铣刀，刀具振摆不应超差。

(2) 尺寸精度差。铣床加工时，精度超差是常见毛病之一，其产生的具体原因及排除方法如下：

1) 铣削中工件移动，造成加工超差。

排除：装夹时，工件应夹紧、牢固。

2) 测量误差，造成的加工超差。

排除：正确测量，细心看读数，及时校正。

3) 不遵守消除刻度盘空转的方法；刻度盘未对准；刻度盘位置记错或在加工中使刻度盘位置变动而未发觉导致加工超差。

排除：应该消除刻度盘的空转，记好刻度盘的原始位置；准确对准刻度线；对好刻线后，不要变动位置。

(3) 加工工件表面不垂直。产生此毛病的原因是：钳口和角铁不正；钳口与基准面间有杂物；工件发生移动。

排除：应把工件垫正，修整夹具；装工件前要仔细清除钳口表面及基准面；装夹工件应可靠，避免夹紧后移动。

(4) 工件加工表面不平行。造成此误差的具体原因及排除方法如下：

1) 垫铁的表面平行度超差。

排除：修磨垫铁，使其工作表面平行。

2) 工作台面或虎钳导轨上有杂物。

排除：装夹工件前，应仔细清除工作台面、虎钳导轨面上的杂物。

3) 铣削大平面时，铣刀磨损，或工件发生移动。

排除：合理选择铣削方法及铣刀结构，避免工件加工时发生松动。

3. 刨床加工工件时可能产生的误差

(1) 表面加工质量不好。产生此项误差的具体原因及排除方法如下：

1) 大齿轮精度差，啮合不良；摇杆与滑块磨损严重。

排除：修复大齿轮、摇杆与滑块。

2) 进给量过大，刀杆伸出过长。

排除：减小进给量，缩短刀杆伸出长度。

3）刀具磨损。

排除：及时刃磨刀具。

4）滑枕导轨楔铁压得过紧，滑枕移动时产生振动。

排除：调整滑枕导轨镶条。

5）工作台滑板与床身台柱未夹紧，或支承架螺钉松动。

排除：紧固各锁紧件。

（2）加工工件表面平行度超差。产生此项误差的具体原因及排除方法如下：

1）夹紧力与切削力产生内应力。

排除：精刨前应放松夹紧力，以消除产生的内应力。

2）垫铁表面不平行，或工作台、虎钳导轨上面有杂物。

排除：修磨垫铁表面，使之相互平行；装夹工件之前应清除工作台面、虎钳导轨面上的杂物。

3）工件发生移动。

排除：加工时工件应装夹牢靠，避免移动。

4）滑枕与床身导轨接触不良。

排除：调整镶条，使滑枕与床身导轨均匀接触。

5）滑枕与床身导轨表面直线度超差。

排除：修复直线度误差至允差之内。

6）工作台滑板同横梁导轨接触不良。

排除：调整接触，使其均匀。

7）底座支承面对工作台移动方向不平行。

排除：调整、修刮，使平行度恢复到公差范围之内。

（3）刨角度时（如 V 形槽），角度不对。其产生原因可能是：刀架倾斜角扳错；刀架刻度不准确或钳工划线划错。

排除：应准确地扳动刀架角度；应定期校正刀架刻度；只能以钳工所划线为参考线，角度大小应以刀架扳动角度为准。

（4）尺寸精度误差大。具体的产生原因及排除方法如下：

1）刨削中，工件发生移位。

排除：装夹工件应紧固可靠。

2) 测量误差。

排除：正确测量，仔细读数，校正量具。

3) 刨削中发生掉刀。

排除：加工时，刀具应装夹紧固。

4) 刀架刻度不准，没考虑刻度盘有空转。

排除：对准刀架刻度，消除刻度盘空转行程。

4. 平面磨床加工时可能产生的误差

（1）工件表面有波纹。此项误差是常见误差之一，其产生原因及排除方法如下：

1) 进给不均匀，磨削用量过大。

排除：合理选择磨削用量。在横向进给时不宜进给量过大。

2) 机床—砂轮—工件系统产生的振动。

排除：对电动机转子连同带轮应作动平衡，电动机的轴承损坏，应更换。

3) 砂轮磨损，表面不平。

排除：修整砂轮表面。

4) 砂轮主轴与轴承间隙过大。

排除：调整间隙至适当值。

5) 冷却不充足。

排除：加工时，切削液要充足。

（2）工件表面有烧伤。具体的产生原因及排除方法如下：

1) 砂轮过硬，砂轮组织过紧密，粒度过细或砂轮修得过细。

排除：应合理选择砂轮，正确修磨砂轮。

2) 砂轮过钝。

排除：及时磨修砂轮。

3) 磨削进给量过大。

排除：合理确定进给量，不宜过大。

4) 散热条件差。

排除：切削液冷却要充分。

（3）尺寸不准。测量不细心导致尺寸超差。

排除：工作必须细心，准确测量，定期校正量具。

（4）加工表面不平行。产生原因及排除方法如下：

1）工作台面和电磁吸盘表面有杂物或有伤痕，导致加工表面间不平行。

排除：装工件前必须清洗工作台面和电磁吸盘表面，并修平伤痕。

2）导轨磨损，出现斜度。

排除：刮修或调整导轨。

3）砂轮硬度不适当。

排除：选择合适硬度的砂轮。